2016年制定

トンネル標準示方書

[共通編]・同解説／[山岳工法編]・同解説

土木学会

STANDARD SPECIFICATIONS FOR TUNNELING-2016,

Mountain Tunnels

July, 2016

Japan Society of Civil Engineers

改訂の序

トンネル標準示方書は昭和39年に制定され，技術の進歩に伴い昭和44年，昭和52年に改訂を行った．昭和61年版（第3回改訂）では，それまでの矢板工法から，ロックボルトと吹付けコンクリートを主体とする現在の工法に全面的に改訂された．また，平成8年の改訂では、都市部への適用を意識して名称を「山岳編」から「山岳工法編」に改め、他工法との比較および山岳工法の選定の目安について記述した．

その後，都市部の土砂地山等に山岳工法を適用する事例が増加するなど，トンネル技術の更なる発展に伴って新たに普遍化した技術や知見を標準示方書に取り込む必要性が生じてきたこと，また周辺環境への影響やトンネル坑内の作業環境の改善が重要視される情勢を受け，環境面，安全面等においても内容の充実が求められた．

このような状況を受けて，都市部山岳工法やTBM工法といった編を独立させ，これらを体系化して記載する一方で，矢板工法は小断面トンネルに特化して記述内容を絞るなど，山岳トンネルの実態に合わせた構成とした『[2006年制定]トンネル標準示方書[山岳工法]・同解説』を平成18年に制定した．また，トンネルの維持管理については，技術小委員会のもとに「維持管理部会」を設置し，山岳，シールド，開削の三工法に係わる維持管理の技術の検討を行った．この結果はトンネル・ライブラリー第14号として公表するとともに，平成18年版の示方書でも構築後の維持管理に配慮した記述を盛り込んだ．

近年，トンネルのみならず土木構造物の経年劣化に伴う問題の発生により、既設構造物に対する維持管理の問題が顕在化してきている．また，平成16年新潟県中越地震や平成23年東日本大震災などの被災状況をふまえて，山岳工法トンネルの耐震性が注目されている．さらに，アンケート調査でも，維持管理や耐震性に関する内容を充実させてほしいとの要望が多数あった．これらを受けて，『[2016年制定]トンネル標準示方書[山岳工法編]・同解説』の制定にあたっては，供用後の維持管理や耐震性を念頭におき，建設時において留意すべき事項についての記述の充実を図った．

また，近年ではISO規格による構造設計の体系が国際標準化され，その流れは構造物の設計，施工段階から運用段階までの要求事項の明確化を要請している段階にまで至っている．一方，国内におけるトンネル分野での国際標準対応の動きは，ようやくそれに着手した段階であり，国際標準に対応する明確な基準やマニュアル等はこれから検討され作成されることが予想される．このような状況と，トンネル標準示方書の改訂サイクルである10年程度先を見据えたうえで，今回の改訂では国際標準対応の端緒を開く目的で，現時点で可能な範囲で国際標準において要求される事項を整理し，共通編として新たに改訂版に反映させることとした．

このたび改訂した標準示方書が，山岳トンネルの計画，調査，設計，施工に携わる技術者の座右で活用され，トンネル技術の普及と更なる発展に役立つことを念願するとともに，今回の改訂作業にあたってご尽力頂いた委員各位に厚く御礼申し上げる．

2016年 7月

土木学会トンネル工学委員会

委員長　木村　宏

『[2016年制定] トンネル標準示方書[山岳工法編]・同解説』
改訂の主旨と概要

今回の『[2016年制定] トンネル標準示方書[山岳工法編]・同解説』の主な改訂の主旨は，以下のとおりである．
- 設計では，国際標準に対応するため極力構造物の性能を明確にするための表現や記述を取り入れた．
- 近年，維持補修への関心が高まっていることに配慮し，維持管理に配慮した計画，設計への記述を追加した．
- 重金属類を含有したトンネル掘削ずり処理における周辺環境への配慮等の記述を追加した．
- 施工，施工管理では，最新の技術をできるだけ取り入れ，内容の充実を図るとともに，具体の事例紹介に努めた．
- TBM工法に関しては，最新の施工実績をもとに新たな技術的知見を追加した．
- 解説文の記述の参照元，引用文献を明示するなどし，利便性を向上させた．

各編の主な改訂内容をあげると次のとおりである．
1) 第1編 総　論
   ① 用いる用語や定義の内容を充実させた．
   ② 関連法規類を更新した．
   ③ 工法の選定表を最新事例と整合を図り，検討手順と各編との関連性を見直した．
   ④ 「維持管理への配慮」の項を新たに設けた．
2) 第2編 計画および調査
   ① 「2006年度版の「トンネルの線形，内空断面等」と「工事計画」を統合し，新たに「計画」として章立てした．
   ② 「総則」において路線選定の重要性を強調するとともに，「路線選定のための地形と地質の調査」について比較路線検討段階と路線決定段階の2段階に区分し，記述を充実させた．
   ③ 「設計，施工計画のための地質調査」において，重金属等を特殊な地山条件のひとつとして記述した．
3) 第3編 設　計
   ① トンネル標準示方書・共通編における「トンネル構造物の性能規定」と「要求性能の定義」に基づき，性能照査が求められるトンネル構造物の能力を「性能」と整理した．
   ② トンネルによる空間保持能力の概念において，グラウンドアーチによる空間保持能力を「地山の支保機能」と定義し，表現を統一した．
   ③ 「設計条件」の項目を見直し，明確化した．
   ④ 「インバートの設計」において，掘削にともなう変位の抑制を目的としたインバートによる早期閉合について解説を加え，内容を充実させた．
   ⑤ 「特殊条件に対する設計」を新たに章立てし，記載内容を整理した．あわせて「完成後の外力」を項立てし，「水圧」「土圧」「地震」「その他の外力」の記載を充実させた．
4) 第4編 施　工
   ① 「仮設備計画」の章を設けた．
   ② 補助ベンチ付き全断面工法やミニベンチカット工法による早期閉合について記述した．
   ③ ずりに重金属等の含有が想定される場合の対応について記述した．
   ④ 吹付け機や吹付けコンクリートの配合についての記述を充実させた．
   ⑤ 鋼製支保工の使用機械の項を新たに設けた．

⑥ 覆工の型枠，覆工コンクリートの配合，養生等に関する新しい技術を盛り込んだ．
⑦ 「インバート工」を「覆工」から独立させて章立てし，内容を充実させた．
5) 第5編　施　工　管　理
① 品質管理・出来形管理に関して，覆工に加え，インバートに関する対応について記述の充実を図った．
② 各種管理記録の作成や保存の重要性の明示等を行った．
③ 観察・計測の項目毎にその位置，頻度，要領について，内容を充実させた．
④ 観察・計測の評価と活用について，具体的な手法や留意点等について，内容を充実させたとともに，設計，施工，維持管理への反映について記述した．
6) 第6編　補　助　工　法
① 2006年版発刊以降の施工実績や新たな技術的知見を盛り込み，記述内容を充実させた．
7) 第7編　特殊地山のトンネル
① 特殊地山のトンネルに関しては，「地すべりの可能性がある地山のトンネル」，「断層破砕帯，褶曲じょう乱帯のトンネル」を新たに章立てした．また，最近の事例を盛り込み，近年の情勢にあわせ内容の拡充を図った．
8) 第8編　都市部山岳工法
① 都市部山岳工法に関しては，今回の改訂で新たに編として独立した．最近の事例を盛り込んだほか，都市部で山岳工法を適用する場合に関係する事項に限って記述するようにし，他編との共通事項に関しては参照先を明示するようにした．
9) 第9編　TBM工法
① 2006年版発刊以降の施工実績や新たな技術的知見を盛り込んだ記述とした．
10) 第10編　矢　板　工　法
① 用語の定義等，記述内容を明確にした．
11) 第11編　立坑および斜坑
① 最近の事例を盛り込んだ記述とした．

『昭和39年制定トンネル標準示方書解説「序」』

　近年，国土を再開発した経済基盤を強化するため，交通，電力，潅漑などの各分野で建設工事が活発に行なわれ建設ブームを現出したのであるが，これらの建設工事には，わが国が山国である関係上，必ず大小のトンネルがつきものになっている．トンネル工事は，莫大な工費を要するばかりでなく，工事施行の安全性から見ても，建設工事の成否を支配する大きなウエイトを占めているのである．

　わが国のトンネル技術は，交通，電力，潅漑などの各分野で相当の発展を見ていたのであるが，未だ各分野の研究，経験を総合してトンネル技術をより速やかに発展さす気運にはなっていなかった．土木学会はこの点に留意し，昭和36年12月各分野のトンネル技術者を網羅してトンネル工学委員会を設置し，トンネル技術の組織的研究に着手したのである．

　この委員会は，活動の第一歩として，今日までの技術的成果を集約して当面のトンネル工事に規準を与え，かつ，これを基礎として，その中から将来の研究の方向を見出すために，トンネル標準示方書の作製を企図したのである．幸いにして，委員各位の非常な御努力により，昭和39年3月トンネル標準示方書を制定し，今回，さらにこれの解説を刊行する運びとなったのは，わが国トンネル工学のために御同慶に耐えないところである．

　元来，技術は日進月歩たるべきものであるから，本示方書が，今日においては最も完備したものであっても，将来の研究により，日ならずして不備の点の発見されることは当然のことである．本示方書制定を契機として，トンネル技術の研究が活発となり，近い将来に本示方書が改訂の要にせまられることは，委員一同の念願してやまないところである．

　トンネル工事の企業者，施工業者の各位が，本示方言の精神をくみとられ，土木工事中，最も工費を要し，最も安全性を云為されるトンネル工事が，より経済的に，より安全に行なわれることを祈願して序にかえる次第である．

　昭和39年8月

土木学会トンネル工学委員会

委員長　藤　井　松太郎

『昭和44年版トンネル標準示方書・同解説「改訂の序」』

　昭和39年，土木学会は各方面の要望にこたえてトンネル標準示方書を制定し，幸いに各方面に広く利用され，トンネル技術の進歩に寄与して今日に至っているのであるが，すでに同示方書制定後5ヵ年の歳月が流れ，その間におけるトンネル技術の進歩発展は同示方書をあきたらないものとし，その早急な改訂を必要とするに至った．

　土木学会トンネル工学委員会においては，示方書制定後も引き続き，昭和40年10月に土圧調査小委員会，工事の実態調査小委員会，鋼アーチ支保工の強度に関する研究委員会を設けて，トンネル技術の研究を進めてきたが，この示方書の改訂のために，昭和42年5月，調査，設計，施工，文献，土圧ならびに示方書改訂の各小委員会を設置して，各委員会で数次にわたり，慎重な検討，審議を重ねた結果，今回の改訂標準示方書が得られたのである．

　今回のトンネル標準示方書の改訂によって，トンネル技術がさらにいっそう進歩発展し，より安全に，より経済的にトンネル工事が施工されることを念願するものであるが，それにはトンネルの計画時の調査結果が，トンネルの設計施工によく利用され，他方トンネル施工時の各種の経験が，その後の調査，設計に反映することが必要であろうと考えられる．

　終りに今回の標準示方書ならびに同解説の改訂にあたって，非常な努力を払われた委員各位に対し深甚の敬意と謝意を表して，改訂の序とする．

昭和44年11月

土木学会トンネル工学委員会

委員長　藤　井　松太郎

『昭和52年版トンネル標準示方書(山岳編)・同解説「序」』

　昭和39年制定トンネル標準示方書の改訂版を昭和44年に刊行してから，すでに7か年を経過し，第1回改訂においても，かなりの手を加えたものの，その後のトンネル技術の進歩・発展は著しく，また，環境保全に関する種々の法規制がなされ，各地で環境問題のからんだ工事の反対運動が発生するなど，工事現場をとりまく周辺の状況も大きく変ってきた．この状況にかんがみ，昭和49年，土木学会トンネル工学委員会では，示方書の改訂を計画し，山岳トンネル小委員会を設置した．

　小委員会で，その後，3か年にわたり，新たな調査成果も加えて、慎重な検討，審議を重ね，このたび，昭和52年版の発刊の運びに至った．

　この示方書が山岳トンネルの調査，計画，設計，施工に携わる諸氏の座右で活用され，今後のトンネル技術の発展の足がかりとなることを念願するとともに，改訂作業にあたった小委員会委員長はじめ，委員，幹事各位に，深甚な敬意と謝意を表し，序にかえる次第である．

昭和52年1月

土木学会トンネル工学委員会

委員長　比留間　豊

『昭和61年版トンネル標準示方書(山岳編)・同解説「改訂の序」』

　昭和39年制定のトンネル標準示方書は，昭和44年の第1回改訂を経て昭和52年には第2回の改訂が行われ，昭和52年版トンネル標準示方書（山岳編）・同解説として制定された．この標準示方書が発行されてからすでに9年を経過したが，この間におけるトンネル技術の進歩と発展にはいまだ経験のないほど目ざましいものがあり，その成果を標準示方書に取り込む必要が生じてきた．

　このようなトンネル技術の変革は，ロックボルトと吹付けコンクリートを主体にするトンネル工法の普及によって行われたが，この中には工法上の考え方として地山がもつ固有の強度を積極的に利用し，地山によってトンネルを安定に支持するという特有な概念が含まれている．昭和52年版トンネル標準示方書（山岳編）・同解説においては標準とするトンネル工法に伝統的な矢板工法を据えたが，これは支保工によって地山を支持する考え方に立っており，ロックボルトや吹付けコンクリートにみられる考え方とは本質的に異なっている．

　土木学会トンネル工学委員会では，変革するトンネル技術に対処するため，昭和58年に山岳トンネル小委員会を設置し，標準示方書の改訂に着手した．小委員会における3年間の慎重な検討，審議に新たな調査結果も加えて，ここに昭和61年版トンネル標準示方書（山岳編）・同解説を発刊する運びになった．改訂にあたっては標準とするトンネル工法にロックボルトと吹付けコンクリートを主体とする工法を据えたから，標準示方書は内容が一変して新規に制定した体裁のものになっている．

　このたび改訂した標準示方書が山岳トンネルの調査，計画，設計，施工に携わる技術者の座右で活用され，トンネル技術の普及と発展に役立つことを念願するとともに改訂作業にあたった小委員会委員長をはじめ，委員，幹事各位に深甚なる謝意を表わす次第である．

昭和61年11月

　　　　　　　　　　　　　　　　　　　　　　　　　　　　土木学会トンネル工学委員会

　　　　　　　　　　　　　　　　　　　　　　　　　　　　　委員長　　山　本　稔

『平成8年版トンネル標準示方書［山岳工法編］・同解説「改訂の序」』

　昭和39年制定のトンネル標準示方書は，昭和44年の第1回改訂後2回の改訂を経て，昭和61年版「トンネル標準示方書(山岳編)・同解説」として広く利用されてきている．

　この標準示方書が発刊されてからほぼ10年を経過したが，この間，ロックボルトと吹付けコンクリートを主体にするトンネル工法が標準工法として定着するとともに，都市域においても，この工法が使用されるケースも増えてきた．

　また，この間におけるトンネル技術の進歩と発展も目ざましいものがあり，これらの成果を新たに標準示方書に取り込む必要が生じてきた．

　このような状況にあって，土木学会では「トンネル標準示方書（山岳編）・同解説」の改訂には十分な検討期間を要すると考え，そのための第一段階として昭和63年にトンネル工学委員会示方書小委員会およびそのもとに山岳，シールド，開削の3分科会を設置し，学識者，関係機関等への改訂および工法の実績についてのアンケート調査を実施する等の調査検討を行い改訂の方向付けを行った．これを受けて平成5年に示方書改訂小委員会山岳小委員会およびそのもとに5分科会を新たに設置し，具体的な改訂作業を進めてきた．その後3年余りの間数十次にわたる慎重な審議を行い，ここに平成8年版「トンネル標準示方書（山岳工法編）・同解説」を発刊する運びになった．

　今回の改訂にあたっては，従来と同様に技術の進展に対応し，より安全で，より経済的に工事を施工できるように考慮したことはもちろんであるが，単位に関する法律の改正，都市域においても山岳工法が使用されるケースが増えてきた等，工法を取りまく情勢の変化した事項も考慮して内容を改めた．

　さらに，今回の改訂作業の最終段階において，地下構造物にも未曽有の被害をもたらした兵庫県南部地震による不幸な災害が発生した．トンネル工学委員会としても現地に調査団を派遣し，その被害の実態の把握に努め，その結果を改訂作業にも反映させた．

　このたび改訂した標準示方書が山岳トンネルの調査，計画，設計，施工に携わる技術者の座右で活用され，トンネル技術の普及と発展に役立つことを念願するものである．

　おわりに，「トンネル標準示方書（山岳工法編）・同解説」の改訂にあたって終始大変なご努力を払われた委員各位に厚くお礼申し上げる．

平成8年5月

土木学会トンネル工学委員会

委員長　猪瀬　二郎

『[2006年制定]トンネル標準示方書［山岳工法］・同解説「改訂の序」』

　昭和39年制定のトンネル標準示方書は，昭和44年版（第1回改訂）に続き，昭和52版（第2回改訂）にて山岳編を独立し、その後の昭和61年版（第3回改訂）を経て，平成8年版の『トンネル標準示方書［山岳工法編］・同解説』として現在，広く利用されている．

　この平成8年版の発刊以降10年が経過するなかで，従来では適用が難しいとされた都市部の土砂地山等にも山岳工法を適用する実績が増加するなど，トンネル技術の更なる発展に伴って新たに普遍化した技術や知見を標準示方書に取り込む必要性が生じてきた．また周辺環境への影響やトンネル坑内の作業環境の改善が重要視される昨今の情勢を受け，環境面，安全面等においても標準示方書の充実が求められている．

　このような状況を受けて，土木学会では平成8年版の改訂作業に準じ，平成11年にトンネル工学委員会に示方書改訂小委員会を設置し，そのもとに山岳，シールド，開削の3分科会を設けて，学識者，関係機関等への改訂に係わるアンケート調査を実施し，改訂の方向付けを行った．この結果を受けて平成14年より示方書改訂小委員会山岳トンネル小委員会および，そのもとに4分科会を設置し，総勢百名を越える関係者の参加のもと改訂作業を開始した．その後3年間にわたり慎重な審議を行い，ここに『[2006年制定]トンネル標準示方書[山岳工法]・同解説』を発刊する運びに至った．

　今回の改訂にあたっては，平成8年版の内容の更なる充実を図るとともに，都市部山岳工法やＴＢＭ工法といった章，編を独立させ，これらを体系化して記載する一方で，矢板工法は小断面トンネルに特化して記述内容を絞るなど，山岳トンネルの現在の実態に合わせた構成，内容とするように心がけた．

　一方，この10年を振り返ると，トンネルの覆工コンクリートがはく落する事故が発生し，あるいは新潟県中越地震によりトンネルに被害が発生するなど，既設のトンネルに対する維持管理の問題が顕在化してきている．このような問題に対し，トンネル工学委員会では「山岳トンネル覆工検討部会」を組織し，トンネル・ライブラリー第12号にてその検討結果を取りまとめ，また新潟県中越地震に対しては「新潟県中越地震特別小委員会」を組織し現地に調査団を派遣して被害の実態把握に努めており，今回の改訂作業にはこれらの成果も反映している．

　さらに前述のアンケート調査で標準示方書に維持管理の内容も盛り込むよう要望が多数あった結果を受けて，技術小委員会のもとに「維持管理部会」を設置し，山岳，シールド，開削の3工法に係わる維持管理の技術の検討を行った．この結果はトンネル・ライブラリー第14号として公表するとともに，この示方書でも構築後の維持管理に考慮した記述をするように心がけた．

　以上のように，今回の『[2006年制定]トンネル標準示方書[山岳工法]・同解説』の発刊に際しては，平成8年版の内容の一層の充実を図るとともに，各種のトンネル・ライブラリーを発刊し，それらと関連性をとって最近のトンネル技術の詳述に努めている．

　このたび改訂した標準示方書が，山岳トンネルの計画，調査，設計，施工に携わる技術者の座右で活用され，トンネル技術の普及と更なる発展に役立つことを念願するとともに，今回の改訂作業にあたって，ご尽力頂いた委員各位に厚く御礼申し上げる．

2006年7月

土木学会トンネル工学委員会

委員長　矢萩　秀一

『［2016年制定］トンネル標準示方書［山岳工法編］・同解説』の適用について

　トンネル工事は，土木工事の中でも特に目的，条件，方法等が千差万別であって，かつ地質などの自然状態に左右されやすい特性を有している．このうち山岳工法はトンネル形状や規模のいかんにかかわらず，主に岩盤地山を対象にしてこれまで多用されてきた．また，最近では都市部の土砂地山など，従来の技術では困難とされていた条件下でも，切羽付近の地山が自立することを前提として山岳工法を適用する事例が増えている．この示方書では，岩盤および土砂地山を含めて，最近の各種の工事事例をもとにして共通点を整理し，安全かつ経済的な山岳工法によるトンネル構築法の標準を示すこととした．

　なお，この示方書は山岳工法によるトンネル工事を前提としてまとめられているが，トンネルの施工法には山岳工法のほかにも多くのものがあり，適切なトンネル工法を選定することは，トンネルを安全かつ経済的に造るためにはきわめて重要である．トンネル工法を選定する場合には，それぞれの利害得失を十分に比較検討する必要があるので，主なトンネル工法の適用性について，その概略比較を「第1編 総論 第1章 総則」に示した．

　前述のとおり，この示方書は山岳工法を選定した場合における一般的原則を示したものであるが，すべての場合を網羅することはできないので，その適用にあたっては，この示方書の精神をよく理解し，必要があれば実験やその他の研究を行ったうえで適切な修正を加えて，活用を図らなければならない．

　また都市部における事例や普遍化された補助工法等の最近のトンネル技術もとりいれているが，今後この示方書を足がかりとして，さらに総合的に研究を進めていくことが望まれる．さらにトンネル工事の良否は，トンネル構築後の維持管理に大きな影響を及ぼすことから，トンネル工事に携わる技術者は，トンネルの維持管理に関する知見にも精通したうえで，この示方書を活用されたい．

　示方書は，工事の企業者が施工者に条件として示し，両者の権利義務を明らかにするために用いられるのが通常であるが，この示方書の各項では，すべて両者を区分しないで広義の工事担当者が山岳工法によるトンネル工事にあたって守らなければならない事項および参考とすべき事項が示されている．したがって，これを請負工事に適用する際は，必要に応じて適宜条件を加除して用いる必要がある．

土木学会　トンネル工学委員会　委員構成

（平成 27 年度）

相談役

飯田　廣臣	串山　宏太郎	小泉　淳	小山　幸則
久武　勝保	三浦　克	矢萩　秀一	

委員長
木村　宏

副委員長兼運営小委員長
赤木　寛一

技術小委員長
杉本　光隆

論文集Ｆ１特集号編集小委員長
土橋　浩

示方書改訂小委員長
服部　修一

幹事長
齋藤　貴

専門委員

芥川　真一	朝倉　俊弘	入江　健二	橿尾　恒次	京谷　孝史	小島　芳之
小西　真治	清水　満	中田　雅博	西村　和夫	西村　高明	真下　英人

職域委員

浅田　浩章	浅野　剛	居相　好信	池田　匡隆	砂金　伸治	江戸川　修一
太田　裕之	岡井　崇彦	岡野　法之	塩谷　智弘	進藤　裕之	杉野　文秀
鈴木　明彦	鈴木　雅行	竹原　孝	田嶋　仁志	谷本　俊哉	築地　功
手塚　仁	豊澤　康男	西本　吉伸	野焼　計史	畑田　正憲	増野　正男
松井　誠司	丸山　修	三隅　宏明	森岡　宏之	守山　亨	八木　弘
安光　立也	山本　拓治				

土木学会　トンネル工学委員会

トンネル標準示方書改訂小委員会　委員構成

委員長　　　　服部 修一（(独) 鉄道建設・運輸施設整備支援機構）
　　　　　　［入江 健二（東京地下鉄（株））］
　　　　　　［中山 範一（(独) 鉄道建設・運輸施設整備支援機構）］

幹事長　　　　太田 裕之（応用地質㈱）

委　　員

砂金 伸治（国立研究開発法人 土木研究所）　　関 伸司　（清水建設（株））
海瀬 忍　（(株) 高速道路総合技術研究所）　　竹村 次朗（東京工業大学）
櫃尾 恒次（東京交通サービス（株））　　　　　田坂 幹雄（(株) 大林組）
久多羅木 吉治（東亜建設工業（株））　　　　　中村 隆良（大成建設（株））
小泉 淳　（早稲田大学）　　　　　　　　　　西岡 和則（鹿島建設（株））
小西 真治（東京地下鉄（株））　　　　　　　　西村 和夫（首都大学東京大学院）
駒村 一弥（パシフィックコンサルタンツ（株））野焼 計史（東京地下鉄（株））
坂口 秀一（西松建設（株））　　　　　　　　　増野 正男（パシフィックコンサルタンツ（株））
坂根 良平（東京都）

［岩尾 哲也（(株) 高速道路総合技術研究所）］　　［萩原 智寿（鹿島建設（株））］
［大塚 正博（鹿島建設（株））］　　　　　　　　　［福家 佳則（鹿島建設（株））］
［角湯 克典（(独) 土木研究所）］　　　　　　　　［湯浅 康尊（(財) 先端建設技術センター）］
［北川 隆　（西松建設（株））］　　　　　　　　　［渡辺 志津男（東京都下水道局）］
［中野 清人（(株) 高速道路総合技術研究所）］　　［渡辺 浩（パシフィックコンサルタンツ（株））］
［西村 高明（メトロ開発（株））］

オブザーバー

石川 善大（(株) 復建エンジニアリング）　　斉藤 正幸（日本シビックコンサルタント（株））
倉持 秀明（パシフィックコンサルタンツ（株））

（50音順，［　］は交代委員前任者および当時の所属）

国際標準対応 WG　委員構成

主　　査　木村　定雄（金沢工業大学）
副 主 査　海瀬　　忍（(株)高速道路総合技術研究所）
　　　　　［岩尾　哲也（(株)高速道路総合技術研究所）］
副 主 査　小島　謙一（(公財)鉄道総合技術研究所）
幹 事 長　土門　　剛（首都大学東京大学院）
幹　　事　野本　雅昭（西松建設(株)）

委　員

新井　　泰（東京地下鉄(株)）　　　　　　土橋　　浩（首都高速道路(株)）
砂金　伸治（(国研)土木研究所）　　　　　二村　　亨（東海旅客鉄道(株)）
石川　善大（(株)復建エンジニヤリング）　野城　一栄（(公財)鉄道総合技術研究所）
小池　　進（東京都下水道局）　　　　　　山崎　貴之（(独)鉄道建設・運輸施設整備支援機構）
齊藤　正幸（日本シビックコンサルタント(株)）　吉本　正浩（東京電力(株)）
神部　道郎（パシフィックコンサルタンツ(株)）
［蓼沼　慶正（(独)鉄道建設・運輸施設整備支援機構）］

（50音順, ［　］は交代委員前任者および当時の所属）

土木学会　トンネル工学委員会
トンネル標準示方書改訂小委員会
山岳工法小委員会　委員構成

　　　　委 員 長　服部 修一((独)鉄道建設・運輸施設整備支援機構)
　　　　副委員長　海瀬 忍　((株)高速道路総合技術研究所)
　　　　　　　　　［岩尾 哲也((株)高速道路総合技術研究所)］
　　　　幹 事 長　倉持 秀明(パシフィックコンサルタンツ(株))
　　　　　　　　　［安田 亨(パシフィックコンサルタンツ(株))］
　　　　　　　　　［畔高 伸一((株)熊谷組)］

委　　員

砂金 伸治((国研)土木研究所)　　　　　土門 剛(首都大学東京大学院)
大窪 克己　　　　　　　　　　　　　　萩原 秀樹
(中日本ハイウェイ・エンジニアリング東京(株))　((独)鉄道建設・運輸施設整備支援機構)
太田 岳洋((公財)鉄道総合技術研究所)　丸山 修
太田 裕之(応用地質(株))　　　　　　　((独)鉄道建設・運輸施設整備支援機構)
小川 淳　　　　　　　　　　　　　　　森岡 宏之
((独)鉄道建設・運輸施設整備支援機構)　(東京電力ホールディングス(株))
小島 芳之((公財)鉄道総合技術研究所)　八木 弘((株)高速道路総合技術研究所)
須藤 敏明(大成建設(株))　　　　　　　山本 拓治(鹿島建設(株))

［大津 敏郎((株)高速道路総合技術研究所)］　［寺本哲(大成建設(株))］
［角湯 克典((国研)土木研究所)］　　　　　　［冨田敦紀(東京電力(株))］
［蓼沼 慶正
((独)鉄道建設・運輸施設整備支援機構)］

　　　　　　　　　　　　　　　　　(50音順，［　］は交代委員前任者および当時の所属)

第1(総論)分科会　委員構成

　　　主　　査　服部　修一((独)鉄道建設・運輸施設整備支援機構)
　　副 主 査　海瀬　忍　((株)高速道路総合技術研究所)
　　　　　　　［岩尾　哲也((株)高速道路総合技術研究所)］
　　　幹　　事　倉持　秀明(パシフィックコンサルタンツ(株))
　　　　　　　［安田　亨(パシフィックコンサルタンツ(株))］
　　　　　　　［畔高　伸一((株)熊谷組)］

委　員

砂金　伸治((国研)土木研究所)	小島　芳之((公財)鉄道総合技術研究所)
太田　岳洋((公財)鉄道総合技術研究所)	丸山　修((独)鉄道建設・運輸施設整備支援機構)
太田　裕之(応用地質(株))	八木　弘((株)高速道路総合技術研究所)
［大津　敏郎((株)高速道路総合技術研究所)］	［角湯　克典(国研)土木研究所)］

第2(計画および調査)分科会　委員構成

　　　主　　査　太田　岳洋((公財)鉄道総合技術研究所)
　　副 主 査　大窪　克己(中日本ハイウェイ・エンジニアリング東京(株))
　　　幹　　事　長谷川　淳((公財)鉄道総合技術研究所)

委　員

赤澤　正彦((独)鉄道建設・運輸施設整備支援機構)	清水　雅之((株)高速道路総合技術研究所)
阿南　修司((国研)土木研究所)	渡子　直記(国際航業(株))
泉谷　泰志(清水建設(株))	服部　弘通(大成建設(株))
尾高　潤一郎(基礎地盤コンサルタンツ(株))	舟橋　孝仁(鉄建建設(株))
片山　政弘((株)熊谷組)	松長　剛(パシフィックコンサルタンツ(株))
佐藤　岳史(東海旅客鉄道(株))	山本　浩之((株)安藤・間)

［山﨑　哲也((株)高速道路総合技術研究所)］

(50音順，[ ]は交代委員前任者および当時の所属)

第3(設計)分科会　委員構成

　　　主　査　小島　芳之((公財)鉄道総合技術研究所)
　　副主査　土門　剛(首都大学東京大学院)
　　副主査　八木　弘((株)高速道路総合技術研究所)
　　　　　　［大津　敏郎((株)高速道路総合技術研究所)］
　　　幹　事　三上　元弘(応用地質(株))

委　員

石田　滋樹(中電技術コンサルタント(株))　　　原　雅人(東京電力パワーグリッド(株))
小原　伸高(大成建設(株))　　　　　　　　　　増田　弘明((株)高速道路総合技術研究所)
河田　皓介((株)オリエンタルコンサルタンツ)　松尾　勉((株)ケー・エフ・シー)
木梨　秀雄((株)大林組)　　　　　　　　　　　村山　秀幸((株)フジタ)
齋藤　貴(東日本旅客鉄道(株))　　　　　　　　森田　篤(前田建設工業(株))
嶋本　敬介((公財)鉄道総合技術研究所)　　　　安井　啓祐((株)奥村組)
進士　正人(山口大学大学院)　　　　　　　　　横尾　敦(鹿島建設(株))
杉浦　高広((株)ダイヤコンサルタント)　　　　若林　宏彰((株)鴻池組)
手塚　仁((株)熊谷組)　　　　　　　　　　　　渡辺　和之((独)鉄道建設・運輸施設整備支援機構)

［加藤　直樹((株)大林組)］　　　　　　　　　［柴田　匡善((株)奥村組)］
［日下　敦((国法)土木研究所)］　　　　　　　［中田　主税((株)高速道路総合技術研究所)］
［後藤　隆之((株)大林組)］　　　　　　　　　［芳賀　康司((独)鉄道建設・運輸施設整備支援機構)］
［斎藤　有佐((株)大林組)］

第4(施工，補助工法，TBM，矢板工法，立坑および斜坑)分科会　委員構成

　　　主　査　海瀬　忍((株)高速道路総合技術研究所)
　　　　　　　［岩尾　哲也((株)高速道路総合技術研究所)］
　　副主査　小川　淳((独)鉄道建設・運輸施設整備支援機構)
　　　　　　森岡　宏之(東京電力ホールディングス(株))
　　　　　　［蓼沼　慶正((独)鉄道建設・運輸施設整備支援機構)］
　　　　　　［冨田　敦紀(東京電力(株))］
　　　幹　事　小野　知義(佐藤工業(株))
　　　　　　築地　功(飛島建設(株))
　　　　　　［森脇　丈滋(飛島建設(株))］

委　員

秋好　賢治((株)大林組)　　　　　　　　　　　楠本　太(清水建設(株))
浅田　浩章((株)フジタ)　　　　　　　　　　　倉田　桂政((株)奥村組)
今村　新吾(三井住友建設(株))　　　　　　　　近藤　啓二(鹿島建設(株))
上野　光((独)鉄道建設・運輸施設整備支援機構)　坂口　秀一(西松建設(株))
内田　正孝(大成建設(株))　　　　　　　　　　染谷　健司((独)水資源機構)
尾留川　剛(電源開発(株))　　　　　　　　　　高木　将光(青木あすなろ建設(株))
河上　清和(五洋建設(株))　　　　　　　　　　高根　努((株)オリエンタルコンサルタンツ)
河邊　信之((株)安藤・間)　　　　　　　　　　寺戸　秀和((社)日本建設機械施工協会
勘定　茂(西日本高速道路(株))　　　　　　　　　　　　　　施工技術総合研究所)
北村　元(中日本高速道路(株))　　　　　　　　船田　哲人((株)不動テトラ)
吉川　直孝((独)労働者健康安全機構
　　　　　　労働安全衛生総合研究所)

［伊藤　邦展((独)水資源機構)］　　　　　　　［西浦　秀明((株)大林組)］
［亀谷　英樹(西松建設(株))］　　　　　　　　［峯　敏雄(電源開発(株))］
［高橋　浩(戸田建設(株))］

(50音順，［　］は交代委員前任者および当時の所属)

第5(特殊地山，都市部山岳工法)分科会　委員構成

主　　　査　　丸山　　修((独)鉄道建設・運輸施設整備支援機構)
副　主　査　　須藤　敏明(大成建設(株))
幹　　　事　　野城　一栄((公財)鉄道総合技術研究所)

委　員

青木　宏一((株)熊谷組)　　　　　　　　　桑原　清(東日本旅客鉄道(株))
浅野　靖(首都高速道路(株))　　　　　　　清水　雅之((株)高速道路総合技術研究所)
今井　正樹((独)鉄道建設・運輸施設整備支援機構)　戸本　悟史((株)建設技術研究所)
岡崎　健治((国研)土木研究所　寒地土木研究所)　山本　秀樹(パシフィックコンサルタンツ(株))
奥井　裕三(応用地質(株))

[中田　主税((株)高速道路総合技術研究所)]　　[森近　裕一郎((独)鉄道建設・運輸施設整備支援機構)]
[野村　貢((株)建設技術研究所)]　　　　　　[山崎　哲也((株)高速道路総合技術研究所)]
[本堂　亮((独)鉄道建設・運輸施設整備支援機構)]

第6(施工管理)分科会　委員構成

主　　　査　　砂金　伸治((国研)土木研究所)
副　主　査　　萩原　秀樹((独)鉄道建設・運輸施設整備支援機構)
　　　　　　　山本　拓治(鹿島建設(株))
幹　　　事　　安藤　拓(清水建設(株))

委　員

阿南　修司((国研)土木研究所)　　　　　　満尾　淳(東急建設(株))
太田　守彦(サンコーコンサルタント(株))　　三河内　永康((株)フジタ)
熊谷　幸樹(飛島建設(株))　　　　　　　　望月　誠一((株)千代田コンサルタント)
島根　米三郎(鉄建建設(株))　　　　　　　森岡　宏之(東京電力ホールディングス(株))
嶋本　敬介((公財)鉄道総合技術研究所)　　　山下　守人((独)鉄道建設・運輸施設整備支援機構)
中西　昭友(応用地質(株))　　　　　　　　山田　浩幸((株)鴻池組)
水野　希典((株)高速道路総合技術研究所)

(50音順，[　]は交代委員前任者および当時の所属)

維持管理 WG　委員構成

主　　査　大津　敏郎((株)高速道路総合技術研究所)

委　員

大窪　克己
(中日本ハイウェイ・エンジニアリング東京(株))
太田　裕之(応用地質(株))
岡野　法之((公財)鉄道総合技術研究所)
重田　佳幸(パシフィックコンサルタンツ(株))

藤本　浩志
((独)鉄道建設・運輸施設整備支援機構)
松沼　政明(東日本旅客鉄道(株))
水野　希典((株)高速道路総合技術研究所)

編集 WG　委員構成

主　　査　服部　修一((独)鉄道建設・運輸施設整備支援機構)
副 主 査　海瀬　忍　((株)高速道路総合技術研究所)
幹　　事　倉持　秀明(パシフィックコンサルタンツ(株))

委　員

赤澤　正彦((独)鉄道建設・運輸施設整備支援機構)
小川　淳((独)鉄道建設・運輸施設整備支援機構)
小野　知義(佐藤工業(株))
近藤　啓二(鹿島建設(株))
島根　米三郎(鉄建建設(株))
築地　功(飛島建設(株))
長谷川　淳((公財)鉄道総合技術研究所)
舟橋　孝仁(鉄建建設(株))

丸山　修((独)鉄道建設・運輸施設整備支援機構)
三河内　永康((株)フジタ)
村山　秀幸((株)フジタ)
森岡　宏之(東京電力ホールディングス(株))
野城　一栄((公財)鉄道総合技術研究所)
若林　宏彰((株)鴻池組)
渡辺　和之((独)鉄道建設・運輸施設整備支援機構)

共通編

2016年制定

トンネル標準示方書［共通編］・同解説

目　次

第1章　総　則 ……………………………………………………………………………………… 1
　1.1　基　本 ………………………………………………………………………………………… 1
　1.2　用語の定義 …………………………………………………………………………………… 2
第2章　トンネル構造物の性能規定 ……………………………………………………………… 3
　2.1　一　般 ………………………………………………………………………………………… 3
　2.2　要求性能 ……………………………………………………………………………………… 4
　2.3　照　査 ………………………………………………………………………………………… 5

第1章 総　則

1.1 基本

本共通編は，山岳工法，シールド工法，開削工法の三工法に共通するトンネル構造物の性能規定に関する基本的な考え方を示すものである．

【解　説】　トンネル標準示方書は，共通編（以下，本編），山岳工法編，シールド工法編，開削工法編により構成される．このうち本編では，トンネル構造物の使用目的，機能，要求性能，照査にいたるプロセスを性能規定の枠組みとして提示し，その枠組みを構成する各事項に関して解説する．

公共性の高い構造物には，建設時はもとより供用中においても，その安全性，経済性，品質の確保等について社会への説明が求められる．

これらを実現する方策のひとつが構造物に要求される性能を規定することである．これにより，新技術も受け入れやすくなり，その結果として技術力の向上による品質の確保が可能となる．さらに，国際競争力の向上も期待できる．

構造物における性能規定の枠組みは，土木・建築構造物の設計の基本的考え方を記したISO2394（構造物の信頼性に関する一般原則）[1]に示されている．わが国でもそれに追随して整合を図るべく，土木・建築にかかる設計の基本（国土交通省）[2]や，土木構造物の設計に特化した土木学会のCode PLATFORM（包括設計コード）[3]が発行されている．とくにCode PLATFORMは，さまざまな土木関連分野における技術基準類の大きな隔たりが，国際化に対する障壁になるとの認識のもとに，設計法の調和を目指して策定されている．

国内外でのこうした流れに沿うように，土木関連各分野である鋼構造，コンクリート，地盤などの各分野では性能規定にもとづく基準類が策定されてきている．これらの中には設計法のみならず，施工や維持管理に係わる性能規定化を試みているものもある．

さらに，ISOでは既存構造物の劣化予測の信頼性評価等を原則とする性能保証の枠組みを提示したISO13822（構造物設計の基礎－既存構造物の評価）[4]や，ISO55000シリーズ（アセットマネジメントシステム）[5]など，構造物の維持ならびに運用の管理にまで踏み込んだ国際標準が発行されている．

トンネル標準示方書は，昭和39年の初版から，条文が構造物に求められる機能や性能を示し，解説がその内容の説明とそれを実現する方法とを提示する構成となっており，これまで改訂を重ねてきている．そこで，本編では，トンネル構造物の標準的な技術を対象に，三工法に共通する性能規定の枠組みとその基本的な考え方をより明確に示すこととした．

参考文献

1) ISO，日本規格協会：構造物の信頼性に関する一般原則（General principles on reliability for structures），日本規格協会，1998．
2) 国土交通省：土木・建築にかかる設計の基本，2002．
3) 土木学会・包括設計コード策定基礎調査委員会：性能設計概念に基づいた構造物設計コード作成のための原則・指針と用語 第1版（code PLATFORM ver.1），2003．
4) ISO，日本規格協会：構造物の設計の基礎－既存構造物の評価（Bases for design of structures - Assessment of existing structures），日本規格協会，2010．
5) ISO，日本規格協会：アセットマネジメント－概要，原理及び用語（55000：Asset management - Overview, principles and terminology），マネジメントシステム－要求事項（55001：Management systems --Requirements）ほか，日本規格協会，2014．

1.2 用語の定義

使用目的……トンネル構造物の用途.

機能……トンネル構造物がその使用目的を果たすための役割.

性能……トンネル構造物が持っている能力.

要求性能……機能に応じてトンネル構造物に求められる能力.

法的規準……事業ごとに策定された規準.法律,政令,省令等.

個別基準……事業ごとの法的規準に則り策定されるトンネル構造物の技術基準.

照査(性能照査)……トンネル構造物の要求性能が満足されているかを確認する行為.

照査アプローチ A……対象となるトンネル構造物の要求性能を適切な方法および信頼性で満足することを証明する性能の照査法.

照査アプローチ B……対象となるトンネル構造物の事業者が指定する個別基準類に基づいて,そこに示された手順(設計計算など)に従う性能の照査法.

適合みなし規定……従来の実績から妥当と見なされる個別基準類に指定される材料選定・構造寸法,解析法,強度予測式等を用いた照査法.

第2章 トンネル構造物の性能規定

2.1 一般

トンネル構造物がその機能を発揮して使用目的を達成するために，機能に応じた要求性能を設定し，これを満足していることを照査することを基本とする．

【解 説】 トンネル構造物の性能規定の枠組みを解説 図 2.1.1 に示す．

性能規定の枠組みは，トンネル構造物の使用目的，機能，要求性能，照査にいたる一連のプロセスにより構成される．

トンネル構造物にはそれぞれに使用目的があり，機能はトンネルの使用目的に応じて定められる．すなわち，道路，鉄道，電力，通信，ガス，上下水道，地下河川等の使用目的に応じて，車両，歩行者，列車，電線，ガス管，水道用水，雨水，汚水等を安全かつ適切に通すことが，主な機能である．

機能を確保するための要求性能は，その上位にある法的規準（法律，政令，省令等）で記述されるものや，その下位にある各事業者が独自に定める土木構造物の建設や維持管理に関する実務を示す個別基準で記述されるものがある．

照査の方法には，照査アプローチAと照査アプローチBとがある．照査アプローチAはトンネル構造物の要求性能を適切な方法および信頼性で満足することを証明する照査法である．照査アプローチBは各事業者が独自に定める個別基準類で記載される手順により照査する方法であり，本編ではこれを適合みなし規定としている．

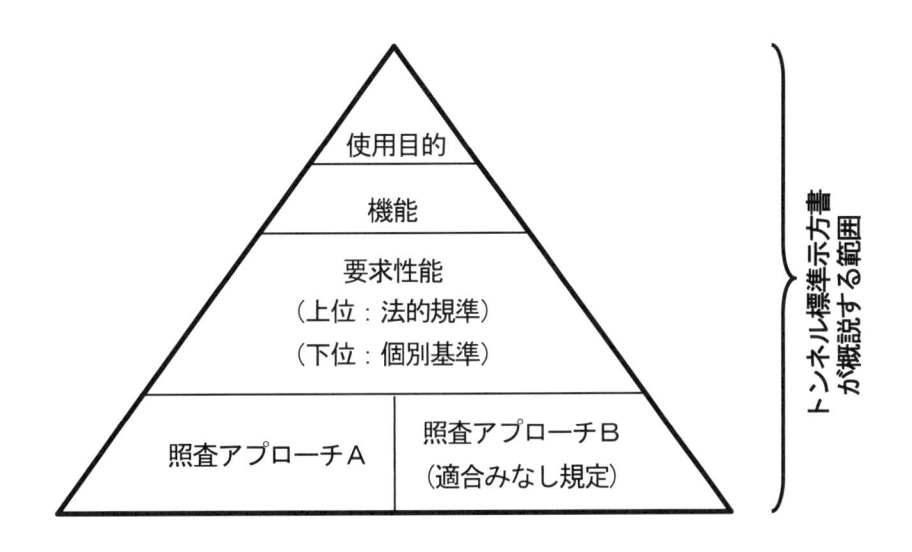

解説 図 2.1.1 トンネル構造物の性能規定の枠組み

2.2 要求性能

要求性能は，トンネル構造物の機能から要求される性能を規定するものである．

【解 説】 これまでトンネル構造物は，要求性能を明確に意識して計画，設計，施工および維持管理等の各段階を実施するには至っていなかったが，昨今では，トンネルの機能を維持するために必要な要求性能が，法や事業者の基準類あるいは手引き等に徐々に示されるようになってきた．

構造物がトンネルとなる場合，構造的な安全性などにかかわる機能は基本的な機能となる．また，トンネルの使用目的に応じて要請される機能もあわせて個々に定められる．したがって，要求性能はそれらの機能に応じて個々に設定される．一般に要求性能を照査することを前提にすると，要求性能は細分化されることから，個々の使用目的に応じて要求性能を階層化するなどして定めることになる．

要求性能はその上位に法的規準（法律，政令，省令等）が位置する．道路トンネルを例にとると，法律として道路法，政令として道路法施行令および道路構造令，省令として道路法施行規則および道路構造令施行規則等が定められている．

一方，法的規準を細分化した下位の要求性能として，構造物の建設や維持管理に関する実務を行う各事業者が定める個別基準がある．トンネル構造物の設計，施工および維持管理に係る実務は，一般に各事業者が定める個別基準をもとに行われ，トンネルの使用目的に応じて取り扱う具体的な要求性能は様々である．

国土交通省の「土木・建築にかかる設計の基本（2002.10）」では構造物の基本的要求性能として「安全性」，「使用性」および「修復性」を確保することとされている．

① 安全性：想定した作用に対して構造物内外の人命の安全などを確保すること．
② 使用性：想定した作用に対して構造物の機能を適切に確保すること．
③ 修復性：想定した作用に対して適用可能な技術でかつ妥当な経費および期間の範囲で修復を行うことで継続的な使用を可能とすること．

これは，土木・建築構造物全般を対象として定義されている．

ここでは参考として，その使用目的を俯瞰して，トンネル構造物に求められる基本的な要求性能を示す．

① 利用者が安全かつ快適にトンネルを利用するために求められる性能
② 想定される作用に対して構造の安定を維持するために求められる性能
③ 想定される劣化要因に対して供用期間中を通じて機能を満足するために求められる性能
④ 管理者が適切な維持管理を行うために求められる性能
⑤ トンネル周辺の人，環境，物件等への影響を最小限に抑えるために求められる性能

実務においては，トンネルの使用目的に応じて機能や要求性能を設定し，これらの要求性能が満たされることを各段階の照査によって確認することとなる．

2.3 照査

トンネル構造物の照査は，規定された要求性能に対して，構造物の性能が満足していることを確認することを基本とする．

【解 説】 トンネル構造物の性能の照査は，要求性能に対して，構造物の性能が満足していることを確かめることにより行う．性能の照査は，原則として各事業者が定める個別基準をもとに行われる．照査においては，一般に，構造物に規定された要求性能を適切な信頼性で満足することを証明すればよい．ここにおいては，対象構造物ごとに別途検討を行って要求性能を満足することを証明する方法（**解説 図 2.1.1** の照査アプローチA）や，行政機関や各事業者が経験と実績に基づき指定する手順に基づいて，性能照査を行う方法（**解説 図 2.1.1** の照査アプローチB）がある．ここで，トンネル構造物では，性能や照査の方法を明確に表示できない場合も多く，経験的に設定された要求性能を満足することが確認されている仕様をあらかじめ明示する方法が多用されている．

開削工法によって構築されるトンネル構造物では2006年制定から限界状態設計法を取り込んでおり，2016年制定においては「性能規定」の枠組みとし，基本的には，コンクリート標準示方書と同レベルの体系であるといえる．一方，各事業者が定めた個別基準には許容応力度設計法を用いる方法もある．また，仮設構造物の設計においても許容応力度設計法が採用されている．これらは照査アプローチB（適合みなし規定）といえる．

シールド工法によって構築されるトンネル構造物では，2006年制定からその主構造物であるセグメントの設計に対して許容応力度設計法と限界状態設計法を併記し，その設計においていずれの照査方法を採用することも可能となっている．一般的な設計ではセグメントの耐荷性能や耐久性能などを個別基準などに準拠して照査しているのが実態であり，これらは照査アプローチB（適合みなし規定）といえる．

山岳工法によって構築されるトンネル構造物では，地山が本来保有する支保機能が最大限発揮されるように設計および施工を行わなければならない．支保工，覆工およびインバートの設計は，一般に各事業者の施工実績に基づく「標準設計の適用」で行われる．一般的に標準設計の適用にあたり，まず事前地質調査結果に基づき地山分類がなされ，地山等級を特定する．次に地山等級に応じた標準的な支保パターンや覆工およびインバートの構造を決定し，これを当初設計として施工計画や工程計画，工事費積算等を行う．施工段階では，施工中の詳細な切羽観察と計測管理により地山および支保部材の安定を確認するとともに，その結果を支保工，覆工およびインバートの設計に反映し，トンネルの地質条件と施工条件に適合するトンネル構造を構築していくことになる．これらは照査アプローチB（適合みなし規定）といえる．

一方，個別基準の対象範囲を超える構造物の規模や新たな材料や構造を採用する場合などでは，照査アプローチB（適合みなし規定）による照査が適用できない場合がある．このような場合には，新たに基準や照査の手法等を定める必要があり，委員会等を設立し，解析や実物大の実験などによって得られる情報を審議し，性能の照査を行うことがある．これは，照査アプローチAに相当するもののひとつといえる．

山岳工法編

2016年制定

トンネル標準示方書［山岳工法編］・同解説

目　次

第1編　総　論

第1章　総　則 ……………………………………………………………………… 1
　1.1　適用の範囲 …………………………………………………………………… 1
　1.2　用語の定義 …………………………………………………………………… 1
　1.3　関連法規 ……………………………………………………………………… 2
　1.4　山岳工法の選定と検討手順 ………………………………………………… 4
　1.5　維持管理への配慮 …………………………………………………………… 7

第2編　計画および調査

第1章　総　則 ……………………………………………………………………… 9
　1.1　計画の基本 …………………………………………………………………… 9
　1.2　調査の基本 …………………………………………………………………… 9
第2章　計　画 ……………………………………………………………………… 12
　2.1　トンネルの計画 ……………………………………………………………… 12
　　2.1.1　トンネルの平面線形 ………………………………………………… 12
　　2.1.2　トンネルの縦断線形 ………………………………………………… 13
　　2.1.3　トンネルの内空断面 ………………………………………………… 13
　　2.1.4　トンネルの付属施設 ………………………………………………… 16
　2.2　工事の計画 …………………………………………………………………… 16
　　2.2.1　工区の設定 …………………………………………………………… 16
　　2.2.2　施工法および工程計画 ……………………………………………… 17
　　2.2.3　作業坑 ………………………………………………………………… 18
　　2.2.4　工事用道路，坑外設備およびずり搬出先 ………………………… 18
　　2.2.5　環境保全計画 ………………………………………………………… 20
第3章　調　査 ……………………………………………………………………… 21
　3.1　地山条件の調査 ……………………………………………………………… 21
　　3.1.1　地山条件の調査一般 ………………………………………………… 21
　　3.1.2　路線選定のための地形と地質の調査 ……………………………… 23
　　3.1.3　設計，施工計画のための地質調査 ………………………………… 26
　　3.1.4　施工中の地質調査 …………………………………………………… 30

		3.1.5 水文調査	32
3.2	立地条件の調査		35
	3.2.1	立地条件の調査一般	35
	3.2.2	環境調査	36
	3.2.3	工事を規制する法規の調査	39
	3.2.4	補償対象調査	40
3.3	調査成果		40
	3.3.1	調査成果一般	40
	3.3.2	地山条件調査結果の整理と利用	40
	3.3.3	立地条件調査結果の整理と利用	53

第3編　設　計

第1章 総　則		55
1.1 設計一般		55
第2章 設計の基本		57
2.1 基本的な考え方		57
	2.1.1 設計の基本	57
	2.1.2 設計手法	58
	2.1.3 設計の手順	60
	2.1.4 設計の変更	62
2.2 設計条件		63
	2.2.1 地山条件	63
	2.2.2 立地条件	64
	2.2.3 形状と寸法	65
	2.2.4 外力の作用を考慮する条件	66
2.3 掘削断面形状および施工方法の選定		68
	2.3.1 掘削断面形状	68
	2.3.2 掘削工法の選定	69
	2.3.3 掘削方式の選定	72
第3章 支保工の設計		73
3.1 基本的な考え方		73
	3.1.1 支保工一般	73
	3.1.2 支保工の設計の考え方	74
	3.1.3 支保工の変更	80
3.2 吹付けコンクリート		81
	3.2.1 吹付けコンクリート一般	81
	3.2.2 吹付けコンクリートの力学的な性能	83
	3.2.3 吹付けコンクリートの設計厚	83

3.2.4	吹付けコンクリートの配合	84
3.2.5	吹付けコンクリートの補強	87
3.3	ロックボルト	88
3.3.1	ロックボルト一般	88
3.3.2	ロックボルトの配置および寸法	90
3.3.3	ロックボルトの材質および形状	92
3.3.4	ロックボルトの定着方式および定着材	93
3.4	鋼製支保工	96
3.4.1	鋼製支保工一般	96
3.4.2	鋼製支保工の形状	98
3.4.3	鋼製支保工の断面および材質	99
3.4.4	鋼製支保工の建込み間隔	100
3.4.5	鋼製支保工の継手および底板	100
3.4.6	鋼製支保工のつなぎ	101

第4章　覆工の設計 ……………………………………………………………………… 103
　4.1　基本的な考え方 …………………………………………………………………… 103
　　4.1.1　覆工一般 ……………………………………………………………………… 103
　　4.1.2　覆工の設計の考え方 ………………………………………………………… 104
　4.2　設計の基本 ………………………………………………………………………… 105
　　4.2.1　覆工の形状 …………………………………………………………………… 105
　　4.2.2　覆工の設計厚 ………………………………………………………………… 106
　　4.2.3　覆工コンクリートの強度と配合 …………………………………………… 107
　　4.2.4　覆工のひびわれ対策 ………………………………………………………… 108

第5章　インバートの設計 ……………………………………………………………… 111
　5.1　インバート一般 …………………………………………………………………… 111
　5.2　インバートの形状と厚さ ………………………………………………………… 112
　5.3　インバートコンクリートの強度と配合 ………………………………………… 114
　5.4　インバートの早期閉合 …………………………………………………………… 115

第6章　防水工および排水工等の設計 ………………………………………………… 117
　6.1　防水工，排水工等一般 …………………………………………………………… 117
　6.2　防水工 ……………………………………………………………………………… 118
　6.3　排水工 ……………………………………………………………………………… 119

第7章　坑口部および坑門の設計 ……………………………………………………… 121
　7.1　坑口部および坑門一般 …………………………………………………………… 121
　7.2　坑口部の設計 ……………………………………………………………………… 122
　7.3　坑門の設計 ………………………………………………………………………… 124

第8章　特殊条件に対する設計 ………………………………………………………… 129
　8.1　特殊条件一般 ……………………………………………………………………… 129
　8.2　特殊な地山 ………………………………………………………………………… 130

8.3	特殊な位置	…………………………………………………………………	132
8.4	近接施工	………………………………………………………………………	133
	8.4.1	近接施工一般 ………………………………………………………	133
	8.4.2	既設構造物に近接するトンネル ……………………………	134
	8.4.3	相互に近接するトンネル …………………………………	137
	8.4.4	近接施工の影響を受けるトンネル …………………………	142
8.5	特殊な形状と寸法 …………………………………………………………		144
	8.5.1	特殊な形状と寸法一般 ……………………………………	144
	8.5.2	分岐部,拡幅部および特に大きな断面 ……………………	145
8.6	完成後の外力 ……………………………………………………………		149
	8.6.1	完成後の外力一般 …………………………………………	149
	8.6.2	土　圧 ………………………………………………………	149
	8.6.3	水　圧 ………………………………………………………	150
	8.6.4	地　震 ………………………………………………………	150
	8.6.5	その他の外力 ………………………………………………	151

第4編　施　工

第1章　総　則 …………………………………………………………………… 153
　1.1　施工一般 ……………………………………………………………… 153
　1.2　施工中の調査および計測 …………………………………………… 153
　1.3　施工方法の変更 ……………………………………………………… 154
第2章　測　量 …………………………………………………………………… 155
　2.1　測量一般 ……………………………………………………………… 155
　2.2　坑外基準点 …………………………………………………………… 155
　2.3　坑内測量 ……………………………………………………………… 156
第3章　仮設備計画 ……………………………………………………………… 158
　3.1　仮設備計画一般 ……………………………………………………… 158
　3.2　坑内,坑外仮設備 …………………………………………………… 159
　3.3　電力設備 ……………………………………………………………… 163
第4章　掘　削 …………………………………………………………………… 164
　4.1　掘削一般 ……………………………………………………………… 164
　　4.1.1　掘削計画 ………………………………………………………… 164
　　4.1.2　切羽安定対策 …………………………………………………… 164
　　4.1.3　余掘り …………………………………………………………… 165
　　4.1.4　排　水 …………………………………………………………… 165
　4.2　発破掘削 ……………………………………………………………… 165
　　4.2.1　発破掘削一般 …………………………………………………… 165
　　4.2.2　発破作業 ………………………………………………………… 167

4.3 機械掘削	168
4.3.1 機械掘削一般	168
4.3.2 掘削	169

第5章 ずり処理 … 170
　5.1 ずり処理計画 … 170
　5.2 ずり処理機械 … 170
　5.3 ずり積み作業 … 173

第6章 坑内運搬 … 174
　6.1 運搬方式 … 174
　6.2 路面および軌道 … 174
　6.3 運搬車両 … 175
　6.4 運行管理 … 176

第7章 支保工 … 178
　7.1 支保工の施工一般 … 178
　　7.1.1 支保工の基本 … 178
　　7.1.2 支保工の補強および縫返し … 178
　7.2 吹付けコンクリート … 179
　　7.2.1 吹付け方式の選定 … 179
　　7.2.2 使用機械 … 180
　　7.2.3 吹付けコンクリートの現場配合 … 181
　　7.2.4 吹付け作業 … 182
　7.3 ロックボルト … 184
　　7.3.1 使用機械 … 184
　　7.3.2 ロックボルト孔の穿孔および清掃 … 185
　　7.3.3 ロックボルトの挿入および定着 … 186
　7.4 鋼製支保工 … 186
　　7.4.1 使用機械 … 186
　　7.4.2 鋼製支保工の建込み … 187

第8章 覆工 … 188
　8.1 型枠 … 188
　　8.1.1 型枠一般 … 188
　　8.1.2 型枠の製作 … 189
　　8.1.3 つま型枠 … 190
　　8.1.4 型枠の移動および据付け … 191
　　8.1.5 型枠の取外し … 193
　8.2 覆工コンクリート … 193
　　8.2.1 覆工コンクリートの施工一般 … 193
　　8.2.2 覆工コンクリートの現場配合 … 195
　　8.2.3 覆工コンクリートの運搬 … 195

	8.2.4	覆工コンクリートの打込み	196
	8.2.5	覆工コンクリートの締固め	197
	8.2.6	覆工コンクリートの養生	197
8.3	鉄　筋		198

第9章　インバート工 …… 200
　9.1　インバートの施工時期，施工方法 …… 200
　9.2　インバートコンクリート …… 202
　9.3　鉄　筋 …… 203

第10章　防水工および排水工等の施工 …… 205
　10.1　防水工および排水工等の施工 …… 205
　10.2　漏水対策工 …… 206

第11章　坑口部および坑門の施工 …… 208
　11.1　坑口部および坑門の施工 …… 208

第12章　安全衛生 …… 210
　12.1　安全衛生一般 …… 210
　12.2　照　明 …… 216
　12.3　換　気 …… 216
　12.4　通　路 …… 219
　12.5　安全点検 …… 220
　12.6　労働衛生 …… 220
　12.7　火災および爆発の防止 …… 222
　12.8　緊急時の処置 …… 223

第13章　環境保全 …… 224
　13.1　環境保全 …… 224

第5編　施工管理

第1章　総　則 …… 227
　1.1　施工管理一般 …… 227

第2章　工程管理 …… 228
　2.1　工程管理 …… 228

第3章　品質管理と出来形 …… 229
　3.1　管理一般 …… 229
　3.2　吹付けコンクリート …… 229
　　3.2.1　吹付けコンクリートの材料，計量および練混ぜ …… 229
　　3.2.2　吹付けコンクリートの吹付け厚および強度 …… 230
　3.3　ロックボルト …… 232
　　3.3.1　ロックボルトの材料 …… 232
　　3.3.2　ロックボルトの配置および定着 …… 232

3.4 鋼製支保工 ……………………………………………………………………………… 234
　3.4.1 鋼製支保工の材料 ………………………………………………………………… 234
　3.4.2 鋼製支保工の建込み ……………………………………………………………… 235
3.5 覆工およびインバート ………………………………………………………………… 236
　3.5.1 覆工およびインバートの材料，配合および強度 ……………………………… 236
　3.5.2 覆工およびインバートの型枠の据付けと出来形 ……………………………… 236
3.6 防水工，ひびわれ抑制工 ……………………………………………………………… 239
　3.6.1 防水工，ひびわれ抑制工の材料 ………………………………………………… 239
　3.6.2 防水工，ひびわれ抑制工の設置 ………………………………………………… 239
3.7 排水工 …………………………………………………………………………………… 240
　3.7.1 排水工の材料 ……………………………………………………………………… 240
　3.7.2 排水工の設置 ……………………………………………………………………… 240

第4章 観察・計測 …………………………………………………………………………… 241
4.1 観察・計測一般 ………………………………………………………………………… 241
4.2 観察・計測の計画 ……………………………………………………………………… 242
　4.2.1 計画一般 …………………………………………………………………………… 242
　4.2.2 観察・計測項目 …………………………………………………………………… 243
　4.2.3 観察調査の位置，頻度 …………………………………………………………… 246
　4.2.4 変位計測の位置，頻度 …………………………………………………………… 246
　4.2.5 計測Bの位置，頻度 ……………………………………………………………… 250
4.3 観察・計測の要領 ……………………………………………………………………… 253
　4.3.1 観察調査の要領 …………………………………………………………………… 253
　4.3.2 変位計測の要領 …………………………………………………………………… 259
　4.3.3 計測Bの要領 ……………………………………………………………………… 262
4.4 観察・計測の評価と活用 ……………………………………………………………… 266
　4.4.1 観察調査結果の評価と活用 ……………………………………………………… 266
　4.4.2 変位計測結果の評価と活用 ……………………………………………………… 270
　4.4.3 計測B結果の評価と活用 ………………………………………………………… 276
　4.4.4 設計，施工，維持管理への反映 ………………………………………………… 281

第6編　補助工法

第1章 総　則 ………………………………………………………………………………… 285
1.1 補助工法一般 …………………………………………………………………………… 285
1.2 補助工法の適用 ………………………………………………………………………… 285
第2章 トンネル施工の安全性確保のための補助工法 …………………………………… 289
2.1 切羽安定対策のための補助工法 ……………………………………………………… 289
2.2 地下水対策のための補助工法 ………………………………………………………… 293
第3章 周辺環境の保全のための補助工法 ………………………………………………… 297

3.1　地表面沈下対策のための補助工法 …………………………………………………… 297
  3.2　近接構造物対策のための補助工法 …………………………………………………… 300

第7編　特殊地山のトンネル

第1章　総　則 ………………………………………………………………………………… 303
  1.1　特殊地山のトンネル一般 ……………………………………………………………… 303
第2章　地すべりの可能性がある地山のトンネル ………………………………………… 305
  2.1　地すべりの可能性がある地山のトンネル …………………………………………… 305
第3章　断層破砕帯，褶曲じょう乱帯のトンネル ………………………………………… 308
  3.1　断層破砕帯，褶曲じょう乱帯のトンネル …………………………………………… 308
第4章　未固結地山のトンネル ……………………………………………………………… 310
  4.1　未固結地山のトンネル ………………………………………………………………… 310
第5章　膨張性地山のトンネル ……………………………………………………………… 315
  5.1　膨張性地山のトンネル ………………………………………………………………… 315
第6章　山はねが生じる地山のトンネル …………………………………………………… 321
  6.1　山はねが生じる地山のトンネル ……………………………………………………… 321
第7章　高い地熱，温泉，有害ガス等がある地山のトンネル …………………………… 323
  7.1　高い地熱，温泉，有害ガス等がある地山のトンネル ……………………………… 323
第8章　高圧，多量の湧水がある地山のトンネル ………………………………………… 325
  8.1　高圧，多量の湧水がある地山のトンネル …………………………………………… 325

第8編　都市部山岳工法

第1章　総　則 ………………………………………………………………………………… 327
  1.1　都市部山岳工法一般 …………………………………………………………………… 327
第2章　計画および調査 ……………………………………………………………………… 328
  2.1　計　画 …………………………………………………………………………………… 328
  2.2　調　査 …………………………………………………………………………………… 331
第3章　設　計 ………………………………………………………………………………… 334
  3.1　設計の基本 ……………………………………………………………………………… 334
  3.2　設計の手順 ……………………………………………………………………………… 336
  3.3　支保工 …………………………………………………………………………………… 339
  3.4　覆工およびインバート ………………………………………………………………… 339
  3.5　防水工および排水工 …………………………………………………………………… 343
第4章　施　工 ………………………………………………………………………………… 345
  4.1　施工の基本 ……………………………………………………………………………… 345
  4.2　覆工およびインバート ………………………………………………………………… 346
  4.3　防水工および排水工 …………………………………………………………………… 347

4.4　立　坑	348
第5章　観察・計測	350
5.1　観察・計測一般	350
5.2　観察・計測の計画と実施	350
5.3　観察・計測結果の評価と活用	352

第9編　TBM工法

第1章　総　則	355
1.1　適用の範囲	355
第2章　調査および計画	356
2.1　調　査	356
2.1.1　調査一般	356
2.1.2　地形および地質調査	356
2.2　計　画	358
2.2.1　トンネルの内空断面と掘削径	358
2.2.2　TBMの基本構造と型式選定および仕様設定	358
2.2.3　工程計画	363
第3章　設　計	364
3.1　支保工設計の基本	364
3.2　支保工設計	364
3.3　覆工設計	367
第4章　施　工	368
4.1　TBM工法の施工一般	368
4.2　搬入，組立て，発進，到達および解体	368
4.3　掘　進	369
4.4　覆　工	371
第5章　施工管理	372
5.1　工程管理	372
5.2　品質および出来形管理	373
5.3　観察・計測	374
第6章　安全衛生	378
6.1　安全衛生	378
6.2　作業環境の維持	378
第7章　特殊な用途のTBM	379
7.1　特殊な用途のTBM	379

第10編　矢板工法

第1章　総　則 …………………………………………………………………………… 381
　1.1　適用の範囲 ………………………………………………………………………… 381
　1.2　矢板工法一般 ……………………………………………………………………… 381
第2章　矢板工法の設計と施工 ………………………………………………………… 383
　2.1　矢板工法における荷重 …………………………………………………………… 383
　2.2　鋼製支保工 ………………………………………………………………………… 385
　2.3　覆　工 ……………………………………………………………………………… 390
　2.4　裏込め注入 ………………………………………………………………………… 391

第11編　立坑および斜坑

第1章　総　則 …………………………………………………………………………… 395
　1.1　立坑および斜坑一般 ……………………………………………………………… 395
第2章　立　坑 …………………………………………………………………………… 396
　2.1　立坑の設計 ………………………………………………………………………… 396
　　2.1.1　断面形状 ……………………………………………………………………… 396
　　2.1.2　支保工の設計 ………………………………………………………………… 397
　　2.1.3　覆工の設計 …………………………………………………………………… 399
　2.2　立坑の施工 ………………………………………………………………………… 401
　　2.2.1　立坑の施工一般 ……………………………………………………………… 401
　　2.2.2　掘　削 ………………………………………………………………………… 404
　　2.2.3　支保工および覆工 …………………………………………………………… 406
　　2.2.4　排　水 ………………………………………………………………………… 409
　2.3　立坑の安全 ………………………………………………………………………… 409
　　2.3.1　施工時の安全対策 …………………………………………………………… 409
　　2.3.2　立坑設備の安全対策 ………………………………………………………… 410
第3章　斜　坑 …………………………………………………………………………… 412
　3.1　斜坑の設計 ………………………………………………………………………… 412
　　3.1.1　勾配と断面形状 ……………………………………………………………… 412
　　3.1.2　支保工の設計 ………………………………………………………………… 413
　　3.1.3　覆工の設計 …………………………………………………………………… 413
　3.2　斜坑の施工 ………………………………………………………………………… 414
　　3.2.1　斜坑の施工一般 ……………………………………………………………… 414
　　3.2.2　掘　削 ………………………………………………………………………… 415
　　3.2.3　覆　工 ………………………………………………………………………… 415
　3.3　斜坑の安全 ………………………………………………………………………… 416

3.3.1　斜坑の安全対策 …………………………………………………………………… 416
　　3.3.2　斜坑設備の安全対策 ………………………………………………………………… 417
第4章　立坑および斜坑の坑底設備 …………………………………………………………… 418
　4.1　坑底設備 …………………………………………………………………………………… 418

第1編 総　論

第1章 総　則

1.1 適用の範囲

本示方書は，山岳工法によるトンネルの計画，調査，設計，施工および施工管理についての一般的な標準を示すものである．

【解　説】　トンネルはその目的に適合し，安全かつ経済的に建設されなければならない．本示方書は，山岳工法によって建設するトンネル（道路，鉄道，水路等）の技術上の標準を示すものである．

トンネルに作用する荷重や地山の挙動および周辺への影響等については，周囲の条件が多様なことや地質構造が複雑なこともあり，現段階では理論的解明が必ずしも十分ではない．したがって工事に携わる技術者は，本示方書を適用して計画，調査，設計，施工および施工管理を行うにあたって，本文中に明記されている事項はもちろん，その他の技術的知見を踏まえたうえで総合的な検討を行い，判断することが重要である．これらの判断を行う立場にある技術者は，自らの判断がもたらす結果が重大である点をよく理解し，十分に本示方書の真意を理解するとともに，その適用と判断を誤ることのないよう努めなければならない．

また，本示方書では，供用後の維持管理の観点から，建設時に配慮すべき事項についても各編で示している．

なお，本示方書では「大深度地下の公共的使用に関する特別措置法」に係わる技術指針，技術的方向性までは包括していないが，本示方書に記述された技術的知見の中には，同法に基づくトンネルに準用できるものも含まれている．ただし，本示方書の内容を同法に基づくトンネルに用いる際には，同法に関連する法，規則，指針等との整合性を十分に検討した上で，適用性を判断する必要がある．

本示方書以外に準拠すべき，おもな示方書類は次のとおりである．

① 2016年制定トンネル標準示方書［シールド工法］・同解説　　　　　　　　（公社）土木学会
② 2016年制定トンネル標準示方書［開削工法］・同解説　　　　　　　　　　（公社）土木学会
③ 2012年制定コンクリート標準示方書［規準編］　　　　　　　　　　　　　（公社）土木学会
④ 2012年制定コンクリート標準示方書［設計編］　　　　　　　　　　　　　（公社）土木学会
⑤ 2012年制定コンクリート標準示方書［施工編］　　　　　　　　　　　　　（公社）土木学会
⑥ 2013年制定コンクリート標準示方書［維持管理編］　　　　　　　　　　　（公社）土木学会
⑦ 鉄道構造物等設計標準・同解説　都市部山岳工法トンネル(2002)　　　　　（財）鉄道総合技術研究所
⑧ 道路トンネル技術基準（構造編）・同解説(2003)　　　　　　　　　　　　（社）日本道路協会

1.2 用語の定義

山 岳 工 法：掘削から支保工の構築完了までの間，切羽付近の地山が自立することを前提として，発破，機械または人力により掘削し，支保工を構築することにより内部空間を保ちながら，トンネルを建設する工法．

都市部山岳工法：都市部の未固結地山に山岳工法を用いてトンネルを建設する工法．

都　市　部：都市および都市近郊において，住宅等の構造物が周囲にあり，トンネルの掘削が周辺に与える影響に対し，沈下量に対する制限，地下水位低下に対する制限等の一定の制約のある地域をいう．将来的に都市化され，トンネルへの近接施工が考えられるような地域もこれに含む．

地　　　山：トンネル周辺の地盤の総称で，不連続面と空隙，改良された地盤等を含む．

地 山 条 件：トンネル周辺地山の地形，地質，水文条件をいう．

地 山 分 類：定量的な因子と経験的な指標に基づいて地山を総合的に評価し分類することをいう．地山評価
の一手法で，地山区分とも呼ばれる．また，評価，分類の基準としては一般に地山等級が用いら
れる．
地 山 等 級：地山分類により，地山をその性状によって何階級かに分けたものをいう．
立 地 条 件：施工現場付近の自然，社会，生活環境条件等の総称．
当 初 設 計：施工が始まる前段階の計画，調査に基づいて設定された設計をいう．
修 正 設 計：施工段階で実施する観察・計測等の結果に基づき，当初設計を見直し，修正された設計をいう．
土 被 り：トンネル天端より上方の地山をいう．また，トンネル天端から地表面までの距離のことを意味
する場合もある．
防水型トンネル：完成後に原則として地下水を遮断し，トンネル坑内に流入させないトンネルをいう．覆工
等の設計では水圧の作用を考慮する．
掘 削 工 法：掘削断面の分割方法によって決まる施工法であり，全断面工法，ベンチカット工法，中壁分割
工法等がある．分割掘削の場合の断面分割法を加背割という．
掘 削 方 式：トンネル掘削方法による分類で，発破，機械，人力掘削方式等があり，岩盤の強度等で適用方
式が分類される．
切　　　羽：トンネルの掘削および支保作業を行っている最前線近傍をいう．
支　保　工：トンネル周辺地山の変形を抑制して安定を確保するための手段，処置およびその成果としての
構造物をいう．標準的な山岳工法では，吹付けコンクリート，ロックボルト，鋼製支保工等を支
保部材として用いる．
覆　　　工：トンネルとしての必要な形状および機能を与え，長期安定性を保持する手段，処置およびその
成果としての構造物をいう．
インバート：底盤に設置される逆アーチ状の構造物をいう．おもに支保工や覆工と一体となって地山の変
形を拘束し，トンネルの長期安定性を保持する機能を有する．
補 助 工 法：トンネル掘削に際し，主として不安定化しやすい切羽面および切羽周辺地山の安定を図るため
の手段，ならびに周辺環境等の保全を目的とした対策手段の総称．
観察・計測：トンネル構造物の安定性と安全性を確認するとともに，設計，施工の妥当性を評価することを
目的とし，トンネル掘削に伴う周辺地山の挙動，支保部材の効果，周辺構造物への影響等を把握
するため，これらを注意深く見て変位等を測ることをいう．
管 理 基 準：設計，施工の妥当性を判断することを目的として定めた，観察・計測の結果を評価するための
指標をいう．
早 期 閉 合：掘削後早期に吹付けコンクリートあるいは必要に応じて鋼製支保工等を併用したインバート
を施工することをいう．

1.3 関連法規

工事の計画，実施にあたっては，工事を規制する法規の有無を確認し，その内容を十分把握したうえで，手続き，対策等に万全を期さなければならない．

【解　説】　工事の実施は法規による規制を受けるので，関連法規に適合するよう工事に対する規制の程度，諸手続き，対策等について，事前に十分調査，検討し，関係諸官庁や管理者に対して諸手続きを行い，許認可または承認を得なければならない．なお，諸手続きには相当日数を要する場合もあるので，この点も十分に考慮する必要がある．おもな関連法規には，**解説 表 1.1.1** に示すものがある．これらの関連法規類は最新のものを適用す

るとともに，新たに制定されるものや変更されるものがあるので，十分注意する必要がある．

解説 表 1.1.1　トンネル工事を規制するおもな関連法規類（その1）

法規類の名称	おもな規制事項	公布年月日/法令番号
【都市計画関係】		
都市計画法	都市計画の手続き，都市計画区域内および都市計画事業地内の行為の規制	昭43. 6.15 / 法100
大深度地下の公共的使用に関する特別措置法（大深度法）	大深度地下の使用方法に関する基準	平12. 5.26 / 法87
都市再生特別措置法（都市再生法）	都市の再生の促進に関する基本方針	平14. 4. 5 / 法22
【自然，文化財保護関係】		
自然公園法	国立公園，国定公園，都道府県立自然公園内の行為の規制	昭32. 6. 1 / 法161
都市公園法	都市公園内の行為の規制	昭31. 4.20 / 法79
文化財保護法	史跡・名勝・天然記念物および埋蔵文化財包蔵地内の行為の規制	昭25. 5.30 / 法214
自然環境保全法	自然環境保全地域内の行為の規制	昭47. 6.22 / 法85
都市緑地保全法	緑地の保全および緑化の推進に関する規制	昭48. 9. 1 / 法72
森林法	森林計画，保安林その他の森林における行為の規制	昭26. 6.26 / 法249
環境基本法	環境の保全，公害の防止に関する規則	平 5.11.19 / 法91
環境影響評価法	環境影響評価の手続き，調査，予測，評価に関する規則	平 9. 6.13 / 法81
大深度地下の公共的使用における環境の保全に係る指針	大深度地下の公共的使用に関する基本方針の環境に係る事項を具体的に運用するための指針	平16. 2. 3 / 国土交通省
【環境，公害，廃棄物関係】		
環境基本法	環境の保全，公害の防止に関する規制	平 5.11.19 / 法91
環境影響評価法	環境影響評価の手続き，調査・予測・評価に関する規則	平 9. 6.13 / 法81
土壌汚染対策法	土壌汚染の状況把握，土壌汚染対策の実施に関する規則	平14. 5.29 / 法53
薬液注入工法による建設工事の施工に関する暫定指針	薬液注入工法に関する規制	昭49. 7.10 / 建設省
セメント及びセメント固化材の地盤改良への使用及び改良土の再利用に関する当面の措置について	改良土からの六価クロム溶出量を低減するための措置	平12. 3.24 / 建設省
水質汚濁防止法	公共用水域に対する排水の規制	昭45.12.25 / 法138
湖沼水質保全特別措置法	湖沼の水質の保全，水質汚濁の原因となる物を排出する施設に係る規制	昭59. 7.27 / 法61
瀬戸内海環境保全特別措置法	瀬戸内海の環境の保全を図るための規制	昭48.10.29 / 法110
地下水の水質汚濁に係る環境基準について	地下水の水質の測定方法に関する規制および環境基準	平 9. 3.13 / 環境庁
騒音規制法	工事騒音に対する規制	昭43. 6.10 / 法98
振動規制法	工事振動に対する規制	昭51. 6.10 / 法64
建設工事に伴う騒音，振動防止対策技術指針	建設工事の騒音および振動に関する規制	昭51. 3. 2 / 建設省
大気汚染防止法	粉じん等の排出規制	昭43. 6.10 / 法97
悪臭防止法	悪臭原因物の排出規制	昭46. 6. 1 / 法91
廃棄物の処理及び清掃に関する法律	廃棄物の排出抑制，廃棄物の適正な処理に関する規制	昭45.12.25 / 法137
資源の有効な利用の促進に関する法律	リサイクルによる資源の有効利用の促進	平 3.10.18 / 法327
建設工事に係る資材の再資源化等に関する法律	特定建設資材の分別解体等および再資源化等の促進に関する措置	平12. 5.31 / 法104
国等による環境物品等の調達の推進等に関する法律（グリーン購入法）	環境物品の調達の推進	平12. 5.31 / 法100
温泉法	温泉の保護と利用に関する規制	昭23. 7.10 / 法125
建設物用地下水の採取の規制に関する法律	地盤沈下に関する規制	昭37. 5.01 / 法100
工業用水法	指定区域内への工業用水の供給および地下水の水源の保全に関する規則	昭31. 6.11 / 法146
【災害防止関係】		
宅地造成等規制法	宅地造成工事規制区域内の行為の規制	昭36.11. 7 / 法191
地すべり等防止法	地すべり防止区域内の行為の規制	昭33. 3.31 / 法30
急傾斜地の崩壊による災害の防止に関する法律	急傾斜地の崩壊を防止するための必要な措置，急傾斜地崩壊危険区域内の行為の規制	昭44. 7. 1 / 法57
土砂災害警戒区域等における土砂災害防止対策の推進に関する法律	土砂災害警戒区域内の行為の制限	平12. 5. 8 / 法57
砂防法	治水上実施する砂防工事に関する基準	明30. 3.30 / 法29
消防法	火災防止のための遵守すべき予防措置	昭23. 7.24 / 法186
火薬類取締法	火薬類の製造，販売，運搬，その他取扱いの規制	昭25. 5. 4 / 法149
火薬類取締法施行規則	火薬類の製造，販売，運搬，その他取扱いで遵守すべき事項	昭25.10.31 / 通商産業省
労働安全衛生法	労働災害の防止のための規制	昭47. 6. 8 / 法57
労働安全衛生規則	労働災害防止のための遵守すべき安全措置	昭47. 9.30 / 労働省
建設工事公衆災害防止対策要綱	建設工事を施工するにあたって遵守すべき最小限の技術的基準	平 5. 1.12 / 建設省
酸素欠乏症等防止規則	酸素欠乏症等の防止に関する措置	昭47. 9.30 / 労働省
電気機械器具防爆構造規格	電気機械器具に関する防爆構造の規格	昭44. 4. 1 / 労働省
作業環境測定法	適正な作業環境を確保するための作業環境測定の実施を規定	昭50. 5. 1 / 法28
じん肺法	粉じん作業労働者の健康の保持	昭35. 3.31 / 法30
粉じん障害防止規則	粉じん作業労働者の健康障害の防止措置	平12.10.31 / 労働省

解説 表 1.1.1 トンネル工事を規制するおもな関連法規類（その2）

法規類の名称	おもな規制事項	公布年月日/法令番号
ずい道等建設工事における粉じん対策に関するガイドライン	ずい道等建設工事における粉じん障害防止対策の推進，充実を図るための指針	平20. 3. 1 / 厚生労働省
騒音障害防止のためのガイドライン	騒音作業に従事する労働者の騒音障害を防止することを目的とするガイドライン	平 4.10. 1 / 労働省
大深度地下の公共的使用における安全の確保に係わる指針	大深度地下の公共的使用に関する基本方針の安全に係る事項を具体的に運用するための指針	平16. 2. 3 / 国土交通省
【河川関係】		
河川法	河川区域，河川保全区域の占用および行為の規制	昭39. 7.10 / 法167
公有水面埋立法	河川，湖沼等，公共用水域または水面の占用および行為の規制	大10. 4. 9 / 法57
水産資源保護法	保護水面の区域内の行為の制限	昭26.12.17 / 法313
【道路交通関係】		
道路法	道路の占用に関する規制	昭27. 6.10 / 法180
道路交通法	道路の使用に関する規制	昭35. 6.25 / 法105
【その他】		
建築基準法	建築物の敷地，構造，設備および用途に関する基準	昭25. 5.24 / 法201
公共工事の品質確保の促進に関する法律（品確法）	公共工事の品質確保の促進に関する規制	平17. 3.31 / 法18

1.4 山岳工法の選定と検討手順

（1） 山岳工法の選定にあたっては，地山条件，立地条件，周辺環境への影響，工期，経済性等について検討しなければならない．

（2） 山岳トンネルの建設にあたっては，計画，調査，設計，施工，施工管理の各段階において，トンネルの使用目的，機能，規模を考慮し，建設時ならびに供用時の安全性と経済性が確保されるよう検討しなければならない．

【解 説】 （1）について 山岳工法は，トンネル周辺地山の支保機能によりグラウンドアーチが形成され，空間を安定させることを基本としている．また，山岳工法の施工が成立するためには，掘削時の切羽の自立が前提となるため，一般に岩盤からなる地山が卓越する山岳部で標準的に採用される工法である．

しかし，近年切羽の安定性を向上させる切羽安定対策等の補助工法の技術的な進歩は著しいものがあり，従来は開削工法あるいはシールド工法が適用されていた都市部等の未固結地山で土被りの小さい条件においても，山岳工法を適用する事例が増えてきている．このような条件においては，掘削時の切羽の安定対策はもちろんのこと，他の地下施設等との近接施工，地上の家屋や構造物等の土地利用状況から，地表面沈下，周辺構造物への影響，水利用への影響等が重要な課題となるので，山岳工法の選定にあたってはこれらの社会的な影響に対し十分な検討を行う必要がある．

解説 表 1.1.2は，ケーソン工法や沈埋トンネル工法等の特殊な工法を除いたおもなトンネル工法（山岳工法，シールド工法，開削工法）に関して，適用地質や地下水対策，断面形状，線形，周辺環境への影響等の項目について，各工法の特徴を相互比較したものである．山岳工法は，断面変更への自由度が高く，道路の分岐合流部や非常駐車帯等の拡幅部の施工に有利であり，大規模な補助工法を用いない限り経済性に優れているという特徴がある．一方，切羽の安定性が確保できることを前提としているため，未固結地山等でこれが確保できない場合は，大規模な補助工法を併用せざるを得ないこともある．また周辺への影響等に関して，たとえば施工中の地下水位低下工法の使用が周辺環境への影響の点で許容されるか否かが，山岳工法の採用に際し重要な要素となる場合もある．

さらに，都市部で山岳工法を採用した結果，供用後に未固結な砂質地山の土粒子が流出した事例もあることから，山岳工法の採用に際し，供用後の維持管理を含め，他工法との比較検討が必要となる場合もある．以上のように，とくに都市部で山岳工法を選定する際には，工法の特性や地山条件，立地条件，周辺環境への影響，工期，経済性等について，その他の工法と比較し，山岳工法の適用性について十分検討しなければならない．

（2）について 山岳トンネルの計画，調査から設計，施工および施工管理までの手順と各段階において検討

すべき事項を**解説 図 1.1.1**に示す．山岳トンネルを建設する際には，計画，調査から設計，施工，施工管理にいたるまで，**解説 図 1.1.1**に示すような項目について，順次検討を行う必要がある．また，これらの検討に際しては，建設時のみならず供用時の長期的な安全性と経済性，維持管理のしやすさにも十分配慮しなければならない．

解説 表 1.1.2 おもなトンネル工法の相互比較

	山岳工法	シールド工法	開削工法
工法概要	トンネル周辺地山の支保機能を有効に活用し，吹付けコンクリート，ロックボルト，鋼製支保工等により地山の安定を確保して掘削する工法である．周辺地山のグラウンドアーチが形成されること，および掘削時の切羽の自立が前提となり，それらが確保されない場合には補助工法が必要となる．	泥土あるいは泥水等で切羽の土圧と水圧に対抗して切羽の安定を図りながら，シールドを掘進させ，セグメントを組み立てて地山を保持し，トンネルを構築する工法である．	地表面から土留め工を施しながら掘削を行い，所定の位置に構造物を築造して，その上部を埋戻し地表面を復旧する工法である．
適用地質* （標準的な実績，地山条件等の変化への対応性）	一般には，硬岩から新第三紀の軟岩までの地盤に適用される．条件によっては，未固結地山にも適用する．地質の変化には，支保工，掘削工法，補助工法の変更により対応可能である．	一般には，超軟弱な沖積層から，洪積層や，新第三紀の軟岩までの地盤に適用される．地質の変化への対応は比較的容易である．また，硬岩に対する事例もある．	基本的に地質による制限はない．地質の変化への対応は，各種地質に適応した土留め工，補助工法等を選定する．
地下水対策 （切羽の安定性，掘削面の安定性）	掘削時の切羽の安定性，地山の安定性に影響するような湧水がある場合には，地盤注入等による止水，ディープウェル，ウェルポイント，水抜きトンネル等の補助工法が必要となる．	密閉型シールドでは，発進部および到達部を除いて一般には補助工法を必要としない．	ボイリングや盤ぶくれの対策として，土留め壁の根入れを深くしたり，地下水位低下工法や地盤改良等の補助工法が必要となる場合が多い．
トンネル深度 （最小土被り，最大深度）	未固結地山では，土被り／トンネル直径比（H/D）が小さい場合（2未満程度）には，天端崩落や天端沈下量を抑制する有効な補助工法が必要となる．我が国の山岳部では約1 200mの深度で適用した例がある．	最小土被りは，一般には1.0D～1.5D（D：シールド外径）といわれている．これまでの実績では0.5D以下の事例もあるが，地表面沈下やトンネルの浮上りなどの検討が必要となり，地下埋設物についても十分な調査が必要となる．最大深度は岩盤で約200m（水圧0.69MPa）の実績があるが，砂質土等の未固結地盤では最大水圧1 MPa以下の実績が多い．	施工上，最小土被りによる制限はない．最大深度は，40m程度の実績が多いが，それ以上となる大深度の施工実績も少しずつ増えている．
断面形状	掘削断面天端部にアーチ形状を有することを原則とする．その限りでは，かなりの程度まで自由な断面で施工可能であり，施工途中での断面形状の変更も可能である．	円形が標準である．特殊シールドを用いて複円形，楕円形，矩形等も可能．複数の断面を組み合わせ，大断面のトンネルを構築する施工法もある．施工途中での断面形状の変更は，一般には困難である．	矩形断面が一般的であるが，複雑な形状にも対応できる．
断面の大きさ （最大断面積，変化への対応）	一般には150m²程度までの事例が多く，370m²程度の実績もある．支保工や掘削工法の変更により，施工途中での断面積変更が可能である．	トンネル外径の実績は，最大で17m程度である．施工途中で外径の変更は一般には困難であるが，径を拡大あるいは縮小する工法の実績もある．	断面の大きさおよびその変化に対して，施工上からの制限は特にない．ただし，断面が変化する隅角部は，十分な補強を行う必要がある．
線形 （急曲線への対応）	施工上の制約はほとんどない．	曲線半径とシールド外径の比が3～5程度の急曲線の実績がある．	施工上の制約はない．
周辺環境への影響 （近接施工，路上交通，騒音や振動）	近接施工の場合は，補助工法が必要である．山岳部では渇水に留意し，都市部等では掘削や地下水位低下に伴う地表面沈下に留意が必要である．路上交通への影響は，立坑部を除き，一般に少ない．騒音や振動は，坑口付近に限定され，一般に防音壁，防音ハウス等で対応している．	近接施工の場合は，近接の度合いにより補助工法や既設構造物の補強を必要とすることもある．路上交通への影響は，立坑部を除き，きわめて少ない．騒音，振動は，一般には立坑付近に限定され，防音壁，防音ハウス等で対応している．	近接施工の場合は，土留め工の剛性の増大を図るとともに，近接度合いにより補助工法を用いることもある．施工区間に作業帯を常時設置するため，路上交通への影響は大きい．騒音や振動は，各施工段階において対策が必要であり，低騒音，低振動の工法や低騒音，低振動建設機械の採用，防音壁等で対応している．

＊ 国際年代層序表の変更（International Commission on Stratigraphy：国際層序委員会, 2012）に伴い，国内でも（一社）日本地質学会他の見解として，「沖積世」，「洪積世」の使用の廃止（「完新世」，「更新世」を使用）等が定められている．しかし本示方書では，出版時点において各機関のトンネルの設計や施工に関連する基準書等で「沖積層」，「洪積層」の用語が使用されていること，「沖積世」，「洪積世」と「完新世」，「更新世」との年代が完全に一致しておらず土木工学的な地層の取り扱いに際して混乱を生じる恐れがあることから，必要な箇所では従来の「沖積層」，「洪積層」の呼び名を継承して表記している．

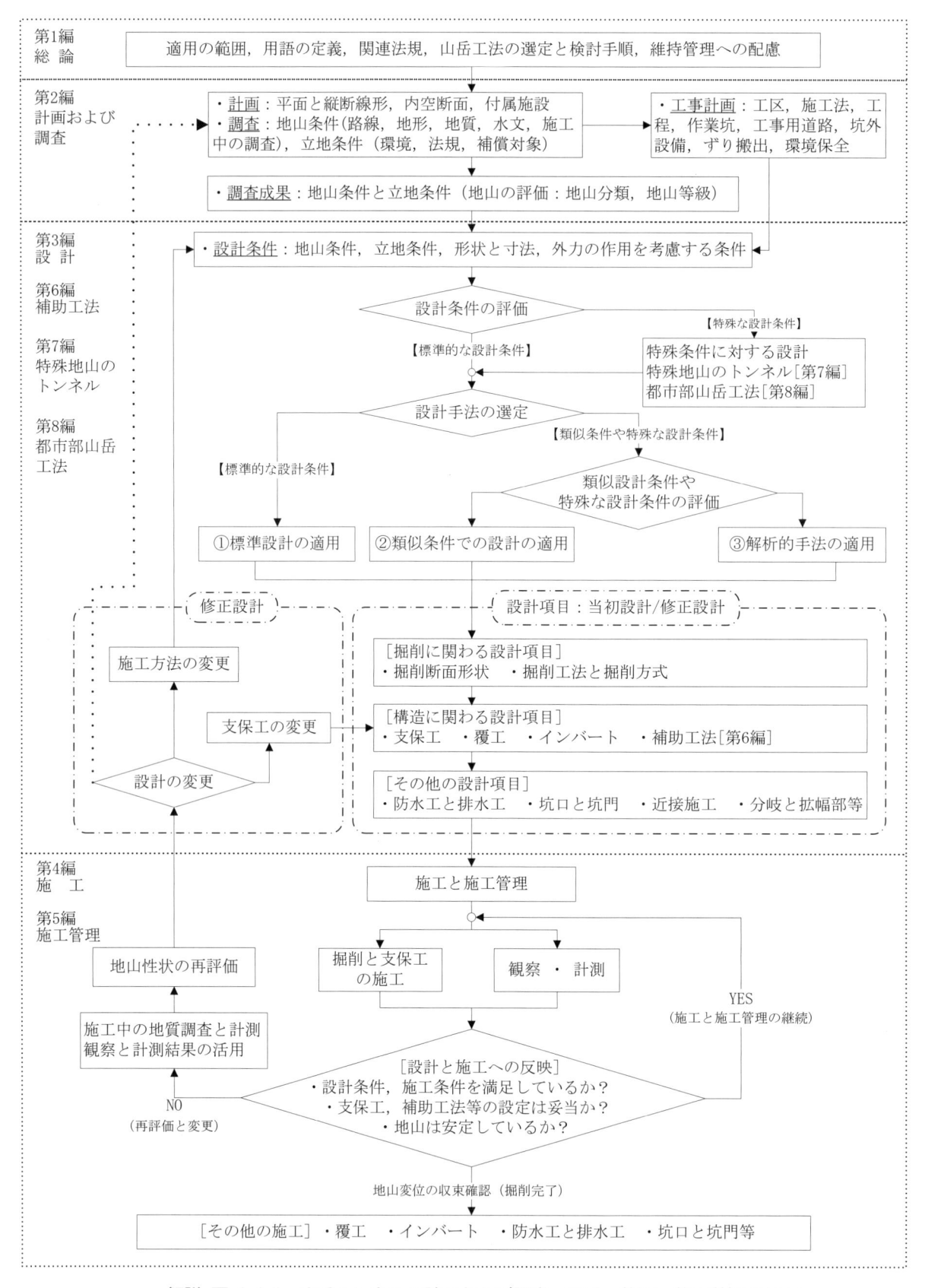

解説 図 1.1.1 山岳トンネルの計画および調査，設計，施工，施工管理のフロー

1.5 維持管理への配慮

（1） 山岳トンネルの計画，設計，施工にあたっては，供用後の維持管理についても十分に考慮しなければならない．

（2） 山岳トンネルの供用に際しては，必要な性能を満足していることを確認しなければならない．

（3） 山岳トンネルの供用後の維持管理に向けて，トンネル建設段階の情報を適切に記録し，保存しなければならない．

【解　説】　（1）について　維持管理を考慮した計画，設計，施工を行うことにより，供用中の維持管理が容易となる．とくに，維持管理のための施設や設備を適切に設けることは有効である．

（2）について　第5編 3.に示す管理を徹底するとともに，そのトンネルの管理者が定める要領にしたがい，極力，供用前に初期の点検を実施し，その必要な性能を有していることを確認しておくことが望ましい．また，この初期の点検によって，不具合が確認された場合は適切に措置を講じておく必要がある．

なお，山岳トンネルを含む土木構造物は，建設段階で有していた性能が経年とともに低下していく場合があり，供用段階でも適切な維持管理が必要となる．ここでいう維持管理とは，定期的に点検を実施し，その結果を評価（診断）して，必要に応じて補修などの措置を講じた上で，それらの結果を記録として残していくというサイクルを繰り返すことである．

（3）について　山岳トンネルの維持管理の第一歩として，建設段階での調査，設計，施工の状況等の資料を記録として保存しておくことが重要となる．とくに施工中の地山状況，適用した支保パターンや補助工法，計測管理結果，工事中のトラブル等の施工情報は，供用後に変状が発生した場合にその原因を解明するための有用な情報となる．

第2編　計画および調査

第1章　総　則

1.1　計画の基本

　トンネルおよびその工事の計画は，トンネルの用途，地山条件，立地条件，作業坑の必要性や配置，工事の安全，周辺環境に与える影響，経済性等を考慮して行わなければならない．

【解　説】　トンネルの計画にあたっては，路線選定から設計，施工計画，施工，維持管理にいたる各段階において，トンネルの用途を満足するよう諸元を計画する．その際，各段階に応じた地山条件，立地条件等に関する必要な調査を行い，工事の安全を確保するとともに周辺環境に与える影響を小さくし，トンネル本体の建設のみならず関連する付属施設の設置，供用後の点検のしやすさや将来の維持管理等を含め，総合的な経済性を備えるよう努めなければならない．

　なかでも，路線選定段階の計画にはとくに注意を要する．路線計画時に地山条件や立地条件への配慮が不十分な場合，設計，施工計画や施工，維持管理の際に，予期しない問題に直面することがある．一般に，設計から施工へと段階が進むごとに，地山条件や立地条件上の問題を理由に路線計画を修正できる余地は少なくなる．したがって，路線選定段階の調査を十分に行い，路線の平面線形や縦断線形の決定の際には，より地山条件や立地条件のよいところを選択しなければならない．

　トンネル工事の特性として，地山条件を事前に完全に把握することは難しい場合が多く，施工中に遭遇する地山の状態によって当初計画を変更することもある．したがって，地山条件については路線選定や設計，施工計画段階のみならず，施工段階や維持管理段階においてもより詳細な情報を追加，更新するための調査が必要となることが多い．

　施工の段取り替えを伴うような大幅な変更は，工期，工事費の増大を招くことになるため，トンネルの計画にあたっては適切な調査を実施し，調査結果をよく検討して，大きな変更が生じないようにしなければならない．

　近年，山岳工法技術の進歩により，都市部での山岳工法の適用事例が増加している．また，「大深度地下の公共的使用に関する特別措置法」が施行され，都市部にトンネルを計画する場合には，大深度地下の利用も含めた検討が必要となる．

　工事の計画にあたっては，調査の成果に基づき，トンネルの用途，諸元，地山条件，立地条件等を検討のうえ，工事の安全，周辺環境に与える影響，経済性，計画工期を満足するよう立案しなければならない．

　検討すべき事項には，工区の設定，施工法および工程計画，作業坑，工事用道路，坑外設備およびずり搬出先，環境保全計画等がある．これらは相互に密接な関連があるので，所期の目的を達成できるように総合的に検討を行わなければならない．

1.2　調査の基本

（1）　トンネルの調査は，地山条件調査と立地条件調査からなる．その調査にあたっては，路線選定，設計，施工，完成後の維持管理の各段階に必要な地山条件，立地条件等の基礎資料を得るよう努めなければならない．

（2）　調査の計画にあたっては，工事の各段階に適合した目的およびトンネルの延長や断面積等を十分に考慮して，調査の事項，順序，方法，範囲，精度，期間，調査結果の整理および保管の方法等を決定しなければならない．

【解　説】　(1)について　トンネルの路線選定，設計，施工，維持管理は，地山条件，立地条件等の影響を強く受けるので，各種の調査を行って工事の難易度の把握，工期や工費の算定，施工法の決定，安全性の確保，将来の維持および補修のために十分な基礎資料を得るよう努めなければならない．

　地山条件調査や立地条件調査は，一般にトンネルの特徴から，①地上の条件や地下深部に位置するなどの制約により直接的な情報が得にくく，②線状構造物であるため掘削対象区間を含む広範囲な地域を調査対象とする必要があり，さらにわが国の特徴として，③地質構造が複雑で岩石の構成も変化に富み，④土地利用等の社会環境上の問題が複雑であるなどの条件下で実施されることが多い．

　このため，調査の不足，不備による計画の大幅な変更，工期や工事費の増大，周辺環境への影響等の諸問題の発生を未然に防ぎ，安全に予定どおりの工事を進めるために，計画的かつ効率的に必要な基礎資料を得るよう調査を行わなければならない．とくに，第2編 3.1.2の解説にある路線選定の段階では，①複数の候補による比較路線検討を行ったのち，②概略位置を絞り込み，平面線形(第2編 2.1.1参照)，縦断線形(第2編 2.1.2参照)および坑口位置を定めて路線決定を行う，という手順にしたがって，施工および維持管理段階において想定される問題を事前に可能な限り把握し，それらを考慮あるいは回避する路線を計画できるよう，調査を行う必要がある．

　一般に調査は，地山条件の調査(第2編 3.1参照)と立地条件の調査(第2編 3.2参照)とに分けて実施される．このうち地山条件の調査は，トンネルおよびその周辺の地形，地質ならびに水文に関する調査であり，その精度がただちに工事計画，設計の良否，施工の難易度等に結びつくという意味で最も重要である．また，立地条件の調査は環境および工事を規制する法規に関する調査であり，設計や施工の段階では，「工事用設備のための調査」，「ずり搬出先のための調査」，「補償対象調査」等，具体的な事項を対象とした調査である．とくに，環境保全に関する調査は近年のトンネルをはじめとする土木工事においてその重要性が増大し，調査の不備が工事に重大な影響を及ぼす場合がある．

　(2)について　調査にあたっては，その目的およびトンネルの規模等を考慮して，それがどの調査段階に相当し，どのような事項(調査の対象，項目，内容)，精度等を要求するか，また，調査の順序，範囲，方法，期間についてもよく検討したうえで調査の細部を決定する．とくに，調査の期間と順序，調査事項の選択，調査成果の表現とその設計および施工への適用方法等について十分に検討する必要がある．また，**解説 表** 2.1.1に示す特殊な地山条件(①地すべりや斜面災害の可能性がある地山，②断層破砕帯，褶曲じょう乱帯，③未固結地山，④膨張性地山，⑤山はねが生じる地山，⑥高い地熱，温泉，有害ガス等がある地山，⑦高圧，多量の湧水がある地山，⑧重金属等*がある地山)や**解説 表** 2.1.2に示す設計，施工において留意すべき事項(特殊な位置，近接施工，特殊な形状と寸法，完成後の外力，坑口部，立坑および斜坑)等については，十分な調査を行うことが重要である．上記の留意すべき事項のうち，特殊な位置としては，都市域を通過する場合，小さな土被りの場合，特に大きな土被りの場合，水底を通過する場合があり，特殊な形状と寸法としては分岐，拡幅部および特に大きな断面，完成後に作用する外力としては，土圧，水圧，地震がある．

　トンネル工事を対象とした調査は，初期の計画から施工の段階，ときには施工後まで繰り返し行われるが，工事の進展に応じて，調査の事項や精度等もかなり異なってくる．本示方書においては，こうした調査の段階を，①路線選定のための調査，②設計，施工計画のための調査，③施工中の調査，場合により④維持管理段階の調査に区分する(第2編 3.1.1参照)．

　調査は，まず概括的に広範囲にわたり全容を把握することから始め，順次，調査により判明した事項，さらに解明を要する事項等を整理しつつ焦点を絞っていく，という考え方で実施することが望ましい．さらに，先に行った調査によって得られた成果は，後に行った調査の成果によって絶えず評価し，修正を加えるなど，調査の継続性，一貫性に留意することが重要である．そのためにも，各段階で行った調査の結果は適切に整理し，次の段階の調査あるいは維持管理段階でもその結果が確認できるよう電子ファイル化し，データベースとするなど適切に保管しなければならない．

---

* 本示方書でいう「重金属等」とは，地山に含まれる自然由来の物質のうち掘削ずりの処理等において環境上の対応を検討する必要があるものを指す．一般には土壌環境基準に定めのあるカドミウム，六価クロム，水銀，セレン，鉛，ひ素，ふっ素，ほう素が対象となる．

解説 表 2.1.1 特殊な地山条件から生じる問題と調査時に取得すべき情報

地山条件	問題となる現象	取得すべき情報
地すべりや斜面災害の可能性がある地山(第7編 2.)	地山移動に伴う土圧の増大と偏土圧，斜面崩壊，地すべり，岩盤崩壊	地形，地質構造，強度および変形特性，地下水位
断層破砕帯，褶曲じょう乱帯(第7編 3.)	切羽の崩壊，突発的湧水，湧水に伴う地表部渇水	強度および変形特性，弾性波速度，地山強度比，地下水位，破砕帯等の分布や性状
未固結地山(第7編 4.)	切羽の崩壊，トンネル底盤の脆弱化，地山の流出，地山流出に伴う地表陥没，地表部渇水	強度および変形特性，相対密度，粒度分布，地下水位，水圧，透水係数
膨張性地山(第7編 5.)	支保工や覆工への強大な土圧，坑壁の押出しによる内空断面の縮小	強度および変形特性，地山強度比，スメクタイト含有量，自然含水比，浸水崩壊度
山はねが生じる地山(第7編 6.)	切羽の崩壊	強度および変形特性，ぜい性度，AE
高い地熱，温泉，有害ガス等がある地山(第7編 7.)	高圧熱水，有害ガス発生，重金属等の溶出，酸性水の発生	温度，ガス濃度，酸素濃度，温泉の重金属等濃度，pH
高圧，多量の湧水がある地山(第7編 8.)	突発湧水，地山の脆弱化に伴う土圧の増大と偏土圧，切羽の崩壊，渇水，水質汚濁	地下水位，湧水量，湧水圧
重金属等がある地山	重金属等の溶出，掘削ずりの滲出水および湧水のpH	重金属等の含有量および溶出量，掘削ずりの滲出水および湧水のpH

解説 表 2.1.2 設計，施工において留意すべき事項と問題となる現象および取得すべき情報

留意すべき事項		問題となる現象	取得すべき情報
特殊な位置	都市域を通過する場合(第3編 8.3, 第8編)	地表面沈下，近接構造物の変位と変状，地下水位低下	強度および変形特性，透水性，立地条件，近接構造物の位置
	小さな土被りの場合(第3編 8.3)	地表面沈下，陥没，偏土圧	地すべり等の地形条件，強度および変形特性，透水性，立地条件
	特に大きな土被りの場合(第3編 8.3)	高圧湧水，土圧の増大	強度および変形特性，透水性，水圧，地下水位
	水底を通過する場合(第3編 8.3)	多量湧水	強度および変形特性，湧水量，透水性，水底の地形
近接施工(第3編 8.4)		偏土圧，他の構造物への変状，覆工およびインバートのひびわれ，変形	強度および変形特性，近接構造物の状況および位置関係
特殊な形状と寸法	分岐，拡幅部および特に大きな断面(第3編 8.5)	切羽の崩壊，変形	強度および変形特性
完成後の外力	土圧，水圧，地震(第3編 8.6)	覆工およびインバートのひびわれ，変形	土被り，地形および地質条件，強度および変形特性，地下水位，活断層の状況
坑口部(第3編 7.)		地すべり，斜面崩壊，偏土圧，地表面沈下や陥没	地すべり等の地形条件，強度および変形特性
立坑および斜坑(第11編)		湧水，坑口からの地表水および土砂の流入	湧水量，透水性，強度および変形特性

第2章　計　画

2.1　トンネルの計画

2.1.1　トンネルの平面線形

（1）　トンネル線形の計画にあたっては，できるだけ直線または大きな半径の曲線を用い，付属施設，工事用設備の設置等を考慮のうえ，地山条件が良好であり維持管理が容易で周辺環境への影響が小さい位置にトンネルを設定しなければならない．

（2）　トンネルの坑口は，安定した地山で地形条件のよい位置に選定するよう努めなければならない．

（3）　2本以上のトンネルを隣接して設置する場合，または他の構造物に近接してトンネルを設置する場合には，相互の影響を検討のうえで位置を選定するとともに施工方法等の検討を行わなければならない．

【解　説】　（1）について　トンネルの平面線形は，使用目的および施工の面からできるだけ直線とし，曲線を入れる場合はできるだけ大きい半径を採用しなければならない．

道路および鉄道トンネルでは，トンネル内の曲線半径は路線の種別や等級等により，できるだけ大きな半径を用いる．また，道路トンネルでは出口付近にある程度の曲線を設けることにより，運転者の目が明るさに徐々に慣れる効果を期待することもある．

トンネルの路線は各種調査成果を考慮し，周辺環境の保全や対策等を検討したうえで，問題となる地形や地質（第2編 3.1.3参照）をできるだけ避け，適切な土被りを確保し，できるだけ地下水位の低い位置を選定する．また，換気坑，避難坑等の付属施設，長大トンネルにおける作業坑(第2編 2.2.3参照)および坑外設備やずり搬出先(第2編 2.2.4参照)等の立地条件や施工性が平面線形を決めるうえで重要なポイントとなることもあり，これらについても十分に留意した線形とする．

（2）について　トンネルの坑口付近は斜面に位置し，土被りが小さいため，施工時において切羽や坑口斜面の安定性が損なわれる懸念がある．そのため，坑口位置は斜面の滑動等が予測される不安定な地山を避け，斜面の等高線に対して直交に近い位置または山の鼻(山のりょう線の末端部)に設けるよう努めなければならない．しかし，トンネルに接続する明かり区間やトンネル全体の選定条件の制約から，やむをえず偏土圧の作用，斜面崩壊，落石，土石流，洪水，雪崩等の災害および降雪の吹溜り，濃霧等を受ける可能性のある位置に坑口を設置せざるをえない場合もある．その際はこれらの事情に十分留意し，路線位置の微調整を行い，坑門の位置，構造の選定をはじめとする防災設備の設置も加味した検討も追加する．

なお，地すべりや大規模な斜面崩壊はトンネルの重大な変状を引き起こす危険性があるので，それらが予想される範囲内にトンネルの坑口を計画しないよう留意する必要がある．

（3）について　2本以上のトンネルを隣接して並列または交差する形で設置する場合，先行施工と後行施工のトンネル相互の影響を検討のうえ位置を選定しなければならない．隣接したトンネルでは，相互にほとんど影響がなくなる離隔は地山条件や施工法により異なるが，トンネル中心間隔で掘削幅の2倍(硬質な地山の場合)〜5倍(軟質な地山の場合)程度といわれている(第3編 8.4.1参照)．通常の地山では中心間隔を3D以上としているのが一般的であるが，トンネルの立地条件からこれより近接せざるをえない場合や軟弱な地山の場合には，相互の影響について十分に調査，検討したうえで，施工法や計測等の計画を行う．

とくに，都市部では周辺環境や線形上の制約等でトンネル相互の距離が極端に接近した双設トンネルやめがねトンネルの施工例が増えており，その場合，相互の影響の程度，施工順序，補強方法等の十分な検討が必要となる．

また，他の構造物に近接してトンネルを施工する場合および市街地や重要構造物等の直下に小さな土被りでトンネルを設ける場合も同様に，相互の影響を検討のうえ位置を選定しなければならない．この場合には，トンネル掘削による地表面の変位，構造物の沈下，振動，地下水位の変化等の影響について検討し，既設構造物の防護

対策，補助工法等についてもあらかじめ検討する．

2.1.2 トンネルの縦断線形
（1） 道路，鉄道トンネルでは，できるだけ緩い勾配で，かつ自然流下による排水を妨げない勾配であって，使用の目的，延長を考慮して適切な勾配を採用しなければならない．
（2） 水路トンネルでは，通水量，通水断面積，流速等の相互関係を考慮して勾配を設定しなければならない．

【解　説】　（1）について　トンネル完成後の坑内湧水を良好な縦断排水工等によって自然流下させるには通常0.2％以上の勾配があればよいが，施工中の湧水を自然流下させるためには，湧水が少ない場合でも0.3％以上，相当多い場合は0.5％程度の勾配が必要である．なお，勾配はずり出しや材料運搬時の能率に影響を与えるので施工面からの配慮も必要なことがある．

　道路トンネルでは，登坂能力不足による速度低下がトンネル内の渋滞等の原因となりうること，火災時の煙の遡上が早くなる場合があることに配慮し，一般には最急勾配を3％程度以下とすることが望ましい．鉄道トンネルでも勾配は列車走行上の制約となるので，できるだけ緩い勾配とする必要がある．すなわち，道路や鉄道のトンネルでは，一般に施工を考慮して0.3％以上の勾配で，使用の目的，延長，施工中の排水等を考えて，適切な勾配を採用しなければならない．また，行政界にまたがってトンネルが設定され水利用問題がある場合には，可能な限り行政界に縦断勾配の頂点を置く拝み勾配とするのがよい．

　（2）について　水路トンネルの勾配は，目的に応じた通水量，通水断面積，流速等により定める．発電用水路トンネルにおいては，トンネル内を通水するには落差が必要となる．トンネル内の通水量を一定とすると，水路の勾配は通水断面積に影響を与える．勾配を大きくすると断面積が小さくなって建設費は減少するが，損失落差が大きくなるために電力損失が増大する．一方，勾配を小さくすればこの逆となることから，経済的な通水断面積と勾配（1/1 000〜1/2 500）を選定する必要がある．

2.1.3 トンネルの内空断面
　トンネルの内空断面は，その用途に適した必要断面を包含し，トンネルの安定性および施工性を考慮したうえで，合理的な形状寸法を決定しなければならない．

【解　説】　道路トンネルや鉄道トンネルでは，通常その種別や等級等によって建築限界が定められている．内空断面は，この建築限界の外に換気施設，照明施設，非常用施設，標識等のための空間を確保したうえ，施工誤差や保守等に対する若干の余裕を見込んで決定されなければならない．これらのトンネルでは，平面線形によって横断勾配やカントが変化し，建築限界が変わるので，これも考慮しなければならない．また，発電用水路で無圧の水路トンネルを計画する場合，最大水量の水深を考慮して設計するのが一般的である．一方，上下水道等の水路トンネルでは，通水量の将来の増加予想を考慮して内空断面が決定される．トンネルの断面設計例を**解説 図2.2.1〜2.2.4**に示す．

　トンネルの内空断面は，トンネルの安定性および施工性を十分考慮して効率的な断面形状とする必要がある．一般には，アーチおよび側壁部は三心円または五心円として覆工の曲率が急激に変化しないようにするとともに，極端に偏平な断面形状とならないように配慮する必要がある．また，インバートを設置する場合は，これが側壁と滑らかに連結されるよう設計する必要がある．

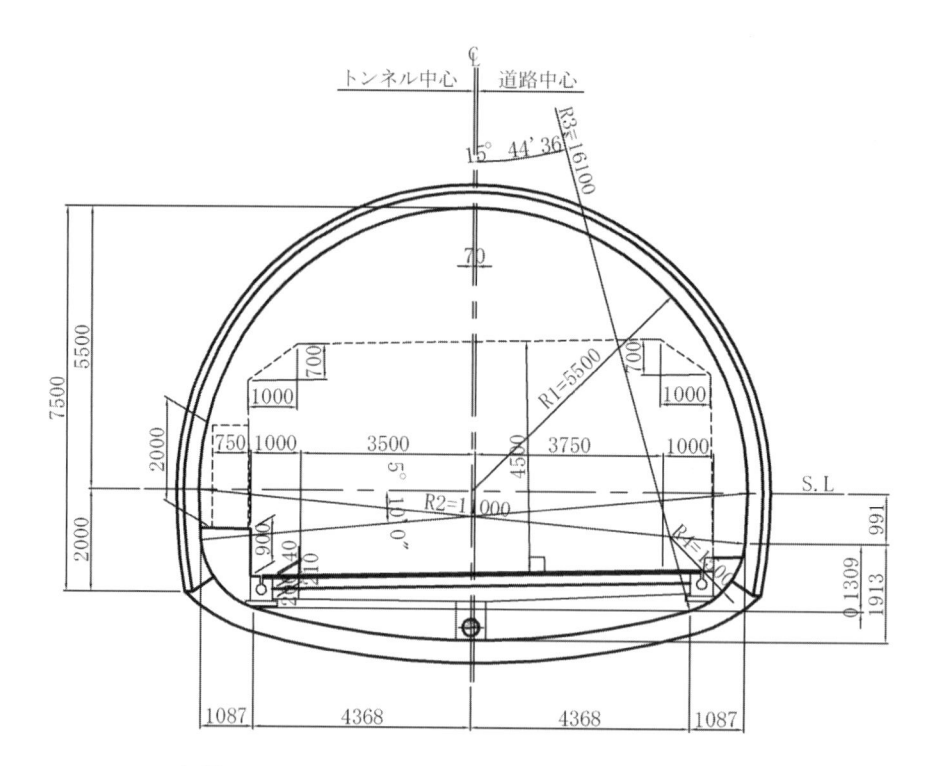

解説 図 2.2.1　道路トンネルの標準断面の例（二車線）

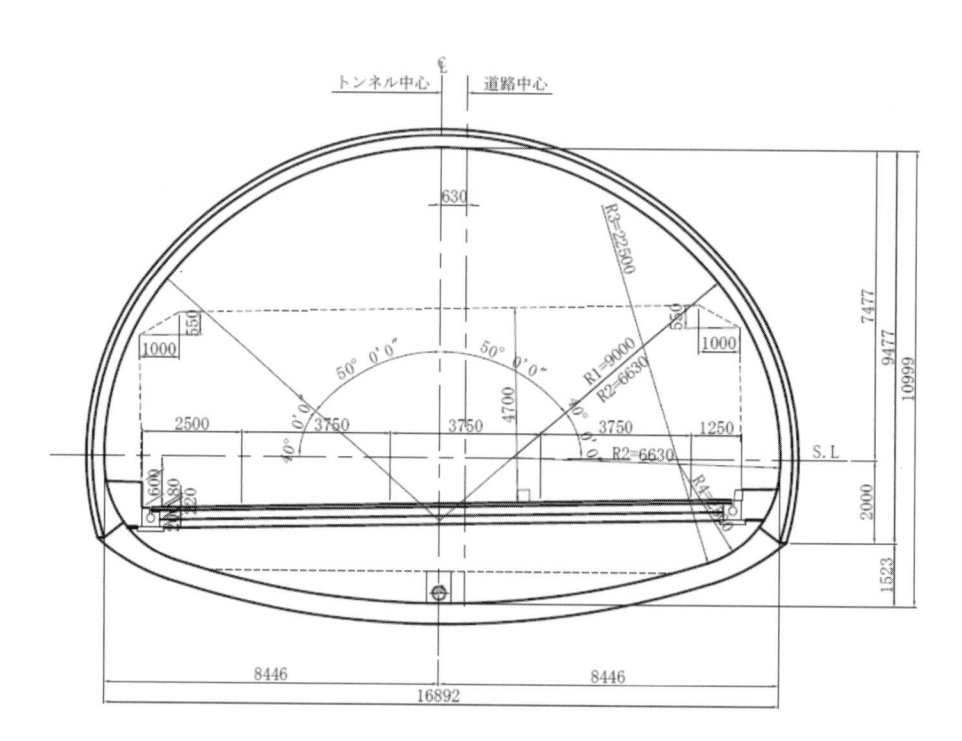

解説 図 2.2.2　道路トンネルの標準断面の例（三車線）

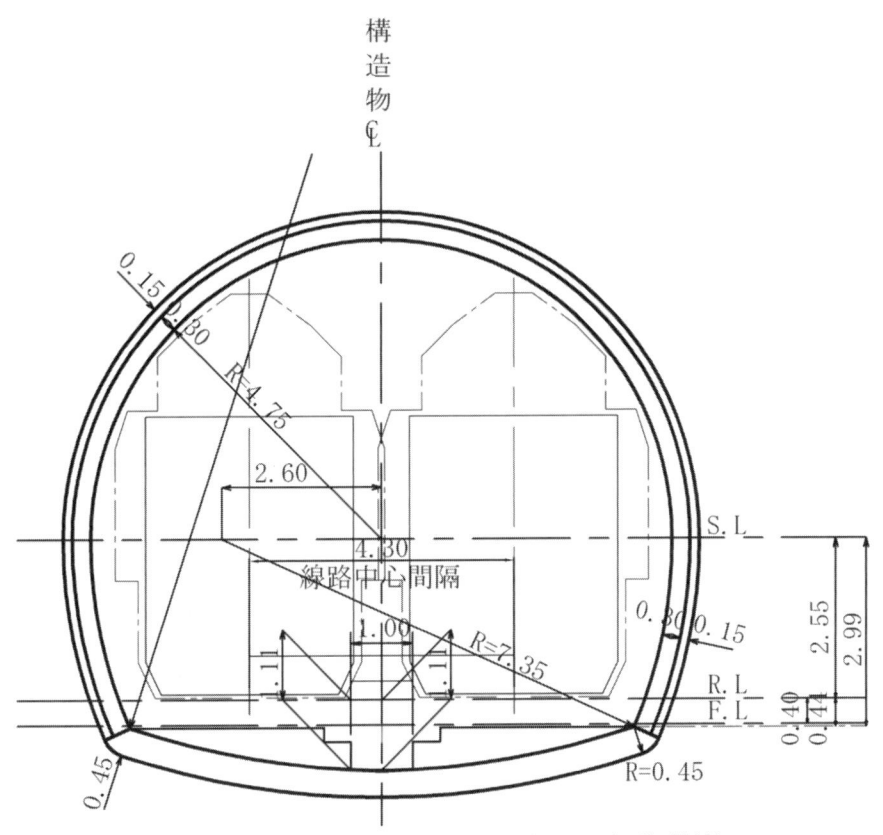

解説 図 2.2.3　鉄道トンネルの標準断面の例（新幹線）

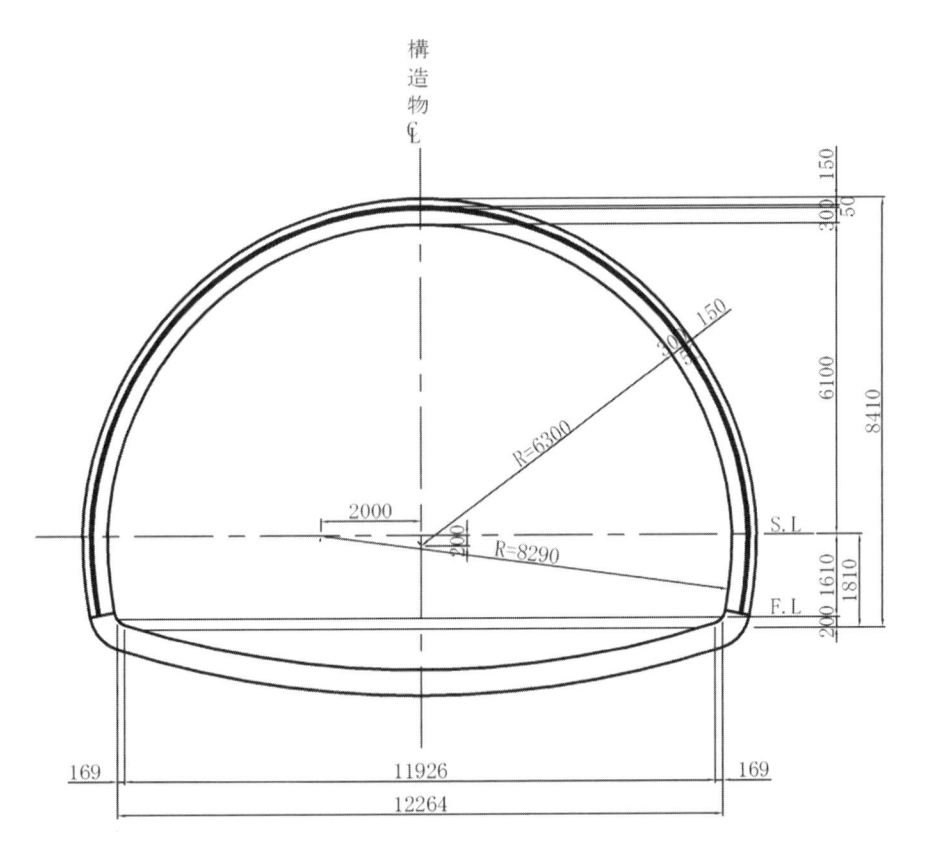

解説 図 2.2.4　鉄道トンネルの標準断面の例（山梨リニア実験線）

2.1.4 トンネルの付属施設

換気，照明，非常用施設等のトンネルの付属施設は，トンネルの諸元により決定され，施設の計画においては，工事計画，施工性，維持管理，点検のしやすさ等を総合的に検討して計画しなければならない．

【解　説】　道路トンネルでは，トンネルの諸元にあわせ，付属施設が計画される．計画にあたっては，工事計画，施工性に加え，維持管理，点検，補修，更新のしやすさも含め，総合的な検討が必要となる．

換気施設の必要性や規模は，延長や断面積等のトンネル構造，設計速度等の道路規格，運用形態(一方通行か対面通行か)や交通量，トンネルの立地条件等と密接な関連性がある．換気計画の際は，防災体制，周辺環境への影響，維持管理，点検，補修，更新のしやすさも考慮しつつ，全体として合理的，経済的なものとする必要がある．

照明施設は，トンネルの内空断面，設計速度，舗装種別等と密接な関連性がある．トンネル内の明るさに順応させるための入口部照明の照明部の長さは，設計速度，路面輝度，野外輝度により検討する．

非常用施設の設置規模や配置を定めるもととなる条件としては，トンネルの延長，線形，設計速度，交通量，幅員構成，換気方式，交通形態および管理体制等が挙げられる．施設の規模や配置とあわせ，その施設をどのように運用していくかも重要であり，これら諸要素の相互の関係を考慮して全体として整合のとれた計画としなければならない．

2.2　工事の計画

2.2.1　工区の設定

工区の設定にあたっては，工期，トンネルの断面，勾配，地山条件，立地条件等を考慮しなければならない．

【解　説】　トンネル工事においては，必要により工事をいくつかの単位に分割して施工する．このような工区の区分にあたっては，所定の完成期限，トンネルの断面および勾配，地山条件，周辺環境，工事用道路，坑外設備，ずり搬出先等の立地条件等を比較検討し，経済性と工期を総合的に勘案して選定しなければならない．

工区の区分や作業坑の設定を行う際は，各工区の工事完了時期がなるべく合うように計画するのがよい．また，坑内湧水は自然流下させるほうが排水設備面で有利なため，突込み施工となる区間はなるべく少なくすることが望ましい．**解説 図 2.2.5**に工区区分の例を示す．

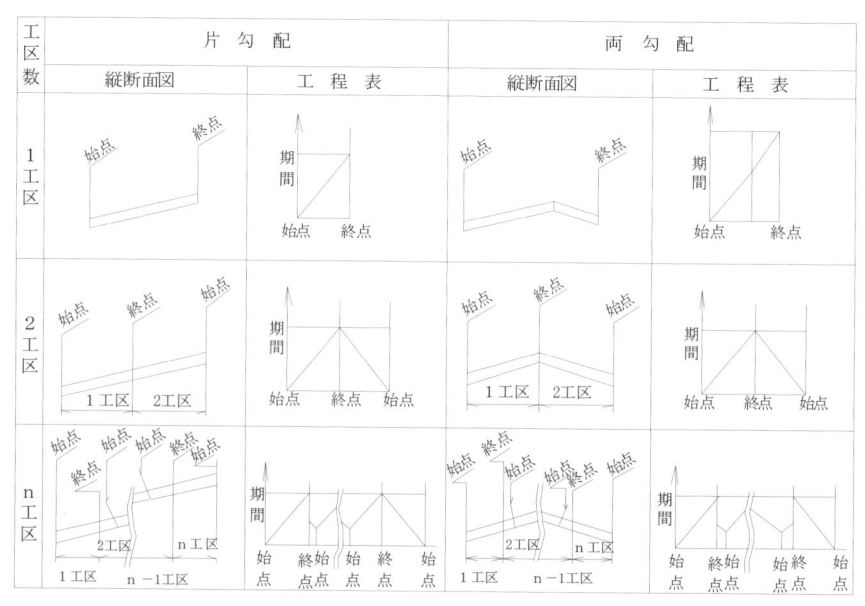

解説 図 2.2.5　工区区分の例

2.2.2 施工法および工程計画

工事の計画にあたっては，トンネルの断面，工区延長，工期，地山条件，立地条件等を考慮して，適切な施工法を定め，これにより工程計画を立てなければならない．

【解　説】　トンネル工事の作業は，準備，掘削工，覆工および跡片付けに大別できるが，通常は覆工の施工速度のほうが速いため，工期は掘削の進行に支配されることが多い．

掘削工法，掘削方式，坑内運搬方式等は，トンネルの断面，工区延長，工期，地山条件，立地条件等を総合的に検討して適切なものを選定しなければならない．また，場合によっては，第6編で述べる補助工法についても検討する必要がある．補助工法のうち，通常の施工機械設備や材料での対処が困難または施工サイクルへの影響が大きいものを採用する場合は，全体工事工程にも大きく影響することがあるので，十分検討する必要がある．

掘削工法としては，全断面工法，補助ベンチ付き全断面工法，ベンチカット工法，導坑先進工法，中壁分割工法等が代表的なものとして挙げられる（第3編 2.3.2 参照）．掘削工法の選定にあたっては，まず地山条件と掘削断面の大きさに対する切羽の安定性と湧水の影響を考慮しなければならない．また，このような地山条件等の変化に対応できる柔軟性をもつことが必要である．さらに，必要に応じて，地盤の変状や近接構造物への影響を配慮した施工法を選定しなければならない．

掘削方式としては，発破掘削，機械掘削，発破および機械の併用等の方式がある（第3編 2.3.3 参照）．掘削方式の選定にあたっては，地山条件，工区延長，掘削断面の大きさや形状，立地条件等を考慮しなければならない．

坑内運搬方式としては，タイヤ方式，レール方式等がある（第4編 6.1 参照）．坑内運搬方式の選定にあたっては，地山条件，立地条件，トンネル断面の大きさ，工区延長，勾配，掘削工法，掘削方式等を考慮しなければならない．

一般に，トンネル工事の工程は，準備工事，本体工事，付帯工事，跡片付けに要する月数により決定される．なお，全体工事工程の作成にあたっては，諸施設等の設置に要する期間もあわせて考慮する必要がある．**解説 図 2.2.6** に工事工程表の例を示す．

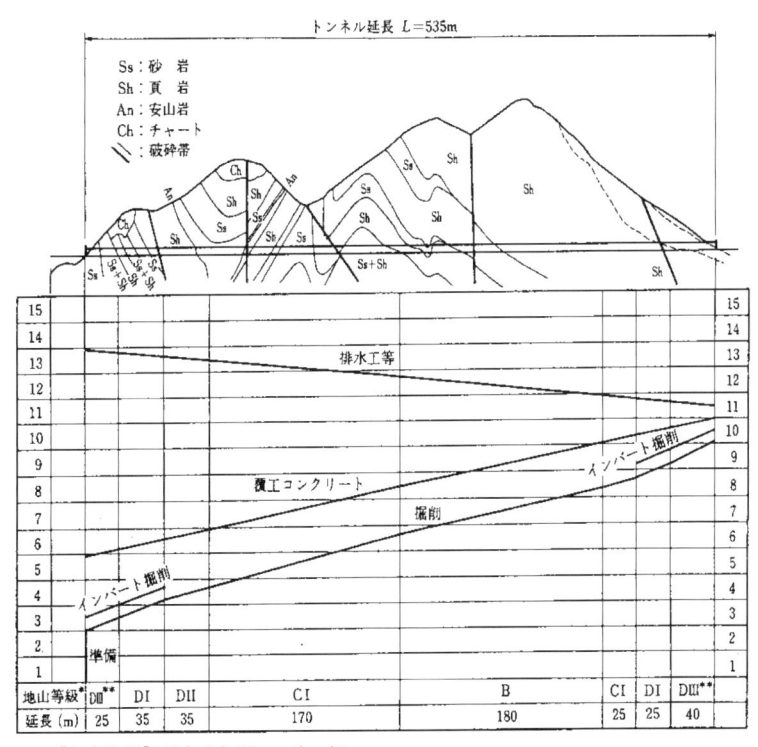

解説 図 2.2.6　工事工程表の例

*【参考資料】付表 3 参照，**坑口部

2.2.3 作業坑

作業坑の計画にあたっては，用途，工程，工区区分，設置位置，断面，機械設備，工事完了後の措置等について，地山条件，立地条件等を考慮して検討しなければならない．

【解説】 作業坑は，本坑の工事を円滑に進めるため，工期的な制限や経済性，施工性，地山条件，立地条件等から，いくつかの工区区分に分割した施工が必要な長大トンネルの場合や，トンネル坑口からの施工が困難な場合等に採用する．

作業坑の用途はずりや資機材の運搬，作業員の入出坑，給水および排水，送気および排気，給電，測量等であり，作業性と処理能力の点から，1工区に複数の作業坑を設置してもよい．

なお，作業坑は，上述のような工事用設備としてのみ用いる場合と，トンネル完成後の通路，換気坑等のトンネル付属施設の形で永久施設として使用される場合がある．工事用設備としてのみ使用する場合には，補強，埋戻し，作業坑坑口部の現況復旧等の工事完了後における措置について検討し，本坑や周辺に悪影響を及ぼさないよう配慮しなければならない．

作業坑は，勾配によって横坑，斜坑，立坑に分けられる．一般に，横坑は施工性，安全性に最も優れており，地形等の条件から極端に延長が長くなるなどの問題がない限り横坑を選択することが望ましい．斜坑，立坑を選択せざるをえない場合には，運搬設備等の工事用設備に特殊な機械が必要となるなど，その計画を行ううえで普通のトンネルとは異なる配慮が必要である(第11編参照)．

作業坑の設置位置の計画にあたっては，地山条件，作業坑坑口部における災害(洪水，雪崩，地すべり等)の可能性，工事に対する法規制，進入路や坑外設備およびずり搬出先等の立地条件等に関する調査成果をもとに，工程，安全性，経済性，施工性について総合的に検討しなければならない．

作業坑の内空断面の計画にあたっては，運搬設備，資機材，本坑内に搬入する機械等に必要な空間を確保し，給排水管，送気管，風管，作業用通路等の配置を，作業坑保守や将来の増設のための余裕も考慮して決定する．また，作業坑をトンネル付属施設として将来利用する場合には，設備設計上要求される断面形状と上述の施工上必要な断面形状を同時に満足するよう計画する．

作業坑と本坑の取付けは，交角を30°以上とするのが望ましい．立坑は，本坑に近接させるよりも本坑との連絡横坑の延長にこだわらず地質や立地条件が良好な位置を選ぶのがよい．深い立坑で，トンネルの直上に設置する場合には，埋戻しや本坑の補強が容易でないために，本坑の工期に影響することがあるので注意する必要がある．

2.2.4 工事用道路，坑外設備およびずり搬出先

（1） 工事用道路の計画にあたっては，工事全体の工程，経済性に大きな影響を与えるため，立地条件，経済性，周辺環境に与える影響等を考慮し，その経路，本数および幅員等の道路構造について総合的に検討しなければならない．

（2） 坑外設備の計画にあたっては，工事を安全かつ円滑に進められるよう，工事規模，地山条件，立地条件，周辺環境に与える影響等を考慮し，設備の能力および配置等を検討しなければならない．

（3） ずり搬出先の計画にあたっては，発生土量の条件を満たし，運搬距離，運搬路，必要となる付帯工事量，周辺環境に与える影響を考慮しなければならない．

（4） 坑外設備およびずり搬出先の計画にあたっては，将来の防災計画，跡地利用計画等に基づいて，工事完了後の措置についても検討しなければならない．

【解説】 （1）について 工事用道路の用途は，資機材の搬入，搬出およびずりの運搬がおもなものである．工事用道路は，工事全体の工程，施工性，経済性に大きく影響するので，立地条件調査の成果や工事用車両の交

通量の想定をもとに，工事用地と既設の道路とを能率的，経済的で，かつ安全性，確実性の高い方式で結ぶことのできる計画としなければならない．

既設道路を利用する場合には，道路管理者，警察や沿道住民等との十分な協議を要し，必要があれば，舗装の新設，道路の拡幅，離合箇所の新設，歩車道分離や通学路の確保等も検討する．

工事用地またはずり搬出先の周辺に適当な既設道路がないか，あるいは現地状況により利用できない場合には，新設工事用道路を計画する．この場合には，目的，想定交通量，車種等を考慮のうえ，道路構造令や林道規程を参考とするなどして平面線形，縦断線形，道路構造等を定めなければならない．

また，既設道路の改良や新設工事用道路を計画する場合で，将来の道路改良，新設計画がある場合には，工事の方法，道路構造，用地の取扱い，移管方法等について道路管理者と十分協議しなければならない．

ずり，資機材の搬出入はトラックによるのが一般的であるが，その他の運搬方式，たとえば，レール方式（専用線の引込み，あるいは坑内軌道の延伸），索道方式，ベルトコンベヤー方式，あるいは立地条件によってはこれらを組み合わせた方式が用いられることもある．

（2）について 坑外設備のおもなものとしては，掘削設備（ずり仮置き設備，軌条設備，火薬関係設備，資材置場等），コンクリート製造設備，諸建物（事務所，宿舎，倉庫，動力所，修理所等），電気設備があり，その他，環境対策として騒音対策設備，汚濁水処理設備等（第4編 13.1参照）が必要となる場合もある．これらについては，トンネル断面，延長等の工事規模，掘削工法，掘削方式，ずり処理方式等の施工方法に適応した設備内容を計画するほか，関連法規類に抵触することのないように計画しなければならない．また，工事が安全かつ円滑に進められるよう効率的に，かつ騒音，振動等周辺環境に与える影響をできるだけ少なくするよう配慮して，それらの配置を検討する．そのためには，地山条件，立地条件，気象条件等に関する調査を事前に行い，工事用地の確保および造成方法等を検討する必要がある．**解説 図 2.2.7**に仮設備配置の例を示す．

また，電気設備計画においては，トンネル工事では多量の電力を消費するので，既設の送電，変電設備の増強を要することが少なくない．これらの増設には手続きと工事にかなりの時間を要するので，工事規模に適合した電力負荷設備を想定したうえで最大負荷，最大消費電力量を算定し，必要な場合には事前に電力会社と協議して手続きを行う．また，排水ポンプ等，停止を許されない設備，機械等については，別系統の電源を得るか，自家発電の設備についても検討する必要がある．

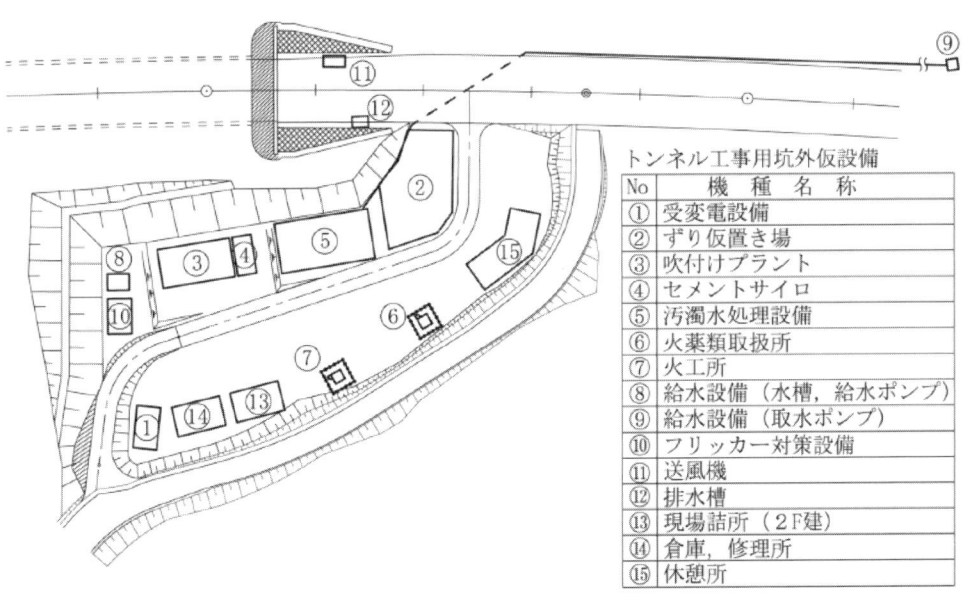

No	機　種　名　称
①	受変電設備
②	ずり仮置き場
③	吹付けプラント
④	セメントサイロ
⑤	汚濁水処理設備
⑥	火薬類取扱所
⑦	火工所
⑧	給水設備（水槽，給水ポンプ）
⑨	給水設備（取水ポンプ）
⑩	フリッカー対策設備
⑪	送風機
⑫	排水槽
⑬	現場詰所（2F建）
⑭	倉庫，修理所
⑮	休憩所

トンネル工事用坑外仮設備

解説 図 2.2.7　仮設備配置例

（3）について ずり搬出先の計画にあたっては，事前の調査成果をもとに安全性や安定性を確認し，運搬が容易で運搬距離が短く，1箇所でなるべく多量の掘削ずりの受け入れが可能な場所を選定しておくのがよい．また，公共工事の場合には，その視点からも極力公共用地である候補地を選択することが望ましい．ただし，ずり

搬出先の決定には関連法規上の手続き等に時間を要し，工事工程に影響を及ぼす場合もあるので，事前の調査や協議が重要となる．なお，発生したずりは「資源の有効な利用の促進に関する法律」等に沿って骨材や盛土材料としての流用等の有効利用を考え，ずり処理数量は極力減らすように努める必要がある．また，処理するずりの中に周辺環境に悪影響を及ぼすような重金属等が含まれる場合には，対策を検討して適切に処理する必要がある（第4編 5.1参照）．

　（4）について　坑外設備およびずり搬出先の工事完了後の措置については，将来的な防災上の配慮が必要となるほか，緑化等の現況復旧が借地条件として求められることがある．とくに，自治体等の用地を利用する場合には，公園，運動場等の将来計画も考慮した整備方法を検討しておかなければならない．

2.2.5　環境保全計画

　環境保全計画の策定にあたっては，工事が周辺環境に影響を及ぼす要因を把握し，必要により対策およびモニタリング調査を検討しなければならない．

【解　説】　施工中および供用後に騒音，振動，地盤や構造物の変状，渇水，汚濁水の排出，交通障害等が周辺の環境に影響を及ぼすおそれがある場合には，環境調査（第2編 3.2.2参照）の成果に基づき，その影響を工事との関係で把握できるようなモニタリングポイントを設けて計測および観察を行うほか，周辺の環境に与える影響を回避または低減させる具体的対策を検討しなければならない（第3編 2.2.2，第4編 5.1，13.，第6編 3.参照）．

　たとえば，土被りの小さいトンネルを施工する場合は，地表面の変位，周辺構造物への影響，地下水位の変化等を把握しておく必要がある．トンネル掘削により地表面の変位や周辺構造物等に影響を及ぼすおそれがある場合には，その影響が最小となるよう十分に検討を行ったうえで対策工を計画する必要がある（第6編 3.参照）．また，トンネルの建設による地下水位の低下に伴い，渇水や地盤沈下が問題となることがあるので，事前に十分な検討が必要である．

　土被りの大きいトンネルを施工する場合には，高圧，多量湧水の発生に伴い，渇水のおそれや排水処理設備の能力超過により関連法規類で定められた排水基準を満足しない汚濁水が河川等に放流されるおそれがある．そのため，事前の調査（第2編 3.参照）結果に基づき，坑内湧水発生の有無，湧水量および影響範囲等をあらかじめ予測し，周辺環境への影響を最小限にとどめるよう適切な対策を計画する必要がある．

　トンネル工事にあたり，事前の調査（第2編 3.参照）の結果から重金属等による環境上の問題がある場合には，周辺の環境に悪影響を及ぼさないよう，処理設備，処理方法および管理方法等について具体的な対策を検討し，適切に対応することが必要である（第4編 5.1参照）．また，施工前から施工中および供用後の各段階においてモニタリングを計画，実施し，重金属等による周辺環境への影響や対策効果の確認およびそれらの評価を行うことが重要である．

　野生動植物に対しては，生態系に悪影響を与えないよう，生息，生育環境の保全を図ることが必要である．野生動植物への保全対策を検討する場合は専門的な知識が必要となるため，専門家の指導や助言を仰ぎ検討することが望ましい．

　環境保全対策については，第4編 13.に示す具体的な対策例を参考にし，周辺環境に応じた有効な方法を選定して，工事計画を策定しなければならない．ただし，十分な対策を講じられない場合には，代替施設や施設の移転を検討する必要がある．

第3章 調　査

3.1 地山条件の調査
3.1.1 地山条件の調査一般

　地山条件の調査は，トンネル周辺および工事の影響の及ぶ可能性のある範囲について，地形，地質，水文等の留意すべき地山条件を工事の段階と目的に応じて適切な精度で明らかにしなければならない．

【解　説】　地山条件の調査は，路線選定から施工後の維持管理までの各段階で行われる．この中で計画時に実施されるのは，路線選定段階の地形と地質の調査，設計および施工計画段階の地質調査および水文調査等である(第2編 3.1.2, 3.1.3, 3.1.5参照)．なお，地山の性状，地下水等の状況および周辺環境の状況等は互いに密接に関係するため，地形や地質の調査，水文調査および立地条件調査等で得られた情報は相互に関連付けた検討が必要である．したがって，各調査は施工前の早い段階から長期的な視野で計画的に行うとともに，調査の各段階でそれぞれの成果を比較検討して有効に利用しなければならない．ただし，延長が長い，または土被りが大きいなどの理由で，施工以前の段階で地山性状の十分な把握が困難な場合には，施工中においても必要に応じて地質調査(第2編 3.1.4参照)を継続することが望ましい．

　解説 図 2.3.1に地山条件の調査の流れを，解説 表 2.3.1に調査の目的と精度を示す．また，解説 表 2.1.1の特殊な地山条件や解説 表 2.1.2の設計，施工において留意すべき事項は工事に多大な影響を及ぼすことが多く，路線選定の段階から特殊な地山の分布や性状，設計や施工条件の詳細を十分把握し，その対策を検討することが必要である．

解説 表 2.3.1　調査の目的と精度

段　階	目　的	調査の内容	調査範囲と精度	条　文
路線選定	・比較路線検討 ・明かり部や坑口付近を含む広域の検討	・周辺を含む広域的な地山条件把握 ・特殊な地山条件の有無 ・設計，施工において留意すべき事項の有無	・1/25 000〜1/5 000 ・比較路線を含む広範囲	第2編 3.1.2 第2編 3.1.5
	・路線決定 ・線形(平面，縦断)の設定 ・坑口部の設定	・地山条件の全般的な把握 ・特殊な地山の分布と性状 ・設計，施工において留意すべき事項の概要	・1/10 000〜1/1 000 ・路線周辺および関係があると推定される箇所	第2編 3.1.2 第2編 3.1.5
設計，施工計画	・概略の設計 ・トンネル断面の設定	・地山条件の全容把握 ・特殊な地山の分布と性状の詳細 ・設計，施工において留意すべき事項の詳細	・1/2 500〜1/500 ・路線およびその周辺	第2編 3.1.3 第2編 3.1.5 第2編 3.3.2
	・詳細な設計 ・トンネル断面，支保工，覆工の照査 ・施工計画	・支保工設計に必要な地山条件の把握 ・施工計画や積算に必要な情報の取得 ・施工の影響が予測される箇所の確認	・1/500〜1/100 ・路線	第2編 3.1.3 第2編 3.1.5 第2編 3.3.2
施工	・施工管理 ・設計変更 ・補償	・切羽観察等の地山状態の観察や支保の挙動計測 ・切羽前方探査 ・トンネルの変状 ・周辺の環境変化 ・施工実績と地山条件の整理	・トンネル内および施工の影響を受ける範囲	第2編 3.1.4 第2編 3.1.5 第4編 1.2 第5編 4.2, 4.3
維持管理	・補償 ・維持更新	・トンネルの変状 ・周辺の環境変化	・トンネル内および施工の影響を受ける範囲	第2編 3.1.5

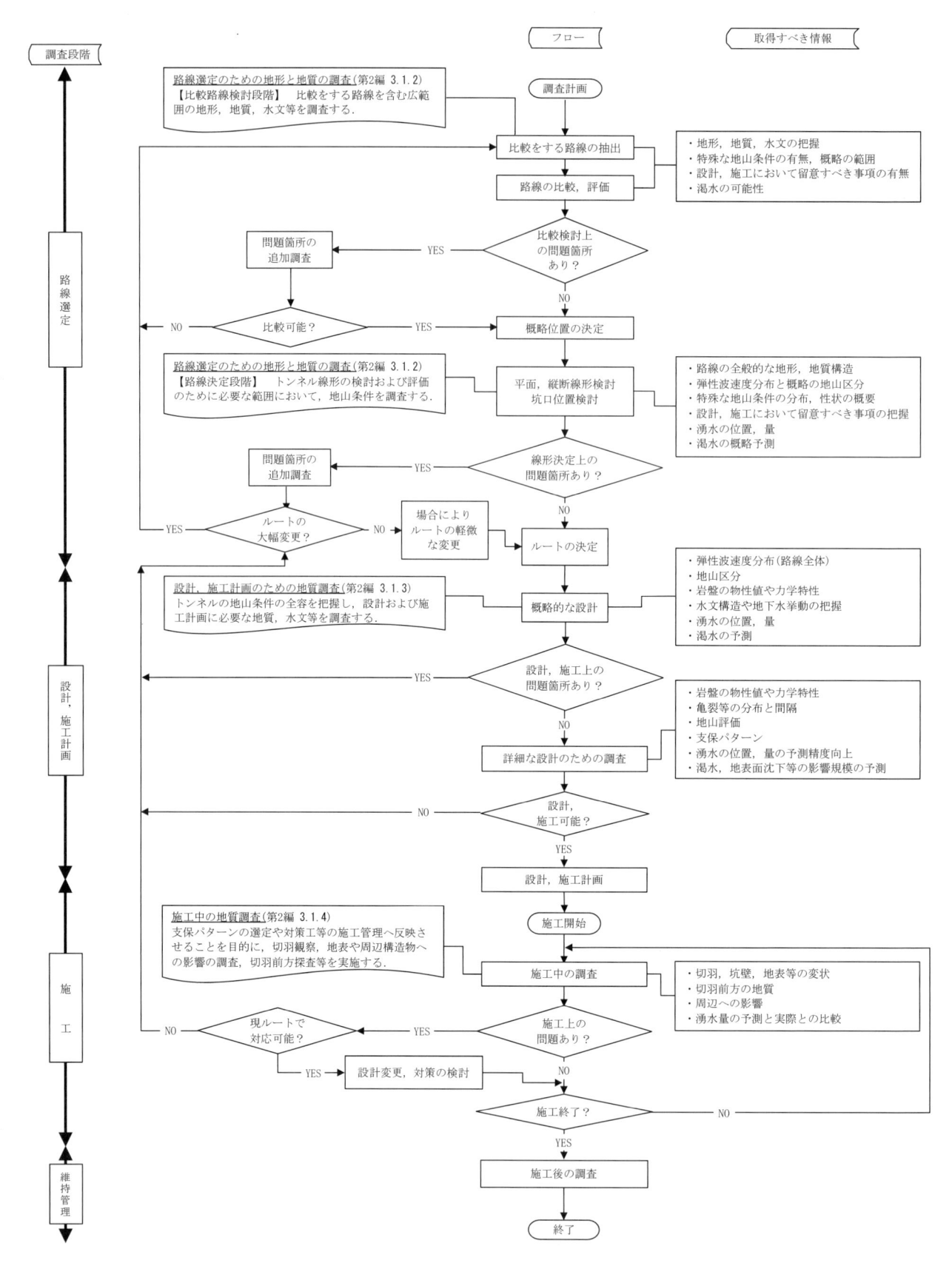

解説 図 2.3.1 地山条件調査の流れ

3.1.2　路線選定のための地形と地質の調査

（1）　路線選定のための調査は，トンネルの地山条件の概要を把握し，路線の絞り込みおよびその後の調査計画立案に必要な資料を得ることを目的として，比較路線検討段階，路線決定段階と段階的に行わなければならない．

（2）　比較路線検討段階では，比較をする路線を含む広範囲の地形，地質，水文等を対象に，また路線決定段階では，トンネル線形の検討および評価に必要な範囲の地山条件を対象として，調査を実施しなければならない．

（3）　調査は，地山および立地条件に応じ，適切な手法を用いて行わなければならない．

【解　説】　（1）について　路線選定のための調査は，路線およびその周辺の全般的な地山条件を把握するものであり，この段階の調査成果はその後の設計および施工計画段階の調査に関する計画立案に際しての重要な資料となるため，今後検討すべき問題点もあわせて整理しておくこととする．また，一般に路線選定は，複数の路線案の優劣を比較検討する比較路線検討段階と，これらの複数案を絞り込み路線位置を決定する路線決定段階に分けられ，地形や地質の調査も段階ごとに目的にかなった適切な内容を実施する必要がある．

（2）について　トンネルは，一般に前後の明かり部と一体のものである．坑口付近および明かり部の地形，地質状況によっては，大幅な路線変更を余儀なくされることもある．また，周辺の水利用への影響が懸念される地域や複雑な地質構造をなす地域では，路線沿いのみの調査では不十分なことがある．したがって，比較路線検討段階の調査は，比較路線を含む広い範囲を対象とすべきである．また，**解説 表 2.1.1**に示すトンネル工事において問題を生じる特殊な地山条件等の有無について確認する必要がある．

路線決定段階の調査では，路線選定上の地形的，地質的問題点を整理するにあたって，特殊な地山条件の性状や規模等の概要を把握し，それらを考慮あるいは回避する線形（平面線形，縦断線形）や坑口位置を検討するための基礎資料とするほか，選定される路線に関して全般的な地山条件の評価を実施できるよう調査を行う必要がある．

（3）について　**解説 表 2.3.2**と**解説 表 2.3.7**に，おもな地質調査と水文調査で得られる情報，調査の目的と結果の利用法，調査の留意点とその適用段階等について示す．路線選定のための調査は，通常，資料調査，地形判読，地表地質踏査，物理探査，ボーリング調査，水収支調査，水文環境調査等を，検討の必要性と進捗状況に応じて実施しなければならない．

比較路線検討段階では，比較をする路線を含む広域の地形，地質，水文状況を概略的に把握することが主目的であり，資料調査，地形判読，地表地質踏査，あるいはボーリング調査等の結果に基づき，地形，地質，水文上の問題点あるいは今後検討すべき問題点を整理し，それらを現地で確認できるように進めることが重要である．

路線決定段階では，トンネル線形を決定するうえで問題となることが予想される地形や地質，水文状況についてボーリング調査や物理探査，水収支検討等の詳細な調査を行い，それらの総合的評価から問題の有無あるいはその重要性を検討し，路線計画に反映することが必要である．とくに，坑口周辺の地形および地質条件は路線選定を大きく左右するものであるため，地すべり地，崩壊地等の不安定な地形や地質が予想される場合には，この段階で分布および性状等の詳細を把握しておく必要がある．

なお，地形判読や地表地質踏査による調査結果の精度は調査密度により左右されるのはもちろんであるが，使用する地形図の精度によっても大きく左右される．そのため，調査にあたっては事前に極力精度の高い地形図を収集することとし，それが困難な場合は新たな地形図を作成することが望ましい．

解説 表 2.3.2 おもな地質調査法による調査項目、利用法、留意点および適用段階（その1）

調査法	調査により得られる情報	調査の目的と調査結果の利用	調査の留意点	路線選定	設計,施工計画	施工
資料調査	・計画地域の地形、地質、水文、災害履歴、地下資源、施工実績等の概要	①比較路線の検討地形で回避すべき地形、地質、水文上の問題点および開削箇所の概要を把握 ②地表踏査およびその後の調査で用いるべきテーマを抽出	①地域により資料が少ない場合がある。 ②一般に図面類の精度が低い。 ③図面類の表現等は調査目的と必ずしも一致しない。 ④踏査が困難な市街地、平地、台地下の場合、ボーリングや井戸の掘削記録や周辺での工事実績等の既存資料が重要である。	◎	○	△
地形判読	①表層地質、とくにトンネル坑口付近の不安定地形や坑口付近の地質 ②地質構造、とくに断層、割れ目等の弱線 ③人工改変前の表層地質	①表層地質を含む地域の地形、地質、水文等の概要を検討 ②断層破砕帯、地すべり地、崩壊地、未固結堆積物等の表層地質の把握 ③坑口部の地形、地質状況の把握	①計画地域を一枚・精度で調査を行い、地表踏査で確認する必要がある。 ②各調査段階で再判読を行い、精度を上げていく必要がある。 ③空中写真や地形図の確認による判読の精度や難易度は非常に異なる。航空レーザ測量等による地形図等は詳細な地形判読を行ううえで非常に有用であり、地表地質踏査時の基礎資料としても活用できる。 ④地形改変の進んだ地域の場合、地形改変以前の空中写真、地形図による原地形の復元や推定をしている低地等の地盤状況が把握が可能である。	◎	○	△
地表地質踏査	①表層地質の分布、性状、安定性 ②基盤地質の分布、性状 ③地質構造（褶曲、断層等）の分布、性状	①各種踏査、試験結果をもとに地質平面図、断面図等を作成し、路線沿いの構造地質の分布、性状を把握 ②路線沿いの構造地質の安定性、施工性に関する定性的評価 ③以後の調査の方法、順序、位置の検討	①調査により作成された地質図類はひとつの解釈図であり、その後の調査で検証する必要がある。 ②使用する地質図の精度に大きく左右される。 ③以後の調査成果を反映させて修正させていくものであり、その後の調査段階での要求にあわせて、別の角度からの路査を実施することもある。 ④坑口部の調査ではトレンチ等による精密な地質調査が有効なことがある。	◎	◎	○
物理探査	弾性波探査	①地山の弾性波速度 ②断層、破砕帯等に起因する低速度帯の位置、規模、速度値	①線状構造物であるトンネルの未固結堆積物、風化層の厚さ、性状の把握 ②解析方法は主として林屈法の方法の2種類が用いられている。トモグラフィー的方法の適用もある。 ③解析上留意すべき地形条件、解析の困難な地質構造等が存在するため、その適用には注意が必要である。 ④低速度層が存在する場合には、解析が不正確になる。 ⑤結果はあくまでも平均分布であり、詳細な地盤状況等の評価は、他の調査結果とあわせて総合的に評価する必要がある。 ⑥層厚の薄い層の地層は出現しにくい。 ⑦都市部では振源の設定が困難であり、また人工振動ノイズが大きい。	◎	◎	○
	電気探査	・地盤の比抵抗値およびその比抵抗値の断面的分布状態	①帯水層等の検出 ②地下水、帯水層の分布、性状検討 ③層準、風化層の実態把握	①探査地点の地形、地質条件で探査精度が大きく変わる。 ②地下深部ほど分解能が低下する。 ③比抵抗値を規定するものであり、地盤の力学強度とは直接関係しない。 ④地下水調査や岩相変化の確認調査との併用が望ましい。 ⑤都市部ではノイズ源が多く存在する。 ⑥舗装街路等では電極配置に工夫が必要である。	○	○	△
ボーリング調査	①土砂、岩盤の成層状態と分布 ②地下水の有無、湧水状と水量 ③軟弱層、断層、破砕帯の位置、規模、性状の連続性 ④岩石の種類、風化や変質、割れ目、節理等の性状 ⑤土の試料採取による構成土の判別、分類	①計画路線沿いの地質を直接確認し、構成地質の分布、性状の詳細を明らかにする ②採取岩石の硬さ、風化、地質状況、亀裂状況、覆工等を検討 ③表採岩や室内試験により物理特性、力学特性を取得	①地質を直接観察でき、確実な調査法である。 ②点の調査であり、地表踏査等の各種調査との併用が必要である。 ③都市部では調査用地の確保が困難な場合がある。 ④ボーリング孔を利用した孔内試験、物理検層、ボアホールスキャナによる観察、計測および水位観測が可能である。 ⑤水平ボーリングはトンネル線上の地質状況に関する情報も得られるので、坑口付近の調査や坑内切羽の前方探査として有効である。またコントロールボーリングは、ボーリング方向、傾斜をコントロールして目的位置のコアリングを行うことができる。	◎	◎	◎

◎：重点的に実施すべき調査　○：実施すべき調査　△：必要に応じて実施した方がよい調査

第 2 編　計画および調査

解説 表 2.3.2　おもな地質調査法による調査項目、利用法、留意点および適用段階（その2）

調査法	調査により得られる情報	調査の目的と調査結果の利用	調査の留意点	適用段階 路線選定	適用段階 設計,施工計画	適用段階 施工
標準貫入試験	・地山のN値と硬軟あるいは締まり具合	①都市部における一般的な地山の安定性の検討 ②岩盤や支持層の深さの把握	①N値50以上の硬い地盤では詳細かつ判定はできない。 ②近年、軟岩地盤への適用例が増えてきたが、一般に硬岩地盤には適用できない。	◎	○	△
孔内水平載荷試験	・地山の変形係数、弾性係数等	・地山の変形解析	①構成地質、ボーリングの孔径に見合った機種を選定する必要がある。②コア観察により代表的な地質状況の区間を選定する必要がある。	○	○	△
透水試験	・地山の透水係数等の水理特性	①帯水層での突発湧水、恒常湧水の予測、評価 ②未固結地山での切取安定性の評価	①測定値は概略であり、オーダーで評価する必要がある。②地盤条件により試験方法を選定する必要がある。③深度が深くなると、砂質土ではケーシング挿入が困難となる。	○	○	△
速度検層	・地山の弾性波速度の鉛直分布	①測定値からの間接的に岩盤、土砂の区分の推定 ②弾性波探査ではまかないからない低速度層の把握	・測定方法にはダウンホール方式とPS検層振込方式の2種類があり、孔内水の有無等により使い分ける。	○	○	△
電気検層	・孔壁に近接する部分の見かけの比抵抗値	①比抵抗値による地質分布の把握 ②帯水層の地下水賦存状況の評価	①地下水面下の測定に限られる。②ケーシング挿入区間は測定不可能である。	○	○	△
温度検層	・孔内水の温度の変化	①地下水流動の水性の有無 ②温泉水湧出量の有無	①孔内水温度を安定させるため、ボーリング削孔後時間をおいて測定する必要がある。②ケーシング挿入されたボーリング孔では測定できない。	○	○	△
密度検層	・地山の密度	・地山の湿潤密度、乾燥密度、間隙率の状況とそれらの深度方向の分布	①比較的強いγ線源を用いるため必要である。②校正曲線作成のための検定試験が必要である。	○	○	△
キャリパー検層	・ボーリング孔の孔径の変化	・ボーリング孔の安定性の評価	・ケーシング挿入区間ではボーリング孔では測定できない。	○	○	△
地下水検層	・地下水流動層の位置等	①地山中の地下水流動層の分布や流動性の把握 ②地すべり面の想定	①単一電極検層方式は測定に時間を要する。②深度が深くなると、電磁物質の境界は測定は困難となる。③ケーシング挿入されたボーリング孔では測定できない。	○	○	△
ボアホールスキャナ	①孔内の変形状況、地質の構造 ②湧水状況	①切取りの安定性検討 ②湧水箇所の水理状況	①孔内湧水を十分に行う必要がある。②ケーシング挿入されたボーリング孔では観察不能である。	△	△	△
初期地圧測定	・地山応力	・地山の応力状態の把握	・測定結果はまとめて局所的な応力状態を表しており、測定結果から地山全体の応力状態の推定が難しい。	○	△	△
室内試験	①構成岩石の物理、力学特性（単位体積重量、弾性波速度、圧縮強さ等）②構成岩石の鉱物的化学特性（粘土物質含有量、スレーキング特性、重金属溶出量等）③構成土質の物理、力学特性（粒度組成、含水比、圧縮強さ、コンシステンシー等）	①未固結地山での切取安定性の検討 ②地山弾性波速度とあわせて割れ目等による地山の劣化程度を把握 ③地山の力学特性を把握 ④膨張性地山の予測把握 ⑤掘削ずりに含まれる重金属等の環境への影響の評価	・対象とする地山の問題点にあわせて試験項目を選定する。②結果は試験体の物性値であるので、地山の評価にあたり目等の評価を考慮する。③試験結果は含水比により大きく異なる場合がある。④力学試験では、試料採取時の乱れの影響を受けやすい。⑤重金属等について試験採取時は地質特性、地下水特性に応じて最適な方法を検討する必要がある。	○	◎	○

◎：重点的に実施すべき調査　○：実施すべき調査　△：必要に応じて実施した方がよい調査

3.1.3 設計，施工計画のための地質調査

（1） 設計，施工計画段階の地質調査は，トンネルの地山条件の全容を把握し設計および施工計画に必要な基礎資料を得ることを目的に段階的に実施し，精度を高めていかなければならない．

（2） 調査にあたっては，調査目的や地山条件等を考慮して必要な調査項目を選定し，それに適合した調査法を用いて実施しなければならない．

（3） 特殊な地山条件，設計，施工において留意すべき事項を有するトンネルにおいては，それぞれの条件に応じた調査を適切に行わなければならない．

【解　説】　（1）について　設計，施工計画段階の調査は，路線選定段階の調査で指摘された地形や地質上の問題点を解明し，次の事項を検討するために実施する．

① トンネル区間の全体的な地質構造，地質分布およびその性状の把握
② 調査結果と技術的な判断に基づいた地山分類
③ 特殊な地山の分布や性状の把握および問題となる現象の発生予測
④ 坑口位置の地形，地質条件および問題となる事項の把握
⑤ 切羽の安定性評価，掘削工法および掘削方式の選定，支保工の設計，補助工法の選定等の設計，施工や積算に必要な情報の取得
⑥ 施工による渇水，地盤沈下等の周辺環境への影響の予測

設計，施工計画のための地質調査の実施にあたっては，**解説 図** 2.3.1に示した流れにしたがって，路線選定時に得られた調査成果に基づいて計画し，設計から施工計画へ段階的に実施し，順次調査の精度を高めていくことが重要である．設計および施工計画段階の調査は**解説 表** 2.3.3に示すとおりである．これらのうち概略的な設計のための調査ではトンネルの全区間を対象に踏査，水文調査を実施するとともに，露頭状況や地山条件に応じて，弾性波探査や電気探査等により地形，地質分布，地質構造，水文地質構造等を調査する．また，路線選定時の調査や上述の物理探査の結果をもとに，坑口部や問題の発生が予想される箇所は，ボーリング調査やその孔を利用した孔内試験，物理検層を地山条件に応じて実施する．

つぎに，概略的な設計のための調査で明らかになった問題点のうち，詳細な設計，施工計画を立案するうえでとくに重要な事項については，調査精度を高める，あるいは問題を解明するための調査を実施する．この調査としては，範囲を限定した詳細な踏査，ボーリング調査あるいは特殊な地山条件や設計，施工において留意すべき事項に応じた調査法を用いることとする．

なお，各調査段階で新たな問題が明らかになった場合，それまでの調査成果を見直すとともに調査方法や実施位置等の調査計画をすみやかに変更しなければならない．

（2）について　設計，施工計画段階における地質調査の項目を**解説 表** 2.3.3に示す．この表を参考に対象とするトンネルの地山条件により調査項目を絞り込み，さらにその項目に適合した調査法を選定する．トンネルで使用する主要な地質調査法の特徴と留意点は**解説 表** 2.3.2に示したとおりであるが，実施にあたっては各調査法の特徴，得られる情報，利用法や問題点を理解し，各調査法を計画的に組み合わせて実施しなければならない．

設計，施工計画段階の調査は，路線選定段階の調査結果を掘り下げるように実施するものであり，坑口部の斜面安定に関する調査ではつぼ掘りが，活断層等の調査ではトレンチによる地質調査が有効なことがある．また，ボーリング調査は地質を直接観察することのほかに，**解説 表** 2.3.3に示す室内試験に供する試料の採取や孔内試験や検層のための孔を設置するという目的もあるため，調査地点は踏査等の結果から選定することが重要である．

地山条件等における問題点は一つの調査法のみですべてを解明できない場合が多いので，必要に応じて複数の調査法を実施し，調査結果を互いに比較検討して総合的に判断しなければならない．

（3）について　以下に特殊な地山条件から生じる問題および設計，施工において留意すべき事項とそれらの調査について示す．

解説 表 2.3.3 地山条件，調査項目と調査法の関係

区分	地山条件	地形			地質構造		岩質および土質					地下水				物理的性質		力学的性質		鉱物化学的性質			その他			
		地すべり,崩壊地形	偏土圧が作用する地形	土被り	地質分布	断層,褶曲	岩質,土質名	岩相	風化,変質	割れ目等分離面	固結度	帯水層	地下水位	透水係数	地下水流動	弾性波速度	物理特性	圧縮強さ等の強度特性	変形係数等の変形特性	粘土鉱物	スレーキング特性	吸水,膨張率	地熱	温泉	有害ガス	地下資源
一般的な地山条件	硬岩および中硬岩	○	○		○	○	○	○	○	○		○	○		○	○	○	○	○		△	△		△
	軟岩	○	○	○	○	○	○	○	○	○		○	○	○	○	○	○	○	○	○	○	△	△	○
	土砂	○	○	○	○	△		○		○	○	○	○	○		○	○	○	○					
特殊な地山条件	地すべりや斜面災害の可能性がある地山	○	○	○	○	○	○	○	○	○		○	○	○		○		○	○					
	断層破砕帯,褶曲じょう乱帯	○		○	○	○	○	○	○	○		○	○	○	○	○	○	○	○	○		△	△	
	未固結地山		○	○			○	○			○	○	○	○		○	○	○	○					
	膨張性地山	○	○	○			○	○	○			○	○			○	○	○	○	○	○			△	
	山はねが予想される地山		○		○	○										○	○	○	○						
	高い地熱,温泉,有害ガス,地下資源等がある地山			△	○	○	○	○		○		○	○	○		△	△	△	△		△		○	○	○	△
	高圧,多量の湧水がある地山			○	○	○	○	○	○	△	○	○	○	○	○										

段階	調査法	調査項目 →
路線選定段階	資料調査	○ △ ○ △ △ △ △　　　　　　　　　　　　　　△ △ △ △
	地形判読(空中写真,地形図等)	○ △　△ ○ △ △
	地表地質踏査	○ ○ ○ ○ ○ ○ ○ ○ ○ ○　　　　　　　　　　　△ △ △
	弾性波探査	△ 　△ 　　○ ○ △　　　　　○ 　　　　　　　　　　△
	電気探査	△ 　△ 　△ 　△ ○ ○ 　　　　△
	ボーリング調査	○ 　○ ○ ○ ○ ○ ○ ○ ○ ○ ○ 　　　　　　　　　△ △ △ △
設計,施工計画段階〜施工段階	孔内試験および検層　標準貫入試験	○　　　　　　△ △
	孔内水平載荷試験	○
	透水試験	○ ○　　　　　　　　　　　　○
	湧水圧試験	○ ○ ○
	速度検層	△ △　　　○ ○　　○ △
	電気検層	△ 　△ 　△ ○ ○ 　△
	地下水検層	○ ○
	ボアホールスキャナ	△ 　○
	室内試験　密度試験	○
	含水比試験	○ 　　　△ △
	粒度試験	○
	土粒子の比重試験	○ △
	液性限界,塑性限界試験	○ 　　△
	一軸圧縮試験	△ △ 　　○ △
	三軸圧縮試験	○ ○ △
	引張り強さ試験	○
	点載荷試験	○
	針貫入試験	○
	透水試験	○
	超音波速度測定	○ ○ △
	スレーキング試験(浸水崩壊度試験)	△ 　　　　　　　　　　　　　　　　　△ ○ △
	陽イオン交換容量試験(CEC)	△ 　　　　　　　　　　　　　　　　　○
	吸水膨張試験	△ ○
	顕微鏡観察	○ 　○ 　　　　　　　　　　　○ 　　　　　　○
	X線回折分析	○ 　　　　　　　　　　　　○
	調査坑調査	○ ○ 　　　　　　　△ △ △ 　　　△ ○ ○ ○

(地山条件) ○：把握すべき，△：場合によって把握すべき　　(調査法) ○：有効，△：場合によって有効

1) 特殊な地山条件から生じる問題　特殊な地山条件の調査項目は**解説 表 2.3.3**に示すとおりである．調査の計画，実施にあたっては，専門技術者の意見を十分に聞いて行うことが望ましい．

① 地すべりや斜面災害の可能性がある地山：トンネル坑口や土被りの小さい谷部や斜面に近接したトンネルの場合，地すべりや斜面崩壊の可能性を検討するとともに，トンネルの安定性を評価し，対策工の必要性やその設計について判断できる資料を得るための調査が必要である．とくに，規模の大きい地すべりの発生が予想される場合には，地すべりを避けたルートの検討も必要である．斜面災害が予想される地山や偏圧地形部で土被りが小さいトンネルでは，集中豪雨や地震動，経年的な地山の劣化等によって供用後に変状がみられることがあるため，長期的な地山の安定性について検討する必要がある．

地すべり地や斜面崩壊地は地すべり地形等の特有な地形を呈している場合が多いので，路線選定段階での空中写真判読や航空レーザ測量等による詳細な地形図の判読および踏査が有効である．また，地すべり指定地等を含む過去の地すべり変動の履歴について，地元住民や関係機関から聞き取りや資料調査により情報を得ることも大切である．調査の結果，地すべりの可能性があると判断された場合には，踏査で地すべり地内の変状状況を把握し，伸縮計等による地表面変位の計測やパイプひずみ計等による地中変位の計測により地すべり変動の可能性を判断することが大切である．また，地すべり規模を考慮してボーリング調査を計画的に実施して地すべり深さ等を調査するとともに，この孔を利用して地下水調査や地中変位測定を行う必要がある．

② 断層破砕帯，褶曲じょう乱帯：幅の広い破砕帯を伴った断層の存在は，路線選定段階の調査で概略を把握できる．破砕の程度等の性状については弾性波探査，ボーリング調査等により想定できる．また，断層破砕帯には多量の地下水を賦存していることがあり，この分布や性状の把握が大切である．また，いわゆる活断層については資料調査により活動度を把握したうえで必要に応じて踏査やトレンチによる詳細観察等の調査を検討する．

褶曲やそれに伴うじょう乱帯については，とくにグリーンタフ地域の現在も変形が進行中の褶曲（活褶曲）が問題となる．活褶曲の軸（変形した地層の曲率が最大となる部分）付近では土被り荷重に加えてかなり大きな地質構造的な応力が作用している場合があり，軟岩で岩石そのものの強度が小さいと膨張性地圧が作用することがあるので，後述の膨張性地山の調査が必要である．

③ 未固結地山：未固結地山とは，未固結ないし固結度の低い砂質土，礫質土および粘性土等の土砂ならびに火山灰，火山礫および軽石等の火山砕屑物等からなる地山を指す．これらが含水した状態になると切羽の流出，多量湧水や崩壊，土被りが小さい場合の地表面沈下や陥没等の問題が生じる．とくに，粒径が均一な細砂の場合は流動化の判定指標となる室内試験が重要である．また，粘土等の不透水層と互層をなしている場合やレンズ状構造等の不均質な地質構造を呈する場合には，帯水層の地下水は被圧している場合が多いので注意を要する．都市部を含む平野部や丘陵地では埋没谷が分布することがあり，多量の突発湧水，切羽の崩壊やこれらの影響がトンネルから離れた場所で生じるなどの問題があるので，とくに注意しなければならない．また，火山地帯の場合はボーリング調査を主体に電気探査，地下水調査，弾性波探査（反射法）等により地質構造を総合的に評価するが，地質構造が旧地形に顕著に支配されるため複雑であり，さらに新期の堆積物が地表を被っている場合が多いので，施工段階まで継続した調査が必要となることが多い．

④ 膨張性地山：膨張性地山には，岩石強度をはるかに超える応力による塑性流動化を原因として内空断面が縮小する地山（スクィージング地山，押出し性地山とも呼ばれる），吸水による岩石の体積膨張を原因として内空断面が縮小する地山（スウェリング地山）の2種類があり，単に岩石の種類や性質のみでなく，土被り荷重による応力や褶曲構造等による地質構造的な応力との関連も大きく，同一基準によって膨張の大小を判定できないことが多い．一般には，いずれの膨張性についても新第三紀以降の泥岩や凝灰岩，断層部の粘土，破砕帯，温泉余土，蛇紋岩等でみられることが多い．

新第三紀の泥岩や凝灰岩では施工実績をもとにしてその有無と程度を予測しているが，その評価指標は**解説 表 2.3.3**に示した室内試験によっている．また，地山の強度が小さいため，ボーリング孔を利用した原位置試験も有効である．塑性流動化現象に起因する膨張性地山の場合は，後述の山はねが生じる地山の場合と同様にボーリングコアが薄く割れて円盤状になるディスキング現象がみられることがある．一方，蛇紋岩，粘土化した結晶片岩，温泉余土，断層粘土等は分布が不規則で変質状態等も一様でないため，詳細に調査，評価する必要がある．

⑤　山はねが生じる地山：山はねとは，切羽近傍で爆音とともに岩盤が爆発的に破壊し，破壊された岩片が飛散することをいう．山はねは，一般に土被りが大きい，地殻応力が卓越しているなどの理由で岩盤内に存在する破壊条件に近い応力状態にある場所が掘削によって破壊応力条件に達し，岩盤に蓄えられていた弾性ひずみエネルギーが急激に解放される現象とされる．山はねはぜい性度（一軸圧縮強さと引張り強さとの比）が大きい岩石が分布する場合やディスキング現象がみられる場合に発生する傾向があるとされる．施工中の山はねの予知手段としてAE（Acoustic Emission）測定が用いられることがある．

　⑥　高い地熱，温泉，有害ガス等がある地山：この種の問題が生じるのは熱水変質帯，破砕帯，貫入岩および石油，石炭の胚胎層のような地山であり，路線選定段階でその概要を把握できる．このような地域にトンネルを計画する場合，地熱，温泉，ガス等の貯留構造をボーリング調査，各種物理探査により入念に調査するとともに，浅所の地中温度分布から地下熱源の位置や形状を推定する地温探査法やガスの存在を確認するためのガス分析等を実施する．高い地熱や温泉が認められる地山では熱水変質帯を伴うことがあるため，その場合には膨張性等に関する調査も必要となる．

　⑦　高圧，多量の湧水がある地山：断層粘土でしゃ断された地下水，火山砕屑物等の未固結層に含まれる多量の地下水，節理や亀裂等に含まれた裂か水（開口した割れ目に賦存する地下水），石灰岩や溶岩等の空洞に含まれる洞窟水等では高圧で多量の湧水が突然生じることがあり，場合によっては切羽の崩壊や土砂流出を起こすことがある．調査は②断層破砕帯，褶曲じょう乱帯，③未固結地山の項や後述の第2編 3.1.5を参考に，おもにボーリング調査および水文地質調査等を実施する．地質状況によっては弾性波探査，電気探査等の各種物理探査を追加する．しかし事前調査だけで正確な把握は困難な場合が多く，施工中の先進ボーリングや水文調査等で調査精度を向上させる必要がある．

　⑧　重金属等：重金属等は金属鉱床や石炭，石油の胚胎層，熱水変質帯や海成の泥質堆積物等に含有される．このような地山を通過するトンネルを計画する場合は，地表地質踏査やボーリング調査を行い，また必要に応じて含有される鉱石や重金属等の分析等を行うことで，重金属等およびそれらを胚胎する地山の分布や性状を把握する．

　2）　設計，施工において留意すべき事項

　①　都市域を通過する場合：都市域を通過するトンネルでは，地表および地下の既設構造物等への支障等制約が厳しいので，後述の第2編 3.2.2に示す周辺状況の調査を行わなければならない．また，土被りが小さく未固結地山の場合，地下水障害や地表面沈下が問題となるので，未固結地山の調査および小さな土被りの場合の調査ならびに後述の第2編 3.1.5を参考にボーリング調査やその孔を利用した各種原位置試験，室内試験，地下水調査等を実施する．

　②　小さな土被りの場合：土被りの小さな地山はグラウンドアーチが形成されにくく，地山の緩みに伴う地表面沈下や陥没等が起きやすい．また，切羽の安定性や坑壁の保持も問題となる場合が多い．とくに，地表に構造物がある場合は沈下量と沈下範囲を想定するための調査を行わなければならない．また，沈下量を抑える必要がある場合は，その補助工法を選定し設計するための調査を行う．沈下量の予測には地山の強度と変形特性の把握が必要であるため，標準貫入試験やボーリング孔を利用した原位置試験および室内試験等を行う．対象地域によっては，未固結地山の調査や近接施工の調査項目も参考とする．

　③　特に大きな土被りの場合：特に土被りが大きい地山では，山はねや地山の押し出し，高圧で多量の湧水等が生じる可能性があるが，地表からのボーリング調査や弾性波探査，電気探査，ボーリング孔を利用した原位置試験等を十分に行うことは困難である．そのため，地形判読，地表地質踏査や水平ボーリング，水文調査等の限られた手法で地山状況を把握し，想定される問題について，設計，施工段階での対応方法を検討しなければならない．また，施工中の坑内からの先進ボーリングや物理探査，調査坑等の追加調査を適切な時期に実施し，調査精度の向上を図るとともに問題の予測を行い，これらの結果を対策の事前検討や準備に反映させることで，施工への大きな影響をできる限り低減させられるように考慮する必要がある．

　④　水底を通過する場合：海底等，水底を通過するトンネルの場合，多量の湧水で水没する危険性があるので，湧水に対する十分な調査を行わなければならない．水底トンネルの地質調査は陸上トンネルと調査項目がとくに

異なるものではないが，その水深と潮流のため陸上部の調査のように直接的な観察等が困難であるばかりでなく，水路交通や環境問題によって調査の方法や時期に制約を受ける場合がある．

　水底地質調査の手順は，資料調査，周辺陸上部調査の2段階の事前調査を経てから，水底部の調査の段階に入るのが一般的である．とくに，陸上部の調査については予想される概略の水底地質図を作成する程度にまで進め，問題となる項目を把握しておかなければならない．これが水底調査法の選択に際し，重要な要素となる．水底部の調査では，水底表面部の観察，試料採取および音波探査法等の各種物理探査が主となる．

　⑤　分岐，拡幅部および特に大きな断面：トンネルは大断面化が進み，標準設計の適用範囲を超えるようなトンネル（第3編 8.5参照）も施工されるようになっている．地下発電所や地下備蓄基地等の施工事例は多いが，それらは比較的良好な地山で，方向等に関する自由度が高いものである．これに比べてトンネルは対象とする地山や路線の方向について，程度の差はあれ，自由度が小さい．調査は通常断面のトンネルと同様に地山条件や周辺条件を考慮して実施するが，その成果についてはトンネルの断面積や形状を考慮して設計に反映させることが重要である．なお，分岐，拡幅部のように特殊な断面や特に大きな断面の場合，各種の補助工法が必要となることがあるので，その設計のための調査が必要である．また，トンネル坑内から実施する各種地質調査により切羽前方の地質状況を把握することが望ましい．

　⑥　近接施工：トンネルを既設構造物に近接して施工する場合，その工事により既設構造物に影響を及ぼすことがないよう，既設構造物の施工された条件や現在の健全度，立地，環境，地山，施工時期等を十分に把握しておかなければならない．また，双設トンネルでは相互干渉によるトンネル地山挙動が問題となるので，近接施工と同様にトンネル掘削による周辺地山の変位，発破等に伴う振動，地下水位の変化等の影響を検討する．これらの影響の現れ方は，トンネルと既設構造物の位置関係や離隔距離に大きく左右されるので，過去の施工事例を参考に検討する必要がある．調査は後述の環境調査（第2編 3.2.2参照）も重要であり，地山の種類や問題点に応じた調査を行うが，調査数量としては直接影響が及ぶと考えられる範囲についてはできるかぎり綿密に行う．

　⑦　土圧，水圧，地震：トンネルの設計で高い土圧や水圧，大きな地震動の作用を考慮する必要がある場合は，地質構造や岩石の物理的力学的性質，地下水の状況等について十分な調査を行わなければならない．とくに，トンネルが活断層の近傍に位置する場合は，活断層の確実度や活動度，活断層に伴う断層破砕帯の分布や性状，トンネルとの位置関係を的確に把握し，必要に応じて耐震性を考慮した設計ができるよう，詳細な調査を行う．

　⑧　坑口部：坑口部は，設計，施工の際にとくに注意を要する箇所である．坑口部分の状況はトンネルごとに様々であり，個々に検討しなければならない．とくに，地すべりや斜面崩壊の可能性がある坑口部では慎重な対応が必要であり，地すべりや斜面災害の可能性がある地山の調査項目を参考に十分な調査を行う．また，地形および地質条件によっては切羽崩壊や偏土圧等の可能性やトンネル構造物の支持力不足，土石流，雪崩，落石および地震等の自然災害の可能性もあり，鉛直および水平ボーリングを主体に上記の問題点に応じた調査を行う．

　⑨　立坑および斜坑部：斜坑の調査は一般トンネルと同様であるが，下り勾配で掘削する場合には湧水の強制排水をせざるをえず，また水没の危険性もあるので，湧水量の予測に必要な事項等については十分に調査を行う．また，立坑部については調査箇所が限定されるため，ボーリング調査を主に，その孔を利用した孔内検層，原位置試験，地下水調査等で立坑の安定性や湧水を総合的に評価し，適切な位置を選定する．

3.1.4　施工中の地質調査

　施工中の地質調査は，トンネルを安全かつ経済的に施工するため，必要に応じて行わなければならない．

【解　説】　トンネルでは，地表条件そのほかにより路線選定段階や設計，施工計画段階の地質調査で地山の状態を十分に把握することが困難な場合がある．このため施工中に，調査，設計時に予測されていなかった地質状況に遭遇する場合や，予測しなかった問題が発生する場合もある．このような場合は，施工中であっても，すみやかに解説 表 2.3.2に示すような必要に応じた地質調査を実施する．

　施工中の地質調査は次のような項目について行われる．

1) 坑外からの調査　施工中にも地表からの追加調査を行う場合がある．
① 地表踏査：トンネルを掘削したことで判明した事象について改めて地表踏査で確認することは，調査精度を向上させるうえで有効である．
② ボーリング調査：トンネル掘削で判明した地質状況をもとに，より詳しく地質状況や帯水層の分布，水圧を把握する必要が生じた場合は，施工中でも地表からのボーリング調査を追加する場合がある．
2) 坑内からの調査　坑内からの調査による切羽前方の地山情報の入手は有効な手段である．とくに，切羽が崩壊するような破砕帯や高水圧の帯水層等，掘削してから対処したのでは問題が大きくなってしまう場合には有効な方法である．ボーリングや削岩機による削孔等直接的な方法と，物理探査を用いる方法がある．施工中の坑内で実施する調査技術の現状と評価を**解説 表** 2.3.4に示す．
① 切羽観察：切羽観察結果をトンネル縦断図，平面図に順次記入していくことにより的確に地質の変化を把握し，切羽前方での地質変化を予測する（第5編 4.3.1参照）．
② 先進(水平)ボーリング：先進ボーリングは直接的に地質を確認することができるほか，湧水状況も確認することができ，湧水が多い場合には水抜き孔も兼ねることができる．探査長や作業時間によって適切なボーリング方法を選択する．また，必要に応じてボーリング孔を利用した検層も実施できる．さらに掘進に必要なエネルギーを指標化して地山評価を行う手法もある．ロータリーパーカッションでコアを採取する先進ボーリングも利用されるが，高速で掘進とコア採取ができる利点がある反面，岩石試験や孔内試験および検層において実施が制限される項目がある．
③ 削孔探査：ドリルジャンボの削岩機による先進削孔で，推力，回転数，打撃回数等をもとに削孔に必要なエネルギーを指標化して地山評価を行う手法も利用されている．
④ 物理探査：切羽前方に対する物理探査としては，弾性波を利用したものと電磁波を利用したものがあり，先進ボーリングと比較して短時間に少ない費用で探査を行うことができる一方，精度は劣る．坑内水平反射法弾性波探査は，弾性波速度の変化面からの反射波をとらえるもので，得られる情報は反射面の推定位置であり，大きな地質の変化点や断層破砕帯の位置の推定に用いられる．電磁誘導による二次磁場を測定する方法では，前方地山の比抵抗分布を推定する．坑内屈折法弾性波探査は坑壁や底盤で実施するもので探査深度は短く，側壁部や底盤部で緩みや劣化の進行を把握するのが主目的である．坑内と地表の間や，坑内と地表からのボーリング孔の間で，弾性波速度や比抵抗を多測線で測定し，トモグラフィ的方法で解析して切羽前方(前上方)の地質情報を得る方法，掘削発破やブレーカー等施工振動を利用して切羽前方からの反射波を解析する手法も試行されている．
⑤ 調査坑：地質状況が極端に不良な場合は，本坑の断面内または断面外に調査坑を掘削して地質調査を行い，水抜きや地山補強に利用する場合がある．

解説 表 2.3.4 施工中の坑内から実施する前方探査技術の現状と評価

		切羽観察	先進ボーリング					削岩機の活用	物理探査		調査坑	
			ボーリング調査		削孔検層法	ボアホールスキャナ	孔内試験および検層	地山試料試験	削孔検層法	坑内水平反射法弾性波探査	電磁誘導法	調査坑の掘削	各種原位置試験
			ノンコア	コア									
基本事項	調査および試験内容	切羽の地質状況	削孔情報	コア状況	削孔エネルギー	孔壁の画像	力学特性等		削孔エネルギー	弾性波反射面等	比抵抗分布	各種の地山情報	力学特性等
	探査距離(m)*1	鏡	ボーリングの延長						30m	150m	50m	調査坑の延長	
	準備, 作業時間*2	◎	△	△	△	△	△		△	△	◎	△	
	解析時間*3	◎	◎	△	◎	△	○		◎	◎	◎	△	
調査項目*4	地層状況の変化	破砕帯等の位置	○	◎	◎					◎	○	○	◎
		破砕帯等の走向, 傾斜	◎								○		◎
		破砕帯等の規模(幅等)		○	◎	◎					◎		◎
		地下空洞の有無		○	◎	◎	◎				◎	○	◎
		ガスの賦存位置		○	◎	△					△		◎
		岩質, 地層対比	◎	△	◎	△					○	△	◎
	地下水	帯水層の位置		○	◎	△					○	◎	◎
		帯水層の透水性	△				◎	◎				△	◎
		水圧	△				◎	◎				△	
	地質の状態	不連続面の間隔	◎		◎		◎						◎	
		不連続面の状態	◎		◎		◎						◎	
		風化, 変質	◎	○	◎	◎	◎	◎		◎	○	○	◎	◎
	力学的性質	地山強度	△	△	△			◎		◎				◎
		変形係数	△					◎		◎			○	◎
		異方性	△					◎		◎				◎
		緩み領域	△	△	△	○				◎	△	△	△	
実用化のレベル*5		◎	◎	◎	◎	◎	◎		◎	◎	△	◎	◎

*1 探査距離　同一技術でも岩質等の地山条件によって差異が生じる
*2 準備, 作業時間　◎：1〜2時間程度, ○：半日程度, △：1日以上掘削休止
*3 解析時間　◎：ほぼリアルタイム, ○：数日以内, △：1週間以上
*4 調査項目に関する評価　◎：信頼性の高い情報となる, ○：傾向をつかめる情報となる, △：参考になる程度の情報となる
*5 実用化のレベル　◎：実用化技術, 慣用技術, ○試行段階の技術, △：実験段階の技術

3.1.5 水文調査

　トンネル工事に伴う坑内湧水発生の有無, 湧水量等を予測するとともに, これに起因する設計, 施工上の問題点および周辺環境への影響を検討, 評価することを目的として, 適切な時期に必要に応じて水文調査を行わなければならない.

【解　説】　掘削によってトンネル内に生じる湧水は，トンネル施工の難易度に大きな影響を与え，また地表では渇水が生じる場合もある．このため，トンネルにおける水文調査は，坑内湧水の形態と規模の予測，湧水に起因する設計，施工上の問題点の検討，周辺環境への影響の評価，供用後の維持管理上の問題点の検討ができる調査でなければならない．

1) 坑内湧水の予測　トンネル湧水は，施工中に遭遇する集中湧水と，供用後の定常的な恒常湧水とに区分される．湧水の形態や量およびその集水範囲は，主として地下水を賦存する帯水層の構造と透水係数や貯留係数等に影響される．湧水量とその集水範囲の予測には下記の方法等があり，設計および施工への影響の程度にもよるが，調査の段階に応じて適切な予測方法を選定する．

① 計画地周辺や類似地山でのトンネル施工事例の検討
② 地形および水文地質条件を用いた方法
③ 水理公式による方法
④ 水文地質モデルによる数値解析

2) 設計，施工上の問題　坑内湧水は，掘削作業の支障となるばかりでなく，切羽等の崩壊を引き起こすこともあり，施工の安全性，経済性の面で重要な問題となる．設計，施工上の問題は，掘削中に遭遇する集中湧水に起因するところが大きいため，路線選定段階および設計，施工計画段階に，集中湧水の箇所や湧水量等を予測して，掘削工法，地下水処理のための設備計画，安全対策等を検討しておかなければならない．施工段階では湧水量を測定し，当初予測との比較検討を行いながら工事を進める．供用後の維持管理段階においても，トンネルの維持管理上の問題で観測を継続しなければならない場合がある．湧水による設計，施工上の問題点を**解説 表 2.3.5**に示す．

解説 表 2.3.5　湧水による設計，施工上の問題点

問題点	具体的な現象，事象
切羽の安定性の低下	・とくに未固結地山における切羽崩壊，土砂流出
土圧の増大	・軟岩地山の吸水膨張，クリープ
支保機能の低下	・吹付けコンクリート，ロックボルトの付着力不良 ・支保工脚部の沈下
湧水処理等	・坑内冠水，湧水処理設備の設置 ・工事中，完成後の排水および揚水設備の増設
施工の安全性	・泥ねい化等による路盤の劣化
品質低下および維持管理	・湧水や漏水に伴う充填物，土砂の流出 ・インバート，路盤コンクリート下の地下侵食 ・酸性水，温泉水，鉱染水等によるコンクリートの劣化 ・豪雨等に起因した異常な水位変動に伴う構造物本体等への影響

3) 周辺環境への影響　坑内湧水に伴う周辺利水設備等への影響は，環境保全上重要な問題である．トンネル建設が周辺環境へ与える影響のうち，とくに考慮しなければならない影響とその現象例を**解説 表 2.3.6**に示す．周辺環境への影響は，集中湧水に起因する一時的なものを除けば，主として恒常湧水による場合が多い．このため，路線選定および設計，施工計画段階では，周辺環境への影響規模を予測，評価し，場合によっては路線変更をも含んだ対策を検討しておかなければならない．施工段階および施工後の維持管理段階では，坑内湧水量を含む水収支調査を継続し，工事と周辺環境への影響の因果関係を明確にするとともに，影響規模の拡大を防止するための対策を適宜検討し，実施する．

解説 表 2.3.6　坑内湧水が周辺環境へ与える影響と現象例

周辺環境へ与える影響	現象例
渇水	・河川水，地下水，湧水，用水等の渇水
地盤沈下（地表面沈下）	・構造物の変状 ・陥没
水質変化	・地表水，地下水の汚染（止水工法による汚染，坑内排水による汚染） ・酸性水，温泉水，鉱染水，重金属等による汚染 ・地下水の塩水化
冷水	・冷水による農作物への影響
地下水流動の遮断	・地下水流動が遮断されたことによる渇水，植生変化等

<u>4）段階的な水文調査の実施</u>　水文調査は，水文地質調査，水収支調査，水文環境調査に区分して進める．そして，それらの調査結果に資料調査や事例調査結果を加味して総合的に検討することによって，各種の予測，評価を行わなければならない．**解説 表 2.3.7**に各調査の目的，内容，調査時期を示す．

　水文調査は，路線選定段階から施工後の維持管理段階にわたる一連の調査として，各調査段階において必要に応じて実施し，予測，評価，修正を繰り返すことにより調査精度の向上を図るのが望ましい．路線決定後は水に関わる問題の根本的な解決ができない場合もあり，路線選定段階から設計，施工計画段階における調査は重要である．

　水文地質調査と水文環境調査は，比較的初期の調査段階で行われる．水文地質調査は，地表踏査やボーリング，物理探査等の地質調査手法を用いて，帯水層の構造や湧水量，周辺への影響範囲等を把握するものである．水文環境調査は水源調査と水利用調査に区分される．予測される影響領域において，水源調査では井戸や河川，源泉等の水源の有無や水量等について，水利用調査では影響領域における上下水道や工業農業用水等の有無や利用状況について調査し，施工による影響予測の基礎データを得る．

　一方，水収支調査の期間は，施工前から施工後の状況を比較できるように数年にわたり実施する必要がある．とくに，周辺環境への影響判定を行うためには長期間の水収支を考慮する必要があり，施工前の現状確認に十分な期間を取るようにしなければならない．具体的な施工前調査の期間としては，水に関わる問題の少ない場合で1年程度，周辺環境への影響が大きいと予測される場合は，渇水年，豊水年等の気象変動を考慮できるように数年程度の観測が望ましい．

解説 表 2.3.7 水文調査の概要

項目		調査目的	調査内容	路線選定段階	設計,施工計画段階	施工段階	維持管理段階
水文調査の細分	資料	地形,地質,水文,地下水利用に関する資料を収集し,調査地域の水理地質構造,地下水の概要,問題点を把握し調査計画を立案する.	地形地質：水理地質構造	◎	◎	△	△
			水文気象：降水量,気温等				
			地下水利用：井戸,用水等				
	事例	地山条件の類似した地域,近接地域の既往工事を参考に,対象トンネルにおける湧水,渇水の規模の評価,調査方法の適用性を検討する.	既往工事の資料： 　地質,湧水量,施工状況, 　渇水影響範囲,対策工事	◎	◎	△	△
	水文地質	《帯水層の構造》 地下水の容器としての水理地質構造(帯水層の分布,規模),地下水の性状(地層水,裂か水)等を水理地質図にとりまとめ,湧水地点,集水範囲を予測する.また,有効な水文地質調査計画を立案する.	地表地質踏査	◎	◎	○	△
			物理探査(電気探査等)	○	○	△	△
			ボーリング調査	○	◎	△	△
			孔内検層	△	◎	○	△
			水質調査(現地,室内)	△	○	○	○
		《帯水層の特性》 帯水層の透水係数,貯留係数等の水理定数を評価し,水理学的手法により湧水量と集水範囲を予測する.	単孔式透水試験(ピエゾメーター法等)	△	◎	△	△
			湧水圧試験,注水試験	△	○	△	△
			揚水試験,孔間透水試験	△	○	△	△
			トレーサー試験,流向流速試験	△	△	△	△
			減水深調査	△	△	△	△
	水収支	調査地周辺の水循環系を把握するため水文気象,表流水量,地下水位調査等を実施し,水収支の検討を行い,施工による地下水動態を予測する.	水文気象：降水量,気温	◎	◎	◎	◎
			表流水量：河川流量,湖沼貯水池, 　用水量,湧泉量	◎	◎	◎	◎
			地下水位：観測井,既設井	◎	◎	◎	◎
			蒸発散量	○	○	○	○
			トンネル湧水量,渇水影響	△	△	◎	◎
	水文環境	上記調査から考えられる集水範囲および近接地域における水源と水利用の実態を把握し,施工による影響を予測する.	水源：湧泉,河川,湖沼,貯水池, 　井戸,有効雨量	◎	◎	○	○
			水利用：上下水道,工業農業用水	○	○	○	○
予測手法		坑内湧水発生の有無,湧水量,湧水位置およびその集水範囲を予測する.予測手法の適用は,各調査,検討段階における情報の質や量,必要とする予測精度,内容に即して実施する.	施工事例による方法	◎	○	△	△
			地形,水文地質条件による方法	○	◎	△	△
			水理公式による方法	○	◎	△	△
			数値解析による方法	△	△	△	△

◎：重点的に実施すべき調査　　○：実施すべき調査　　△：必要に応じて実施した方がよい調査

3.2 立地条件の調査

3.2.1 立地条件の調査一般

立地条件調査では，トンネルの計画路線ならびに工事用道路，坑外設備およびずり搬出先を包含する範囲について，環境，工事を規制する法規および補償対象に関する情報を取得しなければならない．

【解　説】立地条件の調査には，環境調査，工事を規制する法規の調査および補償対象調査がある（第2編 3.2.2，3.2.3，3.2.4参照）．

トンネル工事の実施による自然環境(地表水,地下水,鉱物資源や天然ガス,動植物の生態等),社会環境(土地利用状況,既設構造物,文化財等),生活環境(騒音,振動,大気,交通等)への影響を最小限にとどめるように,トンネルの路線選定段階からトンネルの計画路線を包含する範囲について,環境保全に関する調査を行わなければならない.また,供用後も必要に応じて調査を実施しなければならない.

工事に適用される法規に関する調査は計画初期の段階から,補償対象範囲の調査は路線決定後のなるべく早い段階から実施しなければならない.

これらの調査は,工事用道路,坑外設備およびずり搬出先(第2編 2.2.4参照)の計画時および施工時の段階ごとに適切に実施する必要がある.

3.2.2 環境調査
（1） 施工中および供用後に影響を及ぼすおそれのある範囲の自然環境,社会環境,生活環境等の基本的な項目について調査しなければならない.
（2） 周辺の生活環境に及ぼす重大な影響を軽減するための対策について,十分な検討ができるよう調査しなければならない.
（3） 法規等に基づいて環境影響評価を義務づけられる特定の大規模事業の計画にあたっては,環境への影響を予測し,評価しなければならない.

【解 説】 トンネルにおける環境調査には,環境に対する影響を最小限にとどめるよう計画を立てるために行う調査と,トンネル周辺の環境変化の予測,環境保全対策の立案,対策による効果の確認等のための調査とがある.

トンネル工事における様々な環境問題について,施工前の状況を把握するとともに,トンネルの施工中および供用後の影響の度合いについて予測と評価を行い,問題がある場合には適切な対策を講じる必要がある.また,工事中および供用後においては,実際の影響の程度を確認するための調査も必要である.

確実で効果的な環境対策を実施するには,トンネルの計画段階から周辺環境について調査し,環境に対する影響の予測,評価を行い,必要に応じて適切な対策計画を策定することが重要である.

(1)について 環境調査に関する基本的な項目としては,自然環境,社会環境,生活環境等に関するものがある.そのおもな項目は以下のとおりである.

1) 自然環境 地形および地質,地下資源,地下水,地表水,動植物の生態等の調査を行う.とくに,保存の必要な自然や資源および工事の支障になる有害ガス等に注意する.

2) 社会環境 土地利用状況(土地,建物,公園,風致地区等),既設構造物(家屋,ガスや水道等の埋設物,既設の坑道等),文化財,天然記念物,遺跡等の調査を行う.対象物件の範囲,規模,所有者,管理者,権利設定の年次,管理保存の程度等を必要に応じて調査する.調査方法としては,所掌官庁等における既存資料調査,現地踏査,聞取り調査等がある.

また,近接施工による地盤および構造物への影響について評価するために,施工前の状態を調査する.

3) 生活環境 騒音,振動,渇水,地表面沈下,汚濁水,交通障害,大気汚染(粉じん),重金属等に関する調査等がある.調査は必要な項目について施工前,施工中,施工後に実施する.

トンネルの路線選定,施工法,環境対策等の検討においては環境条件を配慮する必要があり,各々のトンネルで必要とする調査項目や問題点が異なる.これらの中には法律や条例等による規制があるものも多い(第1編 1.3参照).

環境調査は,路線選定の段階において比較路線を含む広範囲を対象として行うが,設計の段階ではトンネル,工事用設備,運搬道路等を中心とした影響が生じると予想される範囲を対象として施工前の状況を把握し,施工による影響を予測,評価するために行う.施工段階では,周辺に対する影響と工事との因果関係の検討,影響を軽減するための対策効果の確認を目的として行う場合が多く,おもに問題発生地点を含む限定された範囲を対象

として行う．施工後の調査は，地下水や地盤の状況が定常状態になったと判断される時期まで行うのがよい．また，供用後においては，環境の保全状態の長期的な監視も必要に応じて実施する場合がある．

各環境調査項目と調査事項をまとめると，**解説 表 2.3.8**のようになる．

解説 表 2.3.8 トンネル周辺の環境調査項目

<table>
<tr><th colspan="2" rowspan="2">調査項目</th><th rowspan="2">調査事項</th><th rowspan="2">留意点</th><th colspan="4">適用段階</th></tr>
<tr><th>路線選定</th><th>設計，施工計画</th><th>施工</th><th>維持管理</th></tr>
<tr><td rowspan="5">自然環境</td><td>地形および地質，地盤状況</td><td>地形の現況と成因，層序，層相，地質構造，地層の時代区分，層厚，圧縮性，透水性</td><td>・連続性，断層の有無</td><td>◎</td><td>◎</td><td>△</td><td>△</td></tr>
<tr><td>地下資源</td><td>鉱物資源，天然ガス等の分布</td><td>・有害ガス</td><td>◎</td><td>◎</td><td>△</td><td>△</td></tr>
<tr><td>地下水状況</td><td>帯水層の分布と透水性，帯水層ごとの地下水圧と水質および経年変化，地下水の流向と流速，湧泉の分布と湧水量，地下水の涵養量</td><td>・事前調査を重要視して十分に実施
・井戸調査等</td><td>◎</td><td>◎</td><td>△</td><td>△</td></tr>
<tr><td>地表水状況</td><td>表流水，温泉，湧泉，湖沼，湿原の分布</td><td>・影響範囲の流量把握</td><td>◎</td><td>◎</td><td>△</td><td>△</td></tr>
<tr><td>動植物</td><td>動物，植物の分布(特に希少な種)，生態系調査</td><td>・保存の必要な自然環境資源</td><td>◎</td><td>◎</td><td>△</td><td>△</td></tr>
<tr><td rowspan="2">社会環境</td><td>土地利用，既設構造物，文化財，天然記念物，遺跡</td><td>土地，建物，公園，風致地区等の土地利用状況，家屋，ガス，水道等の埋設物，既設の坑道等，文化財，天然記念物，遺跡等の分布</td><td>・対象物件の範囲，規模，所有者，管理者</td><td>◎</td><td>◎</td><td>○</td><td>△</td></tr>
<tr><td>地盤および構造物の状態</td><td>建物，構造物の状態(構造形式，健全度，用途，位置等)，地形(地表面の状態，不安定地形，地山の物性等)，土地利用の状況(用途，使用状況等)，地下水の状況(含水比，地下水位等)，変状発生の可能性がある近接構造物</td><td>・施工前の状態を調査
・土被りの小さい区間，地すべり，断層の位置に注意して調査</td><td>△</td><td>○</td><td>◎</td><td>○</td></tr>
<tr><td rowspan="7">生活環境</td><td>騒音，振動</td><td>暗騒音，暗振動，地形地質(土被り，地山の物性等)，土地利用の状況用途，騒音，振動の影響を受ける家屋や施設の分布)</td><td>・とくに市街地近傍の硬岩地山
・坑口および土被りの小さい区間に注意して調査</td><td>△</td><td>○</td><td>◎</td><td>○</td></tr>
<tr><td>渇水</td><td>水利用の状況，用途，使用量，地下水位，水質，水温，濁度，溶存成分，臭気，色等，水源の状況(種類，供給量，供給経路，変動等)，渇水発生の可能性がある近接工事</td><td>・帯水層，不透水層
・地下水位の変動測定は施工前に調査</td><td>△</td><td>○</td><td>◎</td><td>○</td></tr>
<tr><td>地表面沈下</td><td>事業対象領域の年間沈下量と累積沈下量，沈下の範囲，層別沈下量と沈下速度，沈下による建物等への影響</td><td>・過去の工事事例の調査</td><td>△</td><td>◎</td><td>○</td><td>△</td></tr>
<tr><td>汚濁水</td><td>排水の状態，流量および水質，排水経路，水路の状態，流末河川の状態(流量，水質，利用状況)</td><td>・法規等による規制の状況，濁水の発生原因，放流前の状態を十分把握し，影響の程度を調査</td><td>△</td><td>○</td><td>◎</td><td>○</td></tr>
<tr><td>交通障害</td><td>道路の状況，交通量の調査，バス路線，タクシー乗車場の調査，通学路，踏切，ガード等の調査，必要最小限度の作業帯幅員，延長，面積の設定，工事用車両の出入口，歩行者通路，必要車線数の確保，迂回路の確保等の調査</td><td>・交通のピーク時の離合不能箇所や退避所等</td><td>△</td><td>△</td><td>◎</td><td>△</td></tr>
<tr><td>鉱染，重金属</td><td>湧水のpH，電気伝導度，水質分析，含有量試験，溶出試験(H_2O，H_2O_2)</td><td>・鉱化帯，鉱床
・ずり，湧水処理の検討</td><td>△</td><td>○</td><td>◎</td><td>○</td></tr>
<tr><td>大気汚染</td><td>大気汚染物質(濃度分布，とくにCO，NO_2)，粉じん，気象状況</td><td>・坑口，換気塔周辺に注意</td><td>△</td><td>○</td><td>○</td><td>◎</td></tr>
</table>

◎：重点的に実施すべき調査　　○：実施すべき調査　　△：必要に応じて実施した方がよい調査

(2)について　生活環境の影響項目に関しては，影響の予測，評価，対策の立案および効果の確認等を行う必要がある．騒音，振動，渇水，地表面沈下等の問題は，着工前後あるいは供用前後の状況の対比および経時変化が重要であるので，影響が予想される範囲について，着工に先だって調査に着手し，以降の問題発生の有無やその程度が把握されるまで継続的に実施することが望ましい．

　1)　騒音，振動の調査　工事に伴う騒音，振動に関する調査は以下のように行う．

　①　発生源は使用する建設機械および発破が考えられる．一般に，建設機械の騒音は大型になるにしたがって大きくなる傾向がある．一方，建設機械の振動は機械の大きさばかりでなく，地盤条件や作業内容によって大きさが異なることに注意する必要がある．

　②　関連法規類としては第1編 1.3，第2編 3.2.3のように，騒音規制法，振動規制法により特定作業の適用がありその基準値が示されている．また，騒音，振動それぞれに指定地域があり，特定作業を行う場合には都道府県知事に届け出なければならない．道路交通についても要請限度が定められている．

　③　影響の事前調査は，現場周辺の状況を把握する目的で周辺の家屋，地形および地質調査資料，使用機械の仕様について資料を収集する．また，必要に応じて家屋，構造物，公共施設，精密機械類，災害危険箇所等の現地調査を行う．さらに，工事現場周辺で事前計測としてその場所での暗騒音，暗振動を計測する．

　④　影響の予測は，トンネル掘削工事に伴う騒音，振動が周辺環境に影響を及ぼす可能性があると懸念される場合に実施する．

　⑤　影響の評価は，一般的な機械騒音のような定常的な場合は騒音レベルで評価する一方，発破音のように非常に衝撃的でしかも継続時間も短く，また発生回数は1日に数回と極端に少ないなど他の騒音とはまったく形態が異なる騒音に対しては，まだその評価方法が確立されていない．振動の場合には影響が及ぶ対象を人間と構造物に分ける必要がある．人間に対しては振動規制法で振動レベルが人体の感覚に対応して規定されており，振動の防止措置をできるかぎり講じることが望ましい．構造物に対しては最大振動速度を用いた定量的な評価がよい．

　⑥　対応については，第4編 13.1を参考とする．

　2)　渇水に関する調査　トンネル掘削に伴う坑内湧水は，地下水位の低下，地表水流の減少，湧水量の減少や枯渇，地下水流動のしゃ断および水質変化等，水利用への影響を及ぼすことがある．これらの調査等については，第2編 3.1.5を参考とする．

　3)　地表面沈下に関する調査　トンネル掘削に伴う応力の解放や地山の緩みによって生じる沈下および地下水位低下に付随した圧密等による沈下を生じることがある．

　調査は，掘削対象となる地山の物性値を把握することを目的とし，これを用いて事前に沈下量を予測する．とくに，土被りの小さい位置，地盤の物性値が不良と予想される箇所では，より精度の高い調査が望まれる．また，沈下により影響を受ける構造物や土地の利用状況を事前に把握し，それらの許容値に対してトンネル掘削に伴う沈下の影響を予測し評価する．

　4)　汚濁水に関する調査　坑内湧水は，切羽の掘削，ずり処理，コンクリートの吹付け，覆工コンクリートの打込みおよび地盤注入等の作業に伴い発生する排水や坑内機械類に用いる油分等の混入によって汚濁水として排出されることが多い．一般に，トンネルの汚濁水が環境保全上問題となるのは浮遊物質，pHおよび油分である．これらは第1編 1.3に示す法規および基準に照らして，適切な処理を行う必要がある．調査事項としては原水の水量，水質，排水の状態，流量および水質，排水経路を検討し，流末の河川等の状態を把握して影響の程度を予測する．

　5)　交通障害に関する調査　建設工事に伴い，公道の一時占用，迂回路，発破等による一時待機という制限が必要となることがある．また，従来の交通量に対して，工事関係者の自動車および工事用の資機材や発生土砂等を運搬するトラック等の往来が加わる．これらが交通渋滞や交通事故の遠因となることもありうる．したがって，施工前に**解説 表 2.3.8**に示す調査を行わなければならない．

　6)　重金属等に関する調査　重金属等による環境上の問題があると考えられる場合は，ずりや湧水の処理に留意する必要がある．このような場合，湧水のpHや電気伝導度の測定および水質分析を行うとともに，重金属等の含有状況や溶出程度を把握しておく必要がある．また，建設発生土としての利用等においては受入れ基準が指定

される場合があり，その場合は試験方法の選定や評価の考え方について，受入れ先あるいは環境部局との協議が必要となる場合もある．

7) **大気汚染に関する調査** トンネルの施工中および供用後に，環境影響を受けるおそれのある地域(坑口，換気塔，工事用道路等の周辺)においては，必要に応じて二酸化窒素，浮遊粒子状物質，粉じん等の大気質への影響について評価を行う．

(3)について 平成9年に施行された「環境影響評価法」では，環境アセスメントの手続きが定められ，環境アセスメントの結果を事業内容に関する決定に反映させることにより，事業が環境の保全に十分配慮して行われることが求められている．また，地方公共団体においても地域特性を考慮して，独自の環境アセスメントに関する条例や要綱を定めているところがある．

法規では，対象事業の規模に応じて環境アセスメントの実施を義務づけている．これに該当しない事業でも近年の環境問題への住民の意識の向上から，環境アセスメントに準じた調査や評価を実施する場合が増えている．

環境アセスメントは，事業を計画するうえで重要な調査項目であり，地域特性を反映させる必要がある．このため，アセスメントの方法を決めるにあたっては，法規にしたがって事業計画の早い段階で住民や地方公共団体等の意見を聞かなければならない．

環境影響評価法や省令等では，対象事業に関わる環境影響評価の項目の範囲は以下の環境要素の区分として示されており，事業の特性や地域特性にあわせて環境影響評価項目ならびに調査，予測および評価の手法を選定し，これに基づいて環境影響評価を実施するよう定められている．なお，各事業において環境影響評価の技術的手法が定められている場合には，これに基づいて調査，予測および評価を進めなければならない．

① 環境の自然的構成要素の良好な状態の保持
 ・大気環境(大気質，騒音，振動，悪臭，その他)
 ・水環境(水質，底質，地下水，その他)
 ・土壌環境およびその他の環境(地形および地質，地盤，土壌，その他)
② 生物の多様性の確保および自然環境の体系的保全
 ・植物 ・動物 ・生態系
③ 人と自然との豊かな触れ合い
 ・景観 ・触れ合い活動の場
④ 環境への負荷の低減
 ・廃棄物等 ・温室効果ガス等

事業者は，対象事業の実施により環境要素に及ぼすおそれのある影響について，実行可能な範囲内で当該影響を回避または低減することおよび当該影響に関わる各種の環境保全の観点からの基準または目標の達成に努めることを目的として，環境保全措置を検討しなければならない．環境アセスメントは，道路や鉄道等建設事業全体に対して実施されるが，事業の中でトンネルに関わる部分については，その設置目的や利用形態，規模，施工法，周辺環境条件等に適応した調査，予測，評価を行い，環境保全措置を検討することが必要である．

3.2.3 工事を規制する法規の調査

工事の計画にあたっては，規制する法規の有無，その内容，手続き，対策等を事前に調査しなければならない．

【解説】 工事の計画にあたっては，法規制により計画の変更を余儀なくされることのないよう，事前に工事を規制する諸法規について調査し，対応しなければならない．工事を規制するおもな法規には，**解説 表 1.1.1**がある．このほかにも，都道府県条例等で工事が規制される場合があるので十分な調査が必要である．また，関係諸官庁や管理者の許認可等および地元住民等の承諾がなければ，工事に着手できないこともある．さらに法規によっては，規制解除等に準備から含めると数年必要な場合もある．したがって，規制の程度，対策等について

事前に十分調査し，対応が必要なときは，対応箇所ごとに所要日数や手続きが異なることを踏まえて適切に対応する必要がある．

3.2.4 補償対象調査
工事のために必要な用地の取得および工事に伴う権利の取得，消滅等，補償対象事項について調査しなければならない．

【解　説】　工事にあたっての補償に関する調査としては，用地の買収，借地等のための土地，建物，立木等に対する調査および各種権利(地上権，水利権，温泉権，漁業権，鉱業権，採石権等)に対する取得，制限，消滅等に関わる調査がある．

また，施工中および施工後における周辺の地形的な変状，既存構造物の変状，地下水の変動等に対しては，環境調査の結果を踏まえて補償対象を調査する．

調査の詳細は第2編 3.2.2を参考とする．

3.3 調査成果
3.3.1 調査成果一般
調査の結果は，その目的を十分理解したうえで取りまとめ，路線選定から維持管理までの各段階で活用できるように整理，保管しなければならない．

【解　説】　調査の結果は，調査の目的を十分理解し，それまでに得た調査成果や新たに生じた問題等を総合的に評価したうえで取りまとめなければならない．その際の留意点としては，調査で得た事実とこれに基づく解釈を明確に区別して記述するとともに，残された問題点をその解決の重要度とともに整理することが必要である．

また，維持管理段階においては，変状や劣化の発生の有無やその要因推定等，補修の要否の判断や補修方法の選定にあたって地質状況の記録が重要な情報となるため，これらの記録を適切に整理，保管する必要がある．

地山条件調査および立地条件調査はそれぞれの目的に合致した方法で進められるが，その調査の結果は相互に関連性を持つため，その整理にあたっては，各調査の精度を考慮のうえ，総合的に検討，評価しなければならない．

なお，建設事業においては，「行政機関の保有する情報の公開に関する法律」等に沿って，調査で知り得た情報が公開の対象となることがあるため，用途を明確にして調査成果を整理しておく必要がある．その際に，「個人情報の保護に関する法律」により保護されなければならない地域住民のプライバシーに関する情報が流出しないよう十分な配慮が必要である．

調査成果の整理およびその保管は，電子媒体を活用して行うこととする．成果品は改変不可能なファイルとするが，その後の調査データを追記するためのファイルも別途作成し，これを適宜更新していくことが望ましい．

3.3.2 地山条件調査結果の整理と利用
（1）　地山条件調査の結果は，目的に応じて一般事項，特記事項の整理および地山分類を適切に行えるように，必要な調査成果を総合的に判断して取りまとめなければならない．

（2）　地山評価を行う際は，設計，施工計画に十分に活用できるように，地山条件調査の結果を利用して，地山の性状を工学的に正しく評価しなければならない．

【解　説】　(1)について　地山条件調査の結果は，解説 表 2.3.9に示す段階とその目的に応じて適切な様式に整理して，その活用を図らなければならない．とくに，当初設計のトンネル断面形状，掘削工法，掘削方式，

補助工法等を施工段階で変更すると，工期や工費に著しい影響を与えるうえに，安全管理にも影響が及ぶ．このため，地山条件調査の結果は具体的な工事計画，設計，施工等の判断資料として役立つように，また，維持管理や将来的な類似トンネル計画の参考資料として活用できるように工学的観点に立って整理し，適切に保管することが重要である．

解説 表 2.3.9 地山条件調査結果の各段階における整理事項

調査段階	整理事項
路線選定	建設事業の支障となる問題点，路線選定や工法選定の検討資料等
設計，施工計画	地形や地質等の諸条件，地山分類，特殊条件，補助工法等
施工	切羽の安定性，湧水量，変位量，地山条件等の予測と実績，補助工法や掘削工法の検討等
維持管理	土圧，劣化，漏水，凍害等による変状，地表面沈下，地下水への影響，供用後の騒音，振動等

　結果の整理にあたっては，既往資料も考慮して，それまでに実施した各種の調査，試験結果を総合的に判断して取りまとめなければならない．そして，トンネル全体の地山条件や，とくに問題となる地質の分布，性状等を，路線の選定や設計，施工計画のための資料として役立つように，地質平面図，地質縦断図等にまとめなければならない．

　地山条件調査結果は，以下の事項および仕様について取りまとめることを基本とするが，対象トンネルの諸条件に応じて適宜整理すべき事項や仕様を検討，決定しなければならない．

　1)　一般事項　地質平面図等の地質図は，実際に確認された情報に基づいて，未確認部分を地質工学的な解釈により想定して作成されるので，調査の数量やその精度に応じて不確実な情報が混在する場合がある．このため，調査結果の整理にあたっては，調査により得られた事実とそれに基づく解釈とを明確に区分しなければならない．また，設計，施工上の問題となることが想定された場合には，追加調査の必要性を明らかにしなければならない．さらに，坑口付近や路線と地層の走向が平行しているような区間等については，地質縦断図だけでなく地質横断図も作成する必要がある．これらの地質図は単に地質構造を示すだけでなく，工区区分，工区全体の掘削工法，掘削方式等の検討に利用しやすいように，以下の事項および内容について工学的観点に立ってまとめたものでなければならない．

　①　目的，場所，範囲，方法，担当者等
　②　地形および地質概要，地質構造
　③　地質平面図：地質構造を考慮しながら地質区分を行う．縮尺は1/5 000～1/1 000程度とする．また，地すべり地，砂防指定地，崩壊地等がある場合には記入する．
　④　地質断面図：地質構造，地質分布とそれらの問題点が理解しやすい位置，方向の断面図を作成する．断面図には可能な範囲で弾性波探査，電気探査，ボーリング，孔内検層等の結果も記入する．
　⑤　地質縦断図：トンネル中心線に沿った地質縦断図を作成する．図には弾性波探査，電気探査，ボーリング，各種孔内検層等の結果を記入する．さらに，トンネル計画高での地質構成，岩種，弾性波速度のほか，地山分類(後述の (2) について参照)を示し，水文調査結果より地下水位，湧水の可能性も示しておく．縮尺は1/5 000～1/1 000程度が一般的であるが，坑口や土被りの小さい区間では1/500～1/100程度の図を作成することが必要な場合もある．地質縦断図の縦軸と横軸の縮尺比については，山岳部では地質構造の見かけの傾斜が正確に表現される縦：横＝1：1とするのが一般的である．しかし，丘陵地や低地に位置する都市域では微地形や地層の分布を理解しやすくするために，縦：横＝2～5：1とするのも有効である．このように縦を強調した場合には，図中の目立つ位置に縦横比を明記する．

　2)　地山分類　地山分類とは地山評価の一手法で，定量的な因子と経験的な指標に基づいて地山を総合的に評価，分類することをいう．地山条件調査の結果を整理する際には，後述の (2) について参考にして，地山の評価，分類を行わなければならない．

　3)　特記事項　路線の選定および設計，施工にあたって，とくに注意が必要な特殊な地山条件等(第2編 1.2,

3.1.3, 解説 表 2.1.1, 解説 表 2.1.2参照)については，特記して注意を促す必要がある．そして，出現の可能性，問題の程度，これに対する対策の考え方について，それぞれ項目別にまとめておかなければならない．また，工学的モデル(後述の (2) についての2)参照)等による地山評価が必要な区間についても明記する．

上記1)～3)に示した検討を踏まえたうえで，解説 図 2.3.2に示すような地質縦断図を作成するのが一般的である．この地質縦断図には，一般事項として地質構造を示す地質図のほかに，施工位置における岩種，弾性波速度，地山強度比，湧水状況等が示されている．地山分類としては，地山等級(後述の (2) についての1)参照)による分類が示されている．さらに，備考欄に特記事項が示されている．

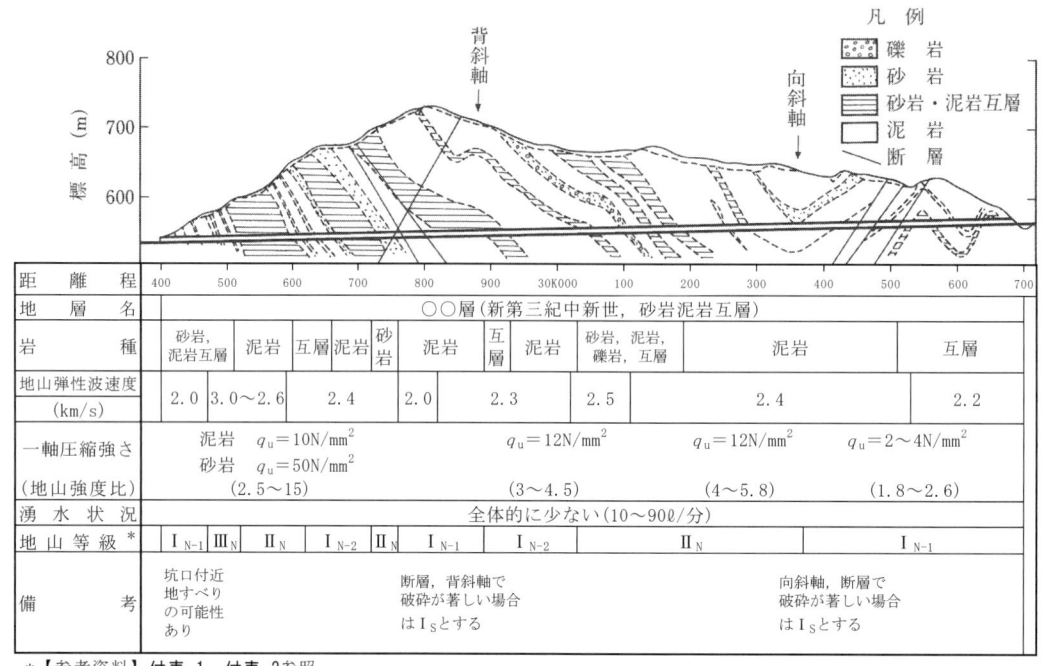

解説 図 2.3.2 地質縦断図の例

(2) について　地山評価とは，地山条件調査の結果を利用して，地山を強度，安定性，施工性等に関連する工学的，地質学的，経験的指標を用いて評価することである．地山評価には，定量的な因子と経験的な指標に基づいて地山を総合的に評価する地山分類による方法と，地山の物性値に基づいて工学的なモデルを作成し，解析的手法を用いて評価する方法がある(解説 図 2.3.3参照)．

解説 図 2.3.3 地山評価の位置付け

<u>1) 地山分類による評価</u>　地山条件調査では，各種の岩石試験，原位置試験等が実施されるが，それらの試験結果はばらつきを持つのが普通であり，同じ地山を対象に異なる試験方法で物性値を求めると結果が異なる場合がある．さらに，得られた物性値は限られた調査箇所の情報であり，物性値の評価と適用範囲については十分に吟味する必要がある．したがって，その地山の代表的な物性値を想定する場合には，その他の調査結果を総合的に検討し，さらに過去の事例等も勘案して判断する必要がある．

① 地山等級：地山等級は，定量的な因子に基づいて地山分類を行う際の基準である．地山等級は，工事の契約における地山条件を指定する一つの物差しとして，また，施工段階では観察・計測結果を総合的に判断する基準として有効に利用されている．地山等級のような地山分類の基準は，以下の条件を満たしている必要がある．

　ⅰ）分類に用いる因子は，客観的かつ定量的でなければならない．
　ⅱ）分類に用いる因子は，トンネルの用途や設計と関連していなければならない．
　ⅲ）分類のための因子は，対象とするトンネルの工事区間の全長にわたり統一されたものでなければならない．
　ⅳ）分類のための因子は，通常に実施される調査法，試験法から得られるものでなければならない．
　ⅴ）分類された基準(等級)は，設計，施工の区分と対応していなければならない．

国内における地山等級は，岩種，割れ目の状態，地山の弾性波速度値を因子としている例が多い．また，軟岩や土砂等の地山に対しては，弾性波速度ばかりでなく地山強度比($q_u/\gamma H$，q_u：地山の一軸圧縮強さ，γ：地山の単位体積重量，H：トンネルの土被り)を因子とする例が多い．未固結地山では，構成土の粒度や固結程度を因子とする例もある．国内における代表的な地山等級では，各等級に対応した掘削工法，支保パターン，覆工等の標準が定められている．また，各等級における一般的な地山の挙動について示されている例もある．**【参考資料】**に，国内における代表的な地山等級の例として，鉄道トンネル，道路トンネルおよびかんがい用水路トンネルの地山等級を示す．

② 経験的な指標：地山条件の中には，次のⅰ)～ⅵ)に示すトンネルの施工の難易度に影響を及ぼす地山条件のように，地山等級や物性値等で的確に表現することが困難なものが存在する．こうした地山条件については，既往の事例や資料等に基づく経験的な指標を用いて，定性的な評価，判断を行うことがきわめて重要となる．

　ⅰ）切羽の安定性
　ⅱ）突発湧水
　ⅲ）偏土圧の作用が懸念される地形
　ⅳ）坑口付近での斜面の崩壊，地すべり
　ⅴ）近接構造物への影響
　ⅵ）断層破砕帯，膨張性地山，山はねが予想される地山等の存在の有無と性状

未固結の砂質地山，断層破砕帯等では湧水，とくに突発湧水による切羽の安定性の著しい低下や切羽崩壊の可能性について十分に検討すべきである．地山の流動化の有無に関する判定指標の例を**解説 表 2.3.10**に示す．

解説 表 2.3.10 地山の流動化を示す指標の例

	矢田ほか (1969)	森藤(1973)	日本国有鉄道 構造物設計事務所(1977)	土木学会 (1977)	奥園ほか (1982)	木谷ほか(1993)
指標	単位体積重量 ≦2.65g/cm³ 土粒子の比重 ≦1.70 均等係数≦4 50%粒径 ≦1.50mm 10%粒径 ≦0.15mm	細粒分含有率 ≦10%	①均等粒径の砂 ・細粒分含有率≦10% ・均等係数≦5 ・飽和砂 ②地下水位の高い砂および砂礫層 ③不透水層中に介在する帯水砂層	細粒分含有率 ≦10% 均等係数≦5	細粒分含有率 ≦8% 均等係数≦6 透水係数 ≧10⁻³cm/s	①自立が困難 ・相対密度＜80% ・切羽近傍の動水勾配が大 ②流出の可能性がある状態 細粒分含有率＜10%
備考	加木トンネル	生田トンネル				信濃川水路トンネルほか 詳細検討には試料試験が必要

　また，突発湧水は切羽からの大規模な土砂流出，地表面沈下，陥没等の原因となることもあり，吹付けコンクリートやロックボルトの施工にも支障をきたすことがあるので，水文調査等により湧水量等の予測，検討を事前に十分に行っておく必要がある．

　坑口付近における斜面の崩壊や地すべりの発生は，工事の進捗に影響を与えるばかりでなく，斜面全体の安定や他の構造物の安定に重大な影響を及ぼすことがある．このため，広範囲にわたる地形観察や地質判定を行って，過去の崩壊や地すべりの有無等に留意する必要がある．

　崖錐堆積物，緩んだ岩盤，崩壊地，地すべり地等の近傍や直下では，掘削に伴って斜面崩壊や地すべりを誘発する場合があるので，地山の安定性評価を行い，必要に応じて掘削工法，支保工，補助工法等の検討を行う．既設の構造物に近接してトンネルを掘削する場合，事前の検討で掘削工法や補助工法の選定を慎重に行う必要がある．掘削による影響の程度を検討するためには，数値解析を含めた総合的な判定が行われることもある．

　膨張性地山の判定は，トンネルの形状，掘削工法，補助工法，トンネル完成後の後荷の検討にとって重要である．膨張性の判定指標の例を**解説 表 2.3.11**に示す．

解説 表 2.3.11 地山の膨張性を示す指標の例

	仲野(1975)	日本鉄道建設公団(1977)	大塚ほか(1980)	佐藤ほか(1980)	吉川ほか(1988)
膨張性を示す指標	地山強度比(G_n) $= \sigma_c / \gamma H$ σ_c：一軸圧縮強度 γ：単位体積重量 H：土被り厚 ① $G_n \leq 2$ 　押出し性〜膨張性 ② $2 < G_n \leq 4$ 　軽度の押出し性〜地圧が大きいと推定される ③ $4 < G_n \leq 6$ 　地圧が大きいと推定可 ④ $6 < G_n \leq 10$ 　地圧があると推定可 ⑤ $10 < G_n$ 　地圧がほとんどないと推定可	膨圧発生の可能性が非常に大きいもの ①岩石中の主要粘土鉱物がモンモリロナイト ②2μm以下粒子含有率 ≧30% ③塑性指数≧70 ④陽イオン交換容量 ≧35meq/100g ⑤浸水崩壊度D ⑥ボーリングサンプル中破砕部多い 膨圧発生の可能性あり ①岩石中の主要粘土鉱物がモンモリロナイト ②2μm以下粒子含有率 ≧15% ③塑性指数≧25 ④陽イオン交換容量 ≧20meq/100g	①変形係数 ≦8 000kgf/cm² ②一軸圧縮強度 ≦40kgf/cm² ③単位体積重量 ≦2.05gf/cm³ ④自然含水比≧20% ⑤液性限界≧100% ⑥塑性指数≧70 ⑦流動指数≧20 ⑧2μm以下粒子含有率 ≧30% ⑨陽イオン交換容量 ≧35meq/100g ⑩膨張率≧2%	①自然含水比>20% ②単位体積重量(乾燥) <1.8gf/cm³ ③(第1回吸水量/自然含水比) >2.0 ④浸水崩壊度C〜D ⑤モンモリロナイト含有量 >30% ⑥RQD<30%	著しい膨張性を呈する地山 ①ボーリング時 ・無水掘りが必要 ・コア膨張が顕著 ② $G_n \leq 1.5$（<0.5で顕著） ③モンモリロナイト含有量 ≧20% かつ 自然含水比≧20% ④浸水崩壊度D 膨張性を呈する地山 ①ボーリング時 ・コア採取率低い ・コアディスキングが顕著 ② $1.5 \leq G_n < 2.0$ ③モンモリロナイト含有量 ≧20% または 自然含水比≧20%
備考	新第三紀泥岩	赤倉トンネル 新第三紀中新世椎谷層 新第三紀鮮新世灰爪層	鍋立山トンネル 新第三紀中新世椎谷層 定性的に上記①〜⑤, ⑩は膨張性との相関あり ⑦, ⑨等は相関性低い	青函トンネル算用師工区 新第三紀中新世泥岩	新第三紀泥岩

注）1kgf/cm² ≒ 0.1MN/m²
モンモリロナイト含有量 = スメクタイト含有量．膨潤性を持つ粘土鉱物には，モンモリロナイト，バイデライト，ノントロン石，サポナイト，ヘクトライト，ソーコナイト，スティーブンサイト等があり，これらの粘土鉱物を一括してスメクタイトと呼んでいる．一般に利用されているX線回折では，スメクタイトであることは同定できるが，モンモリロナイト等の鉱物までは同定できない．

2） **工学的モデルによる評価** トンネルの設計を行う際，設計，施工において留意すべき事項(解説 表 2.1.2 参照)を有し，施工時の地山の挙動に対して慎重な設計が必要とされる場合には地山の工学的モデルを設定し，理論解析法や数値解析法を用いて地山の挙動と安定性に関する解析を行う．こうした解析にあたっては，必要となる入力物性値を求めるために孔内載荷試験や室内試験等を行う．しかし，地山の不均質性，節理等の不連続面，異方性や寸法効果等の影響により，原位置および室内試験によって得られた物性値は地山全体を代表する値でない場合が多く，そのまま入力物性値として採用すると，解析結果と施工時の実測との間に不一致を生じることが多い．このため，現状では次に示す方法等で解析用入力物性値を求めている．

① 試験で得られる物性値を割れ目の状態に応じて低減する（亀裂係数等を利用）
② 実測に基づく逆解析で得られる値を参考にする
③ 各機関により定められた標準的な物性値を用いる

【参考資料】 国内各機関における地山等級

1. 鉄道トンネルの地山等級[1), 2)]

鉄道トンネルの地山等級を**付表 1**に，この表に用いる地山の種類を**付表 2**に示す．

付表 1 鉄道トンネルの地山等級（計画段階における地山分類基準）[1)]

地山等級 \ 地山種類	A岩種	B岩種	C岩種	D岩種	E岩種	F, G岩種 粘性土	F, G岩種 砂質土
V_N	$V_p \geq 5.2$	—	$V_p \geq 5.0$	$V_p \geq 4.2$	—	—	—
IV_N	$5.2 > V_p \geq 4.6$	—	$5.0 > V_p \geq 4.4$	$4.2 > V_p \geq 3.4$	—	—	—
III_N	$4.6 > V_p \geq 3.8$	$V_p \geq 4.4$	$4.4 > V_p \geq 3.6$	$3.4 > V_p \geq 2.6$ かつ $G_n \geq 5$	$2.6 > V_p \geq 1.5$ かつ $G_n \geq 6$	—	—
II_N	$3.8 > V_p \geq 3.2$	$4.4 > V_p \geq 3.8$	$3.6 > V_p \geq 3.0$	$2.6 > V_p \geq 2.0$ かつ $5 > G_n \geq 4$	$2.6 > V_p \geq 1.5$ かつ $6 > G_n \geq 4$	—	—
I_{N-2}	$3.2 > V_p \geq 2.5$	—	$3.0 > V_p \geq 2.5$	$2.6 > V_p \geq 2.0$ かつ $4 > G_n \geq 2$ あるいは $2.0 > V_p \geq 1.5$ かつ $G_n \geq 2$	$2.6 > V_p \geq 1.5$ かつ $4 > G_n \geq 3$	—	—
I_{N-1}	—	$3.8 > V_p \geq 2.9$	—	—	$2.6 > V_p \geq 1.5$ かつ $3 > G_n \geq 2$	$G_n \geq 2$	$D_r \geq 80$ かつ $F_c \geq 10$
I_S	$2.5 > V_p$	$2.9 > V_p$	$2.5 > V_p$	$1.5 > V_p$ あるいは $2 > G_n \geq 1.5$	$1.5 > V_p$ あるいは $2 > G_n \geq 1.5$	$2 > G_n \geq 1.5$	—
I_L						—	$D_r \geq 80$ かつ $10 > F_c$
特S				$1.5 > G_n$	$1.5 > G_n$	$1.5 > G_n$	—
特L						—	$80 > D_r$

V_p：弾性波速度(km/sec)，G_n：地山強度比，D_r：相対密度(%)，F_c：細粒分含有率(%)

* 一般的な地山の等級 I～Ｖについては，Nのサフィックスをつける．
 特殊な地山のうち標準支保パターンが示されているものは等級の後に，塑性化地山についてはS(squeezing)，未固結地山についてはL(loose)のサフィックスをつける．これらの標準支保パターンでは，不十分と考えられる地山に対する等級は特S，特Lとする．
** E岩種で$V_p \geq 2.6$の場合はD岩種に準じて評価する．
*** A, B, C岩種のI_Sは，断層破砕帯，断層による擾乱帯，貫入岩等に伴う変質帯等で適用される．

注） 1 この表は土被り500m>H>2D（D：トンネル幅）程度のトンネルの計画に用いるものとする．ただしI_Lについては0.5D以上のものに適用できるものとするが，適用にあたっては十分に検討のうえ計画するものとする．
2 幅の広い断層破砕帯，偏圧地形や偏圧を及ぼす地質の地山，また，トンネル断面が著しく小さいか大きい場合，作業に支障する湧水があると考えられる場合，あるいは，水圧を設計に考慮しなければならない場合，および市街地，重要構造物下，近接，併設トンネル等については，十分に検討のうえ適用するものとする．
3 V_p：地山の弾性波速度（P波：km/sec）
 G_n：地山強度比（$\sigma_c / \gamma H$）
 D_r：相対密度(%)
 F_c：細粒分含有率(%)

$\left(\begin{array}{l} \sigma_c：\text{地山の一軸圧縮強さ}(kN/m^2) \quad (1kN/m^2 = 1/1000 N/mm^2) \\ \gamma：\text{地山の単位体積重量}(kN/m^3) \\ H：\text{土被り高さ}(m) \end{array} \right)$

なお，地山の一軸圧縮強さは亀裂等の存在が無視できる地山においては，試料の一軸圧縮強さを適用できるが，準岩盤強度$\sigma_{c'}$ (kN/m²)を用いてもよい．
$\sigma_{c'} = (V_p / v_p)^2 \cdot q_u$ 　　　 v_p：試料の超音波(弾性波)速度(km/s)
 q_u：試料の一軸圧縮強さ(kN/m²)
なお，軟岩で$V_p > v_p$となることがあるが，その場合には$(V_p / v_p) = 1$とする．

4 岩種の区分は，池田和彦(1969年)の区分を一部変更した付表2の岩種分類による．
5 F, G岩種の砂質土と粘性土の土質区分は，鉄道構造物等設計標準(土構造物)(2007)より以下を目安とする．
6 砂質土と粘性土の区分は以下による．
 砂質土：細粒分(粒径75μm以下の土粒子)含有率が30%未満の土
 粘性土：細粒分含有率が30%程度以上の土

付表 2 岩種分類表[2]

岩種	形成時代，形態，岩石名		硬さによる分類
A	①中生代，古生代の堆積岩類(粘板岩，砂岩，礫岩，チャート，石灰岩等) ②深成岩(花崗岩類) ③半深成岩(ひん岩，花崗はん岩等) ④火山岩の一部(緻密な玄武岩，安山岩，流紋岩等) ⑤変成岩(片岩類，片麻岩，千枚岩，ホルンフェルス等) 塊状の硬岩(亀裂面のはく離性が小さい)	硬岩	一軸圧縮強さは，以下の数値を目安とする $50 \text{N/mm}^2 \leq q_u$
B	①はく離性の著しい変成岩(片岩類，千枚岩，片麻岩) ②はく離性の著しいまたは細層理の中生代，古生代の堆積岩類(粘板岩，頁岩等) ③節理等の発達した火成岩 硬岩でありながら，亀裂が発達し，著しいはく離性を示す		
C	①中生代の堆積岩類(頁岩，粘板岩等) ②火山岩類(流紋岩，安山岩，玄武岩等) ③古第三紀の堆積岩類(頁岩，泥岩，砂岩等)	中硬岩	$15 \text{N/mm}^2 \leq q_u < 50 \text{N/mm}^2$
D	①新第三紀の堆積岩類(頁岩，泥岩，砂岩，礫岩)，凝灰岩等 ②古第三紀の堆積岩類の一部 ③風化した火成岩		
E	①新第三紀の堆積岩類(泥岩，シルト岩，砂岩，礫岩)，凝灰岩等 ②風化や熱水変質および破砕の進行した岩石(火成岩類や変成岩類および新第三紀以前の堆積岩類)	軟岩	$2 \text{N/mm}^2 \leq q_u < 15 \text{N/mm}^2$
F	①第四紀更新世の堆積物(礫，砂，シルト，泥および火山灰等により構成される低固結～未固結な堆積物) ②新第三紀堆積岩の一部(低固結層，未固結層，土丹，砂等) ③マサ化した花崗岩類	土砂	$q_u < 2 \text{N/mm}^2$
G	表土，崩積土，崖錐等		

注) 主な岩石名を列記したものであって，分類の困難なものは地質技術者が判断するものとする
q_u：一軸圧縮強さ

2. 道路トンネルの地山分類[3), 4)]

高速道路トンネルで用いられる地山分類を**付表 3**に示す．この表に用いる岩石の種類を**付表 4**に示す．なお一般の道路トンネルにおいてもほぼ同様な地山分類表[5)]が用いられている．

付表 3 道路トンネルの地山等級[3]

地山等級	岩石グループ	代表岩石名	弾性波速度 Vp(km/s) 1.0 2.0 3.0 4.0 5.0	地山の状態 岩質、水による影響	地山の状態 不連続面の間隔	地山の状態 不連続面の状態	コアの状態、RQD	地山強度比	トンネル掘削の状況と変位の目安
B	H塊状	花崗岩、花崗閃緑岩、石英斑岩、ホルンフェルス		・新鮮で堅硬または、多少の風化変質の傾向がある。・水による劣化はない。	・節理の間隔は平均的に50cm程度。・層理、片理の影響が認められるがトンネル掘削に対する影響は小さい。	・不連続面に鏡肌や狭在粘土がほとんどみられない。・不連続面は概ね密着している。	コアの形状は岩片状～短柱状の棒状を示す。コアの長さが概ね10～20cmであるが5cm前後のものもみられる。RQDは70以上。		岩石の強度は、トンネル掘削によって作用する荷重に比べて非常に大きい。不連続面の状態も良好でトンネル掘削による緩みはほとんどしない。掘削壁面から部分的に肌落ちする場合もあるが、掘削にともなう内空変位は15mm程度以下の微小な弾性変形にとどまる。切羽は自立する。
	M塊状	中古第三紀砂岩、礫岩							
	M塊状	安山岩、玄武岩、チャート 石英安山岩、流紋岩							
	L塊状	蛇紋岩、凝灰岩、凝灰角礫岩							
	M層状	粘板岩、中古生層頁岩							
	L層状	黒色片岩、緑色片岩							
	L層状	第三紀層泥岩							
CI	H塊状	花崗岩、花崗閃緑岩、石英斑岩、ホルンフェルス		・比較的新鮮で堅硬または、多少の風化変質の傾向がある。・固結度の比較的良い軟岩。・水による劣化は少ない。	・節理の間隔は平均的に30cm程度。・層理、片理が顕著で、トンネル掘削に影響を与えるもの。	・不連続面に鏡肌や薄い狭在粘土がごく一部みられる。・不連続面は部分的に開口しているが開口幅はより小さい。	コアの長さが概ね5～20cmであるが5cm以下のものもみられる。RQDは40～70。	4以上	岩石の強度は、トンネル掘削によって作用する荷重に比べて大きい。不連続面の状態を比較的良好でトンネル掘削による緩みはそう大きくないことにとどまる、比較的すべりやすい不連続面に沿って、局部的に落下する場合もあるが、掘削にともなう内空変位は15～20mm程度以下の小さな弾性変形にとどまる。切羽はほぼ自立する。
	M塊状	中古第三紀砂岩、礫岩							
	M塊状	安山岩、玄武岩、チャート 石英安山岩、流紋岩							
	L塊状	蛇紋岩、凝灰岩、凝灰角礫岩							
	M層状	粘板岩、中古生層頁岩							
	L層状	黒色片岩、緑色片岩							
	L層状	第三紀層泥岩							
CII	H塊状	花崗岩、花崗閃緑岩、石英斑岩、ホルンフェルス		・比較的新鮮で堅硬または、多少の風化変質の傾向がある。・風化・変質作用により岩質はやや軟化している。・固結度の比較的良い軟岩。・水により、劣化やゆるみを部分的に生じる。	・節理の間隔は平均的に20cm程度。・層理、片理が顕著で、トンネル掘削に影響を与えるもの。	・不連続面に鏡肌や薄い狭在粘土がより部分的にみられる。・不連続面が開口しているものが多くなり、開口幅は比較的大きくなるが、幅の狭い不断層を挟むもの。	コアの長さが10cm以下のものが多く、5cm以下の細粒片が多量に取れた状態のもの。RQDは10～40。	4以上	岩石の強度は、トンネル掘削によって作用する荷重に比べて大きくない。概ね弾性変形する程度に留まる。岩石の状態は大きくとも不連続面の状態が悪下し、ずりやすい不連続面に沿って岩塊が落下しやすようになる。掘削にともなう内空変位は、岩石の強度が作用する荷重に比べて小さい場合には、弾性挙動を示し30mm程度発生する。切羽の切羽が20D程度離れるまでに自立する。
	M塊状	中古第三紀砂岩、礫岩							
	M塊状	安山岩、玄武岩、チャート 石英安山岩、流紋岩							
	L塊状	蛇紋岩、凝灰岩、凝灰角礫岩							
	M層状	粘板岩、中古生層頁岩							
	L層状	黒色片岩、緑色片岩							
	L層状	第三紀層泥岩							
DI	H塊状	花崗岩、花崗閃緑岩、石英斑岩、ホルンフェルス		・岩盤は多少硬い部分があるが、全体的に強い風化・変質を受けたもの。・層理、片理が非常に顕著なもの。・不連続面の間隔は平均的に10cm以下で、その多くは開口している。・小規模な断層を挟むもの。・転石を多く混じえた土砂、崖錐等。・水により劣化やゆるみが著しい。			コアが細粒状となり、時には角礫混じり粉状をともない粘土状となるもの。RQDは10程度以下。	4～2	岩石の強度は、トンネル掘削によって作用する荷重に足りるとも大きくない。不連続面の状態は弾性変形とともに一部塑性変形を生じるものとなる。岩石の状態は弾性変形もすべりやすく低下し、掘削によるゆるみが拡大しやすくなる。掘削にともなう内空変位はインバートで早期に閉合しないならば30～60mm程度に拡大し、切羽が2D程度離れてもなお収束しにくい。切羽の自立性は悪い。地山条件によっては大きな塑性変形を生じる。
	M塊状	中古第三紀砂岩、礫岩							
	M塊状	安山岩、玄武岩、チャート 石英安山岩、流紋岩							
	L塊状	蛇紋岩、凝灰岩、凝灰角礫岩							
	M層状	粘板岩、中古生層頁岩							
	L層状	黒色片岩、緑色片岩							
	L層状	第三紀層泥岩							
DII								2～1	岩石の強度がトンネル掘削によって作用する荷重に比べて非常に小さく、弾性変形とともに大きな塑性変形を生じる。掘削により変位も大きくなり、すべりやすい不連続面に沿ったゆるみのみか拡大する場合は60～200mm程度の内空変位発生し、インバートで早期に閉合しないならば拡大しやすい。地山条件によっては変形余裕を見込み、事前に変形を予想される場合は変形余裕を見込み、地山条件によってはリングカットや鏡吹きを必要する。

塊状：節理面が支配的な不連続面となるもの。
層状：層理面あるいは片理面が支配的な不連続面となるもの。

注-1) 本分類表にあてはまらないほど地山が良好なもの、劣悪なものを地山等級 A、劣悪なものを地山等級 E とする。
注-2) H、M、L の区分 岩石の初生的な新鮮な状態での強度により、一軸圧縮強度で次のように区分する。
　　　H：$qu \geq 80$N/mm²　　M：20N/mm² $\leq qu < 80$N/mm²　　L：$qu < 20$N/mm²
注-3) 塊状、層状の区分

注-4) 内空変位とは、トンネル施工中に実際に計測される、トンネル壁面間距離の変化で、掘削以前に変化したものは含まない。
注-5) ゆるみとは、主に掘削によって閉鎖されていた岩盤中の不連続面が、トンネル掘削に応じ応力を解放することで開口し、それにともなって岩塊が重力により落下しようとすることをいう。
注-6) 岩石の強度とは、割れ目の影響を受けない岩片の強度のことをいう。

付表3の適用にあたっては，次に示す事項について十分に留意しなければならない．

―――――――――――― 「付表3　道路トンネルの地山等級」の適用上の留意事項 ――――――――――――

1．地山分類表は，原則として，土被りが20m以上500m未満の2車線トンネルの計画に適用するものとするが，3車線トンネルもこれに準ずることができる．

2．この表は，一般的な標準を示すものであるから，坑口部で大きな偏圧が作用する場合，地すべりの発生が予想される場合，地表面沈下を抑制する必要がある場合等，特殊な事情がある場合には適用できない．

3．地山等級Eは，特殊な岩質(大きな崖錐，大きな断層・破砕帯等の土圧が著しい岩質)で内空変位が200mm程度以上になるもの以外には用いない．

4．地山判定基準について
　　当初設計段階における地山分類は，地表地質踏査，ボーリング調査，地山試料試験等の調査結果および弾性波探査を総合的に判断して行うものとする．特に，弾性波速度および地山強度比は地山判定の一応の目安を与えるものであり，できるだけ地表地質踏査，ボーリング調査，地山試料試験等の調査結果を活用し，それらを補完する目的で使用するものとする．
(a)弾性波速度(km/sec)
　　トンネルの調査においては，対象物が線状で長く，地中の深いところを通過し，ボーリング調査などのように直接地山を観察する手法がどうしても適用できない部分があるので，間接的手法として弾性波速度を用いて補足する必要がある．弾性波速度は，不連続面を反映した岩盤の力学的性状を，広い範囲にわたって比較的簡単に把握できるので便利であるが，あくまでも間接的手法であり，誤差も大きいことを認識しておく必要がある．
　　　1)弾性波探査の有効探査深さは，測線が探査深度の5～6倍必要であることから実用的には100m程度が限界であり，かつ地表面から深部の層へ順番に硬くなる(弾性波速度が早くなる)ことを仮定した方法であるので，途中に硬い層があるなどの逆転が生じる場合には適用できない．
　　　2)頁岩，粘板岩，片岩などで褶曲などによる初期地圧が潜在する場合，あるいは微細な亀裂が多く施工時に緩みやすい場合には，実際の地山等級よりも事前の弾性波速度によるものが過大に評価されることがある．
　　　3)弾性波速度(縦波速度)および地山強度比の境界のデータについては，地形的特性，地質状態等により工学的に判定する．
　　　4)坑口部および谷直下付近は，トンネルの上方および側方の土被りが小さい場合が多い．その場合は，弾性波速度に対し注意を払い，この表の等級を下げることも考える．
　　　5)トンネル基盤より上部約15mの範囲が複数の速度層からなる場合は，弾性波速度分布図における基盤の速度層より上層(速度の遅い層)の速度を採用する方が望ましい．
　　　6)土被りの小さい所では地質が比較的悪く，地質区分の変化も著しいことが多いため，測量誤差(航測図化図，実測図，弾性波探査測量図)や物理探査の解析誤差が地質区分の判定に大きな影響を与えるので，特に注意を払う必要がある．
　　　7)断層・破砕帯については，弾性波速度のみでなく，その方向・土被り・その他の判定基準も参考にして，補正を行う．
　　　8)施工中に坑内弾性波速度が得られた場合は，地山等級の確認を行い，必要があれば当初設計の変更を行う資料とする．
(b)一般的な地山の状態
　　トンネル掘削に関する地山，すなわち岩盤を評価するためには，岩盤が岩塊，岩片という要素が重なり合った不連続物体であり，岩片がある一定以上の強度を持つものであれば，その強度は不連続面の強度に支配されるということを良く理解しておく必要がある．一方，地山の状態が非常に悪くなれば，無数の不連続面の存在により逆に連続体的な挙動を示すようになり，トンネル掘削による挙動は岩片の強度が支配的となる．
　　1)岩質
　　　ここでいう岩質とは，新鮮な地質体が風化によって劣化した，現時点での岩盤を構成する岩片の状態のことである．事前調査においては，地表地質調査，ボーリングコアから採取した試料の室内強度試験などにより，できるだけ直接的，定量的な強度の把握に努める．施工中には，切羽より採取した岩片の一軸圧縮強度試験，点載荷引張強度試験などによって強度を判定し，ハンマーの打撃などによって補足する．

2) 水による影響

地下水による地山の強度劣化は，トンネル構造と施工の難易に対して評価する必要がある．当初設計段階において，湧水があると予想される場合には地下水による強度劣化を想定して地山評価を行い，施工段階では，実際の湧水の量と強度劣化の度合いに応じて地山の評価を修正するものとする．

(c) 不連続面の状態

不連続面の状態は，不連続面がトンネルの挙動を支配する場合には，最も重要な地山判定項目となる．すなわち，岩盤のせん断強度は，不連続面の形状と不連続面に挟在する物質の種類によって決まる．したがって，不連続面の粗さ(形状および表面のすべりやすさ)，粘土などの充填物を主とし，長さ(連続性)，幅(開き)，風化の状態を総合的に検討して，トンネル掘削の岩盤の挙動の観点から評価する．事前調査においては，地表地質調査，ボーリングコア観察等によってできるだけ直接的な観察によって判断する必要がある．施工中は，切羽の詳細な観察により判定することができる．

(d) 不連続面の間隔

不連続面の間隔とは，層理，片理，節理による規則性を持った割れ目の平均的間隔をいい，トンネル掘削によって切羽に明確な凹凸を生じさせ，岩塊として分離するような割れ目を評価する．事前調査においては，地表地質調査，ボーリングコア観察等によってできるだけ直接的な観察により判断する．施工中は，切羽の詳細な観察により判定できる．

(e) ボーリングコア(コアの状態，RQD)

ボーリングコアの採取は，事前調査段階では，直接地山を観察できる数少ない有用な指標になる．これらの観察結果は，主に地表地質調査と合わせ，岩片の強度や不連続面の状態，間隔の判定に使われる．また，ボーリングコアの状態，RQDは，ボーリングの施工技術や掘削径によって左右されるので，必ずしも一律な判定基準とはならないが，大まかな目安として利用できる．ただし，この基準は，ボーリング外径66 mmのダブルコアチューブで採取されたコアについて適用する．

(f) 地山強度比

地山強度比は，次のように定義する．

地山強度比：$\dfrac{q_u}{\gamma h}$　　q_u：地山の一軸圧縮強度(kN/m^2)　($1kN/m^2 = 1/1000 N/mm^2$)
　　　　　　　　　γ：地山の単位体積重量(kN/m^3)
　　　　　　　　　h：土被り(m)

なお，地山の一軸圧縮強度は，亀裂等の存在が無視できる地山においては試料の一軸圧縮強度を適用できるが，亀裂等の影響が大きい地山においては準岩盤強度 $q_u'(kN/m^2)$ を用いることができる．

$$q_u' = \left(\dfrac{V_p}{v_p}\right)^2 \times q_u$$
V_p：地山の弾性波速度(縦波，km/s)
v_p：試料の超音波伝播速度(縦波，km/s)

一般に$v_p \geqq V_p$であるが，スレーキング性や土被り等の関係で$V_p \geqq v_p$となる場合は，$v_p = V_p$として準岩盤強度を求める．

(g) トンネル掘削の状況と変位の目安

トンネル掘削の状況と変位の目安は「設計要領第三集トンネル編4-5-1(1) 地山等級」に示したとおりである．変位の計測は，ずり処理後できるだけ早い時期(遅くとも3時間以内)に初期値を測定する必要がある．なお，施工時においては，切羽で観察される不連続面の走向・傾斜とトンネル軸の関係，および地下水の湧水量，地下水による強度低下に対して必要に応じて地山の評価を修正できるものとする．

(h) 注意すべき岩石

下記に示す岩石については，一般にトンネル施工にともなう問題が発生しやすく注意が必要であり，場合によっては等級を落とす必要がある．

1) 蛇紋岩や蛇紋岩化を受けた岩石等，泥岩・頁岩，凝灰岩等，火山砕屑物等は水による劣化を生じ易いので十分注意を要する．
2) 蛇紋岩は変質がきわめて不規則であるので，物理探査やボーリング調査の結果だけでは地質の実態を把握できないことが多いので，施工段階に十分注意を要する．
3) 輝緑岩，角閃岩，かんらん岩，斑れい岩，輝緑凝灰岩は，蛇紋岩化作用を受け易いので，蛇紋岩と同様の注意が必要である．
4) 蛇紋岩や変朽安山岩，黒色片岩，泥岩，凝灰岩等で膨脹性が明確に確かめられたならば，DⅡまたはEに等級を落とす．

付表 4　岩石グループ[4]

	H（硬質岩）	M（中硬岩）	L（軟質岩）
塊状岩盤	斑れい岩 花崗岩 花崗閃緑岩 石英斑岩 花崗斑岩 ホルンフェルス 角閃石岩 砂岩，礫岩（中古生層） 石灰岩，チャート 片麻岩	安山岩 玄武岩 石英安山岩 流紋岩 ひん岩 砂岩，礫岩（第三紀層）	蛇紋岩 凝灰岩 凝灰角礫岩
層状岩盤		粘板岩 頁岩（中古生層）	千枚岩 黒色片岩 緑色片岩 泥岩，頁岩（第三紀層）

注）………は，弾性波速度による区分を示す．

3. かんがい用水路トンネルの地山等級[6],[7]

かんがい用水路トンネルの地山等級を**付表 5**に，この表に用いる地山の種類を**付表 6**に示す．

付表5　かんがい用水路トンネルの地山等級（トンネルタイプ判定基準）[6]

タイプ	地質状態			弾性波速度 (km/s)	見かけの地山強度比 F_c'
A	亀裂の少ない新鮮な岩 (*A・B)	亀裂状態	α：マッシブなものから，かなり多いものまでの範囲 β：少ないものから多少ある程度のものまで γ：ほとんどない	α群：4.5以上 β群：4.0以上 γ群：3.0以上	10以上
		岩石試料圧縮強度	α：120MN/m²以上 β：80MN/m²以上 γ：50MN/m²以上		
		地山ポアソン比	0.16〜0.23		
		地圧	作用しない		
B	亀裂のあるやや風化した岩または軟岩 (*C_H・C_M)	亀裂及び破砕状況	α：亀裂多く所々小断層をはさみ，場所によっては破砕質帯 β：亀裂多く所々小断層をはさむ γ：亀裂が多少ある軟岩 δ：軟岩	α群：3.0〜4.5 β群：2.5〜4.0 γ群：2.0〜3.0 δ群：2.0以上	6〜10
		岩石試料圧縮強度	α：60〜120MN/m² β：40〜100MN/m² γ：20〜50MN/m² δ：5〜20MN/m²		
		地山ポアソン比	0.18〜0.35		
		地圧	一般には作用しないが，破砕質や湧水で作用することあり		
C	風化岩，破砕帯，硬土 (*C_M・C_L)	亀裂破砕軟質状況	α：破砕帯 β：破砕帯もしくは，亀裂や小断層が多い γ：亀裂が多く破砕帯または軟岩 δ：軟岩または固結度のないもの（よく締まった硬土砂も含む） 一般に切羽全面または一部が崩壊してくるような場合に適用する．	α群：1.8〜3.0 β群：1.5〜2.5 γ群：1.0〜2.0 δ群：0.8〜2.0	2〜6
		岩石試料圧縮強度	5MN/m²以下		
		地圧	作用する		
D・E	著しい風化岩，断層破砕帯，軟質土砂 (*C_L・D)	亀裂破砕軟質状況	α・β：破砕帯及び湧水区間 γ：破砕帯または軟質岩で固結度が低い δ：破砕帯または固結度が非常に悪い 一般に未固結の堆積土等で，切羽前面が湧水により自立せずに流動化するような場合や，湧水が著しく多い破砕帯に適用する．	α群：1.8以下 β群：1.5以下 γ群：1.0以下 δ群：0.8以下	2.0以下
		岩石試料圧縮強度	5MN/m²以下		
		地圧	作用する		

注　1）α・β・γ・δ群別の岩石区分は付表6に示す．
　　2）特にF_c'＜0.3〜0.5では切羽が自立しないおそれがある．
　　3）*（　）内は菊地・斉藤による岩盤等級分類で，参考として示した．

付表 6 岩石区分[7]

群	岩 石 名
α群	①古生層，中生層(粘板岩，砂岩，礫岩，チャート，石灰岩，輝緑凝灰岩等) ②深成岩(花崗岩，閃緑岩等) ③半深成岩(ひん岩，花崗はん岩，輝緑岩等) ④火山岩(粗粒玄武岩，玄武岩等) ⑤変成岩(片岩類，片麻岩，千枚岩，ホルンフェルス等)
β群	①剥離性の著しい変成岩(片岩類，片麻岩) ②剥離性の著しいまたは細層理の古生層，中生層(千枚岩，粘板岩，頁岩等) ③火山岩(流紋岩，石英粗面岩，安山岩等) ④古第三紀層の一部(珪質頁岩，珪質砂岩等)
γ群	古第三紀層～新第三紀層(頁岩，砂岩，礫岩，凝灰岩，凝灰角礫岩等)
δ群	①新第三紀層(泥岩，シルト岩，砂岩，凝灰岩等) ②洪積層，新第三紀層の一部(低固結層，未固結層，土丹，砂等) ③表土，崩壊土

参考文献

1) (独)鉄道建設・運輸施設整備支援機構：山岳トンネル設計施工標準・同解説，p.39，2014.
2) (独)鉄道建設・運輸施設整備支援機構：山岳トンネル設計施工標準・同解説，p.41，2014.
3) 東日本・中日本・西日本高速道路株式会社：設計要領第三集　トンネル本体工建設編，pp.78-81，2015.7
4) 東日本・中日本・西日本高速道路株式会社：設計要領第三集　トンネル本体工建設編，p.76，2015.7
5) (社)日本道路協会：道路トンネル技術基準(構造編)・同解説，pp.78-80，2003.
6) 農林水産省農村振興局整備部設計課：土地改良事業計画設計基準及び運用・解説　設計「水路トンネル」，p.231，2014.
7) 農林水産省農村振興局整備部設計課：土地改良事業計画設計基準及び運用・解説　設計「水路トンネル」，p.232，2014.

3.3.3　立地条件調査結果の整理と利用

立地条件調査の結果は，その成果を地山条件調査の結果を含めて総合的に判断し，その目的に応じて工事計画や設計，施工を円滑に進められるよう必要事項を取りまとめなければならない．

【解　説】　立地条件に関する調査結果は，工事の各段階とその目的に応じて整理を行い，その活用を図らなければならない．工事を規制する法規や条例，諸手続き，工事用道路，坑外設備，ずり搬出先等に関する調査結果は，工事計画や施工を円滑に進めるうえで重要であり，社会的観点を含めた総合的な計画に反映させなければならない．

環境調査の結果は，トンネルの建設計画や工事の周辺環境に及ぼす影響への対策等に反映させるため，整理して問題点を抽出することが重要である．得られた結果は十分に吟味し，必要に応じてモニタリング等を行い，最適な対策を計画するよう努める必要がある．

環境調査および地山条件調査の結果で明らかとなった立地，地山条件に基づいて，簡易計算，数値解析等でトンネル工事による周辺への影響を予測することができる．地表面沈下および地下水位低下の影響については簡易計算による予測式があり，変化量やその発生範囲等の影響程度を予測することができる．また，トンネルの複雑な掘削挙動をシミュレーションするために，必要に応じて有限要素法解析等による変形や沈下の影響解析も行う．さらに，地下水や気象条件との関連性が強く複雑な条件下においては，水文地質モデルによる数値解析等を行ってトンネル掘削による影響を予測することもある．

なお，環境影響評価を実施した事業の場合，トンネルに関わる項目についても評価結果を十分に検討し，工事計画や設計，施工に的確に反映させ，良好な環境の保全に努めなければならない．

補償対象調査の結果は，環境調査を含めて総合的に検討し，補償が必要となるおそれのある各種権利および生活環境等に対する対応を明確にしなければならない．

　施工前の環境調査，補償対象調査，モニタリング結果等は，工事による周辺への影響の性質と程度を明確にするものでなければならない．また，地下水等の利用に関する調査結果は，基底流量，水質あるいは気象条件との関連等を含め，工事による影響度を明確にするものでなければならない．

第3編 設 計

第1章 総 則

1.1 設 計 一 般

トンネルの設計では，使用目的，使用形態，その他必要となる条件を満たした上で，経済性，安全性，周辺への影響の程度，施工性のみならず供用後の経済性，保守性等の保全業務に求められる条件を総合的に勘案し，調査結果を十分吟味し，地山の支保機能が最大限発揮されるよう，支保工，覆工，インバートに必要な性能を満足した設計としなければならない．

【解 説】 山岳トンネルを設計するにあたっては，トンネルの用途や規格および構造等を勘案したうえで，調査結果に基づき工事が安全かつ経済的に施工できるようにトンネルを設計する．その際，供用後の利用形態や維持管理のしやすさにも十分配慮しなければならない．

山岳トンネルでは，トンネル掘削に伴う地山の緩み領域の外側に，トンネル上部の土被り荷重を周りの地山に再配分して平衡状態となるグラウンドアーチと呼ばれる領域が形成されると考えられている[1]．山岳トンネルの設計では，支保工を設置することにより，グラウンドアーチを効果的に活用することを前提としている．そのため，構造物に作用する荷重を設定し，構造計算等によりその荷重を支持するために必要かつ十分な部材を設計する一般的な土木構造物の設計とはその設計思想が根本的に異なる．すなわち，地山内に構築する空間そのものが山岳トンネルであり，その空間の保持は，支保工や覆工，インバートの性能のみに期待するのではなく，地山自身が有する空間保持能力にも期待している．本示方書では，このグラウンドアーチによる空間保持能力を地山の支保機能と称する．

これらのことについて，地山状態の違いによる地山の支保機能と，支保工，覆工，インバートにより発揮される空間保持能力の関係を示した概念図である**解説 図 3.1.1**を用いて以下に解説する．

解説 図 3.1.1(a)は，トンネル完成直後の地山状態とトンネルの空間保持能力の関係について，地山の支保機能，支保工，覆工，インバートの分担を概念的に示したものである．ここに，空間保持能力の下限値はトンネル内の空間を保持するために必要となる最低限の能力を示すものであり，地山状態によって変化しない．地山状態がきわめて良好な場合は，地山の支保機能のみで空間保持能力を満足することも想定される．素掘りトンネルがこれに該当する．それに対し，地山状態が極端に不良な場合には，地山の支保機能のみによる空間保持能力はほとんど期待できないので，支保工による力学的な性能の付加が必要となる．場合によっては，覆工の力学的な性能までも期待しなければならない状態も想定される．

それに対し，**解説 図 3.1.1**(b)は，トンネル供用後に経年劣化が進行し，全体の空間保持能力が低下している状況を示す．劣化の進行が著しい場合には，空間保持能力が下限値を下回り，覆工にまで変状が発生することも考えられる．

支保工の性能は，建設時のみ発揮されるとの考え方がある一方，上記のようにある程度低下しながら長期間にわたって維持されるとの考え方もある．後者の考え方に立てば，地山および支保工，覆工，インバートの空間保持能力を組み合わせて全体としての長期耐久性を検討し，材料が劣化しても空間保持能力が確保される設計を行うことが望ましい．しかし，今のところ空間保持能力の定量的な評価は困難であるため，一般には，以下の点に留意して，ある程度の余力を考慮して経験的に設計しているのが現状である．

① 地山の支保機能の評価
② 各支保部材に求められる性能を考慮した設計

③　長期耐久性に配慮したうえでの覆工，インバートの設計

　すなわち，これまでの経験に基づき分類した地山等級とそれに対応する標準設計を適用して設計する方法や，類似施工例を参考にして設計する方法が一般に採用されており，これらの方法を適切に用いることで必要な性能を満足したトンネルを設計することができる．なお，地山条件が特殊な場合や都市部等で上記の方法を適用できないような場合には，数値解析手法を用いた設計が必要となる場合もある．

　一方，設計にあたっては，その使用目的，使用形態，その他必要となる条件，すなわち用途ごとの機能（[**共通編**]・**同解説** 1.2参照）[2]を考慮して使用期間中において断面を確保しなければならない．山岳トンネルの用途のうち事例の多い，道路，鉄道，水路について，設計時に留意すべき事項を以下に述べる．

　1)　道路トンネル　人および車両の交通を目的としており，交通の用に供するため道路構造令に示される諸基準に基づいて設計を行う．そのため，不特定の利用者が安心して利用できるだけでなく，安全かつ快適な交通を確保するための換気，防災，照明，内装等の付属施設も考慮して設計する．

　2)　鉄道トンネル　安全な鉄道輸送を目的としており，鉄道事業者ごとに定める実施基準に基づき設計を行う．送電線等の電気設備，信号設備や必要に応じて防災を目的とした退避所の配置計画等も設計時に検討する必要がある．

　3)　水路トンネル　用水および排水等の導水を目的としており，所定の流量を安全かつ経済的に通水できるよう，水理条件や内水圧の有無，地山条件を考慮してトンネル断面形状および縦断計画等の設計を行う．加えて，漏水対策等の維持管理，さらには開水路との取付け部等も設計時に検討する必要がある．

　なお，トンネル標準示方書で対象とする三工法（開削，シールド，山岳）における共通編（[**共通編**]・**同解説** 1.1，1.2参照）では，三工法に共通する性能規定の枠組みと，その考え方が記述されている．山岳工法・同解説のうち第3編においては，要求性能の定義（[**共通編**]・**同解説** 2.2参照）に基づき，性能照査が求められるトンネル構造物の能力を性能と称している．性能の照査方法は，従来の要求品質，要求強度等は照査アプローチB（[**共通編**]・**同解説** 2.1参照）による適合みなし規定であるため，新たな照査基準は設けていない（[**共通編**]・**同解説** 2.3参照）．また，性能照査型設計法には，要求性能を満足すれば，材質や工法を限定しないという考え方により，新技術の開発やコスト縮減を促すねらいもある．そのためには，要求性能と照査方法のより一層の明確化が必要となるため，今後も十分な議論が必要である．

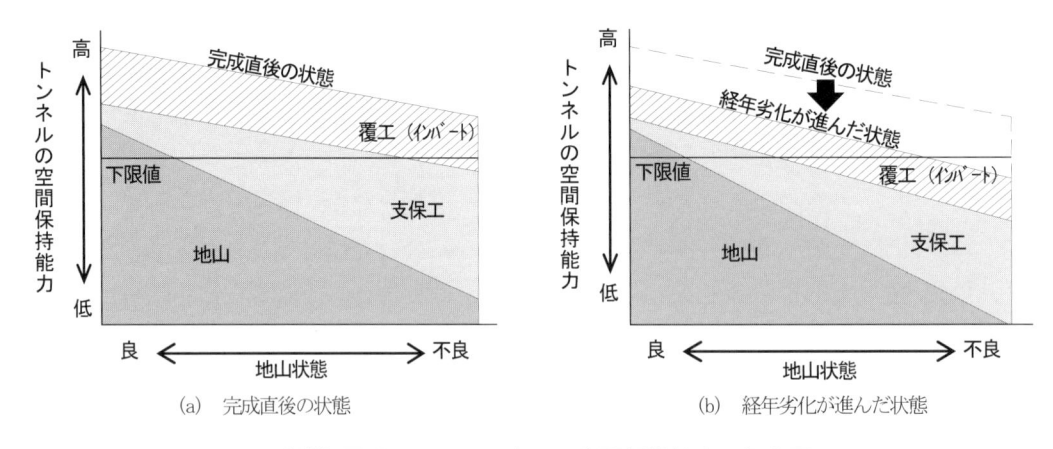

解説 図 3.1.1　トンネルの空間保持能力の概念図

参考文献

1)(公社)土木学会：トンネル・ライブラリー第26号 トンネル用語辞典 2013年版【CD-ROM版】山岳工法編, p.109, 2013.

2)(社)土木学会：トンネル・ライブラリー第21号 性能規定に基づくトンネルの設計とマネジメント, pp.37-42, 2009.

第2章 設計の基本

2.1 基本的な考え方

2.1.1 設計の基本

> トンネルは，地山，立地，形状や寸法，完成後の外力等の必要な設計条件を十分に考慮したうえで，地山の支保機能を有効に活用するよう適切に設計しなければならない．

【解　説】　トンネルは，その使用目的や地山条件，立地条件等から要求される設計条件と種々の設計項目を十分に把握し，安全性，経済性，施工性，耐久性，供用中の維持管理等を総合的に判断して，地山の支保機能(第3編 1.1参照)を有効に活用し適切に設計しなければならない．地山の支保機能とは，トンネル空間を保持する能力を支保工，覆工，インバート等のみに期待するのではなく，地山自身の能力を利用するという山岳トンネルに特有な考え方である．地山分類(第2編 3.3.2参照)とは，この地山の支保機能を等級区分する手法であると換言することもでき，この地山分類に基づき地山の支保機能を包括的に考慮しトンネル設計がなされている．なお，地山の支保機能を定量的に評価して設計に反映することは，一般には困難である．

　山岳工法のトンネル設計においては，国際化に対応した性能照査型設計への移行が重要な課題となる．また，供用中のトンネルにおける維持管理に対する課題も顕在化しており，たとえば供用後に発生する盤ぶくれ等によるトンネル変状を考慮した設計やライフサイクルコストを考慮した覆工設計等が今後の課題と考えられる．

1) 設計条件　トンネルの設計にあたっては以下の設計条件を考慮する．

① 地山条件：地山条件(第2編 3.1，第3編 2.2.1参照)，特殊な地山(第3編 8.2，第7編参照)

　地山条件としては，地形，地質，水文等があり，設計にあたっては地山の強度，変形特性，切羽の安定性および湧水等を考慮する．

　特殊な地山としては，地すべりや斜面災害が予想される地山，断層破砕帯や褶曲じょう乱帯，未固結地山，膨張性地山，山はねが生じる地山，高い地熱や温泉や有害ガス等がある地山，高い水圧や多量の湧水がある地山等がある．

② 立地条件：立地条件(第2編 3.2，第3編 2.2.2参照)，特殊な位置(第3編 8.3参照)，近接施工(第3編 8.4.1～8.4.4参照)

　立地条件としては，周辺環境に与える影響，位置が特殊である場合の影響，近接施工により与える影響および受ける影響等があり，設計にあたっては施工時および完成時における影響を考慮する．

　周辺環境に与える影響としては，騒音と振動，交通障害，重金属等の溶出や硫化鉱物による酸性水，河川水や井戸の渇水，河川水や地下水の水質変化や汚染，地表面の沈下と隆起，近接構造物に与える影響，坑門等が周辺景観に及ぼす影響，高速列車がトンネルに進入する際の空気振動，周辺に生息する動植物への影響等がある．

　特殊な位置としては，都市域を通過する場合，小さな土被りの場合，特に大きな土被りの場合，水底を通過する場合等がある．

　近接施工としては，既設構造物にトンネルが近接する場合，トンネルが相互に近接する場合，近接施工の影響をトンネルが受ける場合等がある．

③ 形状と寸法：形状と寸法(第3編 2.2.3参照)，特殊な形状と寸法(第3編 8.5.1参照)，分岐部および拡幅部(第3編 8.5.2参照)

　トンネルは用途や形態によって標準的な形状と寸法が規定されているが，特殊な形状や寸法として分岐部や拡幅部，特に大きな断面等がある．

　分岐部の例としては，道路における集じん室や換気坑取付け部，地下発電所等の連絡通路や導水路トンネル，避難連絡坑，立坑との連絡坑，湧水の多い場合の水抜き坑，作業坑等がある．

　拡幅部の例としては，道路における電気室や非常駐車帯，鉄道における駅部や信号場，改築に伴う拡幅等があ

る．特に大きな断面の例としては，道路におけるランプ合流部，鉄道における駅部等がある．

④ 外力の作用を考慮する条件：外力の作用を考慮する条件(第3編 2.2.4参照)，完成後の外力(第3編 8.6参照)
トンネルに作用する外力としてはトンネル完成後に，土圧(土被り荷重，緩み土圧，偏土圧，地山の膨張圧，周辺からの付加荷重等)，水圧(内水圧，外水圧)，地震，寒冷地における凍結圧や凍上圧，諸設備や列車等の内部荷重，自重等を考慮する場合がある．

2) 設計項目　トンネルの設計は多岐にわたるが，列挙すると以下のような項目が標準的な設計対象となる．
① 平面線形(第2編 2.1.1参照)
② 縦断線形(第2編 2.1.2参照)
③ 内空断面(第2編 2.2.3参照)
④ 付属施設(第2編 2.1.4参照)
⑤ 地山評価(地山分類，地山等級)(第2編 3.3.2参照)
⑥ 掘削断面形状(第3編 2.3.1参照)
⑦ 掘削工法(第3編 2.3.2参照)
⑧ 掘削方式(第3編 2.3.3参照)
⑨ 支保工(第3編 3.参照)
⑩ 覆工(第3編 4.参照)
⑪ インバート(第3編 5.参照)
⑫ 防水工および排水工等(第3編 6.参照)
⑬ 坑口部および坑門(第3編 7.参照)
⑭ 補助工法(第6編 2.および第6編 3.参照)
⑮ 観察・計測(第5編 4.参照)

一方，設計条件に特殊な条件が含まれる場合は，各々個別に設計項目が付加される．

2.1.2 設計手法

設計は，設計条件と必要な設計項目を十分に考慮したうえで，適切な手法により検討しなければならない．

【解　説】　本条文は，トンネルにおけるおもな設計項目である支保工(第3編 3.参照)，覆工(第3編 4.参照)，インバート(第3編 5.参照)等を対象とする設計手法について記述したものである．

山岳トンネルは，他の土木構造物と設計手法が大きく異なる．すなわち，橋梁等に代表される地表の土木構造物，比較的軟質な地盤を対象とするシールドトンネルや開削トンネルでは，各種設計条件から構造物に作用する荷重を吟味しその荷重に見合う設計がなされる．しかしながら，通常の山岳トンネルでは，都市部山岳工法によるトンネルのように特殊な設計条件にある場合を除き，個々の設計条件からトンネルに作用する荷重を想定することが困難であり，過去の設計や施工実績および経験を重視する特有の設計手法が用いられている．山岳トンネルの設計では，掘削による応力解放に伴う地山の変形を許容し，変形が収束した段階を地山とトンネルがともに安定した状態と評価し，経済性や合理性等を追求するために地山が持つ支保機能を活用するとの考え方を基本としている．すなわち，山岳トンネルでは，過去の設計や施工実績および経験を反映した設計手法を用いることによって，トンネルに作用する荷重等の設計条件を包括的に加味するとの考え方を採用している．

山岳トンネルの設計手法には，以下のものがある(第3編 3.1.2参照)．

1) 標準設計の適用　標準設計は，設計条件が過去の設計や施工実績と比較して大きく異ならない場合に適用される最も基本的な設計手法であり，多くのトンネルで採用されている．標準設計は，トンネルの使用目的(道路，鉄道，水路等)や諸元(内空断面，断面形状等)に左右され，各事業者によって独自の標準設計手法が整備されている．この各事業者における標準設計では，地山等級に応じた標準支保パターンが設定されており，地山等級やそ

の他の設計条件が確定すれば一義的に標準的な支保パターンを決定することができる．この標準支保パターンには，支保部材の組合せのほかに覆工やインバートの厚さも含まれる場合がある．

一方，この標準的な支保パターンと地山分類および地山等級は，各事業者における過去のトンネル設計や施工実績および経験に基づき策定されており，実績のさらなる蓄積によって適宜見直しが実施されている．すなわち，同程度の断面や形状のトンネルであっても事業者によって標準的な支保パターンが異なる場合や，同じ事業者においても設計および施工された時期によって標準的な支保パターンが異なる場合もあること等に留意すべきである．

2) 類似条件での設計の適用　類似条件での設計は，過去に施工したトンネルと設計条件が類似する場合に適用される．一般には，トンネルの使用目的や諸元がほぼ等しい場合，たとえば，既設トンネルに併設してトンネルを新設する場合には，既設トンネルの実績を考慮して設計を行う．なお，トンネルの使用目的や諸元が異なっても，地山条件や立地条件等が類似する場合にも適用される．一方，類似条件での設計では何らかの特殊な設計条件(特殊な地山，特殊な立地，近接施工，特殊な形状や寸法，完成後の外力等)が含まれる場合も多く，たとえば，分岐坑の設計では標準的な設計手法が整備されていないことから，類似条件における設計が適用されることが多い．なお，類似条件での設計では，後述の解析的手法を併用し設計の妥当性を検証する場合もある．

3) 解析的手法の適用　解析的手法は，設計条件に特殊な条件(特殊な地山，特殊な立地，近接施工，特殊な形状や寸法，完成後の外力等)が含まれるトンネル，たとえば都市部山岳工法によるトンネル等で適用される．すなわち，従来の標準設計や類似条件での設計のみでは設計検討が不十分と考えられる特殊な設計条件における設計手法として発展し，数値解析手法の向上に伴い山岳トンネルの適用範囲を広げることにも寄与している．

解析的手法における支保工の設計では，おもに周辺地山の挙動予測や支保部材の応力度照査を目的として，有限要素法解析等を用いて地山と支保部材をモデル化し設計検討を実施している．覆工とインバートの設計では，想定される外力に対する部材の構造的な応力度照査を目的として，骨組構造解析を用いて部材をはり，地山をばねでモデル化し想定荷重を作用させて設計検討を実施している．解析的手法は，特殊な地山条件においてインバートを早期に閉合する場合(第3編 5.4 参照)，近接施工の場合(第3編 8.4 参照)，都市部山岳工法の場合(第8編参照)等における設計手法としても活用されている．

一方，解析的手法においては解析条件(モデルの設定，境界条件，地山や部材の入力物性値，初期地圧，応力解放率等)によって計算結果が大きく異なるので，解析条件と結果の評価に十分な注意が必要となると同時に，地盤の不確実性や不連続性を勘案すれば解析的手法は万能ではないことを十分念頭におくべきである．また，解析的手法の適用においては，類似条件におけるトンネル設計および施工事例が参考となる．解析的手法の具体的な手順に関しては，参考文献[1]〜[6]等が参考となる．

参考文献

1) 日本道路公団試験研究所道路研究部トンネル研究室：トンネル数値解析マニュアル，試験研究所技術資料第358号，1998．
2) (独)鉄道建設・運輸施設整備支援機構：山岳トンネル設計施工標準・同解説，2014．
3) (財)鉄道総合技術研究所：鉄道構造物等設計標準・同解説　都市部山岳工法トンネル，2002．
4) (社)土木学会：トンネル・ライブラリー第15号　都市部山岳工法トンネルの覆工設計－性能照査型設計への試み－，2006．
5) (社)土木学会：トンネル・ライブラリー第16号　山岳トンネルにおける模型実験と数値解析の実務，2006．
6) (公社)土木学会：トンネル・ライブラリー第24号　実務者のための山岳トンネルにおける地表面沈下の予測評価と合理的対策工の選定，2012．

2.1.3　設計の手順

山岳トンネルの設計は，設計条件を考慮し適切な手順で行わなければならない．

【解　説】　山岳トンネルにおける設計の一般的な手順を**解説 図** 3.2.1に示す．本示方書では，山岳トンネルの設計を当初設計と修正設計に大別している．山岳トンネルの設計手順が他の土木構造物の設計手順と最も異なるのは，当初設計に対して施工中に適宜修正設計の必要性を判定することにある．すなわち，山岳トンネルの設計とは，当初設計のみを示すものではなく，施工中にその段階で採用している設計を日常的に照査し修正する一連の設計作業を伴うと位置付けることができる．したがって，山岳トンネルの設計では他の土木構造物のように計画，調査，設計，施工の段階を明確に区分することが難しく，施工段階において経済性，施工性，安全性等を常に追求することによって，設計内容と項目を適宜照査し変更(第3編 2.1.4, 3.1.3, 第4編 1.3参照)していくことが重要である．

解説 図 3.2.1では，施工と施工管理の段階において設計の変更が必要と判断されると，設計あるいは計画および調査に戻って修正設計を行うことを示しており，この手順が山岳トンネルの設計における特徴となっている．なお，**解説 図** 3.2.1では，設計条件として標準的な設計条件と特殊な設計条件を併記し，設計項目は，便宜的に掘削に関わる設計項目，構造に関わる設計項目，その他の設計項目に整理して記述した．

施工時に設計を変更する定性的な判断指標としては，**解説 図** 3.2.1に示したように設計条件，施工条件を満足しているか，支保工(補助工法を含む)の設定は妥当か，地山が安定しているかなどがある．また，定量的な判断指標としては，切羽観察記録の評価項目を数量化し切羽評価点として評価する方法(第5編 4.4.1参照)や，坑内や坑外で実施する計測において管理基準を設定し，管理レベルに応じた設計，施工対応を事前に設定する方法等がある(第5編 4.4.2, 4.4.3, 4.4.4参照)．

第3編 設 計

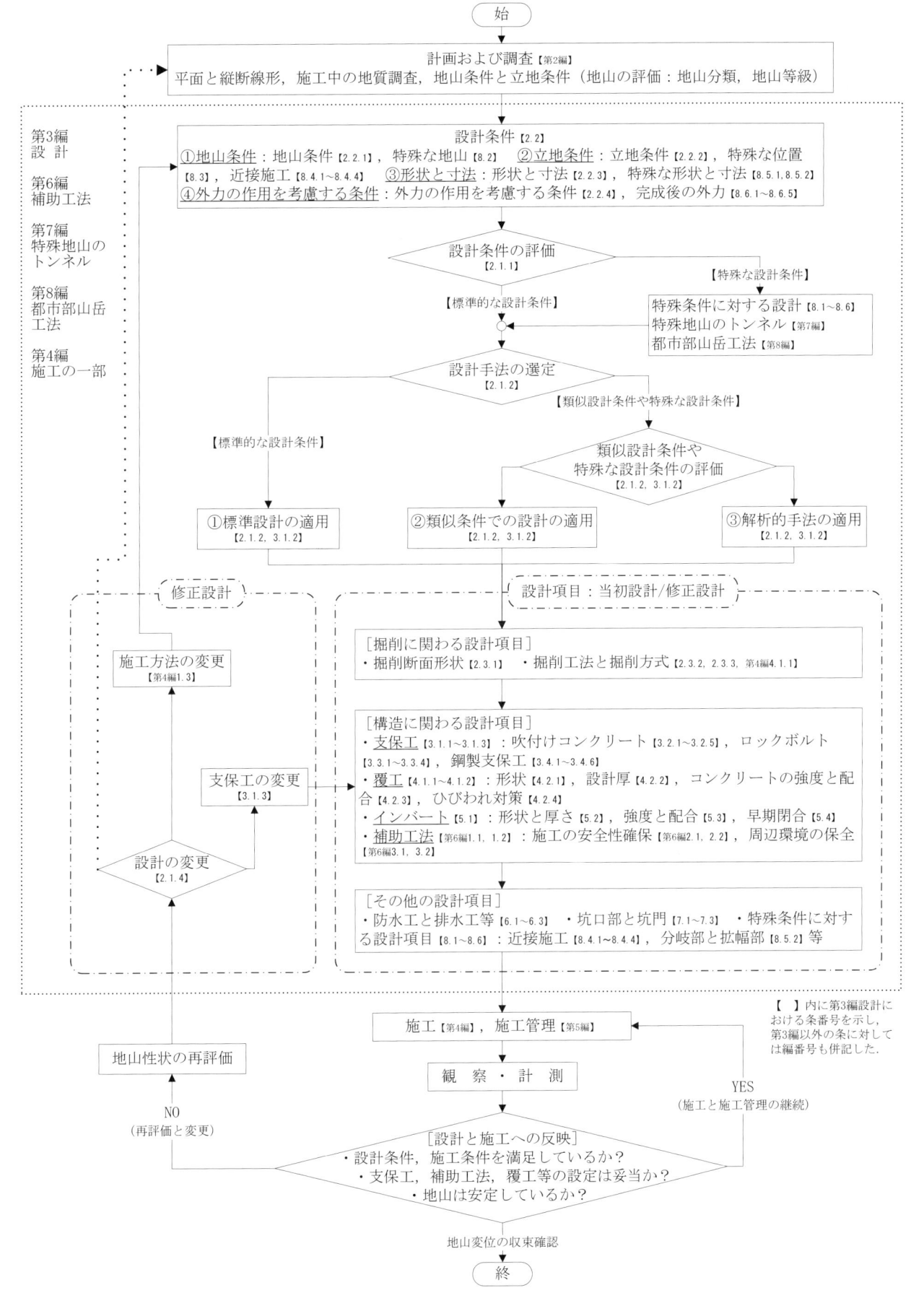

解説 図 3.2.1 山岳トンネルの設計手順に関するフロー

2.1.4 設計の変更

施工中の観察や計測から設計が適切でないと判断された場合には，遅滞なく修正設計を行わなければならない．

【解　説】　第1編 1.2では，施工が始まる前段階の計画と調査に基づいて設定された設計を「当初設計」，施工段階で実施する地山観察や計測等の結果に基づき当初設計を見直し，修正された設計を「修正設計」としている．トンネルの設計では，地山の支保機能の評価が重要であり（第3編 1.1参照），当初設計では想定していなかった脆弱な地山の出現や突発湧水による切羽崩壊等の切羽状況の変化や，施工中に実施される切羽観察や計測等の結果に基づき，地山等級を適宜見直し，支保パターンや補助工法等の変更を実施する修正設計を適切に行わなければならない．

トンネルにおいて設計の変更が重要となる背景には，施工が始まる前段階の調査での様々な制約や限界から当初設計で考慮した地山の状態と実際に施工中に確認される地山の状態が必ずしも一致しない場合が多いことが挙げられる．事前調査において地山の性状を正確に把握するためには，岩質，亀裂の状況，湧水の状況，地質構造等多くの要素を明らかにする必要があり，地山の支保機能は施工方法とも密接に関連する．しかし，トンネルは地中の線状構造物であることから全線にわたる精密な調査は難しく，地山の性状を定量的に把握できる試験と調査方法も限られている．そのため，十分な調査を行えず，設計の段階で地山の性状に関して満足の得られる情報を入手することが困難である場合も多い．よって，当初設計とは，限られた調査資料に基づき地山の支保機能を評価かつ想定した結果であるということができる．

設計の変更は，トンネルの将来における品質を確保することを前提として，時として相反する判断かつ評価指標となる「施工中の安全性確保と供用後の耐久性確保」と「工事の合理性，経済性の追求」等を考慮して，当初設計の段階で採用されている設計支保パターンより支保構造等をランクアップ（支保工を増強）する場合とランクダウン（支保工を軽減）する場合や補助工法等の追加，削減を行う場合がある．また，変更の内容や変更区間の設定においては，安全性や経済性ばかりでなく施工性も考慮すべきである．さらに，設計の変更には，地山等級の見直しだけではなく，設計条件の再評価が必要となる施工方法の変更（第4編 1.3参照），トンネル路線等の基本的な計画の再検討が必要となる場合がある（**解説 図 3.2.1**参照）．このような場合には，工事期間，費用の大幅な増加につながることも多い．よって施工が始まる前段階の調査が重要である．修正設計を遅滞なく実施するためには，施工前に当初設計時の条件や検討内容等を明確に整理しておく必要がある．また，計画，調査，設計，施工，維持管理等の各段階において予想される問題点や設計者の技術的な判断根拠，および地山の支保機能の評価根拠等を明確に整理しておく必要がある．

修正設計の具体的な内容と項目は，施工中に発生した現象を前述した予想される問題点や設計根拠等と照らし合わせよく吟味して決定する．また，当初設計段階では想定できなかった現象や新たな事実が，施工中に実施する調査や計測等によって明らかとなる場合もあるため，様々な情報を総合的に勘案して修正設計の具体的な内容と項目を決定することが重要となる．なお，修正設計では，類似地山条件におけるトンネル設計，施工事例が参考となる場合もある．

トンネルの補助工法等に対する技術開発と実用化にはめざましいものがある．また，当初設計で設定した支保パターンにこだわらず，施工中に支保部材を柔軟かつ適切に組み合わせる支保パターンの考え方もある．よって，設計の変更では，地山の支保機能の評価と様々な支保部材や補助工法等の作用効果を適切に評価することが重要である．一方，工事を円滑に進めるためには，設計の変更に伴う手続きを迅速に行って手待ちや手戻りを最小限にとどめることも重要である．

2.2 設計条件
2.2.1 地山条件
（1） トンネルの設計にあたっては，地形，地質，水文等の地山条件を考慮しなければならない．
（2） 地山条件を考慮する際には，地山の強度，変形特性，切羽の安定性および湧水等の地山特性を考慮しなければならない．

【解説】 （1）について 山岳トンネルは地山の支保機能を利用する構造物であるから，地形，地質および水文からなる地山条件を考慮して設計しなければならない．とくに，**解説 表** 2.1.1に記載されている特殊な地山条件に該当する場合には，それに応じた設計をしなければならない（第3編 8.2あるいは第7編参照）．

一般的な地山条件では，通常，①標準設計，②類似条件での設計，③解析的手法のいずれかの方法で行われる（第3編 2.1.2参照）．標準設計あるいは類似条件での設計を適用する場合は，地質条件，弾性波速度，地山強度比（＝$q_u/\gamma H$，q_u：地山の一軸圧縮強さ，γ：地山の単位体積重量，H：トンネルの土被り），地山物性値（変形係数やポアソン比等）等に関する情報に基づき，標準設計の各パターンの適用の可否および類似性の有無を判断する．また，解析的手法を適用する場合には，解析条件（モデルの設定，境界条件，入力物性値，初期地圧，応力解放率等）によって計算結果が大きく異なるため，計算結果の評価には十分な注意が必要である．

トンネルの設計では，施工時あるいは施工後に作用する土圧を想定して検討する場合がある．山岳トンネルにおいて考慮される土圧はおもに，①掘削面の変位に伴って支保工に作用する土圧，②上方の地山が緩むことによって支保工または覆工に作用する緩み土圧，あるいは③供用段階で長期的に増大する土圧に分類される．以下，これら3つの土圧について解説する．

① 掘削面の変位に伴って作用する土圧：トンネル掘削に伴い，周辺地山内の応力が再配分される．トンネル周辺地山の強度が小さい場合には，再配分された応力によって地山が塑性化して掘削断面内に押し出してくることがある．これを拘束するために支保工を設けた場合に作用する土圧を指す．トンネル周辺の応力状態は支保反力の影響を受けて，たとえば**解説 図** 3.2.2のようになる．この土圧が問題となるのは，一般に地山強度比が小さい軟岩地山の場合が多い．このような地山においては，地山の強度低下や応力集中を極力防止する設計としなければならないが，トンネルと地山の相互作用は複雑であるため慎重な検討が必要である．

② 上方の地山が緩んで作用する土圧：割れ目の発達した地山やアーチ作用の期待できない地山では，トンネルの掘削に伴い，トンネル上方の地山が緩んで，ある高さ相当の地山重量がトンネルの支保工または覆工に直接荷重として土圧が作用することがある．これを緩み土圧という．緩み土圧は，割れ目の発達した硬岩や土被りの小さい未固結地山等で考慮され，テルツァーギ（Terzaghi）の緩み土圧式や全土被り荷重等をもとにして設定される．

③ 長期的に増大する土圧：施工中に異常な挙動がみられない地山でも，供用後に土圧や水圧が増加し，変状が発生する場合がある．また，岩種によっては，長期的な地山の劣化や膨潤等により，覆工コンクリートに悪影響を与える場合がある．このような場合には，施工時の変状を抑えるだけでなく，インバートを設置するなど長期耐久性に配慮したトンネル構造としておくことが重要である（第3編 8.6.1参照）．

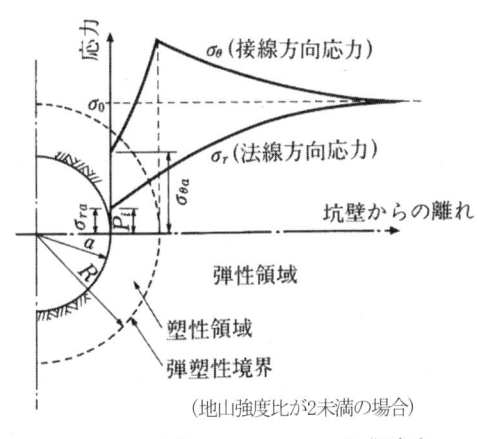

$a=$トンネル半径 $\sigma_0=$初期応力
$P_i=$支保反力$=\sigma_{ra}$ $\sigma_{ra}, \sigma_{\theta a}=$坑壁での応力

解説 図 3.2.2 地山内応力状態の概念図

（2）について 地山は不連続面と空隙等を含むトンネル周辺地盤の総称である．したがって，地山特性とは，土や岩石自体の性質と未固結地山や岩盤内に有する不連続面の性質と捉えることができる．地山特性を設計上考慮する際には，それらを総合して把握する必要がある．

土や岩石自体の基本的な性質として，一軸圧縮強さあるいは粘着力や内部摩擦角に代表される強度特性と，変形係数やポアソン比に代表される変形特性がある．一方，土や岩石が他の材料と異なる特徴的な性質として，拘束圧依存性とひずみ軟化性等がある．

土や岩石に特徴的な性質がトンネルに与える効果あるいは影響として，支保工等で地山の強度を増加させることが期待できる場合や，逆にトンネル掘削に伴って内空変位が著しく増大する場合等がある．したがって，これらの性質が顕著な地山では，一軸圧縮強さや変形係数などの基本的な性質を把握することに加え，土や岩石特有の性質に十分配慮することが重要である．

不連続面の特性には，不連続面自体の力学特性や水理学特性だけでなく，不連続面の方向や間隔および幅に基づく幾何学特性がある．とくに幾何学特性はトンネルの大きさとの関係でトンネルへの影響が異なる．したがって，不連続面の影響が無視できないと考えられる地山では，不連続面の力学特性，水理学特性および幾何学特性について検討することが望ましい．

一方で，トンネルの施工時に発生するトンネルの大変形，切羽の崩壊，突発湧水等も地山特性に起因して発生することが多く，このようなことを防ぐためにも地山特性を十分把握しておくことが重要である．

施工性に関わる地山特性の代表的なものとして，切羽の安定性と湧水が挙げられる．切羽の安定性は，岩盤においては岩の強度，割れ目の状態と間隔，あるいは膨張性の有無等により異なり，割れ目に粘土を挟在する場合や割れ目が発達している場合等は切羽の安定性が悪くなる．割れ目の少ない硬岩や中硬岩地山においては，土被りが大きく地山応力が高い場合に，山はね等が発生することがある．一方，未固結地山においては，土被り，粘着力の大きさ，粒度分布，含水比，地下水位等によって切羽の安定性が左右され，一般に細粒分（粒径75μm以下）の含有量が少なく均等係数の小さい地山の場合には切羽の安定性が悪くなる．とくに砂質土地山においては，含水比が高いと地山の流動化を生じることがあるが，逆に地下水位が下がり含水比が極端に低下すると粘着力が小さくなり，流砂現象が生じることがあるので十分な検討が必要である．

湧水は，中硬岩や硬岩では切羽の安定性にさほど影響しないが，未固結地山では大きく影響する．また，中硬岩や硬岩地山においても突発湧水には注意する必要がある．湧水量についても，防水工および排水工等の設計を行ううえで十分な検討が必要となる．

2.2.2 立地条件

トンネルの設計にあたっては，トンネルが周辺環境に与える影響，位置条件が特殊である場合の影響，近接施工の影響等を考慮しなければならない．

【解説】 1) 周辺環境　設計にあたっては，施工時および完成後にトンネルが既設構造物や地下水位等の周辺環境に与える影響について考慮する必要がある．

トンネル施工時の周辺環境への影響に関しては，当初設計，修正設計時において以下の点に配慮する必要がある（第2編 3.2.2参照）．

① 発破の騒音と振動，工事用車両による騒音と振動や交通障害
② 掘削ずりや工事排水による地下水や河川水等の水質汚染
③ トンネル周辺の渇水および地盤沈下
④ 薬液注入による地下水の汚染や地盤隆起
⑤ 掘削に伴う地表面沈下や近接構造物に対する影響

一方，完成後の周辺環境への影響については以下のようなことが考えられる．

① 地下水環境の変化に伴う河川や井戸等の渇水現象
② 地山の緩みや地下水位低下による地表面沈下
③ 薬液注入等による長期的な地下水の水質変化
④ 交通振動や騒音，高速列車のトンネル進入時に発生する空気振動の影響

⑤ 坑口部あるいは坑門が周辺景観に及ぼす影響(第3編 7.2, 7.3参照)

設計にあたっては，関連法規(第1編 1.3参照)を把握した上で，**解説 表** 2.3.8に示した環境調査項目に十分留意する必要がある．また，環境保全に必要なモニタリング調査については第2編 2.2.5を，環境保全のための具体的な対策については第4編 13.1を参考とし，環境保全に努めなければならない．

2) 位置条件　都市域を通過するトンネル，小さな土被りのトンネル，特に大きな土被りのトンネル，水底を通過するトンネル等，トンネルを施工する位置が特殊な場合には，**解説 表** 2.1.2に示すような問題となる現象が生じることがある．このため，位置条件が特殊なことによる特有の問題点を把握し，設計において十分に配慮しなければならない(第3編 8.3参照)．

3) 近接施工　近接施工の影響を大別すれば，トンネルが掘削されることにより周辺構造物に与える影響，併設トンネル，めがねトンネルといった，近接トンネルが計画されている場合にトンネルが相互に受ける影響，トンネル施工中あるいは施工後に近接して他の構造物が施工されることでトンネルが受ける影響がある．

近接施工の影響が懸念される場合は，離隔，構造物の規模，施工方法，施工順序を考慮して影響範囲や程度を事前に検討し，補助工法および支保工，覆工の設計に反映させる必要がある．土被りが小さい都市域のトンネルでは，地表部の改変の影響を受けやすいので留意が必要である．また，特殊な地質や地形条件下では，影響領域が想定より広くなる場合もあることにも注意を要する(第3編 8.4参照)．

2.2.3　形状と寸法

設計にあたっては，使用目的と使用形態から定められるトンネルの形状と寸法を考慮しなければならない．

【解　説】　山岳工法の一つの特徴として，開削工法，シールド工法と比較して，形状や寸法に対する自由度が高く，空間が保持できる能力を地山，支保工，覆工が有する限りにおいて様々な形状や寸法のトンネルを構築可能なことにある(**解説 表** 1.1.2参照)．すなわち，シールド工法での形状は円形，開削工法での形状は矩形が標準であるが，山岳工法は円形，馬てい形，ほろ形等の様々な形状で設計することが可能である．一方，山岳工法では，目的に応じて途中から形状や寸法を変更することや分岐，合流することも可能であり，一つのトンネルに様々な形状や寸法の空間が混在する場合もある．たとえば，鉄道における器材坑，道路における非常駐車帯等がその事例である．

内空断面は，所定の建築限界，必要な施設，余裕等を包含し，安全性と経済性を考慮して定めなければならない．掘削断面は，施工中と完成後の安定性を考慮して検討しなければならない(第3編 2.3.1参照)．内空断面とは，一般に覆工コンクリートの内側の断面であり，たとえば道路では，道路構造令により定める建築限界のほかに，換気，照明，非常用施設および内装，管理用の通路，舗装(オーバーレイを含む)，排水工の設置空間，覆工の施工誤差に対する余裕等を考慮して定められる断面となる．掘削断面とは，この内空断面を包含し，地山条件，立地条件，掘削工法，施工手順，支保工の特性等を考慮して定められる断面であり，施工中ばかりでなく完成後の安定性も考慮しなければならない．これらの形状は，できるだけ隅角部を少なくして丸みをもったものとし，地山および覆工に応力集中が発生しないように配慮する．道路における断面形状は，インバートの有無によって異なるものの通常三心円の馬てい形，五心円等の扁平断面を用いるが，地山条件が特に不良な場合や水圧を考慮する場合等は円形かそれに近い形状とする場合もある．

道路，鉄道，水路等の各事業者においては，トンネルの標準的な内空断面を定めており，道路では，内空幅8.5～12.5m程度を通常断面(一般に上半単心円断面，内空断面積40～80m^{2}程度)，12.5～14.0m程度を大断面(一般に上半三心円断面，内空断面積80～100m^{2}程度)，3.0～5.0m程度を小断面(一般に上半単心円で側壁鉛直断面，内空断面積8～16m^{2}程度)と定めている[2]．高速道路では三車線断面として，掘削幅18m程度，掘削断面積で190m^{2}程度となる大きな断面のトンネルもある[3]．鉄道では，電化，非電化あるいは在来線，新幹線によって断面形状や大きさが異なるが，標準的な形状と大きさが規定されている．水路トンネルの基準では，山岳工法における最

小断面として，施工性を考慮して掘削仕上がり直径でおよそ2.7mが限界であるとしている[4]．

特殊な形状としては，分岐部や拡幅部があり支保工や覆工の構造および地山の応力状態が複雑となるため設計時に特別な配慮が必要となる（第3編 8.5.1，8.5.2参照）．一方，前述の各事業者において規定される標準的な寸法を超える場合においても特別な配慮が必要となる．

参考文献

1) 日本鉄道建設公団：NATM設計施工指針，p.45，1996．
2) (社)日本道路協会：道路トンネル技術基準(構造編)・同解説，pp.91-98，2003．
3) 東日本・中日本・西日本高速道路株式会社：設計要領第三集トンネル編(1)トンネル本体工建設編(第二東名・名神高速道路 大断面トンネル)，p.2，2006．
4) 農林水産省農村振興局整備部設計課：土地改良事業計画設計基準及び運用・解説 設計「水路トンネル」，pp.176-177，2014．

2.2.4 外力の作用を考慮する条件

トンネルの設計にあたっては，必要によりトンネル完成後に作用する土圧，水圧，地震の影響等を考慮しなければならない．

【解 説】 一般的な条件の山岳トンネルでは，トンネル完成後に覆工，インバートに大きな外力が作用することはないが，条件によっては，土圧，水圧，地震時荷重といった外力を完成後に受けることがあり，設計において考慮しなければならない場合がある（第3編 8.6参照）．

<u>1) 土圧</u> 完成後に作用する土圧としては，塑性圧，緩み土圧，偏土圧があり，これらの土圧の作用が想定される場合，設計において考慮する必要がある（第3編 8.6.2参照）．

塑性圧とは，地山の塑性化に伴う押出し圧であり，トンネル完成後にトンネル周辺地山の強度が低下することにより塑性化が進行し，塑性圧としてトンネル覆工に作用することがある．塑性圧は，広義には膨潤性粘土鉱物の吸水膨張圧を含むこともある[1]．維持管理の視点に立てば，塑性圧が懸念される劣化しやすい地山では，施工時の変状を抑えるのみならず，完成後の地圧増加も念頭におき，長期耐久性に配慮したトンネル構造としておくことも期待されるが，一般に支保工により内空変位が収束した場合には特段の配慮はされない場合が多い．

緩み土圧は，トンネル完成後にトンネル上部の地山が緩み，ある高さ相当の地山重量が鉛直土圧としてトンネルに作用するものであり，土被りが特に小さい場合や，土被りが小さく地山強度も小さい場合には設計上考慮することが一般的である．

偏土圧はとくに斜面中のトンネルで見られ，完成後に山側から土圧を受けて長期的に変形が進行する場合がある．とくに地すべりを伴う偏土圧は対策が困難を極めるので，路線選定段階で地すべり地形を極力避けることが重要である．

<u>2) 水圧</u> トンネル完成後に外水圧や内水圧が作用する場合，それらを設計に考慮する必要がある（第3編 8.6.3参照）．

外水圧は，地下水位低下に伴う地盤沈下の問題や地下水の利用状況から地下水位を低下させてはならないような場合等，地下水をトンネル内に流入させない防水型トンネルとする場合には考慮する必要がある．このような防水型トンネルでは，地下水が完全に，あるいは一定の水位まで回復するものとして覆工の設計において水圧を考慮することが多く，防水工や排水工もこれに応じて設計する．地下水位の変動による影響も場合によっては考慮する必要がある．

内水圧は，水路トンネルにおいてトンネル内で満水となる場合に考慮する必要がある．発電用水路トンネルにおける内水圧には動水勾配による圧力や水撃圧があり，負荷遮断時等に生じるその地点の最大水圧を内水圧として考慮する．

<u>3) 地震の影響</u> トンネルは周辺地山と一体となって挙動するため，地表の構造物に比べて地震の影響が少な

く，耐震性に富む構造物であるといえる．既に変状している場合には地震被害が発生しやすいことが指摘されている[2]が，所要の品質が得られた健全なトンネルであれば，地震の影響を受けることは少ない．1995年兵庫県南部地震では，トンネルの被害も発生したものの，地上構造物と比較すれば軽微な被害であった[3]．また，2011年東北地方太平洋沖地震においても，地震の規模の割にはトンネルの被害は軽微であった[4]．これらの事例からもトンネルが耐震性に富む構造物であることが確認できる．

一方で2004年新潟県中越地震[5]や2007年新潟県中越沖地震[6]では，山岳トンネルでも比較的大きな被害が発生しており，特殊な条件が重なった場合には被害が発生することが明らかとなっている．

トンネルの地震被害事例を整理した結果によると，地震被害の形態は以下の①～③に分類されている．

① トンネルが小土被り，未固結地山中に存在する場合
② トンネルが地質不良区間に存在する場合
③ トンネルが活断層と交差する場合

解説 図 3.2.3にこれらの地震被害の模式図[7]を示す．

山岳トンネルでは上記①～③の条件に当てはまっていたとしても耐震検討がなされる事例は少ないが，トンネル個別の条件を考慮した結果，耐震に関する検討が必要と判断された場合には，適切な手法により，地震対策を検討する必要がある(第3編 **8.6.4**参照)．

都市部山岳工法のトンネルについても，一般に耐震検討は不要であるが，その立地条件，地形，地質条件から検討が必要となる場合もある(第8編参照)．

なお，山岳トンネルの地震被害として，1923年関東地震や2004年新潟県中越地震では，坑口部の斜面不安定化による被害が多く見られた[2]．このような被害を防ぐため，坑口位置の選定，坑口部の斜面対策には十分注意を払う必要がある．

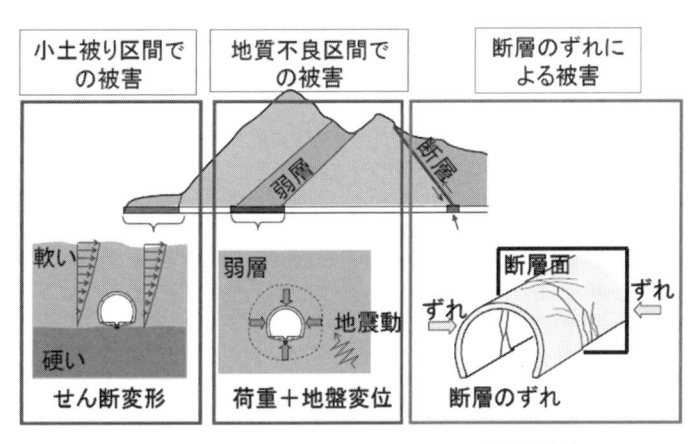

解説 図 3.2.3　山岳トンネルの地震被害[7]

4) その他の外力　その他，地山の凍結圧や凍上圧等の作用が想定される場合にも適切に設計に考慮する必要がある(第3編 **8.6.5**参照)．

寒冷地においては，トンネル完成後，覆工背面の水分の凍結圧や地山の凍上圧を受け，覆工に変状が発生する可能性がある．このような場合，防水工，断熱工等を検討する必要がある．凍上圧は，積算寒度(日平均気温の0℃以下の温度を日ごとに加算した値の絶対値)が300℃・日以上の寒冷地で，含水比が大きく低強度な新第三紀～第四紀の堆積岩，火山砕屑岩地山中のトンネルに多い[8]．

トンネル内に設置される諸設備や鉄道列車荷重等の内部荷重，上載荷重，および自重についても，考慮することがある．

参考文献
1) (社)土木学会　岩盤力学委員会，トンネル変状メカニズム研究小委員会：トンネルの変状メカニズム，p.46，2003．
2) (財)鉄道総合技術研究所：既設山岳トンネル地震対策・震災復旧マニュアル(案)，p.20，2010．

3) (社)土木学会　阪神・淡路大震災調査報告編集委員会：阪神・淡路大震災調査報告，1998．
4) (公社)土木学会：トンネル工学委員会東北地方太平洋沖地震調査特別小委員会報告書，2013．
5) (社)土木学会：トンネル工学委員会新潟県中越地震特別小委員会報告書，2005．
6) (社)土木学会：トンネル工学委員会新潟県中越沖地震調査特別小委員会報告書，2008．
7) (独)鉄道建設・運輸施設整備支援機構：山岳トンネル設計施工標準・同解説，p.361，2014．
8) (財)鉄道総合技術研究所：鉄道構造物等維持管理標準・同解説(構造物編)トンネル，pp.128-129，2007．

2.3　掘削断面形状および施工方法の選定
2.3.1　掘削断面形状

　トンネルの掘削断面形状の決定にあたっては，所要の内空断面，地山条件や近接施工等の立地条件，掘削工法，施工順序，支保工の特性等を考慮しなければならない．

【解　説】　トンネルの掘削断面形状は，所要の内空断面，支保工寸法，覆工厚，排水工，断熱工，掘削後の内空変位量等を考慮して決定しなければならない．さらにトンネルの長期的な安定性についても考慮することが必要である．地山が不良な場合には，インバートの設置を含め掘削断面形状を決定することが重要である．また，膨張性地山等で掘削後の内空変位が大きいと予想される場合には，縫返しが必要とならないように変形余裕量を考慮した断面形状とすることが必要である．

　1)　トンネルの安定と断面形状　断面形状の決定にあたっては，施工時の安定性と完成後の安定性を考慮して検討しなければならない．

　切羽の安定性は，一度に掘削する断面の大きさと一掘進長によって変化し，断面が大きく一掘進長が長くなるにしたがって低下する．このため掘削断面の分割方法，掘削断面形状，一掘進長等の決定にあたっては補助工法を採用することも含め切羽の安定性を考慮する必要がある．とくに割れ目の発達した硬岩地山，あるいは粘着力の小さな未固結地山では，自立時間が短いため，支保工の施工時期，断面の分割方法，一掘進長の決定等については注意が必要である．

　トンネル周辺の応力状態は，掘削断面形状，地山の初期応力状態の影響を受け，隅角部に応力が集中するため，これを避けるように，施工時も含め滑らかな形状とすることが望ましい．

　また，道路トンネルでは，歩道の設置や多車線化に伴い建築限界が横長となるため，五心円等の扁平大断面が採用される事例が増加している．こうした場合には類似トンネルの実績と比較検討するほか，解析的手法により支保工や覆工の形状および寸法等をチェックし，断面形状の妥当性を検証する必要がある．

　掘削断面形状は，覆工に力学的な性能を付加する場合には特に重要である．覆工の耐力は，その形状によって異なり，トンネル断面を閉合し，円形に近づけるほど軸力が卓越する状態となり，発生する曲げモーメントは小さくなる．一般には馬てい形でトンネルの安定が保たれている例が多いが，強大な荷重が作用すると予想される場合には，インバートの採用のほか，場合によっては円形に近づけた断面の採用を検討しなければならない．

　インバートを採用する場合には，覆工の軸力伝達を円滑にするため，側壁とインバートの取付け部はできるだけ大きな曲率半径とすることが望ましい．

　2)　掘削工法を考慮した断面形状　掘削断面形状の設計にあたっては，完成後の安定性を考慮した形状を選定することはもちろんであるが，施工中の安定性も考慮する必要があり，加背割を含めた断面形状の検討が必要である．一般に用いられている掘削工法には，①全断面工法，②補助ベンチ付き全断面工法，③ベンチカット工法，④導坑先進工法，⑤中壁分割工法等がある(第3編 2.3.2参照)．また，切羽形状についても不良地山において切羽を安定させるため，従来からの核残し等での対応のほかに，切羽を曲面状に掘り込むことにより安定を図ることも試行されている．

　3)　立地条件と断面形状　断面形状の設計にあたっては，地山条件や近接施工等の立地条件等を考慮して検討しなければならない．

地山が軟弱な場合には，断面形状が周辺地山の安定性や地表面沈下等に影響するため，また，近接施工の立地条件等も考慮して解析的手法等により周辺地山の安定性や地表面沈下量について比較検討し，合理的な断面形状を設定する必要がある．

2.3.2　掘削工法の選定

　トンネルの掘削工法の選定にあたっては，地山条件，掘削断面の形状寸法，掘削方式，周辺に与える影響等を考慮しなければならない．

【解　説】　掘削工法の分類と特性を**解説 表 3.2.1**に示す．通常用いられている掘削工法は，全断面工法，補助ベンチ付き全断面工法，ベンチカット工法，導坑先進工法に大別される．また，大断面および都市域のトンネル等では，中壁分割工法も採用されている．

1)　掘削工法

①　全断面工法：小断面のトンネルや地質が安定した地山で採用される工法である．断面が大きい場合，掘削や支保工の施工に大型機械が使用でき，切羽が1個所に集中するので作業管理がしやすい．しかし，全断面工法は地山条件の変化に対する順応性が低く，施工途中で他の掘削工法へ変更する場合には掘削効率が低下する．

②　補助ベンチ付き全断面工法：全断面工法では施工が困難となる地山において，ベンチを付けることにより切羽の安定を図るとともに，上半，下半の同時施工により掘削効率の向上を図るものである．また，大きな土被り，膨張性地山等における大きな変位や，地表面沈下を抑制したい場合に，**解説 図 3.2.4**に示すように，掘削後早期に一次インバートを施工し，早期閉合を行う場合もある．閉合距離は，おおむね1D（D：トンネル掘削幅）以内の場合が多い（第3編 5.4参照）．

③　ベンチカット工法：一般に上部半断面（上半），下部半断面（下半）に2分割して掘進する工法であるが，特異なものとして，3段以上に分割する多段ベンチカット工法もある．

　ベンチの長さ（L）によって，ロングベンチ（L＞5D），ショートベンチ（D＜L≦5D），ミニベンチ（L≦D）に分けられる．

　一般に，ベンチカット工法は全断面では切羽が安定しない場合には有効な掘削方法である．地山が安定し断面閉合の時間制約がない場合にはベンチ長が長く，地山が不良な場合には，機械にする制約を受けない範囲でベンチ長を短くする．必要に応じて早期閉合を行うことも可能で，比較的広範囲の地山条件や変化に富んだ地山にも有効である．

④　導坑先進工法：

ⅰ）側壁導坑先進工法：ベンチカット工法で側壁脚部の地盤支持力が不足する場合，および土被りが小さい未固結地山で地表面沈下を抑制する必要のある場合に適用される工法で，側壁コンクリートを打ち込む場合，側壁コンクリートによって所要の支持力を得るため，沈下等の変形を小さくすることができる．この場合，導坑の断面および側壁コンクリートの形状の選定等について，十分な検討が必要である．

ⅱ）その他の導坑先進工法：その他，断面内に導坑を設ける場合，前方の地質確認，水抜き効果，断面拡幅時の切羽安定効果，拡幅時の支保工に対する変位抑制や作用土圧軽減を期待する効果等があり，設置位置により，頂設導坑，中央導坑，底設導坑等がある．また，上記の効果に加えて導坑からの先行補強や発破効果の向上等，施工の合理化を目的としてTBMを用いた導坑先進工法も採用されている．導坑の設置位置は，地質条件，施工条件および期待する効果等を勘案して決定する必要がある．

⑤　中壁分割工法：大断面掘削の場合に多く用いられ，左右どちらか片側半断面を先進掘削し，反対側半断面を遅れて掘削する工法でCD工法（center diaphragm method），CRD工法（cross diaphragm method）等がある．先進切羽と後進切羽の間に中壁ができることから，中壁分割工法と呼ばれる．掘削途中でも各々のトンネルが閉合された状態で掘削されることが多く，切羽の安定性の確保とトンネルの変形や地表面沈下の抑制に有効な工法として採用される．

解説 表 3.2.1 掘削工法の分類と特性（その1）

掘削工法	加背割	主として地山条件からみた適用条件	長所	短所
全断面工法	①	・水路等の小断面トンネルでは、ほぼすべての地山. ・30m²以上の断面では比較的安定した地山で適用可能だが、60m²以上ではきわめて安定した地山でなければ適用は困難. ・良好な地山が多くても不良地山が挟在する場合には段取り替えが多くなり不適.	・機械化による省力化急速施工に有利. ・切羽が単独であるので作業の錯綜がなく安全面等の施工管理に有利.	・トンネル全長が単一工法で施工可能とは限らないので、補助ベンチ等の施工方法の変更体制が必要. ・天端付近からの肌落ちがある場合には、落下高さに比例して衝突エネルギーが増大するので注意を要する.
補助ベンチ付き全断面工法	①②　ベンチ長≒2～4m	・全断面掘削では施工が困難であるが、比較的安定した地山. ・全断面掘削が困難になった場合. ・良好な地山が多いが部分的に不良地山が挟在する場合.	・上下半同時併進で大型機械による効率的な急速施工に有利. ・切羽が単独であるので作業の錯綜がなく安全面等の施工管理に有利.	・補助ベンチでも切羽が自立しなくなった場合の段取り替えが困難.
	①②③ インバート早期閉合	・大きな土被り、膨張性地山等で変位が大きい地山. ・地表面沈下を抑制する必要がある場合.	・大型機械を用い、更なる省力化、急速施工が可能. ・急速施工で緩み拡大の抑制に有利.	・鏡や天端部の安定を図る掘削補助工法を併用する必要がある. ・早期閉合に補助工法を用いても切羽が自立しなくなった場合、導坑先進や多段ベンチカット工法等への段取り替えが困難.
ベンチカット工法 ロング,ショート,ミニベンチカット工法	①② 核残し ・ロング：ベンチ長>5D ・ショート：D<ベンチ長≦5D ・ミニ：ベンチ長≦D	・ロングベンチ（ベンチ長>5D）は、全断面では施工困難であるが、比較的安定した地山. ・ショートベンチ（D<ベンチ長≦5D）は、良好な地山から不良地山まで幅広い変化に対応しやすい. ・ミニベンチ（ベンチ長≦D）は、膨張性地山等で内空変位を抑制する場合や早期閉合が必要な場合. ・切羽の安定性が悪い場合、核残し等によって対応する.	・上半と下半を交互に掘削する方式の場合は、機械設備と作業員が少なくてすむ. ・ショートベンチは地山の変化に対応しやすい. ・ミニベンチは、インバートの早期閉合がしやすい.	・交互掘進方式の場合、工期がかかる. ・ショートベンチやミニベンチでは、同時掘削の場合には上半と下半の作業時間サイクルのバランスが取りにくい. ・ミニベンチでは、上半盤に掘削機械を乗せる場合、施工機械が限定されやすい.
ベンチカット工法 多段ベンチカット工法	①②③	・縦長の大断面トンネルで比較的良好な地山に適用されることが多い. ・不良な地山で加背を小さくして切羽を安定させる場合に適用されることもある.	・切羽の安定性を確保しやすい.	・閉合時期が遅れると不良地山では変形が大きくなる. ・各ベンチの長さが限定され作業スペースが狭くなる. ・各段のずり処理に工夫を要する.

解説 表 3.2.1 掘削工法の分類と特性(その2)

掘削工法		加背割	主として地山条件からみた適用条件	長　所	短　所
導坑先進工法	側壁導坑先進工法	側壁コンクリートを打ち込む場合	・地盤支持力の不足する地山であらかじめ十分な支持力を確保したうえ，上半部の掘削を行う必要がある場合． ・偏土圧，地すべり等の懸念される土被りの小さい軟岩や未固結地山． ・側壁コンクリートを打ち込まない場合もある．	・導坑断面の一部を比較的マッシブな側壁コンクリートとして先行施工するため支持力が期待できるとともに，偏土圧に対する抵抗力も高い． ・側壁コンクリートを打ち込まない場合，中壁分割工法の中壁の撤去に比較して，側壁部の仮壁撤去が容易．	・導坑掘削に用いる施工機械が小さくなる． ・導坑掘削時に上方の地山を緩ませることが懸念される．
	中央導坑先進工法	導坑の設置位置により，頂設導坑，底設導坑等がある．	・地質確認，水抜き，先行変位や拡幅時発生応力の軽減等を期待する地山． ・TBMによって導坑を先進させる場合もある． ・排水工法を必要とするような地山には，底設導坑が用いられる．	・導坑を先進させることで地質確認，水抜き，いなし効果等が期待できる． ・発破工法の場合，芯抜きがいらないため，騒音振動対策にもなる． ・拡幅時の切羽の安定性が向上する． ・導坑貫通後の換気効果が期待できる．	・TBMを用いる場合，地質が比較的安定していないと掘削に時間がかかる． ・導坑掘削に用いる施工機械が小さくなる． ・各切羽のサイクルのバランスがとりにくい． ・施工機械の種類が増える．
中壁分割工法		上半のみ中壁分割する方法と上下半ともに分割する方法がある．	・地表面沈下を最小限に防止する必要のある土被りの小さい未固結地山． ・大断面トンネルで比較的不良な地山．	・断面を分割することによって切羽の安定性を確保しやすい． ・地表面沈下を小さくすることが可能． ・側壁導坑先進工法より加背が大きく，施工機械をやや大きくすることが可能．	・中壁撤去時の変形等に留意が必要． ・中壁の撤去工程が加わる． ・坑内からの特殊な補助工法の併用が困難．

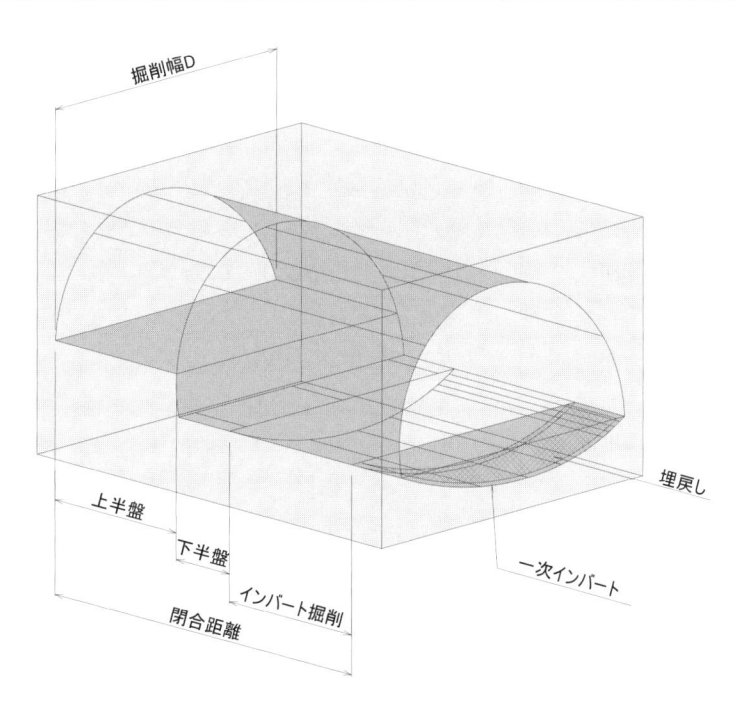

解説 図 3.2.4 早期閉合の加背割イメージ

なお，坑口付近や土被りの小さい区間，未固結地山，切羽が不安定な地山等では，大規模な補助工法を用いて，できる限り大断面で掘削し，早期に閉合したほうが変形も小さく経済的な場合もある．

2) 地山条件と掘削工法　一般には，トンネルの全断面を一度に掘削する工法が施工性，経済性の面から優れているが，地山強度が低いと切羽の安定性を確保できずに崩壊が生じる場合がある．したがって，地山条件によっては，切羽の安定性によって掘削できる断面の形状と大きさが制限され，トンネル断面を分割して掘削する必要がある．

切羽の安定性は，掘削する断面の大きさや一掘進長によって変化し，断面が大きく一掘進長が長くなるほど切羽の開放時間が長くなり安定性が低下するため，掘削工法の決定にあたっては，地山条件としておもに切羽の安定性に着目し，掘削工法を選定することが重要である．また，地山が軟弱な場合には，脚部の補強，仮インバートによる断面閉合等の対策工を併用する場合もある．

3) 掘削断面の形状寸法と掘削工法　小断面トンネルでは，施工機械の制約から一般に全断面工法が採用される．大断面トンネルの場合には，切羽の安定性や地山の変化に対応しやすい点等の理由から補助ベンチ付き全断面工法やベンチカット工法等の分割掘削が一般的である．特に地山が軟弱な場合には，脚部隅角部に応力が集中しにくい形状とすることが必要である．

4) 周辺に与える影響と掘削工法　トンネル掘削にあたっては極力地山を緩めないようにすべきであるが，トンネルの掘削により周辺地山に避けがたい沈下や変形が発生するため，トンネルに近接して構造物等がある場合には，地表面沈下や近接構造物の変位が許容値を満足するかどうかを事前に検討しておくことが必要である．地山が軟弱で土被りが小さい場合には，切羽の安定性も悪く地表面沈下量も大きくなるので，沈下抑制に効果のある側壁導坑先進工法等が採用される場合もある．ただし，側壁導坑先進工法は断面分割数が多いため，トンネル断面全体が閉合されていない延長が長く閉合までの時間も長いので，補助工法を併用したベンチカット工法や補助ベンチ付き全断面工法による早期閉合が効果的な場合もある．掘削工法と補助工法には密接な関係があることに留意して掘削工法を選定することが重要である．

2.3.3　掘削方式の選定

トンネルの掘削方式の選定にあたっては，トンネル延長，地山条件，掘削断面の形状寸法，掘削工法，立地条件，周辺に与える影響等を考慮しなければならない．

【解説】　おもな掘削方式には，発破，機械，発破および機械の併用等の方式がある．掘削方式は，一般にはおもに地山条件に着目して決定されるが，トンネル延長，掘削断面の形状寸法，掘削工法，立地条件，周辺に与える影響等を考慮し，一掘進長やずり処理計画，掘削作業の手順等を決定する必要がある．

発破掘削はおもに硬岩から中硬岩地山に適用されている．また，スムースブラスティング技術等を利用することにより，長孔発破で掘削長を延伸し，掘削の効率化を図る試みがなされている．

機械掘削は，一般に中硬岩から未固結地山に適用されているが，トンネル延長，地山の強度特性等を考慮して掘削機械を選定する．積込み，運搬機械の大型化に合わせ，大型機械の導入による効率化が進んでいるほか，硬岩や中硬岩の地山である程度の延長を有するトンネルでは，TBMによる掘削が採用される例もある．TBM工法の採用にあたっては，掘削効率，掘削中のトラブル対策等について事前に十分検討することが必要である(第9編参照)．

また，地山条件や掘削方式の適用性を考慮したうえで，1本のトンネルで発破掘削と機械掘削を区間延長ごとに分けて施工する例やTBM工法による導坑の掘削後本坑断面を発破掘削で拡幅する方式等もある．

トンネルに近接して重要構造物や住宅等が存在する場合の発破掘削の適用にあたっては，騒音，振動の影響予測を行い，制御発破や分割発破，割岩工法，機械掘削方式等の採用について検討することが必要である．

第3章 支保工の設計

3.1 基本的な考え方
3.1.1 支保工一般
（1） 支保工は，トンネルの掘削後，周辺地山と一体になり，早期に安定化を図るよう設計しなければならない．また，地山の挙動が地表面や周辺構造物に有害な影響を及ぼすおそれがあるなど設計上制約を設ける必要がある場合には，必要な性能を満足する構造としなければならない．
（2） 支保工は，作業が安全かつ能率的に行えるよう設計しなければならない．

【解　説】　（1）について　支保工に求められる基本的な性能は，トンネル掘削によって発生する応力，変位に対して，トンネル周辺地山と一体となって作用するとともに，地山の支保機能を有効に活用して，トンネルおよび周辺地山の安定化を図ることである．

一般に，掘削面の変位に伴って支保工に作用する土圧は，解説 図 3.3.1に示すような支保工反力と掘削面の変位の関係を表した曲線（地山特性曲線A）および支保工の荷重と変位の関係を表した曲線（支保工の特性曲線a〜e）を用いて説明される[1),2)]．支保工が最も経済的になるのは，土圧p_iが最小となる点であるが，この点を求めることは容易ではない．とくに，支保工に大きな土圧が作用する地山では，地山の変形特性と支保工の変形特性およびその施工時期等により支保工反力と地山の応力，変形とが相互に複雑に作用するため注意を要する．

支保工の部材としては，吹付けコンクリート，ロックボルト，鋼製支保工等があり，これらの支保部材の特徴を考慮して単独，または組み合わせて用いることにより，効果的な支保工とする必要がある．特に不良な地山条件では，覆工やインバートに力学的な性能を付加して設計することもある．また，酸性水を含む地山では，支保工の性能が長期的に低下する可能性があるので，耐久性の確保に留意する必要がある．

また，土被りが小さい場合や未固結地山等で，トンネル掘削に伴う地山の挙動が周辺地山の安定，地表面および周辺構造物に対して悪影響を及ぼすことが予想される場合には，これらに対して設定した管理基準値を満足する強度，剛性，変形性等の力学的な性能を備えた支保構造としなければならない．

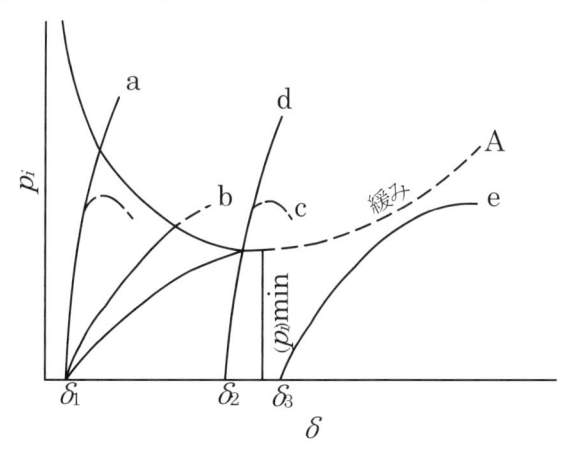

p_i：支持構造物に対する土圧
δ：トンネル掘削面の変位
（注）曲線Aは，地山固有の性質から決まる
　　　曲線a〜eは支保構造物の荷重-変位曲線である

解説 図 3.3.1　地山特性曲線および支保工特性曲線の概念図[2)]

（2）について　支保工は，必要な性能を満足するとともに，その施工に際し，作業が安全かつ能率的に行えるよう設計しなければならない．とくに，特殊な地山条件や掘削断面積が大きいなどの理由により，切羽の安定性に問題がある場合には，適切な切羽安定対策工等の補助工法も組み合わせて支保工を設計する必要がある（第6

編 2.1参照).

なお，施工中にトンネルの観察・計測を行い，その結果の分析から，必要に応じて当初の設計を合理的かつ経済的な設計に修正することが重要である(第3編 2.1.4, 3.1.3, 第5編 4.4.4参照).

参考文献
1) 東日本・中日本・西日本高速道路株式会社：設計要領第三集トンネル編(1)トンネル本体工建設編, p.66, 2015.7.
2) (社)土木学会：土木用語大辞典, p.551, 1999.

3.1.2 支保工の設計の考え方

支保工の設計にあたっては，支保工それぞれの特徴，地山条件，施工方法等を考慮し，地山等級に応じて支保部材を適宜選定し，これらを組み合わせた支保パターンを設定するものとする．

【解　説】　支保工は，トンネル周辺の地山が保有する支保機能を有効に活用できるものとすることが重要であり，支保パターンの設定にあたっては，支保工それぞれの特徴，地形，地質，地山の力学的特性，土被りの大小，湧水の有無，掘削断面の大きさ，地表面沈下等の制限，施工方法等の種々の設計条件を総合的に考慮し，合理的なものとすることが必要である．

一般に，トンネルは線状構造物であり，かつわが国の地山状況は複雑で変化に富むため，トンネル掘削前に地山状況を正確に把握することには限界があるとともに，相当の費用と時間を要する．したがって，費用対効果を考慮して適切な地質調査を計画，実施するとともに，トンネル掘削時に情報化施工を導入することで地質調査を補足する必要がある．

支保パターンの設定には，地質調査結果に基づく当初設計と，掘削時の修正設計がある．当初設計では，一般に地質調査で得られた地山条件を適切な指標により分類した地山等級に応じて，支保部材である吹付けコンクリート，ロックボルト，鋼製支保工等を適宜組み合わせたものを当初設計の支保パターンとする．修正設計では，掘削時の地山の観察・計測結果等から，当初設計の支保パターンの妥当性を検証し，必要に応じて修正設計の支保パターンを設定するのが一般的である．

なお，地山の変化に伴い支保パターンを変更する場合には，支保工の性能が急激に変化することを避けることが望ましい．

支保パターンの設定は，1)標準設計の適用，2)類似条件での設計の適用，3)解析的手法の適用で行われるが，既往の施工実績，経験等を踏まえた高度な技術的判断が必要である(第3編 2.1.2参照)．

1) 標準設計の適用　多くの施工実績を有する事業者，機関等で，その施工実績に基づいて作成された地山分類ごとの標準支保パターンを，新たに設計するトンネルの支保パターンとして設定する方法が用いられている．

解説 表 3.3.1〜3.3.7に水路，鉄道，道路における代表的な標準支保パターンの例を，**解説 表** 3.3.8〜3.3.9に道路トンネルの坑口部における標準的な支保パターンの例を示す．

2) 類似条件での設計の適用　既往の施工実績のうち，地山条件や断面形状等の設計条件が類似していると判断される場合には，その適用条件を十分留意することでトンネルの用途にかかわらず，その設計を参考として支保パターンを設定することができる．この場合，既施工トンネルの地山条件，施工方法等の施工条件や計測結果等の情報をできるだけ多く収集し，事前調査結果と合わせて，それらを分析，評価して，既往の支保パターンに検討を加えて，適切なものとする必要がある．

3) 解析的手法の適用　大きな土圧や変位が予想されるなどの特殊な地山条件，また掘削断面が特殊な形状となる場合等の類似例が少ないなどの理由により，1)，2)の方法で支保パターンの設定が困難な場合に，解析的手法により支保パターンの設定が行われることがある．

また，土被りが小さく沈下を抑制する必要があるなどの理由により，支保工を構造部材として構造計算を行って定量的に評価する必要がある場合には，事前調査結果等から地山の変形特性や強度特性等の適切な力学的特性値，作用する荷重等を設定し，解析的手法により管理基準値を満足する適切な支保パターンを設定する必要があ

る．解析の方法としては，有限要素法解析等を活用して地山および構造物の応力，変形状態を把握しようとする数値解析手法と，断面形状を円形等の簡単な形にモデル化して，弾塑性理論等により応力状態を把握しようとする理論解析手法がある．両者とも，定量的に設計が行えるという点では有効な手法であるが，補助工法を含む支保構造のモデル化，地下水の影響，地山の力学的特性，初期地山状態および不連続性等のモデル化，支保部材のモデル化，応力解放率の評価等について，まだ明確にされていない事項もある．したがって解析にあたっては，十分な調査，検討を行う必要があるとともに，これらを念頭に置いて解析結果を活用する必要がある[1],[2]．

解説 表 3.3.1 水路トンネルの標準的な支保パターンの例（文献[3]を加筆修正）

(掘削径2.7m以上約4m以下)

トンネルタイプ		地質状況	吹付け厚 (cm)	吹付け，ロックボルト工法による場合					ライニング
				ロックボルト長さ (m)	ロックボルト間隔		鋼製支保工建込間隔 (m)	
					周方向 (m)	延長方向 (m)		
A		亀裂の少ない新鮮な岩	0または5	—	—	—	—	無筋コンクリートまたは吹付けコンクリート
B	B₁	亀裂のあるやや風化した岩，または軟岩	5	0.4De	1.5	2.0	—	無筋コンクリート
	B₂		10			1.5		
C		風化岩，破砕帯，硬土	10	0.5De	1.2〜1.0	1.2	1.2 (H-100程度)	無筋コンクリート
D	D₁	著しい風化岩，断層破砕帯，軟質土砂等	切羽が自立する地山	15	0.6De	1.0以下	1.0	1.0	無筋コンクリート
	D₂								鉄筋コンクリート
E			切羽が自立しないために鏡止めが必要となったり，支保工が沈下したり，押出しがあるような地山	20			0.8	0.8 (H-100程度)	鉄筋コンクリート

注1) 圧力トンネルについては，内外水圧を考慮してライニングの種類を決定する．
注2) De(m)はトンネル掘削断面の直径である（余掘は含まない）．
注3) 吹付けコンクリートの厚さは設計平均厚で示す．
注4) ロックボルトは，表から計算した長さの直近の市販品を使用する．
注5) タイプCでは，ロックボルトと鋼製支保工のいずれかを，タイプD，Eでは両方を採用する．
注6) タイプEは地山条件に応じて，剛な支保工の採用や変形余裕量を考慮するものとする．

解説 表 3.3.2 新幹線複線トンネルの標準的な支保パターンの例[4]

新幹線複線断面(掘削直径10〜11m程度)

標準支保パターン \ 支保部材	縦断間隔 (m)	ロックボルト		鋼製支保工	吹付けコンクリート
		配置	長さ(m)×本数(本)[*1]	種類	厚さ(cm)
IV_NP	—	—	—	—	5(平均)
III_NP	(随意)	アーチ	2×0〜5	—	10(平均)
II_NP	1.5	アーチ	3×10	—	10(平均)
I_N-2P	1.2	アーチ，側壁	3×10	125H(上半)	12.5(最小)
I_N-1P	1.0	アーチ，側壁	3×14	125H	15(最小)
I_SP	1.0	アーチ，側壁	3×14	150H	15(最小)
		一次インバート	3×4[*2]	150H[*2]	15(最小)[*2]
I_LP	1.0	アーチ，側壁	3×12	125H	20(最小)

*1 ロックボルトの長さ，本数は標準的なものを示している．
*2 I_spの一次インバートは基本的に施工し，地山状況により支保部材を選定する．
（その他）標準支保パターンの分類記号は，地山等級と区別するためP(Pattern)のサフィックスをつけた．

解説 表 3.3.3 道路トンネル(小断面)の標準的な支保パターンの例(文献[5]を加筆修正)

(小断面トンネル　内空幅3.0〜5.0m程度)

地山等級	支保パターン	標準一掘進長 (m)	ロックボルト 長さ (m)	ロックボルト 施工間隔 周方向 (m)	ロックボルト 施工間隔 延長方向 (m)	施工範囲	鋼製支保工 種類	鋼製支保工 建込間隔 (m)	吹付け厚 (cm)	覆工厚* (cm)	掘削工法
B	B	2.0	なし	—	—	—	なし	—	5	20	全断面工法
CI	CI	1.5	2.0	1.2	1.2〜1.5	上,下半	なし	—	5	20	全断面工法
CII	CII	1.2	2.0	1.2	1.2〜1.5	上,下半	なし	—	5	20	全断面工法
DI	DI	1.0	2.0	1.0	1.0	上,下半	H-100	1.0	10	20	全断面工法
DII	DII	1.0	2.0〜3.0	1.0以下	1.0	上,下半	H-100	1.0	10〜12	20	全断面工法

* 当該トンネルの利用状況および地山状況等を考慮し，覆工の省略を検討する必要がある．

解説 表 3.3.4 道路トンネル(中断面)の標準的な支保パターンの例(文献[5]を加筆修正)

(通常断面トンネル　内空幅8.5〜12.5m程度)

地山等級	支保パターン	標準一掘進長 (m)	ロックボルト 長さ (m)	ロックボルト 施工間隔 周方向 (m)	ロックボルト 施工間隔 延長方向 (m)	施工範囲	鋼製支保工 上半部種類	鋼製支保工 下半部種類	鋼製支保工 建込間隔 (m)	吹付け厚 (cm)	覆工厚 アーチ,側壁 (cm)	覆工厚 インバート (cm)	変形余裕量 (cm)	掘削工法
B	B	2.0	3.0	1.5	2.0	上半120°	—	—	—	5	30	0	0	補助ベンチ付全断面工法または上部半断面工法
CI	CI	1.5	3.0	1.5	1.5	上半	—	—	—	10	30	(40)	0	補助ベンチ付全断面工法または上部半断面工法
CII	CII-a	1.2	3.0	1.5	1.2	上,下半	—	—	—	10	30	(40)	0	補助ベンチ付全断面工法または上部半断面工法
CII	CII-b	1.2	3.0	1.5	1.2	上,下半	H-125	—	1.2	10	30	(40)	0	補助ベンチ付全断面工法または上部半断面工法
DI	DI-a	1.0	3.0	1.2	1.0	上,下半	H-125	H-125	1.0	15	30	45	0	補助ベンチ付全断面工法または上部半断面工法
DI	DI-b	1.0	4.0	1.2	1.0	上,下半	H-125	H-125	1.0	15	30	45	0	補助ベンチ付全断面工法または上部半断面工法
DII	DII	1.0以下	4.0	1.2	1.0以下	上,下半	H-150	H-150	1.0以下	20	30	50	10	補助ベンチ付全断面工法または上部半断面工法

注1) 支保パターンのa, bの区分は，地山等級がCII，DIの場合はbを基本とし，トンネル掘削に伴う変位が小さく，切羽が安定すると予想される場合はaの適用を検討する．

注2) インバートについて
  ① ( )内に示した地山等級範囲において，第三紀の泥岩，凝灰岩，蛇紋岩等の粘土化しやすい岩，および風化した結晶片岩，温泉余土等の場合は( )の厚さを有するインバートを設置する．
  ② 早期の断面閉合が必要な場合は，吹付けコンクリートにてインバート閉合を行うものとするが，その厚さについては上，下半部の吹付け厚を参考にして個々に決定するものとする．また，吹付けコンクリートによるインバートはインバート厚さに含めることができるが，現場打ちコンクリートによるインバート部分の厚さがアーチ，側壁の覆工コンクリート厚さを下回ってはならない．
  ③ 地山等級がDIであっても，下半部に堅岩が現れるなど岩の長期的支持力が十分であり，側圧による押出し等もないと考えられる場合はインバートを省略できる．

注3) 金網について
  ① 地山等級がDIにおいては，一般に上半部に設置する．なお，DIIにおいては，上，下半部に設置するのが通例である．
  ② 鋼繊維補強吹付けコンクリート(SFRC)等を用いる場合は，金網を省略できる．

注4) 変形余裕量について
  地山等級がDIIにおいては，上部半断面工法の場合は上半部に，補助ベンチ付全断面工法は掘削に時間差がないため上，下半部に変形余裕量として10cm程度見込んで設計するのが通例である．なお，変形余裕量は実際の施工中の計測により適宜変更していく必要がある．

注5) 地山等級A，Eについては，地山条件にあわせて，それぞれ検討するものとする．

注6) 通常断面の適用範囲であっても，大断面との境界付近で上半三心円等の扁平な断面を採用する場合には，大断面の支保パターンの適用を検討する．

解説 表 3.3.5　道路トンネル（大断面）の標準的な支保パターンの例（文献[5]を加筆修正）

（大断面トンネル　内空幅12.5～14.0m程度）

地山等級	支保パターン	標準一掘進長 (m)	ロックボルト 長さ (m)	ロックボルト 施工間隔 周方向 (m)	ロックボルト 施工間隔 延長方向 (m)	施工範囲	鋼製支保工 上半部種類	鋼製支保工 下半部種類	建込間隔 (m)	吹付け厚 (cm)	覆工厚 アーチ,側壁 (cm)	覆工厚 インバート (cm)	変形余裕量 (cm)	掘削工法
B	B	2.0	4.0	1.5	2.0	上半	—	—	—	10	40	—	0	補助ベンチ付全断面工法,上部半断面工法,中壁分割工法,中央導坑先進工法
CⅠ	CⅠ	1.5	4.0	1.2	1.5	上,下半	—	—	—	15	40	(45)	0	
CⅡ	CⅡ	1.2	4.0	1.2	1.2	上,下半	H-150	—	1.2	15	40	(45)	0	
DⅠ	DⅠ	1.0	6.0	1.0	1.0	上,下半	H-150	H-150	1.0	20	40	50	0	
DⅡ	DⅡ	1.0以下	6.0	1.0	1.0以下	上,下半	H-200	H-200	1.0以下	25	40	50	10	

解説 表 3.3.6　高速道路二車線トンネルの標準的な支保パターンの例（文献[6]を加筆修正）

二車線高速道路断面（内空幅9.4m～13.2m程度）

地山等級	支保パターン	標準一掘進長 (m)	ロックボルト 長さ (m)	ロックボルト 耐力 (kN)	ロックボルト 施工間隔 周方向 (m)	ロックボルト 施工間隔 延長方向 (m)	施工範囲	吹付けコンクリート(高強度) 厚さ (cm)	鋼製支保工 上半サイズ	鋼製支保工 下半サイズ	覆工厚 アーチ,側壁 (cm)	覆工厚 インバート (cm)	変形余裕量 (cm)	掘削工法
B	B-a(H)	2.0	3.0	170	2.0	2.0	上半120°	5	—	—	30	0	0	補助ベンチ付全断面工法またはベンチカット工法
CⅠ	CⅠ-a(H)	1.5	3.0	170	2.0	1.5	上半	7	—	—	30	(40)	0	
CⅡ	CⅡ-a(H)	1.2	3.0	170	1.8	1.2	上下半	7	—	—	30	(40)	0	
CⅡ	CⅡ-b(H)	1.2	3.0	170	1.8	1.2	上下半	7	HH100	—	30	(40)	0	
DⅠ	DⅠ-a(H)	1.0	3.0	290	1.8	1.0	上下半	10	HH100	HH100	30	45	0	
DⅠ	DⅠ-b(H)	1.0	4.0	290	1.8	1.0	上下半	10	HH100	HH100	30	45	0	
DⅡ	DⅡ-a(H)	1.0	4.0	290	1.8	1.0	上下半	15	HH108	HH108	30	50	10	

HH：高規格鋼

注1)　支保パターンのa, bの区分は，以下による．
　a：基本的にすべての岩種に適用する標準支保パターン
　b：当初設計において，粘板岩，黒色片岩，泥岩，頁岩，凝灰岩等のうち，トンネル掘削に伴う変位が大きくなると想定される場合のみ適用する．

注2)　インバートの( )は，泥岩，凝灰岩，蛇紋岩等の粘土化しやすい岩や風化した結晶片岩，温泉余土等劣化が予測される地質に適用する．

解説 表 3.3.7 高速道路三車線トンネルの標準的な支保パターンの例（文献[7]を加筆修正）

三車線高速道路断面（掘削断面積150〜200m²程度）
（注　先進導坑を伴う場合は表中の一掘進長が変わる）

地山等級	支保パターン	標準一掘進長 (m)	ロックボルト 長さ (m)	ロックボルト 耐力 (kN)	ロックボルト 周方向 (m) [m²/本]	ロックボルト 延長方向 (m)	吹付けコンクリート（高強度）厚さ (cm)	鋼製支保工 上半サイズ	鋼製支保工 下半サイズ	覆工厚 アーチ，側壁 (cm)	覆工厚 インバート (cm)	変形余裕 (cm)
\multicolumn{13}{c}{上半先進工法}
B	B	2.0	上半4.0 下半4.0	上半170*1 下半170*1	2.0 [3.8]	2.0	10 (上半のみ繊維補強)	—	—	40	—	0
CI	CI	1.5	上半6.0 下半4.0	上半290*2 下半170*2	2.0 [2.9]	1.5	15	HH-154*3	—	40	55	0
CII	CII	1.2	上半6.0 下半4.0	上半290*2 下半170*2	1.6 [1.8]	1.2	15	HH-154*3	HH-154*3	40	55	0
DI	DI	1.0	上半6.0 下半6.0	上半290*2 下半170*2	1.5 [1.4]	1.0	20	HH-154*3	HH-154*3	50*4	70	0
DII		\multicolumn{11}{c}{個別に設計}
DIII		\multicolumn{11}{c}{坑口部の設計}

*1 ロックボルトの充てん材は早強モルタルを採用する．
*2 ロックボルトの設計耐力は，上半断面では290kNを採用しているが，計測結果により耐力的に問題ないと判断される場合は，170kNにすることができる．また，ロックボルトは，変位が大きい場合にはねじり棒鋼を採用し，さらに耐力が不足する場合は本数を増すなどの検討を要する．
*3 高規格鋼製支保工
*4 DIパターンの覆工内鉄筋については，単鉄筋を標準とする．

解説 表 3.3.8 道路トンネル坑口部（中断面）の標準的な支保パターンの例（文献[5]を加筆修正）

（通常断面トンネル　内空幅8.5〜12.5m程度）

掘削工法		一掘進長 (m)	ロックボルト（フォアポーリング） 長さ (m)	ロックボルト 施工間隔 周方向 (m)	ロックボルト 施工間隔 延長方向 (m)	鋼製支保工 上半部種類	鋼製支保工 下半部種類	建込間隔 (m)	吹付け厚 (cm)	覆工厚 アーチ，側壁 (cm)	覆工厚 インバート (cm)
上部半断面工法 補助ベンチ付全断面工法		1.0	4.0 (3.0)	1.2 (0.6)	1.0 (1.0)	H-200	H-200	1.0	25	35	50
側壁導坑先進工法	本坑	1.0	4.0 (3.0)	1.2 (0.6)	1.0 (1.0)	H-200	—	1.0以下	25	35	50以上
	導坑	1.0	2.0 (2.0)	1.0 (0.6)	1.0 (1.0)	H-125		1.0	10	—	—

（　）：フォアポーリングを示す．

注1）ロックボルトは側壁部付近に設置し，状況に応じてアーチへ打設範囲を拡大する．ただし，ロックボルトの長さは4mを標準とする．
注2）フォアポーリングは，天端120°の範囲に切羽天端の安定化のため必要に応じて設置するものとし，その材質および工法等の選定にあたっては，現地条件を考慮し決定するものとする．
注3）金網は，上部半断面工法，補助ベンチ付全断面工法の場合は上，下半部に，側壁導坑先進工法の場合は上半部に設置するのを標準とする．なお，鋼繊維補強吹付けコンクリート（SFRC）等を用いる場合はこの限りではない．

解説 表 3.3.9 道路トンネル坑口部(大断面)の標準的な支保パターンの例(文献[5]を加筆修正)

(大断面トンネル 内空幅12.5〜14.0m程度)

掘削工法		一掘進長 (m)	ロックボルト (フォアポーリング) 長さ (m)	施工間隔 周方向 (m)	施工間隔 延長方向 (m)	鋼製支保工 上半部種類	鋼製支保工 下半部種類	建込間隔 (m)	吹付け厚 (cm)	覆工厚 アーチ,側壁 (cm)	覆工厚 インバート (cm)
上部半断面工法		1.0	6.0 (3.0)	1.0 (0.5)	1.0 (1.0)	H-200	H-200	1.0	25	45	50
上半中壁分割工法	本坑	1.0	6.0 (3.0)	1.0 (0.5)	1.0 (1.0)	H-200	H-200	1.0	25	45	50
	中壁	1.0	3.0 (3.0)	1.2 (0.6)	1.0 (1.0)	H-150	—	1.0	15	—	—
側壁導坑先進工法	本坑	1.0	6.0 (3.0)	1.0 (0.5)	1.0以下 (1.0以下)	H-200	—	1.0以下	25	45	50以上
	導坑	1.0	2.0 (2.0)	1.0 (0.6)	1.0 (1.0)	H-125	H-125	1.0	10	—	—
中央導坑先進工法	本坑	1.0	6.0 (3.0)	1.0 (0.5)	1.0以下 (1.0以下)	H-200	H-200	1.0以下	25	45	50以上
	導坑	1.0	2.0 (2.0)	1.0 (0.6)	1.0 (1.0)	H-125	H-125	1.0	10	—	—

( ):フォアポーリングを示す.

注1) ロックボルトは側壁部付近に設置し,状況に応じてアーチへ打設範囲を拡大する.ただし,ロックボルトの長さは6mを標準とする.
注2) 中壁分割工法での先進施工時に中壁に設置するロックボルト,中央導坑先進工法での導坑施工時に設置するロックボルトは,後進坑,本坑の掘削を考慮して,ファイバー補強プラスチック棒(FRP)のロックボルト等撤去,切断しやすいものも使用できる.
注3) フォアポーリングは,天端120°の範囲に切羽天端の安定化のため必要に応じて設置するものとし,その材質および工法等の選定にあたっては,現地条件を考慮し決定するものとする.
注4) 一次支保状態での断面閉合効果が期待できるように,吹付けコンクリートの脚部はインバートで受けるものとする.
注5) 金網は,上部半断面工法,上半中壁分割工法,中央導坑先進工法の場合は上,下部に,側壁導坑先進工法の場合は上半部に設置するのを標準とする.なお,鋼繊維補強吹付けコンクリート(SFRC)等を用いる場合はこの限りではない.
注6) 断面の大型化に伴って,坑口部においては入念に偏土圧対策を検討する必要がある.
注7) 面壁型坑門を用いる場合,面壁の厚さとトンネル覆工の厚さの差を十分考慮して,面壁との接合箇所の覆工厚を決定しなければならない.

参考文献

1) 日本道路公団試験研究所道路研究部トンネル研究室:トンネル数値解析マニュアル,試験研究所技術資料第358号,pp.2-1‐3-66,1998.
2) (独)鉄道建設・運輸施設整備支援機構:山岳トンネル設計施工標準・同解説,pp.299-329,2014.
3) 農林水産省農村振興局整備部設計課:土地改良事業計画設計基準及び運用・解説 設計「水路トンネル」,pp.293-296,2014.
4) (独)鉄道建設・運輸施設整備支援機構:山岳トンネル設計施工標準・同解説,p.65,2014.
5) (社)日本道路協会:道路トンネル技術基準(構造編)・同解説,pp.125-147,2003.
6) 東日本・中日本・西日本高速道路株式会社:設計要領第三集トンネル編(1)トンネル本体工建設編,p.81,2015.7.
7) 東日本・中日本・西日本高速道路株式会社:設計要領第三集トンネル編(1)トンネル本体工建設編(第二東名・名神高速道路 大断面トンネル),p.83,2006.

3.1.3 支保工の変更

施工段階における観察・計測や地質調査の結果，支保工が現場の状況に適合しないと認められた場合には，すみやかにこれを変更しなければならない．

【解 説】 トンネルを安全かつ経済的，合理的に施工するためには，切羽および坑内の観察や計測結果等を支保工の変更に反映させることが重要である．

支保工の変更では，得られた観察・計測結果を的確に評価して，その状況に適したものとすることが必要であり，支保パターンの変更のほかに，断面の変更，補助工法の変更等が行われる．また，先進ボーリング等で切羽前方調査や詳細な地質調査を実施した場合には，これらの結果も合わせて判断する必要がある．

したがって，当初設計の支保工に変更が必要であると認められた場合には，遅滞なく変更を行わなければならない．支保工の変更には，1)未掘削区間の支保工を変更する場合，2)既掘削区間の支保工を変更する場合が考えられる．

1) 未掘削区間の支保工を変更する場合　地質調査結果等をもとに設定された当初の支保パターンは標準的なものであり，それを掘削した区間での観察・計測結果によって，現地の地山状況に適合したより合理的なものへ変更して掘削することが必要である．支保工の変更には当初設計で想定した地山条件，変位量等との相違に応じて，支保部材の数量や材質等の変更といった軽微なものや，地山等級の見直しに伴う支保パターンの変更といった大幅なものがある（第5編 4.4.4参照）．また，支保工の変更を検討する場合には，施工の安全性，効率性確保の観点から，補助工法についてもあわせて検討する必要がある．

なお，標準支保パターンをさらに細分化したパターンを事前に検討し，備えておくことが有効なこともある．

2) 既掘削区間の支保工を変更する場合　掘削後，変位が当初の想定よりも大きく，あるいは収束せず，内空変位や地表面沈下等があらかじめ設定した管理基準値を超えるおそれがある場合，既施工の支保工を補強する目的で，ロックボルトの増し打ち，吹付けコンクリートの増し吹き，インバートの追加等の設計の変更を行うことがある．このような場合には，過度の支保工の変形を避けるために，増し支保部材の形状，材質，強度，配置等について十分検討し，迅速に対応する必要がある（第4編 7.1.2参照）．

また，地表面沈下，周辺構造物に対する種々の制限に対応する場合には，支保工の増強，補助工法等トンネルの補強のみならず，必要によりトンネル掘削時の変位を抑制する遮断壁等の防護工についても検討し，適切に対応することが重要である．

解説 表 3.3.10におもな変更内容について示す．

解説 表 3.3.10 施工時における支保工に関連するおもな変更内容

変更項目	変更内容
①吹付けコンクリート	・厚さ，強度，材質，繊維補強等の変更
②ロックボルト	・長さ，本数，耐力，定着材，定着方式等の変更
③鋼製支保工	・有無，寸法，建込み間隔，強度，材質等の変更
④インバート	・有無，厚さ，形状，施工時期，強度，材質等の変更
⑤その他	・掘進間隔（一掘進長）の変更 ・補助工法の適用 ・覆工構造の検討

3.2 吹付けコンクリート
3.2.1 吹付けコンクリート一般

吹付けコンクリートは，支保工としての特徴，地山条件，施工性等を考慮して，必要な性能を満足するように設計しなければならない．

【解 説】 吹付けコンクリートは，トンネル掘削完了後，ただちに地山にコンクリートを面的に密着させて設置する支保部材である．掘削後ただちに施工が可能であり，掘削断面の大きさや形状に左右されずに施工できることから，支保部材として最も一般的である．

吹付けコンクリートの性能は，掘削に伴って生じる地山の変形や外力による圧縮せん断等に抵抗することにあると考えられる．吹付けコンクリートは，これらの性能が様々に組み合わさって支保効果を発揮し，トンネルと地山を安定化させる．このような支保工の性能や効果については様々な概念[1]~[4]が考えられているが，それらを**解説 表** 3.3.11に整理して示す．また，同表にはその概念図を併記する．

吹付けコンクリートの設計にあたっては，掘削後のトンネルの安定性を確保するように，地山条件，そのトンネルの使用目的等を考慮して，吹付けコンクリートの厚さ，強度等の仕様を決定する必要がある．また，吹付けコンクリートは，ロックボルトや鋼製支保工等の他の支保部材と併用することが一般的であり，その場合には，各々の支保効果を検討して，総合的な支保効果が発揮されるよう，吹付けコンクリートの設計をする必要がある．

なお，吹付けコンクリートの配合と施工方法を決定する場合には，力学的な性能として①吹付け後に必要な強度が得られること，②地山との十分な付着力が得られること，および施工性として③はね返りが少ないこと，④粉じん発生量が少ないこと等に留意する必要がある．

吹付けコンクリートは，以下に示すように，地山条件に応じて適用性も考慮する必要がある[1],[5]~[8]．

1) **中硬岩，硬岩地山** 層理や節理等の不連続面間隔が比較的大きく，不連続面がトンネルの挙動を支配するような中硬岩や硬岩地山では，おもに局所的な岩塊の崩落防止，弱層の補強，および被覆を目的として使用される．

2) **軟岩地山** トンネル周辺地山は巨視的には連続体のような挙動を示すが，地山強度比が十分でなく切羽の安定性に劣ったり，塑性土圧が増加したりするような軟岩地山では，おもに局所的な肌落ち防止，内圧付与，応力分布の平滑化，およびスレーキング等の地山劣化に対する被覆を目的として使用される．

3) **未固結地山** 地山強度が低く切羽の安定性に劣るような未固結地山では，地山の劣化を防ぐ目的での掘削面の早期被覆をはじめとし，肌落ち防止，内圧付与，および他の支保部材を併用することに対する応力分布の平滑化等を目的として使用される．また，吹付けコンクリートと地山の付着が得にくいことに留意する必要がある．

4) **断層破砕帯，膨張性地山** 断層破砕帯あるいは膨張性地山等，大きな土圧や変形が発生するような地山では，一般に上記3)の未固結地山への対応と同様な目的で使用されるが，圧縮耐力，曲げ耐力あるいはせん断耐力を補強し内圧を付与する目的で，厚みや部材強度を増強することが多い．

なお，湧水，亀裂等が少ない比較的堅硬な地山においては，現場打ちの覆工コンクリートを省略し，吹付けコンクリートでトンネルを仕上げることがある．この場合に用いられる吹付けコンクリートは，そのトンネルの使用目的，地山条件，付属施設の条件等を考慮したうえで，吹付けコンクリートの力学的特性としての強度のほか，必要に応じて密実性，耐久性についても検討し，適切な配合と施工方法により対応する必要がある．

解説 表 3.3.11 吹付けコンクリートの性能および効果の概念

	分類	概要
性能 I	吹付けコンクリートの軸圧縮抵抗性能	コンクリートの軸圧縮耐力や剛性によって，アーチに作用するおもに内空に向いた比較的均一な外力や変形に起因する軸力に抵抗する．
性能 II	吹付けコンクリートのせん断抵抗性能	コンクリートのせん断耐力や剛性によって，局所的な抜落ち等に起因するせん断力やせん断変位に抵抗する．地山と吹付けコンクリート間の付着力が必要である．付着力が損なわれると曲げ抵抗モードとなる．
性能 III	吹付けコンクリートの曲げ抵抗性能	コンクリートの曲げ耐力や剛性によって，局所的な抜落ち等に起因する曲げモーメント等に抵抗する．
性能 IV	吹付けコンクリートと地山の境界面せん断抵抗，付着抵抗性能	I～IIIによって受け止めた荷重を，吹付けコンクリートと地山の境界面におけるせん断抵抗(付着抵抗)によって支持するとともに，地山に分散させる．

I 軸圧縮抵抗性能　II せん断抵抗性能　III 曲げ抵抗性能　IV コンクリートと地山の境界面せん断抵抗，付着抵抗性能

	分類	概要
効果 ①	肌落ち防止，小岩塊保持効果	掘削直後の切羽面から，不連続面で分離されて重力により落下しようとする小岩塊を保持することにより，作業の安全性を確保するとともに，引き続いて発生するおそれのある大きな緩みや崩壊を防止する効果である．
効果 ②	地山への内圧付与効果	坑内方向へ変形が大きい軟岩や未固結地山のトンネルでは，吹付けコンクリートが反力として半径方向外向きの拘束力を地山に与え，トンネル掘削面近傍地山を三軸状態に保つことで地山の耐荷力を高める効果である．
効果 ③	弱層補強および形状保持の効果	開口亀裂や規模の小さい弱層等地山の弱点となる箇所を，吹付けコンクリートで充填補強する，あるいは跨いで比較的しっかりとした地山部分同士を連結，一体化することで，地山内の不連続面や弱層の影響を低減する効果である．
効果 ④	応力分布の平滑化効果	凹部を充填し吹付け表面を円弧状に滑らかに仕上げることで，吹付けコンクリートや地山内の円周方向応力分布が平滑化される．また，局所的に配置されたロックボルトや鋼製支保工等の支持効果を面的に拡大して伝達する，あるいはトンネルに作用する偏荷重，局所荷重を面的に分散して支持する効果である．
効果 ⑤	被覆効果，地山の劣化防止効果	掘削地山表面を被覆し，空気との接触による乾燥や酸化による地山の劣化，あるいは湧水との接触による地山の軟化や土粒子の流出等を防止する効果である．

②内圧付与効果　③弱層補強効果　④円周方向応力の半径方向応力分布の平滑化効果(外力，支保力分散)　④半径方向応力の円周方向応力分布の平滑化効果(凹部の充填)

参考文献

1) 東日本・中日本・西日本高速道路株式会社：設計要領第三集トンネル編(1)トンネル本体工建設編，pp.99-102，2015.7.
2) (独)鉄道建設・運輸施設整備支援機構：山岳トンネル設計施工標準・同解説，pp.72-74，2014.
3) (社)土木学会岩盤力学委員会トンネル地下空洞小委員会：トンネル・地下空洞小委員会報告書，第1編 pp.9-16，2000.
4) (社)日本トンネル技術協会：現場技術者のための吹付けコンクリート・ロックボルトQ&A，pp.4-12，2003.
5) (社)日本道路協会：道路トンネル技術基準(構造編)・同解説，pp.108-111，2003.

6) (独)鉄道建設・運輸施設整備支援機構：山岳トンネル設計施工標準・同解説, pp.74, 2014.
7) (社)日本トンネル技術協会：現場技術者のための吹付けコンクリート・ロックボルトQ&A, pp.8-10, 2003.
8) (社)日本道路協会：道路トンネル技術基準(構造編)・同解説, p.107, 2003.

3.2.2 吹付けコンクリートの力学的な性能

吹付けコンクリートの力学的な性能は，期待する効果および地山条件を考慮して定めなければならない．

【解 説】 トンネル用の吹付けコンクリートには，一般に，施工後初期から比較的高い圧縮強度が求められることが多い．材齢は，吹付け後から1日までの初期，7日程度までの早期，および28日程度以降の長期に区分される場合が多い．

設計基準強度は，長期強度である材齢28日の圧縮強度で規定されるのが一般的であり，道路トンネル[1),2),4)]および鉄道トンネル[3)]等では$18N/mm^2$に設定されている．一方，二車線の高速道路トンネルでは吹付け厚の低減等を目的として，より高強度の$36N/mm^2$に設定されている例[1),2)]もある．

材齢1日での強度の設定例としては，道路トンネル[1),2)]では$5〜10N/mm^2$，鉄道トンネル[3)]では$8N/mm^2$等がある．また，新幹線トンネルや高速道路トンネルでは，材齢3時間に対しても，管理の目安となる強度を設定している例[1)〜3)]がある．

初期から早期においては，単位セメント量，水セメント比(水結合材比)や，混和材(混和剤)および急結剤の種類や添加率の調整等を行って所要の強度を確保する必要がある．なお，過度に急結剤添加率を増やして初期，早期強度を高めると，急結剤の種類によっては長期の強度増進が阻害されることがあるため，留意が必要である．

なお，吹付けコンクリートは，一般にプレーンなコンクリートを用いるが，大断面のトンネルあるいは分岐部等の特殊断面や，変形が大きい場合および湧水が多いなどの条件下では，曲げじん性向上や吹付けコンクリートへのひびわれ発生後のはく落防止を目的として，繊維を混入した繊維補強吹付けコンクリートを用いることがある．このような場合には，繊維補強の目的に応じて曲げじん性等の必要な力学的特性を表現できる適切な設計指標を明示することが望ましい(第3編 3.2.5参照)．

参考文献
1) 東日本・中日本・西日本高速道路株式会社：設計要領第三集トンネル編(1)トンネル本体工建設編, p.105, 2015.7.
2) 東日本・中日本・西日本高速道路株式会社：トンネル施工管理要領(本体工編), p.26, 2015.
3) (独)鉄道建設・運輸施設整備支援機構：山岳トンネル設計施工標準・同解説, pp.74-75, 2014.
4) (社)日本道路協会：道路トンネル技術基準(構造編)・同解説, pp.111-112, 2003.

3.2.3 吹付けコンクリートの設計厚

吹付けコンクリートの設計厚は，地山条件，断面の大きさ，施工性等を考慮して適切に定めなければならない．

【解 説】 吹付けコンクリートは，膨張性地山のように作用土圧や変形量が大きい場合，耐荷能力と変形能力が小さい未固結地山の場合，あるいは土被りが小さく周辺への影響を極力少なくする必要がある場合等では，支保工の耐力や剛性の増強を目的として，おもに吹付けコンクリートの軸圧縮抵抗を期待するため，比較的大きな吹付け厚が必要である．一方，硬岩で土圧がほとんど作用せず，肌落ち防止等を目的として，おもに吹付けコンクリートのせん断抵抗を期待する場合には，設計厚は比較的小さくてよい．

通常，吹付けコンクリートの設計厚は，施工実績等をもとにした標準支保パターンによる設計厚を適用している．しかし，設計条件が特殊なため標準支保パターンが適用できない場合には，解析的手法によりトンネル周辺地山の安定性，許容される変位，支保部材の応力状態等を十分検討して決定するのがよい．

なお，大断面や偏土圧を受けるなどにより大きな断面力の発生が予想される場合には，吹付け厚を大きくする

ことが考えられる．しかし，吹付け厚が大幅に大きくなるような場合には，高強度吹付けコンクリート等を採用して，吹付け厚を低減することが有効である．

また，施工性および経済的な効果を考慮し，高強度吹付けコンクリートを用いて，吹付け厚を低減した支保パターンを設定した事例[1]もある．

吹付けコンクリートの設計厚の考え方には，「最小吹付け厚」と「平均吹付け厚」とがある．原則は「最小吹付け厚」であり，これは全断面にわたって設計吹付け厚以上でなければならないとする考え方である．一方，「平均吹付け厚」は，断面内の平均厚が設計厚以上であれば部分的に設計厚に満たない箇所があってもよいとする考え方であり，吹付けコンクリート内への部分的な地山の突出を認めるものである．これは，中硬岩地山，硬岩地山で発破掘削を行う場合に，掘削面は必ずしも平滑な仕上がりにはならず，部分的な突出を無理に撤去すると，地山の緩みの拡大や，余掘り量と余吹き量が著しく増えて不経済になる場合があるためである．

参考文献

1) 東日本・中日本・西日本高速道路株式会社：設計要領第三集トンネル編(1)トンネル本体工建設編, p.105, 2015.7.

3.2.4 吹付けコンクリートの配合

（1） 吹付けコンクリートの配合は，所要の強度等の性能および施工性を考慮して定めなければならない．

（2） 吹付けコンクリートの配合強度は，設計基準強度およびそれに関連する強度をもとに，現場におけるコンクリートの強度のばらつきを考慮して定めなければならない．

【解 説】 （1）について 吹付けコンクリートの吹付け方式には湿式と乾式があり，それぞれの方式で施工される吹付けコンクリートの最終的な性能は，施工過程による影響を受けやすい．したがって，吹付けコンクリートの配合設計では，強度等の力学的な性能に加えて，施工性を考慮した配合とすることが重要である．吹付けコンクリートの配合にあたり検討すべきおもな項目は，以下のとおりである．

① 強度(初期強度，早期強度，長期強度)
② 付着性
③ はね返り率
④ 粉じん発生量

強度については，掘削後ただちに施工し地山を保持するための初期強度，施工中に切羽近傍でのトンネルの安定性を確保するための早期強度，長期にわたり地山を支持する長期強度が必要である．粉じん発生量については，坑内の作業環境保全上，粉じん障害防止規則，ずい道等建設工事における粉じん対策に関するガイドラインや断面の大きさ等を考慮して，極力少なくする必要がある．

なお，覆工を施工せず，吹付けコンクリートを仕上がりとするような場合には，以下の性能についても検討を行う場合がある．

⑤ 密実性(吸水量，空隙量，透水性等)
⑥ 耐久性(耐凍結融解性，化学抵抗性，中性化抵抗性等)

吹付けコンクリートの配合は，混練したものと付着したものとで差異があるが，配合設計は，前者に対して行われ，基本的に打込みコンクリートと同様の方法で行われる．

配合設計にあたっては，吹付けコンクリートの強度は，吹付け方式，吹付け面の湧水状況，坑内の気温，湿度等により異なる場合があるので，水セメント比あるいは水結合材比，細骨材率，粗骨材の最大寸法，単位セメント量，混和材の種類，急結剤，単位水量，骨材およびその他使用材料について，その特性を考慮して適切に選定しなければならない．**解説 表 3.3.12**に道路トンネルおよび鉄道トンネルで用いられている示方配合の例を示す．

<u>1） 水セメント比，単位セメント量</u> 水セメント比は，吹付け方式によって異なるが，一般に湿式では50〜65%，乾式では45〜55%の範囲であり，高強度吹付けコンクリートでは40〜50%と小さく，はね返りや粉じん低減等を目的として微粒分を混入する場合があり，この際の水結合材比は30〜40%程度である．単位セメント量について

は，通常強度では360kg/m³程度であり，高強度吹付けコンクリートや液体急結剤を使用する場合には400〜500kg/m³であることが多い．この単位セメント量は，これまでの施工実績から，初期強度の発現性と付着力の確保，はね返り率と粉じん発生量の低減，および圧送性等の施工性の確保を目的として，通常の打込みコンクリートに比較すると大きい値に設定されている．

2) **骨材** 骨材は，強度の大きい，また密実な吹付けコンクリートを得るためには適切な粒度の骨材を用いることが大切である．細骨材は，吹付けコンクリート構成材料のうち最大の容積を占めるものであり，圧送性等の施工性に大きな影響を与える．その結果，性能やはね返り率等の施工性への影響が大きいので，骨材の選定に留意する必要がある．

吹付けコンクリートの場合，骨材径が大きくなるとはね返り率の増加や，圧送性の悪化等を招くので，粗骨材の最大寸法は通常10〜15mmが使用される．

細骨材率は，圧送性等の施工性に大きく影響し，その適正な値は骨材の粒径や粒度，施工方法により変化する．一般的な細骨材率は55〜70%程度である．

3) **急結剤** 急結剤は，コンクリートの材齢数時間程度から材齢1日程度までの強度を増進させるために用いられる混和剤である．トンネルの地山条件等に適した製品を使用することが重要である．添加率は，吹付け方式，吹付け配合，吹付け位置，湧水状況等により変化するため，事前に試験吹付け等を実施し，確認する必要がある．

添加率が過大となると所定の長期強度を発現しない場合があるので，注意する必要がある．

現在おもに使用されている種別を以下に示す．

① 粉体急結剤：

ⅰ) 急結性セメント鉱物系(カルシウムアルミネート系)：セメントと同一原料であり，セメントの水和促進および急結剤自身の自硬性を示す．長期強度や耐久性は無添加よりも低下する傾向にある．わが国で使用されている急結剤の大半がこのタイプである．

ⅱ) 超急硬性セメント鉱物系(カルシウムサルホアルミネート系)：セメントの水和促進および急結剤自身の自硬性を示す．ⅰ)に比較してアルカリ含有量は著しく低いが，添加率は10%程度と多くなる．長期強度に対する添加率の影響が小さいため，高強度吹付けコンクリートに使用される．

② 液体急結剤：弱アルカリ性あるいは中性〜弱酸性の液体急結剤があり，コンクリート中のアルカリ総量増加等の強アルカリによる弊害を軽減できる．これらの急結剤は自硬性を有さないため，粉体急結剤に比較して吹付け直後の硬化時間がやや長くなる傾向にある．コンクリート圧送にエアを用いないことや，未混合の急結剤が空気中に放出されにくいため，粉体急結剤と比べ，粉じん発生量が低減する．最近では，硬化時間を早める粉体助剤を混合して初期強度の発現促進に対処する事例もある．

③ スラリー急結剤：急結性セメント鉱物系(カルシウムアルミネート系)の粉体急結剤に水を添加し，スラリー化した急結剤である．スラリー急結剤を使用する場合には，ベースコンクリートに水溶性高分子からなる粉体の急結助剤を添加する．コンクリートとの混合性の向上や，粉じんが飛散した場合でも浮遊時間が短く，早く沈降するため，粉じん発生量が低減する．

4) **高性能減水剤等の混和剤** 高性能減水剤は減水効果が高く，単位水量の低減，スランプ，ワーカビリティーの保持，耐久性，付着性の向上，はね返り率の低減等の効果が得られる．低粉じん用急結剤を使用した吹付けコンクリート，高強度吹付けコンクリートあるいは繊維補強吹付けコンクリート等で使用する事例が増えている．また，初期強度を高める目的の高強度混和剤も使用されている．

5) **シリカフューム，石灰石微粉末，高炉スラグ** シリカフュームは，フェロシリコンおよび金属シリコン等を製造する際にできる非晶質の二酸化ケイ素(SiO_2)を主成分とした球形超微粒子である．シリカフュームは，セメントあるいは骨材の置換として一般にセメント量の5〜10%程度が添加される．高性能減水剤を併用することで，長期強度等の向上が期待できる．

石灰石微粉末(炭酸カルシウム)は，石灰石を粉砕し比表面積を3 000〜7 000cm²/g程度としたものである．新幹線トンネルにおいて，はね返りおよび粉じん発生量を抑制するため，粒径0.15mm以下の微粒分量が細骨材重量のおおむね15%程度となるように細骨材の一部と置換して使用されている．

高炉スラグ微粉末は高炉で銑鉄を製造する際に生成した高炉スラグを乾燥，粉末状にしたものである．アルカリ骨材反応対策として効果がある．新幹線トンネルにおいて，高炉スラグとフライアッシュを混合して細骨材の一部として使用されている．

<u>6） フライアッシュ（石炭灰）</u>　セメントの水和反応で生成する水酸化カルシウムとポゾラン反応を起こすことにより，コンクリートの長期強度が増大する．また，微細粒子で球形をしているためコンクリートの流動性が増大し，粘性向上に伴い，はね返りや粉じん発生が抑制される．フライアッシュには分級してJIS規格（Ⅰ種～Ⅳ種）のあるものと，分級しない原粉がある．分級しないフライアッシュを使用する場合は，強度の発現特性を十分確認してから施工することが望ましい．

<u>7） 粉じん低減剤</u>　粉じん低減剤の主成分はセルロース系またはアクリルアミド系等の高分子化合物であり，その凝集作用または増粘効果により粉じん発生を抑制する．なお，吹付けコンクリートに対する粉じん対策としては，発生源における粉じん発生量の低減が最も効果的であり，配合面では粉じん低減剤のほかに，低粉じん用急結剤，あるいはシリカフューム等の増粘用微粉材等が使用される．添加率が多くなると粘性が過大となり施工性が悪化する場合がある．

<u>（2）について</u>　吹付けコンクリートの強度は，打込みによるコンクリートと異なり，施工条件に大きく影響され，ばらつきが大きいのが特徴である．このため，配合強度を定めるにあたっては，所要の強度または設計基準強度を満足するように，これまでの経験を参考にする，あるいは事前に試験を行って決めるのがよい．

解説 表 3.3.12　配合例（文献[1]～[4]を加筆修正）

(a) 道路トンネル

		粗骨材の最大寸法 Gmax(mm)	スランプ (cm)	セメント C(kg)	急結剤 C×%
道路	通常配合 乾式	15	—	360	5.5
	通常配合 湿式	15	10±2	360	5.5
高速道路	高強度配合	15	設定値±2*	450	10
	従来の配合	15	設定値±2*	360	7.0

* モデル施工で設定した値

(b) 鉄道トンネル（示方配合例：石灰石微粉末とシリカフュームを用いる場合）

粗骨材の最大寸法 (mm)	スランプの範囲*1 (cm)	水結合材比 (W/(C+SF)) (%)	細骨材率 (s/a) (%)	単位セメント量 (C) (kg)	細骨材（石灰石微粉末）(L) (s×%)	急結剤 ((C+SF)×%)	混和材(SF) ((C+SF)*3×%)	減水剤
10～15	8±2 / 14±2	55～60	60～65	342	おおむね15*2	4～7	5	必要量*4

*1 ポンプ圧送方式による場合のスランプは8±2cm程度とし，空気搬送方式の場合は14±2cm程度とする．
*2 石灰石微粉末は，細骨材の一部置換とし，細骨材の0.15mm以下の含有量を加えて細骨材量のおおむね15%となるような単位量とする．
*3 単位結合材料(C+SF)で360kg/m³とする．SF：シリカフューム．
*4 減水剤の添加量は，所要軟度を満足する量とし，おおむね0.5%とする．

(c) 鉄道トンネル（フライアッシュを用いる場合）

粗骨材の最大寸法 (mm)	スランプの範囲 (cm)	水結合材比 W/C (%)	細骨材率 s/a*2 (%)	単位重量(kg/m³) 水 W	セメント C	細骨材 S	粗骨材 G	フライアッシュ*1 F	混和剤 A
15	18±2	60	60	216	360	942	697	90	2.9

*1 細骨材微粉末として用いる混和材：フライアッシュ．
*2 細骨材率(s/a)：(S+F)/(G+S+F)

参考文献

1) (社)日本道路協会：道路トンネル技術基準(構造編)・同解説, pp.111-112, 2003.
2) 東日本・中日本・西日本高速道路株式会社：トンネル施工管理要領(本体工編), p.26, 2015.
3) (独)鉄道建設・運輸施設整備支援機構：山岳トンネル設計施工標準・同解説, pp.75-76, 2014.
4) (独)鉄道建設・運輸施設整備支援機構：吹付けコンクリート設計施工指針(案), p.15, 2015.

3.2.5 吹付けコンクリートの補強

吹付けコンクリートに部材としての補強が必要な場合には，その目的に応じて補強材料，補強方法，および施工性等を検討しなければならない．

【解 説】　吹付けコンクリートを部材として補強する必要がある場合には，吹付けコンクリートの材料強度特性を向上させる方法と吹付け厚を増やす方法がある．このうち吹付けコンクリートの材料強度特性を向上させる方法としては，圧縮強度を高強度化するほかに，せん断強度，引張強度あるいはじん性を向上させるために金網補強や繊維補強が行われる．

 1) 金網　金網は，吹付けコンクリートのせん断補強，施工時と施工後のはく落防止あるいはひびわれ発生後のじん性の向上等を目的に使用される．

一般に，金網は未固結地山から硬岩までいろいろな地山条件のもとで使用されているが，地山条件の違いにより，その果たすおもな役割が異なる場合がある．膨張性地山等の大きな変形が生じる地山では，吹付けコンクリートに多数のひびわれが生じ，コンクリートの塊がはく落することがあるが，このような場合には，はく落防止とじん性の向上を期待して金網を使用することが多い．一方，硬岩で節理や亀裂が多い場合，突発的な岩塊の崩落に対し，吹付けコンクリートのせん断強度の補強やじん性の向上を期待して金網を用いることが多い．また，吹付けコンクリートと地山との付着力が小さい未固結地山では，金網は吹付けコンクリートがその施工中にはく落することを防止する効果も期待できる．

一般に使用されている溶接金網は，目の大きさが100×100mm，150×150mmで，線径はφ3.2～6.0mm程度のものが多い．

 2) 繊維補強[1]　変形が大きくじん性が必要な箇所や，支保工の応力分布が複雑でじん性や曲げ耐力が必要な箇所において，繊維補強吹付けコンクリートが使用されている．このような箇所としては，膨張性地山，土被りが小さくグラウンドアーチが形成されにくいため上載荷重や偏土圧等の影響を受けやすい坑口部，あるいは一般部に比べて掘削断面積が大きくかつ形状が複雑である分岐部等がある．

繊維補強吹付けコンクリートは，一般の吹付けコンクリートと比べて，ピーク強度の指標である引張強度や曲げ強度はほとんど向上しないが，ピーク強度後の残留強度が高く，ひびわれ発生後のじん性と変形能力が大きくなることが特徴である．そのほかに，せん断強度，耐衝撃性あるいは凍結融解抵抗性等が向上する．

これらの結果，繊維補強吹付けコンクリートは，ひびわれによるはく離やはく落が生じにくいことから安全管理上も有効な支保部材である．また，ひびわれが部材断面を貫通しにくく止水性を保ちやすいことから構造物としての耐久性が向上するため，吹付けコンクリートにより仕上げるトンネルに使用されることがある．さらに，既設トンネルの改築や改修時に吹付け厚の制限がある場合に，薄肉の覆工を構築する目的で使用されている．なお，繊維補強を実施した場合は金網を省略することがある．

繊維補強吹付けコンクリートの設計強度は，一般の吹付けコンクリートの項目に加えて，目的に応じて曲げ強度や曲げじん性等が規定される．

使用する繊維には，鋼繊維と非鋼繊維があり，鋼繊維は曲げじん性およびせん断強度の向上，非鋼繊維は曲げじん性の向上を期待する場合に使用される．また，従来は鋼繊維による補強が一般的であったが，施工環境や供用環境における錆等の発現の問題により，非鋼繊維を用いる例が増加している．

吹付けコンクリートの補強用として使用する繊維は，施工性を考慮して，長さ25～35mm程度，アスペクト比

（長さ／径）40〜60程度であることが多く，その繊維の混入率は容積比で0.5〜1.0%程度が多い．また，**解説 表 3.3.13**の繊維補強吹付けコンクリートの配合例に示すように，施工性を確保するため，セメントの増量や高性能減水剤の使用等が行われることが多い．

非鋼繊維としては，ポリプロピレン繊維，ビニロン繊維等が使用されている．これらの非鋼繊維を使用する場合の施工性や強度特性は，鋼繊維を使用する場合と異なるため，事前に確認する必要がある．

解説 表 3.3.13　繊維補強配合の事例（文献[1]を加筆修正）

(a) 第二東名高速道路清水第三トンネルにおける鋼繊維補強高強度吹付けコンクリート配合

σ_{28} N/mm²	単位量　kg/m³						
	セメント	水	細骨材	粗骨材	混和剤	急結剤	鋼繊維
36	450	202.5	1 114	478	1.76	45.0	78.5

(b) 東北新幹線岩手トンネル女鹿工区におけるビニロン繊維補強吹付けコンクリート配合

細骨材率 %	セメント kg/m³	シリカフューム %	急結剤 %	ビニロン繊維 kg	減水剤 %
65	360	5	5.5	10	2

参考文献

1) (社)日本トンネル技術協会：現場技術者のための吹付けコンクリート・ロックボルトQ&A，pp.113-115，2003.

3.3　ロックボルト

3.3.1　ロックボルト一般

ロックボルトは，支保工としての特徴，地山条件，施工性等を考慮して，必要な性能を満足するように設計しなければならない．

【解　説】　ロックボルトは，トンネル壁面から地山内部に穿孔された孔に設置される支保部材である．ロックボルトの部材構成は鋼棒等の芯材，頭部で芯材と吹付けコンクリート等とを一体化するためのベアリングプレートおよびナットからなる．ロックボルトは穿孔された孔のほぼ中心に定置される芯材が孔の周囲の地山と一体化することにより，地山の内部から支保効果を発揮する点が特徴である．芯材と地山とを一体化する定着方式には定着材を用いる定着材式と摩擦力に期待する摩擦式がある．

ロックボルトの性能は，亀裂の発達した中硬岩や硬岩地山では，おもに亀裂面に平行な方向あるいは直角な方向の相対変位を抑制すること，また軟岩や未固結地山では，おもにトンネル半径方向に生じるトンネル壁面と地山内部との相対変位を抑制することにあると考えられる．このようなロックボルトの支保工としての性能および効果を**解説 表 3.3.14**に示す．また，**解説 表 3.3.15**に地山条件とロックボルトの性能および効果の関連性を示す．

ロックボルトの設計にあたっては，掘削後のトンネルの安定を図るように，地山条件，そのトンネルの使用目的，施工性等に加えて，地質構造とロックボルトの性能や効果の関連性も考慮し，定着方式，定着材，配置と寸法，材質と形状等の仕様を決定する必要がある．また，腐食環境下では，耐食性のある材質や定着材，定着方式の検討が必要である．なお，ロックボルトは，吹付けコンクリートや鋼製支保工等の他の支保部材と併用することが一般的であり，その場合には，それぞれの支保効果を検討するとともに総合的な支保効果を評価して，ロックボルトの設計をしなければならない．

ロックボルトは，以下に示すように，地山条件によって支保効果が異なるため，地質に応じた適用性も考慮する必要がある．

1) <u>中硬岩，硬岩地山</u>　亀裂の発達した中硬岩，硬岩地山の場合には，ロックボルトが亀裂によって区切られ

た不安定な岩塊を深部の地山と一体化し，そのはく落や抜落ちを抑止するような効果，すなわち吊下げ効果や縫付け効果が期待できる．また，亀裂に交差してロックボルトを打設すると，亀裂面のせん断強度が向上し，地山物性の改良効果が期待できる．一方，ロックボルト打設間隔よりも小さく，地山から分離した岩片は吹付けコンクリートで支持される．吹付けコンクリートは地山との付着によって荷重を支持するが，吹付けコンクリートと地山の付着が損なわれた場合には，ロックボルトが吹付けコンクリートを地山に縫い付けることによって，このような荷重を支持することが期待できる．

<u>2) 軟岩地山，未固結地山</u>　強度の小さい軟岩地山や未固結地山の場合，ロックボルトに発生する軸力が吹付けコンクリートを介して坑壁に作用することで内圧効果を発揮し，トンネルの周辺地山の塑性化とその拡大を抑制することが期待できる．また，中硬岩，硬岩地山の場合と同様に，ロックボルトの打設によって地山のせん断抵抗性能が向上して降伏後の残留強度も向上し，地山物性の改良効果が期待できる．

これらの効果のほかに，ロックボルトによって層状地山が一体化したり，あるいはトンネル掘削面の周囲に補強されたアーチゾーンが形成されることも期待できる．

解説 表 3.3.14　ロックボルトの性能および効果の概念（文献[1]を加筆修正）

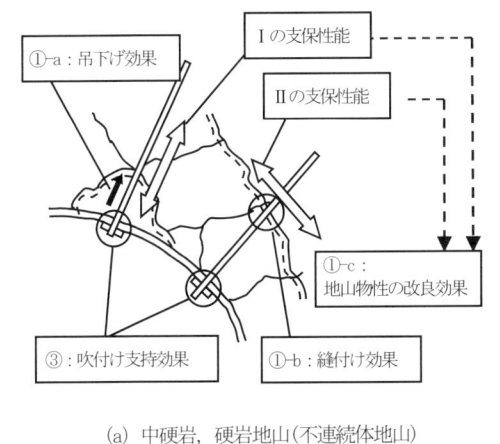

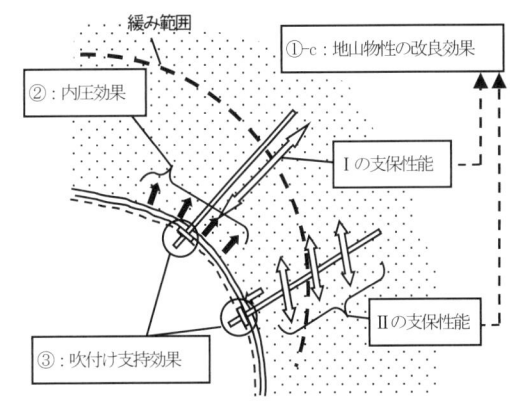

分類			概要
性能	I	ロックボルトの引張抵抗性能	ロックボルト軸方向の引張抵抗によってその方向の地山との相対変位を抑制する．
	II	ロックボルトのせん断抵抗性能	ロックボルト軸直角方向のせん断抵抗によってその方向の地山との相対変位を抑制する．
効果	① 地山の補強効果	a:吊下げ効果 b:縫付け効果	亀裂の発達した中硬岩，硬岩地山の場合には，亀裂によって区切られた不安定な岩塊を深部の地山と一体化し，そのはく落や抜落ちを抑止する．
		c:地山物性の改良効果	中硬岩，硬岩地山の場合に，亀裂に交差してロックボルトを打設すると，亀裂面のせん断強度が向上し，物性改良効果を期待できる．また，強度の小さい軟岩地山や未固結地山の場合においても，ロックボルトの打設によって地山のせん断抵抗が向上して降伏後の残留強度も向上し，物性改良効果を期待できる．
	②	内圧効果	軟岩地山や未固結地山の場合，ロックボルトに発生する軸力が吹付けコンクリートを介して坑壁に作用することで内圧効果が発揮され，トンネルの周辺地山の塑性化とその拡大の抑制を期待できる．
	③	吹付け支持効果	ロックボルト打設間隔よりも小さく，地山から分離した岩片は吹付けコンクリートで支持される．吹付けコンクリートは地山との付着によって荷重を支持するが，吹付けコンクリートと地山の付着が損なわれた場合には，ロックボルトが吹付けコンクリートを地山に縫い付けることによって，このような荷重を支持することを期待できる．
性能と効果の概要	(a) 中硬岩，硬岩地山(不連続体地山)		(b) 軟岩，未固結地山(連続体地山)

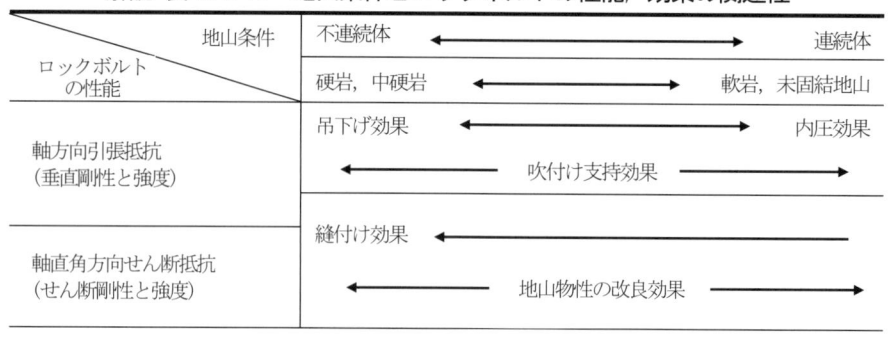

解説 表 3.3.15　地山条件とロックボルトの性能，効果の関連性

地山条件 ロックボルト の性能	不連続体　←――――――――――――→　連続体
	硬岩，中硬岩　←――――――――――→　軟岩，未固結地山
軸方向引張抵抗 (垂直剛性と強度)	吊下げ効果　　　　　　　　　　　　　内圧効果 　　　←―――――　吹付け支持効果　―――――→
軸直角方向せん断抵抗 (せん断剛性と強度)	縫付け効果　←――――― 　　　←―――――　地山物性の改良効果　―――――→

参考文献

1) 東日本・中日本・西日本高速道路株式会社：設計要領第三集トンネル編(1)トンネル本体工建設編, p.80, 2015.7.

3.3.2　ロックボルトの配置および寸法

ロックボルトの配置および寸法は，地山条件，トンネル断面の大きさ，施工性等を考慮して決定しなければならない．

【解　説】　1)　ロックボルトの配置　ロックボルトの配置は，地山条件，トンネル断面の大きさ，形状，掘削工法，施工性等を考慮して決定される．

ロックボルトは，トンネル掘削によって影響を受ける領域をその支保効果に応じて有効に補強するように配置することが望ましい．ロックボルトの配置は，地山等級から標準支保パターンを選定し，システムボルトとしてその配置を決定するのが一般的である．また，ロックボルトの目的に応じた次のような配置の決め方もある．

掘削で生じた緩み領域とその荷重を支保することを目的とする場合には，ロックボルトが支保可能な荷重と支保すべき荷重の関係から打設位置，打設本数，間隔を決定することができる．一方，亀裂の発達した中硬岩，硬岩地山を支保することを目的とする場合には，岩盤の亀裂の間隔，長さ，大きさによって岩塊のはく落の可能性を想定し，はく落が発生しないようロックボルトの打設位置，本数等を決定することができる．なお，配置の決定にあたっては，隣接するロックボルトが相互に支保効果を発揮するように打設間隔を考慮する必要がある．**解説 図 3.3.2** に地山条件の違いによるロックボルトの配置例を示す．

ロックボルトは，**解説 図 3.3.3** (a)に示すように，トンネル横断方向に掘削面に対して直角の方向に打設する．また，**解説 図 3.3.3** (b)に示すように縦断方向の斜め方向に打設する場合がある．これは地山条件により切羽の安定化を図るための核残しが行われる場合等に用いられる．

また，膨張性地山等大きな土圧が作用する地山では，ロックボルトをインバート部からも下向きに設置し，トンネル全周に配置する場合もある．**解説 図 3.3.4** にインバート部から下向きに設置する場合のロックボルトの実施例を示す．

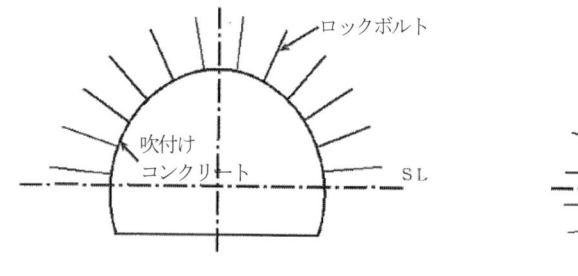

(a) 地山条件がよい場合の配置例　　　　　　(b) 地山条件が悪い場合の配置例

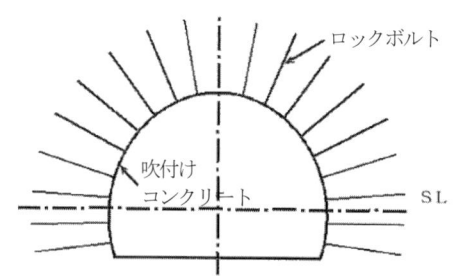

解説 図 3.3.2　ロックボルトのトンネル横断方向の配置例

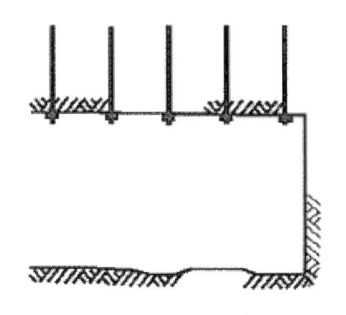

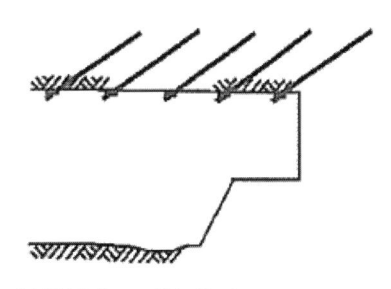

(a) 通常のシステムボルト　　　　(b) 斜め打ちシステムボルト

解説 図 3.3.3　ロックボルトのトンネル縦断方向の配置例

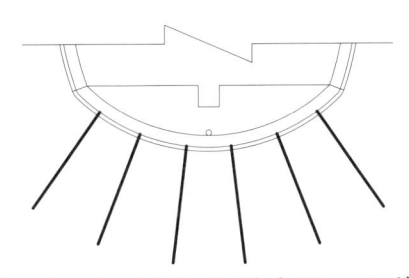

解説 図 3.3.4　インバート部から下向きのロックボルトの配置例

<u>2) ロックボルトの寸法</u>　ロックボルトの長さは，原則として掘削による影響範囲を補強するように決定することが望ましいが，期待する効果によって異なってくる．

ロックボルトの効果のうち，縫付け効果や吊下げ効果を期待する場合には，亀裂で区切られた岩塊あるいは緩み領域の外側に達する長さのロックボルトの使用を検討する必要がある．内圧効果や地山物性の改良効果の場合には，ロックボルトと地山とが一体となったグラウンドアーチの形成を期待するので，緩み領域の外側に達するロックボルト長とすることは必ずしも必要ではない．しかし，トンネル周辺地山の変形を低減するとともに地山内にグラウンドアーチが形成されるように，適切な定着を確保できる長さを検討する必要がある．

ロックボルトの長さは，各事業者による標準支保パターンの中で地山等級に応じて設定されている．

このほか，ロックボルトの長さを決める考え方の例として次のようなものがある．トンネルの断面形状が著しく大きい場合または著しく小さい場合にも，ロックボルトの配置および長さの考え方は上記と同様であるが，たとえば高速道路トンネルの具体的な設計にあたっては次式[1]を参考にしている．ただし，この式の適用範囲は，中硬岩から軟岩地山を対象としたシステムボルトの場合である．

$$L = \frac{W}{3} \sim \frac{W}{5} \quad \text{あるいは} \quad L \geq t \tag{解 3.3.1}$$

$$p = 0.5L \sim 0.7L \tag{解 3.3.2}$$

ここに，　L ：ロックボルトの長さ
　　　　　W ：トンネルの掘削幅
　　　　　t ：切羽と支保済み区間の距離
　　　　　p ：横断方向のロックボルトの設置間隔

また，水路トンネルの場合のように，ロックボルトの長さを掘削径(De)を基準にして，$0.4De \sim 0.6De$[2]とする決め方もある(**解説 表 3.3.1** 参照)．

一方，ロックボルトの径は，1本のロックボルトが支持する岩塊の重量や，地山のせん断に抵抗する力等によって決定できるが，一般には施工性の観点から，径22〜25mm のものが使用されている．

なお，大変形が生じる地山等ではロックボルトに大きな軸力が発生し，地山内でロックボルトが破断することもある．このような場合には，打設本数を増やすこと，長いロックボルトを使用すること，通常より芯材の耐力が大きいロックボルトを使用すること等を検討する必要がある．また，大変形が生じてもロックボルトに大きな軸力が生じない場合には，地山の深部から大きな変形が発生している可能性があり，長いロックボルトへの変更

や追加も有効である．

参考文献

1) 東日本・中日本・西日本高速道路株式会社：設計要領第三集トンネル編(1)トンネル本体工建設編，pp.118-119，2015.7.
2) 農林水産省農村振興局整備部設計課：土地改良事業計画設計基準及び運用・解説　設計「水路トンネル」，pp.293-296，2014.

3.3.3　ロックボルトの材質および形状

（1）　ロックボルトの材質および形状は，地山条件，施工性等を考慮して必要な強度と伸び特性および適切な形状を有するものでなければならない．

（2）　ロックボルトの構成部品であるベアリングプレートおよびナットは，十分な強度と適切な形状を有するものでなければならない．

【解　説】　（1）について　ロックボルトの材質は，地山条件およびそのトンネルの使用目的に応じて必要な強度や伸び特性を有するものでなければならない．伸び特性とは，荷重を保持しながら変形する能力を意味する．

全面定着方式のロックボルトには，ねじり棒鋼，異形棒鋼，ねじ節異形棒鋼，鋼管膨張型等がある．**解説 表 3.3.16**に定着材式および摩擦式ロックボルトの機械的性質を示す．なお，ロックボルトの耐力は，一般にねじ部等の断面積が最小となる位置の値で表される．

ロックボルトは，主として引張り材として働くため，引張強度の大きいものでなければならないが，同時に地山の急激な崩壊を防止するために伸び特性のよいものでなければならない場合もある．また，ロックボルトと定着材との付着力は芯材表面の形状にも影響されるため，適切なものとする必要がある．

ロックボルトに大きな軸力が生じることが少ないと予想される地山では，降伏荷重が110kN～170kN程度以上のロックボルトを用いることが多い．比較的大きな変形が発生するような地山においては，打設本数を増やすこと，長いロックボルトを使用すること，降伏荷重が290kN程度以上の高張力鋼を用いた高耐力ボルトやPC鋼棒を使用すること等の方法があるので，ロックボルトの引抜き耐力，施工性等を考慮して決める必要がある．

ロックボルトを継いで施工する場合に使用するカプラー等は，施工性のよい形状とし，使用するロックボルトと同等以上の機械的性質を有するものとしなければならない．

崖錐部や軟弱な地山で穿孔したロックボルト孔の孔壁の自立が困難な場合あるいは穿孔自体が難しい場合等には自穿孔方式のロックボルトの適用が検討される．自穿孔方式のロックボルトはロックボルトの先端にビットを装着したもので，穿孔後に孔内に残されたロックボルト内部の孔から注入を行えるよう中空のロックボルトが用いられる．

拡幅掘削が行われる地山をあらかじめ補強する場合等では，後工程となる拡幅掘削で容易に切断できるように，繊維補強プラスチック製ボルト（FRPボルト）を使用することがある．この場合，定着材の強度，ロックボルト表面の凹凸の程度や形状の違いによっては，期待する耐力が得られない場合もあるので注意を要する．また，長期的な支保部材として使用する場合には，FRPボルトのクリープ特性，および鋼材に比べて弾性係数や破断時の伸び，ねじり強度やせん断強度が小さいこと等の特性に十分留意することが必要である．

（2）について　ベアリングプレートおよびナットは，ロックボルトと吹付けコンクリートを一体化するとともに，吹付けコンクリートを支持してロックボルト間隔以下の小岩塊の崩落を防ぐことも期待する重要な部材であり，予想される応力に対して十分な強度を有するものでなければならない．

ベアリングプレートは，平角プレート9×150×150が一般に用いられているが，大きな変形が生じる地山においては，ロックボルトの機械的性質を考慮してプレートの材質と形状を選択する必要がある．また，ナットについてもロックボルトの機械的性質を考慮して選択する必要がある．

解説 表 3.3.16 ロックボルトの機械的性質

種類	種類の記号	ボルト呼び径	ねじ部の機械的性質 断面積[*1] (mm²)	ねじ部の機械的性質 降伏荷重 (kN)	ねじ部の機械的性質 破断荷重 (kN)	素材部の機械的性質 断面積 (mm²)	素材部の機械的性質 降伏荷重 (kN)	素材部の機械的性質 破断荷重 (kN)	単位質量 (kg/m)
ねじり棒鋼[*3]	STD510	TD24	353	180	244	446	228	308	3.50
異形棒鋼[*3]	SD345	D25	353	122	172	507	175	248	3.98
	SD390	D22	303	118	170	387	151	217	3.04
ねじ節異形棒鋼[*3]	SD295A	D22	素材部に同じ			387	114	170	3.04
	SD345	D25	素材部に同じ			507	175	248	3.98
ねじり棒鋼型異形棒鋼	SD685	D24	素材部に同じ			433	297	372	3.40
高耐力ボルト[*5]	SD700	M27	422	297	372	527	371	465	4.14
ねじ節PC鋼棒[*4]	SBPD930/1080	D23	素材部に同じ			416	386	449	3.42
		D26	素材部に同じ			531	494	573	4.38
		D32	素材部に同じ			804	748	869	6.63
鋼管膨張型[*5]	S355MC	37T2	素材部に同じ			327	123	136	3.00
		37T3	素材部に同じ			481	180	200	4.00
	NTRB-400[*2]	36T2.0	素材部に同じ			338	120	140	2.65
	NTRB-540[*2]	36T2.3	素材部に同じ			358	180	190	2.76

[*1] ねじ部の有効断面積.
[*2] 耐食性のある合金めっき鋼板.
[*3] ねじり棒鋼, 異形棒鋼, ねじ節異形棒鋼の数値は, JIS規格値(JIS M 2506)のねじ部破断荷重および同JIS規格より算出.
[*4] ねじ節PC鋼棒の数値は, JIS規格値(JIS G 3109)の強度および断面積より算出.
[*5] 高耐力ボルト, 鋼管膨張型ボルトの数値は, メーカー規格値.

3.3.4 ロックボルトの定着方式および定着材

（1） ロックボルトの定着方式は，地山条件，施工性等を考慮し選定しなければならない．
（2） ロックボルトの定着材は，十分な定着力が得られるものでなければならない．

【解 説】 （1）について ロックボルトの定着方式は，ロックボルト全長を地山に定着させる全面定着方式が基本である．全面定着方式には，定着材式と摩擦式があり，それらの構造や定着材の種類等によって解説 図 3.3.5のように分類される．2種類の定着方式の特徴，適用範囲等を解説 表 3.3.17に示す．

定着材式はロックボルトをモルタル等の定着材を用いて地山に固定する方法である．定着材式には，先充填型，カプセル型，後注入型がある．先充填型はモルタル等の定着材を先に孔内に充填した後にロックボルトを挿入，定置する方法で，孔壁の自立性がよい場合に用いられ，使用実績が多い．カプセル型はモルタルを充填する代わりに，モルタルあるいは樹脂と硬化剤を封入したカプセルを定着材として先に挿入する方法で，孔壁は自立するが湧水処理を行っても先充填したモルタルが流出するおそれがある場合に使用を検討する必要がある．後注入型はロックボルトを孔内に挿入，定置した後にモルタルや樹脂系定着材を注入する方法で，未固結地山や崖錐，亀裂の多い地山等で，より確実に定着力を発揮させる場合や注入による地山改良の効果を期待する場合に用いる．

摩擦式はロックボルトを孔壁に密着させて得られる摩擦力で定着させる方法である．摩擦式の代表例として鋼管膨張型がある．この方法では，高水圧ポンプを用いて孔の中で鋼管のロックボルトを膨張させることにより定着が得られる．高い圧力でロックボルトの表面が孔壁に直接押し付けられ，摩擦抵抗がボルト全長の孔壁に作用する．摩擦式は，湧水処理を行っても定着材が流出して必要とされる性能を満足できない場合，あるいは打設後のできるだけ早い時期にロックボルトの支保性能の発揮を期待する場合に採用されることが多い．なお，軟岩地山や未固結地山等では，必要な定着力が得られない場合があるので，その採用にあたっては注意が必要である．また，摩擦式ロックボルトは孔壁内で芯材が地山と直接触れるため，防食性を考慮して高耐食性めっきを施した材料のものが多く使用されている．

ロックボルトは，地山に定着されたのち，軸方向の引張りと軸直角方向のせん断に抵抗する性能からその効果を発揮する．したがって，ロックボルトの設計にあたっては，使用する材料の強度，変形特性や設計の実績を参考にして，引張りおよびせん断に対するロックボルトの降伏荷重と定着力について十分検討する必要がある．ロックボルトの定着力が十分であるかどうかは，引抜き試験を行い，試験結果に基づいて引抜き耐力を判断しなければならない．引抜き耐力は，通常，地山と定着材との間に生じる定着力で得られるが，地山条件，定着方式，配置と寸法，材質と形状等によって異なるので注意が必要である．

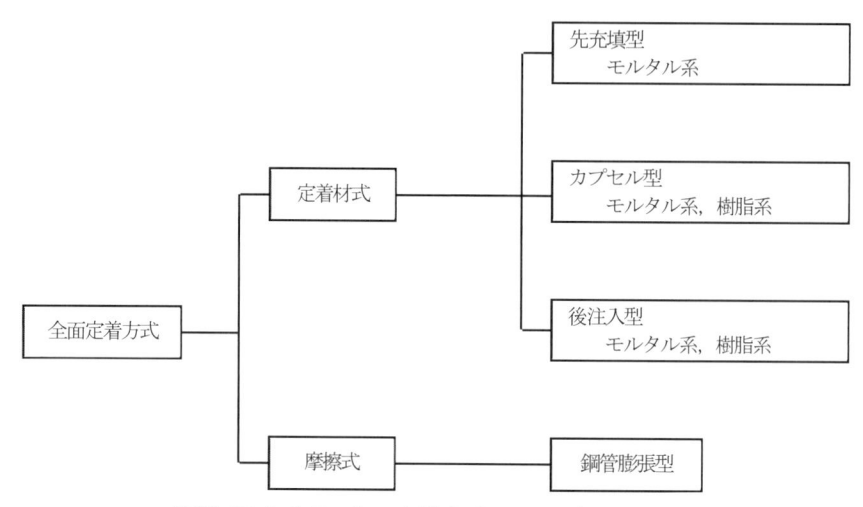

```
                              ┌─ 先充填型
                              │  モルタル系
                              │
                 ┌─ 定着材式 ──┼─ カプセル型
                 │            │  モルタル系，樹脂系
                 │            │
全面定着方式 ────┤            └─ 後注入型
                 │               モルタル系，樹脂系
                 │
                 └─ 摩擦式 ───── 鋼管膨張型
```

解説 図 3.3.5　全面定着方式ロックボルトの分類

解説 表 3.3.17　全面定着方式の概要

	定着方法	特徴	適用範囲	概略図
定着材式	定着材を孔に充填し，芯材を挿入して定着させる先充填型と，定着材を封入したカプセルを先に充填するカプセル型，芯材を挿入した後に定着材を注入して定着させる後注入型がある．定着材は，先充填型にはモルタル，カプセル型にはモルタルおよび樹脂，後注入型にはモルタルおよび樹脂がおもに用いられている．	定着材を用いて芯材全長を地山に定着させる．地山条件(亀裂，湧水の状態)や孔壁の自立性等に応じ，各種のものがある．	硬岩，中硬岩，軟岩，未固結地山をはじめ，膨張性地山も含めて種々の地山に適用可能である．	先充填型（岩盤、定着材、芯材(鋼棒等)、ベアリングプレート、ナット）
摩擦式	芯材を孔壁面に密着させることにより得られる摩擦力によって定着される．代表的なものとして，鋼管膨張型がある．	鋼管膨張型では，穿孔した孔の中に先端を閉塞した鋼管を挿入した後，高圧水を注入して鋼管を膨張させることにより，瞬時に定着力が得られる．鋼管表面の腐食や孔壁面に加えられた押付け力低下等の耐久性の低減について十分な検討が必要である．	摩擦式は，湧水の多い地山に適用可能である．鋼管膨張型は穿孔した孔の半径方向に大きな塑性変形が可能なので，孔壁が自立すれば，広い範囲の地山に適用できる．	鋼管膨張型（φ36mm（膨張前）、φ54mm（膨張後））

　（2）について　定着材式ロックボルトの支保効果が発揮されるためには，ロックボルト，定着材および地山との間に十分な定着力が確保される必要がある．

定着材の選定にあたっては，地山条件，施工性等を考慮し，全長にわたって十分な定着力が得られるものを選定しなければならない．定着材に対して必要な条件は，早期，長期の定着力が大きく，耐久性があり，充填性がよいことである．

定着材式ロックボルトの定着力は，ロックボルトと定着材との付着性，および定着材と地山との付着性の両面で検討する必要がある．一般に使用されているロックボルトと定着材との付着性は，通常の施工により十分な充填が行われれば問題が生じないが，定着材と地山との付着性は，地山条件により十分得られないこともあるので注意が必要である．とくに，地山の強度が小さく，地山と定着材との間の定着力が期待できない場合には，定着力の向上を見込める定着方式や定着材を選定するか，あるいは，得られる定着力から逆算してロックボルトに期待する引抜き耐力を決めることもある．ロックボルトに期待する引抜き耐力や効果を見直す場合には，他の支保部材の修正を含めて検討する必要がある．

解説 表 3.3.18　定着方式と定着材の適用範囲の考え方(例)

定着方式		定着材	地山条件					孔壁の状態等			適用条件，注意事項
			硬岩，中硬岩	軟岩	未固結	膨張性	崖錐	多亀裂	孔荒れ	湧水	
定着材式	先充填型	モルタル系	◎	◎	◎	◎	◎	○	○	△	硬岩から未固結地山まで適用可能．標準的な長さや普通の施工条件では，最も広く適用される．孔壁の荒れや湧水等特殊な条件下では別の方式について検討する必要がある．充填ホースの挿入性，湧水によるモルタルの流出に注意．
	カプセル型	モルタル系	○	○	○	○	○	△	△	○	湧水により先充填型の定着材がほとんど，あるいは一部が流出するなど，適合しない場合等に適用される．カプセルの挿入性，充填量，湧水による流出に注意．
		樹脂系	○	○	×	○	×	△	△	○	
	後注入型	モルタル系	○	○	○	○	○	○*	○*	△	孔壁が荒れて充填ホースの挿入が困難な場合，所定の引抜き耐力が得られない軟弱な地山等で加圧注入により付着力の向上を図る場合等に適用される．ロックボルトの挿入性，定着材の漏出，湧水下での硬化性能に注意．
		樹脂系	○	○	○	○	○	○*	○*	△	
摩擦式		鋼管膨張型	○	○	△	○	△	○	△	○	湧水により先充填型あるいはカプセル型等の定着材が流出する場合に適用される．ロックボルトの挿入性，不良地山等で穿孔した孔径が必要以上に拡大する場合の摩擦力に注意．

注)　◎：適用できる(最も一般的)．
　　○：適用できる．
　　△：条件によっては適用できない場合もある(十分な定着効果が発揮されない場合がある)．
　　×：ほとんど適用できない．
＊孔壁の条件がさらに劣悪で，ボルト挿入あるいは穿孔自体に支障をきたす場合は，自穿孔式ボルトで施工する必要がある．
※同じ地山，孔壁条件でもその性質や程度によって適用性が異なる場合がある．
※同じ定着材，定着方式であっても個々の特性の違いによって適用性が異なる場合がある．

定着材としては，モルタル，樹脂等がある．一般には，品質のばらつきが少ないプレミックスタイプのモルタルが多く使用されている．一般に用いられるモルタル系定着材の早期の強度としては，鉄道トンネルでは材齢3日，高速道路トンネルでは材齢1日で，それぞれ10N/mm²以上の圧縮強度という設定例がある．さらに，高速道路トンネルでは，鋼製支保工が用いられない支保パターンにおいてロックボルトに縫付け効果や吊下げ効果を早期に発揮させようとする場合には，材齢12時間で10N/mm²以上の圧縮強度が発現するような早強モルタルが使用される例もある．

定着材の施工方法には，先充填型，カプセル型および後注入型があるが，施工方法の選定にあたっては，地山条件，湧水の状況等を考慮しなければならない．

とくに，崖錐や未固結地山ではロックボルトを挿入するための孔が崩壊することがあること，あるいは長いロックボルトを天端付近に打設する場合には定着材の充填が不十分になるおそれもあるため，十分な検討が必要である．

このように，所要の定着力を得るためには，ロックボルトの定着方式や定着材の選定に際して，穿孔性，定着材の充填性等の施工性，孔壁の自立性，湧水による定着材の流出や開口亀裂からの漏出等の地山条件を十分に考慮する必要がある(第4編 7.3.2参照)．**解説 表 3.3.18**は，地山条件別に定着方式，定着材の適用範囲の考え方を示した例である．

3.4 鋼製支保工

3.4.1 鋼製支保工一般

鋼製支保工は，支保工としての特徴，地山条件，施工性等を考慮して，必要な性能を満足するように設計しなければならない．

【**解 説**】 鋼製支保工は，トンネル壁面に沿って形鋼等をアーチ状に設置する支保部材であり，建込みと同時に一定の効果を発揮できるため，吹付けコンクリートの強度が発現するまでの早期において切羽の安定化を図ることができる．また，鋼製支保工は，吹付けコンクリート等と一体となって地山に密着し，トンネルの安定化を図ることができる．鋼製支保工の性能および効果の概要を**解説 表 3.3.19**に示す．

鋼製支保工の設計にあたっては，掘削後のトンネルの安定化を図るために，掘削断面の形状と大きさ，掘削工法，切羽の安定性，土圧の大きさ，地表面沈下量の制限等を考慮して，寸法，材質，形状，配置等の仕様を決定する必要がある．また，鋼製支保工は吹付けコンクリートやロックボルト等の他の支保部材を併用することが一般的であり，その場合には各々の支保効果を検討するとともに，総合的な支保効果を評価して設計しなければならない．

鋼製支保工の支保効果は，以下に示すように地山条件に応じて適用性を考慮する必要がある．

1) <u>硬岩，中硬岩，軟岩地山</u> 亀裂の発達した硬岩，中硬岩，軟岩では，鋼製支保工は吹付けコンクリートやロックボルトが支保効果を発揮するまでの間の局所的な岩塊の崩落防止，弱層の補強を目的として使用される．

2) <u>軟岩地山，未固結地山，膨張性地山</u> 地山強度比が小さく切羽の安定性に劣る地山，塑性地圧が作用するような軟岩地山，切羽の自立時間の短い未固結地山，大きな土圧や変形が生じる膨張性地山等では，鋼製支保工は，吹付けコンクリート等と一体となって支保工の耐力を向上させたり，内圧の付与によって地山全体としての支保効果を発揮させるとともに，支保工に作用する荷重を脚部に伝達させることを目的として使用される．

たとえば，崩落が起こりやすい地山や膨張性地山等においては，吹付けコンクリートや溶接金網等とあわせて鋼製支保工を使用することによって支保工の剛性やじん性を向上させ，トンネルや周辺地山の安定を図ることができる．また，グラウンドアーチが形成されにくい土被りの小さい坑口部や未固結地山等においては，トンネル半径方向に作用する反力を拘束力(内圧)として地山に与えることによって全体の耐荷力を向上させ，トンネルの変形や地表面沈下の抑制を図ることができる．

切羽の安定性が悪い未固結地山では，不安定な前方の地山をあらかじめ支持するため，**解説 図 3.3.6**に示すよ

うに，鋼製支保工を反力支点とし，長さ5m程度以下のボルトやパイプを打設するフォアポーリング，さらに長尺フォアパイリング等の先受け工を採用する場合がある．

なお，鋼製支保工の設計にあたっては，部材の座屈や継手の破壊等にも注意しなければならない．

解説 表 3.3.19　鋼製支保工の性能および効果の概念（文献[1]を加筆修正）

分類			概要	
性能		軸圧縮抵抗性能 せん断抵抗性能 曲げ抵抗性能	鋼製支保工は，吹付けコンクリートと同様に，軸圧縮抵抗性能，せん断抵抗性能，曲げ抵抗性能により外力に抵抗することができる．これらは，鋼製支保工建込み直後は単体で抵抗し，吹付けコンクリートの強度発現後は吹付けコンクリート等と一体となって抵抗する．	
効果	①	岩塊保持効果	鋼製支保工を地山と密着させることにより，部材の曲げ抵抗性能やせん断抵抗性能により局所的な岩塊の崩落を防止する効果である．	
	②	弱層補強効果	開口亀裂や規模の小さい弱層等の地山の弱点となる箇所を鋼製支保工が支持することにより，地山内の不連続面や弱層の影響を低減する効果である．	
	③	地山への 内圧付与効果	グラウンドアーチが形成されにくい軟岩や未固結地山等では，鋼製支保工等が反力として半径方向外向きの拘束力（内圧）を地山に与え，掘削面近傍地山を三軸応力状態に保つことで地山の耐荷力を高める効果である．	
	④	吹付けコンクリートの 補強効果	吹付けコンクリートは初期材齢において弾性係数が小さいために変形しやすく，強度も小さいため，鋼製支保工を用いて一体化することにより，支保工の剛性，じん性を向上させる効果である．また，吹付けコンクリート強度の発現後においては，吹付けコンクリートと一体となって地山に密着し，トンネル軸方向に連続したアーチシェル構造を形成してトンネルや周辺地山の安定を図る効果である．	
	⑤	地山(脚部)への 荷重伝達効果	支保工に作用する荷重を，鋼製支保工が底板やウイングリブを介して地山(脚部)に伝達させる効果である．	
	⑥	先受け工の 支点効果	未固結地山や破砕帯等の切羽が不安定な地山で先受け工を行う場合，先受け鋼管等の反力支点として切羽前方地山と対になって荷重を支え，地山の緩みや崩壊を抑制する効果である．	

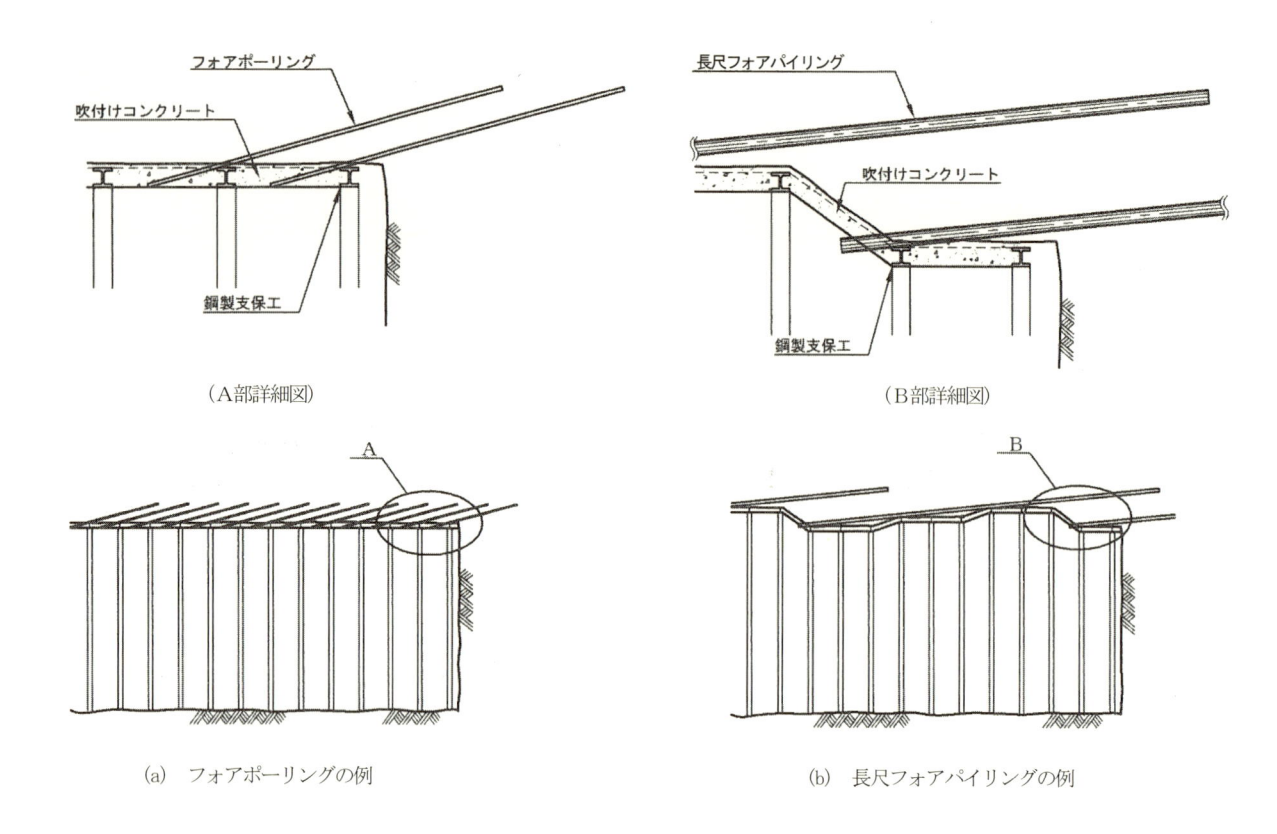

(A部詳細図)　　　　　　　　　　　　　　　(B部詳細図)

(a) フォアポーリングの例　　　　　　　　(b) 長尺フォアパイリングの例

解説 図 3.3.6　先受け工の反力支点としての鋼製支保工の使用例

参考文献
1)（独）鉄道建設・運輸施設整備支援機構：山岳トンネル設計施工標準・同解説，pp.93-94，2014.

3.4.2　鋼製支保工の形状

鋼製支保工の形状は，掘削断面に適合し，地山条件，作用荷重，その他の諸条件に対して施工方法等を考慮して合理的に決定しなければならない．

【解　説】　鋼製支保工は，掘削断面と相似な形状で，吹付けコンクリート等を介して作用荷重が良好に伝達され，発生する曲げモーメントが極力小さくなるようにしなければならない．鋼製支保工の形状は，**解説 図 3.3.7**に示すように，上半部のみ，上，下半部，全周等の種々の形状のものがあり，地山の性状，作用荷重の大きさと方向，施工方法等を考慮して決定しなければならない．

鋼製支保工は，円弧形状が一般的であり，地山や支保工に過大な応力を生じさせるような形状は極力避けるべきである．しかし，支保工の沈下を抑止する必要のある場合には，底板を大きくする，あるいはウイングリブ付き（第4編 7.4.2参照）を採用することで接地面積を大きくして，底板位置の地山に作用する圧力を低減することがある．なお，ウイングリブ付きの採用に際しては，掘削形状が複雑となり，かつ掘削断面が大きくなるため地山を乱して悪影響を及ぼすおそれがあること，あるいは鋼製支保工の重量増加により施工性が悪くなること等の欠点もあるので，設計にあたっては留意する必要がある．

なお，鋼製支保工は，吹付けコンクリート等と一体となって地山に密着し，トンネル軸方向に連続したアーチシェル構造を形成してトンネルや周辺地山の安定を図るものであるが，脚部での支持を期待しなくても沈下等の問題がなく，安定性を保つことができるような良好な地質等の条件下においては，下半部の鋼製支保工を省略する場合もある．

鋼製支保工の加工用の設計寸法については，トンネルの変形，鋼製支保工の製作や建込み時の誤差等に対する余裕も考慮したものとしなければならない．

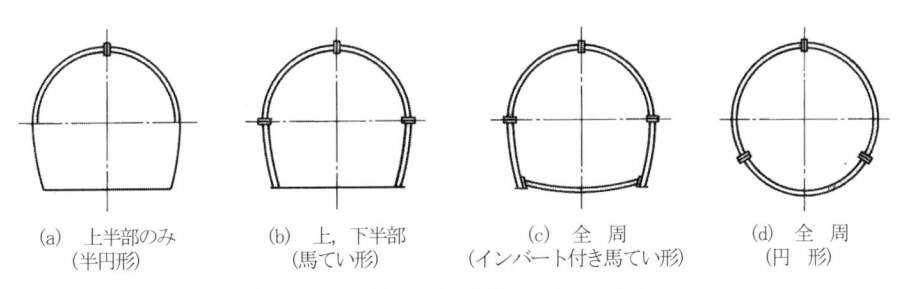

(a) 上半部のみ　(b) 上, 下半部　(c) 全　周　(d) 全　周
　　(半円形)　　　 (馬てい形)　　(インバート付き馬てい形)　(円　形)

解説 図 3.3.7　鋼製支保工の各種形状

3.4.3　鋼製支保工の断面および材質

（1）　鋼製支保工は，作用荷重のほか，吹付けコンクリートの厚さ，施工方法等を考慮して適切な断面形状，寸法を有するものとしなければならない．

（2）　鋼製支保工の鋼材には，延性が大きく，かつ曲げや溶接等の加工が正確，良好に行える材質のものを用いなければならない．

【解　説】　（1）について　鋼製支保工には，作用荷重のほか，吹付けコンクリートの厚さ，トンネル断面の大きさ，施工方法等を考慮して，適切な強度，剛性を有する鋼材を選定しなければならない．

鋼製支保工の断面形状は，地山との間隙に吹付けコンクリートがよくまわり込み，吹付けコンクリートと一体化しやすいものがよく，また大きな荷重が作用する場合には，座屈やねじれを起こしにくいものを用いなければならない．

鋼製支保工に用いられる鋼材には，H形鋼，U形鋼，鋼管，鉄筋支保工等がある．現在では一般にH形鋼が用いられている．鉄筋支保工は，異形棒鋼を3本組み合わせてトラス状にしたもの等があるが，吹付けコンクリートとのなじみがよい反面，剛性が小さいためにたわみやすい．

（2）について　鋼製支保工に用いる鋼材は，大きな荷重が作用して大きな変形を生じてもぜい性的に破壊しないもので，かつ曲げ加工や継手その他の溶接加工の容易なものを用いなければならない．材質は一般にSS400が使用されている．高速道路トンネル等では，断面寸法の縮小化を目的として高規格鋼(HT590/SS540)が採用されている．また，曲げ加工は，管理を良好に行える冷間加工とすることが望ましいが，加工にあたっては，断面の変形，ねじれ等が生じないように注意が必要である．

解説 表 3.3.20に鋼製支保工に使用される一般的な鋼材の諸元を示す．

解説 表 3.3.20　鋼製支保工に使用される鋼材の諸元例

種別	材質	呼称寸法 (mm)	断面積 A (cm²)	単位質量 W (kg/m)	断面二次モーメント Ix (cm⁴)	断面係数 Zx (cm³)	最小曲率半径 R* (cm)	使用方向
H形鋼	SS400	H-100×100×6×8	21.59	16.9	378	75.6	120	
		H-125×125×6.5×9	30.00	23.6	839	134	150	
		H-150×150×7×10	39.65	31.1	1 620	216	200	
		H-175×175×7.5×11	51.42	40.4	2 900	331	340	
		H-200×200×8×12	63.53	49.9	4 720	472	420	
		H-250×250×9×14	91.43	71.8	10 700	860	550	
	HT590/SS540	H-100×100×8×12	21.59	16.9	378	75.6	130	
		H-108×104×10×12	33.91	26.6	636	118	250	
		H-154×151×8×12	47.19	37.0	2 000	260	350	
		H-200×201×9×12	65.53	51.4	4 782	478	450	
U形鋼	SM490	MU-21	26.80	21.0	296	56.6	135	
		MU-29	37.00	29.0	581	97.4	150	
鋼管	STK400	φ76.3×3.2	7.35	5.8	49.2	12.9	65	
		φ89.1×3.2	8.64	6.8	79.8	17.9	80	
		φ101.6×5.0	15.17	11.9	117	34.9	100	
		φ114.3×4.5	15.52	12.2	234	41.0	120	
		φ139.8×6.0	25.22	19.8	566	80.2	140	
		φ216.3×8.2	53.61	42.1	2 190	269	250	
		φ267.4×9.3	75.41	59.2	6 290	470	450	
鉄筋	SD295	D16×3+D10	6.00	7.4	94.4	26.2	-	

＊ 最小曲率半径は，冷間加工による目安を示す．

3.4.4　鋼製支保工の建込み間隔

鋼製支保工の建込み間隔は，地山条件および施工方法等を考慮して決定しなければならない．

【解　説】　鋼製支保工の建込み間隔は，切羽の安定性，土圧の大きさ，断面の大きさ，そのトンネルの使用目的，掘削工法，掘削方式等を考慮して決定しなければならない．建込み間隔は一掘進長と同一とし，地山の崩落防止等の支保部材として鋼製支保工を設置する場合には，労働安全衛生規則第394条に準じて150cm以下とするのが一般的である．

3.4.5　鋼製支保工の継手および底板

鋼製支保工の継手および底板の位置，構造は，掘削断面形状，施工方法および断面力の大きさと分布等を考慮して決定しなければならない．

【解　説】　鋼製支保工は，その形状と寸法および施工方法によって複数の部材に分割される．部材の継手部分は，構造上の弱点となりやすいので，その位置および連結機構は，掘削断面形状，断面力の大きさと分布等を考慮して設計しなければならない．特に大きな土圧が作用する場合には，継手の部分で座屈や曲げ破壊を生じやすいので，強固に連結可能なものとすることが望ましい．また，沈下を極力少なくする必要がある場合には，継手板，底板等を大きくするとともに，吹付けコンクリートと一体化して十分な剛性が得られ，底板位置の接地圧が

小さくなるようにする必要がある．

鋼製支保工の継手および底板の例を**解説 図** 3.3.8に示す．

継手板が覆工コンクリート側に突き出している場合，その箇所は覆工の断面が欠損して構造上の弱点となったり，防水シートに悪影響を及ぼしたりすることがある．したがって，できるだけ継手板が吹付け面より突出しないような措置を講じる配慮が必要である．上半部のみの鋼製支保工の底板についても，同様に，吹付け面から過度に突出しないように配慮した形状とする必要がある．

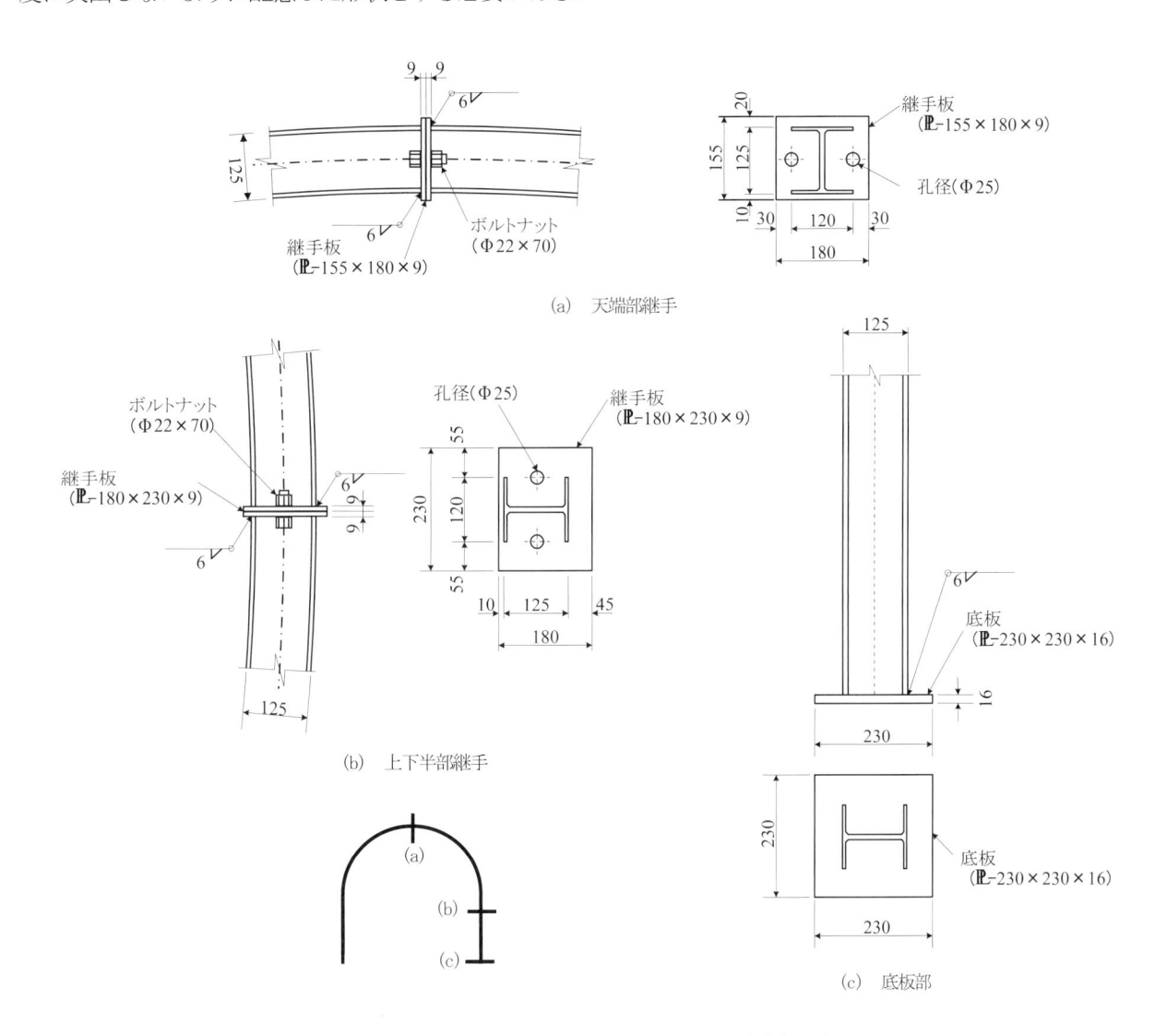

解説 図 3.3.8 鋼製支保工の継手および底板の例

3.4.6 鋼製支保工のつなぎ

鋼製支保工には，つなぎ材を設けなければならない．

【解 説】 鋼製支保工には，建込み後，吹付けコンクリートによって固定されるまでの間，鋼製支保工相互を連結して転倒を防止するなど，安定性を向上させるために適切なつなぎ材を設けなければならない．また，吹付けコンクリートの施工に際して，つなぎ材背面に空隙が生じないような構造としなければならない．

鋼製支保工のつなぎ材には，**解説 図 3.3.9**に示すような方式があり，一般には(a)のさや管方式が採用される．(b)のタイロッド方式は，トンネル軸方向の外力の作用が想定される坑口部に採用されることがある．

(a) さや管方式

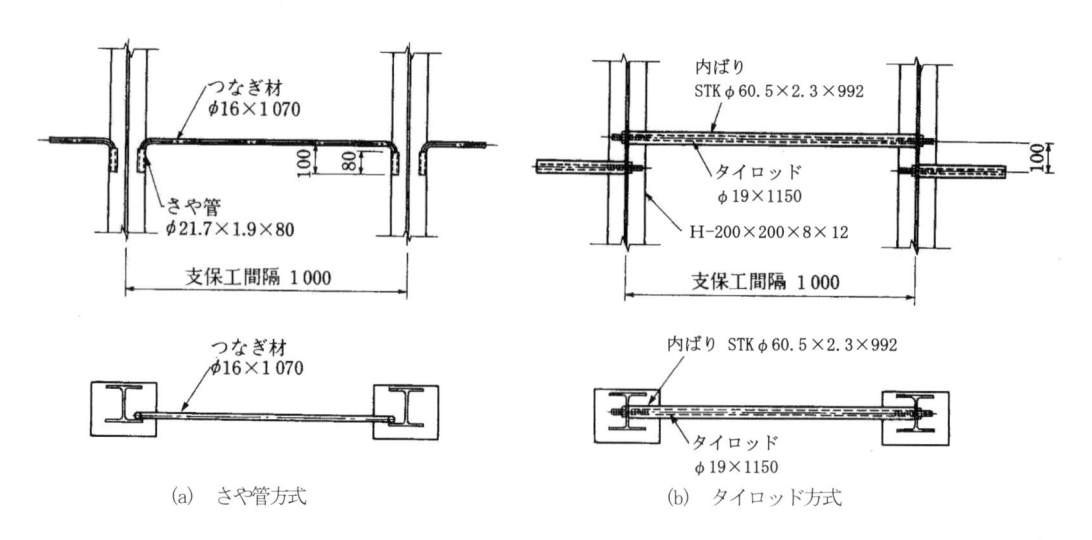

(b) タイロッド方式

解説 図 3.3.9 鋼製支保工のつなぎ材の例

第4章　覆工の設計

4.1　基本的な考え方
4.1.1　覆工一般

覆工は，トンネルの使用目的に適合し，安全で長く使用に耐えるものでなければならない．

【解　説】　トンネルの覆工は，道路，鉄道および水路等の使用目的，使用の条件等に適合した性能を発揮するように設計しなければならない．また，長期間にわたり使用目的に応じて亀裂，変形，崩壊等を起こさないもので，漏水等による浸食や強度の減少等の少ない耐久性のあるものでなければならない．

一般に，トンネルの供用後に覆工を抜本的に改修することは非常に困難であるので，将来，できるだけ改修の必要が生じないように，設計段階から十分に配慮しなければならない．また，覆工は，アーチ状の薄いコンクリート構造体を吹付けコンクリートと覆工型枠に挟まれた狭い空間にトンネル内空側から形成する構造であるため，締固めやコンクリートの打込みには厳しい条件が多く，施工の際にコールドジョイント，ひびわれ，はく離やはく落，巻厚不足，背面空隙や空洞，防水シート破損，表面仕上がり不良等が発生しやすい．そのため，想定される問題点[1]を明らかにし，その要因を排除するように，流動性の高いコンクリート（第3編 **4.2.3**参照）や繊維補強コンクリート等の採用，養生方法の改良等のさまざまな設計の工夫が行われている．

吹付けコンクリート，ロックボルト，鋼製支保工等の支保工により地山が適切に補強され，トンネルの安定性が十分に保たれる場合や，地山が堅硬で風化のおそれがなく使用上支障がない場合には，覆工を省略したり，プレキャスト板等で覆工を代用したりすることもある．このような場合には，覆工の代わりとしての支保工の長期的な安全性と耐久性を検討する必要がある．

覆工は，次のような性能が要求される．そのため，設計に際しては，地山条件，荷重条件，構造物の重要度等の諸条件を十分検討し，それらを満足させる性能を保持しなければならない．

供用性については，以下のような性能が求められる．

①　地下水等の漏水のない，水密性のよい構造物にする．
②　供用後の点検，保守等の作業性を高める．
③　水路トンネルの場合，粗度係数を向上させ通水効率を高める．
④　トンネル内の架線，照明，換気等の施設を保持する．

力学的特性については，掘削後，支保工により地山の変形が収束した後に覆工を施工することを標準としているので，覆工には外力が作用しないことを基本とするが，以下のような想定しない外力に対して余力を保持する必要がある．

①　地質の不均質性，支保工の品質のばらつき等の不確定要素を考慮し，構造物全体としての安全率を増加させる．
②　覆工を施工後，水圧，上載荷重等によって外力が作用した場合，これを支持する．
③　トンネル完成後の外力の変化や地山や支保工材料の劣化に対し，構造物としての耐久性を向上させる
（第3編 **1.1**，**4.1.2**参照）．

ただし，将来的に覆工に作用する荷重の影響が大きいと考えられる場合には，覆工の耐荷力を評価し，適切な対策を講じなければならない．

覆工背面に空洞が生じると，覆工設計時の地山条件と異なることで想定外の荷重が作用することや，圧力水路トンネルでは内水圧が作用することで地山の劣化や覆工の性能低下を引き起こすおそれがあるため，適切な対策を講じなければならない．

インバートは，まず支保工と一体となってリング状の構造となり，地山の安定を図る効果が期待される．最終

的には覆工と一体となってトンネルの長期的な安定性向上が期待できる．以下に支保工および覆工とインバートとの一体化による効果がより発揮される地山条件や立地条件を示す(第3編 5.1参照)．

① 都市部のトンネル，地山が脆弱な場合および風化あるいは劣化により地山の支保機能が長期的に低下する可能性が高い場合．
② 将来，近接施工等の影響や地表部の改変により荷重の変化が予想される場合．
③ 耐震性向上を必要とする断層破砕帯等．
④ 偏土圧，上載荷重，地震の影響を受けやすい坑口部．
⑤ 鉄道トンネルにおいて噴泥の可能性が高い場合．

なお，インバートは，トンネル供用後に補修することがきわめて困難であることも考慮したうえで覆工とあわせて設計する必要がある．

参考文献
1) (社)土木学会：トンネル・ライブラリー第12号 山岳トンネル覆工の現状と対策，pp.24-25, 2002.

4.1.2 覆工の設計の考え方

覆工は，そのトンネルの使用目的と使用形態に応じて求められている性能と品質を満たすよう設計しなければならない．

【解 説】 覆工の設計の考え方は，覆工に力学的な性能を付加させない考え方と付加させる考え方に大別される．

山岳工法で施工されるトンネルでは，多くの場合，支保工で地山を安定させ，地山の変形が収束してから覆工を施工する．そのため，覆工には外力は作用しないと考えられ，通常，覆工に力学的な性能を付加させないことが多い．このような場合，覆工に必要な性能は供用性が主となり，覆工は無筋コンクリートで設計，施工される．供用性は一般に定量的に個別設計する項目ではないため，標準設計として事前に標準設計巻厚を決めて適用している．標準設計された覆工を十分な施工管理のもとで施工すれば，覆工は供用性を含めて一般に長期耐久性等の必要な性能も十分に満足する[1]．ただし，坑口部における覆工の設計の考え方は，実績から次のように解釈することもできる．

坑口部では，強度の著しく低い地山や土被りの小さい地山が多く，グラウンドアーチが形成されにくい．そのような場合，耐荷力の高い支保工を選定する(第3編 7.2参照)ことが多いため，覆工に力学的な性能を付加させないことが通例である．しかし，将来的に地山荷重の作用が予想される場合や，地形改変や構造物の近接施工により外力の作用が予想される場合等には，覆工に力学的な性能を付加させることも必要となる．また，坑口部は，外気の影響による凍結融解や乾湿の繰返し等による覆工の劣化，地震による影響，長期的な地山の劣化による影響等を受けやすいため，おもに覆工のひびわれ進展を抑制するために鉄筋等で補強することがある．鉄筋等で補強された覆工は，一定の空間保持能力(第3編 1.1参照)を有すると考えられるが，覆工変状に対する抵抗性の発揮あるいは覆工の長期安定性の確保を期待する際に必要となる場合もある．

山岳工法によるトンネルで覆工に力学的な性能を付加させる場合は，おもに次のような場合である．

① 水圧が覆工に作用する場合．
② 将来，切土や盛土等のトンネル周辺環境条件の変化，小土被りでの活荷重や近接施工等による付加荷重が覆工に作用する場合．
③ 膨張性地山のように，地山の変形の収束前に覆工を施工し地山を支持する場合．
④ 地山条件が悪く，将来的な緩み土圧や偏土圧の作用を考慮する場合．
⑤ 土被りが小さい場合や断層破砕帯の存在等，地震の影響を考慮する場合．

これら覆工に力学的な性能を付加させる場合における設計の考え方は，第3編 8.6.1で解説する．前述したように，山岳工法では支保工によって地山の変形を制御し，地山の変形が収束してから覆工を設置する．切羽が十分

遠ざかり，変形が収束しているということは，すでに地山の応力は100%解放され，それ以上解放される応力が存在しないこと，地山は地山自身と支保工によって安定していることを意味する．周辺環境条件が変化せず，時間依存性等によって生じる荷重も存在しないか無視できるならば，覆工には自重以外の荷重は作用していない可能性もある．しかし，都市部山岳工法では，覆工を設計する際に緩み土圧等を設定してその大きさや分布形状を明示することがある．都市部山岳工法において覆工の設計に利用した荷重を明示することは，覆工の力学的な性能を明らかにするためであると考えることができる．

この場合，設定する荷重は，鉛直荷重には緩み土圧か全土被り荷重が用いられることが多い．水平荷重は鉛直荷重に側方土圧係数を乗じて設定される．また，地盤反力は地盤ばねで表現するのが一般的である．

覆工に作用する荷重が十分な精度で予測可能ならば，その荷重に，各現場のトンネル用途と環境条件に応じた安全係数を加味して設計用荷重として設定することができる．しかし，山岳工法で施工された一般的な地山において，覆工の作用荷重（土圧）を計測したデータはほとんどなく，設計用荷重の算出に用いるほど信頼性の高いデータが得られていない[2]．よって現状では，ある仮定に基づき上記のような荷重を想定することが通例になっている．

その他，覆工に対しては，地下水保全が必要な性能として求められることもある．

参考文献

1) (社)土木学会：トンネル・ライブラリー第12号　山岳トンネル覆工の現状と対策，2002．
2) (社)土木学会：トンネル・ライブラリー第13号　都市NATMとシールド工法との境界領域－荷重評価の現状と課題－，2003．

4.2　設計の基本

4.2.1　覆工の形状

覆工の形状は，所要の内空断面を包含し，かつ軸力が無理なく伝達され，曲げモーメントが極力小さくなる形状としなければならない．

【解　説】　覆工の形状は，所要の内空断面を包含し，掘削断面形状に適合し，かつ土圧等の作用荷重に有効に耐えうるものでなければならないため，アーチ形とするのが一般的である．したがって，第3編 **4.1.2**に示す覆工の性能を考慮して個別のトンネルの特性に応じて設計しなければならない．ただし，型枠の転用等の施工上の便宜や維持管理の利便性等を考慮し，ランプや非常駐車帯等道路幅員が変化する場合やトンネルが分岐する場合等を除き，同一のトンネルでは同一形状を基本とする．また，同一路線内の工事において，別のトンネルとの型枠の転用が効果的な場合等，同一形状が有利となる場合もあるので，断面の形状決定にあたっては十分な検討が必要である．

覆工の形状を単心円，三心円，五心円等の多心円または直線を組み合わせたアーチ形に設計する場合には，アーチとして無理のない滑らかな形状とするために，円弧，直線等が接続点で互いに共通な接線を有することが望ましい．曲率の大きな変化による急激な湾曲や隅角の存在は，アーチ軸力が偏心して曲げモーメントを増大させ，また長すぎる直線部は，この部分に作用する荷重による曲げモーメントを増加させることとなるため，ともに避ける必要がある．小断面トンネルの場合，鋼製支保工の曲げ加工時は，最小曲率半径に留意する必要がある（**解説表 3.3.20** 参照）．

覆工の形状は，地山が不良になるのに応じて，**解説 図 3.4.1**(a)～(d)の順に断面が円形に近づく．地山が良好な場合はアーチと鉛直またはやや湾曲した側壁を組み合わせ，地山が不良な場合にはインバートを設ける．インバートは原則として坑口部や地山の不良箇所あるいは覆工に力学的な性能を付加させる場合等に設ける．さらに強大な土圧や水圧が想定される場合は，数値解析を実施し，インバートも含め合理的な断面厚を個別に検討すべきである．たとえば，円形に近い覆工の形状を採用し支保効果を高めることも有効である．同じ建築限界を確保

するには，円形に近づくにつれて断面積が大きくなる．したがって，掘削断面形状を定めるにあたっては，地山状況および覆工の設置目的を十分に考慮する必要がある．

覆工の形状は，換気，照明等の付属施設の位置および接続部の強度についても十分考慮する必要がある．また，作業坑や連絡坑等との接続部分は一般の部分と異なった形状となるため，必要に応じ補強しなければならない．覆工に待避所，電気設備等の収納のための凹部を設ける場合は，覆工全体の性能を損なわないように配慮が必要である．

大きな偏土圧を受ける場合には，鉄筋コンクリート構造や繊維補強コンクリートの採用等の覆工の耐荷力を増加させる方策や覆工のはく離やはく落を予防する方策が考えられる．それとともに，インバートを設けるなどして断面を閉合することにより土圧の反力が有効に作用し，全体として左右の均衡が保てるようにする必要がある．また，坑口部等では抱き擁壁を設けるなど，特別な配慮が必要な場合もある．

三車線道路トンネルや分岐，拡幅部トンネル等の大きな断面のトンネルでは，必ずしも力学的に最適な形状とはならず，扁平な形状を呈することが多い．特に扁平な場合，地山条件によってはトンネルに作用する荷重により覆工に大きな曲げモーメントが発生することもあるので，適切な巻厚，強度および鉄筋量等を決めなければならない．

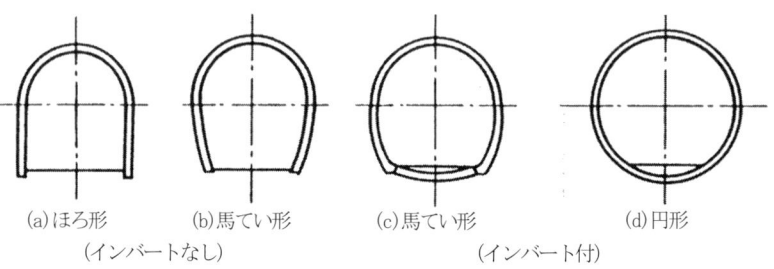

(a)ほろ形　　(b)馬てい形　　(c)馬てい形　　(d)円形
　　　　　　　　　　　　　　（インバート付）
（インバートなし）

解説 図 3.4.1　覆工の形状例

4.2.2　覆工の設計厚

（1）　覆工の厚さは，設計巻厚線で示すものとする．

（2）　覆工の設計厚は，その目的に適合するように，地山条件，断面の大きさと形状，作用荷重，覆工材料，施工性等を考慮して定めなければならない．

【解　説】　(1)について　設計にあたっては，覆工の性能上必要な厚さおよび施工方法等を考慮して設計巻厚線を設定しなければならない．

設計巻厚線内には，覆工の性能を低下させるようなものが入ってはならない．したがって，吹付けコンクリート等の支保工を設計するにあたっては，覆工の設計厚の確保を十分考慮する必要がある．とくに，吹付けコンクリート等の施工誤差，地圧によるトンネルの変形に対する余裕を見込んだうえで，設計厚が確保できるように設計しなければならない．ただし，中硬岩や硬岩地山における吹付けコンクリートや堅硬な地山の部分的な突出は，無理にあたり取りを行うとかえって地山の支保機能を損ない，地山が乱され，荷重が増大するなどの悪影響を与える．さらに，余掘り量が著しく増加して不経済となる場合もあるため，部分的にやむを得ない場合には，覆工厚の1/3を限度として支保工や地山が入ることを認めている事例もある[1]．ただし，この許容量については，トンネルの機能，覆工に必要な性能や地山特性等によっても異なるので注意が必要である．

押出し性の著しい地山では，大きな変位が発生した場合には巻厚不足となることがあり[2]，場合によっては，所定の断面になるよう，再度地山を掘削する縫返しを余儀なくされるので，設計時に地山特性に応じた変形余裕量を適切に見込む必要がある．

(2)について　覆工の耐力として必要な設計厚の決定方法は，外力としての荷重，とくに土圧の状態や覆工の力学的な作用等が明確でないため，現状では確立されたものはない．そのため，トンネルの使用目的に応じて標準設計厚が設定されている（**解説 表 3.3.3〜解説 表 3.3.9**参照）．標準設計厚は，著しく地山が不安定な場合

や，トンネル坑口付近の場合等を除いて，十分な品質管理のもとで施工すれば，一般に覆工に必要な性能を満足する厚さであると考えてよい．

地山が不良な場合や土被りが小さい場合，および偏土圧のおそれがある場合では，覆工に大きな荷重が作用する可能性がある．それに対して安易に設計厚を増加させることは掘削断面を大きくすることになり，かえって土圧の増加をきたす．また，引張強度の小さい無筋コンクリートで厚さを増加させて曲げひびわれを防止するには限度がある．そのため，覆工の設計厚を増加させるよりも，覆工の形状を力学的に有利な形状としたり，覆工材料として鉄筋コンクリートや高強度コンクリートを使用して曲げ強度を向上させることや，繊維補強コンクリート等を使用して曲げじん性を向上させることを検討する必要がある．なお，覆工に力学的な性能を付加させるために複鉄筋構造とする場合の覆工厚は配筋の施工性にも留意すべきである．

なお，扁平な大断面トンネル，都市部のトンネルおよび将来トンネル周辺で近接施工が計画されている場合等には，その影響度合いを十分検討のうえ覆工を設計する必要がある．また，覆工構造，材質等が変化する箇所については，打継ぎ目を設けて構造を分離する必要がある．

参考文献
1) 東日本・中日本・西日本高速道路株式会社：トンネル施工管理要領(本体工編)，pp.74-75，2015．
2) (社)土木学会：トンネル・ライブラリー第12号，山岳トンネル覆工の現状と対策，pp.27-35，2002．

4.2.3 覆工コンクリートの強度と配合
(1) 覆工コンクリートの強度は，覆工に必要な性能に応じて定めなければならない．
(2) 覆工に用いるコンクリートの配合は，所要の強度，十分な耐久性および良好な施工性が得られるよう定めなければならない．

【解 説】 （1）について 覆工コンクリートの強度は，特別な場合を除き，設計基準強度として18～24N/mm^{2}程度とすることが多い．また，無筋コンクリートの場合には18N/mm^2，坑口部等において鉄筋コンクリートを使用する場合には21～24N/mm^{2}が一般的である[1]．さらに，近年では覆工コンクリートの高品質化が求められており，無筋コンクリートにおいても流動性の高いコンクリートが使用される場合があり，この際には24N/mm^{2}を基本としている例もある[2]．

坑口部や土被りの小さいトンネル，都市部のトンネル等においては覆工コンクリートに力学的な性能を付加させる場合があり，その際には地山条件，覆工の形状，支保工の種類および覆工に作用する荷重等を考慮した数値解析を行って強度を決定している．なお，三車線の高速道路等の大断面トンネルでは，覆工の薄肉化を目的として30N/mm^{2}以上の設計基準強度が採用されている事例がある[1]．

（2）について 覆工コンクリートの配合設計にあたっては，所要の強度と十分な耐久性だけでなく，良好な施工性が得られるよう考慮しなければならない．覆工に用いるコンクリートの品質，材料，配合等については，原則として「2012年制定コンクリート標準示方書(施工編)」によるものとする．

単位セメント量，水セメント比，スランプ等は，上記の所要の強度のほかに使用材料や施工条件を考慮して設計しなければならない．水セメント比については，圧縮強度，耐凍害性，化学作用に対する耐久性，水密性のうち必要事項を「2012年制定コンクリート標準示方書(施工編)」を参照して検討する必要があり，耐久性を考慮すると60%程度の上限値が設定されることが多い[3]．通常，覆工コンクリートに用いるセメントは，普通ポルトランドセメント，高炉セメントB種，フライアッシュセメントB種等である．覆工コンクリートに発生するひびわれをセメントの種類と配合や施工方法によってある程度抑制することはできるが，これだけでひびわれを防止することは困難である．したがって，ひびわれを最小限に抑えるためには別途の対策が必要である(第3編 4.2.4参照)．

覆工コンクリートの打込みには，ほとんどコンクリートポンプ等の機械が用いられるため，良好な施工性を確保するためには，所定のポンプ圧送性が得られるコンクリートでなければならない．ポンプ圧送性は，コンクリ

ートのワーカビリティーやコンシステンシーに支配されるので，これらの点から定まる単位水量と，強度の面から定まる水セメント比を勘案し，できるだけ水和熱の発生を抑えることを念頭においた配合設計を行わなければならない．また，これらの条件に加えて，型枠存置時間やコンクリート運搬時間等の施工条件も配合設計上考慮する必要がある．

覆工コンクリートに用いる骨材は，耐久性に優れ，かつ塩分や有機物等の強度低下を招く不純物やアルカリ骨材反応を示すような有害成分を含まない良質なものを原則とする．湧水や地山自体がこれらの有害成分を含んでいてコンクリートの品質に害を及ぼすおそれがある場合には，特別な方策を講じなければならない．

覆工に力学的な性能を付加させる場合に，その荷重条件によっては覆工が過密な配筋状態となることがある．このように，コンクリートの充填が難しいと判断される場合には，高流動コンクリート等の使用を検討する必要もある．また，（1）に示したように覆工コンクリートの高品質化のために，無筋コンクリートにおいても通常のコンクリートより充填性を高めた流動性の高いコンクリートが使用される場合もある[2]．ただし，ここに示す流動性の高いコンクリートは，コンクリート標準示方書で定義されている流動化剤を用いて流動性を高める「流動化コンクリート」[4]や自己充填が可能とされる「高流動コンクリート」[4]とは異なる．さらに，温度変化や乾燥収縮等による初期ひびわれの発生や供用中のはく離，はく落等を抑制することを目的として鋼繊維，もしくは非鋼繊維を混入した繊維補強コンクリートが使用される場合もある[2]．

覆工コンクリートの配合については，実績調査による初期ひびわれ発生率とスランプ，単位セメント量，単位水量，圧縮強度，繊維混入の有無等の関係から，望ましい配合についての検討も行われている．

参考文献

1) (社)土木学会：コンクリートライブラリー第102号　トンネルコンクリート施工指針(案)，pp.18-19，2000．
2) 東日本・中日本・西日本高速道路株式会社：設計要領第三集トンネル編(1)トンネル本体工建設編，pp.124-125，2015.7．
3) (社)土木学会：トンネル・ライブラリー第12号　山岳トンネル覆工の現状と対策，p.38，2002．
4) (社)土木学会：2012年制定コンクリート標準示方書(施工編)，pp.222-237，2012．

4.2.4 覆工のひびわれ対策

覆工に有害なひびわれの発生するおそれがある場合には，ひびわれ対策を講じなければならない．

【解　説】　覆工には，材料，環境，施工に起因するひびわれが発生しやすいが，材料や施工方法について事前に対策を検討し，その発生原因を考慮した対策を講じることにより，ひびわれを低減できる場合が多い．また，ひびわれはその幅や分布状況によっては覆工の性能に影響を及ぼさない場合があり，必ずしもすべてのひびわれが有害なものではない．

有害なひびわれは，覆工の力学的な性能を低下させるとともに，その水密性を著しく低下させ，漏水，つらら，凍結融解の原因となって覆工コンクリートの耐久性，安全性や本来の性能等を害することになる．また，複数のひびわれが交差して閉合した場合には，はく落の危険性や耐荷力の低下が懸念される[1]．したがって，どのようなひびわれが有害なものであるかについては，覆工の性能を考慮して，慎重に検討する必要がある．

覆工に有害なひびわれの発生するおそれがある場合には，トンネルの使用目的，使用条件，環境条件等を考慮して，ひびわれ抑制工等の適切なひびわれ対策を講じなければならない．とくに，湧水の多い区間や外気の影響を受けやすい坑口付近や延長の短いトンネルでは，十分な検討が必要である．

覆工は，トンネル軸方向および周方向とも厚さに比べて延長が長く，また，地山側外周面は吹付けコンクリートによる外部拘束を受ける．これらの形状および境界条件の特徴から，覆工には，過大な荷重が作用した場合の変状に伴うひびわれとは別に，主としてコンクリートの収縮ひずみが外部拘束されるために生じる引張応力に伴うひびわれが発生しやすい[2]．

覆工コンクリートに収縮ひずみが発生するおもな要因には，次のものがある．

① コンクリートの水和熱で上昇した温度の降下による温度収縮
② トンネル内の温度低下による温度収縮
③ トンネル内の湿度の低下による乾燥収縮
④ コンクリート硬化時の自己収縮

ただし，これらの収縮ひずみがすべて有害なひびわれの要因となるわけではない．
ひびわれ対策としては，次のものがある．

1) **ひびわれ抑制工の施工(吹付けコンクリートとの縁切りによる外部拘束の低減)**　吹付けコンクリートによる覆工コンクリート背面における拘束を低減する方法としては，シート状縁切り材の張付け等によって両者の縁を切る方法が最も効果的であるとされている．ほとんどのトンネルにおいて，防水シートまたは背面拘束低減用シートを用いた張付け工法がひびわれ抑制工として用いられている(第3編 6.1, 6.2参照)．また，吹付けコンクリート面と防水シートの間に充填材を注入し，防水シート表面を平滑なトンネル形状とすることで，覆工コンクリート厚さを一定にし，覆工コンクリート背面における拘束を低減する新しい工法が標準的に採用される例もある．

2) **コンクリートの品質，材質の改良(収縮ひずみの減少または引張強度の増加)**　ひびわれの発生が特に懸念される場合には，コンクリートの品質，材質の改良についても検討する必要がある．コンクリートの発熱量は単位セメント量にほぼ比例し，乾燥収縮は単位水量を少なくすることで低減できるため，適切な混和剤を用いて所要の品質を満足する範囲内でできるだけ単位セメント量，単位水量が少なくなる配合を選定するのがよい．

セメントの水和熱に起因した温度収縮によるコンクリートのひびわれの発生を抑制するためには，水和熱の少ないセメントを用いることが望ましい．水和熱による影響を抑制する方法としては混和材料を用いる方法もある．高炉スラグ微粉末は水和熱の発生を遅らせる効果があり，品質のすぐれたフライアッシュは水和熱による温度上昇を小さくすることができる．特殊な溶解性を利用してコンクリートの温度上昇速度と温度上昇量を減少させる水和熱抑制剤もある．ただし，これらの水和熱の影響を抑制したコンクリートは，初期強度の発現が普通ポルトランドセメントに比べて遅いため，型枠を取り外す時期等について十分検討する必要がある．

コンクリートの乾燥収縮に起因するひびわれを制御するには，コンクリート用膨張材や乾燥収縮低減剤を適切に用いる方法もある[3]．

都市部のトンネル等において覆工が過密な配筋状態となる場合には，コンクリートに高い流動性を持たせることがひびわれ対策として有効となることがある．また，近年では無筋の覆工コンクリートにおいても流動性の高いコンクリートが使用される場合がある(第3編 4.2.3参照)[4]．そのため，施工性と経済性を踏まえたうえで，必要に応じて流動性の高いコンクリートの使用についても検討することが望ましい．なお，これらのコンクリートを使用する場合には，所要のコンクリートの品質が確保されることを確認する必要がある．

コンクリートの材質改良としては，ひびわれの発生や幅を制御することを目的として，鋼繊維や耐食性に優れたビニロン繊維，ポリプロピレン繊維やアラミド繊維等の短繊維を混入した繊維補強コンクリートが使用される場合がある[4]．いずれの場合においても，トンネルの使用条件に応じて適切な補強材を選定する必要がある[2]．

3) **ひびわれ発生の制御(ひびわれ誘発目地)**　ひびわれ誘発目地は，あらかじめ特定の箇所に断面欠損部分を設け，その部分にひびわれを誘発し，その他の部分でのひびわれ発生を制御するとともに，ひびわれ箇所での事後処理を容易にする方法である[2]．ひびわれ誘発目地の適切な間隔は，トンネル断面寸法，覆工コンクリートの厚さ，打込み温度等を考慮して決める必要があるが，トンネル軸方向に直角に設ける目地の場合には，トンネルのインバート部から天端までの高さの1～2倍程度を目安とするのがよい[3]．なお，誘発目地からの漏水が問題となるおそれがある場合には，目地部の導水工や覆工背面に止水シート等を設けることを検討する必要がある．

覆工コンクリートの縦断方向の打継ぎ目は，インバートの拘束によるひびわれの発生を低減するため，インバートの打継ぎ目に揃えることが望ましい．

4) **コンクリートの養生条件の改善**　コンクリートの養生条件の改善については，第4編 8.2.6を参照すること．

以上1)～4)のひびわれ対策には，いずれも決定的なものがないのが現状である．したがって，実際には可能な方策をいくつか併用することが望ましい．

参考文献

1) (社)土木学会：トンネル・ライブラリー第12号　山岳トンネル覆工の現状と対策，pp.11-13，2002.
2) (社)土木学会：コンクリートライブラリー第102号　トンネルコンクリート施工指針(案)，pp.128-129，2000.
3) (社)土木学会：コンクリートライブラリー第102号　トンネルコンクリート施工指針(案)，pp.131-134，2000.
4) 東日本・中日本・西日本高速道路株式会社：設計要領第三集トンネル編(1)トンネル本体工建設編，pp.124-125，2015.7.

第5章　インバートの設計

5.1　インバート一般

インバートは，覆工や支保工と一体となってトンネルの使用目的に適合し，必要な性能を満足するように設計しなければならない．

【解　説】　インバートは，トンネル供用後に補修することがきわめて困難であることを考慮し，支保工と一体となって地山の安定を図ったのち，覆工とともに永久構造物として十分な効果を発揮するよう，地山条件，立地条件，使用目的や必要な性能等を考慮して設計する必要がある．インバートの設計に際しては，必要な性能を勘案したうえで，地山条件や立地条件等を考慮して設置の必要性について判断するほか，使用目的に応じた設置時期についても検討することが重要である．

1) インバートに求められる性能　インバートに求められる性能は供用性に関する性能と力学的な性能に分けられる．

供用性に関する性能については，以下のとおりである．

① 覆工とともに必要な内空断面を保持する(内空断面保持)．
② 地下水等の漏水の少ない，水密性のよい構造物にする(水密性保持)．
③ トンネル内の排水設備等の施設を保持する(施設保持)．
④ 道路や鉄道トンネルにおいて，路面の平坦性を確保し車両の安全な走行を確保する(平坦性保持)．
⑤ 水路トンネルにおいて，覆工とともに円滑な流路を形成する(通水性保持)．

力学的な性能は，施工時の変位抑制と供用後の長期的安定性向上の以下の二つに分類できる．

[施工時の変位抑制]

① 地山が不良場合に，支持力不足による脚部の沈下や塑性圧等の作用による側壁部の変位を防止する．
② トンネル断面の変形を抑制するために，早期に設置して支保工と一体となったリング状の構造を形成することにより，トンネル構造の変形に対する安定性を向上させる．

[供用後の長期的安定性向上]

① 土圧，水圧等の荷重が長期的に作用すると想定される場合に，これらに対して十分な耐荷能力を有するように，支保工や覆工と一体となったリング状の構造体を形成し，構造的な安定性を向上させる．
② 押出し性の地山や長期的な劣化が生じる地山における盤ぶくれ現象等の変状，あるいは完成後の繰返し荷重等による地山の劣化を防止することにより，トンネル構造物としての耐久性を向上させる．

なお，道路トンネル等では，標準支保パターンにインバートの設計厚等が示されている(**解説 表 3.3.4～3.3.9**参照)．

2) インバートが必要な地山条件　インバートの設置が必要な地山条件としては，坑口部および未固結地山を含む不良地山，ならびにトンネル掘削後に著しく劣化し長期的な安定性を損なうおそれのある地山等が挙げられる．道路トンネルでは，原則として坑口部および地山等級Dの区間にインバートを設置し，地山等級Cにおいても泥質岩類，凝灰岩類，蛇紋岩，風化した結晶片岩，温泉余土等の泥ねい化，粘土化しやすい地質では原則として設置することとしている[1),2)]．鉄道トンネルでは，明らかにその必要性が認められない場合を除いて原則としてインバートを設置することとしている[3),4)]．なお，地山等級の評価は，通常，アーチ部等のトンネル上部断面の掘削時に行われるが，地層構成の状態によっては上部が軟質であってもインバート部等の下部断面が硬質であるような場合，あるいはその逆の場合もあるため，インバート設置の要否を判断するためには，トンネル断面全体の地質を見たうえで総合的に評価する必要がある．

水路トンネルでは，用途上からトンネルのタイプにかかわらず，原則としてインバートを設置することとしている[5)]．また，都市部のトンネルをはじめ，近接施工の影響が懸念されるトンネル，断層破砕帯等における耐震

性の向上を図る必要のあるトンネル，上部地山の地形改変や近接施工の可能性がある土被りの小さいトンネル等では，原則としてインバートを設置するのが望ましい．さらに，施工中のずり出し等の大型重機による路盤の泥ねい化が予想されるトンネルでは，地山の劣化を考慮して早期のインバート設置の検討を行う必要がある．インバートを施工しない場合の路盤および覆工の長期安定性を施工中に判断することは困難であり，万一，供用後に変状等が生じた場合には，追加でインバートを設置するのに多大な労力を要するため，湧水による影響を含め長期的に劣化しやすく荷重等に対する抵抗性の小さい地山，あるいはそのおそれがある地山については，インバート設置の検討を行う必要がある．

3) インバートの設置区間　インバートの設置区間としては，必要と判断される区間の前後に影響範囲を考慮した一定延長を確保することが望ましい．また，設置が必要な区間が断続的に続くような場合においては，連続した設置を検討するなど，線状構造物としての特性を考慮した考え方が重要である．

4) インバートの設置時期　インバートの設置時期は，インバートの長期耐久性を確保するという観点から，基本的には，覆工と同様に変位が収束してからインバートを設置するのが望ましい．地山条件が悪い場合等において，断面を閉合し安定させるために，掘削後早い段階でインバートを設置する場合がある．ただし，施工時の変位抑制のためにインバートを早い段階で設置した箇所で，供用後にインバートが変状した事例がいくつか発生している．そのため掘削時の変位を抑制させるためにインバートを早い段階で設置する場合は，力学的な検討を行う必要がある．

5) 一次インバート，仮インバート　掘削による変位を抑制することを目的として，掘削後早い段階で吹付けコンクリートあるいは鋼製支保工を併用した吹付けコンクリートを底盤部に施工し断面を閉合する場合がある[6]．この場合，これを一次インバートと称し，その後に施工する場所打ちコンクリートを本インバートと称して区別することもある(第3編 5.4参照)．また，上半盤や下半盤に一時的に設置され，掘削の進行に伴ってある段階で撤去される仮インバートも変位抑制を目的として施工されるが，これについては第6編を参考にされたい．

参考文献

1) (社)日本道路協会：道路トンネル技術基準(構造編)・同解説, pp.126-129, 2003.
2) 東日本・中日本・西日本高速道路株式会社：設計要領第三集 トンネル編(1) トンネル本体工建設編, p.84, 2015.7.
3) (独)鉄道建設・運輸施設整備支援機構：山岳トンネル設計施工標準・同解説, p.105, 2014.
4) (財)鉄道総合技術研究所：鉄道構造物等設計標準・同解説　都市部山岳工法トンネル, pp.137-138, 2002.
5) 農林水産省農村振興局整備部設計課：土地改良事業計画設計基準及び運用・解説　設計「水路トンネル」, p.49, 2014.
6) (公社)土木学会：トンネル・ライブラリー第25号　山岳トンネルのインバート　－設計・施工から維持管理まで－, pp.18-19, 2013.

5.2　インバートの形状と厚さ

インバートの形状，厚さ等は，地山条件等に応じて適切に設計しなければならない．

【解　説】　インバートは覆工および支保工と一体となって，トンネル全体を安定させるものである．大きな作用荷重あるいは偏土圧等が原因でインバートに好ましくない応力が発生すると予想される場合には，インバートの曲率半径を小さくするなどの対策が必要となる．ただし，この場合は掘削量が増加し施工性も悪くなるので，インバートへの鉄筋コンクリート，鋼繊維補強コンクリートの使用や一次インバートの設置等の検討も必要である．

インバートの形状，覆工との取付け部の位置関係等は，通常は過去の施工実績等から定める場合が多いが，大断面のトンネルの場合や強大な土圧が作用する場合，土被りの小さい未固結地山の場合等については，別途，強度や厚さを勘案して検討することが望ましい．また，中央排水工との位置関係についても，インバートの形状に大きく影響するため，留意する必要がある．

インバートと覆工の取付け部は，塑性圧等の下方からの力に対して覆工と一体となって抵抗できるよう，曲線を挿入して断面力や応力が滑らかに伝達されるよう配慮した構造にするとともに，打継ぎ面は覆工の壁面にできるだけ直交して設けることが望ましい．とくに，インバートや覆工に作用する荷重が大きい場合には，インバートと覆工の取付け部付近において大きな曲げモーメントやせん断力が発生することがあるため，覆工との取付け部の形状について十分に検討する必要がある．また，インバートが施工されている場合には，覆工下端がインバートに拘束され覆工側壁部に乾燥収縮等に伴うひびわれが発生する可能性が高くなることも指摘されており，覆工の打継ぎ目とインバートの打継ぎ目を揃えることが望ましい[1),2)]．また，地山条件によっては，インバートの掘削によりトンネル側壁部の押出しや脚部沈下が生じる場合もあるので，一施工長を短くするなどの検討が必要となる．

インバートの設計厚は，道路トンネルでは標準支保パターンの一部として地山等級に基づき定められている(**解説 表** 3.3.4～3.3.9参照)．また，鉄道トンネル，水路トンネルにおいても地山等級に応じて標準的な設計厚が定められている(**解説 表** 3.5.1, 3.5.2参照)．ただし，覆工と一体となって土圧や水圧等に対する耐荷性能が必要とされる場合には，設計厚は，強度や形状とともに類似の事例や数値解析等により決定することが望ましい．インバートの構造の事例を**解説 図** 3.5.1に示す．掘削中の変位を収束，抑制させるために一次インバートを使用する場合，その形状は本インバートに沿った形状にすることが基本となる．一次インバートの厚さは上，下半支保工の厚さと同程度とすることが多く，設置位置は，インバート断面内に設置して一次インバート厚をインバート設計厚に含める場合と，インバート断面外に設置してインバート設計厚に含めない場合がある．一次インバートは供用後も存置するため設置位置等に留意が必要である．一次インバートの構造の事例を**解説 図** 3.5.2に示す．仮インバートについても，上半あるいは下半支保工の厚さと同程度で上半盤や下半盤等の施工基盤に設置することが多く，その効果を発揮させるために曲率を設けるのが望ましい(**解説 図** 6.2.7参照)．

解説 表 3.5.1　鉄道トンネルにおけるインバート設計厚の標準[3)]

地山等級	II_N以上	II_N, I_{N-2}, I_{N-1}, I_S, I_L
厚さ(cm)	適宜	45

(在来線複線および新幹線の場合)

解説 表 3.5.2　水路トンネルにおけるインバート設計厚の標準[4)]

トンネルの内空断面の直径(m)	設 計 巻 厚 (cm)			
	アーチ，側壁		インバート	
	タイプA, B	タイプC, D	タイプA, B	タイプC, D
3.0未満	15	15	15	20(15)
3.0以上	20	20	20	25(20)

注)①タイプC, Dで，インバートに吹付けコンクリートを施工した場合および盤ぶくれ等がない場合，インバートの設計巻厚は( )書きに示すようにアーチ，側壁部と同じとする．
②本表の数値はコンクリートライニング内側よりの厚さを示す．

(a) 新幹線トンネル[5)]　　(b) 道路トンネル[6)]

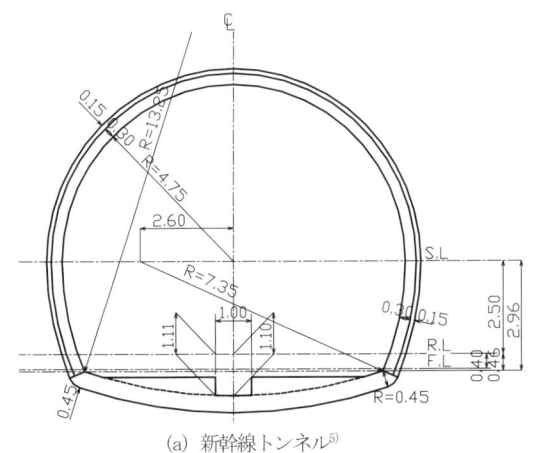

解説 図 3.5.1　標準的なインバートの例

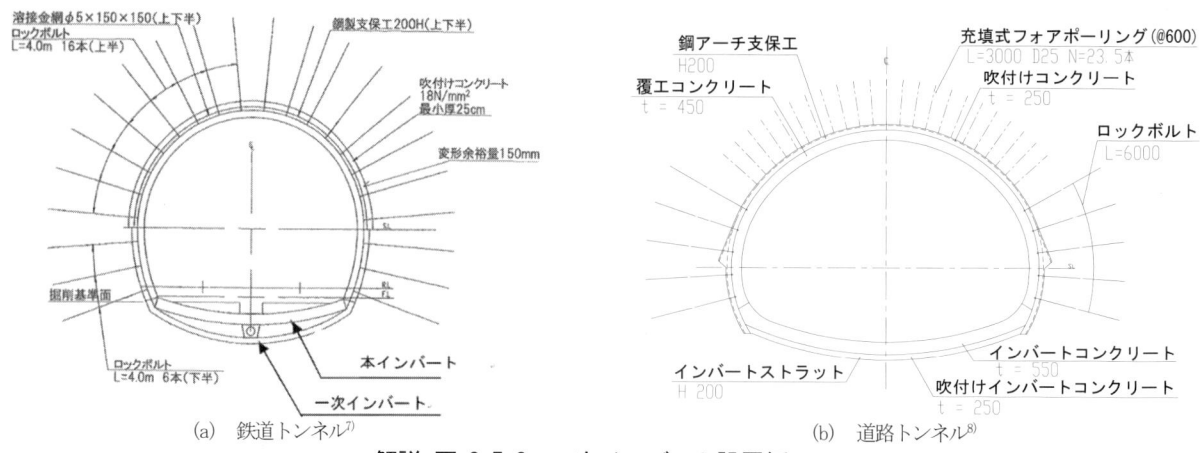

解説 図 3.5.2　一次インバート設置例

(a) 鉄道トンネル[7]　(b) 道路トンネル[8]

参考文献

1) (社)土木学会：トンネル・ライブラリー第12号　山岳トンネルの覆工の現状と対策, p.29, 2002.
2) (社)土木学会：コンクリートライブラリー第102号　トンネルコンクリート施工指針(案), p.46, 2000.
3) (独)鉄道建設・運輸施設整備支援機構：山岳トンネル設計施工標準・同解説, p.109, 2014.
4) 農林水産省農村振興局整備部設計課：土地改良事業計画設計基準及び運用・解説　設計「水路トンネル」, p.49, 2014.
5) (独)鉄道建設・運輸施設整備支援機構：山岳トンネル設計施工標準・同解説, p.55, 2014.
6) 東日本・中日本・西日本高速道路株式会社：設計要領第三集トンネル編(1)トンネル本体工建設編, p.127, 2015.7.
7) (公社)土木学会：トンネル・ライブラリー第25号　山岳トンネルのインバート　−設計・施工から維持管理まで−, p.92, 2013.
8) (公社)土木学会：トンネル・ライブラリー第25号　山岳トンネルのインバート　−設計・施工から維持管理まで−, p.155, 2013.

5.3　インバートコンクリートの強度と配合

インバートに用いるコンクリートは，所要の強度と耐久性，ならびに良好な施工性が得られるように，配合を定めなければならない．

【解説】　インバートに用いるコンクリートは，覆工コンクリートと同様に，所要の強度と耐久性を発揮するように配合を定める必要がある．インバートは覆工と一体となってトンネル構造体を形成するものであるため，設計強度は，覆工と同一とすることを原則とし，無筋コンクリートの場合には18N/mm^2，鉄筋コンクリートの場合には21～24N/mm^{2}とするのが一般的である．配合は，所要の強度と十分な耐久性だけでなく，良好な施工性が得られるよう定める必要がある．インバートコンクリートの配合のうち，粗骨材の最大寸法，スランプ等については施工性を考慮して覆工コンクリートとは別に設定する例があり，とくにスランプについては，インバートのコンクリートは覆工コンクリートに比べて締固めが容易であること等の理由から，一般に覆工コンクリートより小さく設定されている．なお，一次インバートや仮インバートについては主目的となる変位抑制効果を十分満足する強度となるように配合を定める必要がある．また，一次インバートをインバートの断面内に設置する場合の吹付けコンクリートの設計強度はインバートの設計強度を下回ってはならない．

5.4 インバートの早期閉合

> 施工中に掘削時の変形抑制を目的としてインバートで早期閉合を行う場合は，支保工としての効果を十分発揮させるとともに，覆工や支保工と一体となったリング状の構造体としての長期的な安定性を確保できるよう，その仕様や閉合時期を定めなければならない．

【解 説】 インバートの早期閉合は，膨張性地山や未固結地山，断層破砕帯等で大きな変形の発生が懸念される場合や，地表面沈下の抑制，地すべり誘発抑止，重要構造物との近接施工等の周辺環境への影響を最小限に抑える必要のある場合に，地山の変形抑制を目的として実施され，上半切羽からおおむね1D(D：トンネル掘削幅)以内で閉合される．多くの場合は，吹付けコンクリート，あるいは鋼製支保工を併用した吹付けコンクリート(一次インバート)を用いて早期閉合が行われる(**解説 表 3.5.3**参照)．一次インバートを設置せず，本インバートのみで早期閉合を行うことは長期耐久性確保の観点から望ましくないが，やむをえず実施する場合は，コンクリートの硬化時間や若材齢時の強度等に留意し，施工時のコンクリートの健全性だけでなく供用後の長期耐久性についても十分検討しなければならない．

早期閉合を採用する場合は以下に留意する必要がある．

① 切羽直近で施工するため，閉合距離や閉合時期を検討する際には変位抑制効果だけでなく切羽の安定にも留意し，必要に応じて鏡吹付けや鏡ボルト等の切羽補強を実施しなければならない(**解説 図 3.5.3**参照)．

② 一次インバートと下半支保工との接続部は構造上の弱点になるので配慮が必要である(**解説 図 3.5.4**参照)．

③ 一次インバートをインバート設計断面内に設置する場合は，本インバートを含めたインバートとしての長期耐久性について十分留意する必要がある．

④ 早期閉合後ただちに埋め戻す場合は，若材齢時に埋戻し荷重や重機荷重が作用しても支保工としての効果が損なわれないように留意する必要がある．

⑤ 早期閉合は変位抑制効果が高い分，支保工に大きな荷重が作用する．よって，設計時には解析的検討等により上，下半支保工や一次インバートの支保工としての健全性を確認しておく必要がある．とくに，吹付けコンクリートのみで一次インバートを施工する場合は留意する必要がある．

解説 表 3.5.3 一次インバートと本インバート(文献1)を加筆修正)

区分	インバート	一次インバートと本インバート
施工位置	(埋戻し，インバート)	(埋戻し，本インバート，一次インバート)
構成部材	場所打ちコンクリート	・一次インバート：吹付けコンクリート，あるいは鋼製支保工を併用した吹付けコンクリート． ・本インバート：場所打ちコンクリート．
概要	覆工や支保工と一体になってトンネルとしての必要な性能を発揮させるために底盤に施工する．	おもに変位抑制を目的として一次インバートを設置し，変位が収束した段階で本インバートを施工する．

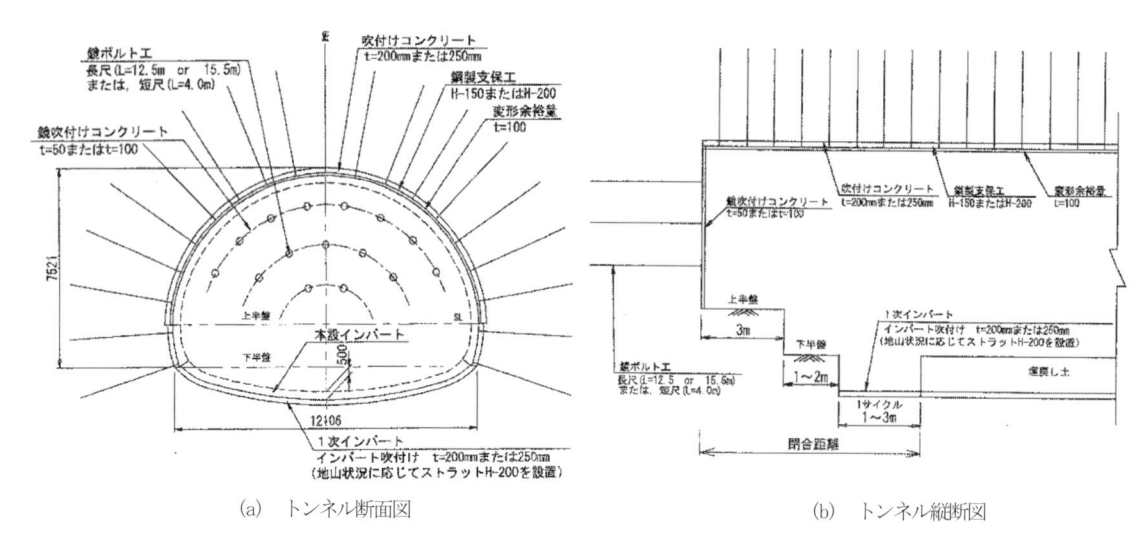

(a) トンネル断面図

(b) トンネル縦断図

解説 図 3.5.3 一次インバートによる早期閉合事例[2]

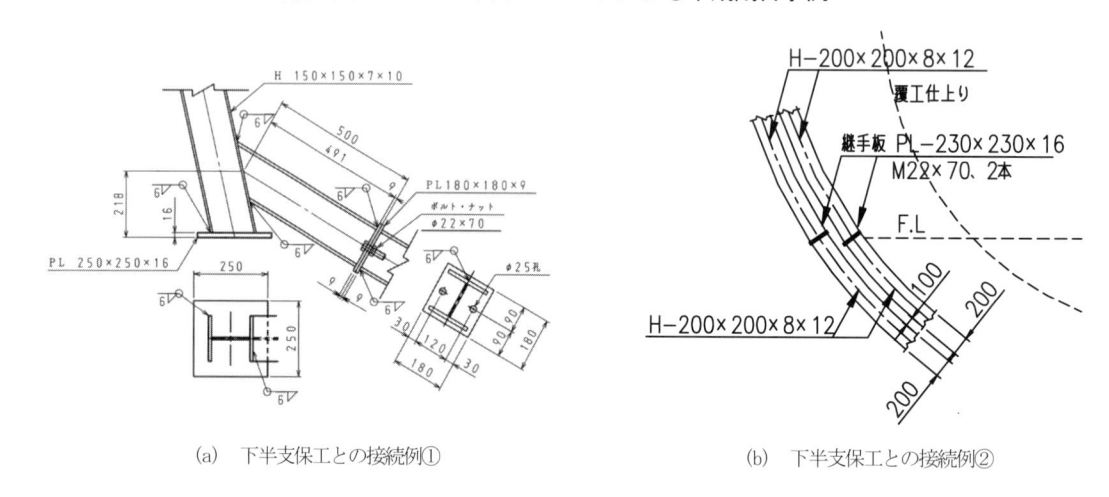

(a) 下半支保工との接続例①

(b) 下半支保工との接続例②

解説 図 3.5.4 一次インバートと下半支保工との接続例[3]

参考文献

1) (公社)土木学会:トンネル・ライブラリー第25号 山岳トンネルのインバート －設計・施工から維持管理まで－, p.21, 2013.

2) (公社)土木学会:トンネル・ライブラリー第25号 山岳トンネルのインバート －設計・施工から維持管理まで－, p.163, 2013.

3) (公社)土木学会:トンネル・ライブラリー第25号 山岳トンネルのインバート －設計・施工から維持管理まで－, pp.168-169, 2013.

第6章　防水工および排水工等の設計

6.1　防水工，排水工等一般

トンネルの機能を維持し，覆工等の劣化を防ぐため，トンネルの用途に応じて適切な防水工，排水工等を設計しなければならない．

【解　説】　トンネルの漏水は，覆工やトンネル内諸設備の機能や耐久性を低下させるとともに，冬期には路面凍結や結氷による通行の阻害をもたらすため，適切な防水工，排水工等を設計しなければならない．

トンネルの排水処理は，①覆工内面に漏水が生じないよう適切な湧水対策を行ったあとに防水シート等を施工する防水工，②トンネル湧水等を停滞させることなく排水するための裏面排水工(集水材等)，側溝等の排水工により行う(**解説図 3.6.1**参照)．なお，防水工を施工したにもかかわらず打継ぎ目等から覆工内面に漏水が生じたときのため，止水や導水により対処する漏水対策工がある(第4編 **10.2**参照)．

一般に山岳トンネルでは，トンネル周辺の地下水を覆工背面に滞留させることなく排水し，過大な地下水圧の作用や覆工内面に漏水を生じさせない構造としている．しかし，都市部のみならず山岳部においても周辺環境に影響を及ぼすおそれがある場合には，施工後に地下水位を回復させる，いわゆる防水型トンネルとして設計，施工する必要が生じている．したがって，防水工，排水工等は通常のトンネルと防水型のトンネルを区別して設計する必要がある(第3編 **8.6.3**，第4編 **10.1**，第8編 **3.5**，**4.3**参照)．

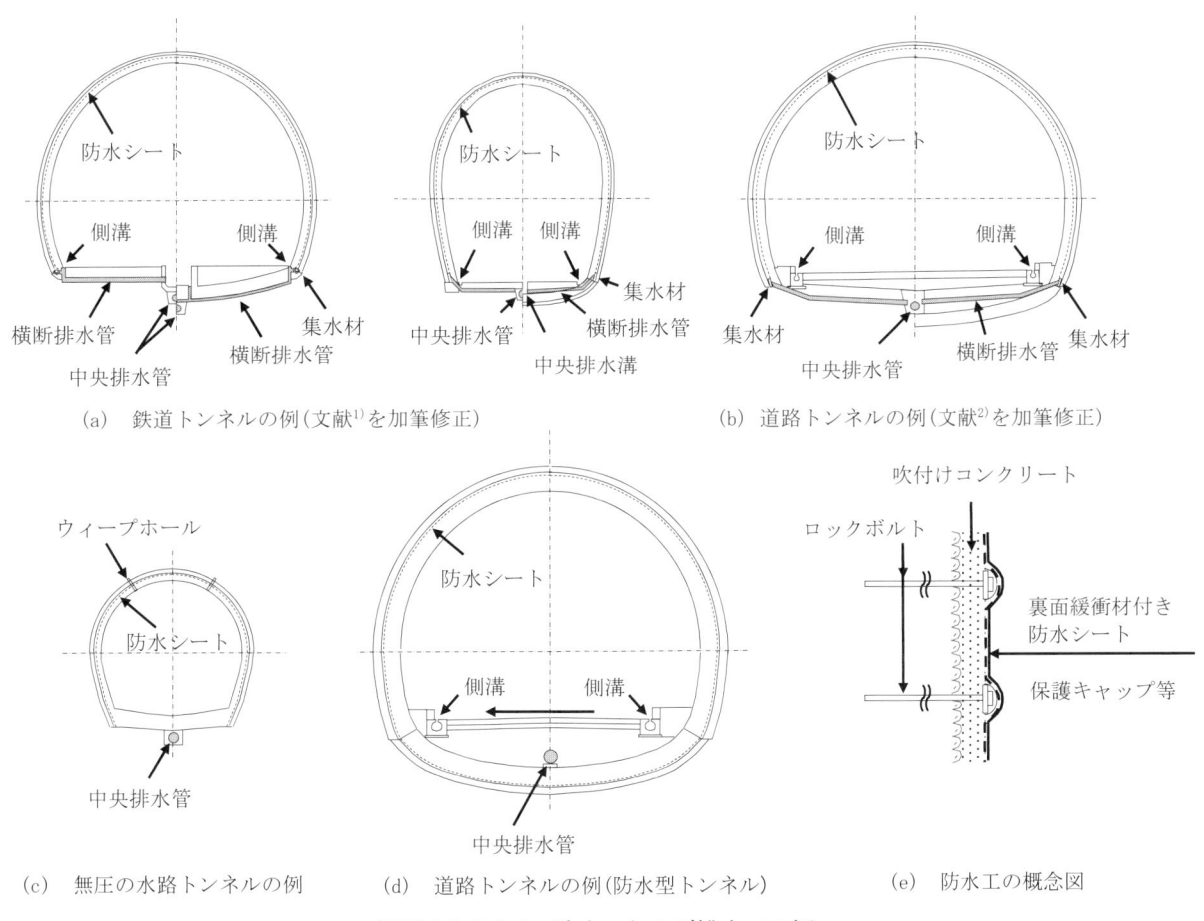

(a)　鉄道トンネルの例(文献[1]を加筆修正)　　(b)　道路トンネルの例(文献[2]を加筆修正)

(c)　無圧の水路トンネルの例　　(d)　道路トンネルの例(防水型トンネル)　　(e)　防水工の概念図

解説図 3.6.1　防水工および排水工の例

1)　通常のトンネル　通常のトンネルでは地下水を円滑に排水し，覆工に過大な水圧を作用させない構造とすることにより，覆工の耐力に問題を生じさせず，トンネル完成後の地下水位の復元等による覆工背面からの漏水

のない構造としなければならない．一方，無圧の水路トンネルのように，トンネル内に漏水が生じても機能上問題がないようなトンネル，または大きな水圧が作用し構造的に防水が困難なトンネルでは，ウィープホール（水抜き孔）等によりトンネル内に地下水を排水できる構造とする場合もある．

寒冷地における道路トンネル，鉄道トンネルでは，覆工内面への漏水は，つららや側氷となって車両に危険を与えて交通環境を悪化させるとともに，覆工の耐久性が低下したり，つらら落とし作業等が必要となるなど維持管理上問題となる．これらの作業を供用後に実施することがきわめて困難であることを考えると，十分な防水工および排水工とあわせ，防水シートと覆工の間に断熱工[3],[4]を計画することが重要である（第3編 7.2参照）．

2) 防水型トンネル　防水型トンネルでは，地下水保全を目的としたトンネル完成後の地下水位の復元等に対し，通常のトンネルに比べより確実な防水工が要求される．圧力水路トンネル等においては，その機能上，高い水密性が要求される（第3編 8.6.3，第8編 3.5，第8編 4.3参照）．

参考文献

1) 日本鉄道建設公団：NATM設計施工指針，p.125，1996．
2) 東日本・中日本・西日本高速道路株式会社：設計要領第三集トンネル編(1) トンネル本体工建設編，pp.187-188，2015.7．
3) (独)鉄道建設・運輸施設整備支援機構：山岳トンネル設計施工標準・同解説，p.100，2014．
4) 国土交通省北海道開発局：道路設計要領 第4集トンネル，p.4-7-5，2015．

6.2 防水工

防水工は，地山条件，使用目的等に応じて適切に設計しなければならない．また，防水工の材料は，耐久性および施工性がよく，施工時等に破損しないものでなければならない．

【解　説】　トンネル内への漏水は，冬期の路面凍結，結氷による通行の阻害，覆工の耐久性の低下，トンネル内の諸設備に対する悪影響等の原因となる場合が多いため，地山条件，使用目的に応じて適切な防水工を設計しなければならない．また，施工時に一見湧水が見当たらないところでも覆工完了後に地下水の状況が変化し漏水が生じることもあるため，施工範囲の決定にあたっては十分な検討が必要である．

山岳トンネルの防水工は，シート防水，吹付け防水，塗膜防水の三工法が代表的であるが，現状では，品質のばらつきが少なく，信頼性の高い防水層を形成できるシート防水が多用されている．吹付け防水，塗膜防水は，作業が単純で吹付けコンクリート等の下地面への追随性もよい反面，膜厚を一定にすることが難しいなどの問題を有している．

防水シートの材質は，プラスチック系のエチレン酢酸ビニル共重合体(EVA)，ポリ塩化ビニル(PVC)およびエチレン共重合体ビチューメン(ECB)等があり，現在，おもに使用されているものはEVAである．厚さは，通常0.8mmが多く使われ，防水型のトンネルでは2.0mm以上が多く使われているが，防水工の目的やトンネルの用途によって検討する必要がある．圧力水路トンネル等では，地山のグラウチングを前提に，防水シートは入れずに止水板を設置している．

防水シートは，吹付けコンクリート等の下地面への固定，シート自体の破損防止，シート背面の透水層の形成のために，不織布，立体網状体等の裏面緩衝材が付いた複合積層シートが用いられている．この場合，一般に伸びに対する追随性は不織布，立体網状体等の特性によることが大きいため，下地面の凹凸を考慮し追随性に留意する必要がある．不織布，立体網状体等の裏面緩衝材は，厚さ3mm以上，単位面積あたりの質量300g/m^{2}以上で，材質としては，ポリプロピレン(PP)，ポリエステル(PET)等の繊維製品がおもに使用されている．採用にあたっては，耐薬品性等の耐久性にも十分留意する必要がある[1]〜[3]．

防水工を構成する材料は，防水工施工時，覆工コンクリート打込み時に考えられる機械的衝撃，フレッシュコンクリートの圧力，水圧等の力に対して十分な伸びと強さを有するとともに，コンクリート成分や湧水成分等に対する耐久性を備えた構造，材質であることが要求される．とくに，防水型トンネルでは，高水圧が作用するこ

とも考えられるので，防水工の種類や材質，仕様および施工範囲等についても十分に検討しなければならない．さらに，面的にも一体化した防水層を形成することが要求されるので，とくに防水シートの継目についても所要の強度，水密性が得られるものでなければならない．このほか，火災時の安全性が高く，施工性や経済性にも優れたものであることが望ましい．なお，覆工コンクリート背面の不陸に伴う拘束の低減を目的とした吹付けコンクリートと防水シートの間に充填材を注入し防水シート表面を平滑にする新しい工法では，吹付けコンクリートやロックボルト等の凹凸による防水シート自体の破損を防止する効果がある(第4編 10.1，第8編 3.5，第8編 4.3 参照).

参考文献

1) (独)鉄道建設・運輸施設整備支援機構：山岳トンネル設計施工標準・同解説，pp.110-111，2014.
2) 東日本・中日本・西日本高速道路株式会社：設計要領第三集トンネル編(1)トンネル本体工建設編，pp.187-188，2015.7.
3) (社)日本トンネル技術協会：山岳トンネル工法における防水工指針，pp.6-9，1996.

6.3 排 水 工

排水工は，湧水を円滑に導水，排水できるよう適切に設計しなければならない．

【解 説】 排水工の設計にあたっては，トンネルの用途，立地条件，湧水量，縦断線形，横断勾配，インバートの有無，軌道構造等を勘案し，設置位置，構造形式，断面等を定めなければならない．排水工は，原則として路盤の勾配と同じとし，路盤の下面に集まる湧水を集水できる構造とすることが望ましい．

中央排水管，横断排水管の材料としては，高密度ポリエチレン管や硬質塩化ビニル管が使用されている．また，有孔管を用いる場合の埋戻し材には，将来的な排水管の閉塞を防止するため，適切な粒径の埋戻し材を選定する必要がある(第4編 10.1，第8編 3.5，第8編 4.3参照).

覆工背面に集まる湧水は，トンネル断面の最も低い位置を流れようとするため，排水工の位置および処理方法が適切でないと底盤付近に滞水し，列車，車両等の走行に伴う繰返し荷重により間隙水圧が上昇し，噴泥等による路盤劣化の原因となる．一般に，トンネル断面の最も低い位置はトンネル中央部となるため，中央部に排水管等を設置し排水することが多い．その処理方法は，吹付けコンクリートと覆工コンクリートの間の側壁部下端にフィルターマット，メッシュチューブ等の集水材あるいは地山に有孔管を敷設し，湧水量に応じて適切な間隔に横断排水管，横断排水溝等を設置して中央排水管または中央排水溝，側溝等に導水する．なお，これらの排水設備は覆工背面，路盤やインバートの下部となるため一度設置されると点検，清掃等が困難であることから，断面等の設計にあたっては十分な余裕を持った構造とし，排水管の閉塞が生じないようフィルター材を工夫するなどの配慮が必要となる[1),2)].

中央排水管の設置位置については，インバートがある場合には，道路トンネルではトンネル内(インバート上部)に設置し，鉄道トンネルではトンネル外(インバート下部)に設置している例が多い(**解説 図 3.6.2**参照).ただし，未固結地山で細粒分が湧水とともに排水管内に流入してインバート下部に空隙が生じるおそれがある場合，膨張性地山でインバート下部に排水管(有孔管)を設置し地山を乱すおそれがある場合には，排水管をインバートの上部に設置することが望ましい．また，インバート下部に設置する場合にも，細粒分の流出を防止するために吸出し防止材を配置する例や，膨張性地山等で排水管の変状を防止するために無孔管を採用してコンクリート巻き構造とする例もある(**解説 図 7.4.1**参照).下水道トンネルや無圧の水路トンネル等において，排水管の設置位置をインバートの上部とすることができない場合，またインバートがない場合には，排水管の閉塞が生じないようフィルター材を工夫するなどの配慮が必要となる[1)].

インバートの有無により流路の高さが異なる場合には，構造変化点に接合桝を設置するなど，円滑な排水が可能となるような配慮が必要である．鉄道トンネルでは，供用後の排水管の点検，清掃等を考慮して，適当な間隔で点検桝等の設置を行っている例もある(**解説 図 3.6.3**参照).

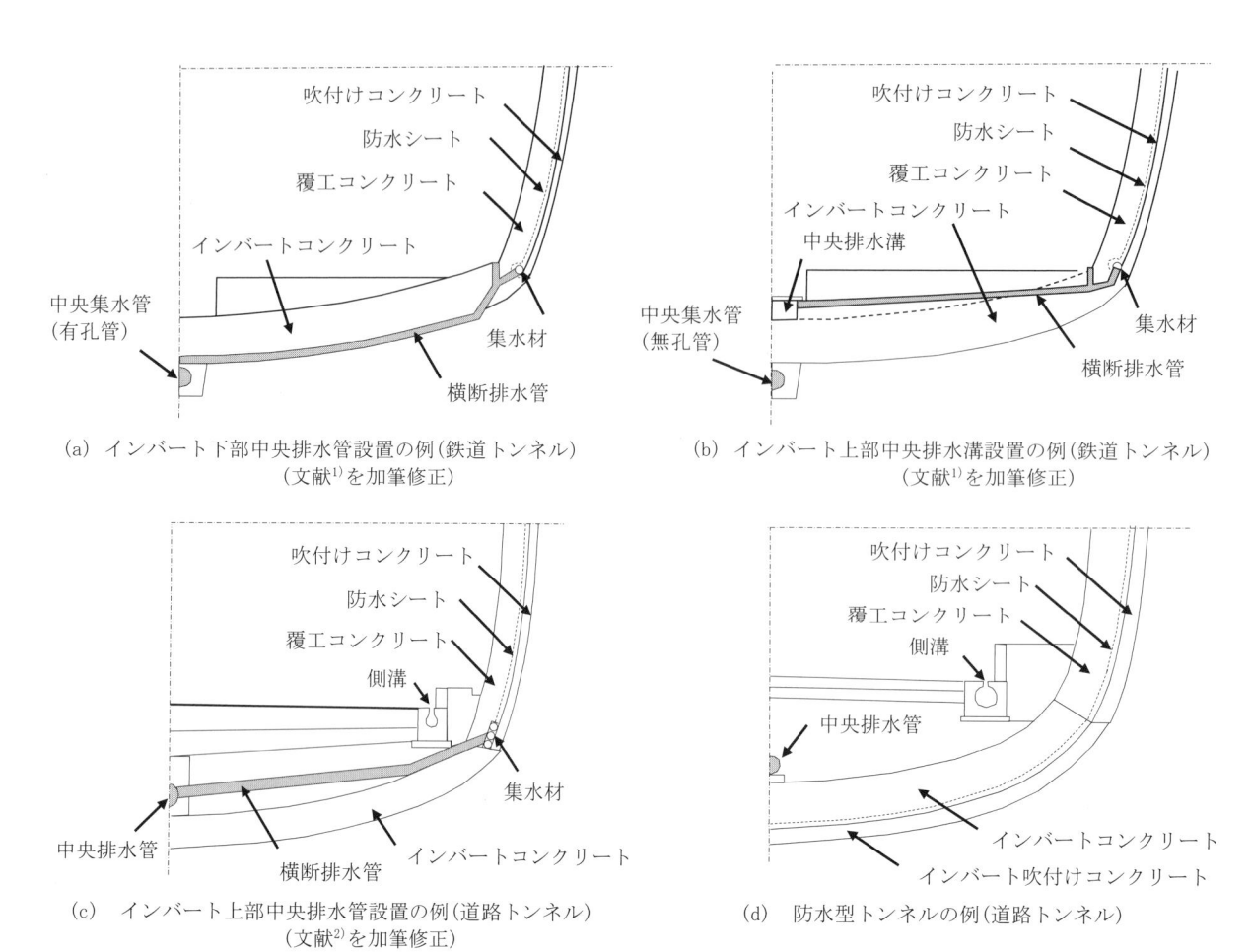

(a) インバート下部中央排水管設置の例(鉄道トンネル)
　　(文献[1])を加筆修正)

(b) インバート上部中央排水溝設置の例(鉄道トンネル)
　　(文献[1])を加筆修正)

(c) インバート上部中央排水管設置の例(道路トンネル)
　　(文献[2])を加筆修正)

(d) 防水型トンネルの例(道路トンネル)

解説 図 3.6.2　排水系統の例

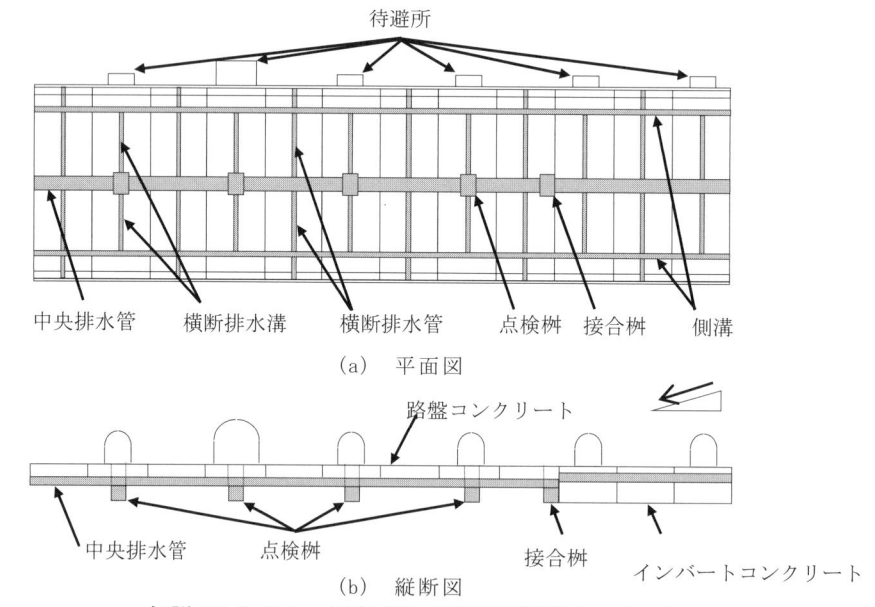

(a) 平面図

(b) 縦断図

解説 図 3.6.3　点検桝等の設置例(鉄道トンネル)

参考文献

1) (独)鉄道建設・運輸施設整備支援機構：山岳トンネル設計施工標準・同解説, pp.111-113, 2014.
2) 東日本・中日本・西日本高速道路株式会社：設計要領第三集トンネル編(1) トンネル本体工建設編, p.195, 2015.7.

第7章 坑口部および坑門の設計

7.1 坑口部および坑門一般

坑口部および坑門は地山条件，断面の大きさ，立地条件，周辺の環境に与える影響，景観および施工方法等を十分考慮して設計しなければならない．

【解　説】　坑口部とは，トンネルの出入り口付近で，土被りが小さく，グラウンドアーチが形成されにくい範囲をいう．

坑口部は斜面の表層付近に位置し，表層土や崖錐堆積物，風化した地山等が分布することがあり，これらが浸食や崩壊および堆積することで複雑な地形が形成されることが多い．そのためトンネル掘削や坑口付けによる切土等により地すべりや斜面崩壊を引き起こしやすい．供用後においても落石，土石流，雪崩，地震等の自然災害の影響を受けやすく，上載荷重や土圧の影響を受けることもある．

したがって，坑口部および坑門の設計にあたっては，断面の大きさ，坑口付近の地形，地質，地下水，気象等の自然条件および人家，構造物の有無等の社会的制約条件を十分把握するとともに，斜面安定，自然災害の可能性，景観，周辺環境との調和，車両の走行に与える影響等を考慮して，坑口部の構造や施工方法，坑門形式，坑門形状等を適切に決定しなければならない．

解説 表 3.7.1にトンネル坑口部の施工時に予想されるおもな問題点と設計上の留意点を示す．

通常の坑口部は，解説 図 3.7.1に示すように，グラウンドアーチの形成されにくい土被り1～2D（D：トンネル掘削幅）までの範囲を目安にする．ただし，個々のトンネルの地山条件を考慮し，地山条件の良好な硬岩の場合や台地等の地表面の勾配がなだらかな場合は，個別にその範囲を定めることが必要である．

解説 表 3.7.1　坑口部で予想される問題点と設計上の留意点

問題点	留意点
地すべり，斜面崩壊	坑口部の施工が地すべり，斜面崩壊を誘発することがある．トンネル掘削に伴う緩み，坑口付けに伴う斜面の切土等が原因と考えられる．トンネル掘削による地すべり，斜面崩壊が発生するおそれがある場合は，トンネル掘削に先行して斜面対策を実施する必要がある．
偏土圧	斜面とトンネルの位置関係によって，トンネル断面に偏土圧が作用し，トンネルに大きな応力が生じる可能性がある．トンネルが安定しない場合は，押え盛土や保護切土等によって，土圧のバランスをとるよう対策する必要がある．
地耐力不足	坑口部は，土被りが小さいため，トンネル上の全荷重が作用することがある．また，坑口部の地山は未固結堆積物や風化帯であることが多いので，基盤の地耐力不足による沈下や変状を起こすことがある．必要な地耐力が得られるように施工方法も含めた設計を行う必要がある．
切羽崩壊	坑口部では，一般に地山の強度，固結度が低い場合が多く，また硬岩であっても断層，破砕帯の影響で亀裂が発達している場合があり，切羽の安定性が悪いケースが多い．切羽の安定が十分に期待できない場合，切羽崩壊防止のための掘削工法，補助工法の検討が必要である．
地表面沈下	坑口部は，土被りが小さいうえ，地耐力不足，切羽の安定性の問題から地表部までの沈下の影響が生じやすい．地表部に沈下の制限が必要な物件がある場合，問題を起こさないように十分な対策を検討するとともに，必要に応じて補助工法を採用する．
落石，土石流，雪崩	坑口部は，落石，土石流，雪崩等を受けない位置に設計することが重要である．やむをえずこのような位置に坑口を設ける場合には，災害の影響を考慮して，十分な対策を実施しておく必要がある．
近接構造物	人家，鉄塔，道路，鉄道等の既設構造物と近接する場合には，工事によるこれらへの影響や供用後の騒音，排気ガス等による影響についても検討が必要である．

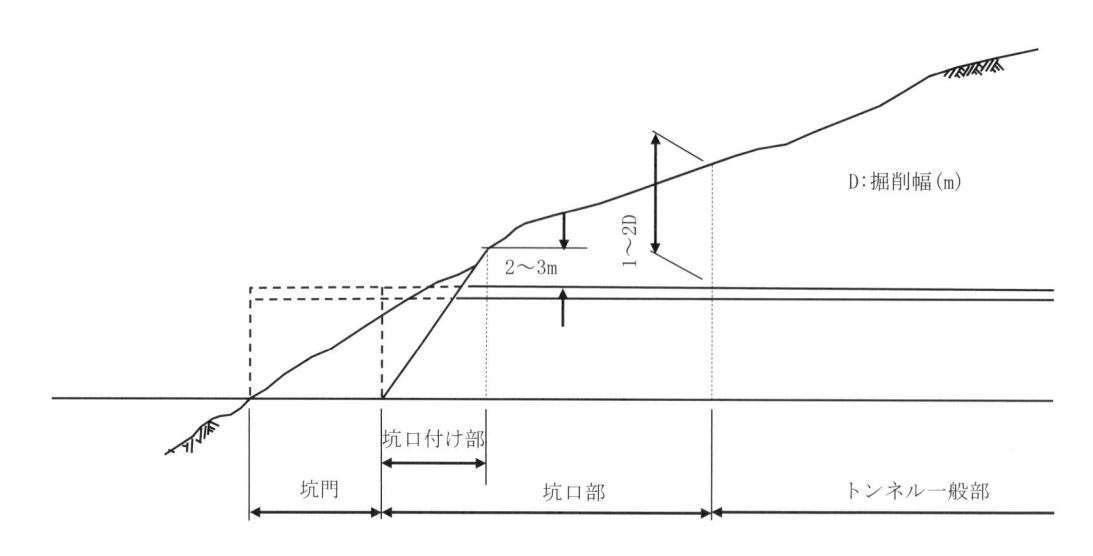

解説 図 3.7.1 標準的な坑口部の範囲

参考文献

1) 東日本・中日本・西日本高速道路株式会社：設計要領第三集トンネル編(1) トンネル本体工建設編, p.142, 2015.7.
2) (独)鉄道建設・運輸施設整備支援機構：山岳トンネル設計施工標準・同解説, p.114, 2014.

7.2 坑口部の設計

（1） 坑口部の設計にあたっては，坑口斜面への影響，周辺景観との調和，施工方法ならびに将来の開発計画や周辺の土地利用等の変化を考慮しなければならない．

（2） 坑口部の支保工および覆工は，坑口部特有の地山条件を考慮して設計しなければならない．

（3） トンネルの建設に伴って予測される諸問題に対し，適切な対策工法を選定し，設計しなければならない．

【解　説】　（1）について　坑口部は，一般にトンネル掘削に着手する前に斜面を切り取ったりする坑口付けを行う区間とトンネル一般部に移行するまでの区間とに分けられる（**解説 図 3.7.1**参照）．

　坑口付けは，自然斜面を安定させながら切土や盛土を行い，トンネル掘削を安全かつ容易にすることを目的としている．坑口位置の選定にあたっては，坑口斜面の安定性，地耐力，トンネル軸線と斜面の関係，坑口部の切土や盛土，トンネルの施工方法，周辺環境との調和等を検討することが必要である．自然環境保全の面からも坑口背面に必要以上に永久のり面を作らない計画とし，永久のり面を残す場合には必要に応じてのり面対策を設計しなければならない．また，坑口斜面が不安定な状態にある場合は，坑口位置を多少前に出して押え盛土で対応するほうが有利なことが多い．トンネル延長を短くするために斜面に深く切り込むことは，地すべりや斜面崩壊を引き起こすおそれがあるので避けなければならない．

　坑口付けで自然斜面を切土する際には，斜面に緩みが生じる．この緩みを生じた斜面にトンネル掘削で，さらに応力が解放されるため，通常の切土斜面に比べて不安定状態になりやすいので，斜面への影響を十分考慮し，必要に応じて吹付けコンクリートやロックボルト等を用いた安定化対策を検討する．地山に入る場合と地山から出る場合とではトンネル掘削による地山への影響が異なるので，これらを考慮のうえ，設計を行う必要がある．都市部のトンネル等で，切土や盛土，構造物建設等の近接施工の影響を受けることが予想される場合には，必要に応じてこれらの影響を設計へ配慮しなければならない（第3編 8. 参照）．

（2）について　坑口部は，崖錐や未固結地山等が多く，土被りが小さいため，グラウンドアーチが形成されにくいことから，全土被り荷重が作用することもあるので，その荷重に耐えるように耐力の高い支保工の設計が必要である．また，切羽天端の安定を補助する目的から，**解説 図 3.7.2**に示すような，天端付近のロックボルト

に代えてフォアポーリングを支保部材として採用することも多い(第3編 3.1.2参照).

坑口部においては，覆工およびインバートは，鉄筋等で補強する必要がある．一般には，これまでの実績から構造計算を実施せずに仕様を決定していることが通例であるが，地質が非常に脆弱な場合等では，荷重を想定して構造計算により仕様を決定する必要がある(第3編 4.1, 4.2参照)．また，地表面の勾配がなだらかな場合等，地形条件によっては，土被りの大きさにより荷重条件や設計手法を個別に設定することで，坑口付近の覆工構造を区分して設計する考え方もある[1].

坑口部は，地震による影響を受けやすいので，地盤条件が悪い場合，その影響について検討する必要がある(第3編 2.2.4参照)．坑口部の地形が急峻なために橋梁に近接して施工されることもあるが，一般に覆工，インバート，坑門と橋台は分離したほうが構造上有利である．しかし，地形や地質条件により，やむをえない場合には一体化するなどの検討が必要になることもある．

坑口部は，外気の影響を受けるため，つららや凍結融解による覆工の劣化等が問題となることもあるので，維持管理上，適切な防水工，排水工，断熱工を行うことが望ましい．北海道をはじめとする寒冷地では，覆工背面の凍結融解は覆工本体に大きな影響を与える場合がある．このため，覆工本体を凍結融解から保護する目的で，標高，凍結期間等を考慮し，断熱材を設置する例もある[2]．**解説 図 3.7.3**に断熱材の設置位置を示す．

　(3)について　トンネルの建設に伴って予想される地すべり，偏土圧，地耐力不足，地表面沈下，自然災害等の諸問題に対し，安全性，施工性，経済性等を比較検討のうえ，総合的に評価し，設計しなければならない．**解説 表 3.7.2**に予想される問題点に対応するおもな対策を示す．

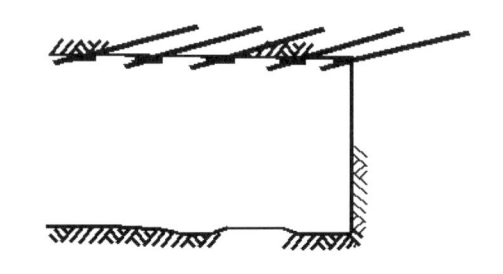

解説 図 3.7.2　先受けボルト（フォアポーリング）

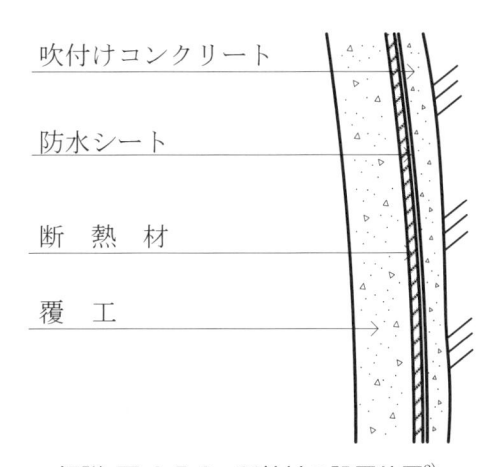

解説 図 3.7.3　断熱材の設置位置[2]

解説 表 3.7.2　坑口部の設計において予想される問題点と対策

おもな対策 \ 問題点	地すべり，斜面崩壊	偏土圧	地耐力不足	切羽崩壊	地表面沈下	落石，土石流，雪崩	近接構造物*	記　事
のり面防護工	○	―	―	―	―	○	―	
斜面防護工	○	―	―	―	―	○	―	
擁壁	○	○	○	―	―	―	―	抱き擁壁
切土，押え盛土	○	○	―	―	―	○	―	ソイルセメント
垂直縫地	○	○	―	○	○	―	―	
抑止工	○	―	―	―	―	○	―	抑止杭，グラウンドアンカー
水抜き工	○	―	―	○	―	―	―	ウェルポイント，水抜きボーリング，ディープウェル
薬液注入	○	―	○	○	○	―	―	
先受け工	―	―	―	○	○	―	―	パイプルーフ，フォアポーリング，長尺フォアパイリング，水平ジェットグラウト，スリットコンクリート
鏡面の補強	―	―	―	○	○	―	―	鏡吹付けコンクリート，鏡ボルト，長尺鏡ボルト
脚部の補強	―	―	○	○	○	―	―	ウイングリブ付き鋼製支保工，脚部補強ボルト，脚部補強パイル，仮インバート

○：一般に用いられる対策を示す．
＊近接構造物については別途検討のこと．

参考文献

1) (独)鉄道建設・運輸施設整備支援機構：山岳トンネル設計施工標準・同解説，p.113, 2014.
2) 国土交通省北海道開発局：道路設計要領 第4集トンネル，p.4-7-5, 2015.

7.3　坑門の設計

（1）　坑口部を防護する坑門は，地山条件，気象条件，トンネル規模および機能を考慮し，トンネルの使用目的に応じて，周辺環境との調和に配慮した設計をしなければならない．

（2）　坑門の位置および形式の選定にあたっては，背後の地形，地質，地耐力，斜面の安定，近接構造物，施工方法，明かり部の構造等の関係を考慮しなければならない．

（3）　坑門の設計にあたっては，坑門形式に応じて作用する荷重を検討したうえで，寸法と形状，配筋を決定しなければならない．

【解　説】　（1）について　坑門は，上方の斜面からの崩落土砂，落石，雪崩等から坑口部を防護するものであり，力学的に安定した設計とする必要がある．また，坑門の外観や形状は，トンネルの使用目的に応じて周辺の自然環境との調和や景観に配慮した構造と形式にしなければならない．

道路トンネルにおいては，このほかに幅員の減少，壁面の圧迫感，暗部に突入する不安感から速度低下を招くことがあるので，走行車両がスムーズに進入できるよう配慮することが望ましい．また，換気および照明の効率向上のためルーバー構造としたり，雪崩，地吹雪等に対してスノーシェッドやスノーシェルターの構造にしたりすることが有利な場合もあり，機能，施工性，維持管理等を考慮して設計しなければならない．

(2)について　坑門の位置および形式の選定にあたっては，下記の条件を総合的に検討しなければならない．
　①　地形，地質状況(坑門下部の地耐力，背後斜面の安定性，偏土圧の有無，地すべりや落石の可能性，沢や谷との位置関係)
　②　気象条件(降雪，積雪，雪庇，地吹雪，雪崩)
　③　施工時の坑口付け位置
　④　環境条件(周辺の土地利用状況等，自然環境の改変の程度，景観)
　⑤　周辺計画との整合(橋梁等の明かり部との取合い，付替え道路や付替え水路等との関連，坑口周辺に計画される将来の維持管理施設の配置)
　⑥　経済性
　⑦　その他(太陽光の入射方向等)
　とくに，坑門位置の選定にあたっては，斜面の安定性確保や自然環境保全のため，必要以上に地山を切り込まないような配慮が必要である(第3編 7.1参照)．

　坑門の形式には，面壁型と突出型がある．一般的な坑門形式の特徴を**解説 表 3.7.3**に示す．

　面壁型は，経済性，施工性に優れるため，突出型より多く用いられており，その構造から重力式とウイング式に大きく分けられ，おもにトンネル本体工と一体化するウイング式が用いられている．ただし，壁面積が大きいため，道路トンネルでは走行上の圧迫感や輝度が問題となる場合がある．

　近年，面壁の背面に補強盛土による保護盛土を配置し，その面壁を補強盛土の壁面とし，トンネル本体と分離させ経済的な設計とした事例がある．参考事例を**解説 図 3.7.4**，**解説 図 3.7.5**に示す．

　また，トンネル軸線が斜面に対し斜めに交差する場合に，坑口周辺が急峻な地形であること，橋台等近接構造物があること等の環境条件により斜坑門が採用される事例もある．斜坑門とすることで，基礎構造物を小型化するなど，周辺環境に配慮した設計が可能となる．ただし，斜坑門を採用した場合でも，坑門工背後斜面の崩壊や落石等に対する検討が別途必要となるほか，掘削断面が扁平になることを考慮した設計を行う必要がある．斜坑門の事例を**解説 図 3.7.6**に示す．

　突出型は，トンネル本体と同一の内空断面がトンネル坑口部に連続して地山から突き出した形式で，その形状により，突出式，竹割式，ベルマウス式等がある．コンクリート面積が小さいため圧迫感や輝度を小さくできることや，自然地形となじみやすいという利点があるため，道路トンネルで景観や走行性を重視する場合に用いられることが多い．落石の発生が考えられる場合，また積雪地では雪の吹込みや頂部の雪庇対策として，逆竹割式や逆ベルマウス式を採用している例がある．突出型においても，突出部に補強盛土を用いた事例は多いことから，参考事例を**解説 図 3.7.7**に示す．

　(3)について　坑門は，完成後に加わる埋戻し土，雪荷重等の死荷重，埋戻しの際の締固め荷重，道路が上部を横断する場合の輪荷重，あるいは地震の影響等に対して安全であるように設計しなければならない．これらの荷重は，坑門の型式に応じて適宜組み合わせる必要がある[1]．

　面壁型のうち，ウイング式の坑門は，トンネル本体に剛結された片持ちスラブとして設計することが一般的である．背面に土圧を受ける土留め壁として面壁を設計する場合，ウイングの断面力の算定においては，トンネル本体を固定端とし，背面埋戻し土の影響を考慮した静止土圧またはクーロンの主働土圧を考慮する．その他の荷重として，埋戻し時の締固め荷重や雪荷重を考慮することが多い．面壁の厚さは，作用する荷重に対して配筋が施工可能な最小厚さとすることが望ましく，一般には50〜70cm程度の厚さとしていることが多い．面壁の面積が大きい場合は埋戻し土圧が大きくなるため，埋戻し土の一部に軽量盛土材等を用いて厚さを抑制することもある．なお，面壁背面を補強盛土にて自立させる考え方もある．

　突出型坑門の設計は，本体の自重，整形盛土による上載荷重，水平荷重，輪荷重および雪荷重等を考慮して，断面力および地盤の支持力の計算を行う．覆工の一部が露出する場合は，地震時の土圧や慣性力，温度変化，コンクリートの乾燥収縮等の影響を考慮することがある．断面力の算定にあたっては，最も大きい荷重の組合せに対して，弾性ばねを考慮した変形法によって計算することが一般的である．

解説 表 3.7.3　トンネル坑門の形式と特徴

形式／項目	面壁型 重力式、半重力式	面壁型 ウイング式	面壁型 アーチウイング式	突出型 半突出式 パラペット式	突出型 突出式	突出型 竹割式 ベルマウス式	逆竹割式 逆ベルマウス式
概念図							
概要	坑口付け位置より10m程度奥前方に重力式擁壁を設ける。最近はウイング式で代用されることが多く、ほとんど採用されていない。	地山を切り込み、土留め壁として機能する。土留め壁とトンネル延長を短くできる経済的な形式である。鉄道トンネルの大部分で採用される。	ウイング式に対してトンネル延長を長くし、丸みをもたせることにより圧迫感を軽減する形式である。	アーチ部を突出式とし、盛りこぼしに対する土留めの壁を設ける。坑門としては合理的な構造である。	おもに景観を向上するため、トンネル本体と同一の内空断面を突出させて明かり巻を設ける形式である。	突出式のコンクリート露出部分をなくした形式であり、ラッパ状に開いたものがベルマウス式である。	左記とは逆に頂部のコンクリート露出を多くした形式であり、坑門を大きく見せることができる。
地形条件による適用性	・比較的急峻な地形の場合土留め擁壁的構造を必要とする場合。・落石が懸念される場合。	・比較的急峻な地形で切り込みで坑口を設ける場合。・斜面に斜交する場合は片側方に土留め擁壁や抱き擁壁を設ける。斜角坑門とする場合もある。	・比較的地形がなだらかな場合。・左右の切土量に偏りがない場合。	・尾根状地形や左右対称の構造物との取合いが好ましい場合。	・周辺の地形がなだらかな場合。・斜面に斜交する場合には適応しにくい。・斜面対策の押え盛土上に施工する場合。・落石が懸念される場合。	・周辺の地形がなだらかで、坑口周辺の切土を伴う場合。・斜面に斜交する場合には適応しにくい。・坑門周辺の偏土圧の懸念を伴う場合。	・急斜面で地山の切込みができない場合。・落石が多い場合。
気象条件による適用性	・積雪地でも問題は少ない。	・積雪地でも問題は少ない。	・積雪地でも問題は少ない。	・積雪地でも問題は少ない。	・積雪地でも問題はより少ない。	・積雪地では吹込み、雪庇が発生しやすい。	・積雪地では吹込み、雪庇の防止効果が期待できる。
設計、施工上の留意点	・地質条件によっては大規模な置換え基礎が必要になる。	・トンネル本体との一体化の必要がある。	・地形によっては、一部明かり巻（とくにアーチ部）が必要である。・多少の保護盛土を必要とする。	・数의本体工の明かり巻を必要とし、かつ盛土ほしに多少の土留め壁が生じる。	・トンネル延長が長くなる。・一般で保護盛土が必要となる。・保護盛土を補強土壁とし、延長を短くすることもある。	・型枠、配筋等で作業手間がかかる。・一般で保護盛土が必要となる。・保護盛土を補強土壁とし、延長を短くすることもある。	・重心位置の関係から基礎の支持力の十分な検討を要する。・壁体、配筋等に手間がかかる。
景観	・壁面積が大きく輝度を下げる工夫（壁面のはつり等）が必要となる。・重量感はあるが、圧迫感を感じやすい。	・壁面積が大きく輝度を下げる工夫（壁面のはつり等）が必要となる。・重量感はあるが、圧迫感を感じやすい。	・アーチ部の曲線による圧迫感を緩和できる。・周辺地形と違和感がないよう配慮が必要。	・壁面積が小さくなるため、圧迫感が少なくなる。・坑口周辺地形と調和しやすい。	・壁面積が少なくなるため、圧迫感が少ない。・坑口周辺地形と調和しやすい。	・入口を広げたベルマウス式は圧迫感が少ない。・周辺地形を修景することにより周辺地形との調和が図れる。	・車両の走行に与える影響より坑口周辺地形と調和しやすくなる。

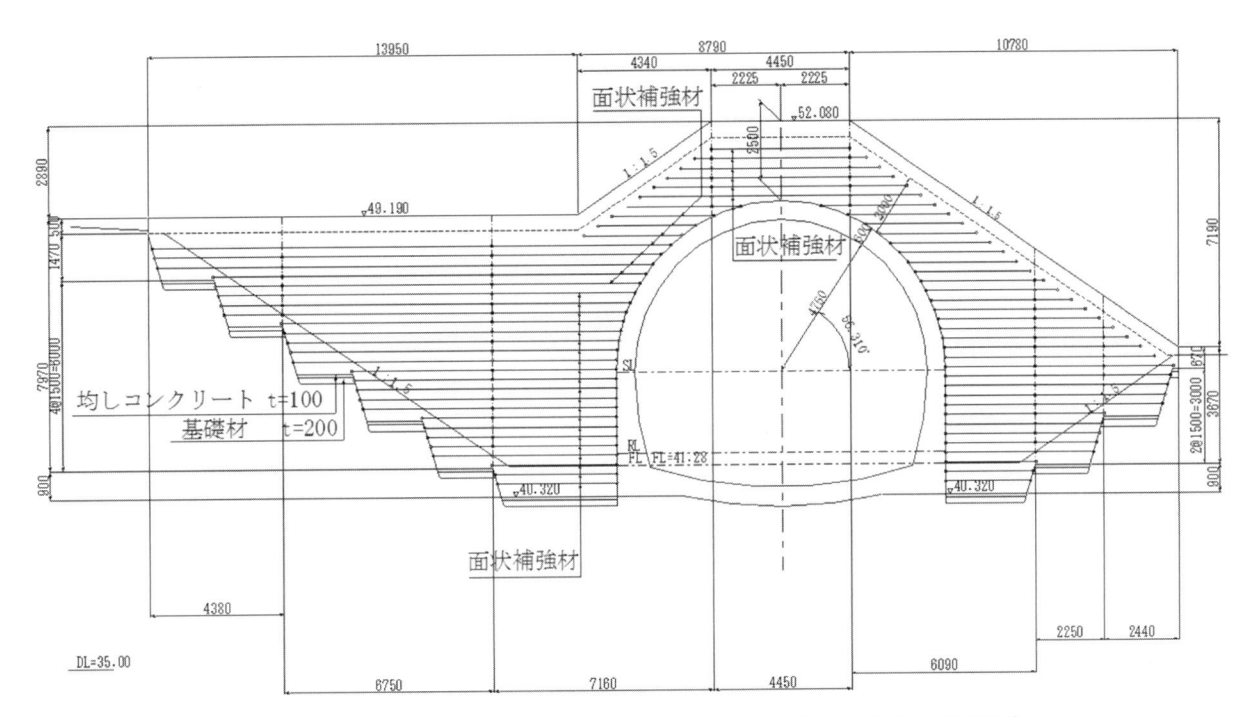

解説 図 3.7.4　補強盛土を用いた場合の坑口部の例（面壁型，横断図）[2]

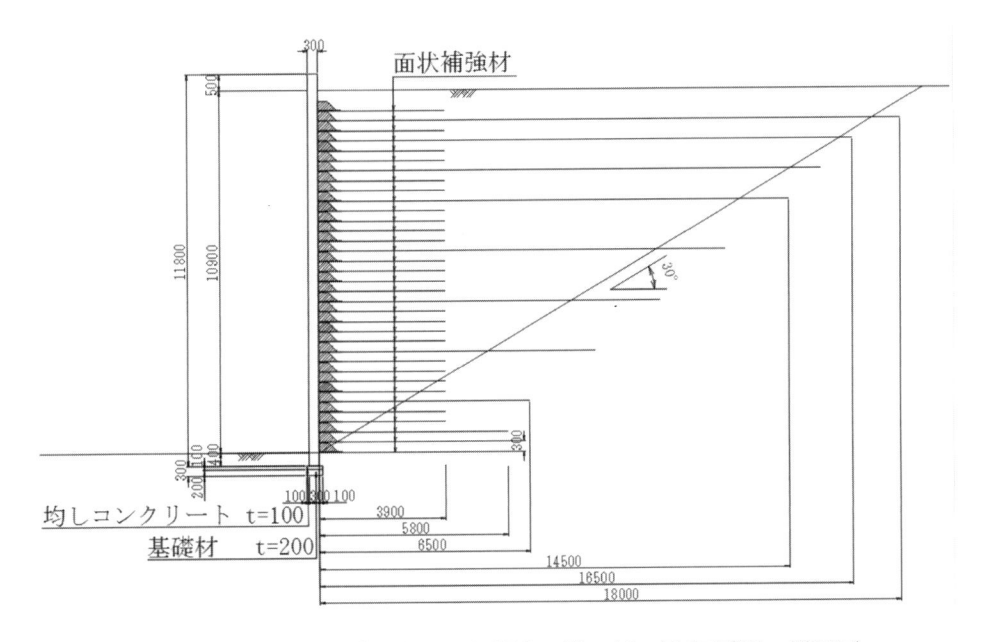

解説 図 3.7.5　補強盛土を用いた場合の坑口部の例（面壁型，縦断図）

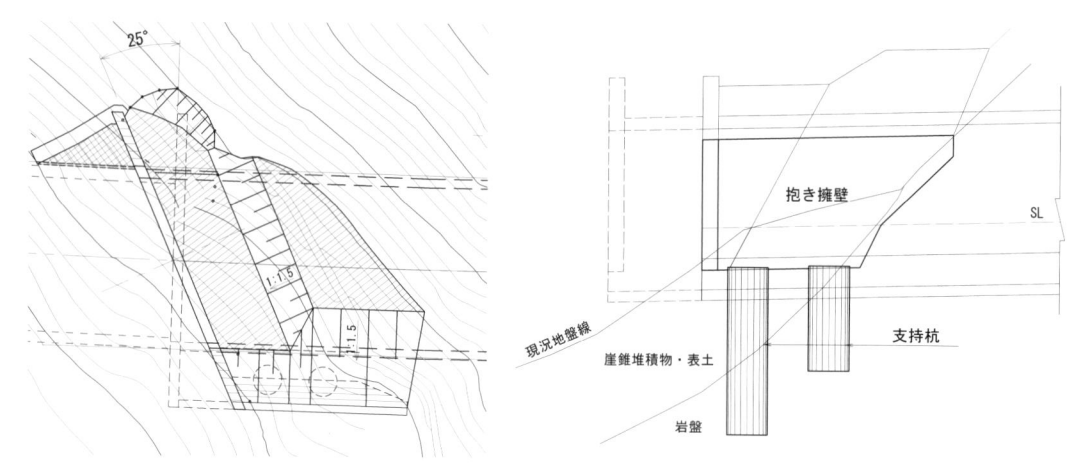

解説 図 3.7.6　斜坑門の例

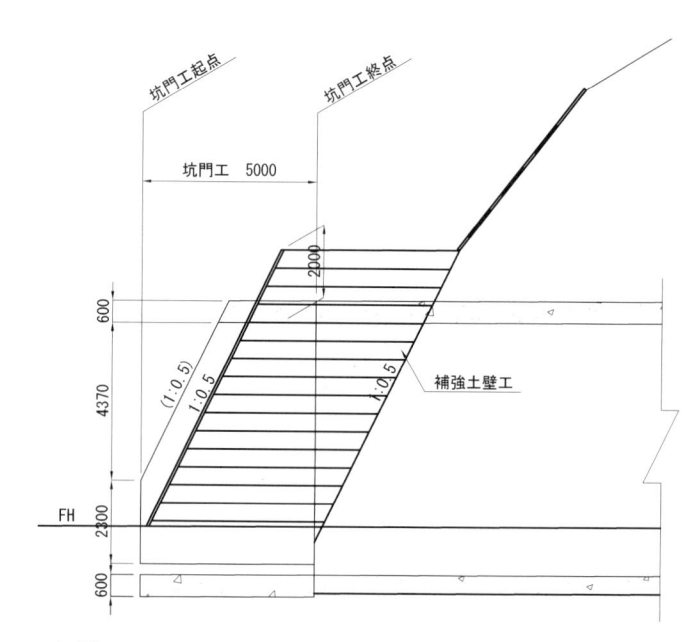

解説 図 3.7.7　補強盛土を用いた場合の坑口部の例(突出型)

参考文献
1) 東日本・中日本・西日本高速道路株式会社：設計要領第三集トンネル編(1)トンネル本体工建設編, p.153, 2015.7.
2) (独)鉄道建設・運輸施設整備支援機構：山岳トンネル設計施工標準・同解説, p.119, 2014.

第8章 特殊条件に対する設計

8.1 特殊条件一般

次に示す特殊条件を有するトンネルにおいては，各条件に応じて適切に設計しなければならない．

1) 特殊な地山
2) 特殊な位置（都市域を通過，小さな土被り，特に大きな土被り，水底を通過）
3) 近接施工（既設構造物に近接，相互に近接，近接施工の影響）
4) 特殊な形状と寸法（分岐部および拡幅部，特に大きな断面，その他）
5) 完成後の外力（土圧，水圧，地震，その他）

【解 説】 本章でいう特殊条件とは，**解説 表 3.8.1**に示すような条件であり，支保工，覆工，インバート等を設計する際に標準設計の適用の可否等を検討すべき条件である．これらの特殊条件に該当する場合は，調査において設計に必要な情報（**解説 表 2.2.2**，**解説 表 2.2.3**参照）を取得したうえで，それぞれの条件に応じて支保工，覆工，インバート，防水工および排水工等を設計する必要がある．

特殊条件に該当する場合の一般的な設計手順を，**解説 図 3.8.1**に示す．

解説 表 3.8.1 特殊条件の分類と内容

設計条件	特殊条件の分類 （ ）：本章の関連条文	具体的な内容 （ ）：他編の関連条文
地山条件	特殊な地山 （第3編 8.2参照）	・地すべりや斜面災害が予想される地山（第7編 2. 参照） ・断層破砕帯，褶曲じょう乱帯（第7編 3. 参照） ・未固結地山（第7編 4. 参照） ・膨張性地山（第7編 5. 参照） ・山はねが生じる地山（第7編 6. 参照） ・高い地熱，温泉，有害ガス等がある地山（第7編 7. 参照） ・高圧，多量の湧水がある地山（第7編 8. 参照）
立地条件	特殊な位置 （第3編 8.3参照）	・都市域を通過する場合（都市部山岳工法）（第8編参照） ・小さな土被りの場合 ・特に大きな土被りの場合 ・水底を通過する場合
	近接施工 （第3編 8.4参照）	・既設構造物に近接して施工する場合 ・相互に近接して施工する場合 ・他の近接施工による影響を受ける場合
形状と寸法	特殊な形状と寸法 （第3編 8.5参照）	・分岐部および拡幅部 ・特に大きな断面 ・その他の特殊な形状
完成後の外力	完成後の外力 （第3編 8.6参照）	・土圧 ・水圧 ・地震 ・その他の外力（凍上圧，内部荷重，上載荷重等）

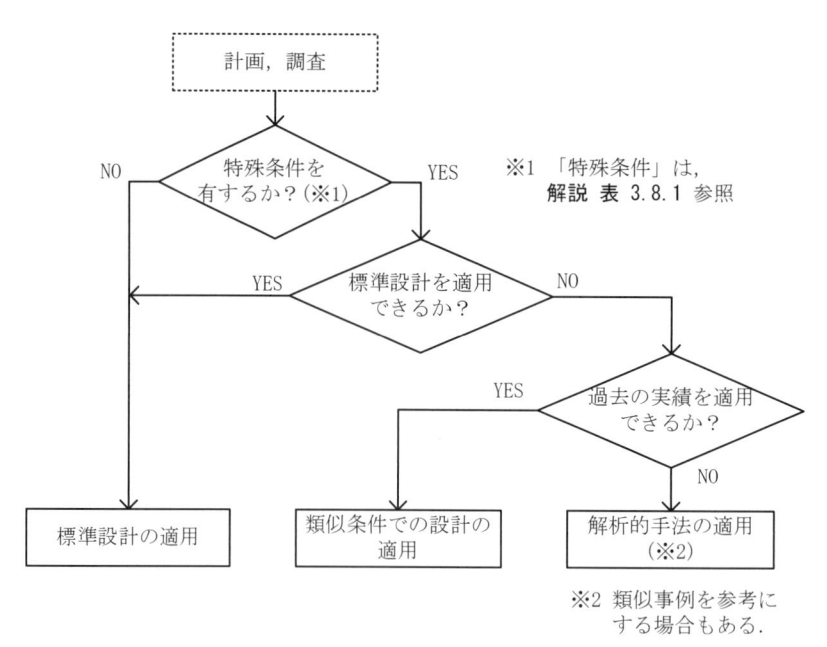

解説 図 3.8.1 支保工，覆工，インバート等の設計における特殊条件と設計手法選定の流れ

8.2 特殊な地山

次に示す特殊な地山においては，各地山の性状に応じて設計しなければならない．

1) 地すべりや斜面災害が予想される地山
2) 断層破砕帯，褶曲じょう乱帯
3) 未固結地山
4) 膨張性地山
5) 山はねが生じる地山
6) 高い地熱，温泉，有害ガス等がある地山
7) 高圧，多量の湧水がある地山

【解 説】 特殊な地山の場合は，施工中や供用後に，想定以上の外力や出水，変状等，問題となる現象が生じ，その結果，工期の延伸や工事費の増大，周辺環境の悪化のおそれがある．また，供用後の維持管理に影響を及ぼすことがある(解説 表 2.1.1参照)．このため，調査結果を慎重に分析して問題となる現象を特定し，それぞれの地山性状に応じて適切に設計しなければならない．

1) 地すべりや斜面災害が予想される地山　このような地山では，トンネルの掘削に伴い周辺地山の緩みが拡大すると，地すべりや斜面崩壊の誘発，トンネルへの土圧の増大や偏土圧が生じることがある．また，想定すべり面とトンネルとの離隔距離によって，その影響の度合いに違いが生じる．そのため，トンネル掘削が地すべりや岩盤崩壊の誘因とならないよう斜面の安定確保を第一に検討し，解説 表 2.1.1に示す情報やすべり面との位置関係を考慮して掘削中や供用後のトンネルの安定性を評価することが望ましい．なお，実際のすべり面が想定と異なる場合があるため，対策区間の設定においては慎重に検討することが重要である．また，集中豪雨や長雨により，想定以上に地下水位が上昇して地すべりや斜面崩壊の危険性が高まることがあることから，こうした可能性についても検討しておくのがよい(第7編 2.1参照)．

2) 断層破砕帯，褶曲じょう乱帯　断層破砕帯，褶曲じょう乱帯では，トンネルの掘削中に，切羽の崩壊，盤ぶくれ，側壁の押出し等が生じることがある．また，断層破砕帯の背面に帯水する地下水が掘削とともに突発的に坑内へ流入し，切羽が崩壊することがある．

こうした現象が予想される場合，変状の程度や影響範囲を予測し対策を立案する必要がある．掘削においては，

先行変位や内空変位の抑制，切羽の安定性向上，盤ぶくれ防止を目的として，掘削工法の変更や補助工法，早期閉合の要否について検討する．断層破砕帯に伴い多量出水が予想される場合は，水抜きボーリングの要否や排水工の仕様変更について検討することが望ましい．

　また，施工中に異常な挙動が見られない地山においても，供用後に支保工や覆工に変状をきたすことがある．この場合には，長期的なトンネルの安定性を考慮し覆工やインバートへの力学的な性能を付加することについて検討する必要がある（第2編，第7編 3.1参照）．

　3) 未固結地山　このような地山では，土被りや内部摩擦角，粘着力の大きさ，粒度分布，含水比，地下水の湧水量，湧水圧等が切羽の安定性に影響する．とくに，細粒分（粒径75μm以下）の含有率が少なく均等係数の小さい未固結地山では切羽の安定性が低くなり，崩落や地山の流出，底盤の脆弱化を引き起こすことがある．また，含水比が高くなると地山の流動化が生じる一方，地下水位が下がって含水比が極端に低下すると粘着力が小さくなり流砂現象が生じることがある．この場合，それぞれの地山特性や地下水位の状況を勘案し，切羽の自立やトンネルの安定性に留意して，掘削工法の変更や補助工法，インバートの早期閉合等の要否を検討することが望ましい．さらに土被りが小さく周辺に他の構造物が存在する場合には，地表面沈下抑制対策工等を検討することが必要である．

　覆工やインバートにおいては，地下水の影響や長期的な安定性のほか，軟岩地山との層境の近傍や偏圧地形に位置する際，地震の影響の有無について検討することが望ましい（第7編 4.1参照）．

　4) 膨張性地山　膨張性地山では，支保工や覆工への強大な土圧の作用により，側壁の押出しによる内空断面の縮小，支保工の変状，長期的に生じるトンネル変状等，トンネルの機能に支障をきたす問題が生じることがある．それらの原因として，膨潤性粘土鉱物の吸水膨張，岩石の強度低下等に伴う塑性流動や間隙水圧の増加，地山内に胚胎するガス圧の作用等がある．

　掘削時には，トンネルの安定および内空断面を確保するため，類似条件での実績を参考に，掘削工法の変更，支保工の仕様変更や高剛性化，変形余裕量の設定，補助工法，早期閉合等を検討することが望ましい．

　覆工やインバートは長期的なトンネルの安定確保の観点から，力学的な性能を付加させることの要否を検討する．対象地質の性状，土被り，強度特性，変形特性から完成後に作用する荷重を適切に推定し，必要に応じて地中変位計等の計測計画を立案して，対象範囲を確認することが重要である．なお，掘削前や掘削当初に膨張性を示していなくても，周辺地山の応力や地下水環境の変化等に伴い覆工完了後や供用後に変状をきたすことがあるため，新第三紀の泥岩や凝灰岩等，過去にそうした変状事例が多い地質については注意を要する（第7編 5.1参照）．

　5) 山はねが生じる地山　土被りが大きいトンネルのうち，周辺地山の初期応力が大きく，かつ硬岩である場合に山はね現象が発生し，掘削中に岩片または岩塊が飛び出して切羽付近の地山の崩壊が生じることがある．このような場合は，AE測定を用いた予知，摩擦式ロックボルトや繊維補強吹付けコンクリート等，山はね対策の採用を検討しトンネルの安全を確保することが必要である（第7編 6.1参照）．

　6) 高い地熱，温泉，有害ガス等がある地山　これらの地山では，高圧熱水による支保材料の劣化や排水工の閉塞，供用後の有害ガス等の滞留，酸性水による覆工やインバートの品質の劣化等の問題が生じることがある．それぞれの問題に応じて適切な測定や対策を考慮して設計し，良好な作業環境を確保して，施工時や供用後の安全，覆工やインバートの品質を確保することが重要である（第7編 7.1参照）．なお，高い地熱から覆工を防護する目的で，防水シートと覆工の間に断熱工を使用する場合もある．

　7) 高圧，多量の湧水がある地山　高い水圧や多量の湧水がある場合，未固結地山では切羽とその周辺地山の安定性に大きく影響し，中硬岩や硬岩地山では不透水層を貫いたときの突発湧水について考慮する必要がある．このほか，地山の脆弱化に伴う土圧の増大や偏土圧，渇水，排水工の許容排水量の超過等が懸念される．トンネルの安定を確保するため，事前調査により地下水の賦存状況を推定し，坑内外からの水抜きボーリング等の排水工法を検討するのがよい．また，防水型トンネルや海底トンネルでは，薬液注入等の止水工法を検討する場合がある．なお，設計にあたっては，諸般の条件を整理し周辺環境への影響に配慮することが望ましい．

　また，防水工，排水工においては，出水の範囲や位置，恒常湧水量に応じて，仕様や規格，数量の変更を検討する必要がある（第7編 8.1参照）．

> **8.3 特殊な位置**
>
> トンネルが次に示す特殊な位置にある場合，それぞれの位置の特徴を踏まえた上で設計しなければならない．
>   1) 都市域を通過する場合
>   2) 小さな土被りの場合
>   3) 特に大きな土被りの場合
>   4) 水底を通過する場合

【解　説】　トンネルが特殊な位置にある場合，施工中に，地表面沈下や地下水位の低下，陥没，近接構造物の変位や変状，トンネルの大変形，発破による振動や騒音等，周辺環境やトンネルの安定性に関する問題が生じるおそれがある．その結果，工期の延伸や工事費の増大，周辺環境の悪化等，供用後の維持管理に影響を及ぼすことがある．

このため，調査結果からトンネル施工に伴う影響の度合いや範囲を予測したうえで，掘削工法や掘削方式，切羽の安定性，支保工の妥当性，覆工やインバートの耐久性，排水工の性能を適切に評価することが必要である(第2編 3.1.3参照)．

1)　都市域を通過する場合　都市域を通過するトンネルでは，既設構造物や家屋，上水道やガス管等地下埋設物等が近接することが多い．施工中には，周辺地山の変形や地下水位の低下，地盤沈下に伴って近接構造物等の沈下や傾き，地下埋設物の破損や断裂等を引き起こすことがある．対象とする既設構造物等の形式を考慮したうえで，類似条件での事例や解析的手法を用い影響の範囲や度合いを評価し掘削工法や支保工を選定する必要がある．とくに，重要構造物が近接する場合や地表面沈下量に制限がある場合には，地盤改良や先受け工，鏡補強工，脚部補強工，インバートの早期閉合等の適用により，トンネル掘削による影響を最小限にするための対策を検討することが望ましい．また，未固結地山において立坑を土留め工で構築しトンネルを掘削する場合には，掘削開始後における土留め工の安定を確保したうえで，土留め工撤去時の切羽を安定させ周辺地山の緩みを最小限にすることが必要であり，掘削工法の変更や補助工法の採用を検討することが重要である(第8編参照)．

また，地上の自然環境を保全するために地下水位の低下や地盤沈下を防止する必要がある場合は，防水型トンネルとして覆工やインバートを検討することがある．

比較的良好な地山の場合には，発破掘削に伴う振動や騒音，低周波音が近接構造物や民家等に伝播する．その際，各事業者や法律で規定された規制値を順守するように検討するが，設計段階から生活者の視点で影響を予測し，必要に応じて，制御発破の採用や作業時間帯の制限，防音扉の設置等を考慮することがある．さらに，電子雷管の採用，機械掘削，自由面形成工法，割岩工法等の併用，分割発破による総装薬量の低減等，さらなる対策が必要になる場合もある．民家が対象の場合，法的規制値以下であっても振動や騒音により住民の生活に支障をきたすことがあり，注意が必要である(**解説 表 2.3.8**参照)．

2)　小さな土被りの場合　土被りが2D程度以下(D：トンネル掘削幅)と小さいトンネルは，坑口部と同様にグラウンドアーチが形成されにくく，周辺は未固結な地山である場合が多い．トンネルの施工に伴い地表面沈下や陥没等，地上の住民の生活や安全に重大な影響を及ぼすことがある．上載荷重として全土被り荷重が作用する場合もあり，地表構造物や地表面の利用形態，地山条件等，設計条件を総合的に勘案して，掘削時に予想される現象や対象範囲，覆工やインバートにおける力学的な性能の付加について検討することが望ましい．なお，供用後，上部の土地を改変し上載荷重が変化することがあるため，将来の土地利用等について十分に調査して検討しておくことが重要である(第3編 4.1.2，第6編，第8編参照)．

3)　特に大きな土被りの場合　土被りの大きなトンネルでは，土圧が大きく地山強度比が小さくなることにより変形量が増大するほか，高圧湧水による切羽の崩壊や山はねが生じるおそれがあり，500mを超えるような土被りの場合はとくに注意が必要である．設計にあたっては，これら問題となる現象の程度や範囲を事前に把握する必要があるが，地表からの物理探査ではトンネルルートとなる深度の地山性状を精度よく探査することが難し

いことから，変状が懸念される区間については必要な調査をトンネル坑内から施工中に実施し，得られた情報を総合的に評価して掘削工法の変更や補助工法の追加，排水工の仕様等,設計の見直しを検討することが望ましい．

4) 水底を通過する場合　水底を通過するトンネルは，河川や水路，海底の直下を掘削することを想定しており，トンネル内に水が集まりやすい．この場合，掘削に伴い，河川構造物の変形や沈下，多量湧水が生じるほか，周辺地山が水圧に耐えきれなくなると，坑内への出水とともにトンネルが崩壊することがある．調査結果をもとに対策の目的や方針，条件を整理し，類似条件での事例や解析的手法を用いて慎重に設計する必要がある．

とくに海底の場合，水深に相当する高水圧にいかに対処するかが問題である．トンネル掘削中の切羽の安定確保のほか，完成後の坑内から湧水をくみ上げるコストの問題等がある．対策の一つにトンネル周辺地山の注入があるが，その目的には，止水，地山改良，またはそれら両方を期待する場合があり，改良体の長期耐久性に留意する必要がある．

8.4 近接施工
8.4.1 近接施工一般

トンネルの設計にあたっては，設計条件に応じてトンネルが周辺構造物に与える影響，近接トンネルが相互に受ける影響，トンネルが近接施工により受ける影響について検討し，必要に応じて適切な支保工，覆工および対策工を設計しなければならない．

【解　説】　1)　トンネルが周辺構造物に与える影響　周辺構造物とはトンネル周辺の道路，鉄道，水路，建築物等の地上および地下構造物やガス，電力，通信，上下水道等の埋設物をいう．また，周辺構造物に与える影響とは，トンネル掘削や地下水位低下に伴う周辺地盤の変形あるいは発破振動による周辺構造物のひびわれやはく落等の発生をいう．なお，トンネルが周辺構造物に与える影響以外の周辺環境に与える種々の影響については第3編 2.2.2を参照すること．

設計段階で，トンネルの施工中あるいは完成後にトンネルが周辺構造物に与える影響が懸念される場合には，その影響について十分検討し，その結果に応じて対策工を検討しなければならない．周辺構造物に与える影響の程度は，地山条件，離隔や位置関係，規模，施工方法，施工順序等によって異なることに留意する必要がある（第3編 8.4.2参照）．

2)　近接トンネルが相互に受ける影響　複数のトンネルを設置する場合には，相互に有害な影響を与えないよう必要な離隔を確保することが望ましいが，用地等の制約から近接せざるをえない場合がある．ここで，近接トンネルとは，同時あるいは段階的に施工される2本以上のトンネルが相互に影響を受ける場合をいう．

近接トンネルは以下に分類される．

①　併設トンネル：2本以上のトンネルが左右，上下に並行して同時あるいは段階的に施工される場合で，とくに2本の場合を双設トンネルという．道路トンネルでは，上り線と下り線が双設トンネルをなす場合が多い．

②　めがねトンネル：併設トンネルの中で，2本以上のトンネルを隣接させ，中央壁(センターピラー)を共有する場合であり，トンネル前後の区間で用地幅に制約がある場合等に採用される．

③　交差トンネル：2本以上のトンネルが上下の位置関係で，同時あるいは段階的にある角度で交差する場合をいう．

近接トンネルは，複数のトンネルの掘削による応力再配分の影響を相互に受けるため，周辺地山の応力状態は単独のトンネルの場合と異なる．併設トンネルでは，相互にほとんど影響がなくなる離隔は，地質条件によって変化し，トンネル中心間隔で掘削幅の2倍(硬質な地山の場合)～5倍(軟質な地山の場合)程度といわれている[1],[2]．二車線高速道路トンネルでは，トンネル中心間隔を30m程度としている実績が多い．

また，後行トンネル掘削時の発破振動により，先行トンネルの覆工にひびわれやはく落等の発生が懸念されることがあるので，十分な検討を行う必要がある(第3編 8.4.3参照)．

3)　トンネルが近接施工により受ける影響　設計段階で，トンネルの施工中あるいは完成後に近接施工が計画

されている場合には，その影響について検討しなければならない（第3編 2.2.2参照）．近接施工の影響の程度は，地質条件，離隔や位置関係，近接施工の種類，規模，施工方法，施工順序等によって異なるため，事前に十分な検討を行わなければならない．

近接施工によりトンネルの安定を保っている支保構造と周辺地山の応力状態が変化し，トンネルに対して新たな荷重や変位，変形が生じてトンネルとしての機能が低下することがある．また，近接施工における発破振動等により，トンネルの覆工にひびわれやはく落等の発生が懸念されることがある（第3編 8.4.4参照）．

参考文献
1) （社）日本鉄道技術協会：双設ずい道の離隔距離に関する研究報告書，1961．
2) 東日本・中日本・西日本高速道路株式会社：設計要領第三集トンネル編(1)トンネル本体工建設編, pp.5-6, 2015.7.

8.4.2 既設構造物に近接するトンネル

周辺既設構造物に対して，トンネル掘削に伴う変位，地下水位低下に伴う沈下および発破振動の影響が懸念される場合，その影響を適切に予測し，必要に応じて対策を講じなければならない．

【解説】　1）影響予測　周辺既設構造物への影響として，掘削に伴う変位および地下水位低下に伴う地表面沈下がある．この場合，既設構造物での影響要因を特定し，構造物や地山の挙動を予測しなければならない．また，生活圏における家屋や施設への影響として発破振動がある．いずれも，影響要因を特定し，許容値と照合することにより適切に影響の程度を予測することが重要である．

① トンネル掘削による変位：掘削に伴う影響範囲および既設構造物の調査範囲の設定例を**解説 図 3.8.2**に示す[1),2)]．地表や地中の変形予測は，解析や過去の経験によって行われる．理論解析は，半無限弾性地山内における円形トンネルの理論式を用いた変形量予測であり，施工前の目安を与えるものと位置付けられる．

数値解析ではトンネルと地山を一体化して二次元あるいは三次元で解析する方法（有限要素法解析等）が一般的である．なお，解析に用いる地山条件のモデル化や物性値には十分留意しなければならない[3)]．

② 地下水位低下：粘性土層が分布する地山では，地下水位低下問題に加え地表面沈下の問題が生じることが多い．地下水位低下による影響は地山変位による影響とは異なり，長期間を要したり，切羽後方でも継続的な沈下が進行したりする場合もある．この場合，間隙水圧の変化量から圧密理論を用いて沈下予測を行うことが望ましい．

③ 発破振動：硬岩，中硬岩の掘削は，発破による掘削方式が一般的かつ経済的である．発破は振動を発生し，周辺の既設構造物に影響を与える場合がある．一般に，振動は地山条件や地下構造物の状況により伝播経路は複雑であるとともに，伝播途中で低減させるのは困難であるため計画段階において対策に十分留意しなければならない．発破振動を予測する方法としては，斉発薬量と振動速度に基づく経験式[2)]による方法が一般的であり，施工時には試験発破等を行い予測方法の確認を行うことが望ましい．

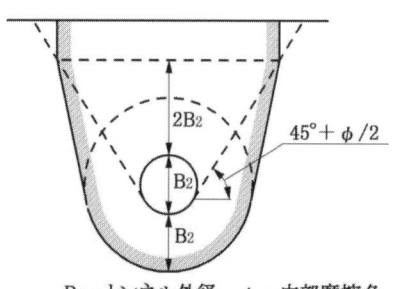

(a) トンネル掘削の影響範囲[1)]
B_2：トンネル外径，ϕ：内部摩擦角
斜線内：トンネル掘削の影響範囲

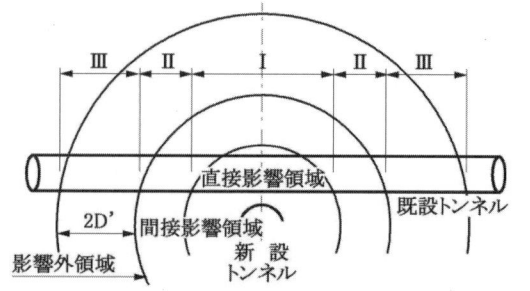

(b) 新設トンネル工事の場合の影響範囲(概念)[2)]
D'：既設トンネルと新設トンネルの平均径

解説 図 3.8.2　近接施工の影響範囲および調査範囲の設定例

2) 許容値　許容値は，工事の影響度を判断する際の基本となるものであるため，近接する工事における当事者間において十分協議のうえ決定することが重要である．

① 許容値の考え方：既設構造物の種類，構造特性，基礎形式，許容応力度に対する余裕の程度，老朽の程度等を勘案し，近接構造物の変形量，応力および振動の許容値を定める必要がある．とくに，近接構造物の変形量や応力の許容値は，施設としての機能，構造的な安全性の両者を確保できるよう十分検討のうえ設定する必要がある．

② 許容値の設定方法：近接構造物の施設としての機能，構造的な安全性確保のための許容値は，近接構造物の管理者に提示を求めて設定する．許容値が直接管理者から提示されない場合，過去の実績，構造検討等を個別に行い設定する．**解説 図 3.8.3**に発破振動における変位速度と被害の関係[4]を，**解説 表 3.8.2**に構造種別における基礎形式ごとの変形限界値[5]を示す．ただし，これらはあくまで目安であるため，その適用においては十分に検討することと近接構造物の管理者との協議が必要である．

振動 (dB)	(cm/s)	学説	Langefors (Sweden)	Edwards (Canada)	Bu.of MINES (U.S.A)	E.Banik (Germany)	米国土木学会
120		変	大きな亀裂発生	被害発生	大きな被害 亀裂の発生 壁土崩落	大きな被害	構造物が危険
110	10		亀裂発生 微細な亀裂		軽い被害		
100		位	要注意	要注意	要注意	被害発生	10Hz～35Hz 構造物要注意
90	1		目に見える被害なし	安全	安全 40Hz以上 要注意 40Hz以下	ごく軽い被害	10Hz～30Hz 機械の安全限界
80		速			安全	要注意	
70	0.1		人体にはよく感じるが、構造物の被害なし			
60			一般に多くの人々が振動を感じる			
50	0.01	度	非常に敏感な人々が振動を感じる			
40			人体に感じない			
30	0.001					

※振動速度と振動レベルの換算式　VL=20log V +83

解説 図 3.8.3　発破振動と被害の関係(文献[4]を加筆修正)

解説 表 3.8.2 構造種別における基礎形式ごとの変形限界値（文献[5]を加筆修正）

(a) 構造別の限界変形角の例

支持地盤	構造種別[*1]	基礎形式	下限変形角[*2] ×10⁻³ rad	上限変形角[*3] ×10⁻³ rad
圧密層	RC	独立，布，べた	0.7	1.5
	RCW	布	0.8	1.8
	CB	布	0.3	1.0
	W	布	1.0	2.0〜3.0
風化花崗岩（まさ土）	RC	独立	0.6	1.4
	RCW	布	0.7	1.7
砂層	RC, RCW	独立，布，べた	0.5	1.0
	CB	布	0.3	1.0
洪積粘性土	RC	独立	0.5	1.0
すべての地盤	S	独立，布（非たわみ性仕上げ）	2.0	3.5

[*1] 略号は，以下の構造種別を示す．
　　RC：鉄筋コンクリート造，RCW：壁式鉄筋コンクリート構造，CB：コンクリートブロック構造，W：木造，S：鉄骨造
[*2] 下限変形角：亀裂の発生する区間数が発生しない区間数を超える変形角のことで，亀裂発生確率が50%を超える変形角または亀裂発生区間累加数が30%を超える変形角のこと．
[*3] 上限変形角：ほとんど亀裂の出る変形角のことで，亀裂発生区間累加数が70%を超える変形角のこと．

(b) 構造別の相対沈下量の限界値の例　　　　（単位：cm）

支持地盤	構造種別[*]	CB	RC, RCW		
	基礎形式	布	独立	布	べた
圧密層	標準値	1.0	1.5	2.0	2.0〜3.0
	最大値	2.0	3.0	4.0	4.0〜6.0
風化花崗岩（まさ土）	標準値	—	1.0	1.2	—
	最大値		2.0	2.4	
砂層	標準値	0.5	0.8		
	最大値	1.0	1.5		
洪積粘性土	標準値	—	0.7	—	—
	最大値		1.5		

支持地盤	構造種別[*]	仕上材	標準値	最大値
すべての地盤	S	非たわみ性仕上げ	1.5	3.0
	W	非たわみ性仕上げ	0.5	1.0

[*] 略号は，以下の構造種別を示す．
　　RC：鉄筋コンクリート造，RCW：壁式鉄筋コンクリート構造，CB：コンクリートブロック構造，W：木造，S：鉄骨造

(c) 構造別の総沈下量の限界値の例　　　　（単位：cm）

支持地盤	構造種別[*1]	CB	RC, RCW		
	基準形式	布	独立	布	べた
圧密層[*2]	標準値	2	5	10	10〜(15)
	最大値	4	10	20	20〜(30)
風化花崗岩（まさ土）	標準値	—	1.5	2.5	—
	最大値		2.5	4.0	
砂層	標準値	1.0	2.0		
	最大値	2.0	3.5		
洪積粘性土	標準値	—	1.5〜2.5	—	—
	最大値		2.0〜4.0		

支持地盤	構造種別[*1]	基礎形式	標準値	最大値
圧密層[*2]	W[*3]	布	2.5	5.0
		べた	2.5〜(5.0)	5.0〜(10.0)
即時沈下	W[*3]	布	1.5	2.5

[*1] 略号は，以下の構造種別を示す．
　　RC：鉄筋コンクリート造，RCW：壁式鉄筋コンクリート構造，CB：コンクリートブロック構造，W：木造
[*2] 圧密層については，圧密終了時の沈下量（建物の剛性無視の計算値），そのほかについては即時沈下量，（ ）は二重スラブ等十分剛性の大きい場合を示す．
[*3] W造の全体の傾斜角は標準で1/1 000，最大で2/1 000〜(3/1 000)以下．

3) 対策　既設構造物に対する変位，応力および発破振動の許容値を超えることが予想される場合には，それぞれの規模に応じた適切な対策を講じなければならない．対策として掘削工法，掘削方式の変更や対策工法を適切に選定することが重要になる．

①　地山変位対策：地山変位の要因を把握し，その原因に即した対策を適切に施す必要がある．地山の性状によっては掘削工法や掘削方式の変更で対応可能である．しかし，変状が著しい地山では鏡吹付けコンクリートや鏡ボルトを利用して鏡面の押出し変位を抑制したり，先受け工や垂直縫地ボルトを利用して掘削天端の変形を抑制し，地山強度を増強する場合もある．対策工として用いられる補助工法の詳細については第6編 3. を参照すること．

②　地下水位低下対策：地山条件(とくに地下水位，地山の透水性)，周辺環境の調査結果に基づき，薬液注入工法，遮断壁工法等の止水工法，防水型トンネルを検討する．薬液注入工法は湧水量の低減と地山改良効果により切羽安定対策としては確実性の高い工法である．

③　発破振動対策：発破振動の軽減対策には，火薬量での対策(段当たりの薬量の削減，発破規模の縮小)，発破振動推定式の定数K値での対策(芯抜き方式の変更，薬種の変更，機械掘削工法の併用)がある[4](第4編 13.1 参照)．

参考文献

1) (社)日本トンネル技術協会：地中構造物の建設に伴う近接施工指針，pp.22-29, 1999.
2) 東日本・中日本・西日本高速道路株式会社：設計要領第三集トンネル編(1)トンネル本体工保全編(近接施工), 2006.
3) (社)土木学会：トンネルにおける調査・計測の評価と利用，pp.125-178, 1987.
4) 日本火薬工業会：あんな発破　こんな発破　発破事例集，p.6, 2002.
5) (社)日本建築学会：建築基礎構造設計指針　2001改訂，pp.153-154, 2001.

8.4.3　相互に近接するトンネル

近接トンネルの設計にあたっては，事前に相互のトンネルに及ぼす影響を予測し，その結果に基づいて，適切な支保工および覆工を設計するとともに，必要に応じて周辺地山の補強方法等を検討し，適切な対策工を設計しなければならない．

【解説】　近接トンネルには併設トンネル，交差トンネル，めがねトンネルがある(第3編 8.4.1参照)．

1) 併設トンネルおよび交差トンネル

①　相互の影響：併設および交差トンネルでは，近接の程度，トンネルの位置関係，土被り，地山条件，トンネルの構造，施工方法，施工順序等により相互のトンネルの挙動が大きく異なるので，事前に相互のトンネルに及ぼす影響について検討する必要がある．

ⅰ)　トンネルの変形および応力：併設トンネルでは，先行トンネルが後に施工されるトンネル側に変形したり，先行トンネルの周辺地山がさらに緩み，支保工に作用する荷重が増加したりする場合がある．また，後行トンネルは先行トンネルの施工による緩み等で単独のトンネルに比べ変形が大きくなる場合もある．

交差トンネルでは，後行トンネルが，先行トンネルの下部を通過する場合には，先行トンネルが沈下するように変形し，支保工，覆工の応力が増加する場合がある．また，先行トンネルの上部を通過する場合には，先行トンネルに作用する荷重が軽減されて上方に変形したり，先行トンネルのグラウンドアーチが損なわれ支保工，覆工の応力が増加したりする場合がある．

ⅱ)　地下水の影響：後行トンネルの掘削や覆工により水脈や地下水位が変化する．また，地下水位の低下に起因する広範囲な圧密沈下により先行トンネルに悪影響を及ぼす場合もある．

ⅲ)　発破振動：後行トンネルの掘削に発破を用いる場合，発破振動が先行トンネルに影響を与える場合がある．これらの影響としては，覆工に損傷を与える場合と，先行トンネルがすでに供用されているときには用途，機能面に対して問題となる場合がある．

② 影響予測：変形や支保工への影響の程度は，地山条件，近接トンネルの断面および位置関係，離隔，施工方法，先行トンネルの構造，健全度，トンネルに求められる機能等により異なる．したがって，先行トンネル側と後行トンネル側での影響要因を特定し，近接度の区分により影響の程度を判定し[1)~3)]，必要に応じて構造物や地山の挙動を予測することが重要である．

影響の予測にあたっては，類似の施工事例を調査，検討するとともに，必要により数値解析，理論解析等を併用して予測を行う．これらの影響予測手法については第3編 **8.4.2**を参照すること．

③ 支保工および覆工の設計：併設トンネルおよび交差トンネルでは，相互の影響を予測した結果から適切な支保工や覆工を設計する必要がある．とくに先行トンネルが大きな変形を受けると予想される場合には，先行トンネルの支保工を強化したり，覆工を鉄筋で補強したりするなどの対策が有効となる．併設トンネルの断面形状の事例を**解説 図 3.8.4**に示す．

④ 対策工：対策工としては，先行トンネルへの対策，後行トンネルへの対策，中間地山への対策を適宜選定して設計しなければならない．それぞれの対策工について**解説 表 3.8.3**に示す．

なお，近接トンネルでは，設計，施工の妥当性を確認する意味から計測管理が特に重要である．計測の目的は，先行トンネルの構造物としての安全性や後行トンネルの施工の妥当性および対策工，補助工法の効果を確認することにある．計測計画は，これらの目的や影響解析結果より得られる変位，応力の状況を考慮して立案する．計測の結果をただちに評価し，当初設計の妥当性の検討を行うとともに，必要により施工に反映するための修正設計を実施しなければならない（第5編 **4.2.2**参照）．

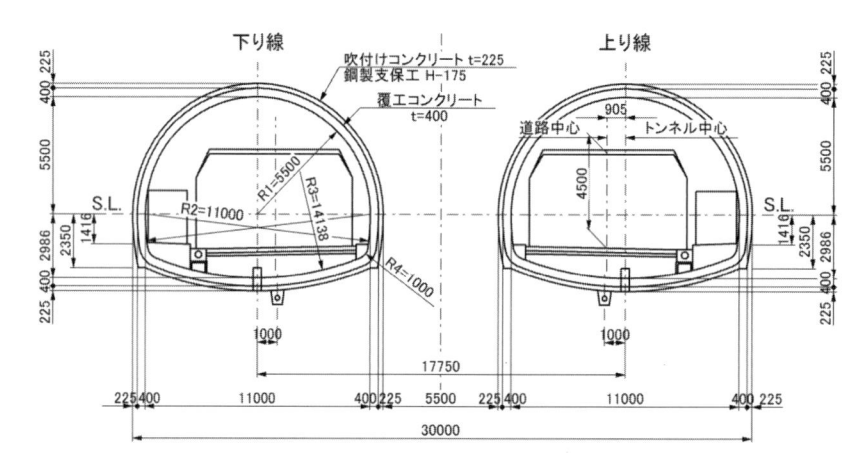

(a) 併設トンネル（南大沢トンネル）

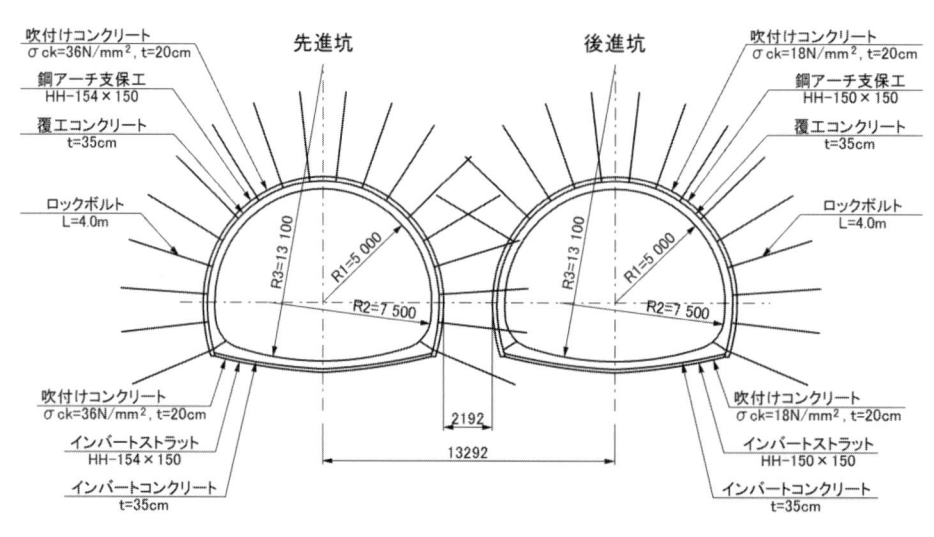

(b) 併設トンネル（鳥浜トンネル）

解説 図 3.8.4 併設トンネルの事例

解説 表 3.8.3　併設，交差トンネルの対策工

対　象	影　響	対　策　工
先行トンネル	変　形	・支保工，覆工，インバートの耐力増加，インバート早期閉合
後行トンネル	変　形	・地山の先行支持，掘削断面の分割，インバート早期閉合 ・支保工の強化，支保工脚部支持力の強化，切羽の補強 ・前方地山の改良
	振　動	・制御発破等の振動抑制，無発破工法
	地下水	・排水，止水
トンネル間の地山	変　形	・地盤強化および改良，鋼矢板工法等による遮断
	地下水	・排水，止水

<u>2）めがねトンネル</u>　めがねトンネルは導坑，先行トンネル，後行トンネルの各掘削時に周辺地山の応力再配分が繰り返し生じ，トンネルが相互に影響を受ける．また，中央壁に荷重が集中する傾向となり，中央壁の沈下や回転，中央壁上部地山の塑性化等が周辺地山や支保工，覆工の安定性に大きな影響を与える．

めがねトンネルの設計では，これまでの施工実績を参考にするとともに，有限要素法解析等の数値解析により周辺地山およびトンネルの挙動を把握し，中央壁や支保構造の妥当性等について検討しなければならない．

① 導坑数：めがねトンネルには，**解説 図 3.8.5**に示すように，1本導坑方式と3本導坑方式がある．一般に，良好な地山では1本導坑方式，地耐力不足が懸念される不良地山では3本導坑方式が採用されている．ただし，導坑数は全体の工期，工費に大きく影響するため，これらも考慮して選定しなければならない．

先行トンネルの支保工や覆工に適切な補強を行ったり，インバートの早期閉合を併用したりすることにより，導坑を設けないきわめて近接した併設トンネルとして施工した事例も増えてきている．めがねトンネルの断面形状の事例を**解説 図 3.8.6**に示す．

② 中央壁の設計：中央壁は両本坑掘削時に多方向から繰返し荷重を受け，トンネル全体の安定を保持する．また，トンネル完成後も両本坑からの荷重の一部を負担する役割を担うなど，めがねトンネルにおいて重要な構造部材である．中央壁には土被りや地山条件にもよるが，大きな鉛直荷重が作用するので，これまでの施工実績を参考にするとともに，有限要素法解析等の数値解析を利用し十分な検討を行わなければならない．

中央壁の断面形状は対称断面形と非対称断面形の2つに分類することができる．それぞれの特徴を**解説 表 3.8.4**に示すが，これらの特徴を十分に考慮したうえで断面形状を決定しなければならない．

めがねトンネルの覆工の支持構造は，**解説 表 3.8.5**に示すように3つのタイプに分類することができる．覆工の支持構造の選定においてはそれぞれの特徴を把握するとともに，用地幅，地山条件，排水構造等を考慮して設計しなければならない．同表の(a)，(b)のタイプでは，中央壁が覆工やインバートの一部を形成するため，これを本設構造物として取り扱う必要があり，このときインバートとの接続時期や荷重変化の影響等施工段階ごとの検討を十分に行うとともに，最大荷重の設定についても十分検討する必要がある．

③ 支保工の設計：めがねトンネルの支保構造は，これまでの施工実績を参考にするとともに，有限要素法解析等の数値解析によりその妥当性を検討する必要がある．これまでの施工実績によれば，地山と支保工の複雑な相互作用を考慮して，同一の地山条件における単独のトンネルの支保工と比較してランクアップしている場合が多く，また先行トンネルと後行トンネルの支保工ランクについては同一としている例が多い．

④ 覆工およびインバートの設計：先行トンネルの覆工は後行トンネル掘削前に構築される場合と後行トンネル掘削後に構築される場合がある．前者の場合には主として先行トンネルの覆工が，後者の場合には先行トンネルの支保工が後行トンネル掘削時の影響を受けるため，その影響程度を予測し，補強等の必要な対策を検討することが必要である．

また，インバートの形状，構造，施工時期は中央壁およびトンネル全体の安定性に大きく影響するため，十分な検討が必要である．

⑤ 対策工：めがねトンネルは，都市部の土被りが小さく軟質な地山に適用されることが多く，総掘削幅が大

きいため，地表面沈下の抑制や崩落防止のために先受け工等の補助工法を採用している事例が多い．めがねトンネルの補助工法は，類似の施工事例を参考にするとともに，地山条件，立地条件，土被り，掘削工法，中央壁の構造等を考慮して選定しなければならない．

中央壁上部の地山は繰り返し応力再配分がなされ，応力集中を生じる箇所であることから不安定となりやすく，崩落等が生じるとトンネル全体の安定性を損なうことになるため，補強の必要性については十分な検討が必要である．

中央壁には土被りや地山条件によっては大きな鉛直荷重が作用するので，中央壁下部の地山の支持力が不足すると，中央壁の沈下やこれに伴う本坑支保工の変状が発生することがある．これらの変状が生じた場合，トンネル全体の安定に重大な影響を与えるおそれがあるため，中央壁下部の地山の支持力検討を行い，必要に応じて中央壁支持幅の拡大や施工順序の見直し，中央壁下部の地山の補強等を検討しなければならない．

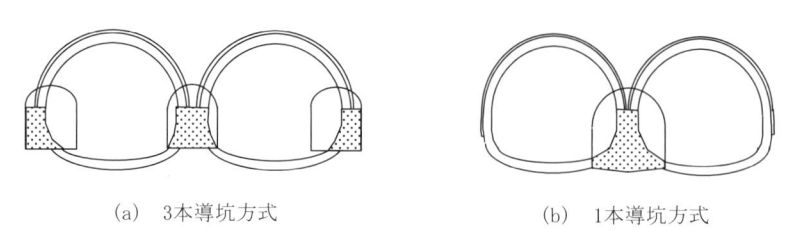

(a) 3本導坑方式　　　　(b) 1本導坑方式

解説 図 3.8.5　めがねトンネルの掘削方法による分類

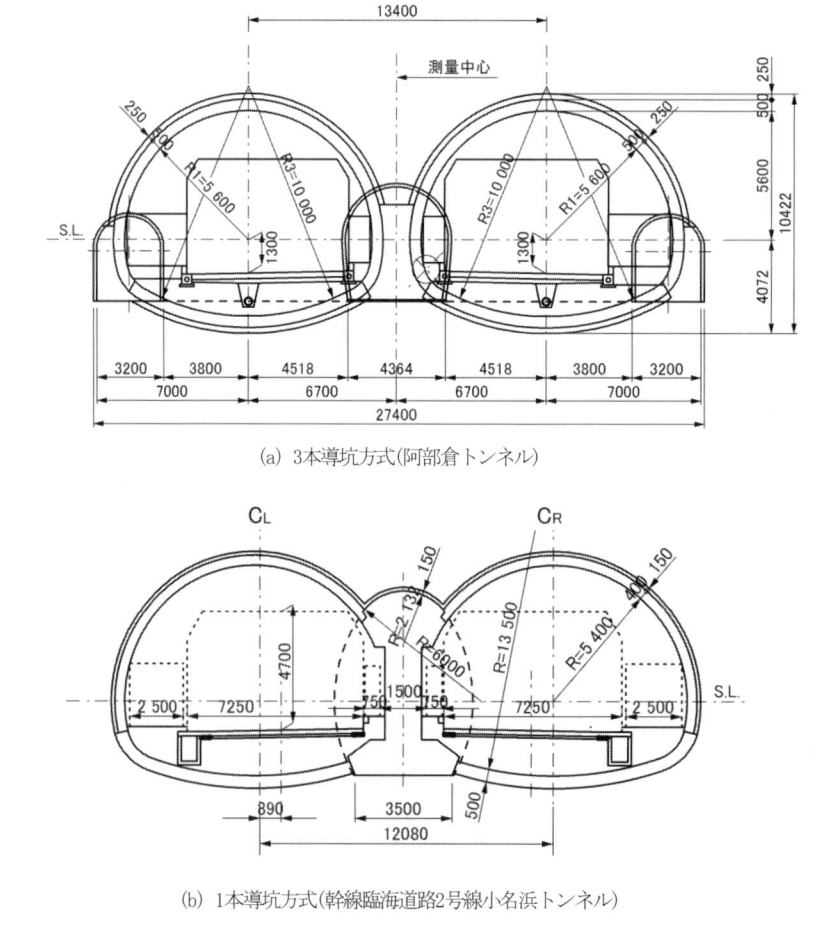

(a) 3本導坑方式(阿部倉トンネル)

(b) 1本導坑方式(幹線臨海道路2号線小名浜トンネル)

解説 図 3.8.6　めがねトンネルの断面形状の事例(その1)

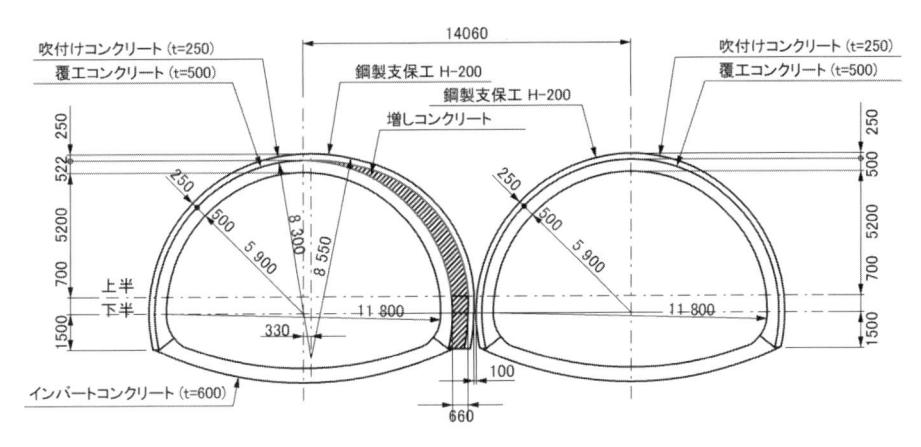

(c) 無導坑方式(大門寺トンネル)

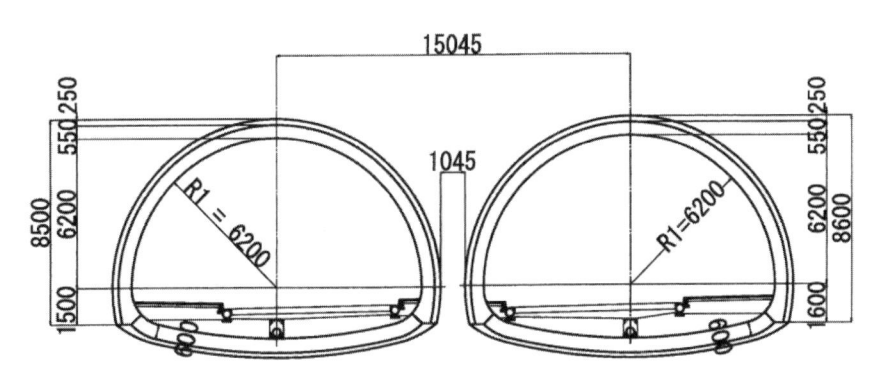

(d) 導坑方式から無導坑の併設トンネルに変更した事例(識名トンネル)

解説 図 3.8.6　めがねトンネルの断面形状の事例(その2)

解説 表 3.8.4　中央壁の断面形状

	対称断面形	非対称断面形
断面形状	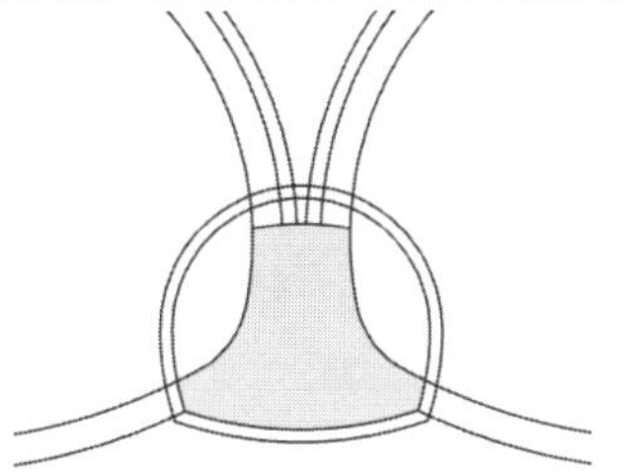	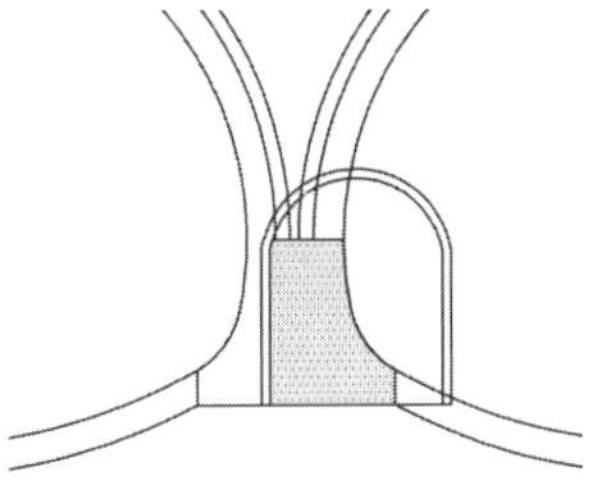
特徴	・施工性やトンネル完成時の安定性に優れる. ・センターピラーの両側に空洞が生じるため，地山条件により，本坑掘削時の安定対策が必要となる.	・導坑断面を小さくできる. ・応力集中や不等沈下が生じやすい. ・後行トンネル側の覆エコンクリート形状が悪くなる.

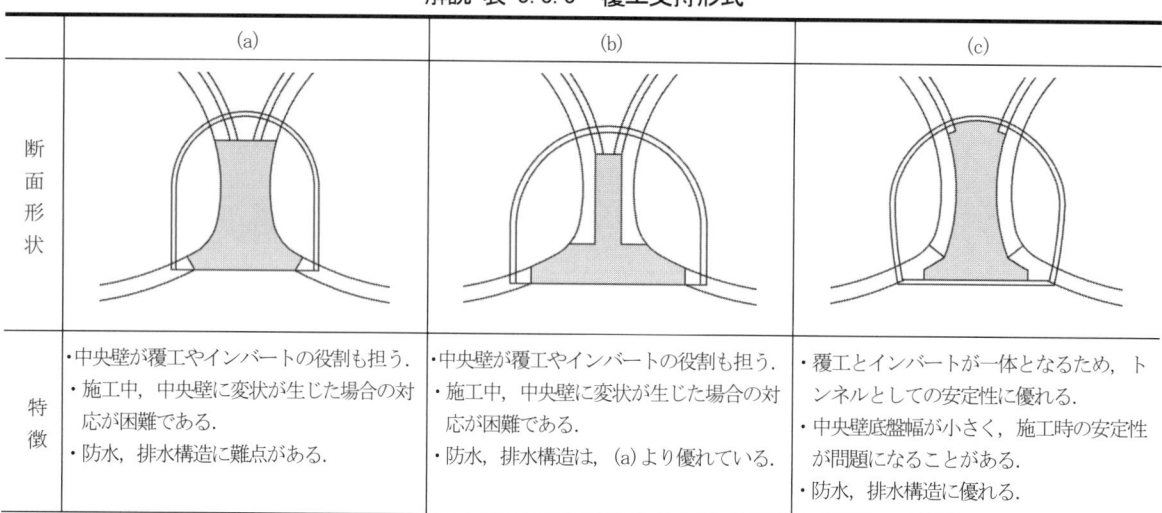

解説 表 3.8.5 覆工支持形式

	(a)	(b)	(c)
断面形状			
特徴	・中央壁が覆工やインバートの役割も担う． ・施工中，中央壁に変状が生じた場合の対応が困難である． ・防水，排水構造に難点がある．	・中央壁が覆工やインバートの役割も担う． ・施工中，中央壁に変状が生じた場合の対応が困難である． ・防水，排水構造は，(a)より優れている．	・覆工とインバートが一体となるため，トンネルとしての安定性に優れる． ・中央壁底盤幅が小さく，施工時の安定性が問題になることがある． ・防水，排水構造に優れる．

参考文献

1) 東日本・中日本・西日本高速道路株式会社：設計要領第三集トンネル編(1)トンネル本体工保全編(近接施工)，2006．
2) (財)鉄道総合技術研究所：既設トンネル近接施工対策マニュアル，1996．
3) (社)日本トンネル技術協会：地中構造物の建設に伴う近接施工指針，1999．

8.4.4 近接施工の影響を受けるトンネル

施工中もしくは完成後のトンネルに近接して建設工事が計画されている場合，そのトンネルが受ける影響を予測し，必要に応じて設計に反映しなければならない．

【解　説】　1)　近接施工による影響　近接施工の程度，土被り，地山条件，既設トンネルの構造，施工方法，施工順序等により挙動が大きく異なるので，事前に当該トンネルに及ぼす影響を検討する必要がある．近接施工例を解説 図 3.8.7に，近接度の区分例を解説 図 3.8.8，解説 図 3.8.9に示す．近接施工によって生じる影響は，近接施工に伴うトンネル周辺地山の変形，支保工や覆工に作用する荷重の増加，地下水環境の変化等がある．

2)　影響予測方法　地山の変形や荷重の増加によるトンネルへの応力増加が主たる影響であるため，有限要素法解析等で構造設計や対策工の検討を行うことが望ましい(第3編 8.4.2参照)．

3)　対策工　対策工としては，近接施工側での対策，近接施工側とトンネル間の地山での対策，トンネル側での対策の組合せを検討し，合理的な設計をしなければならない．

設計にあたっては，①近接施工側での対策，②近接施工側とトンネル間の緩みを極力小さくする施工方法，および③トンネル側の対策の点から検討し，必要に応じてこれらを併用することが一般的である．近接施工側での対策工一覧を解説 表 3.8.6に示す．また，対策工例を解説 図 3.8.10に示す．なお，トンネルでは，近接施工側の設計，施工の妥当性を確認する意味から計測管理が特に重要である．

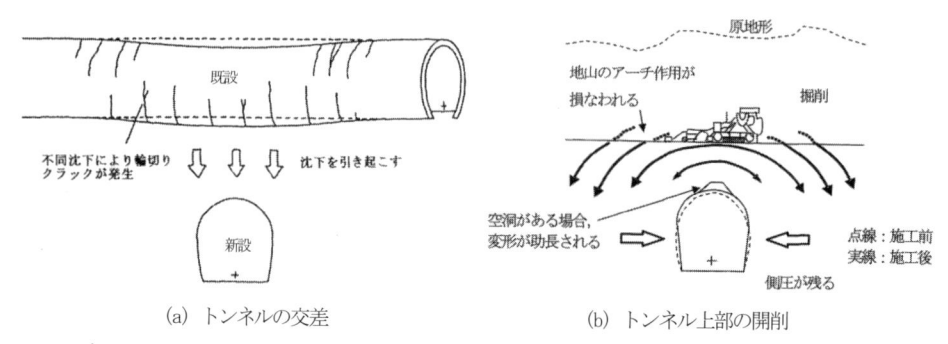

(a) トンネルの交差　　(b) トンネル上部の開削

解説 図 3.8.7　近接施工の種類と既設トンネルの挙動(文献[1]を加筆修正)

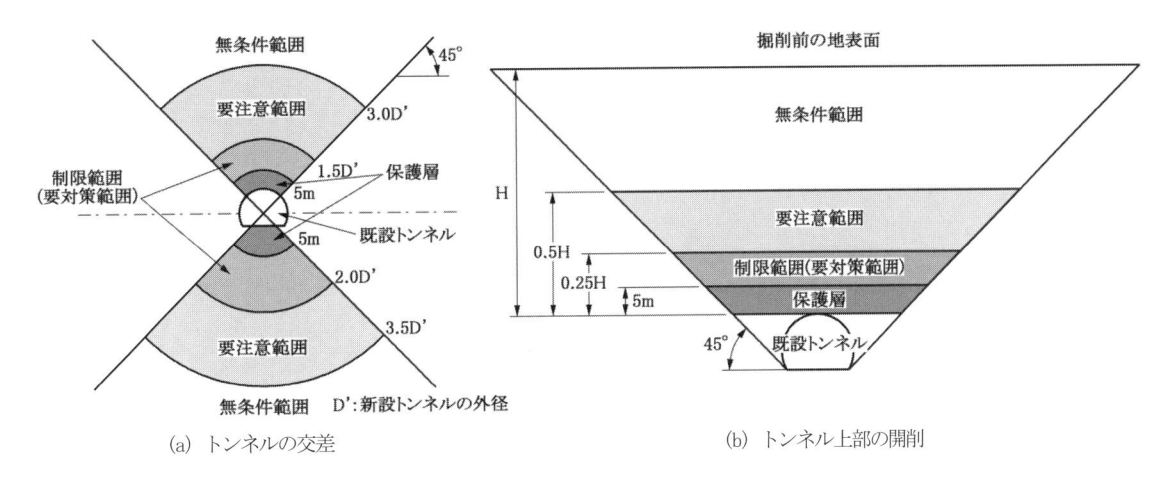

(a) トンネルの交差　　　　　　　　　　(b) トンネル上部の開削

解説 図 3.8.8　近接度の区分例（文献[2]を加筆修正）

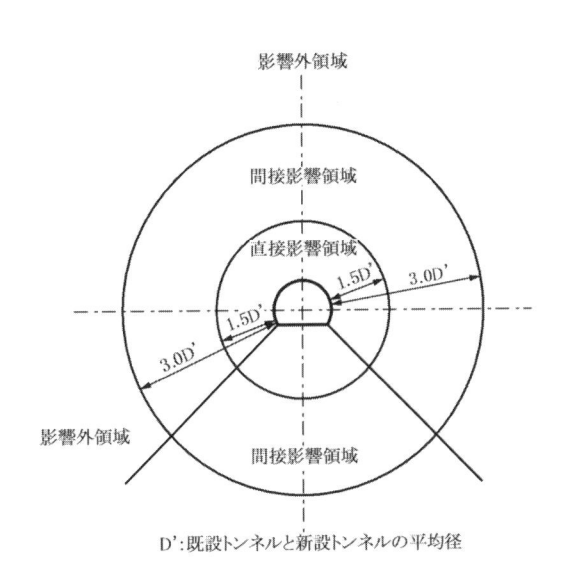

解説 図 3.8.9　近接度の区分例（文献[3]を加筆修正）

解説 表 3.8.6　近接施工側での対策工一覧（文献[2]を加筆修正）

近接施工の種類	基本的考え方	具体的方法
トンネル上部の開削	・荷重を均等に除去する	・掘削方式の変更 ・掘削順序の変更 ・切取り厚の制限
トンネル上部の盛土	・荷重を均等に作用させる	・撒出し順序の変更 ・撒出し厚さの変更
トンネル上部の構造物基礎	・荷重を均等に作用させる ・掘削，打込みの影響を抑える	・基礎形式の変更 ・工法の変更
トンネル側部の掘削	・荷重を均等に除去する ・掘削による地山の変位を抑える	・掘削方式の変更 ・掘削順序の変更 ・土留め，のり面勾配の変更
トンネル近傍のアンカー	・直接的影響を除去する	・アンカー配置の変更 ・プレストレス施工順序の変更
トンネル上部の湛水	・湛水による影響を抑える	・湛水量の調整 ・止水工の変更
地盤振動	・振動を抑える	・制御発破の採用 ・他工法（機械掘削等）の検討

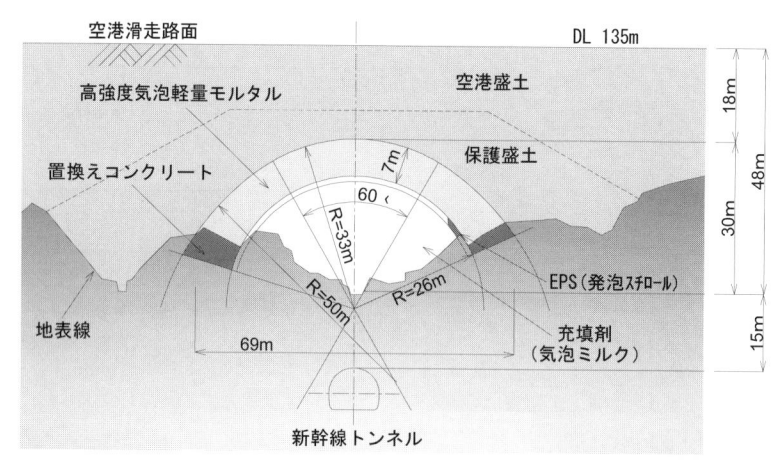

解説 図 3.8.10 近接施工側での対策工例（第一高尾山トンネル）

参考文献

1) (財)鉄道総合技術研究所：鉄道構造物等設計標準・同解説　都市部山岳工法トンネル, p.151, 2002.
2) (財)鉄道総合技術研究所：既設トンネル近接施工対策マニュアル, pp.13-16, pp.36-47, 1995.
3) 東日本・中日本・西日本高速道路株式会社：設計要領第三集トンネル編(1)トンネル本体工保全編(近接施工), 2006.

8.5 特殊な形状と寸法

8.5.1 特殊な形状と寸法一般

特殊な形状および特殊な寸法のトンネルでは，その目的，地山条件を勘案してトンネルおよび周辺地山の安定が十分に保てるよう設計しなければならない．

【解　説】　特殊な形状や寸法のトンネルは，一般部に比べて掘削断面が大きくかつ構造的に複雑となるため，地山の応力状態が不安定となりやすく，地山の条件が良好と予測される位置に設置することが重要である．また，地山の状況によっては位置の変更が必要となるが，これには種々の困難を伴うため，地山に合わせた施工上の対応が必要となることが多い．

特殊な形状や寸法のトンネルにおいては，トンネルや周辺地山が力学的に十分に安定して施工し，かつ経済性を確保できるよう，施工方法，支保工，覆工，補強工等を検討しなければならない．とくに，地山条件が不良な場合は，地山の調査を詳細に行い，トンネルの安定性に関して十分な検討を行う必要がある．一般に，こうした場合には適切な補強工を必要とすることが多い．

代表的な例としては以下がある．

① 分岐部
- 道路トンネルの集じん機室や換気坑取付け部
- 道路トンネルの分岐および合流部
- 地下発電所等の連絡通路や導水トンネル
- 避難連絡坑，立坑との連絡坑，湧水が多い場合の水抜き坑，作業坑等

② 拡幅部
- 鉄道トンネルの駅部付近の拡幅部や信号所，器材坑等
- 道路トンネルの電気室や非常駐車帯，非常用施設の箱抜き等
- 道路トンネル改築（リニューアル）における断面の全線拡幅

③ 特に大きな断面
- 標準設計の適用範囲を超えるような大きな断面積のトンネル

④ その他の特殊な形状
- 上下車線を1断面に納めた二層構造のトンネルのように特殊な断面形状

8.5.2 分岐部，拡幅部および特に大きな断面

分岐部，拡幅部および特に大きな断面のトンネルの設計にあたっては，その目的，形状，地山条件，施工方法，施工時期等に留意し，施工時および完成後のすべての断面で安定となるよう施工方法，支保工，覆工，補強方法等を検討しなければならない．

【解 説】 1) 分岐部および拡幅部　分岐部や拡幅部は施工過程で断面の形状が逐次変化し，特殊かつ不安定な構造となりやすい．設計にあたっては，これらの施工過程においてもトンネルおよび周辺地山が安定であることを確認しなければならない．

① 分岐，拡幅部の種類と特徴：分岐部や拡幅部には**解説 図 3.8.11**に示すような種類がある．

ⅰ) 分岐部：分岐トンネル(a)では，断面の幅が漸次拡大し扁平となる．その結果，トンネルおよび周辺地山が不安定となりやすいため，適切な補強が必要となる．また，分岐後の2本のトンネルに挟まれるピラー部は，トンネルの掘削により応力が最も集中する箇所であり，安定性に問題が生じることが多く，必要に応じてトンネル補強の検討を行う．補強を検討すべき目安としては，近接トンネルにおいて相互に影響がなくなる中心間距離が掘削幅の2～5倍(トンネル壁間で1～4倍)といわれている(第3編 8.4参照)ことより，分岐後のトンネル壁間距離が掘削幅の4倍程度になるまでとされている[1),2)]．

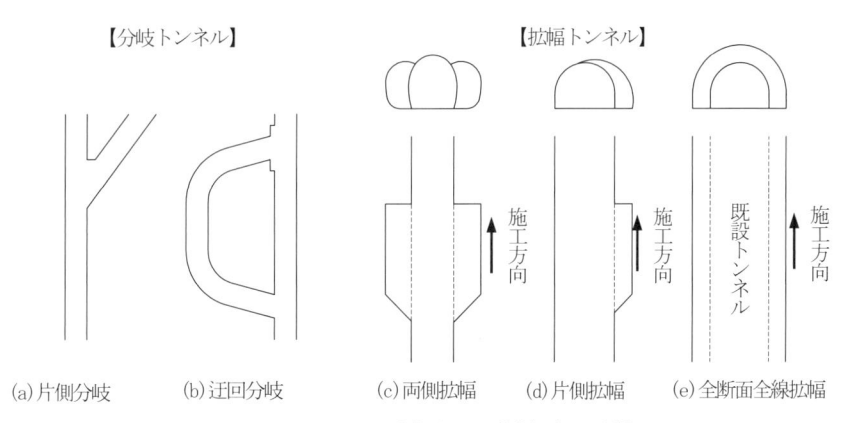

解説 図 3.8.11　分岐部および拡幅部の種類

分岐トンネル(b)は，集じん機室や換気坑の取付け部や連絡坑等で計画されるが，本坑が通過し切羽が十分に進行した時点で掘削されることが多い．この場合，安定化した地山を分岐トンネルの掘削で再び乱すことになる．このような分岐トンネルの設計では，地山の安定上は分岐角度を可能な限り直角に近づけることが望ましいが，その場合でも分岐トンネル取付け部，本坑側壁部，本坑インバート等への適切な補強が必要となる．トンネル形状，分岐角度，地山条件，補強方法等によるが，補強範囲は本坑トンネルの軸方向に前後掘削幅の1～4倍程度とすることが多い．また，集じん機室や換気坑の設計では空気力学上の気流等も考慮して分岐の形状が定められる．

ⅱ) 拡幅部：拡幅トンネル(c)は，鉄道トンネルの駅部の施工等で用いられる．地山が良好な場合は全断面で拡幅することも可能であるが，一般には断面が大きいため，中央と側部の計3本のトンネルとして掘削し，最後に隔壁を撤去する方法がよくとられる．拡幅トンネル(d)は非常駐車帯等で計画されるが，拡幅範囲がそれほど大きくないので支保パターンの変更で対処することが多い．拡幅トンネル(e)は既設トンネルの改築(リニューアル)で用いられ，プロテクタ等でトンネル内の通行を確保しながら活線施工，または全面通行止めで施工する．

② 分岐および拡幅部の設計手法：分岐部や拡幅部の設計には以下の方法が有効である．

ⅰ) 類似条件での設計の適用：分岐部および拡幅部に関する既往の設計，施工事例を詳細に調査する．断面形状，地山条件，施工方法，補強工，補強領域等の設計諸元の調査はもちろんであるが，同時に，施工時と完成後のトンネルの挙動を十分に調査し，設計と施工結果を関連づけて評価する必要がある．

ⅱ) 解析的手法による設計の適用：断面形状や地山条件が特殊で既往事例を参考とする設計で，検討が不十分

と考えられる場合には，数値解析が有用である．分岐部や拡幅部の形状や構造は複雑であり，グラウンドアーチも一般部と異なることから，地山を含めた有限要素法解析等の連続体解析手法が推奨される．分岐部や拡幅部の解析は，掘削過程を含む三次元問題であることを認識しつつ，解析の前提条件や入力パラメータを常に評価しながら結果を総合的に判断する必要がある．

③ 設計における留意点：分岐部や拡幅部の掘削のための補強工には，トンネル掘削で一般に使用される支保工の増強や補助工法が適用されることが多い．すなわち，ロックボルト(ファイバーボルトを含む)の本数や長さの増加，吹付けコンクリート厚の増加，鋼製支保工のサイズ変更等がおもに用いられ，地山によっては先受け工や薬液注入工法等が適用される．

分岐部および拡幅部の補強方法や補強領域の大きさ等は，前述した設計手法により決定されるが，数値解析結果を参考とする場合は，モデル化，入力パラメータ等を含め，各種の検討結果を総合的に判断して決定する必要がある．

分岐部や拡幅部の設計にあたっては，分岐部や拡幅部の施工が本坑と同時施工か，あるいは本坑完成後の施工かという施工順序にも留意する必要がある．分岐部や拡幅部の施工が本坑完成後に行われる場合，分岐部や拡幅部の掘削による解放応力はコンクリート等の覆工へ直接作用する．吹付けコンクリートや覆工のひびわれや破損等を防止するためには事前に分岐部や拡幅部の十分な補強が必要である．

分岐部や拡幅部は特殊な応力状態にあることから，施工時の計測によりトンネル掘削時の安定，支保工や補強工の妥当性等を確認すること，および異常時に備えて計測結果をすみやかに設計，施工にフィードバックする体制を整えておくことが重要である．

新設トンネルで分岐するトンネルの例を**解説 図 3.8.12**，活線で分岐するトンネルの例を**解説 図 3.8.13**に示す．また，両側拡幅の例を**解説 図 3.8.14**，活線拡幅の例を**解説 図 3.8.15**，非活線拡幅の例を**解説 図 3.8.16**に示す．

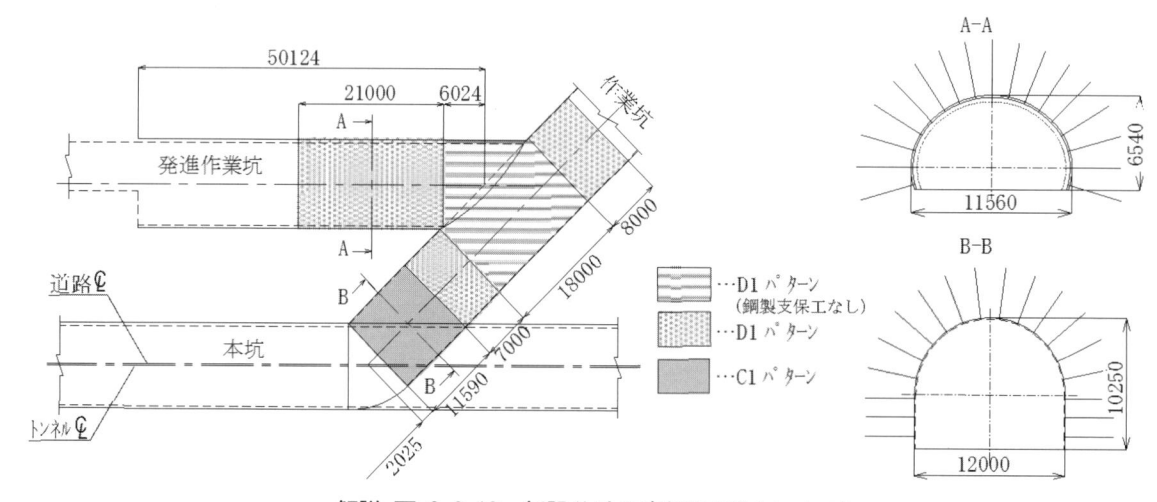

解説 図 3.8.12 新設分岐の事例(飛騨トンネル)

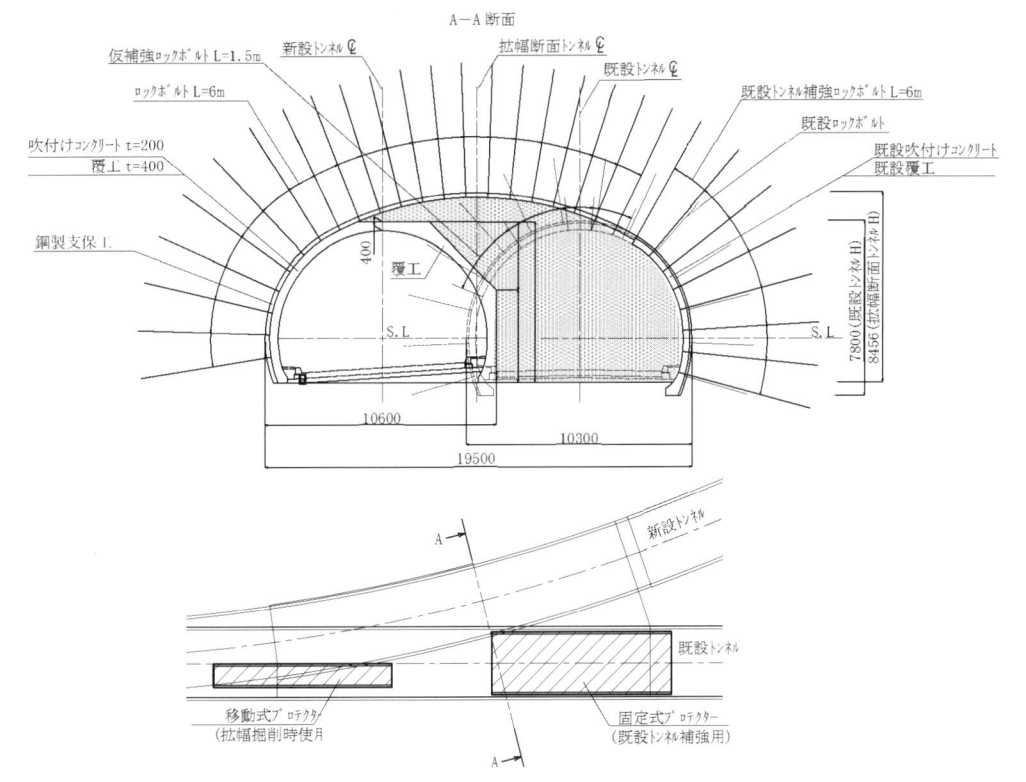

解説 図 3.8.13 活線分岐の事例（第二宇遠別トンネル）

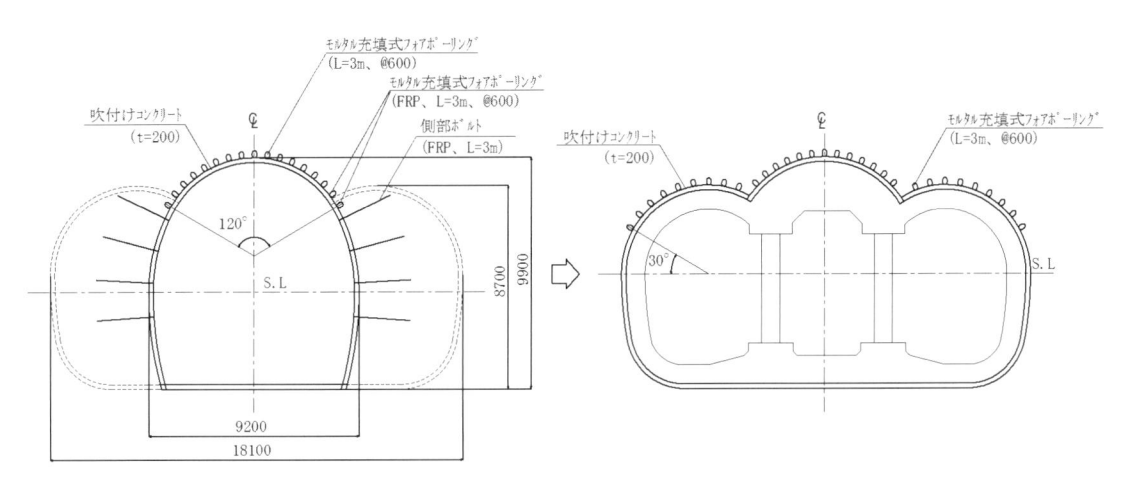

解説 図 3.8.14 新設拡幅の事例（東急反町駅）

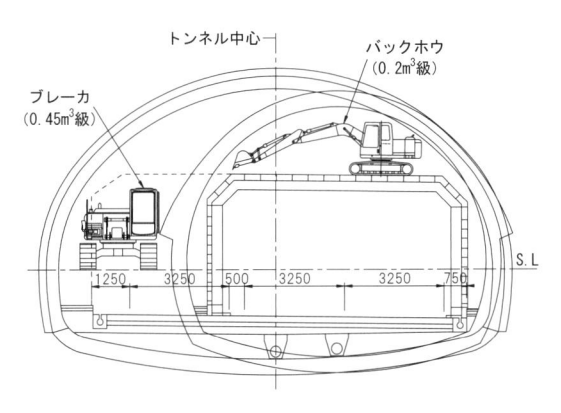

解説 図 3.8.15 活線拡幅の事例（大蔵トンネル）

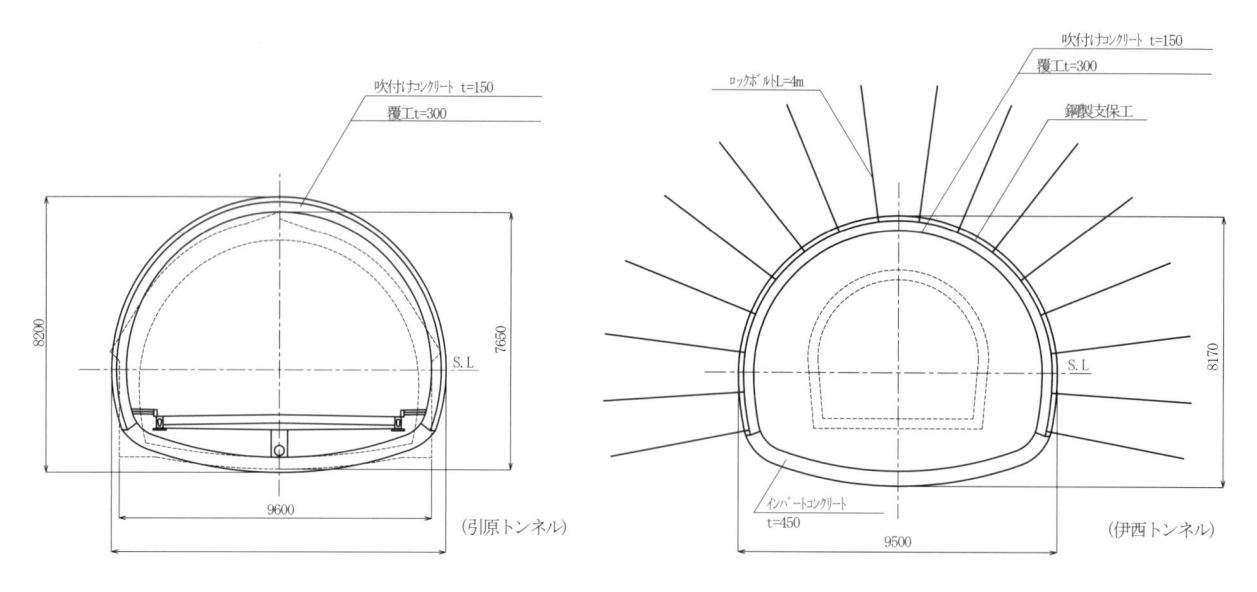

解説 図 3.8.16 非活線拡幅の例（引原トンネル，伊西トンネル）

2) 特に大きな断面のトンネル

特に大きな断面とは，標準設計の適用範囲を超えるようなものを指す(第3編 3.1.2参照)．三車線以上もしくはトンネル内で車線数が増加するなどの理由により，特に大きな断面となる例がある(解説 図 3.8.17参照)．

① 掘削：一般に掘削断面が大きくなるにつれ，切羽の安定性が低下したり内空変位等が増大したりするようになるため，掘削断面を分割することや補助工法の採用等の対策が必要となる．これらの対策を含め掘削工法を選定する際には，経済性，地山の安定性および施工性等を総合的に判断し，合理的な方法を選定する必要がある(第3編 2.3.2参照)．なお，標準設計の適用範囲を超えるような大きさのトンネルは施工実績が少なく，地山の挙動，支保工の発生応力等の予測が難しいため，工事の安全性および経済性を確保するための観察・計測がより重要となる(第5編 4.参照)．

② 支保工：特に大きな断面のトンネルの支保工には，標準的なトンネルより大きな荷重が作用するため，支保部材の剛性や強度を通常より大きくする必要がある．このため，高規格または高強度支保工を採用する場合がある．特に大きな断面のトンネルには施工実績に基づいて作成された標準支保パターンがないため，支保工の選定にあたっては，類似条件での設計や解析的手法を適用し，支保工の妥当性を確認する必要がある(第3編 3.1.2参照)．

③ 覆工，インバート：断面が特に大きい場合の覆工，インバートでは，一般に巻厚が大きくなり打ち込むコンクリート量が多くなるため温度応力の影響を検討したり，自重が特に大きく形状が扁平になる影響を考慮して脱型時期を検討したりする必要がある．このため，同規模の大断面トンネルの実績を参照し，高強度コンクリートの適用による薄肉化についても比較検討する必要がある．

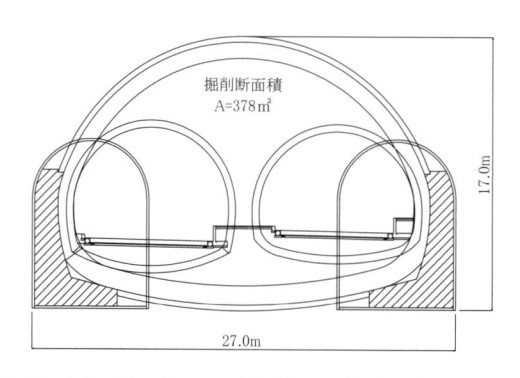

解説 図 3.8.17 特に大きな断面の例（新武岡トンネル）

参考文献
1) 東日本・中日本・西日本高速道路株式会社：設計要領第三集トンネル編(1)トンネル本体工建設編，2015.7.
2) (社)日本トンネル技術協会：山岳トンネルの坑内交差部の設計・施工に関する研究報告書，1985.

8.6 完成後の外力
8.6.1 完成後の外力一般

トンネル完成後に，土圧，水圧，地震の影響，その他の外力を受ける場合においては，解析的手法や類似事例に基づいて覆工やインバートの設計を行わなければならない．

【解説】 山岳工法によるトンネルでは，基本的に完成後の覆工やインバートに作用する荷重は考えなくてよいが，以下のように外力を受ける場合においては，覆工やインバートに力学的な性能の付加を考慮し，解析的手法や類似事例に基づいた設計を行う必要がある(第3編 2.2.4参照)．

1) 土圧が作用する場合　膨張性地山において，地山の変形が完全に収束する前に覆工を施工し，覆工とインバートで荷重と変形を抑えようとする場合，覆工やインバートに作用する荷重を考慮して設計する必要がある．また，土被りが非常に小さい未固結地山等では，完成後に緩み土圧が作用する場合がある．その他，偏圧地形の場合において，地すべりの存在等，地質条件によっては，施工中だけでなく完成後にも偏土圧を受ける場合があり，設計に反映する必要がある．

2) 水圧が作用する場合　周辺の地下水をトンネル内の排水工に導かない場合では，トンネルを防水型とするため，覆工やインバートへの水圧の作用を考慮して設計する必要がある．このような事例は都市部だけでなく，山岳部でも増加している．また，水路トンネルにおいて内水圧が作用する条件においては，これを考慮した設計を行う必要がある．

3) 地震の影響を受ける場合　地質の不良区間の存在等，地震の影響を考慮すべき条件で，大きな地震に対する覆工補強が必要となる場合がある．山岳トンネルにおいては地震の影響を考慮しないことが多いが，地山条件によっては，山岳トンネルでも地震の被害を受ける可能性があり，その程度によって地震の影響を考慮して設計する必要がある．

4) その他の外力の影響を受ける場合　完成後に近接施工の影響を受ける場合や，地山の凍上圧，内部荷重，上載荷重等を考慮して設計すべき場合がある．

1)〜4)の荷重に対し，覆工やインバートに力学的な性能を付加させる場合は，大きな耐力が要求されることから，鉄筋コンクリート構造としたり，短繊維等を用いたりして補強し，耐荷能力を高める必要がある．なお，耐荷能力向上ではなく，覆工コンクリートのはく離，はく落対策として繊維補強を行うこともある．設計においては，覆工やインバートに作用する外力を骨組構造解析や有限要素法解析を用いて設定するのが一般的である．

8.6.2 土圧

トンネル完成後に，周辺の地形や地質条件，近接施工等に起因する付加荷重が覆工やインバートに作用する場合には，それらの影響を考慮した設計を行わなければならない．

【解説】 山岳工法においては，変形の収束後に覆工を施工するのが通常であるため，一般にはトンネル完成後の覆工やインバートの設計において土圧の作用は考えなくてよい．ただし，次のような条件においては土圧が作用することがあるので，荷重を予測し，必要に応じて設計に反映させなければならない．

1) 膨張性地山の場合　膨張性地山等変形が著しく大きい場合では，変形の収束前に覆工を施工し，覆工に荷重を負担させる場合がある．この場合，掘削から覆工の施工までの期間を考慮し，覆工施工後に生じる地山の塑性圧による荷重を想定し，おもに骨組構造解析や有限要素法解析を用いて設計する．

2) 未固結地山の場合　未固結地山の場合は，トンネル完成後に地山の強度低下に伴う土圧が作用することが

ある．土被りおよび未固結地山の状態や分布状況を考慮した上で，必要に応じて土圧の作用を考慮した覆工やインバートの設計を行わなければならない．

この場合，設定する荷重は，鉛直荷重として緩み土圧または全土被り荷重が用いられることが多い．水平荷重は鉛直荷重に側方土圧係数を乗じて設定される．また，地盤反力は地盤ばねで表現するのが一般的である．

覆工やインバートに作用する荷重が十分な精度で予測可能ならば，その荷重にトンネル用途と各現場の環境条件に応じた安全係数を加味して設計用荷重として設定する．ただし，山岳工法で施工された覆工やインバートへの作用荷重(土圧)の計測データはほとんどなく，設計用荷重の設定に用いるほどのデータの信頼性は確保されていないのが現状である[1]．

3) **偏土圧を受ける場合** 坑口部や地すべり地形等で，偏土圧を受ける地形条件の場合では，施工中だけでなく完成後にも土圧によって変状が発生する場合がある．このような条件においては，抱き擁壁や押え盛土，場合によってはグラウンドアンカーを併用した偏土圧対策を施す必要がある．

参考文献

1) (社)土木学会：トンネル・ライブラリー第13号　都市NATMとシールド工法の境界領域－荷重評価の現状と課題－, 2003.

8.6.3 水　　圧

トンネルの完成後，水圧の作用を考慮する条件においては，覆工やインバートへの水圧の作用について予測し，設計に反映しなければならない．

【解　説】 通常の山岳工法においては，トンネル周辺の地下水を防水シートや裏面排水工，横断排水工を介して中央排水工に導き，トンネル外へ排水するため，覆工やインバートに水圧は作用しないと考えてよい．

これに対し，トンネル内へ周辺地下水を排水させない場合には，防水型トンネルとする必要がある．防水型トンネルでは覆工やインバートに水圧が作用することになるため，基本的には覆工やインバートを鉄筋コンクリート構造とし，作用する水圧が大きいほどコンクリート厚を大きくするとともに，インバート半径を小さくして断面形状を真円に近づけるのが構造上有利となる．防水シートはインバートを含めた全周に設置し，排水型トンネルの場合よりも厚くするのが通例である(第3編 6.2参照)．

この場合には，設定する地下水位に応じた水圧を覆工やインバートに作用させるが，断面力に対する覆工形状の影響が大きいので，構造諸元のみならず覆工形状(第3編 4.2.1参照)にも十分配慮することが重要である．水頭がきわめて大きい条件においては，覆工厚が非常に大きくなり，施工が困難になる場合があるので，防水型トンネルの採用には慎重な検討が必要である．

トンネルの一部区間を防水型トンネルとする場合は，縦断方向への地下水の流動を考慮し，必要に応じて防水型トンネルの始終点に薬液注入による止水壁を設けるなどの処置が求められる．

なお，トンネル掘削中も地下水位の低下を極力制限する場合は，事前にトンネル周辺を薬液注入等により改良しておく必要がある．この場合でも，トンネル完成後には覆工に水圧が作用するものとして設計している事例が多い．

圧力水路トンネル等のように内水圧が加わる場合は，周辺地山の地盤反力を期待するため，地山をばね等でモデル化して評価する．また，覆工背面地山の補強や空隙の充填を目的に裏込め注入を計画する場合には，注入後の地盤の強度や変形特性の評価を適切に行わなければならない．

8.6.4 地　　震

トンネルの完成後，地震の被害を受ける可能性がある場合は，条件に応じて構造設計に配慮しなければならない．

【解　説】　トンネルは周辺地山と一体となって挙動するため，地表の構造物に比べて地震の影響が少なく，耐震性に富む構造物であるといえる．とくに安定した地山中に存在する山岳部のトンネルにおいては，一般に地震の影響を考慮する必要はない．坑口部においても，通常行われる鉄筋補強によって，大規模地震時の被害をある程度軽減できる．

しかし，以下のような場合には，山岳トンネルでも地震の被害を受ける可能性があり，その程度によっては構造に配慮が必要となる．

<u>1)　トンネルが小土被り，未固結地山中に存在する場合</u>　土被りが小さい未固結地山では地震による地山のせん断ひずみが大きくなる．さらに，土被りが小さい場合，グラウンドアーチが形成されにくくなるので，地震時の地盤変位のほか，緩み土圧の突発的な作用等も考えられる．また，土被りの小さい坑口部付近では斜面崩壊の影響を受けやすい．

<u>2)　トンネルが地質不良区間に存在する場合</u>　断層破砕帯等の地質不良区間ではトンネル完成後，大きな塑性圧，緩み土圧等が作用する可能性があり，さらに地震時に荷重が増加した場合には被害が発生しやすい．また，未固結地山と岩盤の境界等，変形特性が急激に変化する地層境界にトンネルが存在する場合には，せん断ひずみの違いに起因した被害が発生しやすいと考えられる．

上記1)の場合においては，鉄筋コンクリート構造の覆工およびインバートに対して応答変位法により設計する方法が提案されている[1]～[3]．

上記2)の場合において，地震の作用をあらかじめ設定することは現状では難しいが，既存の地震被害事例から予想される変位量を被害の再現解析から求め，外力としてトンネルに与える方法[1]等がある．ただし，耐震性能の照査法については，とくにトンネル覆工やインバートが無筋コンクリートの場合，確立された性能照査型設計手法がないのが現状である．

参考文献

1) (社)土木学会：トンネル・ライブラリー第15号　都市部山岳工法トンネルの覆工設計－性能照査型設計への試み－，pp.167-186，2006.
2) (公財)鉄道総合技術研究所：鉄道構造物等設計標準・同解説　耐震設計，pp.405-406，2012.
3) (財)鉄道総合技術研究所：鉄道構造物等設計標準・同解説　都市部山岳工法トンネル，pp.155-157，2002.

8.6.5　その他の外力

トンネルの完成後，近接施工による外力や，地山の凍上圧，内部荷重，上載荷重等を考慮すべき条件にある場合，それらを考慮した設計を行わなければならない．

【解　説】　都市部や坑口部付近等において，トンネルの完成後の切土や盛土等の近接施工による土圧の変化等，覆工やインバートに新たな付加的な荷重が発生する場合がある．この場合，近接施工の規模やトンネルとの近接度によって影響の大きさが異なること，また覆工やインバートに付加的に作用する荷重は地山を介して相互に作用することから，設計荷重の設定が難しいため，おもに有限要素法解析等を用いることが一般的である．設計段階でトンネル周辺における将来の環境条件の変化が分かっている場合，あるいは都市部等で将来の改変の可能性が高いような場合には，覆工やインバートに相応する耐荷能力を付与することが望ましい(第3編 8.4参照)．

寒冷地においては，覆工背面の水分の凍結圧や地山の凍上圧が問題になる場合がある(第3編 2.2.4参照)．こうした条件においては，断熱材を設置するなどの対策がとられている(第3編 6.1，7.2参照)．

多層構造における活荷重，死荷重等の内部荷重や，トンネル直上を道路が横断する場合等の上載荷重を設計条件に考慮すべき場合があり，これらの場合にも骨組構造解析や有限要素法解析等によって覆工構造を決定する必要がある．

第4編 施 工

第1章 総 則

1.1 施工一般

トンネルの施工は，設計図書に基づき，地山条件に的確に対応するとともに，工事の安全と円滑な進捗および周辺環境に与える影響に留意して行わなければならない．また，施工に先だち，工事の規模，工期，地山条件，立地条件および周辺環境等を考慮して，適切な施工方法，工事用機械，設備等を検討し，安全で経済的な施工計画を立てなければならない．

【解 説】　トンネルは延長方向に長い地中構造物であり，地質，湧水等の地山条件を全線にわたって事前に正確に予測することはきわめて困難である．このため，一般に計画，設計の段階では，不確定ないし不可知な要素を多く残した状態で作業を進めざるを得ないという特殊性を有している．したがって，トンネルの施工にあたっては，仕様書，設計書，設計図などの設計図書および設計報告書，地質調査報告書等に基づき，設計の意図を十分に理解したうえで，地山条件に的確に対応するとともに安全の確保と円滑な進捗に留意して進める必要がある．また，他の一般の土木工事と同様に周辺環境に与える影響に留意して施工を進めていく必要がある．

このようなトンネル工事の特性を踏まえ，施工に先だって適切な施工計画を立てる必要がある．定められたトンネル断面，施工延長，工期に基づき，トンネルの地山条件，立地条件に応じた安全で経済的な掘削，支保工，覆工等の施工方法を定め，これにより工程計画を立て，計画を実施するための要員，坑内外に配置する機械および設備，計測管理，安全管理，環境保全について検討し，施工計画を立てなければならない（第2編 2.2 参照）．

なお，施工計画を立てるにあたって，作業員，資材，機械および設備の手配，受電契約の手続き，用地の交渉ならびに環境問題に関する地元関係者との事前協議等を行い，工事着手後に施工方法の大幅な変更を生じないよう努めなければならない．

1.2 施工中の調査および計測

施工中は，地山および立地条件の変化，地山の挙動等に注意し，適切な施工ができるよう必要な調査および計測を行わなければならない．

【解 説】　トンネル工事の特殊性として，着工前に行った地質等の調査成果と施工時点の状態とは，必ずしも一致しないことがあげられる．したがって，全体の地質構造を常に念頭におき，施工中も地質調査やその他の調査および計測を行って，設計，施工方法の変更の要否，トンネル周辺に対する工事の影響の有無とその対策の要否等を検討するための資料として用いられるよう，施工中の調査結果を整理，記録しておかなければならない（第1編 1.1，第5編 4. 参照）．

通常，施工中の調査および計測は，次のような項目について行われている．

① 切羽地質（岩種，岩盤の状態等）
② 切羽や施工箇所の湧水量や湧水圧，湧水の濁りや脈動，坑外への排水の状態（水量，水温，水質等）
③ トンネルの周辺地山および支保工の挙動
④ 地表面，地上の建造物の挙動および坑口の状況
⑤ 坑内作業環境（温度，湿度，炭酸ガス濃度，酸素濃度，通気量，粉じん濃度，有害ガス濃度等）
⑥ 周辺環境（工事に伴う騒音，振動，低周波音等）

⑦　気象(天候，気温，気圧，降水量等)，地震等
⑧　地表水(河川の流量と水位，湧泉の湧水量等)および地下水(井戸，観測井の水位等)

通常の調査および計測に加えて，トンネルを安全かつ経済的に施工するため，次のような点に配慮して調査および計画を行う必要がある．

① 施工中に調査，設計時に予想されていなかった地質等の状況に遭遇した場合は，すみやかに必要な地質調査を実施するものとする(第2編 3.1.4参照)．なお，施工中に著しい膨張性が認められるなど異常が見られた場合は，詳細な調査を実施し原因を究明する必要がある．

② 施工に重大な支障を及ぼす地山条件の存在が予測される場合は，接近した地点から，調査ボーリング，弾性波探査あるいは調査坑の掘削等を実施して切羽前方の状態を確認する必要がある．

③ トンネルが鉱化帯や鉱床跡等に位置し，有害な重金属等が岩石中に含まれている可能性がある場合は，施工中においても必要な調査および計測を行わなければならない(第2編 3.2.2参照)．

④ メタンガス等の可燃性ガス，酸素欠乏空気，有害ガス等の存在が懸念される場合は必要な測定を行わなければならない．

1.3　施工方法の変更

施工中の現場の状況から，現状の施工方法が不適当と認められる場合には，安全の確保を最優先として適切な処置をとるとともに，遅滞なく施工方法を変更しなければならない．

【解　説】　施工前の調査を入念に行っても，トンネル工事の特殊性から，地質その他の諸条件をトンネルの全延長にわたって的確に予測することは一般には困難である．

施工中に，予想以上の地質の変化や湧水の増加があった場合はもちろんのこと，支保工や地山挙動の観察・計測(第5編 4.参照)から現状の施工方法では安全を確保できないと判断される場合，あるいは周辺環境に著しく悪影響を及ぼすと判断される場合には，安全の確保を最優先として適切な処置をとる必要がある．また，必要に応じて遅滞なく適切な施工方法に変更しなければならない．

第2章 測　　量

2.1 測量一般

測量は，設計の線形に対してトンネルの方向や高さが許容値を満足する測量精度で行わなければならない．

【解　説】　トンネルの測量は，一般に高い精度が要求される．その理由は，貫通側から坑内の基準点や切羽の位置を直接確認することができず，貫通してはじめて確認できるからである．重大な手直しを避けるため，トンネルの測量は，設計の線形に対してトンネルの方向や高さが許容値を満足する測量精度で，慎重に行わなければならない．

トンネル工事に必要な各種の測量は，その地域の地形条件，トンネルの規模，用途，施工方法および測量の目的に応じて適宜行われるため，必ずしも一定の方式，順序で実施されるとは限らない．標準的な方法を**解説 表 4.2.1**に示す．

解説 表 4.2.1　測量の分類

区　分	時　期	目　的	内　容	成　果
坑外基準点の測量	設計完了後 施工前	掘削のための測量の基準点の設置	GPS測量 三角測量 三辺測量 トラバース測量 水準測量	基準点の設置 中心線の方向杭の設置
細部測量	坑外基準点設置後 施工前	坑口およびトンネル仮設計画に必要な詳細な地形図の作成	地形測量 平板測量 水準測量 トラバース測量	1/100〜1/500地形図
坑内測量	施工中	基準点を坑内へ設置 掘削，支保工，型枠設置等の照査	トラバース測量 水準測量 ジャイロ測量 レーザー測量	坑内基準点の設置 マーキング

2.2 坑外基準点

（1）　坑外には，施工の基準とするために必要な基準点を設置し，それらの相互関係を明らかにしておかなければならない．

（2）　基準点は，き損，移動のおそれのない箇所に設置し，十分に保護しなければならない．

（3）　基準点の設置にあたっては，トンネルの長さ，地形の状況等に応じて適切な測量方法を用いなければならない．

【解　説】　（1）について　施工に先だって，地形図上で決定されたトンネルの位置をその数値に基づいて現地に設置するため，基準点を設けなければならない．

トンネルの掘削を開始する坑口や作業坑口付近に設置する基準点は，後に続く坑内測量の基準になるため，貫通側坑口の基準点との相互関係を明らかにし，その座標を決定しなければならない．また，1つのトンネルを複数工区で掘削する場合や，貫通点側に既設の関連する構造物がある場合は，他工区が施工に使用した基準点や既設構造物との相互関係の確認も必要である．なお，施工が長期にわたる場合，あるいは地すべり等，変動が予測される地域にやむをえず設置した場合の坑外の基準点は，定期的に検測する必要がある．

（2）について　基準点のある坑口付近は，他の作業にとっても重要な箇所であることが多く，他の作業により基準点がき損を受けやすい．このため，ふた等で十分保護するほか，移動が簡単に点検できるよう各坑口に2点以上の基準点を設置しておくことが望ましい．なお，後に坑内へ基準点を導入したり，定期的な点検測量の際，トランシット等の機械を設置する基準点と後視になる基準点は，地形条件さえ許せばできるだけ点間距離を長くして設置するのがよい．

（3）について　基準点設置のための測量方法としては，中心線を直接測量する方法，トラバース測量，GPS測量等が用いられ，高さの決定には水準測量が用いられる．測量方法の選定にあたっては，トンネルの長さ，トンネル付近の地形条件，環境条件等を考慮しなければならない．

基準点設置のための測量はおもにGPS測量が用いられており，スタティック法の精度は観測点間の相対精度で100万分の1程度である．なお，衛星からの電波受信が困難な地形の箇所は，トラバース測量，三角測量，三辺測量が用いられる．

高さの決定は水準測量によるが，国家水準点を利用する場合でも，両坑口の基準点の相対的な高さの差を求めておく必要がある．

2.3　坑内測量

（1）　坑内測量は，その測量に必要な精度で測量しなければならない．

（2）　坑内基準点は，トンネルの線形，断面の大きさ，勾配等を考慮して，適切な間隔をとらなければならない．

（3）　坑内基準点の検測は，掘進するに従って適切な頻度で坑外の基準点から行わなければならない．

（4）　作業坑から基準点を本坑に導入するための測量は，作業坑の種類，長さ，方向および勾配等を考慮して行わなければならない．

【解説】　（1）について　坑内で行われる測量は，坑内測量のもととなる基準点を設置する測量と，腰線や天端だぼ等の施工上必要な点を得るための測量，またはレーザーマーキングシステム等を設置するための測量がある．坑内基準点はその後の測量の基準になるものであるから，貫通の許容誤差，坑外基準点の精度を考慮して必要な精度が確保できるような測量方法をとらなければならない．

坑内基準点は，軌道内または通路に設けられることが多いため，トンネル作業に支障のない位置に設置し，また，き損されることのないようコンクリート等で保護して堅固な構造にしなければならない．坑内基準点を軌道内または通路に設けることが困難な場合は側壁または天端に設置される．天端に埋め込んだ簡易なだぼ等は施工の目安として使用してもよいが，測量の基準点として用いてはならない．

（2）について　坑内基準点の間隔は，トンネルの線形，断面の大きさ，勾配，掘削工法等を考慮して適切に定めればよいが，曲線区間では辺長が短くなるので，測距と測角のバランスおよび視準点を見やすくすることに留意して位置を決定しなければならない．また，1基準点より前後に少なくとも2点以上観測できるようにしなければならない．

（3）について　坑内基準点の検測は，トンネルの規模，用途，掘進速度，掘削工法，トンネルの内空変位速度等により異なるため，必要な頻度で行うとともに，精度を維持しなければならない．

また，坑内測量においては最良の条件のもとに坑外基準点から検測を行い，坑内基準点の精度を確認しなければならない．

（4）について　作業坑の坑口付近には，坑外基準点を設け，これを基準にして本坑との関係を求め，必要な坑内基準点を設置しなければならない．

横坑，斜坑においては，基準点間隔を見とおせる範囲でできるだけ長くとり，計算により求めた交差位置で測角を行い，本坑の方向を決定する．なお，作業坑と本坑との取付け部では測量用の横坑等を設け，検測できるようにすることが望ましい．

立坑においては，立坑の大きさ，深さ，必要とされる測量の精度により測量の方法を決めなければならない．立坑を通して基準点を導入する方法としては，鋼線とおもり，鉛直器，レーザー光線，トランシットを使用する方法がある．

立坑の高低測量については，直接鋼巻尺を下げて測定する．また，作業坑等で中心線の屈曲が多い場合はジャイロトランシットを使用するのが有効である．並行してトンネルを掘削する場合は，途中で連絡する横坑等を利用して，2本のトンネルを通るトラバース測量を行えば，相互の検測に役立てることができる．

第3章　仮設備計画

3.1　仮設備計画一般

（1）　トンネル工事における仮設備は，計画工程を満足させるよう，工事規模，施工方法，地山条件，立地条件，工期等を考慮し，適切な性能および容量を持った安全な設備としなければならない．

（2）　トンネル工事における仮設備は，関係労働者の安全と衛生を確保して，良好な作業環境を形成するとともに，関連法規を遵守し，周辺環境を保全しなければならない．

【解　説】　（1）について　トンネル工事に必要な仮設備には，工事規模，施工方法，地山条件，立地条件，工期により異なるが，一般に給排水設備，給気設備，換気設備，照明設備，連絡通信設備，濁水処理設備，電力設備，コンクリート製造設備，ずり仮置き設備，防音設備，火薬関係設備等がある．掘削ずりの坑内運搬方法にレール方式を採用する場合には，軌道設備や充電設備等も含まれる．これらの仮設備計画にあたっては，トンネルの規模，施工方法，施工サイクルのほか，トラブルなどの発生リスクも十分検討し，安全かつ効率的に作業が行える計画とすることが望ましい．

（2）について　換気設備や照明設備は直接的に労働者の作業環境や健康に関わるため，労働安全衛生法等の関連法規を遵守した仮設備計画としなければならない．

周辺環境の保全のためには，トンネル掘削作業だけでなく，仮設備自体の稼動に起因する騒音，振動のほか，濁水，粉じん，夜間照明，電波障害，日照阻害，通風阻害等に対しても，周辺に与える影響を検討し，騒音規制法，振動規制法，条例等の関連法規やガイドラインを遵守しなければならない．

解説 表 4.3.1　トンネル仮設備例

坑内外区別	設　備	主　要　内　容	備　考
坑内仮設備	給水設備	多段遠心ポンプ，給水管	
	排水設備	水中ポンプ，排水管	
	給気設備	コンプレッサ，給気管	
	換気設備	送風機，集じん機，風管	
	照明設備	照明装置，低圧電線路	
	連絡通信設備	警報器具，電話，データ通信システム	
	軌道設備	坑内線路，留置線	レール方式の場合
坑外仮設備	濁水処理設備	沈砂槽，シックナー，中和装置，脱水機	
	電力設備	受電設備，配電設備，照明装置，発電機	
	コンクリート製造設備	練混ぜ装置，セメントサイロ，骨材ビン，混和剤添加装置	
	ずり仮置き設備	ずりビン，ベルトコンベヤー，フィーダー	
	火薬関係設備	火工所，火薬類取扱所，火薬庫，見張所	
	荷役設備	クレーン，ウインチ	
	軌道設備	坑外線路	レール方式の場合
	充電所	水銀整流器または整流モニター，バッテリー台	バッテリーカー使用の場合
	修理所	溶接機，鍛冶具	
	資材置場	資材倉庫等	
	諸建物	作業員休憩所等	

3.2 坑内，坑外仮設備

トンネル工事において坑内，坑外に設置される仮設備は，作業が安全かつ効率的に行えるように仕様を選定し配置しなければならない．

【解　説】

1) 坑内仮設備

坑内仮設備には給排水設備，給気設備，換気設備，照明設備，連絡通信設備，電力設備等がある．

① 給排水設備：

ⅰ) 給水設備：給水設備は水を使用する機械，設備等の仕様および台数から算定した必要水量に基づき，揚水，送水に必要な仕様を計画しなければならない．使用する水量，水圧および給水管の配管損失を考慮し，高圧ポンプまたはタービンポンプ等の仕様を決定する．給水源としては河川水，沢水，地下水を使用する場合が多く，坑口付近に年間を通して安定して取水できる川や沢があるか，水質が工事用水として利用可能かを調査するとともに，取水による周辺環境への影響も検討しておくことが望ましい[1]．

ⅱ) 排水設備：排水設備は坑内湧水および工事排水を坑内に滞留させることなく，速やかに排出できる設備仕様を計画しなければならない．排水方式には，側溝等を使用した自然排水方式とポンプを使用した強制排水方式がある．排水設備の仕様，規模は工事使用水量と湧水量から算出した排水量の最大値から決定していることが多い[1]．

② 給気設備：給気設備は，おもにコンクリート吹付け機に圧縮空気を供給する設備である．圧縮空気を使用する機械に空気圧縮機を搭載する方式や，トンネル坑口付近または坑内にコンプレッサーを設置し，配管にて給気する方式がある．

③ 換気設備：

ⅰ) 換気設備：換気設備は坑内において安全で衛生的な作業環境を確保するため，トンネルの規模，施工方法等を考慮し，必要な換気量を確保できる仕様としなければならない．換気方式には強制換気と自然換気があり，強制換気は風管換気法と坑道換気法に分けられる．トンネル工事においておもに採用される風管換気法には換気ファンを使用した拡散希釈方式，換気ファンと集じん機を使用した希釈封じ込め方式，換気ファン，集じん機および吸引ダクトを使用した吸引捕集方式があり，それぞれに送気式，排気式および送・排気組合せ式等がある．これらは，トンネル規模，必要換気量，施工方法，使用機械等によって適切な方式を選択する(**解説 図 4.3.1**，**図 4.3.2**参照)．

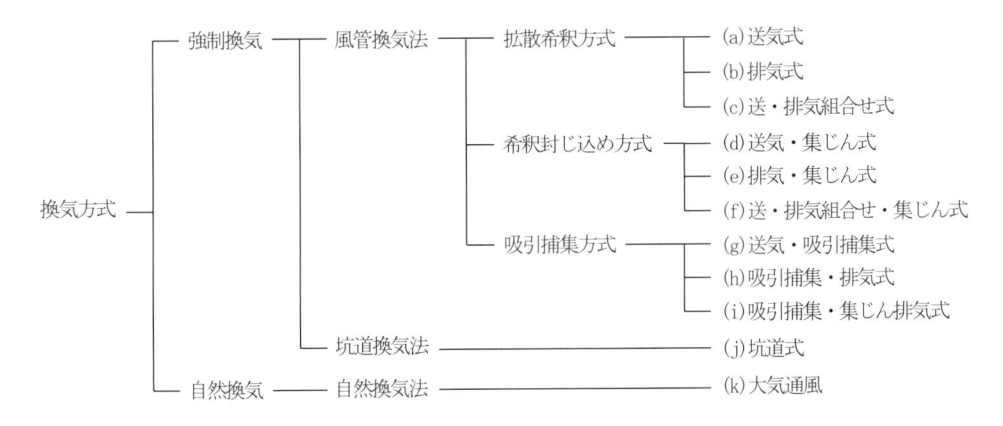

```
換気方式 ─┬─ 強制換気 ─┬─ 風管換気法 ─┬─ 拡散希釈方式 ─┬─ (a)送気式
         │              │              │                ├─ (b)排気式
         │              │              │                └─ (c)送・排気組合せ式
         │              │              ├─ 希釈封じ込め方式 ─┬─ (d)送気・集じん式
         │              │              │                  ├─ (e)排気・集じん式
         │              │              │                  └─ (f)送・排気組合せ・集じん式
         │              │              └─ 吸引捕集方式 ─┬─ (g)送気・吸引捕集式
         │              │                              ├─ (h)吸引捕集・排気式
         │              │                              └─ (i)吸引捕集・集じん排気式
         │              └─ 坑道換気法 ─────────────── (j)坑道式
         └─ 自然換気 ── 自然換気法 ─────────────── (k)大気通風
```

解説 図 4.3.1　換気方式の概念

解説 図 4.3.2 各種換気方式の概要

送風機の仕様は算定した必要換気量と使用する風管の設置延長，大きさ，材質等による圧力損失，漏風を考慮して選定しなければならない．

集じん機の仕様は必要換気量と換気方法から選定される．使用実績が多い集じん機にはフィルター式集じん機と電気式集じん機があり，集じん効率，捕集率，メンテナンスの容易さ，経済性等を考慮して選定しなければならない．

換気設備は日常において換気能力の測定や点検，メンテナンスを行い，計画通りの換気効率を維持できるように努める（第4編 12.3参照）．

ⅱ） 酸欠空気，可燃性ガス，有害ガス等：坑内においては，酸欠空気，可燃性ガス，有害ガス等を測定し，必要な場合には換気その他の措置を講じなければならない．この場合の換気は，可燃性ガス等を有効に希釈拡散できるような風量を供給するとともに排気することも求められる（第4編 12.3参照）．

④ 照明設備：坑内照明設備については第4編 12.2を参照されたい．

⑤ 連絡通信設備：坑内の連絡通信設備には警報設備，通話装置，データ通信設備等がある．警報設備は非常時において，すみやかに異常を知らせるためのサイレン，非常ベル，回転灯，放送設備等の設備である．

トンネル入出口から切羽までの距離が100mに達したときに警報設備を設け，切羽までの距離が500mに達したときには警報設備のほか，電話機等の通話装置を設けてその設置場所を作業員に周知させなければならない．警報設備および通話装置は常時有効に作動するように管理し，電源に異常が生じた場合の予備電源を備えるものとする（労働安全衛生規則第389条の9）．

情報通信技術の発展とともに，通信機器を用いた計測や測量が頻繁に行われるようになっており，データ通信設備の計画も事前に検討しておくことが望ましい．

⑥ 電力設備：電力設備については第4編 3.3を参照されたい．

2) 坑外仮設備

坑外仮設備には濁水処理設備，電力設備，コンクリート製造設備，ずり仮置き設備，防音設備，火薬関係設備等がある（第2編 2.2.4，解説 表 4.3.1参照）．

① 濁水処理設備：トンネル工事にともなって発生する濁水はおもに，掘削にともなう濁水，吹付けコンクリートの製造やコンクリート打設に起因する強アルカリ性濁水，油分，重金属等がある．濁水処理設備は工事において排出される濁水の発生源，発生量，水質を調査，検討し，処理後の水質が放流先の排水基準を遵守できる仕様，規模のものとする．

濁水処理設備の設備規模は一般に想定湧水量と工事における使用水量から算出される想定原水量をもとに設定される．また，濁水処理設備での濁水の処理効率を向上させるとともに，坑内湧水の工事用水への適用を図るため，湧水を濁水と別系統の排水設備で処理する清濁分離処理を行う場合がある．

濁水処理設備は，シックナーで凝集沈殿させた汚泥を脱水機にて脱水処理する機械処理脱水方式が多く採用されている．

トンネル工事により発生する濁水は一般にアルカリ性であり，中和処理には炭酸ガスや希硫酸等が使用される．安全で管理が容易な炭酸ガスによる中和処理には，反応槽による方法とラインミキサーによる方法がある．

地質条件により排水中への重金属等の溶出や酸性水の発生が懸念される場合には，アルカリ沈殿法，共沈法，硫化物法等の処理方法を適用した重金属対応型の濁水処理設備が設置される．水質検査により処理対象とする重金属等とその溶出量を把握し，処理効率，処理費用を踏まえた適切な重金属処理方法を選定することが望ましい[2]．

② 電力設備：電力設備については第4編 3.3を参照されたい．

③ コンクリート製造設備：トンネル工事では昼夜施工や，地山状態の急変等への対応を考慮し，工事用地内に吹付けコンクリート用のコンクリート製造設備を設置することが一般的である．コンクリート製造設備の計画にあたっては，施工サイクル，吹付けコンクリートの使用量，吹付け方式，コンクリート配合等を考慮して設備計画を行う．昼夜施工でトンネル工事を行う場合は，夜間使用分のコンクリート材料が保管できる設備容量を計画する必要がある．

セメントの貯蔵設備は防湿的な構造を有するとともに，品種別に区別して貯蔵できる設備とする．骨材の貯蔵設備は，種類，粒度の異なる骨材を別々に貯蔵できる構造とする．また，底部から排水でき表面水率の安定しやすい構造とする．

練混ぜ装置にはバッチミキサー型式と連続ミキサー型式があり，バッチミキサー型式は重力式と強制撹拌式に大別される．

④ ずり仮置き設備：トンネル工事は掘削作業が昼夜で行われることが多いことや，坑内からのずり搬出が施工サイクルにより行われることから，工事用地内にずり仮置き設備を設け，ずり搬出先への搬出調整を行うことが一般的である．ずり仮置き設備の規模は施工サイクル，坑内からの搬出土量およびずり搬出場所の受入れ状況等を考慮し計画する．ずり仮置き設備の使用範囲が限定される場合などは，ずり仮置き設備を掘割り構造にするなど仮置き容量を増やす対策がとられる．

ずり仮置き設備では，ずりの仮置きや積込み作業による粉じんの飛散や騒音，降雨による濁水の発生等が考えられるため，周辺環境への影響に配慮した設備計画とすることが望ましい．

また，ずりに重金属等の含有が想定される場合には，対策工の要否やその内容によりずりの搬出先が異なるため，他のずりとの混合を避けるとともに，屋根付きのずり仮置き設備等によって飛散および流出を防止する必要がある．

⑤ 防音設備：トンネル工事では，発破，ずり出し作業，仮設備の稼働等にともなう騒音の発生が考えられる．これらの騒音は環境に与える影響が大きいため，影響予測を十分に行い，対策を検討することが望ましい．騒音対策としては，坑口部や工事用地外周に防音扉，防音壁，防音ハウス等の防音設備を設置する事例が多い．防音設備は周辺の環境条件に基づいたものであるとともに，騒音規制法や条例等の関連法規に規定される基準値を遵守できるものとする．

⑥ 火薬関係設備：トンネル掘削に火薬を使用する場合は，火薬類取扱所，火工所，火薬庫，見張所等の火薬関係設備が設置される．各設備の規模，仕様，設置条件は火薬類取締法や条例等の関連法規にて詳細に規定される．坑外仮設備の計画時には，規定される条件の多い火薬関係設備の配置を十分に考慮し，坑外仮設備の配置，規模，仕様を選定することが望ましい．また，火薬関係設備は関係法規に則った管理を行って，火薬類による災害を防止し，公共の安全を確保しなければならない．

参考文献
1) (社)全日本建設技術協会：土木工事仮設計画ガイドブック(Ⅱ)，pp.290-296，2011．
2) (社)日本トンネル技術協会：山岳トンネル工事における濁水処理設備の手引き，2002．

3.3 電力設備

電力設備は，機械編成や仮設備を十分考慮し，これらの負荷設備への電気の供給が可能なものとしなければならない．

【解 説】 電力設備は，電力を動力とする機械や設備等の負荷設備の仕様や容量および台数に基づき計画する．負荷設備への電気の供給は，現場状況等により発電機を使用する場合もあるが，多くは，電力会社から電気の供給を受けて工事を行う．この場合，坑外に受変電設備を設けるのが一般的である．また，トンネル延長が400～500m以上になると，電路の電圧降下により負荷設備で満足な電圧を得られない場合がある．このため，坑外の受変電設備から高圧で坑内へ電気を引き込み，坑内の変電設備で負荷設備に対応した電圧に下げるのが一般的である．この変電設備は，切羽の進行に合わせ負荷設備が移動する場合には，移動台車に変電設備を積載し，容易に移動できるようにする．また，日常的に移動しない負荷設備に対しては，固定型変電設備を設置する．

立坑や斜坑のように強制排水が必要な場合は，落雷等による停電に備え，発電機を用意する等の対策を検討する必要がある．

受電契約の際，現場周辺でのフリッカー現象や高調波電流の影響について電力会社と協議し，必要に応じてフリッカー対策や高調波対策を実施しなければならない．

第4章 掘　　削

4.1 掘削一般
4.1.1 掘削計画
（1）　掘削にあたっては，断面の大きさ，形状，地山条件，工区延長のほか，工期，立地条件等を総合的に検討し，適切な掘削工法，掘削方式等を計画しなければならない．

（2）　掘削工法は，切羽の安定性や周辺に与える影響等を配慮したうえで，経済的で安全な工法を選定しなければならない．

（3）　掘削方式は，トンネルの長さ，断面の大きさ，形状，地山条件，立地条件および掘削工法等を考慮して選定しなければならない．

【解　説】　（1）について　トンネルの施工のうち，掘削は工程に大きな影響を与える要因である．このため，掘削の計画にあたっては，調査結果，設計の考え方および諸条件を総合的に検討し，安全性，施工性，経済性を考慮して適切な掘削工法，掘削方式等を採用しなければならない．

また，掘削計画にあたっては，同一トンネルにおいても，区間によって掘削工法，掘削方式が異なる場合や施工途中に計画を変更せざるを得ない場合があること等にも配慮しておく必要がある．なお，掘削断面積が特に大きい場合，あるいは特に小さい場合は別途検討を要する．

（2）について　通常用いられている掘削工法は，全断面工法，補助ベンチ付全断面工法，ベンチカット工法，中壁分割工法，導坑先進工法等がある．掘削工法の選定にあたっては，設計の内容を確認したうえで，地山条件，切羽の安定性，掘削断面の形状と寸法，掘削方式および周辺に与える影響等を考慮し，各工法の特徴を十分に考慮したうえで検討する必要がある（第3編 2.3.2参照）．また，一般に断面が大きいほど施工性が向上するが，支保工，補助工法等との組合わせも考慮して，経済的で安全な工法を選定することが望ましい．

掘削後の変状や沈下が懸念される地山においては，仮インバートや一次インバートによる早期の断面閉合の適用についても検討しておく必要がある．

（3）について　おもな掘削方式には，発破掘削，機械掘削，発破および機械の併用等の方式がある（第3編 2.3.3参照）．

発破掘削は，おもに硬岩から中硬岩の地山に適用され，機械掘削はおもに中硬岩から軟岩および未固結地山に適用される．発破掘削を採用する場合は，周辺地山の緩みや余掘りができるだけ少なくなるよう施工する必要がある．また，近隣に重要構造物や住宅等が存在する場合の発破掘削では，制御発破，分割発破あるいは割岩工法等を採用して，騒音，振動等の影響を極力抑えなければならない．

機械掘削は火薬類の取扱いの問題がなく，発破掘削に比べて騒音，振動が少ないため，環境保全上問題となる区間の掘削に適した方式である．機械掘削を採用する場合は，施工延長，断面の大きさ，形状，進入路，岩盤強度および湧水等の諸条件をもとに，施工性，経済性について十分検討のうえ仕様を決定する必要がある．

4.1.2 切羽安定対策
切羽安定対策の選定にあたっては，地山条件，立地条件等を考慮し，その効果および施工性について検討しなければならない．

【解　説】　山岳工法は，掘削後支保工の施工が完了するまでの間，切羽が安定していることが前提である．地山条件により支保工の施工が完了するまで切羽が安定しない場合には，施工を安全かつ効率的に進めるために，適切な切羽安定対策を行う必要がある．

切羽安定対策は，天端，鏡面および脚部に対して，一掘進長の短縮，掘削断面を分割する方法，核残し，鏡吹

付けコンクリートおよび鏡ボルト等が一般に採用されているほか，切羽にてグラウンドアーチの形成を期待する曲面状に切り込む方法も試行されている．これらの採用は，観察・計測の結果に基づく日常の施工管理で判断する．なお，断面の小分割を避け，大きな断面で施工するほうが合理的な場合もあり，地山条件，立地条件，施工性等を総合的に判断して，適切な補助工法の採用を検討することも重要である．具体的な補助工法については，第6編 2.1を参照するものとする．

4.1.3 余掘り
掘削にあたっては，余掘りをできるだけ少なくするように努めなければならない．

【解説】 掘削にあたっては，掘削面の凹凸や支保工設置時の施工余裕，施工誤差等を考慮して，やむをえず設計掘削断面よりも大きく掘削することになる．これを余掘りという．

余掘りの量は，岩質，割れ目の状況，掘削方式等により異なるが，余掘りが多いとずり出しおよび覆工等に余分な費用がかかるばかりでなく，局所的な応力集中等の問題が生じるので，極力少なくすることが必要である．なお，切羽の安定性が劣る地山では補助工法として先受け工法等を用いる場合があるが，これらの施工によって余掘りが増大することもあるので注意が必要である．

発破掘削においては，断面の大きさ，形状，掘削工法をもとに岩質，割れ目，湧水，風化の程度等の地山条件を十分考慮して発破計画を行うが，余掘りを少なくするためには，穿孔精度が十分確保できる穿孔設備等を採用すると同時に，スムースブラスティング等の方法を採用する必要がある．

また，機械掘削においても余掘りは避けられないので，作業員を十分習熟させ，余掘りをできるだけ少なくする必要がある．

近年，測量管理，余掘管理の手法として，レーザー光を用いた掘削断面マーキングシステムやノンプリズム断面測定器等も利用されている．

4.1.4 排水
掘削作業，覆工作業等に支障のないように，坑内の排水を適切に行わなければならない．

【解説】 坑内の排水が悪いと，底盤の劣化により支保工の脚部が沈下または変形して，設計断面の維持が困難になる場合や，路面が泥ねい化して作業の能率に悪影響を与える．したがって，湧水に備えて掘削当初より排水溝等の排水設備を設置し，常に十分な保守管理を行う必要がある．このとき，排水溝等は支保工脚部に影響を与えないようにすることが重要である．とくに泥岩，凝灰岩からなる地山や未固結地山等では，排水が悪いと路面が泥ねい化するばかりでなく，構造上将来にわたり悪影響を与えるので，排水に十分留意しなければならない．自然流下による排水が困難で，ポンプ設備による坑内排水が必要な場合には，予想される湧水量や排水量，ポンプ設備の維持管理，故障時の予備ポンプ等を考慮して適切な排水計画を立てる必要がある．また，ポンプの揚程，容量は十分な余裕を持たせる必要がある．とくに立坑および斜坑を利用して本坑を掘削する場合には，十分な能力を有するポンプ設備とするとともに，停電時の対策も考えておく必要がある（第11編 2.2.4，第11編 4.1参照）．

4.2 発破掘削
4.2.1 発破掘削一般
（1）発破作業計画は，地山条件，トンネル断面の大きさおよび形状，掘削工法，一掘進長，ずりの大きさ等に適合し，かつ周辺地山の緩みが少なく，平滑な掘削面を得るように定めなければならない．

（2）発破作業計画にあたっては，周辺の環境に与える影響を考慮し，必要に応じて対策を講じなければならない．

(3) 発破作業および火薬類の管理にあたっては，関係法規，条例等を遵守しなければならない．

【解　説】　（1）について　発破作業計画は，周辺地山の緩みが少なく，余掘りの少ない平滑な掘削面を得るよう，穿孔長，穿孔径，芯抜き方式，穿孔配置，爆薬の種類や使用量，雷管の種類および段配置等を定めなければならない．とくに一掘進長は，岩質，割れ目の状況，風化変質の程度等の地山条件と切羽の安定性を検討して定めなければならない．なお，余掘りの少ない平滑な掘削面を得るため，スムースブラスティング等の方法も用いられている[1]．

これらの発破の諸元と発破結果との間には，**解説 表 4.4.1** に示すような関係があり，後続作業の能率等に及ぼす影響が大きいため，必要により試験発破等を行い，総合的に判断して発破作業計画を定めることが望ましい．

解説 表 4.4.1　発破の諸元と発破結果のおもな関係

発破の諸元 ＼ 発破結果	ずりの大きさ	ずりの堆積状態	余掘りの量	後ガスの発生量	地山の緩み	掘削面の平滑さ	振動騒音
一掘進長			○				○
芯抜き方法		○					○
穿孔配置	○						
爆薬の種類				○		○	○
爆薬の使用量	○			○	○	○	○
周辺孔の間隔，装薬量			○		○	○	
雷管の種類および段配置	○	○					○

（2）について　地上および地中構造物，民家，その他の施設に近接してトンネルを設ける場合，騒音，振動のほか低周波空気振動が問題となる．

発破によりこれらの環境問題が発生するおそれのあるときは，発破作業計画にあたって周辺環境に及ぼす影響を調査し，作業時間帯の制限，制御発破または分割発破の採用，防音設備の設置，場合によっては割岩工法等，機械掘削への変更等，必要に応じた対策を講じなければならない．

発破振動は，使用する段当たりの火薬量に比例するため，低減対策として，使用する雷管数を増やし，各段当たりの斉発薬量を減じる制御発破が多く採用されている．一般的に使用される DS 雷管と MS 雷管を併用する場合，25～30 段程度の発破は可能であるが，それ以上の段数が必要とされる場合には，電子雷管や導火管付き雷管等の特殊雷管が使用される．

発破音や低周波空気振動の低減対策には発生源対策と伝播経路対策がある．発生源対策には分割発破等の薬量を減らす対策があり，伝播経路対策には防音扉や防音壁の設置等がある．

（3）について　発破作業および火薬類の管理にあたっては，火薬類取締法，労働安全衛生法，その他の関係法規，条例等を遵守しなければならない．関係法規等では監督官庁への許認可の申請，届出，報告等を行うこと，作業従事者は有資格者であること等が義務付けられている．発破作業を行うにあたっては，関係法規を熟知し，正しい方法で作業しなければならない．

参考文献

1) (独)鉄道建設・運輸施設整備支援機構：山岳トンネル設計施工標準・同解説, p.142, 2014.

4.2.2 発破作業

（1） 穿孔は，地山に適合した穿孔配置に従って，位置，方向，穿孔長について十分注意して行わなければならない．また，穿孔前および穿孔中の作業の安全性を確保しなければならない．

（2） 穿孔機械は，岩質，トンネル断面の大きさ，形状，掘削工法等，地山条件や施工条件等を考慮して選定しなければならない．

（3） 装薬は，切羽の状況に適合した爆薬や定められた器具，材料を使用して，発破作業計画に従い安全に行わなければならない．

（4） 発破作業は，安全かつ確実に行わなければならない．また，発破後は所定の時間を経過した後に，発破箇所およびその周辺の状態を点検し，必要な措置を講じなければならない．

【解 説】 （1）について 穿孔に先だって，切羽の点検，浮石の除去，残留爆薬の有無の確認や回収等の措置を講じなければならない．

穿孔の良否は発破効果に大きな影響を与えるため，発破作業計画に基づき地山に適合した穿孔位置および方向とし，穿孔長については孔じりの位置が不ぞろいにならないよう十分注意しなければならない．また，のみ当て暴発による万一の事故を防止するため，前回発破の孔じりを利用し穿孔してはならない．

発破作業に影響を及ぼす湧水，地質の変化等は，穿孔速度，穿孔排水の色，量等で推測できる場合があるため，穿孔作業中の変化を詳細に把握しておく必要がある[1]．

（2）について 穿孔機械の選定にあたっては，岩質，トンネル断面の大きさ，形状，長さ，掘削工法，芯抜き方式，一掘進長，ずり積込みと運搬方法，ロックボルトの施工方法および工期等を考慮する必要がある．

情報化施工の一環として，自動追尾測量器によりドリルジャンボに搭載した油圧ドリフターの穿孔位置，方向を自動制御するシステムの採用例もある．

（3）について 装薬に先だって，孔荒れ等の穿孔の状態を点検しなければならない．また，穿孔中に発生した浮石を除去するなど安全を確認しなければならない．

電気雷管の暴発を避けるため，迷走電流や漏えい電流に対する安全を確かめるとともに，着衣等に帯電する静電気を放電させなければならない．また，落雷のおそれがある場合は，雷接近情報の早期把握と適切な退避指示のもとに，装薬作業を中断しなければならない．暴発防止対策として非電気式起爆システム等がある．

装薬にあたっては，湧水のある切羽には耐水性の爆薬，地熱により高温となっている切羽では耐熱性の爆薬，可燃性ガスが湧出する切羽には減熱および消炎性のある爆薬等を使用する必要がある．装薬は，所定の込め棒，装填材を使用し，暴発，不発が生じないように慎重に行わなければならない．また，電気雷管の脚線は，結線以外のときは常に短絡しておかなければならない．

装薬時の安全確保を目的に，ANFO爆薬や粒状化，高粘性流体化した含水爆薬のほか，薬包を遠隔操作で機械装填するシステム等の使用も増えている．

（4）について 発破作業では，あらかじめ発破指揮者と点火者を定め，危険区域，退避および点検場所の区分，発破作業に関わる合図および警報の決定，立入り禁止措置や作業員の退避確認等を行わなければならない（労働安全衛生規則第320条，火薬類取締法施行規則第53条）．

電気雷管の使用にあたっては，誤った結線，結線もれ，回路断線等の有無を点検し，かつ導通試験を行って異常のないことを確認しなければならない（火薬類取締法施行規則第54条）．発破母線は，絶縁が完全な専用線を使用し，電線路，その他帯電のおそれのあるものから十分隔離し，点火器に接する端末は，点火の場合のほかは短絡させておかなければならない（火薬類取締法施行規則第54条）．

可燃性ガスの湧出する切羽では，ガス濃度が爆発下限界の30%未満でなければ発破作業を行ってはならない（労働安全衛生規則第389条の8）．また発破に際しては，飛散する岩石等による既施工部分や坑内仮設物の損傷を防止しなければならない．

発破後は，装填された爆薬が爆発しないとき，または装填された火薬類が爆発したことの確認が困難であると

きは，不測の事故防止のため，電気発破の場合で5分以上，導火線発破の場合で15分以上経過しなければ切羽に近づいてはならない（労働安全衛生規則第318条）．指名された点検者は，発破後の切羽周辺を十分に点検し，浮石を除去しなければならない．また切羽の不発孔，残留薬の有無を点検し，定められた措置を行わなければならない．点検作業中は，指名された作業者以外の者の切羽への立入りを禁止し，点検者が安全を確認した後でなければ後続作業をしてはならない（火薬類取締法施行規則第56条）．

発破の結果が計画と相違した場合は，その原因を検討し，次回の発破作業に反映させる必要がある．

参考文献

1）（独）鉄道建設・運輸施設整備支援機構：山岳トンネル設計施工標準・同解説，p.139，2014.

4.3 機械掘削

4.3.1 機械掘削一般

機械掘削は，立地条件，地山条件，トンネル断面の大きさ，形状，長さ，掘削工法，一掘進長および工期等に適合し，かつ周辺地山の緩みが少なく，平滑な掘削面を得ることのできる機械を選定しなければならない．

【解　説】　機械掘削は，発破掘削に比べて地山を緩めることが少なく，地質条件に適合すれば効率的な掘削が可能となる．また，騒音，振動も比較的少ないため，環境保全上の理由で発破掘削を採用できない都市部のトンネルにおいて多用される（第3編 2.3.3参照）．

機械掘削は，ブーム掘削機，バックホウ，大型ブレーカーおよび割岩機等による自由断面掘削方式とTBMによる全断面掘削方式に大別できる．一般に，前者は軟岩や未固結地山に適用されることが多いが，周辺環境上の制約や掘削機械の性能向上にともない，中硬岩程度の地山にも適用されることが多くなっている．また，後者は中硬岩，硬岩の地山に適用される．なお，TBM工法については，第9編で記述する．

自由断面掘削方式のうち，ブーム掘削機は，ブームの先端にドラムを有し，ブームを移動しながら部分掘削を行うので掘進速度はあまり大きくないが，任意の断面形状にトンネルを掘削することができる．また，適切な加背割で掘削することにより，大断面トンネルにも適用可能である．岩種や割れ目の状態，機種等によっても異なるが，環境条件等の制約条件がある場合に一軸圧縮強さ80〜100MPa程度の岩質まで他の工法と併用せずに施工した事例がある．しかし，施工効率の低下は避けられないため，中硬岩程度の地山での適用については留意が必要である．

中硬岩，硬岩の地山では，あらかじめ穿孔機でブロックに分割して自由面を形成し，この自由面を利用して無発破あるいは低振動発破で掘削する方法や割岩工法等のように，「機械掘削と他の機械掘削」もしくは「機械掘削と発破掘削」の併用掘削を適用することが多い．バックホウは，おもに未固結地山のトンネルで用いられることが多い．また，中硬岩で，騒音，振動等の環境対策を考慮しなければならない場合に，大型ブレーカーや割岩機あるいはこれらの組合せによる掘削方式が用いられる場合がある．

施工の合理化を目的として，掘削機，穿孔機，吹付け機，吹付けロボット，支保工エレクターおよびゲージ等の施工機械をガントリーに搭載した多機能型全断面掘削機の採用例もある．

自由断面掘削方式における掘削機械の選定にあたっては，同じ一軸圧縮強さの地山でも岩種によって機械能力やビット等の磨耗量に差があるため，通常の地質調査のほかに，岩石の硬度，石英の含有量，地山の割れ目の状態，さらに切削試験等の調査，試験等を行う場合がある．また，トンネルの長さ，断面の大きさおよび形状等を考慮のうえ，機械の特性がその地山に適合するかどうかを十分に確認して機種を選定しなければならない．局所的に不良な地山あるいは掘削機の能力を超える堅硬な地山に遭遇した場合の補助的手段を検討しておく必要もある．

また，地山条件が悪い場合や周辺地山の変形を抑制する必要がある場合には，ミニベンチカット工法による早期閉合を採用する事例が多くなっている．その場合には，ミニベンチカット工法での掘削対応が可能な大型の自

由断面掘削機の選定や設備配置を事前に検討しておく必要がある．

> **4.3.2 掘　　削**
> 　自由断面掘削方式による機械掘削にあたっては，切羽の安定性に注意を払うとともに，余掘りの軽減に努めなければならない．

【解　説】　自由断面掘削方式の掘削機は，おもに軟岩や未固結地山に適用されるため，とくに切羽の安定性を考慮して加背割，一掘進長，支保工を含めた掘削手順を定め，この手順に従って施工することが大切である．さらに，作業員に作業を習熟させるなど，余掘りの軽減に努めなければならない．

　機械掘削においては，切羽の安定を確保しやすいショートベンチカット工法やロングベンチカット工法が多く採用されるが，地山条件が悪い場合や周辺地山の変形を抑制する必要がある場合は，ミニベンチカット工法を採用するなど，可能な限りベンチ長を短くし，早期に断面を閉合することが多い．また，ベンチ長を短くし，早期に断面を閉合する場合には，切羽の安定が条件となるため，補助工法の適用についても検討しておく必要がある．

　早期閉合時のインバート部の埋戻しについては，インバートの強度発現性に留意するとともに，後続作業の能率を確保できる適切な埋戻し管理が求められる．

　なお，早期閉合は，その効果と経済性について，増し吹付けコンクリート，増しロックボルトや長尺ロックボルト等による変形抑制対策等と比較検討し，採用することが望ましい．

　湧水のある地山で自由断面掘削方式の掘削機を使用する場合には，地質によっては路面が泥ねい化してトラフィカビリティーが悪くなり，ずり積込みが困難となるばかりでなく，構造上も悪影響を与えるので，排水をよくして切羽に水が滞留しないように配慮するとともに，敷鉄板を使用するなどの対策も考慮する必要がある．

　また，地山が乾燥している場合には，掘削時に発生する粉じんが多いため，切羽に散水を行ったり，集じん機を設置するなどの対策が必要である．

第5章　ずり処理

5.1　ずり処理計画

（1）　ずり処理計画は，地山条件，立地条件，トンネル断面の大きさ，延長，勾配，掘削工法，掘削方式，ずりの性状等はもとより，ずり搬出先までの距離，道路事情，道路の周辺環境，搬出先での受入れ体制等の諸条件も考慮して計画しなければならない．

（2）　ずりに重金属等の含有が想定される場合には，適切な対応について検討しなければならない．

【解　説】　（1）について　ずり処理計画は，トンネルの掘進速度を支配する大きな要素である．ずり処理は，ずり積み（坑内での積込み作業），ずり運搬（坑内から仮置き場までの運搬作業，坑外における搬出先までの運搬作業），ずり置き（坑内外での仮置き等）に分かれるが，基本となる作業はずり運搬である．一般に，坑内から仮置き場までの運搬方式はタイヤ方式とレール方式が採用されている．また，TBM工法によるトンネルや延長の長いトンネルにおいては，連続ベルトコンベヤー方式が採用されている．

坑内では，積み荷の姿を整えることが難しいうえに，一般道に比べて坑内は路面の凹凸が大きいので，運搬中の荷こぼれ防止の観点から余裕をもった積込み量で計画する必要がある．

ずり運搬方式が決まれば，ずりの性状を考慮のうえ，ずり積み機，運搬機械，およびこれらの組合せを比較検討し，安全かつ能率的なずり処理計画を決定するとともに，ずり運搬方式に応じて，換気容量および換気方式に対する検討を十分に行う必要がある．

ずりの性状とは，破砕されたずりの大きさ，硬さ，吸水による変化および容積増加の割合等をいうが，これらは地山条件，掘削方式等の影響を受ける．また，ずりの大きさとその混合割合，硬さおよび吸水による変化は，ずり積み機，運搬方式，二次破砕設備等の決定に関係し，ずりの容積増加はずり処理設備の容量の決定に関係する．増加率は運搬中のものと落ち着いたときの状態とでは異なる．ずり量は容積増加によるほか，余掘りによる増加もあるので，これらを考慮してずり量を見込む必要がある．

ずり処理に関して，リサイクルによる地球環境の保全や建設コストの縮減が推進されており，盛土材への利用，道路の路盤材やダムコンクリート用骨材等への再資源化が進められている．

また，ずり搬出先までの距離が長く，道路交通事情の悪化が見られる場合は，搬出経路等について十分な検討を行う必要がある．とくに一般道においては，搬送時間帯の制約が夜間のみならず，通勤，通学時間帯にまで及ぶことが多くなっており，十分な検討を行っておく必要がある．

（2）について　ずりに重金属等の含有が想定される場合には，ずりからの重金属等の溶出による環境汚染リスクの低減の必要性について検討しなければならない．

リスクへの対応が必要な場合には，リスクの低減の処置が必要となるずりの分別基準を策定し，それに基づいたずり処理方法等の対策工を設計する必要がある．

1)ずりの分別　ずりの分別は，含有量試験や溶出量試験の公定法に基づき，対策工の要否を判定し，分別する必要がある．施工サイクルへの影響を考慮し，公定法の他に簡易的な試験もあわせて実施する場合がある．これを踏まえ，正確かつ効率的にずりを分別できる判断基準を策定することが望ましい．

2)対策工の設計　対策工は，ずりを遮水シートで覆ったり，セメント等の固化材により不溶化して盛土内に封じ込める方法や，廃棄物として処理する方法等がある．

重金属等を含有するずりを取り扱う場合，対象となる重金属等の種類や現場状況により，試験方法や対策が異なるため，専門家や関係機関の意見を取り入れ，適切な対応を行うことが必要である．

5.2　ずり処理機械

ずり処理機械の選定にあたっては，積込みや運搬における各機械の処理能力のバランスを考慮しなければならない．

【解 説】 1) ずり積み機　ずり積み機の動力方式は，ディーゼル機関駆動や電気駆動のものが用いられている．ディーゼル機関駆動のずり積み機を用いる場合は，坑内での作業環境保全，安全性の確保の観点から排ガス処理装置を装備したものを使用する必要がある．

　走行方式は，ホイール式，クローラ式，レール式に大別される．大きさ，積込み方式も各種のものがあり，機械の選定にあたっては，トンネル断面に適合し，積込み能力が運搬機械の容量とバランスがとれたものを選定する必要がある．

　トンネルでのずりの積込みは破砕岩等の積込みを主としているため，一般のショベルに比べてその構造が頑丈なものを選定する必要がある．積込み方式は，断面の小さなトンネルでは，バケット式やギャザリング方式のものがあるが，断面が大きくなるにつれて，サイドダンプ方式を採用することが多い．大断面のトンネルでは，大型のホイールローダーやショベル系掘削機(バックホウ等)あるいはローディングショベル等によるフロントエンド方式等を選定することもある．

　また，レール式の場合には積込み補助としてトレンローダーや中間コンベヤー等を用いる場合もある．なお，ブーム掘削機等による機械掘削の場合は，掘削機と連動で積み込む場合が多い．

　クローラ式またはホイール式ずり積み機を使用する場合，地質によっては湧水により路面が泥ねい化することがあるので，湧水処理を十分行う必要がある．

2) ずり運搬　坑内でのおもなずり運搬方式の比較を**解説 表 4.5.1**に示す．坑内のずり運搬には，通常，ダンプトラック，ずり鋼車が使用されているほか，タイヤ方式ではロードホールダンプ，大型ダンプトラック(20〜40t)，コンテナ式，レール方式では，シャトルカー，また，連続ベルトコンベヤー方式を採用する例も増えている．その他の特殊な方式として，空気カプセル方式等があり，小断面のTBM工法では流体輸送方式が使用されている．ずり運搬機械の選定にあたっては，トンネル断面の大きさ，ずり積み機の能力等を考慮して適切な大きさ，台数を決定する必要がある．

　コンテナ式は，ずりを積み込んだ複数のコンテナを，ずり積込み中は切羽作業に支障のない位置に仮置きし，ずり積み終了後，随時コンテナを坑外へ搬出する方法で，トンネルの延長にかかわらず一定の時間でずりを切羽から取り除く利点があるため，大断面の比較的延長の長いトンネルで採用されることが多い．また，トンネル坑口近くに住宅が近接し，夜間のずりの搬出が制限されるような場合に，坑内にコンテナを仮置きできることから，夜間の騒音対策工法として採用されることもある．

　レール方式の場合，ずり鋼車の大きさおよび編成台数が，機関車，軌道の構造，入替え方式を決定する要素となる．また，ずり鋼車の型式には固定箱型，サイドダンプ型，底開き型等があり，ずり置き設備の条件により適切なものを選定する．

　連続ベルトコンベヤー方式は延長の長いトンネルにおいて採用例が多くあり，坑内作業環境の改善，安全性の向上を主目的としている．システムとしては，切羽でベルトコンベヤーにずりを乗せるテールピース台車，延伸用ベルトの格納と展張のためのストレージカセット，ベルトコンベヤーを駆動させるためのメインドライブから構成され，切羽で発生したずりを連続的に輸送し，ずり仮置き場に搬出する．また，延長や勾配によっては，メインドライブの補助として中間ブースターを設置する場合もある．なお，ベルト幅によって，ずりの大きさに制約を受けるため，切羽でずりを破砕する設備が必要となり，自走式クラッシャーと連続ベルトコンベヤーシステムを組み合わせるのが一般的で，ずりの大きさによっては，自走式クラッシャーのホッパーに入る大きさにブレーカー等で小割りする場合もある．

　特殊な方式である空気カプセル方式は，常設した管路の中に運搬車両(カプセル)を低圧空気流で無人走行させる方式である．ずり搬出先まで直送することも可能であり，周辺環境保全，安全性，効率性の観点から，トンネル工事にも採用された例がある．

　斜坑を利用してのずりの搬出には，ずり鋼車を直接ウインチで巻き上げる方式，スキップカーによる方式，ベルトコンベヤーによる方式等がある．とくに，急勾配の場合には必要に応じて車両の逸走防止対策を検討する必要がある．ベルトコンベヤーによる方式の場合は，坑底にクラッシャー，ブレーカー等を設備して，大塊を破砕

解説 表 4.5.1 おもなずり運搬方式の比較

方式		概要	作業性	坑内環境	設備
タイヤ方式	ダンプトラック	掘削ずりをホイールローダー等でダンプトラックに積み込み坑外へ運搬する.	・車両待ちが生じた場合,ずりの積込みが中断する. ・トラックの錯綜が激しい.	・内燃機関を使用するため,坑内換気に留意する.	・ダンプトラックの方向転換のためにターンテーブルが必要な場合がある.
	コンテナ式	ダンプトラックの代わりに脱着可能な複数のコンテナを坑内に仮置きして切羽の早期開放を図る.	・掘削ずりを切羽後方に仮置きするため,切羽でのずり処理は比較的短時間である.	・同上	・方向転換のためにターンテーブルが必要な場合がある.
レール方式	ずり鋼車	掘削ずりをシャフローダー等でずり鋼車に積み込み坑外へ運搬する.	・車両待ちが生じた場合,ずりの積込みが中断する. ・車両編成が複数の場合,運行管理に留意する必要がある.	・バッテリー機関車の場合には坑内環境を良好に保てる.	・軌道設備 ・単線の場合には待避区間が必要となる.
	シャトルカー	ずり鋼車の代わりにシャトルカーを用いる.ずりの積込み作業は,シャトルカーの端部で投入し,車両床面のチェーンコンベヤーで順次後方に移動させて行う.	・同上 ・ただし,シャトルカーの容積が比較的大きいため,ずり鋼車のようにずりの積込みが中断することは少ない.	・同上	・同上
連続ベルトコンベヤー方式		掘削ずりを切羽後方の所定位置まで運搬したのち,延伸可能なベルトコンベヤーで坑外まで直接かつ連続的に輸送する.	・切羽の進行に伴い,コンベヤーベルト,同フレームおよびブースタードライブの追加が必要となる.	・内燃機関を使用しないため,坑内環境を良好に保てる.	・コンベヤーベルト ・同フレーム ・モータードライブ ・延伸カートリッジ等 ・クラッシャー

する必要がある．

　立坑を利用してのずり搬出には，グラブバケットによる方式，スキップによる方式，定置式トレリフター，特殊なベルトコンベヤー等による方式等があるが，ずりの巻き上げ搬出中の落石による事故防止に十分な注意が必要である．なお，立坑および斜坑を利用してのずり搬出では，搬出能力がトンネルの掘進速度を左右するため，余裕を持った設備とすることが望ましい．

　3）　ずり置き設備　タイヤ方式では，切羽からずり搬出先等まで直接ずりを搬出することが可能であるが，道路交通事情，搬送時間帯の規制のために坑口付近に仮置きする場合が一般的である．また，坑口付近の騒音問題のため，夜間におけるずりの搬出が制約を受ける場合には，トンネル坑内でのずりの仮置き，コンテナ方式等による坑内仮置き方式を採用することもある．

　レール方式の場合では，軌道をずり搬出先まで延長して直接ずり置きすることができるが，ずり搬出先が離れている場合には坑口付近にずりびんを設け仮置きする．ずりびんからの搬出は，ショベル等によりダンプトラックへ積み込むほか，びん底部にフィーダーを設けたり，バケットコンベヤー，ベルトコンベヤー等の設備を持った特殊なずりびんを設置し，直接ダンプトラックに積み換えるなどの方式が採用される．ずり鋼車の転倒装置には，ずり鋼車の型式によってチップラーとカーダンパーがあるが，ずり鋼車の構造に適合し，能率のよいものを採用する必要がある．

　ずりの仮置きヤードの容量については，トンネルの掘削進行に支障が生じないよう，発生するずりの量，運搬方式，道路交通事情，受入れ体制等を考慮し，慎重な検討が必要である．

5.3　ずり積み作業

（1）　ずり積み作業にあたっては，安全に留意し，既設の支保工，仮設備等を傷めないよう注意しなければならない．

（2）　ずり積みにあたっては，ずりの積み過ぎ等に注意しなければならない．

（3）　ずり運搬車両の入替えは，能率よく安全に行わなければならない．

【解　説】　（1）について　ずり積み作業中は危険区域を定め，当該作業員以外の立入りを禁止し，十分な照明と換気を行い，ずりの性状によっては粉じん対策を行う必要がある．また，運転手には熟練者をあて，支保工や配管類，電線等の仮設物を傷めないように注意する必要がある．発破方式の場合，とくに十分な照度を確保し，作業前，作業中を通じて，残留爆薬の有無を十分確認しながら作業を行う必要がある．

　（2）について　ずりの積み過ぎにより，運搬中にずりがこぼれ落ち，障害事故や脱線の原因となるほか，後方設備やドリルジャンボ等の他の施工機械に損傷を与えることがあるので，ずりは積み過ぎないように心がける必要がある．また岩塊が車体からはみ出していると，坑内の仮設備等に接触し，思わぬ事故を招くおそれもあるので，ずりは車体の外に出ないよう均等に積み込む必要がある．

　発破掘削での連続ベルトコンベヤー方式の場合は，掘削ずりをクラッシャーに投入可能な大きさまでブレーカー等により小割りする必要がある．なお，補助工法を採用して鏡ボルト等の残材が発生する場合は，積込み前やずり仮置き場等で分別する必要がある．

　（3）について　タイヤ方式による場合，設備機械や作業員が混在する箇所での後進運転や方向転換に際しては，誘導員の配置を行うことが望ましいが，回転場所を特定して後進運転を規制するなど，作業全体の安全に十分注意することが重要である．一般には，方向転換を避けるため，2つの運転席を装着したものや，運転席が回転する特殊なダンプトラックが使用される．トンネル断面によっては，坑内でのダンプトラックの方向転換にターンテーブルを用いたり，掘削断面の拡幅による待避所，方向転換坑等を設置し，利用することもある．

　レール方式による場合，ずり鋼車の入替え作業の良否が工事全体に大きく影響することがあるため，効率的なものを採用しなければならない．一般に，シャトルカー等を用いることで，入替えを行わない設備とすることが多い．

第6章　坑内運搬

6.1　運搬方式

坑内運搬方式は，地山条件，立地条件，トンネル断面の大きさ，延長，勾配，掘削工法および掘削方式等を考慮して，もっとも適した方式を選定しなければならない．

【解　説】　坑内運搬の主たる対象は，ずり，資機材，作業員である．運搬方式とは，これらを運搬するための手法をいう．運搬方式には，タイヤ方式とレール方式が一般に採用されているが，ずりの運搬には連続ベルトコンベヤー方式が採用される場合もある．ここでは，一般的に用いられるタイヤ方式およびレール方式について解説する（ベルトコンベヤー方式については第4編 5.2参照）．

タイヤ方式は，ダンプトラック，トラックミキサー等の車両により，ずり等を積替えすることなく坑内と坑外を運搬できるため，レール方式に比べて仮設備が簡易となる．一方，インバートの全幅を一括で施工する場合は，切羽への走路確保のために移動式の桟橋設備が必要となる場合がある．また，タイヤ方式では，排気ガスによる坑内環境の悪化が懸念されるため，ディーゼル機関の排気ガスおよびばい煙に対する換気設備を採用する必要がある（**解説 表 4.6.1**参照）．

解説 表 4.6.1　タイヤ方式とレール方式の比較

項　目	タイヤ方式	レール方式
坑外設備	特別の設備を必要としない	ある程度の設備および敷地が必要
路面，走行路	路面補修維持が必要 泥ねい化する地質や漏水が多い場合，徹底した路面維持対策が必要	路盤を傷めない 硬軟いずれの地質でも可能 脱線等を防止するために，徹底した軌条の整備が必要
勾配の制限	制限が少ない 通常15%程度まで	制限が生じる 5%以下（労働安全衛生規則第202条）
断面の制限	小断面には適さない	タイヤ方式に比較して小断面でも可能
換気設備	排ガス処理装置を装備した場合でも比較的大型の換気設備が必要	蓄電池機関車の場合は，タイヤ方式より小型の設備でよい

レール方式は坑道に軌道を設け，ずり鋼車，台車，アジテーターカー等の車両を連結し，バッテリー機関車でけん引して運搬する方式である．トンネルの規模，地質等に制約されないため，タイヤ方式の採用が困難となる小断面トンネルにおいて採用されることが多いが，トンネルの勾配には制約を受ける．勾配が2%程度以上のトンネルでは，車両が逸走する危険性が高くなるため，十分な逸走防止対策を行う必要がある．逸走防止対策としては，逸走防止装置の設置，けん引重量の制限，複数のブレーキ装置または非常停止制動装置を装備した蓄電池機関車の使用等がある．

6.2　路面および軌道

（1）　タイヤ方式では，路盤の排水ならびに不陸に注意し，常に良好な路面が得られるように路面を保守しなければならない．

（2）　レール方式では，軌道は運搬車両の重量に適した安全な構造とし，脱線等の障害を起こさないように軌道の敷設，保守を行わなければならない．

【解　説】　（1）について　掘削中のトンネル内の路盤は，重機車両が走行するため荒れやすく，また，いったん路盤が荒れ不陸が生じると，たとえ湧水等の影響を受けていなくても加速度的に路盤の状態は悪くなる．と

くに施工機械の大型化(大型ダンプトラック，コンテナ式等)によって，その傾向は大きい．路面を荒らすと運搬能率が低下するばかりでなく，完成した構造物に悪影響を与える．そのために，路面の凹凸の低減(不陸の整正)や縦横断勾配と排水溝の維持に留意し，必要に応じてポンプによる強制排水を行い，さらに地質や湧水の状況，トンネル延長を十分考慮し，砂利，砕石，鉄板の敷込み，仮舗装等を行い，路盤の維持管理の軽減，安全運行の確保，および構造物の保全に留意する必要がある．

とくにターンテーブル，指定回転場所の周辺は，資機材およびずりの片付け，不陸の整正，排水等を励行するなど，常に良好な状態に保持する必要がある(第4編 4.1.4参照)．

（2）について　軌道状態が不良の場合，脱線，逸走等の障害を起こすおそれがあり，全体の作業能率を低下させるばかりでなく，安全面からも重大災害の発生が懸念される．軌道は，使用する車両の種類，重量等に適応した安全な構造で敷設し，常に十分な保守を行う必要がある．

1)　軌道の構造　一般に利用されている軌道規格は，レール質量15～30kg/m，軌間610，762，914mmである(解説 表 4.6.2参照)．施工に際しては，運搬の対象物に応じて使用する機関車の車輪間隔，機関車の重量に対するまくら木の仕様，設置間隔，ならびにレールの仕様を適宜設定する必要がある．

解説 表 4.6.2　使用機関車，ずり鋼車別の軌道構造の例

使用機関車 (t)	使用ずり鋼車 (m³)	軌　間 (mm)	レール質量 (kg/m)	まくら木(H形鋼)寸法	まくら木間隔
12～15	8.0	914	30	適宜設定	適宜設定
10～12	6.0	762, 914	30	〃	〃
8～10	4.5	762, 914	22～30	〃	〃
6～8	3.0	762	22	〃	〃
6以下	3.0以下	610, 762	15	〃	〃

2)　軌道の敷設　レールとまくら木は，レールクリップ等を用いて堅固に締結する必要がある．また，軌道を分岐する部分には，確実な機能を有する転てつ機(分岐器において軌道を分ける部分の軌道構造[1])およびクロッシング(分岐器類の中でレールが交わる部分[1])を設け，軌道の終端には確実な車止め装置を設置する必要がある．

3)　軌道の保守　軌道の保守にあたっては，レールの折損箇所およびまくら木の不良箇所の発見に努めるとともに，軌間，通り，高低等の狂いについて管理基準値を定めておき，常に十分な保守を行う必要がある．とくに，路盤の排水は良好な軌道を得るうえで重要であり，十分な排水を行う必要がある．

参考文献
1) (公社)土木学会：トンネル・ライブラリー第26号，トンネル用語辞典2013年版，2013.

6.3　運搬車両
（1）　運搬車両は，トンネル内を安全に運行できるものでなければならない．
（2）　運搬車両は，所定の検査，点検を実施し，常に正常な機能を有するように整備しなければならない．
（3）　内燃機関を使用する場合は，排気ガスに注意し，必要に応じて適切な対策を講じなければならない．

【解　説】　（1）について　内空断面に余裕が確保できない運搬車両は，待避または材料運搬等において非常に危険であるため，できるだけ使用を避けなければならない．一般に車両の大きさは，ガントリー式ジャンボ，型枠(移動式，組立て式等)，シート張り台車等の架台(ガントリー)を通過する際の余裕や運搬路，通路，固定仮設備(風管，給気管，給排水管，釜場，電力照明設備等)，排水溝および車両の離合等を考慮して決定する．その際，ガントリーと通過車両との余裕寸法が十分にとれない場合は，路面および軌道状態が不良となると，ガントリー区間の通過が困難となることも考えられる．このため，その付近は路面および軌道の状態にとくに注意する

必要がある．また，断面が大きく，延長の長いトンネルでは，ガントリー下の通過車両を決定した後に，型枠，シート張り台車等のガントリーの大きさを決定することもある．

タイヤ方式による場合で，工事中のトンネル内，工事用道路に限定して車両を運行する場合は，道路交通関係法規の適用を受けないが，車両整備不良による事故を防止するため，道路運送車両法および国土交通省令に定める保安基準に適合したもの，またはそれに準ずる車両の使用が望ましい．

レール方式による場合の機関車は労働安全衛生規則に定められたブレーキ，合図，照明，運転席，車輪等の装置および設備を備えたものでなければならない．複線の場合の車両の間隔は，その保守状態にも関係するが，少なくとも20cm以上必要である．

（2）について　運搬車両は，各車両に応じた車体検査，定期自主検査，始業点検等を実施し，各装置が常に正常に作動し，確実にその機能を発揮できるように整備する必要がある．

蓄電池機関車等は，定期自主検査を法令に従って行うとともに作業開始前には各装置の始業点検を実施し，異常を認めたときはただちに修理しなければならない．とくに狭い坑内での逸走事故はきわめて危険であるため，制動装置，連結器等は確実なものを使用することが重要である．

（3）について　ガソリン機関およびLPG機関は排気ガスの中に一酸化炭素が多いため，トンネル内においては原則として使用してはならない．

ディーゼル機関を使用する場合は，換気設備は十分余裕のあるものとし，換気の管理を綿密に行う必要がある（第4編 12.3参照）．また，工事に使用する建設機械は，排出ガス対策型などの排出ガス対策が講じられた機械とすることが望ましい．

6.4　運行管理

（1）　運搬作業にあたっては，運行管理規程を定め，車両運行の安全を確保しなければならない．

（2）　運転手，誘導員，その他関係者に運行の安全に関する教育を行い，運行管理規程を遵守させなければならない．

【解　説】　（1）について　トンネル工事では，車両に関連した事故は重大事故につながりやすいため，車両の運行には万全を期す必要がある．工事にあたっては，運搬計画に基づく運行管理規程を定め，安全運行管理体制を確立することが必要である．運行管理規程において定めるべき項目には以下のようなものがある．

- 運行管理体制
- 信号の表示方法
- 合図，誘導の方法
- 制限速度
- 後進運転時の措置
- 車線および運行経路
- 運転席を離れる場合の措置(エンジン停止，逸走防止等)
- 通路，車道，立入禁止を行う場合はその措置
- 荷積，車両搭乗の定員
- 車両点検整備
- 人車，列車編成

また，必要に応じて信号装置，制限速度標識等を設置する．

中間作業箇所の通過に際しては，ブザー等の適当な方法で合図を行うほか，後進運転の場合は誘導員を配置する必要がある．

タイヤ方式では，坑内資材運搬車両，連絡車両等多くの車両が坑内に入ることから，適切な間隔で，指定駐車区域を設けることが望ましい．

レール方式においては，少数の人員または臨時の輸送以外は，人車以外の車両による作業員等の輸送は禁じられている(労働安全衛生規則第221条)．延長の長いトンネルにレール方式を採用する場合は，人車を配置し，定時運行することが望ましい．なお，人車は座席，握り棒等の設備を設け，周囲を囲い転落を防止する構造でなければならない(労働安全衛生規則第211条)．

　(2)について　関係者全員に対し，運行管理規程等の運行の安全に関する十分な教育を行い，それを遵守させ，とくに運転手には適格者を配置し，安全運転を励行させることが重要である．

　また，資材納入のために場内に進入する車両の運転手の固定は難しく，常時場内の作業状況を知らせることは困難であることから，運転手に対して，適宜，場内進入前に注意事項等を知らせる必要がある．

第7章 支保工

7.1 支保工の施工一般

7.1.1 支保工の基本

（1） 支保工の施工は，周辺地山の有する支保機能が早期に発揮されるよう掘削後すみやかに行い，支保工と地山をできるだけ密着あるいは一体化させ，地山を安定させなければならない．

（2） 支保工は，地山の状態を考慮し，適切な施工順序を定めて施工しなければならない．

【解　説】　（1）について　支保工は周辺地山を安定させることを目的とするが，その施工は，周辺地山の有する支保機能が早期に発揮されるよう掘削後すみやかに行うとともに，支保工と地山とを密着あるいは一体化させなければならない．支保工として吹付けコンクリートと鋼製支保工を併用する場合，鋼製支保工の背面に空隙が生じやすいため，吹付け作業はとくに入念に行う必要がある．

　（2）について　支保工の施工にあたっては，各支保部材の性能を十分に活用するとともに，支保工全体としての効果が得られるよう，地山状態を十分考慮して支保工の施工順序を決定する必要がある．一般に支保工の施工順序は，地山条件が良好な場合には，①吹付けコンクリート，②ロックボルトの順，地山条件が悪い場合には，①一次吹付けコンクリート，②鋼製支保工，③二次吹付けコンクリート，④ロックボルトの順である．とくに，地山が悪く切羽の崩壊や周辺地山の緩みを最小限に押さえるためには，掘削後ただちに吹付けコンクリートを施工する必要がある．

7.1.2 支保工の補強および縫返し

（1） 支保工に異常が生じたときは，すみやかに補強を行わなければならない．また，変状が予測される場合は，すみやかな対処に必要な資機材を準備しておかなければならない．

（2） 支保工の変状が大きく，所定の内空断面が確保できない場合は，縫返し等の適切な処置を講じなければならない．

【解　説】　（1）について　吹付けコンクリートのひびわれやはく離，ロックボルトの頭部プレートの変形や破断，鋼製支保工の座屈等，支保工の異常が生じた場合は，すみやかに補強を行わなければならない．

　初期の段階では，増し吹付けコンクリートや増しロックボルトでの対応を試みるのが一般的であるが，状況に応じて鋼製支保工等の補強を行うものとする．また，変状が予測される場合はその対策をあらかじめ検討しておき，補強のための資機材を準備しておく必要がある（**解説 表 4.7.1**参照）．

　なお，縫返しが必要となる地山において非常用施設等の箱抜きが必要となる場合は，箱抜き掘削により変状が生じることもあるので，あらかじめ箱抜き部を包含する支保工設計をするなどの対策を検討しておく必要がある．

　（2）について　支保工の変状が大きく，所定の内空断面が確保できない場合は，変状に至った原因，地山の状態，作業の安全性等を検討し，一次インバートの追加等，支保工の仕様の再検討を行ったうえで，縫返すことを基本とする．縫返しが困難な場合は，鉄筋補強等の覆工の仕様の再検討が必要となる．

　縫返しにあたっては，作業の安全性と縫返し後の変位を考慮したうえで，必要な対策を講じなければならない．また，縫返しの時期は，変状がおおむね収束した後が望ましい．さらに縫返し時は，縫返し幅をなるべく短くするなどの慎重な作業や，計測管理に留意するとともに，断面を早期に閉合しなければならない．

解説 表 4.7.1 施工中の支保工変状に対する補強例，準備すべき資機材

項　目	補　強　例
ロックボルト	・設計長と同一のものを増し打ち ・長尺ロックボルトの使用 ・摩擦定着方式ロックボルトの使用(湧水が多いとき) ・自穿孔型ロックボルトの使用(孔壁が自立しないとき)
吹付けコンクリート	・増し吹付け ・金網の追加 ・繊維補強吹付けコンクリート ・高強度吹付けコンクリート
鋼製支保工	・鋼製支保工の追加 ・鋼製支保工の断面形状の変更 ・ウイングリブ付き鋼製支保工(脚部の沈下が大きいとき) ・ウォールビーム ・鋼製インバート支保工
その他の補強	・地山改良 ・サイドパイル，レッグパイル(フットパイル等) ・仮閉合 ・根固めコンクリート
その他の器具類	・鉄筋，単管パイプ ・足場 ・支柱，サンドル　他

7.2　吹付けコンクリート

7.2.1　吹付け方式の選定

　吹付け方式は，圧送距離，断面の大きさ，掘削工法および湧水の有無等を十分検討して定めなければならない．

【解　説】　吹付け方式は，コンクリートの練混ぜ方式により，乾式と湿式に大別される．乾式，湿式の系統図を**解説 図** 4.7.1に示す．一般には，比較的大きな吹付け能力を有する湿式が採用されているが，吹き付ける地山の状態，吹付け機と吹付け切羽の距離，吹付けコンクリート量，粉じんおよびはね返り量等に応じて，適切な吹付け方式を選定しなければならない．**解説 表** 4.7.2に乾式，湿式の施工上の特徴を示す．

　1)　乾式　セメントと骨材を空練りしたものに急結剤を添加し，ノズル部で圧力水を加えて吹き付ける方式である．ノズル部でドライミックスされた材料と水が混合するので水セメント比を低くすることができる．

　コンクリートの品質はノズルマンの熟練度，能力によって左右される．また，粉じんの発生やはね返りは一般に多いが，材料の圧送距離は比較的大きくとれる．練混ぜ水の調整により湧水への対応が可能であること，吹付けプラントや吹付け機の洗浄に伴う濁水が発生しないこと等の乾式の特徴に着目して採用する場合もある．

　2)　湿式　通常のコンクリートの製造と同じように，水を含め，各材料をあらかじめ正確に計量し十分に混合して製造されたコンクリートにノズル部で急結剤を加えて吹き付ける方式である．湿式は，乾式と比較して施工能力に関して有利で，道路トンネル，鉄道トンネルにおいては一般に湿式が採用されている．コンプレッサー搭載型吹付け機が使用されることが多い．

　乾式に比べ，コンクリートの品質管理は容易であり，粉じんの発生，はね返りは一般に少ないが，圧縮空気により圧送するタイプでは長距離輸送ができない．また，湿式では練置き時間の管理が重要であり，とくに高強度あるいは低粉じんの施工が要求される吹付けコンクリートほど厳しい管理が要求される．

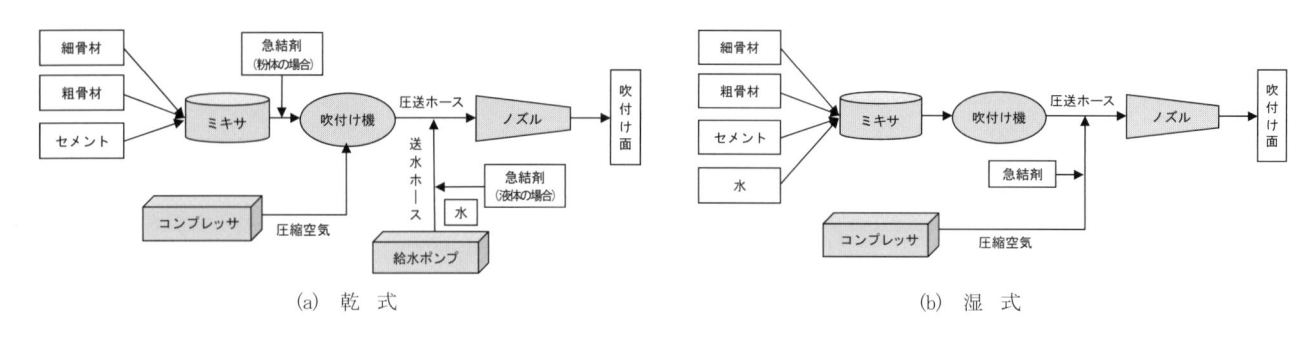

解説 図 4.7.1 吹付け方式の系統図(文献[1]を加筆修正)

解説 表 4.7.2 吹付け方式の特徴(文献[1]を加筆修正)

項目	吹付け方式	乾式	湿式
コンクリートの性質	配合管理上の特性	吹付け面の状況(乾湿)によって水セメント比をノズル部で変更することが可能.ノズルマンの裁量により水セメント比が決められてしまうため,配合の変動が大きくなることがある.水の流量を管理することにより水セメント比の変動を小さくできる.	ベースコンクリートをプラントで製造するため,通常のコンクリートと同等の管理が可能である.
	強度特性(初期強度)	水セメント比が湿式に比べ一般に小さくなるため,初期強度発現が比較的早い.	圧送性の確保のため,水セメント比が乾式に比べ一般に大きくなるため,初期強度発現が乾式に比べ遅い.
	仕上がり	吹付け直後の強度発現が大きいため,吹付け面は比較的滑らかになりやすい.	吹付け直後の強度発現がやや遅いため後から付着する骨材により表面に凹凸ができやすい.
施工性	圧送距離	水平:150~300m(最大1 000m) 垂直:100~150m	水平:100m 垂直:30~50m
	施工能力	最大12m³/h	最大20m³/h
その他	粉じん	圧送方法,急結剤種類,吹付け方法,ドライミクストコンクリートの配合等を適切に設定することで低減がある程度可能である.湿式に比べ一般に多い.	圧送方法,急結剤種類,吹付け方法,ベースコンクリートの配合等を適切に設定することで低減がある程度可能である.乾式に比べ一般に少ない.
	はね返り	圧送方法,急結剤種類,吹付け方法,ドライミクストコンクリートの配合等を適切に設定することで低減が可能である.	圧送方法,急結剤種類,吹付け方法,ベースコンクリートの配合等を適切に設定することで低減が可能である.
	湧水対策	配合調整が容易であるため,対応可能である	配合調整が容易でないため,対応が難しい.
	練混ぜから吹付けまでの時間	骨材の表面水量にもよるが,湿式よりも延長が可能である.	1.5時間以内(気温25℃を超える場合). 2.0時間以内(気温25℃以下の場合).
	製造設備吹付け設備	大規模な吹付け設備もあるが,簡易で機動性が高い設備が可能である.製造設備に濁水処理設備が不要である.	吹付け設備が大規模となり現場プラントが必要となることが多い.製造設備に濁水処理設備が必要である.
	清掃	機械,製造設備,ホースともに空気清浄程度の清掃ですむ.	機械,製造設備,ホースともに完全な水洗いによる清掃が必要である.

参考文献

1) (社)土木学会:コンクリートライブラリー第121号,吹付けコンクリート指針(案)[トンネル編],p.25, 2005

7.2.2 使用機械

吹付け機械は,機械の特性,施工条件等を検討して選定しなければならない.

【解　説】　吹付け機械は，吐出量，吐出圧や地山の性状を考慮して，所要の品質のコンクリートを均一に吹き付けることが可能な機械を選定しなければならない．

1) 練混ぜ方式　一般に，吹付けコンクリートはすべての材料を一括練混ぜする練混ぜ方式で製造される．また，所定の水量を2回に分けて混練りすることにより均質で品質のよいコンクリートが得られる分割練混ぜ方式による製造も実施されている．

2) 吹付け機　吹付け機は所要の品質のコンクリートと作業能率を確保するために，材料を連続かつ均等に搬送できるものでなければならない．最近では，コンプレッサー，吹付けロボット(マニピュレータ)，急結剤供給装置，コンクリートポンプ，高圧水ポンプ等，コンクリート吹付け作業に必要な装置を搭載した一体型吹付け機が多くの現場で採用されている．なお，水路トンネルや道路トンネルの避難坑等の小断面トンネルの場合，掘削断面の大きさと作業性を勘案して吹付け機を選定する必要がある．

吹付け機にはポンプ圧送式と空気圧送式があり，それぞれ性能に特徴を有している．したがって，使用機械の選定に際しては既往の実績を参考にするか，事前に試験を行って所要の品質のコンクリートならびに施工性が得られることを確認しておく必要がある．また，材料の搬送や吹付け時に圧縮空気を用いる場合には，材料の閉塞等によって急激に圧力が上昇することがあるので，機械の各部やホース取付け部，連結部等が必要な強度を有するよう十分に注意する必要がある．

また，最近では粉じんの低減やはね返り防止を目的として，圧縮空気を使用しない遠心力を利用する吹付け工法等も開発されている．

3) ノズル操作　吹付けコンクリート施工時のノズル操作は，遠隔操作による吹付けロボットを用いる場合と人力による場合に大別されるが，足場が不要で大量の吹付けが可能である吹付けロボットの使用が一般的である．しかし必要な作業空間の確保が困難な小断面トンネルや小量の吹付けに対しては，人力による吹付けが行われる．

4) 急結剤投入装置　急結剤投入装置は粉体，液体等の急結剤の種類および吹付け機の種類に応じて，所定の添加率を計量できること，連続して一定量を供給できること等が必要である．

5) 付属機器　付属機器には，材料運搬機械，搬送ホースおよびノズル等があり，吹付け機が所要の性能を発揮できるものでなければならない．

7.2.3　吹付けコンクリートの現場配合

吹付けコンクリートの現場配合は，必要な強度，施工性等が得られ，使用材料，使用機械，地山の状況等に適合した配合としなければならない．

【解　説】　吹付けコンクリートの品質は，吹付け方式，材料，吹付け機の性能，地山状況，作業状況等によってばらつきが生じやすい．また，吹付けコンクリートの強度，均一性，収縮ひびわれ，仕上げ面の平滑度等の品質は，吹付け機の性能と現場配合に密接な関係がある．

したがって，現場配合は示方配合をもとに骨材の粒度分布等の調整を行い，吹付け機の性能，圧送等の施工に適合した配合としなければならない．

また，使用機械や地山の状況等に適合した配合とするため，事前に現場で使用する材料を用いた試験練りおよび試験吹付けを行って，適切な現場配合を決定する必要がある．試験練りおよび試験吹付けでは，吹付けコンクリートの圧縮強度試験や引抜き試験あるいはピン貫入試験等による吹付けコンクリートの初期強度試験を行う必要がある．

混和剤等は吹付けコンクリートの品質や施工性に影響を与えるので，目的に応じた適切な配合とするとともに，適切な添加管理を行う必要がある．混和剤等は，次に示す初期強度の発現，強度の増加，じん性の増加，粉じん抑制，はね返りの防止等の目的で用いられる(第3編 3.2.4参照)．

1) 初期強度の発現　付着強度や支保部材としての初期強度発現のため急結剤が用いられる．一般に，粉体急結剤の添加量を増やすと急結性が向上するため，はね返りが減少するとともに早期に高い強度が得られる．しか

し，添加量がある量を超えると凝結時間が必ずしも短縮されないばかりか，長期強度が低下する場合がある．また，急結剤の効果はセメントの種類や水セメント比，練混ぜ温度等の条件によって微妙に変化するので，他現場の実績を参考とするほか，事前に試験吹付けを行って最適な急結剤の種類や添加量を検討する必要がある．

<u>2) 強度の増加</u>　変形の大きな地山や超大断面トンネル等では，強度を高めた吹付けコンクリートが用いられている．強度の増加には，単位セメント量の増加，水セメント比の低下ならびに高性能減水剤の使用等の対策がある．

<u>3) じん性の増加</u>　扁平断面や複雑な応力が発生する箇所では，じん性の増加を目的として鋼繊維や非鋼繊維を混入した繊維補強吹付けコンクリートが用いられている（第3編 3.2.5参照）．繊維補強吹付けコンクリートの施工では，使用する吹付け機械等によって所定の性能が得られない場合もあるので，適切な吹付け機やミキサー等を選定する必要がある．また，コンクリート中に繊維を均一に分散させるために，繊維の投入には繊維分散機を使用する場合が多い．

<u>4) 粉じんの抑制，はね返りの防止</u>　粉じん低減剤の使用，シリカフュームや石灰石微粉末の添加等により良好な作業環境の維持が期待できる．粉じん低減剤およびシリカフュームや石灰石微粉末は通常バッチャープラントでコンクリートに添加するが，練混ぜ不良を避けるため試験練りで練混ぜ状況を確認する必要がある．

また，急結剤の混合不足や圧送時の脈動等による粉じんを低減するために，粉体急結剤に水を混ぜてスラリー化させたスラリー急結剤が実用化されている．粉体急結剤をスラリー化するためにはスラリー化装置が必要となり，吹付け機の設備は複雑になる．一方，液体急結剤を用いることで，はね返りと発生粉じん量を低減させる方法も用いられている．液体急結剤には従来のアルカリ性液体急結剤のほかに，皮膚や眼への刺激が低減され作業員に対して安全性の高い作業環境を得ることができる中性～弱酸性のアルカリフリーの液体急結剤もある．

<u>5) その他</u>　吹付け作業時間の制約等により練置き時間を調節することを目的として凝結遅延剤を用いたり，材料分離の防止や必要な流動性を高めるため流動化剤が用いられる場合がある．

7.2.4　吹付け作業

（1）　吹付けは，浮石等を入念に取り除き，掘削後できるだけすみやかに行わなければならない．

（2）　金網等を用いる場合は，確実に固定しなければならない．

（3）　吹付けは，はね返りをできるだけ少なくするため，吹付けノズルを吹付け面に直角に保ち，ノズルと吹付け面との距離および衝突速度が適正となるように行わなければならない．また，材料の閉塞を生じないように，作業管理を行わなければならない．

（4）　吹付けは，地山の凹凸をなくすように行い，鋼製支保工がある場合には，コンクリートと鋼製支保工が一体となるように，注意して吹き付けなければならない．

（5）　吹付け作業箇所においては，必要により粉じん処理を行うとともに，作業員は保護具を着用しなければならない．

（6）　湧水がある場合は，コンクリートが所要の品質を得られるように適切な対策を施さなければならない．

【解　説】　<u>（1）について</u>　掘削後，すみやかに吹付けコンクリートで掘削面を被覆することが重要である．掘削面の浮石等は吹付けコンクリートの付着性や強度に悪影響を及ぼし，作業員に対しても危険であるので，吹付け前に取り除かなければならない．

不良地山では，不用意な掘削面の整形が崩落，崩壊の発生原因となることもあるので，地山状況を見極めた後，ただちに弱部地山周辺から局所的な吹付けを行うことにより，地山の安定化を図る必要がある．

鋼製支保工建込み時に地山からの肌落ちや小崩落等の恐れがある場合は，建込み前の一次吹付けにより作業の安全を図る必要がある．

<u>（2）について</u>　金網，排水材，計測機器等を取り付ける場合は，吹付け作業中に移動したり，振動すること

のないようにアンカー鉄筋，ピン等で確実に固定しなければならない．また，それぞれの金網は十分重なるように配置しなければならない．金網間の重なりは，金網の目の1倍程度とする．

なお，金網の使用にあたっては，粗骨材のはね返りが多くなること，金網と地山面間に空隙が生じやすいこと，吹付け時間が増加すること，あるいは金網の固定方法が難しい場合があること等に留意して施工する必要がある．

　（3）について　ノズルから吐出される材料が，適切な速度で掘削面に直角に吹き付けられた場合が，もっとも圧縮され付着性も良い．ノズルと吹付け面の距離は，材料の衝突速度と付着が最適な状態となるように決めなければならない．ノズル操作によって吹付けコンクリートの品質，はね返りおよび粉じん量等は大きく影響されるため，ノズルマンには品質に関する十分な知識と技量が必要とされる．

一度に吹き付ける層厚は，吹き付けたコンクリートが垂れ下がらない適切な厚さとし，次の吹付け層を保持できるまでに硬化した後に，ただちに次層を吹き付け，所定の厚さになるまで反復して吹付けを行う．

また，吹付け厚は地山の凹凸等により均一になりにくいので，施工箇所に適合した方法で厚さを管理する必要がある．

材料の閉塞に影響する要素は，水セメント比，骨材の状態，圧送距離と高低差，機械の送出し機構および空気圧等であり，とくに乾式では圧送距離と空気圧の関係に注意する必要がある．圧送距離がある程度以上長くなると閉塞が起こり，空気圧が高すぎるとはね返り量が増加することになるので，圧送距離はできるだけ短い方が望ましい．閉塞が起こると作業能率が低下するとともに，連続的な吹付けが行われず，所要の品質が得られなくなるので，十分に管理を行う必要がある．

　（4）について　吹付けは，トンネル掘削壁面に発生する応力が円滑に伝達されるように，地山の凹凸を埋めるように行わなければならない．また，応力を鋼製支保工に均等に伝達するため，鋼製支保工の背面に空隙を残さないよう入念に吹き付けるとともに，防水シートの破損や覆工コンクリートのひびわれを防止するため，吹付け面をできるだけ平滑に仕上げなければならない．鋼製支保工の表面に付着した余分なコンクリートを削り落とすケレン作業では，鋼製支保工のずれや吹き付けたコンクリートの破損を生じさせないよう注意する必要がある．

地山が安定している場合は下部から吹付けを行い，リバウンド分が混ざらないように行うなど，地山状況や支保パターンに応じた作業手順によって吹き付ける．下半の脚部やインバート部の吹付けは，はね返った材料の上に，そのまま吹き付けないように注意しなければならない．

また，上半，下半の境界部分は，施工上弱部となりやすいため，とくに注意する必要がある．

　（5）について　吹付けコンクリートは，空気圧，配合等の適切な管理を行い，ノズルからの吐出やはね返り等による粉じん発生を極力抑制する必要がある．また，トンネル作業の良好な環境を維持するための対策を行わなければならない．

吹付けによって発生する粉じんの対策として，通常の適切な換気方式と十分な換気量による希釈に加えて，必要により大型集じん設備による坑内の作業環境改善を図らなければならない．また，日常の管理で粉じん濃度目標レベルを設けるなど(第4編 12.6参照)，必要に応じた対策を施さなければならない．

吹付け作業員は，粗骨材のはね返りにより被災することもあり，また，粉じんにより作業環境が悪くなるので，保護メガネ，電動ファン付き防じんマスク(第4編 12.6参照)等の保護具を着用する必要がある．

　（6）について　吹付け面の湧水の状態は，表面ににじむ程度から噴出している状態までさまざまである．地山からの湧水は，コンクリートを洗い流したり，はく離および付着力を弱めるなどの原因となり，品質および作業能率の低下をきたすので，適切な対策を検討しなければならない．湧水のある地山に吹き付ける場合は，細心の施工を行い，かつ施工上の工夫を行うことにより，良質の吹付けコンクリートが得られるように努めなければならない．乾式の場合は，ドライミクストコンクリートを吹き付け，湧水となじませた後，徐々に現場配合の単位水量にして吹き付けたり，湿式の場合は吹付けコンクリートの粘性を高くする，急結剤の添加量や種類を変えるなどの方法がある．とくに湧水が集中，または多い場合には，**解説 図 4.7.2**に示すような処理方法がある．

(a) 部分的な湧水の場合

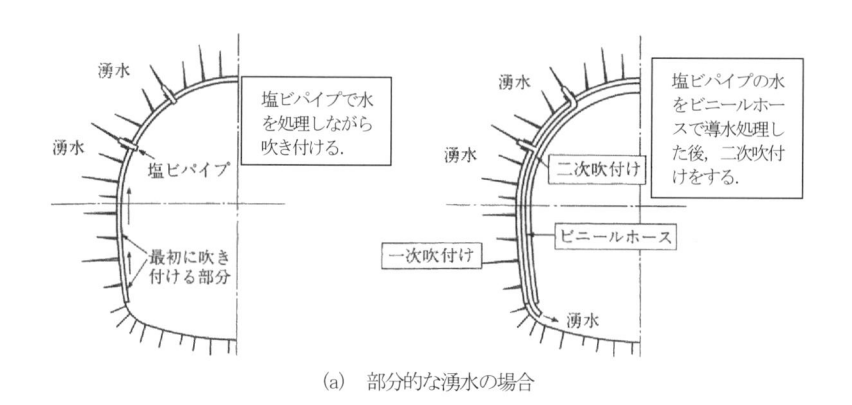

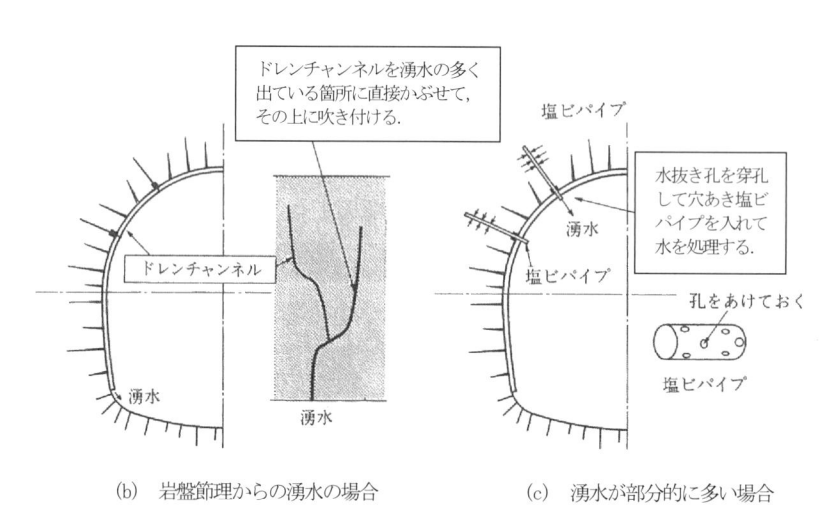

(b) 岩盤節理からの湧水の場合　　(c) 湧水が部分的に多い場合

解説 図 4.7.2　吹付け作業時の湧水処理方法の例

7.3　ロックボルト
7.3.1　使用機械
（1）　穿孔機械は，トンネル断面の大きさおよび形状，地山条件，掘削工法，ロックボルトの種類，長さ，本数等を考慮して選定しなければならない．
（2）　ロックボルトの挿入，定着，締付け等に使用する機械は，ボルトの種類に応じた適切なものを選定しなければならない．

【解 説】　（1）について　ロックボルトの穿孔作業には，効率のよい穿孔機械を選定する必要がある．一般に，穿孔能力に優れる油圧式ドリフターが広く使用され，ドリルジャンボに複数の油圧式ドリフターを搭載したものが主流となっている．穿孔はドリフターをガイドセルに搭載して行うが，その際ガイドセルの長さとトンネル断面の大きさおよび形状に留意する必要がある．また，複数のドリフターで同時に穿孔するときは，ガイドセル同士の干渉にも配慮する必要がある．小断面トンネルでは，ガイドセルを使用せずロッドを順次送り出す穿孔機械もある．

　長尺ロックボルトの場合，継ぎロッドの使用や替えノミをするなどして穿孔を行う必要がある．また，穿孔時間の短縮や安全性の向上を図るため，ロッドチェンジャーの使用が効果的である．

　（2）について　ロックボルトの挿入には，一般にドリフターにアタッチメントを取り付けたもの等が用いられている．

　定着材としてモルタルを用いる場合は，圧送ポンプと練混ぜ用モルタルミキサーを一体化したものが用いられている．モルタルの充填には，孔奥から密に充填するために，圧送ホースの先端に樹脂パイプ等を取り付けたものが用いられている．摩擦式ロックボルトのうち鋼管膨張型ボルトでは，鋼管を膨張させるために水圧ポンプ等

を用いる．

　ロックボルトの締付けは，緩みや脱落のないようにスパナやパイプレンチを用いて確実に行う．

7.3.2　ロックボルト孔の穿孔および清掃

　ロックボルト孔は，適切なロッド，ビットを使用し，所定の位置，方向，深さ，孔径となるよう穿孔するとともに，ボルト挿入前にくり粉が残らないよう十分に清掃しなければならない．

【解　説】　ロックボルト孔の穿孔は，事前に浮石等を完全に取り除いた後，所定の位置，方向，深さになるよう留意して行う必要がある．このうち位置と方向については，事前に穿孔箇所にマーキングをしておくとともに，原則としてトンネル壁面に直角方向に穿孔する必要がある．

　孔径については，地山に応じた適切なロッド，ビットを選定する必要がある．軟岩や未固結地山の場合，穿孔水の使用や長尺穿孔時のロッドのたわみ等が原因で，穿孔径が所定の大きさより拡大すると，定着材の食い込みや孔荒れによる定着力の不足につながるため留意する必要がある．摩擦式では定着材を介さずロックボルトと周辺地山との直接の摩擦力に期待するため，とくに孔径の拡大や孔荒れに注意を要する．

　また，穿孔を効率的に行ううえで，くり粉を円滑に排出させる必要がある．とくに長尺穿孔で継ぎロッドを使用する際は，継手部にくり粉が詰まらないよう，継手部のスリーブ径を考慮した穿孔径とする必要がある．

　穿孔後は，孔内に残っているくり粉を排出し，ロックボルトの円滑な挿入と所定の定着力の確保を図る必要がある．

　未固結地山や亀裂性岩盤，破砕帯等の地質条件によっては，孔壁の荒れや崩壊，ロッドの目詰まり，穿孔水の逸水といったトラブルを招くことがある（解説 表 4.7.3参照）．これらの対策としては，穿孔径や施工機械の見直しが行われる．水の替わりに気泡や高分子水溶液等を用いて孔壁を保持する気泡穿孔やミスト穿孔も行われている．

解説 表 4.7.3　ロックボルト孔の穿孔時のトラブル

現象	原因		トラブル
孔壁の荒れ，崩壊	地質条件	亀裂性岩盤 破砕帯 砂質土 粘性土 玉石，礫混じり土等	・くり粉が排出されない ・ロッドが抜けにくい ・再穿孔が必要となる ・定着力が不足する ・ボルトが挿入しにくい
孔径の拡大	地質条件	亀裂性岩盤 破砕帯 砂質土 粘性土 玉石，礫混じり土等	・定着力が不足する
目詰まり	地質条件 長尺ロックボルト 下向きロックボルト	亀裂性岩盤 破砕帯 砂質土 粘性土 玉石，礫混じり土等	・くり粉が排出されない
孔曲り，波打ち	地質条件 長尺ロックボルト	亀裂性岩盤 破砕帯 玉石，礫混じり土等	・ロッドが抜けにくい ・ボルトが挿入しにくい
穿孔水の逸水	地質条件	亀裂性岩盤 破砕帯等	・くり粉が排出されない ・地山が劣化する

> #### 7.3.3 ロックボルトの挿入および定着
> （1） ロックボルトは，所定の深さに挿入しなければならない．
> （2） ロックボルトは，所定の定着力が得られるよう定着しなければならない．
> （3） ロックボルトの定着後，プレート等が掘削面や吹付けコンクリート面に密着するようナット等で固定しなければならない．

【解説】　（1）について　ロックボルトを所定の深さまで挿入するためには，孔の清掃を十分に行う必要がある．孔荒れがとくに激しい場合，ロックボルトの先端にビットを装着して穿孔とボルト挿入を同時に行い定着材の注入を後から行う自穿孔型ロックボルトが効果的である．ただし，ビットは使い捨てとなるためやや高価である．

定着材式の場合，肩から天端部分の上向きのロックボルトは，挿入後定着力が発現するまでに抜け落ちることがあり，これを防止するために落下防止器具が用いられる．

（2）について　所定の定着力を確保するためには，地山条件，湧水状況，穿孔状況等に留意しなければならない．

定着材式では，ロックボルト全長にわたって定着させる全面定着方式が主流となっている．定着材の充填をロックボルト挿入前に行う場合，モルタルが口元から必要以上に漏れないようにする必要がある．このため，定着材充填後に口元を押さえ，モルタルの漏れを防止するキャップが用いられることもある．また，湧水があるとモルタルが流出，分離したり，水セメント比の増大により強度が著しく低下する．これらを防止するため，事前にロックボルト孔の近くに水抜き孔を設けてロックボルト孔からの湧水を処理するなど適切な処置を講ずる必要がある．

自穿孔型ロックボルトを用いる場合は，定着材を均一に注入，充填するために口元をコーキングすることが効果的である．この場合，エア抜きを同時に行う必要があることもある．

摩擦式ロックボルトは定着材を使用しないため，湧水が多く，定着材式のロックボルトの施工が困難な場合でも使用可能であり，挿入後直ちに定着力を発揮できる利点がある．ただし，地山強度が小さい場合や孔壁が確保できない場合には，十分な摩擦定着力が得られないため，とくに留意する必要がある（第3編 **3.3.4**参照）．なお，摩擦式ロックボルトをシステムボルトとして採用する場合は，腐食について検討を行う必要がある．

（3）について　ロックボルトの性能を十分に発揮させるよう，ロックボルトの定着後，プレートが掘削面や吹付け面に密着するように，ナット等で固定しなければならない．

ロックボルトにプレストレスを導入する場合は，所定の軸力が導入できるように施工しなければならない．そのためには，所定の締付け力に対して，定着材が十分な耐力を発揮できる材齢を確認したうえで締め付けなければならない．

7.4　鋼製支保工

7.4.1　使用機械

> 鋼製支保工の建込み機械は，地山の状況，掘削工法，掘削断面の大きさ，形状などを勘案し，使用目的に適合するものを選定しなければならない．

【解説】　鋼製支保工の建込みは，切羽の不安定状態のなかでの重量物の取扱いや組立て作業となるほか，組立て精度，作業の安全性ならびに迅速性を必要とするため，適正な建込み機械が必要である．

通常，上半鋼製支保工は支保工運搬台車で切羽まで運搬し，ドリルジャンボのガイドセルに支保工受け金具を取り付けて建込み作業を行う．作業の安全性と迅速性を確保するため，鋼製支保工の運搬から建込みまでを行う支保工エレクターを使用することもある．

また，吹付け機に建込み機能を有したエレクター付き吹付け機を使用することもあり，作業の安全性が向上するほか，機械の入れ替え時間をなくし，サイクルタイムを短縮することも期待できる．

下半鋼製支保工はその重量によるが，移動式クレーンまたは人力で建て込むのが一般的である．

小断面トンネルの鋼製支保工の建込みは，断面の大きさにもよるが一般に人力作業で行うことが多いため，安全には十分注意する必要がある．

鋼製インバート支保工の建込みは，移動式クレーンを使用することが一般的である．

7.4.2 鋼製支保工の建込み

（1） 鋼製支保工は，すみやかに所定の位置に正確に建て込まなければならない．
（2） 鋼製支保工は，吹付けコンクリートと一体化させなければならない．

【解 説】　（1）について　鋼製支保工は，一般に地山条件が悪い場合に用いられ，初期荷重を負担する割合が大きいので，一次吹付けコンクリート施工後すみやかに建て込む必要がある．建込みにあたっては，浮石等を完全に取り除いた後，鋼製支保工脚部底面の地山の清掃を十分に行い支持力の確保を図る必要がある．また，建込み時にねじれや倒れがないようにし，つなぎ材で前回建て込んだ鋼製支保工と連結させる必要がある．

なお，所要の巻厚を確保するためにも，建込み時の誤差等に対する余裕を考慮して大きく製作し，上げ越しや広げ越しをしておく必要がある．とくに膨張性地山等では変位が大きくなるため，所定の内空断面を確保できるように製作段階で大きく加工しておくことがある．

地耐力の不足を補うためにウイングリブ付き鋼製支保工を用いる場合は，脚部の掘削形状が鋭角となり，それにより地山を乱して肌落ち等を発生させることがあるため，とくに建込み時の安全に留意しなければならない．トンネル形状，地山条件等によっては脚部の掘削形状が鋭角にならないタイプを用いる場合もある（**解説 図 4.7.3参照**）．

計測結果等の施工時の状況により，緊急的に脚部沈下対策が必要となった場合の対策として，脱着式やパイプ式のウイングリブを採用する事例もある．

（2）について　十分な支保効果を確保するためには，鋼製支保工と吹付けコンクリートを一体化させなければならない．そのためには，鋼製支保工の背面に空隙が生じないよう，吹付けコンクリートを入念に施工する必要がある．また，地表面沈下を抑制するために，鋼製支保工の脚部や背面空隙部に布袋を挟み込み，袋の中に急硬性モルタルを加圧注入して地山と一体化させる方法が用いられることもある．

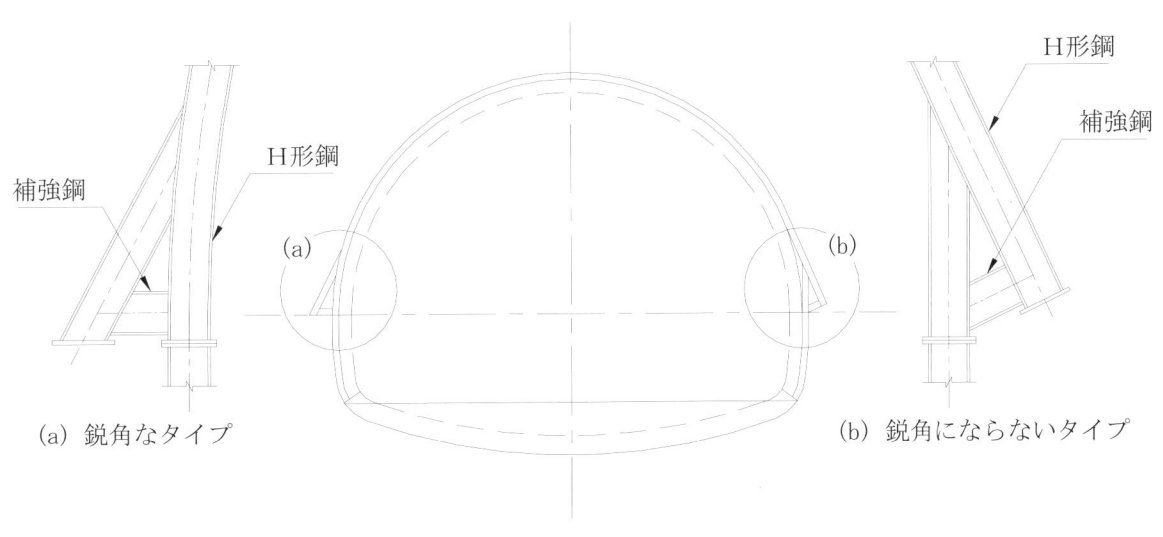

(a) 鋭角なタイプ　　　　　　　　　　　　　　(b) 鋭角にならないタイプ

解説 図 4.7.3　ウイングリブ付き鋼製支保工の例

第8章 覆　　工

8.1 型　　枠

8.1.1 型枠一般

> 型枠の構造は，コンクリート打込み時の荷重に対して十分な強度と安全性を有し，覆工の位置および形状，寸法が正確に確保され，所要の性能を有するコンクリートが得られるとともに，作業性に優れたものでなければならない．

【解　説】　ここでいう型枠とは，覆工コンクリートを施工するのに用いられる鋼製パネル(メタルフォーム)またはスキンプレート，支持骨組み(セントル)，移動架台(ガントリーまたはトラベラー)および付属品を総称するものである．トンネルの覆工に用いられる型枠は，移動式と組立て式に大別される．移動式はセントルと鋼製パネルやスキンプレートを一体化し，架台に乗せて移動できるよう製作されたものであり，組立て式はセントルと鋼製パネルをコンクリート打込みごとに組み立て，解体するものである．組立て式型枠は，拡幅部等で移動式型枠の使用が制約される場合などに用いられ，通常は移動式型枠が使用されている(**解説 図 4.8.1**参照)．

　型枠に作用する荷重は，1回当りの打込み量，一打込み長，打上り速度等によるフレッシュコンクリートの圧力，吹上げ方式による1回の打込みの中での最終打込み圧力等である．型枠は，これらの荷重に対して必要な強度と剛性を有するように設計，製作しなければならない．とくに中流動覆工コンクリート[1]等の流動性の高いコンクリートを用いる場合には，フレッシュコンクリートの側圧の割増しを考慮に入れた設計が必要である．組立て精度は，トンネル内空の出来形の精度に直接影響を及ぼすので，要求される精度が満たされるように，コンクリートの打込み前に十分に確認する必要がある．

　移動式型枠の長さ，すなわち一打込み長は，工程，コンクリートの打込み能力，曲線部での曲率等を考慮して決定する必要がある．一打込み長を長くすると，温度収縮や乾燥収縮でひびわれが生じやすいので，一般には9～12mの長さのものが使用されている．しかし，長大トンネルにおいて工程短縮を図るため，長いもの(15～18m)が使用されることもある．この場合には，ひびわれ防止のため型枠中央部に誘発目地を設ける必要がある．さらに，コンクリート打込み量が多いために作業時間が長くなるので，使用コンクリートや打込み設備，施工体制等について十分に検討しなければならない．

　覆工コンクリートの打込み作業は，狭い空間での作業であることや天端部を吹上げ方式で打ち込むこと等の特徴がある．このため，覆工コンクリートの型枠には作業者の負担を軽減する設備，コンクリートの充填を確実にする設備やその状況を確認する設備等を設置することが望ましい．

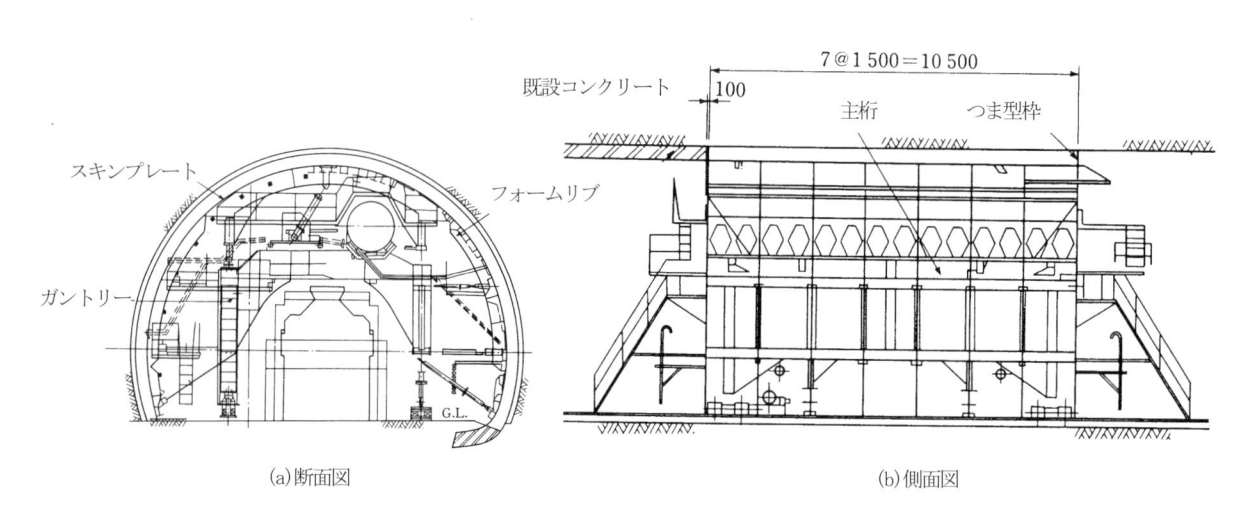

(a)断面図　　　(b)側面図

解説 図 4.8.1　移動式型枠の例(文献[2]を加筆修正)

なお，型枠の設計，製作をはじめ，覆工の施工にあたっては，「労働安全衛生規則」（厚生労働省令）を遵守するとともに，以下の示方書類を参考にされたい．

① 2012年制定コンクリート標準示方書［施工編］　　　（公社）土木学会
② トンネルコンクリート施工指針(案)(2000)　　　　　（社）土木学会
③ 山岳トンネル覆工の現状と対策(2002)　　　　　　　（社）土木学会
④ 覆工コンクリート施工の手引き(2001)　　　　　　　（社）日本トンネル技術協会
⑤ 覆工コンクリート施工マニュアル(2002)　　　　　　日本道路公団
⑥ 鋼繊維補強コンクリート設計施工指針(案)(1983)　　（社）土木学会
⑦ 高流動コンクリート施工指針(1998)　　　　　　　　（社）土木学会
⑧ トンネル施工管理要領(本体工編)(2013)　　　　　　東日本・中日本・西日本高速道路株式会社
⑨ 山岳トンネル設計施工標準・同解説(2014)　　　　　（独）鉄道建設・運輸施設整備支援機構

参考文献
1) 東日本・中日本・西日本高速道路株式会社：設計要領第三集トンネル(1) トンネル本体工建設編，p.124，2015.7
2) (社)土木学会：コンクリートライブラリー第102号，トンネルコンクリート施工指針(案)，p.31，2000.

8.1.2　型枠の製作

（1）　移動式型枠は，繰り返して使用できるよう移動性がよく，所定の移動，据付け，コンクリート打込み作業に耐えられるよう堅固な構造としなければならない．

（2）　組立て式型枠は，組立て，取外しが容易で堅固な構造としなければならない．

（3）　型枠には，コンクリートの打込み，検測等を考慮して，適切な位置にコンクリートの投入口，検査窓等の設備を設けなければならない．

（4）　型枠は型枠内を工事用車両等が安全に通行できる構造としなければならない．

【解　説】　（1）について　移動式型枠は，分解することなく移動，据付け，覆工コンクリートの打込み作業に繰り返し使用する．したがって，型枠はトンネル内空断面内に縮小できるように可動部がジャッキやターンバックル等で調整でき，使用するジャッキ類は，振動，油漏れ等で緩まない構造としなければならない．

移動式型枠には，けん引式と自走式があるが，一般に自走式が多く使用されている．移動式型枠は，これらの移動に際して，ねじれ等の変形の起こることのないよう堅固な構造で，かつレール，車輪，自走装置等によりスムーズに移動できる必要がある．また，一般にコンクリート打込み回数が多くなることから，型枠面の材料はトンネルの用途，打込み回数，施工条件等を十分考慮したうえでもっとも適した材料を選定する必要がある．

トンネル縦断勾配が急勾配となる場合や中流動覆工コンクリート[1]等の流動性の高いコンクリートを使用し，打込み時の荷重が大きくなる場合，あらかじめ移動式型枠を補強(面板厚の増大，中間ジャッキの増設等)しておく必要がある．

（2）について　組立て式型枠の製作にあたっては，必要な強度を有し，かつ狭い空間での据付け，取外しが容易な構造となるように配慮する必要がある．

組立て式型枠の構造は，つま型枠または鋼製パネルの強度とセントルの強度に留意し，コンクリートの打込み圧力およびコンクリートの荷重によって大きなたわみが起こらないようにしなければならない．型枠外板のパネル幅は1.5mまたは2.1mが一般的である．また，曲線部の場合には，とくに鋼製パネルのかかりしろに注意することが必要である．

（3）について　覆工コンクリートの施工は，一般に全断面で行われる．側壁部や肩部は検査(作業)窓から打ち込み，アーチ部は天端部に設けた吹上げ口からの打ち込むのが一般的である．

検査(作業)窓は，側壁部や肩部のコンクリートの投入，締固め作業，覆工巻き厚の検測やコンクリートの打込

み状況の確認のほか，型枠清掃作業のために使用される．そのため検査(作業)窓は，コンクリートの品質確保および作業性の向上の面から，施工条件を考慮して型枠の適切な位置に適切な数を設置することが望ましい(**解説図 4.8.2参照**).

天端部へのコンクリートの打込みに使用する吹上げ口は，覆工コンクリート中に空気溜りによる空隙が残らないよう適切な位置に設け，コンクリートが確実に充填できるよう配慮しなければならない．とくに下り勾配での打込み作業時には空気溜りが生じやすいため，エア抜き金具を使用することが望ましい．吹上げ口は複数設けるのが一般的であるが，数や位置はトンネル形状や覆工構造，型枠の長さにより決定する．

(4)について　移動式型枠内の通行帯を確保するガントリーは，工事用車両が安全に通過できる余裕を考慮した構造としなければならない．また，型枠内を通る坑内の固定仮設備(風管，給気管，給排水管，電気照明設備等)の配置を考慮して製作しなければならない．組立て式型枠についても同様である．

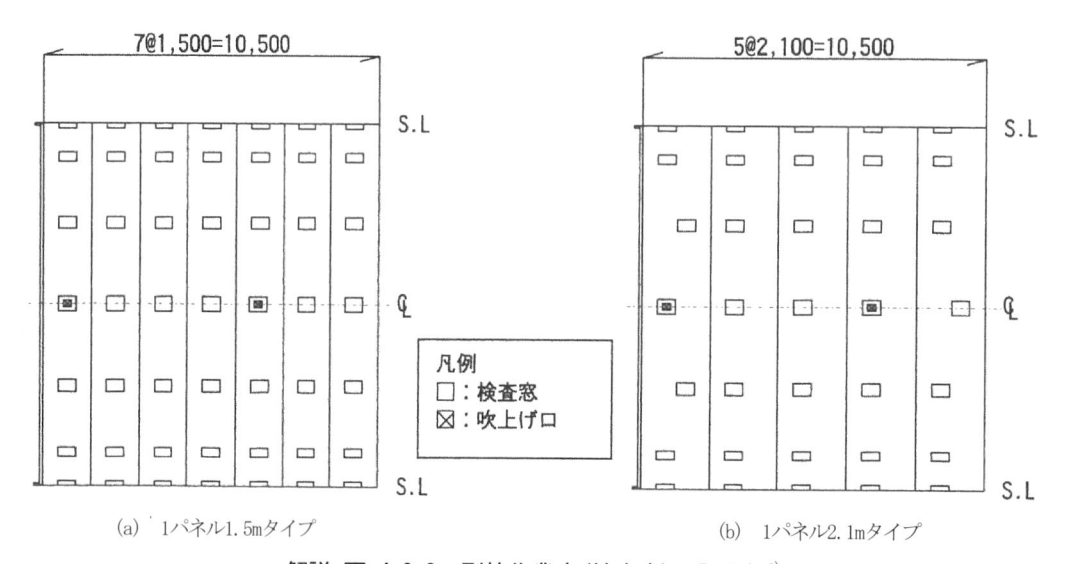

解説 図 4.8.2　型枠作業窓(検査窓)の設置例[2]

参考文献

1) 東日本・中日本・西日本高速道路株式会社：設計要領第三集トンネル(1)トンネル本体工建設編, p.124, 2015.7
2) 日本道路公団試験研究所：覆工コンクリート施工マニュアル, 試験研究所技術資料第360号, p.25, 2002.

8.1.3　つま型枠

(1)　つま型枠は，コンクリートの圧力に耐えられる構造とし，モルタル漏れ等がないように取り付けなければならない．

(2)　つま型枠は，防水シートを破損しないように施工しなければならない．また，溝型枠を設置する場合は，その構造を十分に検討し不具合のないように施工しなければならない．

【**解　説**】　(1)について　覆工目地部に相当するつま部は，コンクリート硬化後に複雑な力が働かないよう極力覆工内面に対して直角で直線的な単純な構造とすることが望ましい．また，つま型枠はコンクリート打込み時の圧力で変形しないよう十分な剛性を有し，コンクリートの品質低下の原因となるモルタル漏れがないように取り付ける必要がある．

(2)について　つま型枠は，凹凸のある吹付けコンクリート面に合わせて木製矢板等を使用し，現場合わせで施工しているのが一般的である(**解説 図 4.8.3参照**)．つま型枠の施工では，型枠により防水シートを破損しないよう適切な防護対策を行なわなければならない．つま型枠に止水板を取り付ける場合は，その機能を損なわないように取り付けなければならない．なお，打込み当初からつま型枠により，つま部を完全に密閉してしまうと，

ブリーディング水が排除できないことや天端部の打込み状況を確認できないなどの不都合が生じるので，ブリーディング水が適切に処理できる型枠を採用することが望ましい．

覆工目地部では，型枠の据付け時に型枠の過度な押当てにより若材令である既設の覆工コンクリートにひびわれを生じる場合がある．その防止策として既設の覆工コンクリートと覆工型枠の重ね合わせ部(オーバーラップ部)に緩衝材を設置するための溝型枠(台形形状，三角形形状等)を設ける例がある．つま型枠は，これらも考慮した構造とすることが望ましい(**解説 図 4.8.4参照**)．

打継ぎ目の溝型枠部にゴム材等を設置する際は，コンクリート打込み時のモルタル分流入を防止するため，隙間が生じないように注意して施工し，浮きやはく離を防止する必要がある．

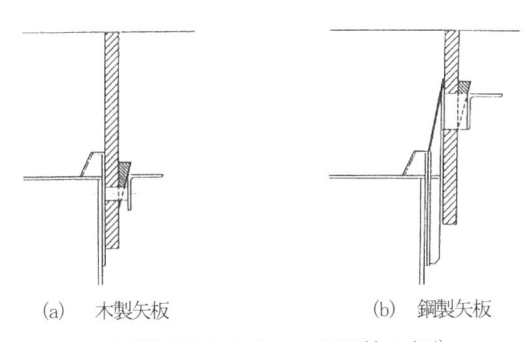

(a) 木製矢板　　(b) 鋼製矢板

解説 図 4.8.3 つま型枠の例[1]

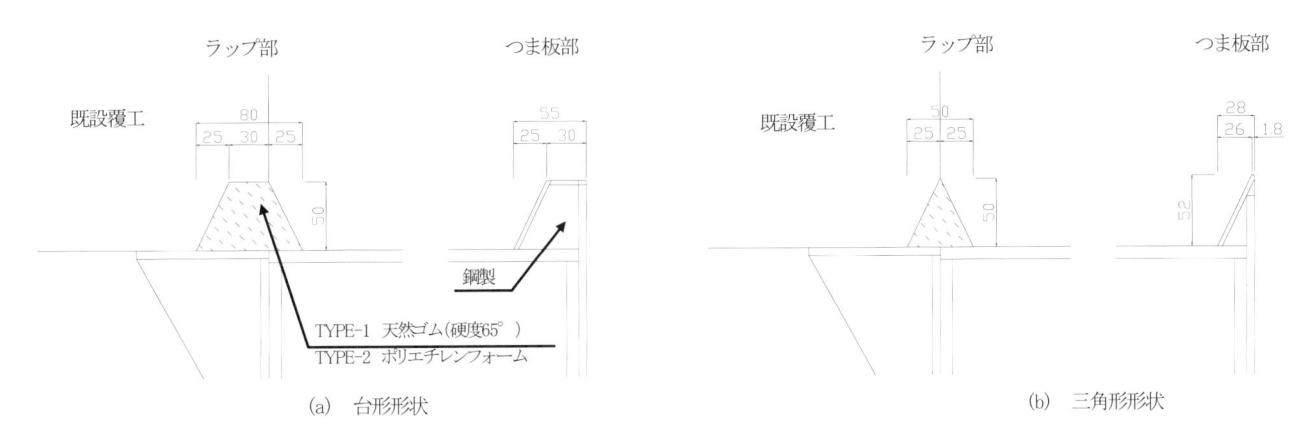

(a) 台形形状　　(b) 三角形形状

解説 図 4.8.4 打継ぎ目溝型枠の例

参考文献
1)(社)日本トンネル技術協会：覆工コンクリート施工の手引き，pp.115-117，2001．

8.1.4 型枠の移動および据付け

（1） 型枠は，測量を行い所定の平面位置，高さに正確に据え付けるとともに，打込み時に変形，移動および沈下を起こさないように固定しなければならない．
（2） 移動用レールは，型枠の移動が円滑に行われる構造としなければならない．
（3） 型枠は，覆工コンクリート面から十分に離し，既設の覆工コンクリートに損傷を与えないように移動しなければならない．
（4） 型枠面は，コンクリートが付着しないよう，適切な処置を講じなければならない．
（5） 型枠は，既設の覆工コンクリートに損傷を与えないように据え付けなければならない．
（6） 型枠は，コンクリート打込み中に，その状態を点検しなければならない．

【解　説】　（1）について　型枠は，計画された平面および縦断線形と内空断面が確保できるように事前に厳密な測量を行い，所定の位置に据え付けなければならない．また，コンクリート打込み時の圧力や荷重により移動しないように固定するとともに，コンクリート打込み時や完了後においても，コンクリートに有害な影響を与える沈下が生じないようにしなければならない．型枠を据え付ける地盤が不良で所定の支持力を確保できない場合は，移動用レールの枕木間隔を狭くする，敷き鉄板や鋼矢板あるいは良質なずりを敷き均すなどの対策を講ずるものとする．対策を講じても沈下が予期される場合は，必要に応じた上げ越し量を設定して据え付けなければならない．

　事前の測量では，型枠据付け後に所定の設計巻厚が確保されるように確認することが重要である．設計巻厚が確保できない場合は，必要により型枠の据付け前に適切な処置を講じなければならない．

　（2）について　移動用レールが不安定であると，型枠の移動が困難となるので注意しなければならない．レールは型枠および覆工コンクリートの重量，作業時の荷重に耐えられる構造でなければならない．レールの敷設においては地盤を十分均し，支持力が不足するような地盤では，（1）の解説で述べた対策を講ずる必要がある．とくに，移動式型枠の車輪の位置や型枠の支点付近では，沈下が起こらないように適切な処置を講じなければならない．

　インバート施工区間を埋め戻した後に型枠を据え付ける場合には，良質な材料を使用するとともに十分な締固めを行い，沈下が生じないようにしなければならない．

　（3）について　型枠を移動するとき既設の覆工コンクリートに接触すると，コンクリート面の損傷や型枠破損の原因となるので，ジャッキ類を所定の位置まで十分縮小しなければならない．曲線部の移動においては，とくに注意しなければならない．

　（4）について　型枠表面の状況の良し悪しは，覆工コンクリートの平滑性，出来栄え等に大きく影響する．このため，コンクリート打込み前に型枠表面の清掃（ケレン）を念入りに行うとともに，型枠の取外しを容易にするため，適切なはく離剤を適量塗布しなければならない．ただし，はく離剤の過度の塗布は，覆工コンクリートに色むら，縞模様を生じ，出来栄え等に影響するため注意しなければならない．はく離剤は，使用方法および塗布量に大きな差があるため，その性質や使用方法を確認したうえで使用しなければならない．

　型枠清掃は，作業空間が狭く足場が確保しにくいなど，トンネル特有の環境での作業となるので，自動型枠ケレン装置を使用したり，あらかじめ型枠の表面処理（樹脂コーティング，セラミックコーティング等）を行う方法やスキンプレートにステンレス鋼板を使用するなど作業を容易にするための対策が取られている例もある．

　（5）について　型枠据付けにおいて，既設の覆工コンクリートとの重合わせ部分（オーバーラップ部）に過度の荷重をかけた場合，ひびわれ等を発生させることがある．とくに天端部や平面線形で曲線半径の小さいカーブの側壁部は注意が必要である．なお，過度の押当てによるひびわれを防止する対策として，型枠のラップ側に既設の覆工コンクリートとの接触を検知するセンサーを装備することがある．また，型枠はコンクリートを打ち込むと多少なりとも変形を生じるので，既設の覆工コンクリートの曲率は型枠据付け時よりも小さくなっている．このため，重合わせ面を無理になめらかにしようとすると既設の覆工コンクリートの天端部に力がかかり，打継ぎ目付近にひびわれを生じる場合がある．一方，重合わせの余裕を取ることにより重合わせ部に隙間ができ，モルタルやペーストが入り込んで薄片状のはく離物が形成される場合がある．とくに，型枠に対して偏心の大きいカーブ部で注意が必要である．発生した薄片は，将来はく落する可能性があるため，除去しなければならない．

　重合わせ部のひびわれを防止するには，第4編 8.1.3 に示す防止対策を施したり，型枠の据付けや取外し時のジャッキ類の操作の際に，近接する前回打ち込んだ覆工コンクリートが若材齢であることを十分認識して，過度の荷重をかけないように配慮しなければならない．

　打継ぎ目付近にひびわれを発生させてしまった場合には，その部分のコンクリートを除去することが望ましい．なお，除去した跡を安易にモルタル詰め等で補修してはならない．除去できない場合や除去後の断面欠損が大きい場合には，将来はく落が生じないような補修方法を選定し，覆工と同等以上の強度を有する材料で補修するものとする．

　（6）について　移動式型枠は，組立てボルトの緩みやジャッキ，ターンバックル類等を定期的に点検し，繰

り返し行われるコンクリートの打込み作業，移動等に安全に使用できるようにしなければならない．とくに組立てボルトは，振動等で緩むことがあるので，定期的に点検を行い，十分締め付けなければならない．また，コンクリート打込み中にも点検を行い，必要に応じて増し締めや型枠の補強等を行わなければならない．組立て式型枠でも，コンクリート打込み中に点検を行い，必要に応じて増し締めや型枠の補強等を行わなければならない．近年，コンクリート打込み中の移動式型枠の変位や沈下を自動追尾式トータルステーションを使用して自動測定する計測技術がある．

8.1.5 型枠の取外し
型枠は，打ち込んだコンクリートが必要な強度に達するまで取り外してはならない．

【解　説】　型枠の取外し時期は，覆工の工程に大きく影響するが，早すぎる型枠の取外しは，ひびわれ，つま部コンクリートの欠け，表面の仕上がり不良等の有害な影響を及ぼすため，十分な検討が必要である．型枠は，少なくとも打ち込んだコンクリートが自重等に耐えられる強度に達した後でなければ取り外してはならない．

　型枠を取り外してよい時期は，コンクリートの種類，トンネルの大きさ，形状，覆工巻厚および施工条件等によって異なるが，通常，コンクリート打込み後12～20時間[1]で型枠を取り外している例が多い．また，取外し時のコンクリートの圧縮強度は，円形アーチのトンネルでは2～3N/mm^{2}程度[2]を目安としている場合が多い．この強度発現前に取り外す場合や特殊形状のトンネルでは，地山条件も含めた有限要素法や骨組構造解析[3]等で自重やその他の荷重によりコンクリートに生じる応力を推定し，この応力に対して十分な安全率を確保したコンクリート強度に達する材齢を取外し時期とする必要がある．

　型枠の取外し時期は，養生条件(温度，湿度等)を現場条件と合わせた供試体により試験した強度から決定しなければならない．トンネル貫通後や冬期間の施工で外気の影響を受ける場合は，型枠取外しまでの養生方法，骨材や練混ぜ水の温度，コンクリート配合の改善等を検討する．

参考文献
1) (社)土木学会：トンネル・ライブラリー第12号，山岳トンネル覆工の現状と対策，p.58，2002.
2) (社)土木学会：コンクリートライブラリー第102号，トンネルコンクリート施工指針(案)，p.41，2000.
3) 日本道路公団試験研究所：覆工コンクリート施工マニュアル，試験研究所技術資料第360号，pp.112-127，2002.

8.2 覆工コンクリート
8.2.1 覆工コンクリートの施工一般
（1）　覆工コンクリートの打込み順序は，掘削工法等を考慮して決めなければならない．
（2）　覆工コンクリートの施工時期は，地山，支保工の挙動および覆工の目的等を考慮して定めなければならない．
（3）　覆工コンクリートの施工にあたっては，ひびわれ，コールドジョイント，うき，はく離，背面空洞等の発生を防止するように努め，供用後の維持管理に支障のないように配慮しなければならない．

【解　説】　（1）について　覆工コンクリートの施工は，通常，掘削完了後に全断面を一度に打ち込むのが一般的である．側壁導坑先進工法の場合は，側壁コンクリートを先行して打ち込み，その後に全断面のコンクリートを打ち込む場合と，先行する側壁コンクリートの天端を脚付け部として上半アーチ部のコンクリートを打ち込む場合がある(**解説 図 4.8.5**参照)．一般には前者が多い．後者で覆工に縦断方向の打継ぎ目地部ができる場合には，その部分の漏水処理の方法を検討しなければならない．

　インバートコンクリートの施工方法は，コンクリートの打込み順序により，インバート後打ち方式，インバー

ト先打ち方式，全巻き方式に分けられる．インバート後打ち方式は，覆工コンクリートの施工が終わってからインバートコンクリートを施工する方法で，覆工コンクリートの施工後にインバート掘削を行っても地山の変位による影響が少ないと想定される地山や小断面トンネルで用いられる．インバート先打ち方式は，覆工コンクリートの施工前にインバートコンクリートを施工する方法で，一般に多くのトンネルで用いられている．また，インバート先打ち方式は切羽作業と並行して行われることから，その施工方法には切羽作業を休止して，あるいは桟橋を用いて全幅を一度に施工する方法と，断面の片側に通路を確保しながら片側ずつ施工する方法がある．全巻き方式は，覆工コンクリートとインバートコンクリートを同時に施工する方法で，圧力水路トンネル等で用いられている(第4編 9.1, 9.2参照)．

（2）について　覆工コンクリートは，第5編 4.4.2に示すように内空変位が収束したことを確認した後に施工することを原則とする．なお，膨張性地山の場合には早期に覆工を施工する場合もある(第7編 5.1参照)．

（3）について　凹凸のある掘削面や吹付けコンクリート面に直接覆工コンクリートを打ち込むと，覆工コンクリート面に細かなひびわれが発生することが多い．このため，掘削面や吹付け面に覆工コンクリート背面の拘束を低減するシート類等を張り付け，縁切りを行いコンクリートが硬化する際に背面が拘束されないようにしておく必要がある．また，吹付け面の凹凸が極端に大きい場合には，シートと吹付け面間に空隙が発生することや背面拘束の低減効果が期待できない場合があるので，吹付けコンクリート面はできるだけ平滑に仕上げることが望ましい．なお，近年では吹付けコンクリート面と防水シート面との隙間に裏込め注入材等を充填することにより，防水シート面を平滑にする工法(背面平滑型トンネルライニング工法)が採用されてきている．

覆工コンクリート背面拘束の低減にシート類を使用する場合には，コンクリート打込み時に引張力が働き破損することもあるので，掘削面や吹付け面の凹凸になじませて固定するとともに，ロックボルトの頭部の処理等を行う必要がある．

移動式型枠の設置時および取外し時やコンクリート打込み中に生じるひびわれ，コールドジョイント，うき，はく離，背面空洞等の初期段階での不具合の発生が確認された場合は，施工途中でも配合や型枠の取外し時期，施工方法等の見直しを行い，以降の打込みに不具合を発生させないように注意する必要がある．

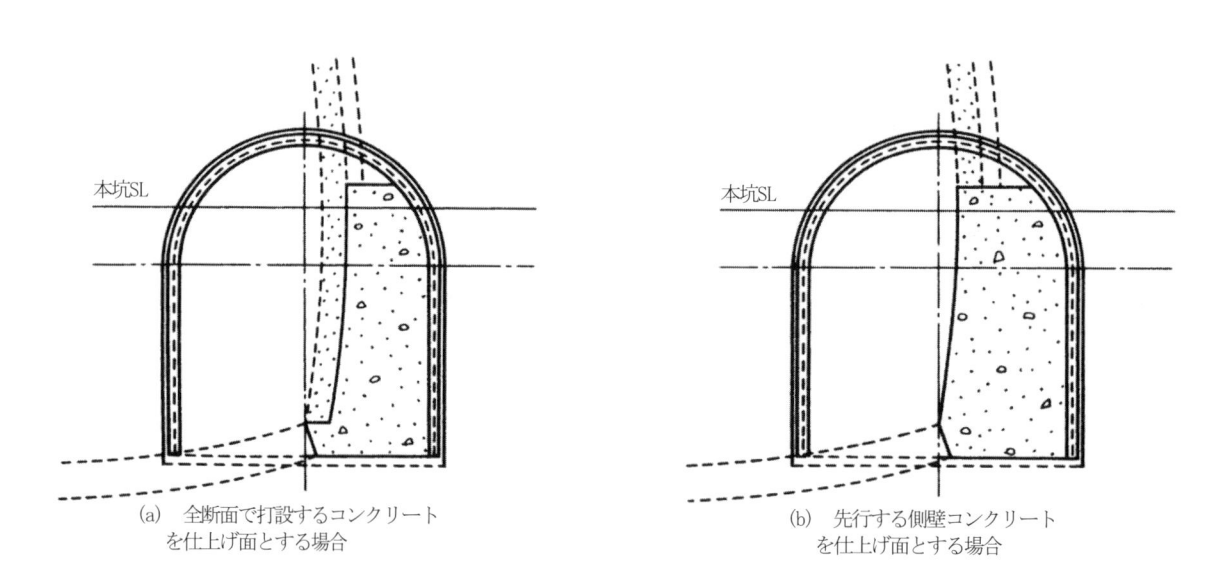

(a) 全断面で打設するコンクリートを仕上げ面とする場合

(b) 先行する側壁コンクリートを仕上げ面とする場合

解説 図 4.8.5　側壁導坑先進工法の側壁部覆工の例

8.2.2 覆工コンクリートの現場配合

覆工コンクリートの現場配合は，使用材料，打込み方法等を考慮して定めなければならない．

【解 説】 覆工コンクリートの現場配合は，示方配合に基づき，現場で使用する材料を用いて試験練りを行い，強度，施工性の確認を行うとともに，断面形状，覆工巻厚，鉄筋の配置状況，打込み機械および打込み方法等に応じた適切なワーカビリティーが得られるとともに材料分離が生じにくいものでなければならない．

スランプの設定には，コンクリートの水セメント比と単位水量が大きく影響する．また，単位水量と単位セメント量はコンクリートの強度，耐久性に大きく影響を与え，単位水量が多いと単位セメント量も多くなり不経済となるばかりでなく，材料の分離が起こりやすくなる．したがって，所要の強度，耐久性のある覆工コンクリートとするためには，作業に適するワーカビリティーが得られる範囲で，単位水量をできるだけ少なくすることが重要である．このため，単位水量の減少，ワーカビリティーの改善のために，フライアッシュ等の混和材や，AE減水剤，高性能AE減水剤や流動化剤等の混和材料を併用する例が多い．ひびわれの抑制や鉄筋区間の流動性の高いコンクリートの使用を検討する場合には第3編 4.2.4を参照するものとする．

とくに覆工コンクリートに繊維補強コンクリートを用いる場合，締固め時に繊維が沈み込み，覆工表面に集中しないよう事前にセメント量等の配合を検討することが重要である．また，覆工コンクリート中の繊維が局所的に集中してファイバーボールが生じたり，混合が不均一になるなどの問題が発生する場合がある．そのため，繊維の投入には繊維分散機を使用する場合が多い．

覆工コンクリートの打込みは，閉鎖された狭小空間で窮屈な姿勢で行われるため，締固めや筒先の移動等を十分に行うことが難しい．そこで，天端部での締固め不足によるコンクリートの密実性の低下，充填不足による背面空洞の発生等を防止する目的で，材料分離抵抗性を損なわずに流動性を高めた中流動覆工コンクリート[1]等を標準的に適用する例もある．なお，中流動覆工コンクリート[1]等を用いる場合は，使用材料の品質変動，計量誤差による影響を受けやすいので，厳しい品質管理，製造管理，施工管理が必要となる．また，型枠の補強も検討しなければならない．

参考文献
1) 東日本・中日本・西日本高速道路株式会社：設計要領第三集トンネル(1)トンネル本体工建設編，p.124，2015.7

8.2.3 覆工コンクリートの運搬

（1） 覆工コンクリートは，練混ぜ後，所定の時間内に打ち込めるよう運搬しなければならない．
（2） 覆工コンクリートは，材料の分離，異物の混入を生じない方法で運搬しなければならない．運搬には，原則として，かくはん設備を備えた運搬車両を使用しなければならない．

【解 説】 （1）について コンクリートは，練混ぜ後，すみやかに運搬し打ち込むことが大切である．練混ぜはじめてから打ち終わるまでの時間は，外気温が25℃を超えるときで1.5時間以内，25℃以下のときで2時間以内を標準とする．打ち込むまでの時間が長くなる場合や外気温が25℃を超えるときには，遅延型AE減水剤，流動化剤等の使用を事前に検討しておくことが望ましい．また，最近ではトラックミキサーやアジテーター付き運搬車両のドラムをカバーで覆うなどの対策を行い，運搬中のコンクリート温度の低下を抑制している例もある．

一般道を経由してコンクリートを運搬する場合には，交通事情，気象事情等を考慮して遅滞なくコンクリートが供給できる体制を整備することが望ましい．

（2）について コンクリートの運搬には，運搬中に材料の分離やスランプの変化が少なく，異物や水が混入しないような方法を選ぶことが大切であり，原則として，かくはん設備を備えたトラックミキサーやアジテーター付き運搬車両を使用しなければならない．

> **8.2.4 覆工コンクリートの打込み**
>
> （1） 覆工コンクリートの打込みに先立ち，コンクリートの品質を低下させないように型枠内の清掃を行い，湧水や溜り水がある場合は適切な排水を行って，コンクリートに混入しないようにしなければならない．
>
> （2） 覆工コンクリートは，材料の分離を生じないように打ち込み，また隅々に行きわたり空隙が残らないよう十分締め固めなければならない．
>
> （3） 覆工コンクリートは，打上がりが適切な速度となるように，また覆工の左右均等に連続して打ち込まなければならない．

【解　説】　（1）について　覆工コンクリート打込み前に，コンクリートに異物が混入しないように型枠内を清掃するとともに，掘削面や吹付けコンクリート面からの湧水がある場合には，湧水量に応じた防水工，導水工等を行い，溜り水を除去し，湧水がコンクリートに混入しないようにしなければならない．また，打込み前にポンプの配管に送る先送りの水およびモルタルも型枠内に流し込まないようにしなければならない．覆工コンクリート打込み中にブリーディング水が発生した場合には，適当な方法でこれを取り除いてからコンクリートを打ち込まなければならない．

　（2）について　覆工コンクリートはコンクリートの材料分離が生じないように打込み，空隙が残らないように品質の良いコンクリートを完全に充填して締め固めなければならない．また，空隙を残さないためにコンクリート打込み数量を事前に十分に把握し，確実にその数量を打ち込む必要がある．

　側壁部の打込みでは，落下高さが高い場合や長い距離を横移動させた場合に材料が分離するので，適切な高さの複数の作業窓を投入口として用いて打ち込むことが必要である．また，天端部の打込み時の落下高さが高くならないように，できるだけ高い位置まで打ち上げておくことが望ましい．覆工コンクリートの打込みにシュート，ベルトコンベヤー等を使用するときは，材料分離を生じさせないように注意しなければならない．

　天端部のコンクリートの打込みには，一般に吹上げ方式[1]が採用されている．天端部は背面に空隙を残さず，つま部まで完全に充填することが重要である．したがって，覆工コンクリートは，つま型枠の開口部等からブリーディング水，空気を排除しながら既設の覆工コンクリート側から連続して打ち込み，空隙の発生しそうな部分には空気抜き等の対策を講ずる必要がある．また，側壁部の打込み作業から天端部の打込み作業への切替え時間はできるだけ短くし，側壁部と天端部の境界は締固めにより一体化を図るものとする．

　（3）について　覆工コンクリートの打上がり速度が速い場合，コンクリートの締固めが不十分であったり，型枠に大きな圧力を与える可能性があるので，施工体制や型枠の剛性を考慮した適切な速度で打ち込まなければならない．また，型枠に偏圧がかからないように，左右均等に，できるだけ水平に，コンクリートを連続して打ち込まなければならない．

　覆工コンクリートは，連続打込みを原則としている．このため，コンクリート打込み作業の中断の原因となり得る運搬路の交通事情や圧送トラブル等を事前に想定し，可能な防止策を講じなければならない．

　また，コンクリートを打ち重ねることで生じるコールドジョイントの発生を防止するために，打重ねが可能な時間間隔を遵守するとともに，内部振動機を用いて打重ね部を振動締固め処理し，一体化するなどの対策を講じなければならない．

参考文献

1) (社)土木学会：コンクリートライブラリー第102号，トンネルコンクリート施工指針(案)，p.47，2000.

8.2.5 覆工コンクリートの締固め

(1) 覆工コンクリートの締固めには内部振動機を用いることを原則とし，打込み後すみやかに締め固めなければならない．

(2) 締固めにあたっては，防水工，ひびわれ抑制工や裏面排水工を破損させたり，移動させたりしないようにしなければならない．

【解 説】 (1)について 覆工コンクリートの締固めは，時間あたりの最大打込み量およびコンクリートの配合に適した内部振動機を使用し，締固めに適した必要台数で行うものとする．また，コンクリートのワーカビリティーが低下しないうちに，上層と下層のコンクリートが一体となるように，型枠の隅々に行きわたるように入念に締め固めなければならない．内部振動機をかけ過ぎるとコンクリートの材料分離を引き起こすことがあるので，振動時間の設定には注意を要する．また，内部振動機により覆工コンクリートを横移動させてはならない．

なお，解説 表 4.8.1に示すように，締固め作業が困難な天端部の締固めに，引抜き式や伸縮式の天端バイブレーター等を用いる事例も増えている．

また，流動性を向上させた中流動覆工コンクリート[1]等を使用した場合は，材料分離を防止するために内部振動機ではなく型枠バイブレーターを使用することを基本としている．

解説 表 4.8.1 各種振動機の特徴

名 称	特 徴
棒状バイブレーター	コンクリート打込み中に検査窓からコンクリートの中に振動機を挿入し，直接振動を与えてコンクリートの締固めを行うものである．振動部が円筒形の棒状バイブレーターが最も多く使用されている．
引抜き式バイブレーター	あらかじめバイブレーターを型枠内部にトンネル縦断方向に設置しておき，コンクリート打込み後，バイブレーターを起振させながら引き抜くことによって締固めを行うものである．おもに2本または4本のバイブレーターで天端付近の締固めを行う例が多い．
伸縮式バイブレーター	あらかじめバイブレーターを型枠内部にトンネル断面方向に設置しておき，油圧駆動または手動によってバイブレーターをコンクリートに挿入することによって締固めを行うものである．バイブレーターの作業域の関係上，設置本数が多く必要となるため，吹上げ口周辺等の締固めが困難な場所に限定して設置している例が多い．
浮き式バイブレーター	浮きを取り付けたバイブレーターを検査窓より設置し，コンクリートの上昇に従い，側壁部の締固めを行う．
型枠バイブレーター	型枠外側に振動機を取り付けたり，型枠の外側から外部振動機を接触させて締固めを行うもので，軽微な振動で締固めが可能である中流動覆工コンクリート[1]等の流動性を高めた覆工コンクリートの締固めに用いられる．

(2)について 防水シートやひびわれ抑制工等に内部振動機を直接当てた場合には，それらが破損あるいは移動することがあるので，締固め作業を慎重に行う必要がある．

参考文献
1) 東日本・中日本・西日本高速道路株式会社：設計要領第三集トンネル(1)トンネル本体工建設編, p.124, 2015.7

8.2.6 覆工コンクリートの養生

覆工コンクリートは，打込み後，硬化に必要な温度および湿度を保ち，有害な作用の影響を受けないよう適切な期間にわたり養生しなければならない．

【解 説】 打ち終わったコンクリートに十分な強度を発現させ，所要の耐久性，水密性等，品質を確保するためには，打込み後一定期間中，コンクリートを適当な温度および湿度に保ち，かつ振動や変形等の有害な作用の影響を受けないようにする必要がある．坑内は坑口付近を除いて温度が安定しており，湿潤状態に保たれているが，坑内換気やトンネル貫通後の外気の通風の影響については注意が必要である．

トンネルの環境条件によっては，夏期では坑内の湿度低下を抑制する坑内散水，冬期では温度低下を抑制するシート養生，ジェットヒーターによる加熱，あるいはその組合せ等による養生を行うことが望ましい．その場合は，急激な乾燥，温度変化を与えないように留意する必要がある．とくに，トンネル貫通後には通風等により温度，湿度が低下することがあるため，必要に応じてシート等による通風の遮断や保温，ジェットヒーターによる加熱等，養生に適した坑内環境を確保する必要がある．これらの養生を確実に行うため，型枠や脱枠後のコンクリート面をシート等で覆って封かん養生を行ったり，場合によってはその中にホース等を配置して散水したりして積極的に養生を行う例も見られる．また，コンクリート面に薬剤を散布するなどして膜を形成し，乾燥を防ぐ例も見られる．

　坑口付近は，外気の影響を受けやすいため，ここでの覆工は明かり構造物と同じように養生を行うなどの配慮が必要である．

　覆工コンクリート養生中には，十分な照明を用いるなどして，型枠に車両が接触したり衝突したりして有害な振動や衝撃を与えないようにしなければならない．また，発破掘削の場合は，発破による振動や飛び石の影響を受けないように切羽と養生箇所との離隔を適切にとる必要がある．

8.3　鉄　　筋

　覆工コンクリートを補強するための鉄筋は，防水工を破損しないように取り付けるとともに，所定のかぶりを確保し，自重や打ち込まれたコンクリートの圧力により変形しないよう堅固に固定しなければならない．

【解　説】　覆工コンクリートの鉄筋の固定方式には，吊り金具方式と非吊り金具方式があり，一般には吊り金具方式が用いられている．

　吊り金具方式には，防水シート貫通型（ボルト付きプレートを鋼製支保工に溶接するか，または吹付けコンクリートにアンカー等を打ち込む方式）と防水シート非貫通型（あらかじめセットされた座金に防水シートを特殊金具で挟みこむ方式）があり，一般に後者の固定強度は前者に比べて低い．

　非吊り金具方式は，水密性が要求される防水型トンネル等において，鉄筋固定用の支保工等を設置して防水シートの貫通を回避する方式である．

　鉄筋の固定方式は，覆工の構造，鉄筋の重量や要求される水密性等を考慮して選定しなければならない．鉄筋固定方法の例を**解説 図 4.8.6**，**解説 表 4.8.2**に示す．

　馬蹄形状に組み立てたトンネルの鉄筋は，天端部では垂れ下がりやすく，また全周鉄筋補強の場合にはインバートとのすり付け部で組立て精度が不均一となる場合がある．このような箇所では，鉄筋のかぶりに過不足が生じないよう鉄筋の組立てを慎重に行う必要がある．天端部の鉄筋のかぶりを確保するために，スペーサーを設置してから型枠をセットする場合もある．また，側壁部のコンクリート打込み時に天端部の鉄筋が垂れ下がることがあるため，打込み中は鉄筋のかぶりを監視し，最小かぶりを確保できなくなるおそれがある場合はスペーサーの増設等の対策を行う．

　組立て作業は防水シート等を破損させないように慎重に行うとともに，防水工を貫通させて鉄筋を固定する場合の防水工の処置については，第4編 10.1によるものとする．

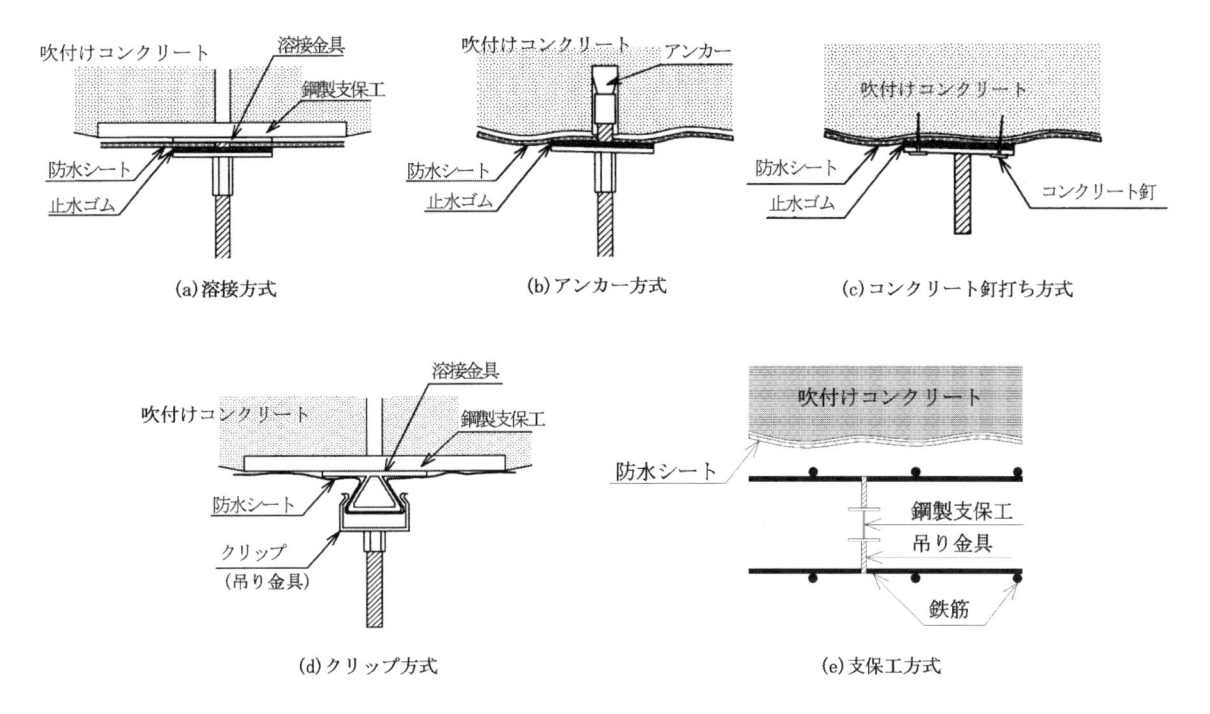

解説 図 4.8.6　鉄筋の固定方式の例（文献[1]を加筆修正）

解説 表 4.8.2　鉄筋の固定方式の例（文献[1]を加筆修正）

固定方式			概　要
吊り金具方式	貫通	溶接方式	鋼製支保工に直接，ボルト付きプレート等を溶接する方法．トンネル壁面に対する垂直性に優れ，固定部の強度が高く，コンクリート打込み時の変形が少ない．ただし，鋼製支保工を設置していない区間には適用できない．
		アンカー方式	吹付け面にアンカー等を打ち込む方法．固定部の強度が高い．アーチ部のアンカー打込みは上向き作業となるため，施工性にやや劣る．
		コンクリート釘打ち方式	防水シート施工後，ボルトの付いたプレートをコンクリート釘で固定する方法．コンクリート釘による固定は強度が小さいため，他の方式と比較すると施工本数を増やす必要がある．
	非貫通	クリップ方式	鋼製支保工にあらかじめ，クリップを溶接しておき，シートの上から吊り金具を挟み込む方法．固定部の強度は小さく，鉄筋取付け時やコンクリート打込み時の変形に注意を要する．非貫通方式のため防水性は高いが，吊り金具取付け時にはシートを損傷させやすいので注意を要する．ただし，厚いシートでは挟込みが困難となる場合がある．
非吊り金具方式		組立て架台仮受け方式	鉄筋組立て架台を用いて鉄筋を組み立て，側壁部にスペーサーを使用して組み上げた鉄筋を保持させる方法．組立て時の施工精度は良いが，仮受け架台の移動時やコンクリート打込み時に，天端付近の鉄筋が沈下し，所定のかぶりを確保できない場合もあるので注意を要する．
		支保工方式	防水シート施工後，その内側に支保工を建て込み，鉄筋を支保工に固定する．鉄筋の組立て精度は高く，コンクリート打込み時の変形も少ない．ただし，鋼製支保工を採用するとコンクリートの充填を阻害する場合もあるため，注意を要する．

参考文献

1) 日本道路公団試験研究所：覆工コンクリート施工マニュアル，試験研究所技術資料第360号，pp.18-19，2002.

第9章　インバート工

9.1　インバートの施工時期，施工方法

（1）　インバートは，地山条件，地山の挙動，施工性等を考慮して適切な時期，方法で施工しなければならない．

（2）　インバートコンクリートの一打込み長は，地山条件，施工条件等を考慮して決めなければならない．

【解　説】　（1）について　一般に，インバートは上部の覆工より先に施工する．掘削地山の早期安定よりも，将来の盤膨れ防止や噴泥対策を主たる目的としてインバートコンクリートを施工する場合には，覆工コンクリートを施工した後にインバート部分の施工を行うインバート後打ち方式が採用されることもある．

レール工法で施工される小断面トンネルでは，施工性を考慮して掘削と覆工を先に全線施工し，その後，奥から入口に向かってレール等の設備を撤去しながらインバートを施工するのが一般的である．一方，掘削地山の早期の安定確保が必要な場合はインバートを先に施工することもある．また，断面がきわめて小さく，覆工施工後にアジテーターカーが通行できなくなる場合は，掘削完了後に奥から入口に向かって覆工を施工しながら，その少し奥でインバートを並進させたり，同一箇所の覆工コンクリートとインバートコンクリートを1回で打ち込んだりする．

トンネルに内圧あるいは著しい外圧が加わる場合は，構造上有利な円形断面または円形に近い馬てい形断面とすることが多い．この場合は，同一箇所の覆工コンクリートとインバートコンクリートを1回で打ち込むのが望ましいが，湧水の多い場合には対策が必要である．

一般にインバートは，トンネル掘削の後方設備である集じん機，変電設備，施工機械の待避場所等の後方で施工される．ただし，坑口部は地すべり，地耐力不足，偏土圧等のおそれがあるため，インバートを早期に施工することが望ましい．

膨張性地山等ではできるだけ早期に断面を閉合して周辺地山の緩みを最小限にとどめなければならない．このような場合は，上半切羽近くで下半とインバートの掘削をほぼ同時に施工し，吹付けコンクリート単独あるいは鋼製支保工の併用による一次インバートを適用したのち，トンネルの変位の収束を確認してから本インバートの施工を行うことが望ましい．なお，一時的に設置し施工の途上で撤去する仮インバートについては第3編や第6編を参照されたい．

本インバートを施工することによりトンネルの変位を収束させる場合もあるが，膨張性地山で本インバートの早期施工を行った結果，大きな外力が若材齢の本インバートに作用して長期耐久性が損なわれ，供用後に変状が発生した例もあるため注意を要する．よって，変位を収束させる目的で本インバートの施工を行う場合は十分な力学的検討が必要である（第3編 5. 参照）．また，インバート施工前，施工中および施工後も，これまでの計測管理を継続して行い，地山の挙動を監視するのが望ましい．

インバートの施工がトンネル掘削の進行に影響を及ぼさないように，インバートを左右に分割して通路を確保しながら施工する方法や，インバートコンクリートをまたぐ移動式桟橋（**解説 図 4.8.7参照**），トレインローダー，ベルトコンベヤー等を使用してインバートの全幅を一括で施工する方法が採用される場合がある．全幅を一括で施工する方法は，早期閉合が必要な場合やインバートコンクリートの施工延長が比較的長い場合に採用されることが多い[1]．

(a) 縦断図

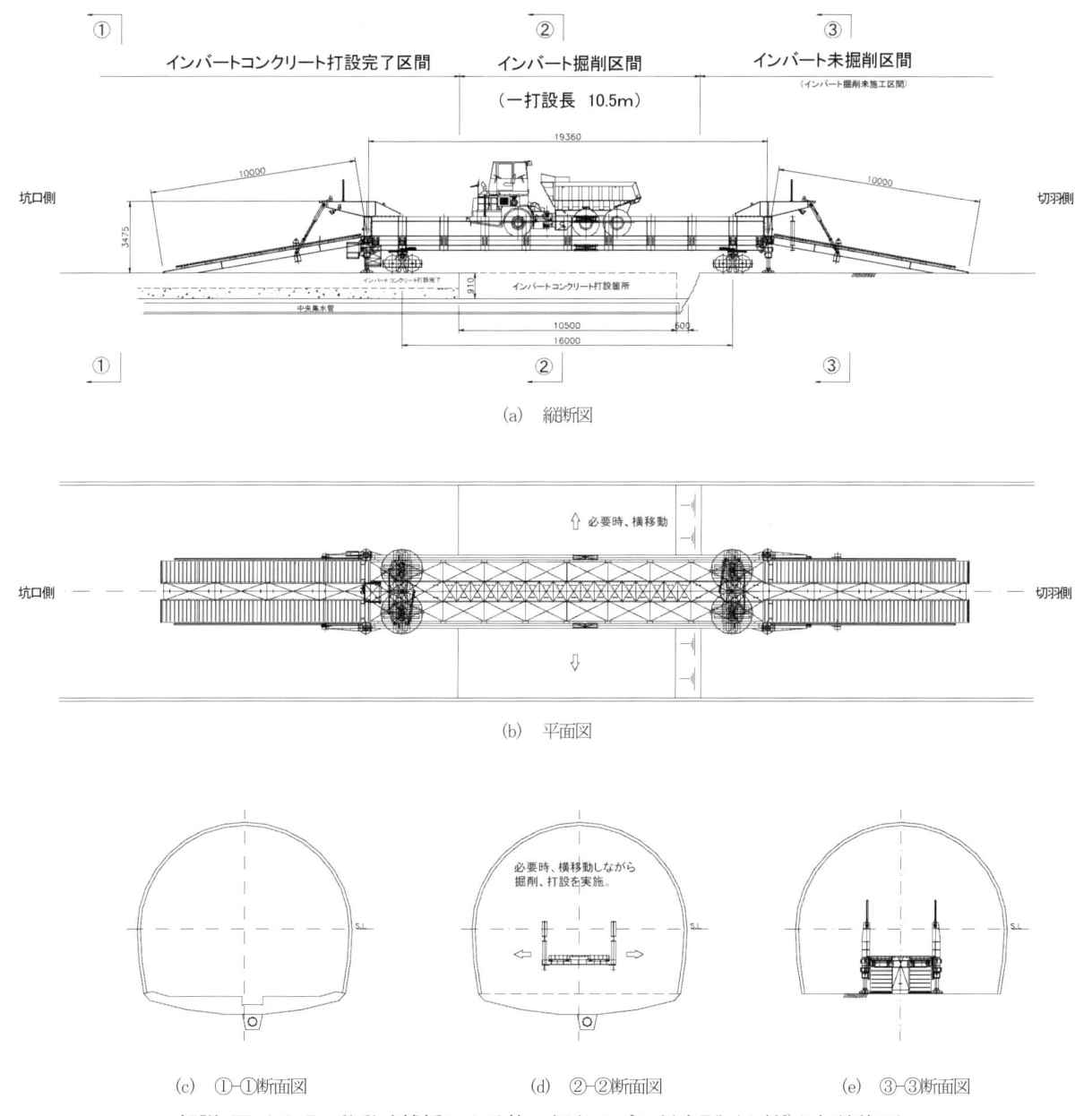

(b) 平面図

(c) ①-①断面図　　(d) ②-②断面図　　(e) ③-③断面図

解説 図 4.8.7　移動式桟橋による施工例（1スパン対応型）（文献[2]を加筆修正）

（2）について　インバート施工の場合，掘削からコンクリート打込みによる閉合までの間に支保工脚部の支持が得られず，もっともトンネルが不安定な状態にあるので，インバート掘削後，すみやかにコンクリートを打ち込まなければならない．地山条件によっては，インバート掘削によりトンネル側壁部の押出しや支保工脚部の沈下を生じることがあるので，そのような場合は掘削する延長を短くして，その都度コンクリートを打ち込み，断面をすみやかに閉合するのが望ましい．

　地山が良好な水路トンネル等で一度に長い延長のインバートコンクリートを施工する場合には，適当な間隔で目地を設け，コンクリートの収縮ひびわれを防止する必要がある．

参考文献
1)（公社）土木学会：トンネル・ライブラリー第25号，山岳トンネルのインバート―設計・施工から維持管理まで―，pp.119-122，2013．
2)（独）鉄道建設・運輸施設整備支援機構：山岳トンネル設計施工標準・同解説，p.202，2014．

9.2 インバートコンクリート

（1） インバートコンクリートの打込みに先立ち，打継ぎ目，掘削面または吹付けコンクリート面の清掃，排水を十分に行わなければならない．

（2） インバートコンクリートは，仕上がり形状に注意して十分に締め固めなければならない．また，打込み後は，埋戻し材による死荷重や埋戻し作業による輪荷重等に耐えうる強度に達するまで載荷してはならない．

（3） 打継ぎ目は，適切な方法で施工しなければならない．

（4） インバートコンクリートの埋戻しは，沈下や凍上のないよう，適切な材料，方法で施工しなければならない．

【解 説】 （1）について 支保工や覆工コンクリートの脚部とインバートとの打継ぎ目は，トンネル断面のうち，もっとも弱点となりやすいので，吹付けコンクリートのはね返り材等の異物を除去するとともに，インバートの掘削面は十分に清掃を行い，ずりや異物等がコンクリートに混入しないように留意しなければならない．また，湧水の多い場合には，必要に応じて排水材を敷設する，あるいは仮排水溝を設けるなどにより，打込み時のコンクリートの品質の確保と打込み後の湧水の漏出を防止しなければならない．

（2）について インバートコンクリートは，仕上がり形状に注意して十分に締め固めなければならない．一般に表面の整形は定規を使用して仕上げるが，覆工との間に小半径の曲線が入るインバート形状の場合には，仕上がり面が急なので上型枠を用いて打ち込むこともある．この場合，コンクリート表面に水あばた，空気あばた，砂すじ等ができやすいので注意を要する．

打込み後，インバートを埋め戻す場合や車両等の通行に供する場合は，コンクリートが埋戻し土や転圧作業の荷重あるいは輪荷重等の載荷に支障のない強度に達してから行わなければならない．インバートには曲げ応力が発生しないものと考え，埋戻し作業時の輪荷重による支圧応力度から必要圧縮強度を求めている例が多いが，インバートを弾性支承上のはりとしてモデル化し，曲げ引張応力度から必要圧縮強度を求めている例もある．曲げ引張応力度は地盤反力係数の値に左右される点に注意を要する．

車両等を早期に通行させる必要がある場合には，仮桟橋等による対策が必要である．

（3）について 覆工コンクリートとの打継ぎ目，およびインバートコンクリートの中央付近に設ける打継ぎ目は，軸力を円滑に伝達できるよう，原則としてインバートの軸線と直交するように設けなければならない（第3編 5.2，**解説 図 4.9.1**参照）．

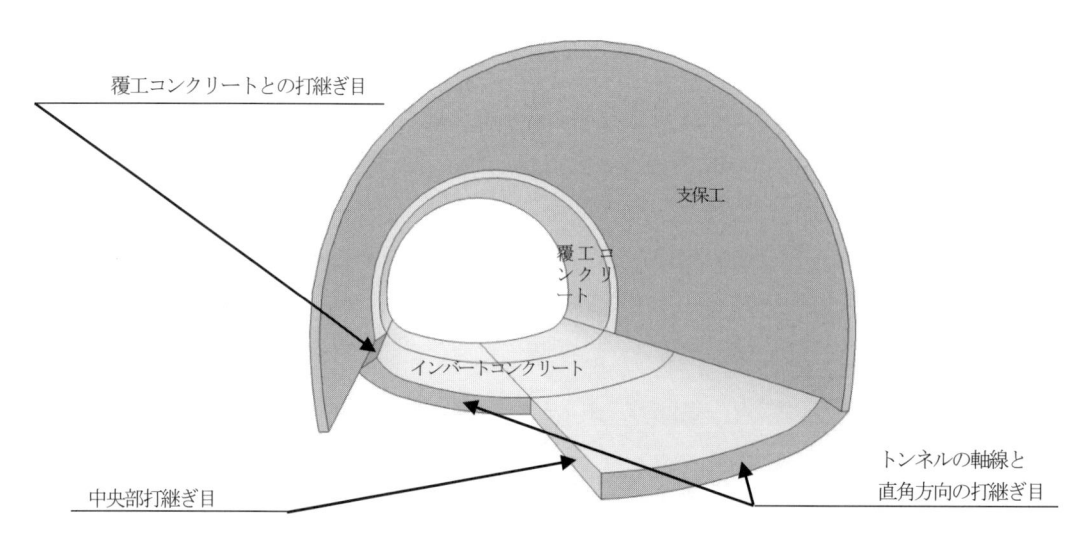

解説 図 4.9.1 インバートの打継ぎ目の分類（文献[1]を加筆修正）

覆工コンクリートとの打継ぎ目においては，レイタンス処理を行って覆工と一体化させることが多い．一方，コンクリートの仕上がり面と同様に金ゴテ処理を行い，覆工との縁を切ることでコンクリートの収縮や外力によるひびわれの発生を抑制して耐久性を向上させる場合もある．RC構造の場合は，設計における解析モデルの結合条件を考慮して打継ぎ目の処理方法を決定しなければならない．

　インバートコンクリートの中央付近に設ける打継ぎ目は，せん断力も円滑に伝達できるよう，差し筋の設置，凹凸化，目荒らし，網状型枠の使用等が行われることが多い．

　また，インバートコンクリートのトンネル軸直角方向の打継ぎ目の位置は，覆工のひびわれ防止のため，できるだけ覆工コンクリートの打継ぎ目の位置とそろえることが望ましい．湧水の多い場合には，必要に応じて目地部に止水板を設置し漏水対策を講じることも検討する．

　インバートコンクリートの一打込み区画は，原則として連続して打ち込み，コールドジョイント等を生じさせてはならない．

　(4) について　道路トンネルでは，各事業者の基準を満足する材料で，転圧による締固めが行われている．また，施工中の泥ねい化防止や供用後の凍上防止の観点から，排水性の良い材料を使用するのが望ましい．

　埋戻し材は，トンネルで発生するずりを使用することが原則であるが，品質等に問題がある場合は切込砕石等の購入材を使用することがある．近年では，建設副産物の有効利用のため，セメント等により発生ずりを改良して使用する例もある．

　埋戻し材の敷均しはブルドーザ等を使用して行い，締固めはタイヤローラ，振動ローラ等を使用して行う．良質の土砂を使用する場合は一層の仕上がり厚を20cm以下とするが，岩盤地山から発生するずりを使用する場合はその岩質に応じて施工方法を適切に定める必要がある．

　埋戻し材料ごとの管理方法および締固め機械を**解説 表 4.9.1**に示す．

解説 表 4.9.1　埋戻し材料ごとの管理方法および締固め機械[2]

埋戻し材	管理方法	締固め機械	備考
粘性土，シルト等	乾燥密度	タイヤローラ	一般に，埋戻し材として使用しない．
高含水比土	飽和度	タイヤローラ	一般に，埋戻し材として使用しない．
玉石，砂利，砂質土	締固め度	タイヤローラ	
岩塊，玉石	工法規定	マカダムローラ，タンデムローラ	
脆弱岩(スレーキング性あり)	工法規定	振動ローラ	膨張性を有する岩は一般に，埋戻し材として使用しない．

参考文献

1) (公社) 土木学会：トンネル・ライブラリー第25号，山岳トンネルのインバート―設計・施工から維持管理まで―, p.125, 2013.
2) (公社) 土木学会：トンネル・ライブラリー第25号，山岳トンネルのインバート―設計・施工から維持管理まで―, p.128, 2013.

9.3　鉄　　筋

　インバートコンクリートを補強するための鉄筋は，防水工を破損しないように取り付けるとともに，所定のかぶりを確保し，自重や打ち込まれたコンクリートの圧力により変形しないよう堅固に固定しなければならない．また，汚れや腐食を防止するために必要な対策を講じなければならない．

【解　説】　インバートの鉄筋の組立て作業は，掘削面の土砂や水分等が直接，または靴や手袋を介して鉄筋に

付着しやすい条件のもとで行われる．また，インバート施工後，覆工コンクリートを打ち込むまでの間は，坑内車両による土砂や水分等の巻き上げや，坑内の湿度が高いこと等，汚れや腐食が生じやすい環境下に置かれる．したがって，とくにインバートの鉄筋に対しては，防護，清掃，防錆等，汚れや腐食を防止するために必要な対策を講じなければならない．

第10章　防水工および排水工等の施工

10.1　防水工および排水工等の施工

（1）　防水工の施工に先立ち，吹付けコンクリート面の極端な凹凸の処理，ロックボルト頭部の処理および集中湧水箇所での適切な導水処理を行わなければならない．

（2）　防水シートは，下地面に追随した張付けを行わなければならない．

（3）　防水シートの現場接合は，十分な止水性および均一な接合強度が得られるように行わなければならない．

（4）　補強鉄筋区間での防水シートは，覆工耐荷力の低下を引き起こす漏水を発生させないことに留意し，より慎重に施工しなければならない．

（5）　排水工の施工にあたっては，その性能を損なうことのないように行わなければならない．

（6）　断熱工の施工にあたっては，その性能が十分に得られるように行わなければならない．

【解　説】　(1)について　防水工には，通常，シート防水工が用いられている．吹付けコンクリート面の仕上り状態は，シート防水の効果を左右する大きな要因であるとともに，使用する防水シート等の材料のロス，防水シート張付け作業にも大きく関係するため，防水工の施工に先立ち，次の処理を行わなければならない．

1)　吹付けコンクリート面の極端な凹凸の処理　吹付けコンクリート面の極端な凹凸状態は，シート防水の効果を大きく損なうことになるので，シートを張り付ける前に吹付け面の凹凸の処理を行う必要がある．

鋼繊維補強吹付けコンクリートにシートを張り付ける際に，鋼繊維によってシートが破損するおそれがある場合には，モルタル等を吹き付けて下地処理をする，あるいは緩衝材を厚くするなどの対策を検討しなければならない．

鋼製支保工や継手板と吹付けコンクリートの段差が大きい場合は，防水シートの張付け作業が困難であり，覆工コンクリート打込み時に防水シートに大きな引張力を与え，防水シート破損の原因となる．このため，吹付けコンクリート面が鋼製支保工と滑らかな面となるように処置を講じなければならない(第4編 7.2.4参照)．断面拡幅を伴う長尺フォアパイリング等を行った場合には，拡幅部分の段差を吹付けコンクリートで平滑に仕上げることが望ましい．

防水シート面を滑らかなトンネル形状に仕上げるため，吹付けコンクリート面の凹凸部と防水シートとの空隙に裏込め注入材を充填する工法もある．

2)　ロックボルト頭部の処理　ロックボルト頭部やベアリングプレート四隅エッジによって，防水シートが破損しないよう適切な保護材(保護キャップ，保護マットまたは保護パット等)で処理しなければならない．

吹付けコンクリート面の極端な凹凸状態，鋼製支保工や継手板と吹付けコンクリートの段差の処理に加え，ロックボルト頭部を吹付けコンクリートで処理した事例も見られるので，採用を検討するのがよい．

3)　集中湧水箇所での導水処理　集中湧水箇所では，防水シートの接合作業に影響を与えないよう，防水シート張付け作業前に排水管や集水材等で適切な導水処理を行わなければならない．とくに天端付近に湧水がある場合には，防水シートのはらみや脱落を生じさせるおそれがあるため，湧水発生位置で適切に処理しなければならない．

(2)について　防水シートの施工にあたり，吹付けコンクリート面の凹凸およびロックボルト頭部の突出はある程度避けられないため，防水シートを吹付け面に密着させるためには，適度な余裕を持たせ，コンクリート打込みによりアーチ天端部等に空隙ができないように張り付けなければならない．また，余裕のない状態で張り付けられた防水シートは覆工打込み時の圧力により引っ張られて破損するおそれがあるので，適度な余裕を持たせて張り付けなければならない．

覆工コンクリートのつま型枠を矢板等で施工する場合，つま型枠が防水シートに接触する部分には保護材(保護

マット，発泡材等）で処理しなければならない．また，箱抜き部は凹凸形状となるため，張付け時の無理な引張力で防水シートを破損しないよう注意するとともに，接合作業が複雑になるため入念な施工を行わなければならない．

（3）について　防水シートの接合が不十分な場合，覆工コンクリート面からの漏水の原因になるので，施工にあたっては十分注意しなければならない．防水シートの接合方法としては，溶着機による溶着接合とブチルゴム等による粘着接合等の方法があるが，一般には溶着接合が主流である．防水シートの現場接合作業は，十分な経験を有する技能者自ら，あるいはその指導のもとで入念に行わなければならない．

（4）について　補強鉄筋施工箇所は，施工上，組立て筋を必要とするが，組立て筋を固定する際に防水シートの一部を貫通させて吹付けコンクリート面や鋼製支保工に固定する場合は，防水シート貫通箇所には止水用のブチルゴム等を施工し，漏水のないように十分な止水対策を講じなければならない（第4編 8.3参照）．

（5）について　排水管や排水溝の施工にあたっては，その性能を損なうことのないよう入念に行わなければならない．防水シート下端部は，覆工コンクリート背面下部に設置される集水材や排水管を防水シートで十分巻き込んで固定し，漏水の原因にならないよう，また覆工コンクリート打込み時に性能を損なわないよう十分に注意する必要がある．

集水材と排水管の接続箇所は漏水の原因になりやすいため，接続部は継手加工が施された防水シートやブチルゴム等を使用するなど，十分な止水性を確保しなければならない．

排水管と排水溝が交差する箇所等では，施工時に排水管が破損しやすく，また作業車両による上載荷重で排水管が破損する場合もあるので，十分に注意する必要がある．

トンネル掘削時に想定より多くの湧水や集中的な湧水が発生した箇所においては，防水シートの背面から中央排水管へと確実に導水するために，トンネル周方向に裏面排水材を設置するとともに，横断排水管の増設等を検討する必要がある．

（6）について　断熱工は，寒冷地において，覆工背面の地下水や地山の凍結防止を目的として防水シートと覆工の間に施工される場合がある．また，高い地熱のある地山で覆工コンクリートを保護するために用いる場合もある．断熱工の施工にあたっては，目的とする性能が得られるよう，十分に注意して施工する必要がある．

防水型トンネルの設計に関する事項については第3編 6.1，6.2，第8編 3.5を，施工に関する事項は第8編 4.3を参照するものとする．

10.2　漏水対策工

覆工に漏水が生じた場合には，その状況に応じて適切な漏水対策を講じなければならない．

【解　説】　漏水対策にあたっては，現場の状況等も考慮して適切な対策方法を選択するとともに，施工後の覆工コンクリートのはく離，はく落等，維持管理上の課題についても細心の注意が必要である．また，寒冷地においては漏水が凍結することも考えられるので適切な対策を検討する必要がある．

現在，一般に用いられている漏水対策工には，**解説 図 4.10.1**に示すように，線状の漏水防止工，面状の漏水防止工，背面注入工法および水位低下工法がある．これらの工法の選択は，漏水状態，漏水量，内空断面の余裕および周辺環境条件等を考慮のうえ判断し，また適宜組み合わせて適切な施工方法を選択することが重要である．

また，施工後の覆工コンクリートにひびわれ注入（止水工法）を行うと，覆工コンクリートと防水シートとの間に注入圧が作用して防水シートが破損する可能性があるため，導水工法も併用するなど総合的に対処する必要がある．

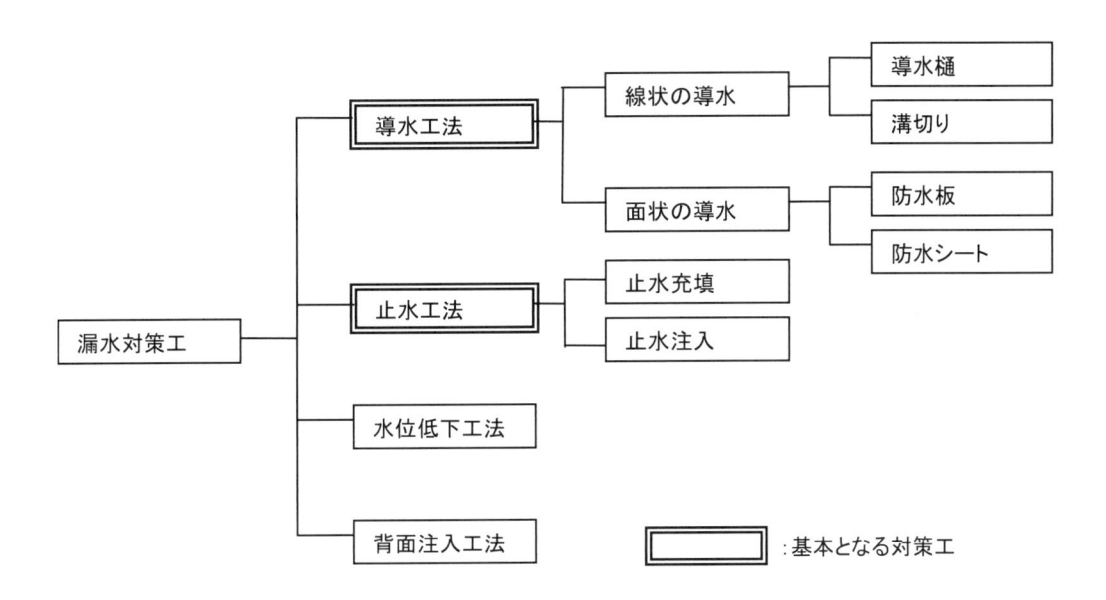

解説 図4.10.1 漏水対策工の分類[1]

参考文献
1) (財)鉄道総合技術研究所：トンネル補修・補強マニュアル，p.III-7, 2007.

第11章　坑口部および坑門の施工

11.1　坑口部および坑門の施工

（1）　坑口部および坑門の施工にあたっては，設計条件を十分把握するとともに，地山条件，周辺環境等を考慮し，坑口周辺の地山を緩めないように適切な施工方法を選定しなければならない．

（2）　坑口部の施工において異常が生じた場合は，すみやかに必要な対策を講じなければならない．

【解　説】　（1）について　坑口部の施工時に予想される諸現象には，地すべり，斜面崩壊，地耐力不足，偏土圧，切羽の崩壊および落盤，地表面沈下等がある．したがって，坑口部の施工にあたっては，施工前に地形および地質条件，周辺環境を十分に調査し，設計条件との相違が生じた場合は，追加調査等を行って適切な施工方法を十分に検討し，事前に必要な対策を講じなければならない．

1）坑口付け　坑口付けにあたっては，切土に伴う緩みの影響を極力抑制し，坑口斜面の安定性，施工性を勘案のうえ，切土のり勾配を小さくすることが望ましい．そのためには，必要に応じて吹付けコンクリートやロックボルト等により，のり面補強を実施することで，積極的に坑口付け部の安定化を図らなければならない．また，トンネル軸方向に作用する荷重により，支保工のねじれや倒壊が生じやすいため，その対策を講じる必要がある．なお，坑口周辺の地表水の流下および浸透水は極力排除するとともに，施工時期は降雨期，融雪時期を避けることが望ましい．一般的な坑口付けの施工順序を**解説　図 4.11.1**に示す．

斜坑門を施工する場合は，鋼製支保工の建込み方式に応じて施工上の留意点が異なることから，よく検討したうえで選定する必要がある(**解説　図 4.11.2**参照)．通常どおりにトンネル掘削を行い，その後，坑門の施工の際に坑口の斜角に合わせて鋼製支保工を切断する方式では，坑口の明かり斜面に切断する鋼製支保工のための基礎をあらかじめ施工しておく必要がある．一方，左右の鋼製支保工間隔を調整することで斜角に合うように徐々に建込み角度を調整する斜め支保工方式では，トンネル軸に対して斜めになる掘削仕上げ面の整形，狭い建込み間隔内の吹付けコンクリートの吐出圧と吐出量の調整，鋼製支保工同士の連結の工夫，左右1基ごとに異なる建込み位置に精度良く鋼製支保工を建て込む方法等に注意しなければならない．

2）坑口部の施工　一般に坑口部は，崖錐や風化岩で構成されていることが多く，かつ土被りが小さいため，トンネル掘削時に地山を緩め，不安定な地山状態になることが多い．したがって，坑口部の施工にあたっては，坑口斜面の安定性，地耐力，坑口斜面とトンネル軸線との関係を考慮のうえ，類似例も参考に，必要に応じて適切な補助工法を含めた施工方法を選定する必要がある．

3）坑門の施工　突出型坑門の場合は，施工後に基盤の地耐力不足により坑門が沈下することを防止するため，設計，施工計画段階で地耐力の調査を行うとともに，施工中にも必要な地耐力があることを追加調査にて確認し，供用後に問題とならないよう注意しなければならない．

（2）について　坑口部の施工においては，坑口周辺の地山の挙動，ならびに近接構造物の変状の観察・計測を行い，必要に応じて警報装置を設置するなど異常の早期発見に努め，災害を防止しなければならない(第5編 **4.2.2，4.2.3**参照)．とくに地すべり，斜面崩壊および落石等が懸念される場合には，トンネル坑口の一般的な観測に追加して，以下の観察・計測を行う必要がある．

① 地表面：地表面観察，降雨量測定，地表面の移動量測定，地表面沈下測定等
② 坑　内：内空変位等の絶対移動量の計測(不動点との対比)等
③ 地山内：地中の沈下量および移動量の計測，地下水位観測，地すべり面移動量測定等

坑口周辺の異常に対しては，事前に応急対策を行える体制を整えておかなければならない．また，異常が生じた場合には，支保工あるいは覆工の状態，切羽状況，湧水状況，地表面の変状状況ならびに計測値等からトンネルと地山の安定状態を把握し，応急対策工をすみやかに実施しなければならない．なお，応急対策工は恒久的な対策工との関連性を十分に考慮する必要がある．

① 切土 ②支保工設置

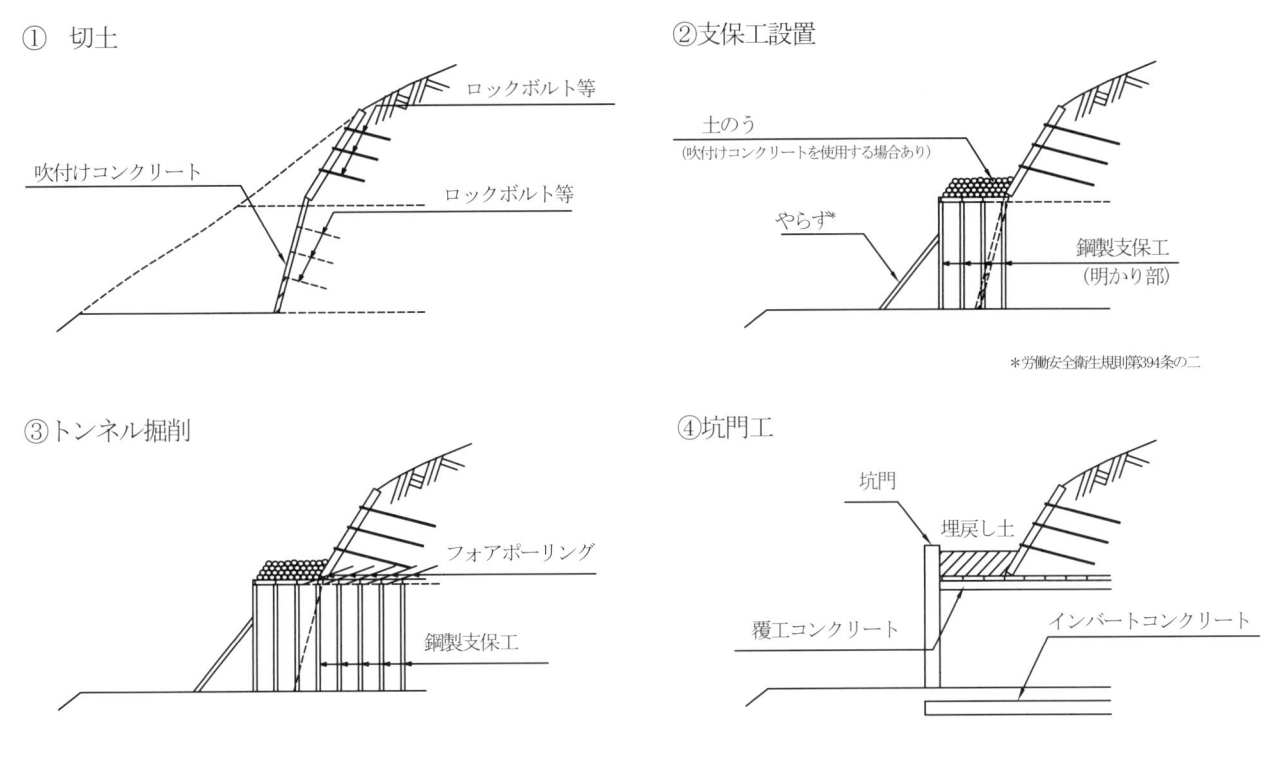

③トンネル掘削 ④坑門工

解説 図 4.11.1　一般的な坑口付け施工順序

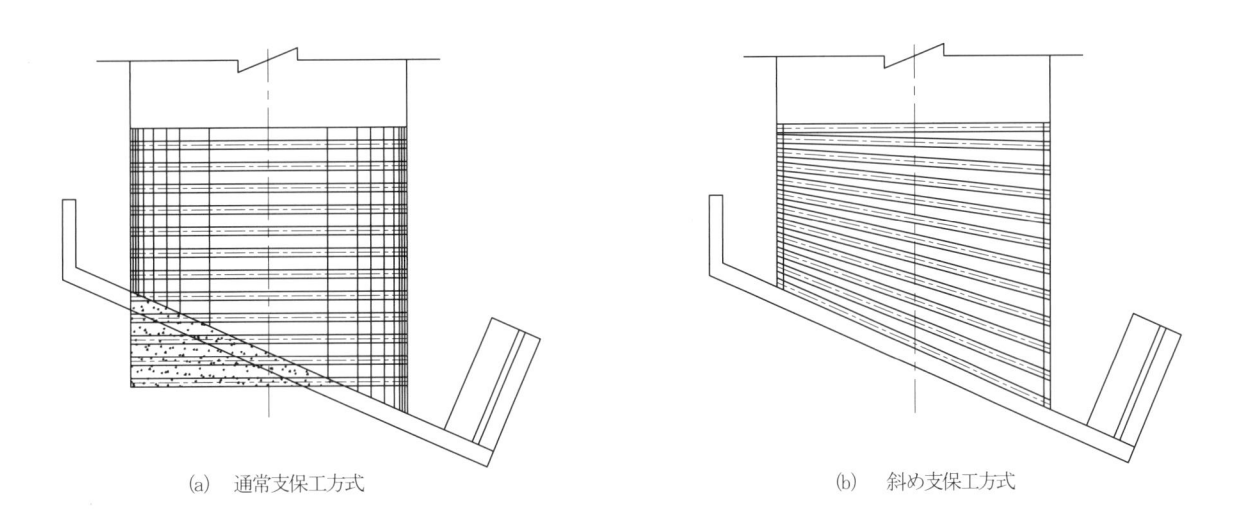

(a) 通常支保工方式　　(b) 斜め支保工方式

解説 図 4.11.2　斜坑門の鋼製支保工建込みイメージ図

坑内の応急対策としては，以下のようなものがある．
① 鏡吹付けコンクリート，鏡ボルト，鏡押え盛土
② 増し吹付けコンクリート，増しロックボルト
③ 上半仮閉合(仮インバート)，胴梁等による仮受け

また，坑外の応急対策としては，次のようなものが考えられる．
① 雨水および表流水対策，クラックの処理，地下水排除工
② 押え盛土，応急排土(切土)工

地すべり，陥没等の危険がある場合は，作業員の退避と二次災害の発生防止，交通規制等による第三者災害の防止対策が必要となる．

第12章　安全衛生

12.1　安全衛生一般

施工にあたっては，災害を起こさないよう関連法規類を遵守し，安全衛生に十分注意しなければならない．

【解　説】　施工にあたっては，労働安全および労働衛生を第一としなければならない．工事に従事する作業員の安全と健康を確保するとともに，快適な作業環境の形成を促進することを目的として，労働安全衛生法等の各種の法規類が定められている．

労働安全衛生法(ここでは「安衛法」という)に定められる安全衛生管理体制，安全衛生教育および監督等に関する代表的な事項をそれぞれ**解説 表 4.12.1～4.12.3**に示す．安全衛生教育は，労働者を雇い入れた際および作業内容の変更の際に行う教育(安衛法第59条第1項)，特別の危険業務もしくは有害業務に従事させるときに行う特別教育(安衛法第59条第3項)，職長になった場合に行う教育(安衛法第60条)，労働災害防止業務従事者(安衛法第19条第2項)ならびに危害業務就業者(安衛法第60条第2項)に対して行う教育の5つにより構成される．監督等には，機械の設置計画，事業の開始の計画，災害発生時の報告等がある．

これらの関係諸法規は，最小限の条件を示したものである．したがって，工事にあたっては法規に定められた基準を守るだけではなく，工事の実情に即した内規を作成し，所要の設備を設け，管理体制を組織するとともに，作業員の安全衛生教育および訓練，現場の定期的な点検および改善を行い，災害防止に努めなければならない．

施工中の安全衛生を確保するためには，設計および施工計画の策定段階から，施工中に予想される災害の発生要因に対してあらかじめ対策を検討し，効果的な安全衛生管理を行う必要がある．

おもな関連法規には，以下のものがある．

① 労働基準法，同施行規則
② 労働安全衛生法(安衛法)，同施行令(安施行令)，同規則(安衛則)，クレーン等の安全規則，粉じん障害防止規則，酸素欠乏症等防止規則，高気圧作業安全衛生規則等
③ じん肺法，同規則
④ 火薬類取締法，同施行令，同規則
⑤ 消防法

なお，安全衛生の関係法規は多岐にわたるため，本章では代表的な重要事項を示すこととし，詳細は**解説 表 1.1.1**に示すトンネル工事を規制するおもな法規等の文献に譲る．また，関連法規は改正される場合や新たなガイドライン等が策定される場合もあるため，随時最新の情報を参照されたい．

本節ではおもに②のうち労働安全衛生規則，酸素欠乏症等防止規則，粉じん障害防止規則，高気圧作業安全衛生規則等の法規を**解説 図 4.12.1**に示す．図中の太線枠で示した箇所がおもにトンネル工事に係る法規である．

解説 表 4.12.1 安全衛生管理体制のおもな規定一覧

名称	必要とされる事業場規模等	おもな業務等	おもな関連法規
総括安全衛生管理者	派遣労働者やパート等を合算して100人以上の労働者が勤務する事業場。	安全管理者および衛生管理者を指揮すること。安全衛生業務を統括管理すること。たとえば、①労働者の危険または健康障害の防止、②安全または衛生教育、③健康診断と健康増進、④災害の原因調査と再発防止対策等である。	安施行令2条、安衛法10条1項
安全管理者	労働者数が常時50人以上の事業場。ただし、労働者数が常時300人以上の場合は、少なくとも1名を選任する必要がある。	総括安全衛生管理者が行う業務のうち、安全に関する技術的事項を管理する。作業場を巡視する。	安施行令3条、安衛法11条1項、安衛則4条
衛生管理者	労働者数が常時50人以上の事業場。ただし、労働者数が常時300人以上の場合は、少なくとも1名を選任する必要がある。	総括安全衛生管理者が行う業務のうち、衛生に関する技術的事項を管理する。有害業務に従事する労働者の数が多い事業場の衛生管理を管理する、とくに衛生工学に関する技術的事項を管理する。	安施行令4条、安衛法12条1項、安衛則7条
産業医	労働者数が常時50人以上の事業場では、選任が必要。50人未満の場合には、医師または保健師等に保健指導に努めるようにする。労働者数が1,000人以上の事業所あるいは有害業務に従事する労働者が500人以上の場合、専属の必要である。	労働者の健康管理その他の厚生労働省令で定めるかの事項を行う。①健康診断と健康保持のための措置、②作業環境の維持管理に関すること、③作業管理に関すること、④健康教育、健康相談、健康の保持増進を図るための措置に関すること、⑤衛生教育に関すること、⑥健康障害の原因調査および再発防止のための措置に関すること。	安施行令5条、安衛法13条、安衛則14条1項
作業主任者	安施行令6条に特定された全31項目の危険有害作業ごとに、選任が必要とされる。ずい道等の掘削および覆工作業もこれに含まれる。	特定された危険有害作業について、その作業に従事する労働者の指揮その他厚生労働省令で定められた事項を行う。作業主任者は、原則としてスタッフとして直接監督を行う。	安施行令6条、安衛法14条
安全委員会	労働者数が常時50人以上の事業場。	毎月1回以上開催し、労働者への危険を防止するために、安衛則21条で定められた事項について審議する。	安施行令8条、安衛法17条1項、安衛則21条および23条1項
衛生委員会	労働者数が常時50人以上の事業場。	安衛則22条で定められた事項について審議する。	安施行令9条、安衛法18条1項、安衛則22条
安全衛生委員会	安全委員会および衛生委員会を一緒にしたもの。	安全委員会および衛生委員会の場合と同様。	安衛法19条
安全衛生推進者	労働者数が常時10人以上50人未満の事業場では選任が必要。	①施設、設備等の点検および使用状況の確認、②作業環境の点検と対策の実施、③健康診断および健康の保持増進対策の実施、④安全衛生教育、⑤異常事態における応急措置、⑥災害原因の調査と再発防止対策の実施、⑦安全衛生に関する情報の収集、⑧関係行政機関に対する各種届出等	安衛法18条の1、安衛則12条2項および3項
統括安全衛生責任者	特定元方事業者は、安衛法第30条1項に示される条件において、労働者数の50人以上の事業所で選任が必要である。ただし、ずい道等の建設工事では、30人以上の場合に選任する。	①元方安全衛生管理者を指揮すること、②元方安全衛生管理者を指揮すること、③救護技術管理者を指揮すること、④協議組織の設置および運営を行うこと、⑤作業間の連絡および調整を行うこと、⑥作業場所を巡視すること、⑦関係請負人が行う労働者の安全または衛生のための教育に対する指導および援助を行うこと等	安施行令7条2項、安衛法15条1項、安衛則18条2項
安全衛生責任者（建設業）	統括安全衛生責任者に関係する請負人は選任することが必要。	①統括安全衛生責任者との連絡、②連絡事項の関係者への周知、③混在作業による危険の有無の確認等	安衛法16条1項、安衛則19条
元方安全衛生管理者	統括安全衛生責任者が存在する事業所、その元方事業所で、技術的事項を管理する。	①統括安全衛生責任者を補佐すること、②統括安全衛生責任者から指揮を受け、統括管理事項にかかわる技術的事項を管理すること等	安衛法15条の2第1項、安衛則18条1項
ずい道等の救護技術管理者	施行令9条の2の第1項2項に該当するずい道建設工事等では、選任する必要がある。	①救護に関する技術的事項を管理すること、②救護に関する機械等の備付けならびに管理を行うこと、③救護訓練、救護に必要な機械等の連絡等の業務を行うこと等	安施行令9条2項、安衛法24条の6第1項および24条の7
店社安全衛生管理者	建設現場で、労働者数が関係請負人も含めて常時50人（ずい道等の建設工事では20人）以上の場合、元方事業者が選任する。	①災害防止に必要な関係者間の連絡等の業務を行うこと、②現場を毎月1回以上巡視すること、③現場の統括安全衛生管理を担当するものに指導すること等	安衛法15条の3第1項、安衛則15条の6第2項、19条

解説 表 4.12.2 おもな安全衛生教育の一覧

教育の種類	内　容　等	おもな関連法規
労働者を雇い入れたときに行う教育	次の事項のうち労働者の業務に必要な事項について実施する。①機械、原材料等の危険性または有害性およびこれらの取り扱い方法について、②安全装置、有害物抑制施設または保護具の性能およびこれらの取り扱い方法について、③作業手順について、④作業開始時の点検について、⑤業務に関連して発生するおそれのある疾病の原因および予防について、⑥整理、整頓および清潔の保持について、⑦事故時等における応急措置および退避について、⑧安全衛生のために必要な事項について。	安衛則35条1項および2項
作業内容を変更したときに行う教育	配置転換により作業が大幅に変更された場合に行う。内容は同上。	安衛則35条1項
危険または有害な業務で、厚生労働省令で定める作業に労働者を従事させるときの教育	危険性の度合いに応じて業務に必要とされる教育は異なる。特別教育、技能講習、免許取得の順に教育のレベルは上がる。	安衛則36条、37条、38条、39条等
職長等になったときに行う教育	建設業他法施行令19条にある業務において、新しく労働者を直接指導または監督する職長には、必要な安全衛生教育を行う。	安衛法60条、安衛則40条、安衛法施行令19条
就業中の教育	安全管理者その他労災防止業務責任者は、危険または有害な業務に従事する者の教育に努めなければならない。	安衛法19条の2第1項、安衛法60条の2第2項

解説 表 4.12.3 おもな監督(届出および報告等)事項の一覧

届出が必要な状況等	必要とされる事業場等	内　容　等	提出先	提出期日	おもな関連法規
事業場にかかわる建設、もしくは機械等を設置し、もしくは移転し、またはこれらの主要構造を変更しようとするとき(計画)	電気使用設備の定格容量の合計が300キロワット以上の事業場	電気業、ガス業、自動車整備業、機械修理業等、機械等設置届別表第7に該当する事業場に機械等を設置し運転する場合。ただし、危険有害業務が伴わず6ヶ月未満に廃止する場合には不要。一部、除外業種あり。	労働基準監督署長	工事開始の30日前	安衛法88条1項、安衛法施行令24条1項、安衛則87条
機械等で、危険もしくは有害な作業を必要とするもの等を設置し、もしくは移転しまたはこれらの主要構造部分を変更しようとするとき(計画)	機械等の一定のものを設置しようとする事業場	建設業に関する足場、仮設通路、型枠支保工。安衛則別表第7に示される全20項目について、届出を必要とする。	労働基準監督署長	工事開始の30日前	安衛法88条2項、安衛則96条および別表第7
安衛則90条に規定された全9項目の工事に関する計画	建設業と土砂採石業に属する事業場	必要とされるおもな建設工事は次のとおり。①ずい道等、②深さ10m以上の掘削、③最大支間50m以上の橋梁、④圧気工法による。	労働基準監督署長	当該仕事開始の14日前	安衛法88条4項、安衛則90条
安衛則89条の2に規定された全6項目の工事に関する計画	建設業と土砂採石業に属する事業場	必要とされるおもな建設工事は次のとおり。①高さ300m以上の塔、②堤高さが150m以上のダム、③最大支間500m以上の橋梁、④長さ3,000m以上のずい道、⑤長さ1,000m以上3,000m未満のずい道で、深さ50m以上の立坑の掘削、⑥ゲージ圧294kPa以上の圧気工法による工事。	厚生労働大臣	当該仕事開始の30日前	安衛法88条3項、安衛則89条2項
労働者が死傷したとき(報告)	労働者が死傷による負傷、窒息または急性中毒もしくは(その付属建設物内における負傷、窒息または急性中毒により死亡し、または休業したときは同様に報告する。ただし、放射線障害や酸素欠乏症等急性中毒は水銀中毒以外で発生したときは、休業災害であっても報告しなければならない。	労働基準監督署長	遅滞なく	安衛則97条1項
特定の災害が発生したとき(報告)	労働者が死傷しない場合であっても、火災または爆発、グラインダー等の高速回転体の破裂、建設物の倒壊、ボイラーやレーン等の事故が発生した場合は、報告しなければならない。	労働基準監督署長	遅滞なく	安衛則96条、電離放射線障害防止規則43条、酸素欠乏症等防止規則29条
派遣労働者の死傷病報告	派遣先事業主が報告し、その写しを派遣元事業主に送付する。	労働基準監督署長	遅滞なく	労働者派遣法施行規則42条

第4編 施 工　　　213

```
┌─ 労働安全衛生安全衛生法 ─┐                                          ┌─ 労働安全衛生法施行令 ─┐
│                          │                                          │                        │
├─ 第1章 ──── 目的、定義、事業者等・労働者の債務(第1条～第5条)        ├─ 第1条
│  総則                                                                │  (用語)の定義
│
├─ 第2章 ──── 労働災害防止計画の策定(第6条～第9条)                    ├─ 第2条
│  労働災害防止計画                                                    │  総括安全衛生管理者を選任すべき事業場
│
├─ 第3章 ──── 総括安全衛生管理者、安全管理者・衛生管理者、安全衛生推進 ├─ 第3条
│  安全衛生管理体制   者等、産業医、作業主任者(第10条～第14条)         │  安全管理者を選任すべき事業場
│                   統括安全衛生責任者・元方安全衛生管理者・店社安全衛生管理
│                   者・安全衛生責任者(第15条～第16条)                 ├─ 第4条
│                   安全衛生委員会(第17条～第19条)                     │  衛生管理者を選任すべき事業場
│                   安全管理者への教育(第19条の2)
│                   国の援助(第19条の3)                                ├─ 第5条
│                                                                      │  産業医をを選任すべき事業場
├─ 第4章 ──── 事業者の講ずべき措置(第20条～第27条)
│  労働者の危険又は健      機械等・爆発性の物等、電気等による危険の防止(第20条) ├─ 第6条
│  康障害を防止するた      作業方法から生ずる危険の防止・危険な場所での作業に係る │  作業主任者を選任すべき事業場
│  めの措置              災害の防止(第21条)
│                       健康障害の防止(第22条)                        ├─ 第7条
│                       作業環境の保全等(第23条)                      │  統括安全衛生責任者を選任すべき事業場
│                       作業行動による労働災害の防止(第24条)
│                       非常時の作業中止退避等(第25条)                ├─ 第8条
│                       救護に関する措置(第25条の2)                    │  安全委員会を設けるべき事業場
│                       労働者の遵守義務(第26条)
│                       具体的事項の省令への委任(第27条)              ├─ 第9条
│                  ── 技術上の指針等の公表等(第28条)                   │  衛生委員会を設けるべき事業場
│                  ── 危険性・有害性等の調査等(第28条の2)
│                  ── 元方事業者の講ずべき措置等(第29条、第29条の2)    ├─ 第9条の2
│                  ── 特定元方事業者の講ずべき措置(第30条、第30条の2、第30条の │  法第25条の2第1項の政令で定める仕事
│                     3)
│                  ── 注文者の講ずべき措置(第31条、第31条の3)          ├─ 第10条
│                  ── 違法な支持の禁止(第31条の4)                      │  法第33条第1項の政令で定める機械
│                  ── 請負人の講ずべき措置等(第32条)
│                  ── 機械等貸与者等の講ずべき措置(第33条)             ├─ 第11条
│                  ── 建築物貸与者の講ずべき措置(第34条)               │  法第34条の政令で定める建築物
│                  ── 重量物の表示(第35条)
│                  ── 厚生労働省令への委任(第36条)                    ├─ 第12条
│                                                                      │  特定機械等
├─ 第5章 ──── 製造の許可、検査、検査証の交付等、使用等の制限、検査証の
│  機械等並びに危険物    有効期間等、譲渡・設置等の制限(第37条～第43条の2) ├─ 第13条
│  及び有害物に関する ── 検定・定期自主検査(第44条～第45条)             │  厚生労働大臣が定める規格又は安全装置を具備すべき機械
│  規制              ── 製造等の禁止、製造の許可、表示、有害性の調査等(第55条～第
│                     57条の5)                                         ├─ 第14条
│                                                                      │  個別検定を受けるべき機械等
├─ 第6章 ──── 安全衛生教育、職長等の教育(第59条～第60条の2)
│  労働者の就業に当   ── 就業制限、中高年者等への配慮(第61条～第63条)   ├─ 第14条の2
│  たっての措置                                                        │  型式検定を受けるべき機械等
│
├─ 第7章 ──── 作業環境測定と結果の評価等、作業の管理、作業時間の制限  ├─ 第15条
│  健康の保持増進のた    (第65条～第65条の4)                            │  定期に自主検査を行うべき機械等
│  めの措置         ── 健康診断、健康管理手帳、病者の就業禁止、健康教育等
│                     (第66条～第71条)                                 ├─ 第16条
│                                                                      │  製造が禁止される有害物等
├─ 第7章の2
│  快適な職場環境の形 ── 事業者の講ずべき措置等(第71条の2～第71条4)    ├─ 第17条
│  成のための措置                                                      │  製造の許可を受けるべき有害物
│
├─ 第8章 ──── 免許、試験、指定試験機関等、技能講習、登録教習機関     ├─ 第18条
│  免許等              (第72条～第77条)                                │  名称等を表示すべき有害物
│
├─ 第9章 ──── 安全衛生改善計画の作成指示・遵守(第78条～第79条)        ├─ 第18条の2
│  安全衛生改善計画等 ── 労働安全・衛生コンサルタントの安全衛生診断、労働安全・衛生コ │  名称等を通知すべき有害物
│                     ンサルタント試験等(第80条～第87条)
│                                                                      ├─ 第18条の3
├─ 第10章 ──── 計画の届出等、厚生労働大臣・都道府県労働局長の審査等   │  法第57条の3第1項の政令で定める化学物質
│  監督等             (第88条～第97条)
│                  ── 労働基準監督署長、労働基準監督官・産業安全専門官等の権  ├─ 第18条の4
│                     限、職務等(第90条～第97条)                       │  法第57条の3第1項ただし書の政令で定める場合
│                  ── 使用停止命令等、緊急急迫時の作業停止命令等、講習の指示、
│                     報告等(第98条～第100条)                          ├─ 第18条の5
│                                                                      │  法第57条の4第1項の政令で定める有害物質の調査
├─ 第11章 ──── 法令等の周知、書類の保存等(第101条～第115条)
│  雑則                                                                ├─ 第19条
│                                                                      │  職長等の教育を行なうべき業種
├─ 第12章 ──── (第116条～第122条)
   罰則                                                                ├─ 第20条
                                                                       │  就業制限に係る業務
                                                                       │
                                                                       ├─ 第21条
                                                                       │  作業環境測定を行うべき作業場
                                                                       │
                                                                       ├─ 第22条
                                                                       │  健康診断を行うべき作業場
                                                                       │
                                                                       ├─ 第23条
                                                                       │  健康管理手帳を交付する業務
                                                                       │
                                                                       ├─ 第24条
                                                                       │  計画の届出をすべき業種等
                                                                       │
                                                                       └─ 第25条
                                                                          法第102条の政令で定める工作物
```

解説 図 4.12.1　労働安全衛生規則等の一覧(その1)

解説 図 4.12.1 労働安全衛生規則等の一覧(その2)

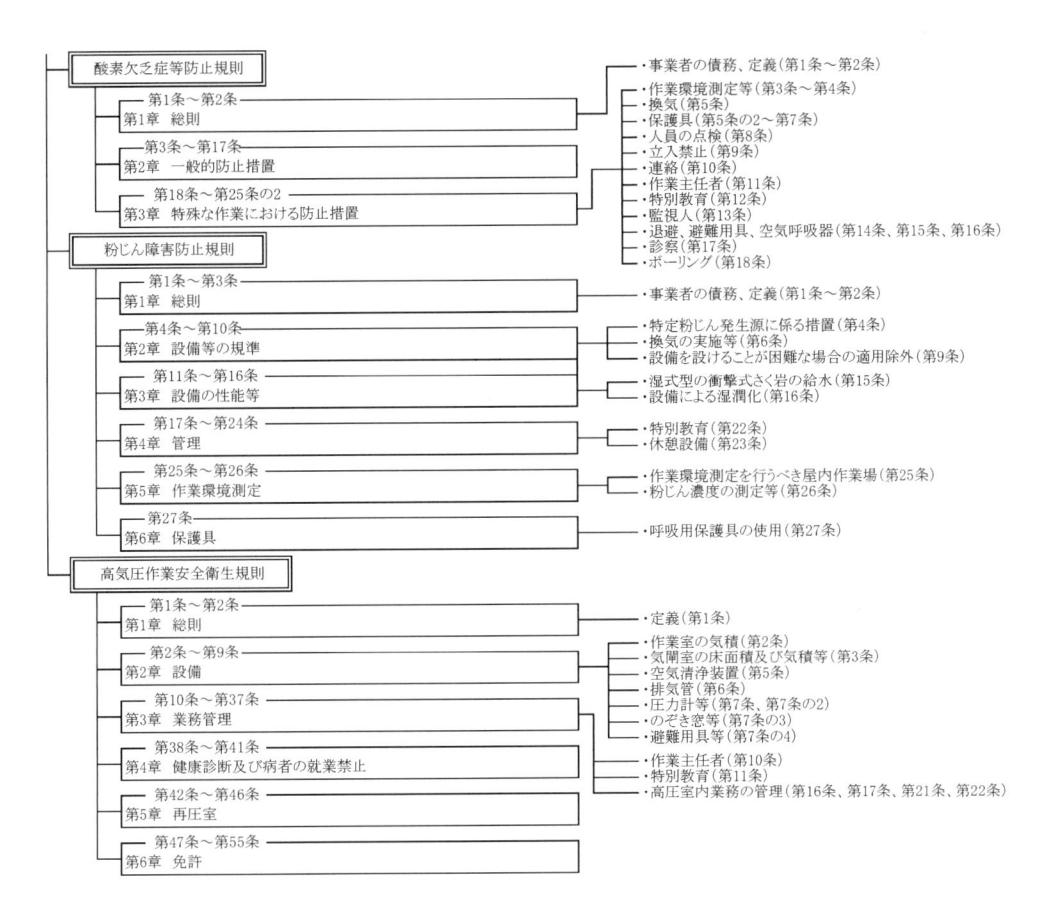

```
酸素欠乏症等防止規則
├─ 第1章 総則 (第1条～第2条)
│   ├─ 事業者の債務、定義(第1条～第2条)
│   ├─ 作業環境測定等(第3条～第4条)
│   ├─ 換気(第5条)
│   ├─ 保護具(第5条の2～第7条)
│   ├─ 人員の点検(第8条)
│   ├─ 立入禁止(第9条)
│   ├─ 連絡(第10条)
│   ├─ 作業主任者(第11条)
│   ├─ 特別教育(第12条)
│   ├─ 監視人(第13条)
│   ├─ 退避、避難用具、空気呼吸器(第14条、第15条、第16条)
│   ├─ 診察(第17条)
│   └─ ボーリング(第18条)
├─ 第2章 一般的防止措置 (第3条～第17条)
└─ 第3章 特殊な作業における防止措置 (第18条～第25条の2)

粉じん障害防止規則
├─ 第1章 総則 (第1条～第3条)
│   └─ 事業者の債務、定義(第1条～第2条)
├─ 第2章 設備等の規準 (第4条～第10条)
│   ├─ 特定粉じん発生源に係る措置(第4条)
│   ├─ 換気の実施等(第6条)
│   └─ 設備を設けることが困難な場合の適用除外(第9条)
├─ 第3章 設備の性能等 (第11条～第16条)
│   ├─ 湿式型の衝撃さく岩の給水(第15条)
│   └─ 設備による湿潤化(第16条)
├─ 第4章 管理 (第17条～第24条)
│   ├─ 特別教育(第22条)
│   └─ 休憩設備(第23条)
├─ 第5章 作業環境測定 (第25条～第26条)
│   ├─ 作業環境測定を行うべき屋内作業場(第25条)
│   └─ 粉じん濃度の測定等(第26条)
└─ 第6章 保護具 (第27条)
    └─ 呼吸用保護具の使用(第27条)

高気圧作業安全衛生規則
├─ 第1章 総則 (第1条～第2条)
│   └─ 定義(第1条)
├─ 第2章 設備 (第2条～第9条)
│   ├─ 作業室の気積(第2条)
│   ├─ 気閘室の床面積及び気積等(第3条)
│   ├─ 空気清浄装置(第5条)
│   ├─ 排気管(第6条)
│   ├─ 圧力計等(第7条、第7条の2)
│   ├─ のぞき窓等(第7条の3)
│   └─ 避難用具等(第7条の4)
├─ 第3章 業務管理 (第10条～第37条)
│   ├─ 作業主任者(第10条)
│   ├─ 特別教育(第11条)
│   └─ 高圧室内業務の管理(第16条、第17条、第21条、第22条)
├─ 第4章 健康診断及び病者の就業禁止 (第38条～第41条)
├─ 第5章 再圧室 (第42条～第46条)
└─ 第6章 免許 (第47条～第55条)
```

解説 図 4.12.1　労働安全衛生規則等の一覧(その3)

12.2 照 明

作業場所および通路等には十分かつ適切な照明を行い，安全の確保に努めなければならない．

【解 説】 照明には，直接作業を行う場所への一時的，局所的照明と，作業を行っていない通路等への長期的，広域的な照明がある．

切羽等の直接作業を行う箇所の照明については，作業が安全かつ能率的に行えるよう，十分な照度を確保することが必要であり，必要な照度として70ルクス以上(労働安全衛生規則第604条による工場内での「粗な作業」の基準値)が望ましい．なお，浮石点検および除去作業では，移動式照明器具を増設するなどして，さらに照度の増大を図る必要がある．これらの照明器具の使用にあたっては，できるだけ明暗の対比が著しくなく，まぶしさを生じさせない配慮が必要である．また移動式照明器具は，頻繁な移動に伴って破損しやすくなるので，防水型ガード付きとし，十分な保守点検が必要である．

通路となる区間についても，作業員の通行の安全確保と車両の安全運行のために，必要な照明を設置しなければならない．通路全域にわたって一様な照度を保持することは困難であるが，最暗部でも20ルクス程度以上の確保が望ましい．これらの固定式照明器具は長期にわたって使用されるので，耐久性に配慮するとともに，保守点検を十分に行う必要がある．また，坑口から切羽までの距離が100mを超える場合は，停電に備え40～50mの間隔でバッテリー等により一定時間点灯する40W程度の非常誘導灯を設ける必要がある[1]．

トンネル内では，作業中に粉じん，ばい煙，霧等が発生し，局所的に照度が不足する場合や電圧降下によって照度不足となる場合があるので，これらの点にも十分配慮しなければならない．また，とくに危険な場所については，警戒標識灯を取り付ける必要がある．

参考文献

1) (社)日本トンネル技術協会：山岳トンネル建設工事に係るセーフティ・アセスメントに関する指針・同解説, pp.176-178, 1997.

12.3 換 気

（1） 安全で衛生的な作業環境を確保するため，坑内の換気を十分に行い，後ガス，粉じん，およびディーゼル機関の排気ガス等を排除しなければならない．

（2） 地山から湧出するガス，酸素欠乏空気等に注意し，必要な場合には換気，その他の措置を講じなければならない．

【解 説】 施工中には，穿孔，発破の後ガス，ずり積み，吹付け等の作業による粉じん，ディーゼル機関の排気ガスおよびばい煙，地山から自然発生する可燃性ガス，有害ガスおよび酸素欠乏空気等を除去するよう努めなければならない．また，安全で衛生的な作業環境を確保するためには適切な換気を行わなければならない(第4編12.6, 12.7参照)．粉じん障害防止規則第6条の2では，粉じんを減少させるため，換気装置による換気の実施又はこれと同等以上の措置を講じなければならないと定められている．

坑内の作業環境を悪化させるおもな原因としては，以下の項目がある．

① 穿孔，発破の後ガス，ずり積みおよび吹付け作業等による粉じん
② ディーゼル機関の排気ガスおよびばい煙
③ 有機溶剤による有害ガス
④ 自然発生する可燃性ガス，有害ガスおよび酸素欠乏空気
⑤ 高温，高湿

また，換気対象となるおもな項目は次のように区分できる．

① 可燃性ガス：メタン（CH_4）等
② 有害ガス：一酸化炭素（CO），窒素酸化物（NOx）等
③ 吸入性粉じん，ばいじん
④ 酸素欠乏空気
⑤ 高温，高湿

換気計画には，上記項目の事前調査結果，トンネルの断面，延長等の規模，掘削，支保工および覆工の施工方法，使用機械，工程等を考慮し，これらに十分見合った換気方法の採用，換気量の算定，設備の選定を行わなければならない．

(1)について　爆薬の使用による有害ガスの発生量を**解説 表 4.12.4**に示す．発破の作業を行ったときは，発破による粉じんが適当に薄められた後でなければ，発破をした箇所に労働者を近寄らせてはならない（粉じん障害防止規則第24条の2）．建設機械のディーゼル機関から排出される有害ガスは使用条件により異なる．平成8年4月に排出ガス対策型建設機械の使用が義務付けられた機種を**解説 表 4.12.5**に示す．排出ガスの基準値は，第3次基準値（**解説 表 4.12.6**参照）による機械の指定が平成18年10月より開始された[1]．爆薬の使用および建設機械のディーゼル機関により発生する有害ガス，ならびに吹付け作業時に発生する粉じんの排出においては，濃度を十分希釈できる風量を算定する必要がある．また，風量とともに換気効率，機械効率等を考慮して，風管の径，送風機の容量等を決定することが望ましい．

なお，坑内では原則としてガソリンおよびLPG機関を使用してはならない．労働省労働基準局（現厚生労働省労働基準局）が発出した「建設業における一酸化炭素中毒予防のためのガイドライン」[2]によると，自然換気が不十分なところにおいては，内燃機関を有する機械および練炭コンロ等を使用してはならない．ただし，作業の性質上やむをえず使用する場合において，一酸化炭素中毒の予防のため，換気に加え，事業者は一酸化炭素の発生の少ない機材を選択することとある．また，建設機械の衝突等の事故により，揮発性の高いガソリンやLPGが建設機械から漏れ出し，引火，爆発する二次災害のおそれもある．

解説 表 4.12.4　爆薬1kgあたりの有害ガス発生量[1]

爆薬の種類	有害ガス発生量*	
	一酸化炭素（CO）（m^3/kg）	窒素酸化物（NOx）（m^3/kg）
2号榎ダイナマイト	8×10^{-3}	1.5×10^{-3}
含水爆薬	5×10^{-3}	1.5×10^{-3}
その他ダイナマイト	11×10^{-3}	2.5×10^{-3}
ANFO	30×10^{-3}	20×10^{-3}

* 爆薬が1種類で，許容濃度をCO:50ppm，NOx:25ppmとすると，網かけ部が換気対象の有害ガスとなる．

解説 表 4.12.5　トンネル工事用排出ガス対策型建設機械7機種一覧[1]

機　種	備　考
バックホウ	ディーゼルエンジン（エンジン出力30～260kW（40.8～353PS））を搭載した建設機械に限る．ただし，道路運送車両法の保安基準に排出ガス基準が定められている自動車の種別で，有効な自動車検査証の交付を受けているものは除く．
大型ブレーカ	
トラクタショベル	
コンクリート吹付け機	
ドリルジャンボ	
ダンプトラック	
トラックミキサ	

解説 表 4.12.6 排出ガス対策型建設機械の排出ガス基準値(g/kW·h)[1]

基準値	出力区分：P(kW) *1	HC	NOx	CO	PM	黒煙(%) *3	指定開始年	備考
第1次基準	7.5 ≦ P < 15	2.4	12.4	5.7	—	50	平成4年	
	15 ≦ P < 30	1.9	10.5	5.7	—	50		
	30 ≦ P < 272	1.3	9.2	5.0	—	50		
第2次基準	8 ≦ P < 19	1.5	9.0	5.0	0.8	40	平成13年	道路運送車両法のH15年規制値と同等
	19 ≦ P < 37	1.5	8.0	5.0	0.8	40		
	37 ≦ P < 75	1.3	7.0	5.0	0.4	40		
	75 ≦ P < 130	1.0	6.0	5.0	0.3	40		
	130 ≦ P < 560	1.0	6.0	3.5	0.2	40		
第3次基準	8 ≦ P < 19		7.5 *2	5.0	0.8	40	平成18年	道路運送車両法，オフロード法のH18年規制値と同等
	19 ≦ P < 37	1.0	6.0	5.0	0.4	40		
	37 ≦ P < 56	0.7	4.0	5.0	0.3	35		
	56 ≦ P < 75	0.7	4.0	5.0	0.25	30		
	75 ≦ P < 130	0.4	3.6	5.0	0.2	25		
	130 ≦ P < 560	0.4	3.6	3.5	0.17	25		

*1 測定方法と出力は，JCMAS T004-1995「建設機械用ディーゼルエンジン排出ガス測定法」に基づく．
*2 NMHC+NO$_X$（非メタン炭化水素及び窒素酸化物）値である．
*3 トンネル工事用排出ガス対策型建設機械は1/5以下を満たすこと．

（2）について　施工区間にガス田，油田，炭田地帯ならびに温泉地帯が存在し，さらにこの地帯が破砕帯や亀裂の多い岩質の箇所，泥岩や炭層を挟む地質等である場合には，有害ガス，可燃性ガス等の湧出する場合が多いので十分注意しなければならない．可燃性ガス等，爆発雰囲気が創生される危険が予想される場合は，少なくともメタンの逆流防止をはかるための風速として0.5m/s以上とする必要がある．さらに，メタンが定常的に湧出している場合は，メタンレアを消散させるための風速として1m/s以上とすることを推奨する[1]．また，ガス検知器を用いて測定し，状況によっては換気，火気使用の禁止，坑内使用機器の防爆，退避および入坑禁止等の措置を講じなければならない．**解説 表 4.12.7**に，有害ガス，可燃性ガスの許容量を示す．表中の法令上の制限値は，危険の有無から決めたものである．一方，ACGIH（米国産業衛生専門家会議）の値は，ほとんどの作業員が連日繰り返してその中にいても影響を受けない値を示したものである．したがって，換気設備を設計するにあたってはACGIHの値をもとに検討することが望ましい．

換気の悪い場所では，空中酸素の消費，あるいは酸素欠乏空気の発生で，作業員が酸素欠乏症となることがある．法的規制値のうち，労働安全衛生法で規制されている有害ガス等のおもな項目は次のとおりである．

① トンネル内の二酸化炭素濃度基準（労働安全衛生規則第583条）

　トンネル内の作業場における二酸化炭素濃度を1.5%以下にしなければならない．ただし，空気呼吸器，酸素呼吸器またはホースマスクを使用して人命救助または危害防止に関する作業をさせるときは，この限りではない．

② 立入禁止（労働安全衛生規則第585条第1項第4号）

　二酸化炭素濃度が1.5%を超える場所，酸素濃度が18%に満たない場所，または硫化水素濃度が10ppmを超える場所には，関係者以外の者が立ち入ることは禁止されている．

砂礫層中のトンネルで，近くで圧気工法が採用されている場合や，通常の換気が難しい調査坑，立坑および斜坑等では十分に注意する必要がある．また，高温高湿による健康障害を防止するため，通気，空調等，適切な温湿度調節の措置を講じるとともに，坑内の気温は37℃以下としなければならない（労働安全衛生規則第611条）．

解説 表 4.12.7 坑内有毒ガス，可燃性ガス等の一覧表

種　類	色，臭気等	予想される中毒，障害等	比　重 (空気1.0)	爆発範囲 (Vol %)	法令上の制限値[*1]	許容濃度(ppm)[*5] 日本産業衛生学会	ACGIH[*2]
一酸化炭素(CO)	無色，無臭	中毒他	0.97	12.5〜74.0	100ppm[*5]以下	50	25
二酸化炭素(CO_2)	無色，無臭	酸素欠乏，中毒	1.53	—	1.5%以下	5000	5000
一酸化窒素(NO)	無色，刺激臭	中毒	1.04	—	—	—	25
二酸化窒素(NO_2)	赤褐色，青黄色，硝煙臭	中毒	1.59	—	—	検討中	0.2
二酸化硫黄(SO_2)	無色，硫黄臭	中毒	2.26	—	—	検討中	0.25C[*3,*4]
硫化水素(H_2S)	無色，腐乱臭	中毒	1.199	—	1ppm[*5]以下	5	1
塩化水素(HCl)	無色，刺激臭	中毒	1.27	—	—	2 C[*3,*4]	2 C[*3,*4]
酸素欠乏空気(O_2)	無色，無臭	酸素欠乏	1.11	—	18%以上	—	—
過剰空気(O_2)	無色，無臭	激燃焼	1.11	—	—	—	—
ホルムアルデヒド(HCHO)	無色，刺激臭	中毒	1.07	—	0.1ppm[*5]以下	0.1	0.3 C[*3,*4]
メタン(CH_4)	無色，無臭	爆発	0.55	5.0〜15.0	1.5%[*6]以下	—	—
アセチレン(C_2H_2)	無色，エーテル臭	爆発	0.91	2.5〜100	—	—	—
プロパン(C_3H_8)	無色，無臭	爆発	1.56	2.2〜9.5	—	—	—
アンモニア(NH_3)	無色，刺激臭	中毒，爆発	0.597	15.0〜25.0	—	25	25

*1 労働安全衛生規則，酸素欠乏防止規則，労働省告示等により示された値で，就労禁止とすべき値
*2 ACGIH：American Conference of Governmental Industrial Hygienists(米国産業衛生専門家会議)
*3 C印は，最大許容濃度，常時この濃度以下に保つこと(日本産業衛生学会の場合)
*4 C印は天井値(ACGIHの場合)，STEL(15分)短時間ばく露限度
*5 ppm：Part Per Millionで容積比100万分の1
*6 メタンの爆発限界は5〜15%であり，労働安全衛生規則によれば「可燃性ガスの濃度は爆発下限界の値の30%以下」と規定されているため，便宜的に1.5%とした．

参考文献

1) 建設業労働災害防止協会：新版　ずい道等建設工事における換気技術指針(設計及び粉じん等の測定)，pp.40-47，2012．
2) 労働省労働基準局：建設業における一酸化炭素中毒予防のためのガイドライン，基発第329号，1998．

12.4　通　路

坑内には，作業員が通行するための安全な通路を確保しなければならない．

【解　説】　レール方式の車両，タイヤ方式のダンプトラック等による事故を防止するために，作業員が安全に通行できる通路を設置しなければならない．通路は，運転中の車両等と作業員が接触するおそれがないように十分な空間を有するとともに，常に安全な歩行ができるよう路面が整備され，かつ適切な照明が施されていなければならない．また，通路と軌道敷または運搬路は，柵，安全ロープ等によって明確に区別されていることが望ましい．

坑内運搬がレール方式による場合は，運行する車両と側壁または障害物との間隔を，その片側において0.6m以上としなければならない．この値を保持することが困難な小断面トンネルでは，明確に識別できる待避所を適切な間隔で設けるか，あるいは信号装置の設置，監視員の配置等により，運行中の車両の進行方向上に作業員を立ち入らせない措置を講じなければならない(労働安全衛生規則第205条)．タイヤ方式による運搬の場合には，車両と側壁の間隔を車両が行き違う場合を除いて，1m以上確保することが望ましい．

仮設通路について，労働安全衛生規則第552条では，丈夫な構造とすること，勾配は30°以下とすること(ただし，階段を設けたものまたは高さが2m未満で丈夫な手掛を設けたものはこの限りでない)，勾配が15°を超えるものには踏さんその他の滑止めを設けることとある．また，同条文では，墜落の危険のある箇所には高さ85cm以上の手すり，高さ35cm以上50cm以下のさん等を設けること，立坑内の仮設通路でその長さが15m以上である

ものは10m以内ごとに踊り場を設けること，建設工事に使用する高さ8m以上の登さん橋には7m以内ごとに踊り場を設けることとある．

はしご道については，勾配を80°以内とすること，その長さが10m以上のものは5m以内ごとに踏だなを設けること，はしご上端を床から60cm以上突出させること等が必要であり(労働安全衛生規則第556条)，さらに墜落防止のための設備を備えることが望ましい．なお，立坑および斜坑等で，巻上げ装置と作業員との接触による危険がある場所には，当該場所に板仕切，その他の隔壁を設けなければならない(労働安全衛生規則第557条)．

12.5 安全点検

施工中は，地山，支保工，作業環境，機械および設備等について点検を行い，災害の防止に努めなければならない．

【解 説】 施工中には，地山，支保工，作業環境，機械および設備等に変状や欠陥が生じる場合がある．これらの変状や欠陥が見逃され，あるいは放置されると思わぬ災害を引き起こすおそれがある．このため，施工中は適切な安全点検を行い，これらの変状や欠陥による災害を未然に防止しなければならない．

安全点検の内容は，工事の状況，使用機械および設備等を考慮して，法規に定められた内容の他に，工事の実情に即した内容を追加することが重要である．また，とくに必要な事項については，責任者または指名された点検者によって点検を行わなければならない．

おもな点検項目は，以下のとおりである(第5編 4.2.2参照)．

① 地山(切羽における浮石や亀裂等の有無，未覆工区間の変状の有無，可燃性ガスや有害ガスの発生の有無および湧水の状態，地表面の変状の有無等)
② 支保工(吹付けコンクリートのひびわれおよびはく離の有無，ロックボルトの定着状態，プレートの変形，ボルトの破断，鋼製支保工の沈下および変形等)
③ 作業環境(温度，湿度，風速，気圧，酸素濃度，視界，通気量，排気ガス，粉じん濃度，振動および騒音等)
④ 機械，設備(通路，運搬路，軌道，走行車両，換気設備，照明設備，排水設備，連絡通報設備，緊急避難設備および救護用具の整備状況等)

効果的な点検を行うために，点検対象ごとに実施時期を適切に定め，点検基準表(チェックリスト)を作成しておくことが望ましい．なお，点検結果は必要に応じて記録し保存しなければならない．

点検の結果，異常を認めたときには，ただちに補修その他の適切な措置を講じなければならない．

12.6 労働衛生

施工にあたっては，作業員の健康障害の防止ならびに健康管理に努めなければならない．

【解 説】 坑内は閉鎖された空間であるため，粉じん等の有害物質は希釈拡散されにくく，また騒音の減衰が少ない．また，振動機械，工具等を取り扱うことも多いため，健康障害発生のおそれもある．したがって，機械設備，作業方法，作業順序の改善等，作業員の健康障害を防止するために必要な措置を講じるとともに，作業環境を良好な状態に維持管理するよう努めなければならない．また，作業員の健康状態を把握するため，定期的に健康診断を実施するほか，衛生教育に配慮しなければならない．

作業にあたって，とくに留意しなければならない健康障害とその防止対策は，以下のとおりである．

1) 温度，湿度，風速および気圧等 トンネル内の気温，湿度，風速および気圧等は，作業の安全衛生を確保するための重要な要因となるため，28℃以下の温度(不快を感じない温度)で，0.3m/s程度の風速(ただし，可燃性ガスの発生がない場合)を維持することが望ましい．また，冬期の寒冷環境でも注意力や運動能力が低下するの

で，安全確保のための対策が必要である[1]．

2) **粉じん** 発破，掘削，ずり積み，ずり運搬，吹付けコンクリート等の作業時には，多量の粉じんが発生するが，長期間この粉じんを吸入すると，じん肺にかかるおそれがある．厚生労働省が示したガイドラインでは，粉じん濃度目標レベルを3mg/m^3(吸入性粉じん)以下としている[2]．この粉じん濃度目標レベルとは，トンネル内切羽から50m地点における粉じん濃度である．なお，中小断面トンネルにおいて粉じん濃度を3mg/m^{3}以下にすることが困難な場合には，できるだけ低い値を濃度目標レベルとする．なお，粉じん障害防止規則第27条第2項では，動力を用いて鉱物等を掘削する場所における作業，動力を用いて鉱物等を積み込み，または積み下ろす場所における作業，コンクリート等を吹き付ける場所における作業では電動ファン付き呼吸用保護具(日本工業規格T8157)の着用が定められている．また，同ガイドラインでは適切なフィルターの管理等が定められている．

トンネル工事における粉じん濃度は，地質条件，トンネル断面積，施工方法，使用機械および換気方式等多くの要因によって変動する．作業環境の整備，改善を図るには，半月以内ごとに1回，定期に空気中の粉じんの濃度を測定し(粉じん障害防止規則第6条の3)，測定結果に応じて換気装置の風量の増加その他必要な措置を講じなければならない(粉じん障害防止規則第6条の4)．

粉じん対策は，発生源において粉じんの発生を防止することを基本とするが，発生源で処理することのできない粉じんについては，集じん機等によって捕捉，排除してできるだけ拡散を防止することが望ましい．それに加え，換気による新鮮な空気での希釈もしくは排出が必要である．

3) **騒音** 騒音は不快感を与えるばかりでなく，声や音による合図や信号を妨害し，生理機能にも悪影響を及ぼす．さらに，長期間騒音にばく露されると騒音性難聴を起こす原因にもなる．聴力低下の程度は音の大きさが大きいほど，ばく露時間が長いほど大きくなり，音の大きさが同じであれば高周波成分は低周波成分に比べて有害性が大きくなる．労働省(現厚生労働省)が策定したガイドラインによると，トンネル工事は項目「車両系建設機械を用いて掘削または積込みの業務を行う坑内の作業場」に該当する[3]．

これによると，事業者は騒音レベルがもっとも大きくなると思われる時間に，当該作業が行われる位置において等価騒音レベルの測定を行うことが義務付けられ，測定結果に基づき次の措置を講じなければならない．

① 85dB(A)以上90dB(A)未満の場合

騒音作業に従事する労働者に対し，必要に応じて防音保護具を使用させること．

② 90dB(A)以上の場合

騒音作業に従事する労働者に防音保護具を使用させるとともに，防音保護具の使用について作業中の労働者の見やすい場所に掲示すること．

また，事業者は労働安全衛生法第88条の規定に基づく計画の届出を行う場合に，騒音障害防止対策の概要を示す書面または図面を添付しなければならない[3]．この添付は，当該計画が同ガイドラインの別表第1または別表第2に掲げる作業場に必要とされる．トンネル建設工事においては，別表第2の「インパクトレンチ，ナットランナー，電動ドライバー等を用い，ボルト，ナット等の締め付け，取り外しの業務を行う作業場」，「岩石又は鉱物を動力により破砕し，又は粉砕する業務を行う作業場」，「車両系建設機械を用いて掘削又は積込みの業務を行う坑内の作業場」等が該当する．

日本産業衛生学会では，聴力保護のための騒音の許容基準として，**解説 表 4.12.8**に示す数値を勧告している．騒音障害を防止するためには，騒音のより少ない設備，機械，作業方法を選定し，さらに音源となる設備，機械等に適切な消音装置を施し，騒音を低減することが基本である．ばく露時間が長く，騒音性難聴の起こるおそれがある場合には，耳栓等の保護具を適正に使用しなければならない．

4) **振動** 坑内では，削岩機等のように振動を伴う多くの機械，工具が使用される．これらの振動は，作業員の手と腕にレイノー現象，末梢神経障害，骨および関節の変形等の振動障害を起こすおそれがある．

このような振動障害の防止対策としては，振動の発生ができるだけ少ない，あるいは有効な防振装置が付属している機械，工具を選定するとともに，具体的な作業計画を立て，振動業務に従事する時間の管理を適正に行わなければならない．厚生労働省は，振動障害に関する特殊健康診断を雇い入れ時，当該業務への配置転換時およびその後6ヶ月ごとに自主的に行うように指導している(労働省労働基準局通達，昭和49年1月28日付け基発45号)．

解説 表 4.12.8　聴力保護のための騒音許容基準[4]

中心周波数 (Hz)	許容オクターブバンドレベル(dB)*					
	480分	240分	120分	60分	40分	30分
250	98	102	108	117	120	120
500	92	95	99	105	112	117
1 000	86	88	91	95	99	103
2 000	83	84	85	88	90	92
3 000	82	83	84	86	88	90
4 000	82	83	85	87	89	91
8 000	87	89	92	97	101	105

*　1日8時間以内のばく露が常習的に10年以上続いた場合にも，聴力の損失を可聴周波数1kHz以下で10dB以下，2kHzで15dB以下，3kHz以上で20dB以下にとどめることが期待できるとした値

参考文献

1) 建設業労働災害防止協会：新版　ずい道等建設工事における換気技術指針(設計及び粉じん等の測定)，p.340, 2012.
2) 厚生労働省：ずい道等建設工事における粉じん対策に関するガイドライン，2000.
3) 労働省：騒音障害防止のためのガイドライン，1992.
4) (公社)日本産業衛生学会：許容濃度等の勧告(2014年度)，VI.騒音の許容基準，日本産業衛生学会誌56巻，pp.176-181，2014.

12.7　火災および爆発の防止

（1）　火災を防止するため，火源および可燃物の管理を十分に行うとともに，消火設備の配置等の必要な措置を講じなければならない．

（2）　可燃性のガスの爆発等を防止するため，その存在状況を的確に把握し，希釈，排除等の適切な措置を講じるとともに，火源の管理を十分に行わなければならない．

【解　説】　（1）について　坑内において火災が発生した場合は，次のような原因等により重大災害を発生させる危険性があることを十分認識しておかなければならない．

①　火災が発生した地点より坑奥にいる作業員が閉じこめられるおそれがある．
②　火災によって発生する煙や一酸化炭素等の有害ガスが充満し，一酸化炭素中毒等の危険性がある．
③　停電した場合，作業員はパニック状態に陥りやすく，そのため二次災害を引き起こすおそれがある．
④　火災によって支保工等が損傷または変形し，落盤および崩壊の起こるおそれがある．

火災防止対策の基本は，火源と可燃物の管理を十分に行って発火の危険性を排除することにある．したがって，火気等の使用においては責任者を定め，その使用状況を監視しなければならない．火気等の使用後は，残火による火災の発生を防止する必要がある．さらに，常に坑内の整理整頓に留意し，可燃物の存置は必要最小限にとどめるように努めなければならない．

しかし，万一出火した場合にはすみやかな初期消火がもっとも重要である．予想される火災の性状に適応する消火設備を配置し，作業員にその設置場所および使用方法を周知させ，定期的に消火訓練を行わなければならない．なお，消火設備については常に点検，整備し，その機能を保持しておく必要がある．

（2）について　坑内に可燃性ガスが発生するおそれのある場合，または存在する場合には，その種類，性状，賦存状態，発生状況等を把握し，火源となるおそれのあるものを排除した後に換気を十分に行うことにより，すみやかに安全な濃度の範囲まで希釈して坑外に排除しなければならない．とくに，換気設備の増強のみでは安全な濃度の範囲まで希釈して排除することが困難と思われる場合には，ボーリング等によるガス抜きを実施し，直接坑外または危険のない場所まで誘導して放出する必要がある．

坑内における可燃性ガスによる爆発等の原因となる火源には，裸火，発火具，喫煙具，ガス溶断の炎，電気の

スパーク，発破の爆炎，摩擦および衝撃火花等多種多様なものがある．これら火源となるおそれのあるものに対しては，坑内持ち込み禁止，適正な作業方法，帯電を避けるための確実な接地および防爆機器の採用等適切な対策を講じなければならない．

施工時には，局所的(切羽上部，下部等)な可燃性ガスの濃度が，爆発限界内に達する可能性もあるため，切羽上部または下部の気体をトンネル坑外の空気と循環させ，常に可燃性ガスの濃度を下げる必要がある．たとえば，切羽に向かってトンネルが上り勾配の場合，メタンガスは空気よりも比重が小さいため，ガス検知器をできる限り切羽上部に設置する必要があり，ガス検知器による測定値が常に基準値以下となるよう風速等を設定する必要がある．一方，硫化水素は空気よりも比重が大きいため，切羽下部にガス検知器を設置すると良い．

その他，覆工コンクリート施工時のセントル等，気流の妨げになるような箇所が存在する場合には，同箇所にもガス検知器を設置すると良い．

やむをえずガス検知器を適切な箇所に設置できない場合には，換気などによるガス流れを考慮して，土壌ガスが湧出する箇所よりも下流にガス検知器を設置しなければならない．

また，長期間の休工後，作業を開始する場合，以下の2点に注意する必要がある．
① 坑内の可燃性ガス濃度と酸素濃度の測定を行い，安全性が確保されたことを確認してから入坑すること．
② 坑内換気設備の起動は，坑外の安全な場所から行うこと．

12.8　緊急時の処置

（1）　急迫した危険が生じた場合には，作業員をすみやかに安全な場所に退避させなければならない．
（2）　緊急時の連絡通報，避難，救護等を迅速かつ安全に行うため，予想される事態に応じた体制を整えるとともに，必要な設備，機械器具を備えておかなければならない．

【解　説】　（1）について　地山の急変等により落盤，切羽の崩壊，異常出水等および火災による緊急事態が発生したとき，あるいは可燃性ガス，有害ガスの湧出等によるガス爆発または中毒のおそれが発生したときには，ただちに作業を中止し，作業員を安全な場所に退避させなければならない．

（2）について
1）　連絡通報　坑内において緊急の事態が発生した場合，避難その他の措置が遅れると重大災害となるおそれがあるので，迅速かつ的確な情報の伝達が重要である．したがって，現場の状況に適応した緊急時における通報および警報の設備を設け，坑外および坑内の各作業現場ならびに関係機関との連絡がすみやかに行われる体制を確立しておかなければならない．

2）　避難　緊急時の避難用通路となるところは，材料等が通行の支障とならないよう整理整頓に努めるとともに，適切な間隔で非常灯を設置し，現場の状況に応じて呼吸用保護具，携帯用照明器具等を坑内の適当な箇所に備えておかなければならない．

また，作業員にはあらかじめ避難等に関する必要な事項について安全教育等を行って周知させ，さらに緊急事態を想定した避難訓練を定期的に実施しておく必要がある．

3）　救護　緊急事態が発生し，坑内に残留者がいる場合には，すみやかに関係機関に連絡するとともに，これらの機関を含めた十分な打合せを行い，総合的な判断に基づいた救護措置を講じる必要がある．

なお，坑内で爆発，火災等が生じた場合の救護活動は，ずい道等救護技術管理者(出入り口からの距離が1km以上，または深さが50m以上の立坑の掘削を伴うトンネル工事に選任)から救護に関して十分な訓練を受けた救急要員により，適切な機械等の装備のもとで行わせなければならない(労働安全衛生法第25条の2)．労働者の救護に関する措置がとられる場合においては，二次災害の発生による被害の拡大を防止するために，事業者は必要な準備措置を事前に講じなければならない(労働省労働基準局通達，昭和55年11月25日付け発基88号)．

また，救護活動を行うための空気または酸素呼吸器，有害ガスおよび酸素測定器，携帯用照明器具等は常に良好な状態に維持，管理しておかなければならない．

第13章 環境保全

13.1 環境保全

施工にあたっては，関連法規類を遵守し，騒音，振動，低周波空気振動，渇水，地表面沈下，構造物等の変状，坑外の運搬作業による交通障害等の抑制，汚濁水，重金属等を含有する岩石や土壌，セメントおよびセメント系固化材等による汚染防止および自然環境の保全のために適切な対策を講じなければならない．

【解　説】　トンネル工事によって，周辺環境に影響を及ぼすおそれのある場合は，関連法規類および条例等の精神を尊重するとともに，環境保全に努めることが社会的責務であることを十分認識のうえ，必要性に応じて以下のような対策を実施しなければならない．また，文化財等の社会環境に対しても十分な検討と対策が必要である．なお，三大都市圏等の大深度地下においては「大深度地下の公共的使用における環境の保全に係る指針」を参照し，必要に応じて地下水等の環境保全のための措置を検討実施しなければならない（第2編 3.2.2，2.2.5，第3編 2.2.2，8.4.2，第4編 4.7.2および**解説 表 4.13.1**参照）．

1) 騒音，振動および低周波空気振動対策　主として人家に近接した坑外設備，人家付近の発破掘削，市街地内でのずりや資材等の運搬が問題となり，とくに夜間作業等では注意が必要である．坑外設備の対策としては，周辺の環境を考慮した諸設備の配置，低騒音型建設機械設備の採用，防音壁，防音建屋，強固な機械の基礎の設置，発生振動の小さな工法や機械設備の採用，ゴム等の防振装置の使用，防振壁の設置等がある．発破掘削の対策としては，発破時間の規制，防音設備，制御発破の採用，綿密な発破管理等がある．また，ずりや資材等の運搬の対策としては，運行時の騒音抑制，運搬路の指定，運搬時間の制限等がある．

2) 渇水対策　トンネル掘削による渇水のため，周辺環境への影響が懸念される施工にあたっては，上水道，井戸，貯水池等の代替水源を計画するなど事前調査と検討を実施する．なお，渇水対策に採用する工法や補助工法は多様であり，効果の検討や対策費用と事業損失による補償との経済性比較等の検討も必要となる．

3) 地表面沈下，構造物等の変状対策　主として土被りの小さいトンネル周辺に人家や構造物等がある場合の問題である．施工時の対策としては，トンネル内外からの補助工法等によるトンネル周辺地山への対策，対象構造物の補強または移転等がある．

4) 交通障害対策　一般道での運搬路選定にあたっては，狭あいな道路，歩車道が分離していない多数の歩行者が利用する道路，通学路等を極力避けるなどの対策を検討する．やむをえない場合は，離合箇所の設置，道路の拡幅，舗装，信号機やカーブミラーの設置，見張員の配置，運行時間や速度の制限等の対策を行う．

5) 汚濁水対策　坑内，コンクリート製造設備等から発生する汚濁水への対策として，濁水処理設備による浄化および中和処理等が行われている．これらにあたっては，関連法規類で定められた排水基準を満足するよう，あらかじめ適切な設備と規模を検討する．汚濁水処理により生じた汚泥についても適切に処理しなければならない．なお，汚泥を再資源化して建設資材（土質材料）等に利用する場合は「土壌の汚染に係る環境基準」（平成3年環境庁告示第46号）に適合しなければならない．

6) 重金属等を含有するずりによる汚染防止対策　鉱化変質帯や旧鉱山地区等に位置し，重金属等の溶出や硫化鉱物による酸性水の発生が懸念されるトンネルの施工にあたっては，適切な処理や対策の考え方を検討する．また，一部の泥岩や凝灰岩などの堆積岩類等の地山の場合でも環境対策を実施した事例がある．

7) セメントおよびセメント系固化材による汚染防止対策　セメントおよびセメント系固化材による地盤改良ならびに改良土の再利用にあたっては，土壌汚染の防止に努めなければならない（建設省技調発第48号建設大臣官房技術審議官通達，平成12年3月24日付け）．

8) 野生動植物等の保全対策　希少な野生動植物やその生息および生育環境への影響が懸念される施工にあたっては，必要に応じて専門家の指導助言を仰ぎ，保全対策の検討を行って，適切に実施しなければならない．

解説 表 4.13.1　トンネル工事に関わるおもな環境基準および規制基準の法令等

	基本法		法律	政令	府省令	告示	条令
大気	環境基本法 (H5.11.19 法律91号)	【環境基準】 第16条第1項	—	—	—	・大気の汚染に係る環境基準 (S48.5.8環告25号)	—
		【規制】 第21条	・大気汚染防止法 (S43.6.10法律97号)	・大気汚染防止法施行令 (S43.11.30政令329号)	・大気汚染防止法施行規則 (S46.6.22厚・通令1号)		都道府県による規制
水質	環境基本法 (H5.11.19 法律91号)	【環境基準】 第16条第1項	—	—	—	・水質の汚濁に係る環境基準 (S46.12.28環告59号) ・地下水の水質汚濁に係る環境基準 (H9.3.13環告10号)	—
		【規制】 第21条	・水質汚濁防止法 (S45.12.25法律138号) ・瀬戸内海環境保全特別措置法 (S48.10.2法律110号) ・湖沼水質保全特別措置法 (S59.7.27法律61号)	・水質汚濁防止法施行令 (S46.6.17政令188号) ・瀬戸内海環境保全特別措置法施行令 (S48.10.29政令327号) ・湖沼水質保全特別措置法施行令 (S60.3.20政令37号)	・水質汚濁防止法施行規則 (S46.6.19府・通令2号) ・排水基準 (S46.6.21府令35号) ・瀬戸内海環境保全特別措置法施行規則 (S48.10.29府令61号) ・湖沼水質保全特別措置法施行規則 (S60.3.20府令7号)		都道府県による規制
土壌	環境基本法 (H5.11.19 法律91号)	【環境基準】 第16条第1項	—	—	—	・土壌の汚染に係る環境基準 (H3.8.23環告46号)	—
		【規制】 第21条	・土壌汚染対策法 (H14.5.22法律53号)	・土壌汚染対策法施行令 (H14.11.13政令336号)	・土壌汚染対策法施行規則 (H14.12.26環令29号)		
騒音	環境基本法 (H5.11.19 法律91号)	【環境基準】 第16条第1項	—	—	—	・騒音に係る環境基準 (H10.9.30環告64号)	—
		【規制】 第21条	・騒音規制法 (S43.6.10法律98号)	・騒音規制法施行令 (S43.11.27政令324号)	・騒音規制法施行規則 (S46.6.22厚・農・通・運・建令1号)	・特定建設作業に伴って発生する騒音の規制に関する基準 (S43.11.27厚・建告1号) ・低騒音型・低振動型建設機械の指定に関する規程 (H9.7.31建告1536号)	都道府県による規制
振動	環境基本法 (H5.11.19 法律91号)	【環境基準】 第16条第1項	—	—	—	—	—
		【規制】 第21条	・振動規制法 (S51.6.10法律64号)	・振動規制法施行令 (S51.10.22政令280号)	・振動規制法施行規則 (S51.11.10府令58号)		都道府県による規制

第5編 施工管理

第1章 総　　則

1.1 施工管理一般

（1）　施工にあたっては，周辺地山が有する支保機能を有効に活用できるよう，地山および支保工，覆工等に対する適切な施工管理を行わなければならない．

（2）　施工管理に関する記録のうち維持管理に必要な記録は，適切に整理し保管しなければならない．

【解　説】　（1）について　一般に，施工管理には工程管理，作業管理，材料管理，品質管理，出来形管理，原価管理，観察・計測，安全衛生，環境保全等が含まれるが，ここでは工程管理，支保工，覆工等を構成する各部材の品質管理，出来形管理ならびに掘削に伴う地山および各支保部材の挙動を把握するための観察・計測について取り扱うこととする．なお，一般的な作業管理，安全衛生および環境保全については第4編を参照のこと．

トンネルの掘削にあたっては，地山条件等を考慮のうえ，地山がもつ固有の強度および変形特性等を積極的に利用し，支保工，覆工と地山が一体となってトンネルの安定が得られるよう施工を行うことが重要である．これらの一連の作業を適正かつ経済的なものとなるよう管理するためには，地山および支保工の挙動を観察・計測等により把握し，設計，施工が不適当と判断された場合には遅滞なく変更しなければならない．掘削により周辺に与える影響(周辺構造物の挙動，地表面沈下，地下水位変動，騒音，振動等)の程度を予測し，その対策と効果について検討することが重要である．

また，所定の計画工程通りに工事が施工されていることを確認するために工程管理を行うことが重要である．

さらに，トンネルの完成後に保守がしやすく耐久性に富んだ良質の構造物を得るためには，支保工，覆工等を構成する各部材の材料の品質および出来形が設計図書に示されたとおりのものとなっていることを管理する必要がある．

（2）について　施工管理に関する記録は，トンネルの補修，補強等の検討が必要となった場合の基礎資料として活用できるように整理し，紛失することのないよう保管に努め，維持管理に反映させなければならない．なお，保管すべき施工管理に関する記録の例として，施工中では，地質調査データ，品質管理記録，出来形管理記録，支保パターンの施工実績，補助工法等の施工実績，観察・計測の記録，切羽崩落，異常出水等のトラブル等が，また，しゅん功時では覆工の点検結果(ひびわれ発生状況，打音検査，非破壊検査)等が挙げられる．

工事しゅん功時の覆工の点検結果等の記録は，しゅん功後の補修履歴を追記し更新していく必要があるため，記録の様式は追記できるように整理する必要がある．

第2章 工程管理

2.1 工程管理

工程管理は，常に作業の実態，実績を把握し，計画工程と対照して必要ある場合は，適切な措置を講じ全体工程を満足させるように実施しなければならない．

【解　説】　工事の施工にあたっては，トンネルの断面，工区延長，工期，立地条件，地山条件等を考慮して適切な施工方法等を定め，これにより計画工程を作成することになる．工程管理は，この計画工程に従って，設計図書に示されたとおりの工事を安全かつ経済的に遂行し，所定の工期内に完成させるために行う．計画工程および施工設備は施工前に実施した地質調査等の結果に基づいてあらかじめ設定されているが，工事にあたっては必ずしも当初の想定と一致するものではない．通常，工期は掘削の進行に支配され，とくに地山条件により大きな影響を受け，掘削工法等の変更まで伴うような場合，あるいは薬液注入，水抜き工等を必要とする場合は工程に直接影響が生じることとなる．また計画上の掘削のサイクルタイムも，支保パターンの変更等により変動が生じることが多い．このため，常に計画との差異を分析し，問題点を把握して対策を講じ工程管理を行わなければならない．

また，トンネル周辺に近接構造物が存在する場合，それらへの影響を小さく抑えるため，先受け工等の対策工が採用される場合が多く，工程の見直しが必要な場合もある．

工程管理を行う上で，次の事項について十分検討する必要がある．

1) <u>立地条件</u>　周辺環境，工事用敷地の規模，ずり運搬先等の立地条件によっては，工事の時間に制約を受けることもあり，対策を検討しておく必要がある．とくに都市部においては，騒音，振動等に対する保全措置として作業時間が大幅に規制される場合があるので綿密な工程管理が必要である．

2) <u>地山条件</u>　地山条件が当初の想定と異なった場合は工期に大きな影響を及ぼす可能性があるため，施工計画時に十分な検討を行い，不測の事態に備え，施工設備および工程にも余裕をもつ必要がある．また，水平ボーリング等で切羽前方の地質を確認し，すみやかに適切な施工方法に変更することで全体工程の確保が図れる場合もあるため，当初の計画工程，施工方法に固執せず臨機に対処することも重要である．そのため，地山条件の大きな変化が予測される場合は，掘削工法，掘削方式の変更に容易に対応できるような施工機械，設備を検討する等の適切な措置を講じる必要がある．

都市部では，未固結地山での施工となる場合が多く，地下水位の変動，地表面沈下による周辺構造物への影響把握のため追加調査の実施やその結果により対策工を行うこともあるので，これらの作業工程を考慮した工程管理が必要である．

3) <u>施工機械</u>　施工機械は立地条件，地山条件に合致した機種を選定し，工程に合わせて必要台数を確保するとともに，連続稼動できるよう常に点検整備を怠らないようにしなければならない．また，予備機の準備を検討することも必要である．

4) <u>材料</u>　各工種の材料は損失も含めた使用数量を把握し，工事の進捗に合わせて過不足なく納入できるよう管理するとともに，不測の事態に備え，材料調達計画にも多少余裕を持つ必要がある．

5) <u>実稼働日数</u>　土曜，日曜，祝日のほか，大型連休等の不稼働日は工程管理上，考慮しなければならない．

第3章　品質管理と出来形

3.1　管理一般

> 支保工，覆工等を構成する各部材の品質および出来形について，所定の試験，検査を行い，適切に管理しなければならない．

【解　説】　吹付けコンクリート，ロックボルト，鋼製支保工，覆工の各部材は，地山と一体となり地山の有する支保機能を有効に利用するために重要なもので，その品質の良否はトンネル構造物としての健全度を左右することになる．したがって，支保工，覆工等を構成する各部材の品質および出来形が設計図書に適合しているかを常に確認し，その品質および出来形を一定水準以上に保たなければならない．

　管理にあたっては，使用材料の材質，形状，寸法，配合等および出来形の形状や寸法，強度等をあらかじめ定められた試験，検査の方法により確認し，これらの結果はその都度所定の様式に従い記録し保管する．なお，施工後に目視による出来形管理が困難となるものは，事前に立会検査や写真による寸法，数量確認等の適切な出来形管理を行うことが必要である．

3.2　吹付けコンクリート

3.2.1　吹付けコンクリートの材料，計量および練混ぜ

> （1）　セメント，骨材，急結剤等の吹付けコンクリートに用いる材料については，所定の試験，検査を行い，その品質を確認しなければならない．
> （2）　材料の貯蔵量は施工に見合ったものとし，貯蔵中の劣化，異物の混入に注意し，適切に管理しなければならない．
> （3）　吹付けコンクリートの製造にあたっては，材料の計量器，練混ぜ機等の性能について検査しなければならない．

【解　説】　(1)について　吹付けコンクリートに使用される材料としては構成材料であるセメント，骨材，急結剤，混和材料等のほか，吹付けコンクリートの補強を目的として用いられる金網，繊維の材料がある．トンネルにおける吹付けコンクリートは，掘削後ただちに地山に密着し，地山を緩めないための重要な支保部材であり，施工性，付着性，初期強度(材齢24時間まで)，早期強度(材齢7日程度まで)，長期強度(材齢28日程度以降)等が要求される．したがって，吹付けコンクリートの材料においてはこれらに対応するための的確な品質の管理が必要である．吹付けコンクリートに使用する材料の一般的な品質試験の項目，方法等については，「2012年制定コンクリート標準示方書［施工編］」[1]によるものとする．

　なお，吹付けコンクリートに使用するセメントや諸材料の品質に関しては，製造工場の検査成績書をもってこれに代えることができる．

　(2)について　吹付けコンクリートの材料の貯蔵量は施工数量，工程等を考慮して決める必要がある．とくに長期間の貯蔵は材料の品質低下の原因となるため，注意が必要である．また貯蔵にあたっては，異物等の混入がないよう適切な施設に保管しなければならない．

　セメント，混和材は吸湿，劣化すると急結性，強度等の低下をきたすため，常に入荷した順に使用し，防湿にはとくに気をつけなければならない．

　骨材の表面水率，温度等は，吹付けコンクリートの品質に大きな影響を与えるので，適切に保管，管理を行わなければならない．とくに寒中においては雪氷の混入に注意が必要であり，暑中においては温度上昇や乾燥に注意を払わなければならない．また，コンクリートの練上がり温度も強度の発現に大きな影響を与える重要な要素であり，練混ぜ水の温度管理も重要である．

粉体急結剤は，吸湿等による変質，異物の混入等のほか，製品の特性に応じた注意を払って，品質低下の防止に努めなければならない．液体急結剤は製品の特性に応じて，凍結や品質低下を防止するために適切な温度で貯蔵しなければならない．また，貯蔵容器に関しては，容器の腐食，製品の蒸発，水の混入等を生じないように注意しなければならない．使用前には分離の状況を確認して，分離が生じている場合には，撹拌する必要がある．金網や鋼繊維等の鋼材は，水分，湿気等により錆が発生し，品質が損なわれる場合がある．したがって，雨水等の水分の浸入する場所や湿気の多い場所を避けて貯蔵するなど，これらの材料の防錆に努めなければならない．

　（3）について　吹付けコンクリートの製造では，材料の配合管理が重要であり，定期的に計量器の精度，練混ぜ機（ミキサー）の性能等の検査を行わなければならない．材料を計量するときの誤差には，計量器そのものの誤差および計量装置の機械的動作と材料供給の動作によって生ずる誤差がある．このため計量器については，品質の安定を目的として，定期的に静荷重検査および動荷重検査を行わなければならない．また，これと同時に容量変更装置，その他の管理機構についても検査する必要がある．練混ぜ機の性能については，部品の摩耗等を考慮し，定期的に羽根等を点検するとともに，必要に応じて交換，修理を行い，練混ぜ性能試験を行う必要がある．

　なお，連続練りミキサーを用いて吹付けコンクリートを製造する場合には，文献[2]等が参考となる．

参考文献

1) (公社)土木学会：2012年制定コンクリート標準示方書［施工編］，pp.287-301，2012.
2) (社)土木学会：コンクリートライブラリー第59号　連続ミキサによる現場練りコンクリート施工指針(案)，pp.12-18，1986.

3.2.2　吹付けコンクリートの吹付け厚および強度

（1）　吹付けコンクリートは，所要の吹付け厚が得られていることを確認するとともに，目視により付着性状，はね返り等の観察を行い，良好な施工が行われていることを確認しなければならない．

（2）　吹付けコンクリートは，所要の強度が得られていることを確認しなければならない．

【解　説】　（1）について　吹付けコンクリートは，所要の吹付け厚が確保されていることを確認しなければならないが，吹付け厚は掘削面の凹凸，位置等によりばらつくことが多いので注意が必要である．

吹付け厚の管理にあたっては，検測間隔，検測箇所，検測方法等を前もって定めた管理要領を作成し，これに基づいて行うのがよい．また仕上げ面の平滑さにも留意する必要がある．施工時には，吹付け厚表示用ピンや鋼製支保工等を目安として設計厚まで吹き付ける方法で管理するのが一般的であるが，3Dスキャナーによる吹付け仕上げ面の出来形管理を実施している事例がある．

吹付けコンクリートの仕上がり面の位置と平滑さを管理することで，防水シートの破損や巻厚不足を防止できる．なお，内空断面の直径が10m程度のトンネルの場合，検測箇所は1断面あたり7箇所以上として，検査孔等を設けて実測するのが一般的であり，検測間隔は延長50m以内に1断面とすることが望ましい．吹付けコンクリート巻厚検測表の一例を**解説 図 5.3.1**に示す．

吹付けコンクリートとともに金網や鋼製支保工を用いる場合には，金網のたるみ，鋼製支保工の建込み誤差，余掘り等により地山と吹付けコンクリートとの間に空隙が発生する場合があるので，吹付けコンクリートの密着性に対する注意が必要である．

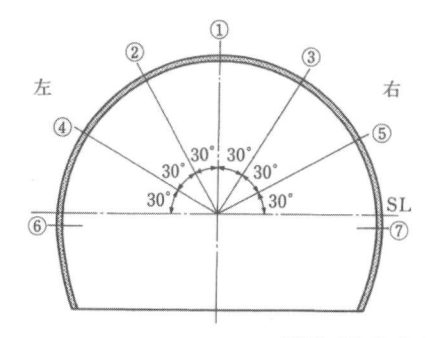

第5編　施工管理　　231

解説 図 5.3.1　吹付けコンクリート巻厚検測表の例

（2）について　吹付けコンクリートの強度は，作業員の技量，作業時の地山の状況(湧水等)の影響を受けるため，品質のばらつきが大きくなることがある．また，はね返りの影響により実際に吹き付けられたコンクリートは練混ぜ時の配合と異なっているため，注意しなければならない．したがって，試験方法，試料の採取方法，試験頻度等は，地山の状況や作業環境等に応じた適切なものを選定する必要がある．施工時には，強度試験の管理要領を作成して管理する．吹付けコンクリートの強度試験方法は，以下に示すように，初期強度を求める試験方法，早期強度および長期強度を求める試験方法，さらに繊維補強吹付けコンクリートの曲げじん性を求める試験方法に区分される．

1) 初期強度を求める試験方法
   ① あらかじめピンを設置した型枠に吹き付けた試料を用いるピンの引抜きによる試験(JSCE-G 561-2010 引抜き方法による吹付けコンクリートの初期強度試験方法[1])
   ② 現位置で直接吹付けを行う場合において，吹き付け時に埋め込んだピンの引抜きによる試験(JSCE-G 561-2010 引抜き方法による吹付けコンクリートの初期強度試験方法[1])
   ③ はり型枠に吹き付けた試料により行う圧縮試験（JSCE-G 562-2010 はりによる吹付けコンクリートの初期圧縮強度試験方法[2]）
   ④ 空気圧を用いて吹付けコンクリート表面に打ち込んだピンの貫入深さによる試験(NEXCO 試験方法の試験法 726-2009 空気圧式ピン貫入試験[3])

2) 早期強度，長期強度を求める試験方法
   ① 型枠に吹き付けた試料から採取したコアの圧縮試験(JSCE-F 561-2013 吹付けコンクリート(モルタル)の圧縮強度試験用供試体の作り方(案)[4]，JIS A 1107 コンクリートからのコアの採取方法及び圧縮強度試験方法[5])
   ② トンネル壁面に吹き付けたコンクリートから，直接採取したコアの圧縮試験（JIS A 1107 コンクリートからのコアの採取方法及び圧縮強度試験方法[5]）

3) 繊維補強吹付けコンクリートの曲げじん性を求める試験方法
   ① 型枠に吹き付けた試料から採取した供試体の曲げじん性試験(JSCE-F 553-2013 吹付け鋼繊維補強コンクリートの強度およびタフネス試験用供試体の作り方(案)[6]，JSCE-G 552-2013 鋼繊維補強コンクリートの曲げ強度および曲げタフネス試験方法(案)[7])

強度試験の目的は地山に吹き付けられたコンクリートの強度発現の状態を把握することにあるので，なるべく原位置で試験を行うことが望ましい．なお，材齢28日強度で試験を行う場合が多いが，とくに吹付けコンクリートは初期強度が重要であるので，若材齢でも行える適切な試験方法を選定して，これを確認することが望ましい．

参考文献

1) (公社)土木学会：2013年制定コンクリート標準示方書［規準編］土木学会規準および関連規準, pp.354-356, 2013.
2) (公社)土木学会：2013年制定コンクリート標準示方書［規準編］土木学会規準および関連規準, pp.357-358, 2013.
3) 東日本・中日本・西日本高速道路株式会社：NEXCO試験方法 第7編トンネル関係試験方法, pp.35-38, 2015.7
4) (公社)土木学会：2013年制定コンクリート標準示方書［規準編］土木学会規準および関連規準, pp.314-315, 2013.

5) (公社)土木学会：2013年制定コンクリート標準示方書［規準編］JIS規格集，pp.560-564, 2013.
6) (公社)土木学会：2013年制定コンクリート標準示方書［規準編］土木学会規準および関連規準，pp.307-308, 2013.
7) (公社)土木学会：2013年制定コンクリート標準示方書［規準編］土木学会規準および関連規準，pp.349-351, 2013.

3.3 ロックボルト
3.3.1 ロックボルトの材料
（1）　ロックボルト，ベアリングプレート等の材質，形状，寸法，加工方法等が設計で定められたものであることを確認するとともに，その保管にあたっては有害な錆，異物の付着および変形を生じないよう管理しなければならない．
（2）　定着材は，所定の試験，検査を行い，その品質を確認するとともに，保管にあたっては品質の劣化が生じないよう管理しなければならない．

【解　説】　（1）について　ロックボルト，ベアリングプレート等の材料は，所定の試験，検査を行い，その材質，形状，寸法，加工方法等が設計に適合したものであることを確認したうえで使用しなければならない．この際，製造工場の検査成績書等をもってこれに代えることができる．ロックボルト等に使用する材料に対する一般的な品質試験方法，頻度等の一例を解説 表 5.3.1に示す．

ロックボルトは，定着材との接着効果を妨げる有害な錆，ごみ，油等が付着しないよう，さらに，有害な曲がり，ねじ部の損傷等がないよう管理しなければならない．また，適切な貯蔵の方法，貯蔵設備等については事前に検討して不良品の発生防止に努めなければならない．

解説 表 5.3.1　ロックボルト等の材料の品質試験の例

試験項目	試験方法	試験頻度	備　考
外　観	目　視	・施工開始前に1回 ・製品納入の都度 ・製造工場または品質の変更があるごとに1回	有害な損傷があってはならない．
形状・寸法	寸法検査		寸法誤差はJISの関連項目による．
材　質	製造工場の検査成績書		材質はJISの関連項目による．

（2）について　定着材はその品質を確認したうえで使用しなければならない．その際，製造工場の検査成績書等をもってこれに代えることができる．セメント等の材料は，湿気，温度等による変質，異物の混入等のほか，製品の特性に応じた注意を払って劣化の防止に努めるものとする．

3.3.2 ロックボルトの配置および定着
（1）　ロックボルト孔は，所定の孔数，位置，方向，孔径，長さであることを確認しなければならない．
（2）　ロックボルトは，十分な定着力が得られるよう，穿孔，孔内清掃，湧水処理，定着材の混合，充填等がなされていることを確認しなければならない．
（3）　ベアリングプレートは，ロックボルトの軸力をトンネル壁面に十分伝達できることを確認しなければならない．

【解　説】　（1）について　ロックボルトは設計図書で示された配置(位置，方向)および長さのとおりに打設しなければならない．しかし，施工時に地山の局所的な層理や割れ目等の状況に合わせて配置を若干変更する場合，加背割の形状，核残しの形によっては，設計どおりの位置，方向に打設ができない場合もあり，このような変更を行った際は設計上の作用効果と同等の効果が発揮されていることを観察・計測等により確認しなければならない．ロックボルト孔の穿孔精度の管理例を解説 表 5.3.2に示す．

解説 表 5.3.2 ロックボルト孔の穿孔精度の管理例

管理項目	管理方法	管理頻度	備　考
位　置 孔　数	目　視	施工ごと	ロックボルトの位置をマーキングしておく．
方　向	実　測	必要の都度	勾配定規で確認する．
孔　径	実　測	必要の都度	ビット径等で確認する．
長　さ	実　測	必要の都度	ロックボルト長等で確認する．

　（2）について　軟岩や未固結地山などでは孔壁の荒れや崩壊等によりロックボルトの挿入や定着材の充填が難しくなることがあるので，事前に所要の孔が確保されていることを確認しなければならない．さらに，孔壁の荒れやくり粉の残り等がある場合には，定着力が低下するおそれがあるため，くり粉等が残らないように十分清掃等がなされていることを目視や点検棒の挿入等により確認しなければならない．また，湧水のある場合は，定着材が湧水により流出したり，分離または水セメント比の増大により著しく強度が低下するため，湧水の処理が適切に行われていることを確認する必要がある．

　ロックボルトの定着力は，ボルトと定着材との付着力，定着材と地山との付着力に依存するため，施工管理においては引抜き耐力により管理される．

　一般に引抜き耐力はロックボルトの降伏点耐力(通常，ねじ部の降伏点耐力)と同程度となるように定め，製品の製造工場または品質の変更があるごとにも確認する必要がある．また，施工前あるいは施工の初期段階に同一地質の箇所を選んで試験を行い所定の引抜き耐力が得られることを確認し，施工中にも必要に応じて引抜き試験等を行って十分な定着力が得られていることを確認する必要がある．引抜き耐力の管理については，定着材の各材齢で試験を行い材齢と定着力の関係を求め，施工中に実施する品質確認試験の判定基準を定めるのがよい．施工中の引抜き試験では引抜き耐力の80%程度に達すれば合格とみなしてよいが，引抜き試験と実際の現象とでは，ロックボルトに作用する荷重状態が異なり，また，地質によっては，引抜き耐力が低くてもロックボルトとしての効果がある場合もあるので，結果の判断は総合的に行う必要がある．

　定着材式では，施工中は定着材の計量，混合等が十分に行われていること，定着材がロックボルトの全長にわたって入っていること等を確認しなければならない．また，防水工を施工する際はシート等の材料を破損しないようにロックボルトの頭部の処理状況を確認しなければならない．ロックボルトの定着状況の管理例を**解説 表 5.3.3**に示す．

　モルタルは最も一般的に使用されている定着材の一つであり，その混合，計量等は「2012年制定コンクリート標準示方書［施工編］」[1)]に準じて管理する．定着材の施工方法として，定着材をロックボルト挿入前に充填する先充填型，定着材を封入したカプセルを先挿入するカプセル型，ロックボルト挿入後に注入を行う後注入型があるが，それぞれ用いる定着材の性能が異なるので，各々に応じた品質管理が重要となる．先充填型のモルタルのコンシステンシー試験，強度試験の例を**解説 表 5.3.4**に示す．その他の定着材を用いるときは，混合比，混合してから使用するまでの時間，異物の混入等のほか，製品の特性に応じた注意を払わなければならない．

　一方，摩擦式では，ロックボルトを孔壁に密着させることにより得られる摩擦力によって定着されることから，穿孔の精度に注意するとともに，鋼管膨張型の場合には鋼管が十分に膨張して必要な定着力が確保されていることを引抜き試験等により確認する必要がある．また，長期的な耐腐食性を考慮して被覆処理を施したボルトの使用を検討する場合もある．

解説 表 5.3.3 ロックボルトの定着状況の管理例

管理項目	管理方法	管理頻度	備考
定着力	引抜き試験	掘削の初期段階は20mごとに、その後は50mごとに実施. 1断面当り3本（天端、アーチ、側壁各1本）程度	事前試験により設定された引抜き耐力の80%程度に達すれば合格とみなす. 試験時期が遅いと定着材の充填が不十分であっても事前に定めた引抜き耐力を上回ることもあり得るため、ロックボルトの降伏荷重に相当する引抜き耐力が得られるような定着材の材齢から試験時期を設定するのが望ましい.
定着材充填状況	目視	施工ごと	ロックボルト挿入後、定着材が口元まで充填されていることを確認する.

解説 表 5.3.4 定着材の管理例

試験項目	試験方法	試験頻度	備考[1]
コンシステンシー	フロー試験	・施工開始前に1回 ・施工中または必要の都度 ・製造工場または品質の変更があるごとに1回	JIS R 5201準拠
強度	圧縮強度試験	・施工開始前に1回 ・施工中は50mごとに1回 ・製造工場または品質の変更があるごとに1回	JIS A 1108準拠 材齢3日

[1] 試験における規定値は、地山条件、使用条件、施工性を踏まえて設定するのがよい.

（3）について　ベアリングプレートは吹付け面または掘削面に十分密着していることを確認しなければならない. 一般には目視またはハンマーで軽く叩くなどの方法により確認し、とくにベアリングプレートに変形等がないか、覆工打込みまでよく目視観察する必要がある.

参考文献

1)（公社）土木学会：2012年制定コンクリート標準示方書［施工編］, p.389, 2012.

3.4 鋼製支保工

3.4.1 鋼製支保工の材料

（1）　鋼製支保工の材質、形状、寸法等は、設計で定められたものであることを確認しなければならない.

（2）　鋼製支保工の保管にあたっては、有害な錆、異物の付着および変形を生じないようにしなければならない.

【解説】　（1）について　鋼製支保工の材質は、設計で示されたものであることを製造工場の検査成績書等で確認する必要がある. 鋼製支保工の曲げ加工、切断、穴あけ、溶接等の加工方法と形状、寸法が設計図書（加工承認図を含む）に合致していることを確認しなければならない.

（2）について　鋼製支保工、つなぎ材の保管および運搬にあたっては、有害な錆、異物の付着および変形を生じないよう、角材等の支持材を適切に配置し、荷崩れが生じないようにするとともに、水溜りが生じないようシートで覆うなどの配慮をしなければならない.

3.4.2 鋼製支保工の建込み

鋼製支保工は，所定の間隔，位置に建て込まれていることを確認しなければならない．

【解 説】 鋼製支保工は施工直後から地山を支持する能力が期待できるため，吹付けコンクリートやロックボルトが支保部材として性能を発揮するまでの間，地山の崩壊や崩落の防止等トンネルの安定を保つのに有効である．また，吹付けコンクリートと一体化することにより，剛性やじん性が増大しアーチ作用を発揮しやすくする効果がある．

したがって，支保工の性能が確実に発揮されるために，鋼製支保工が所定の位置に建て込まれ，また，余掘りが大きく背面地山または一次吹付けコンクリート面との間に空隙が発生する場合には建て込んだ支保工背面の空隙に吹付けコンクリート等が確実に充填されていることを確認する必要がある．

一組の鋼製支保工は同一平面にあり，ねじれたり，傾いたり(斜坑等の場合は除く)していないことが必要である．また，隣接する鋼製支保工間に著しい凹凸がなく，所定の間隔，位置に建て込まれていること，および基数，形状等も確認しなければならない．検測は一基ごとに建て込まれた高さ，位置を測定し，設計値と比較するのがよい．検測表および管理グラフの一例を**解説 図** 5.3.2 に示す．

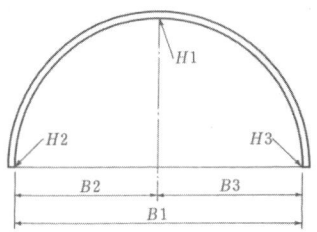

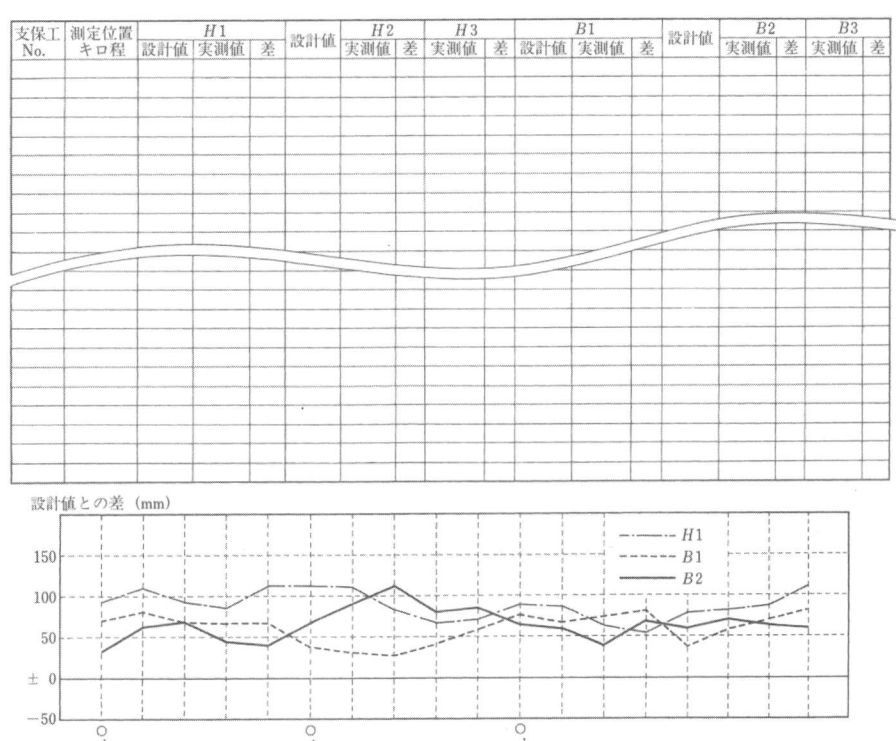

解説 図 5.3.2 鋼製支保工検測表および管理グラフの例

検測の時期は，出来形の確認を兼ねて変位が収束した後に行うのが一般的である．

なお，天端沈下，内空変位あるいは脚部沈下の大きい地山では，建込み直後から支保工の高さを測定することにより簡易的に地山の変状を確認する手段として利用することができる．

3.5 覆工およびインバート

3.5.1 覆工およびインバートの材料，配合および強度

覆工およびインバートの材料，配合ならびに強度は，設計に適合していることを確認しなければならない．

【解 説】 覆工およびインバートに用いるコンクリートの材料，配合，強度の管理については，「2012年制定 コンクリート標準示方書［施工編］」[1]によらなければならない．なお，この際，以下の点を含めたトンネルの特殊性を考慮する必要がある．

コンクリートの打込みにあたっては，アーチ，インバート等の施工箇所(坑口からの距離)，気温，湿度等の環境条件，運搬時間，打込み機械の種類等を考慮して品質管理を行う必要がある．とくに現状の吹上げ方式による施工においては，骨材の材料分離や天端部の未充填を防止するために，材料分離抵抗性と流動性が確保されたコンクリートが必要となるため，水セメント比や単位水量等の規定に適合した配合，所定のスランプとなるよう十分に管理しなければならない．

骨材の材料分離や天端部の未充填を防止する目的として覆工コンクリートに流動性の高いコンクリートを適用する事例があり，スランプおよびスランプフローにより管理[2]しているケースがある．その場合，材料および締固めについても規定に適合した配合，性状となるよう管理[2]することが重要である．

覆工型枠の脱型時期は，実際の環境条件と合わせた供試体を作成することで，若材齢における強度発現特性を把握し，コンクリートの強度等の定量的な基準を定め管理する必要がある．

インバートを埋め戻す場合や車両等の通行に供する場合は，埋戻し土や転圧作業の荷重あるいは輪荷重等がインバートに載荷することから，これらの荷重に支障のないコンクリート強度を設定し管理することが望ましい．

コンクリートの初期強度発現は気温，湿度等の環境条件によって変動することから，施工時に同じ坑内環境下で供試体を作成し，強度発現特性を定期的に確認することが望ましい．

繊維による補強を行う場合には，所要の強度，曲げじん性を確保するだけでなく，作業に適したワーカビリティーを有する品質を確保しなければならない．繊維の適用については，その使用目的に応じた種類，添加量を選定し，繊維が一様に分散できるよう配合等を設定する必要がある．一般に繊維補強コンクリートは，通常のコンクリートと比較して同じスランプを示してもワーカビリティーが劣る場合が多く，天端部や鉄筋区間においてはコンクリートが充填されにくいため留意が必要である．また，繊維混入後のフレッシュコンクリートのスランプ低下は，通常のコンクリートと比較して早いため，経時変化に留意するとともに，より適切なスランプ管理をしなければならない．

参考文献

1) (公社)土木学会：2012年制定コンクリート標準示方書［施工編］，pp.43-88，2012.
2) 東日本・中日本・西日本高速道路株式会社：トンネル施工管理要領(本体工編)，pp.38-56，2015.7.

3.5.2 覆工およびインバートの型枠の据付けと出来形

（1） 型枠は形状，寸法が適切であり，かつ構造は，コンクリート打込み時の圧力に十分耐える強度を有していること，および支持地盤が十分な強度をもっていることを確認しなければならない．

（2） 型枠は，コンクリートの打込みに先立ち，覆工およびインバートの形状，寸法が所要のものになるよう据え付けられていること，所要の設計巻厚が確保できることを確認しなければならない．

（3） 覆工およびインバートの出来形については，所要の形状，寸法が得られていることを確認するとともに，覆工およびインバートの表面状態について点検しなければならない．

【解　説】　(1)について　型枠は，所要の形状，寸法を有していることはもちろん，打ち込むコンクリートの圧力に十分耐えるものであることを型枠の強度計算書等により確認しなければならない．また，型枠の据付けに関しては，打込み時の沈下等が生じないよう支持地盤の確認も行わなければならない．

流動性の高いコンクリートを使用する場合には，コンクリート打込み時の圧力が従来のコンクリートより大きくなる傾向にあることから，型枠製作時に設定した圧力の範囲内となるよう打込み速度を調整する必要がある．

(2)について　組み立てた型枠は，その中心および水準が正しく据え付けられ，所要の形状，寸法が確保されていることを確認しなければならない．また，コンクリートの荷重に十分耐え，打込み中にねじれ，転倒，移動等のおそれのないように据え付けられていることを確認しなければならない．

設計巻厚については，コンクリート打込み後の確認がしにくいため，型枠設置時に入念に検査する必要がある．

設計巻厚の断面あたりの検測箇所数は，トンネル断面により異なるが，たとえば，内空幅が10m程度の断面では11箇所程度である．**解説 図 5.3.3**に検測記録の例を示す．

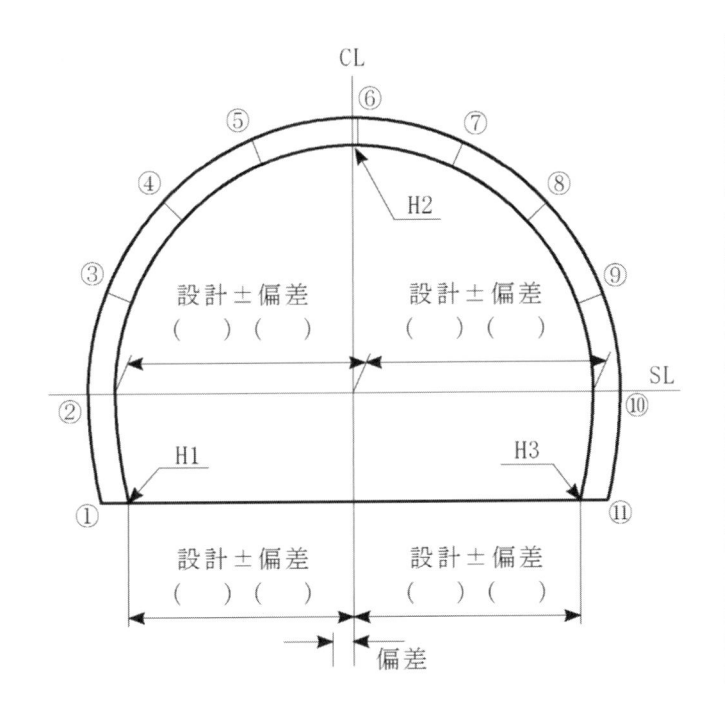

解説 図 5.3.3　覆工型枠設置位置および巻厚検測の例

(3)について　覆工の出来形は，内空断面および覆工巻厚を所定の頻度で測定しなければならない．内空断面は，設計図書に示された所定の高さや幅に仕上がっていることを確認するものとする．**解説 図 5.3.4**に検測調書の例を示す．

解説 図 5.3.4　トンネル内空断面検測調書の例

巻厚の確認は，検測ピンで行うのが一般的である．検測については，あらかじめ検測を行う位置，間隔，方法等を定めた管理要領を作成して管理するのがよい．**解説 図** 5.3.5に検測ピンの配置例を示す．

また，型枠脱型後のつま部において，巻厚の確認を行う事例もある．

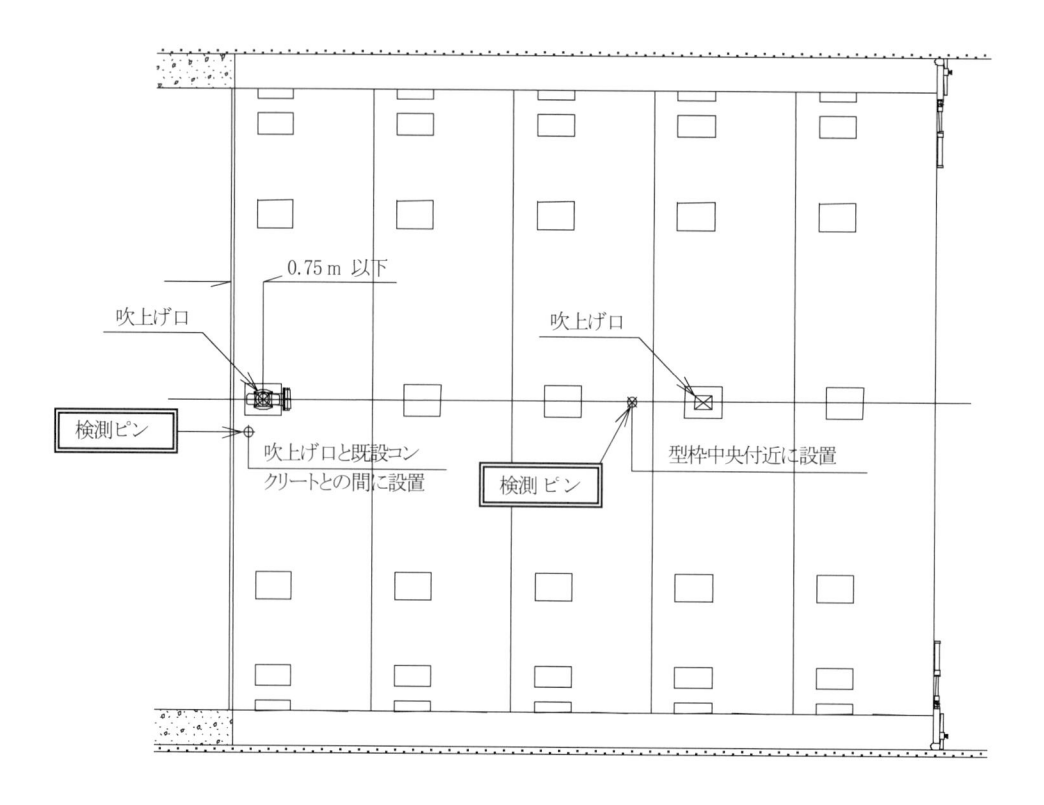

解説 図 5.3.5 検測ピンの配置例（移動式型枠）

インバートでは，コンクリート打込み前に掘削断面が所定の高さ，形状になっており，掘削底面の清掃，排水等が適切になされていることを確認し，コンクリート打込み後には仕上がり面の高さ等により所定の厚さ，形状が確保されていることを確認しなければならない．

掘削断面の高さ管理については，左右の下半脚部に高さの基準となる釘等を設置し，水糸を張ってそこからの高低差により高さを管理するのが一般的である．

また，施工中に大きな変位を受けた区間にインバートコンクリートを施工する場合は，計測データを密に確認し，異常があった場合には，速やかにインバートやその周辺を観察することが重要である．

打込み完了後には，覆工の表面状態について観察を行わなければならない．乾燥収縮等によるひびわれ等が認められた場合には，記録して整理し，有害なひびわれの場合には，ひび割れ幅によって補修基準を定め，補修しているのが一般的である．とくに，覆工目地部はひびわれ，コンクリート片のはく離等が生じやすいため，念入りに表面状態を確認しなければならない．また，しゅん功時には，覆工の表面状態を目視や打音等の検査により正確に記録して残すことが，供用後のトンネルの維持管理を効率的に実施するうえで重要である．

3.6 防水工, ひびわれ抑制工
3.6.1 防水工, ひびわれ抑制工の材料

防水工, ひびわれ抑制工に使用する材料は, 設計に適合した品質であることを確認し, 必要に応じて所定の検査を行うとともに, その保管にあたっては, 材料の品質を損なわないようにしなければならない.

【解　説】　防水工は, シートによる張付け工法が一般的に用いられている. 防水工に用いるシートは, 耐久性, 変形追従性, 柔軟性, 接合の確実性に優れたもので, 覆工コンクリートの施工等に際し, 破損しないものでなければならない.

ひびわれ抑制工で一般的に採用されるシートは, 変形追従性, 柔軟性に優れ, 覆工コンクリートの施工等に際し, 破損しないものでなければならない.

また, これらの材料は, 品質, 仕様, 強度等が設計に適合していることを製造工場の検査成績書等により確認しなければならない.

材料の保管は, 直接地上に置くことを避け, 角材等の支持材の上に置かなければならない. シートは紫外線により劣化しやすいことから, 長期間保管する場合には倉庫内に置くか, 屋外に置く場合には適当な覆いを施す必要がある. トンネル内に搬入した後は, 破断等の損傷を生じたり, 接合に支障となるほこりや粉じん, 油脂, 水分などが付着したりしないよう, 必要に応じて防護や覆いを施して保管しなければならない. また, 漏水あるいは結露等により裏面緩衝材が吸水することのないようにしなければならない.

なお, この場合, 覆工コンクリート背面の不陸に伴う拘束の低減を目的とした, 吹付けコンクリートと防水シートの間に充填材を注入し防水シート表面を平滑にする工法に用いる充填モルタルは, 適度な流動性, 充填性および強度の確認が必要である.

3.6.2 防水工, ひびわれ抑制工の設置

防水工, ひびわれ抑制工の設置にあたっては, 下地処理が十分行われているか, コンクリート打込み時に破損, 脱落がないよう適切に補強, 固定されているか, シートの余裕不足や余裕過多が生じていないかを確認しなければならない. さらに防水工の設置にあたっては, 材料相互の止水性や連続性が保たれているかを確認しなければならない.

【解　説】　防水工, ひびわれ抑制工の設置にあたっては, 下地面である吹付けコンクリートやロックボルト頭部等が, 防水工およびひびわれ抑制工の機能に支障のないよう適切に処理されているか, シートの取付け, 打鋲, シート端末処理が適切であるかなどを目視により確認しなければならない. とくにシート寸法の余裕不足や余裕過多によるたるみは, シートの破損や, 覆工コンクリート充填の妨げによる空洞や巻厚不足を発生させる要因となるので, シートが適切に張り付けられているか確認しなくてはならない.

さらに防水工の設置では, 接合作業に影響を与え覆工コンクリートの品質を低下させる恐れのある湧水箇所に適切な導水処理が施されているか, 接合部等の止水性や連続性が確保されているかなどを目視観察により確認しなければならない. また, 必要に応じて二重溶着工法で溶着した接合部は加圧検査, 表面溶着工法で溶着した接合部は負圧検査等で確認することが望ましい.

覆工コンクリートの打込みにあたっては, 事前にシート等が破損したり, 損傷しやすい状況になっていないかを目視等により観察し, その恐れのある箇所についてはただちに補修, 補強を行い, 確実にその機能が発揮できることを確認しなければならない.

なお, 吹付けコンクリート面の凹凸部と防水シートとの空隙に充填材を注入する場合は, 事前に防水シートの設置状況を確認しなければならない.

3.7 排水工

3.7.1 排水工の材料

排水工に使用する材料は，設計に適合した品質であることを確認し，必要に応じて所定の検査を行わなければならない．

【解　説】　排水工に使用する材料は，製造工場の検査成績書等で性能を確認するか，その他必要に応じて所定の検査を行い，その品質，寸法，強度等が設計に適合していることを確認しなければならない．とくに覆工背面に設けられる排水管等は，コンクリートの打込みにより潰れないもので，遊離石灰や土砂等により目詰まりしにくい材料が使用されているか，またコンクリートにより閉塞することのないよう適切な処理がなされているかを確認しなければならない．

排水管，集水材等の材料は，変形，破損等によって品質を損なわないように保管しなければならない．

3.7.2 排水工の設置

排水工の設置にあたっては，施工状態が設計に適合し，排水機能が十分に発揮されていることを確認しなければならない．

【解　説】　排水工の設置にあたっては，施工位置や導水する管径等が適切であり，集水材が排水管あるいは排水溝に確実に接続され，トンネルの湧水が停滞を生じることなく円滑に排水されていることを確認しなければならない．

とくに，覆工背面や路盤下に施工される排水工は，将来の清掃，点検等が困難であることから，設計に適合し，接続等が確実に行われていることを綿密に確認しなければならない．

第4章 観察・計測

4.1 観察・計測一般

> 観察・計測は，掘削に伴い変化する切羽や周辺地山，周辺構造物の挙動および地下水等の周辺環境への影響を把握して，設計や施工の妥当性を検討するとともに，工事の安全性や経済性を確保するために実施しなければならない．

【解　説】　トンネルは，地中に構築される線状構造物であるという特殊性のために，事前に得られる地山の情報の量および質に限界がある．このため，トンネルが施工される位置の地山の特性を計画段階で的確に予測することは困難なことが多い．

　観察・計測の目的は，施工中に切羽の状況や既施工区間の支保部材，周辺地山および周辺構造物の安全性を確認するとともに，調査段階で予期できなかった要因を抽出し，観察・計測結果に基づき，トンネル現場の実情に合った設計に修正して，安全で経済的なトンネルを構築することにある．

　トンネル建設において，工事の安全性と経済性を確保するためには，掘削によるトンネル周辺地山の挙動と各支保部材の効果を正しく把握することが重要である．しかしながら，事前の設計段階では，前述のように得られる地山の情報に限界があるため，大局的に地山を評価して設計せざるを得ない．また，解析的手法を用いて設計する場合にも，地山モデルや支保部材等の効果について不明確なところがある．よって，施工中の観察・計測により得られた実際のトンネル周辺地山の挙動や支保部材の効果を定量的に正しく把握し，事前に設定した管理基準に基づき，設計，施工方法を修正することが不可欠である．

　工事の安全性を確認するためには，施工中の工事の安全性およびトンネル自体の構造物としての安全性を確認することだけでなく，トンネル掘削が周辺の構造物に与える影響を把握することも重要である．とくに土被りの小さい区間を施工する場合には，地表面沈下が地上の構造物に影響を及ぼすことがあり，これを未然に防ぐために，坑内の観察・計測とあわせて周辺構造物の観察・計測も行い総合的に工事の安全性を判断することが必要である．また，近接トンネル工事の場合も，複数のトンネル施工による応力再配分の影響を相互に受け，単一のトンネルの場合とは異なる地山応力状態となることがあり，地山の緩み，偏土圧，応力集中等の応力変化の影響の度合いをトンネル相互の観察・計測により把握し，施工段階ごとに検討を加えるとともに，事前に補強方法等を検討しておくことも重要である．さらに，トンネル掘削に伴って，地下水等の周辺環境に影響が懸念される場合には，地下水状況を施工前から把握する必要があり，観察・計測の目的によっては，施工中に限らず，施工前あるいは施工後も計測を行う必要がある．

　一方，トンネル本体に関連する計測以外の，重金属等に関する地下水や掘削ずりの調査(第2編 3.2.2参照)や施工中の坑内の作業環境を監視するための計測(第4編 1.2 参照)，および発破や施工機械等に伴って発生する騒音，振動等の調査や計測(第4編 1.2 参照)も，必要に応じ実施しなければならない．

　観察・計測結果の評価と活用では，得られた結果を迅速に整理するだけではなく，その結果を合理的に設計，施工に反映させることが必要となってくる．そのためには重点的に管理する項目を選定し，その項目について計測結果を定量的に評価する判断基準としての管理基準の設定が不可欠である．管理基準は種々の解析や過去の類似条件下の実績等を参考にして，施工前に設定する必要がある．また，管理基準は一律なものでなく，対象とするトンネルの地山条件，立地条件，周辺環境条件に応じて個別に設定するとともに，施工中に得られた観察調査，変位計測等の結果の評価や変位等の予測解析に基づく総合的な判断により，必要に応じて修正を行うことが重要である．さらに，わが国に見られるような複雑で変化に富む地質では，突発的に発生する崩壊への合理的対応を図るために，観察・計測を広義にとらえ，施工中の調査である切羽前方探査結果とあわせて切羽の安定性を判断している例が増加している．

　観察・計測の結果は，施工中のトンネルの設計，施工に反映させるほかに，当該トンネル供用後の維持管理，あるいは類似の条件で施工するトンネルの設計，施工にも参考となる．このため，観察・計測の結果に加えて，

施工結果等を一貫性のある記録として整理，保管しなければならない．
解説 図 5.4.1に観察・計測の位置付けと役割を示す．

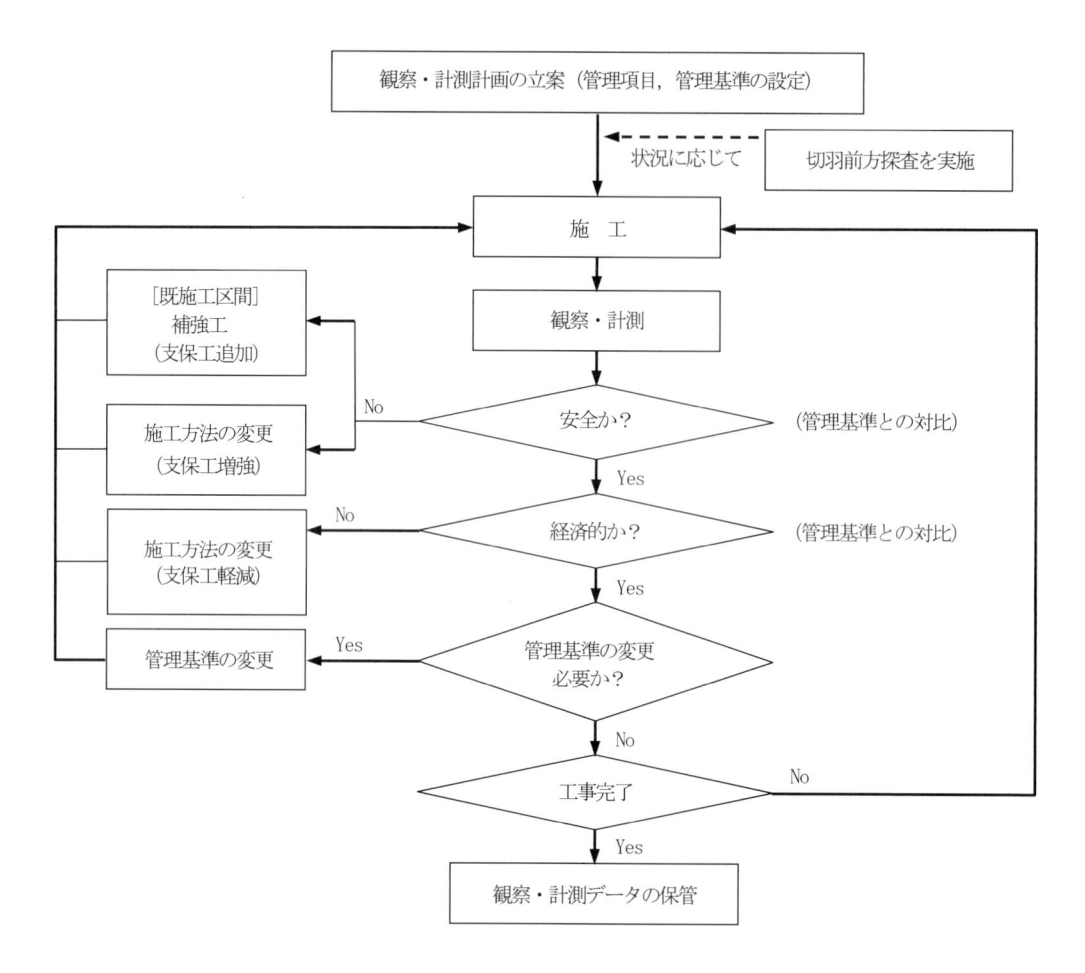

解説 図 5.4.1 観察・計測の位置付けと役割

> ### 4.2 観察・計測の計画
> #### 4.2.1 計画一般
> 　観察・計測計画は，その目的，トンネルの規模，地山条件，立地条件および設計，施工方法の考え方，結果の反映方法等を十分に考慮して策定しなければならない．

【解　説】　トンネル掘削によって生じる地山挙動は，地山条件や施工方法等に大きく影響されるため，事前の設計段階では予測される地山挙動に応じた設計がなされる．したがって観察・計測の計画においては，当初の設計，施工方法の考え方を十分に反映させることが重要である．たとえば，大きな変位が問題となるトンネルでは変位計測を中心とした計測計画が必要になる．一方，切羽の安定性が問題となるトンネルでは切羽の観察に重点を置かなければならない．また，土被りの小さいトンネルでは，掘削に伴う緩みの監視が重要になる．支保部材に対する計測においても，それぞれの支保部材に期待する作用効果によって，その内容は異なる．

　観察・計測は，日常の施工管理のための計測Aと，地山条件や周辺環境に応じ，追加して実施する計測Bに分けて考えることが多い．計測Aには大きく分けて観察調査と変位計測があり，地山および支保部材が異常な挙動をしていないか，安定しつつあるか等の判断を行うための情報を得ることを目的として，原則的にトンネル延長方向に一定の間隔で実施する．土被りの小さい未固結地山のトンネルでは，地表の状態や挙動に着目することもある．計測Bは，計測Aによって得られるトンネルの挙動と地山内部や各支保部材の挙動との関係を把握し，現状の支保パターンの妥当性を判断すること等を目的として，代表的な断面を選んで実施する．計測Bにはおもに地表

面，地山，支保工，覆工に関するものがある．

　計測位置や計器配置は，トンネル延長，断面積といったトンネル規模によって異なってくる．さらに，山岳部かあるいは都市部かなどの立地条件によっては，トンネル本体および周辺地山を対象とする観察・計測以外に，施工に伴って発生する騒音，振動等，周辺環境に影響を及ぼす現象を調査，監視するための観察・計測も必要となる．

　観察・計測計画の策定にあたっては，設計，施工計画時点における問題点を抽出し，解明すべき事象を明確にして，観察・計測結果をどのように評価し活用するかの具体的な目的意識を持つことが必要である．

　観察・計測計画は，以下に示す基本方針に基づき計画内容に沿って順次策定する．策定にあたっては，施工方法や支保パターンについて十分に考慮したうえで，掘削作業への支障をできるだけ少なくし計測作業を安全かつ円滑に実施できるよう配慮する．

1) 基本方針
　① 掘削に伴う地山挙動等問題点の抽出（観察・計測目的の明確化）
　② 観測すべき事象の決定（観察・計測対象の明確化）
　③ 管理基準および対応策の決定（観察・計測結果の評価，活用方法の明確化）

2) 計画内容
　① 観察・計測項目の選定，位置，頻度の設定
　② 使用機器の選定
　③ 観察・計測要領の策定
　④ 管理基準の設定
　⑤ 観察・計測結果の評価方法
　⑥ 設計，施工への反映方法
　⑦ 記録様式の設定
　⑧ 連絡体制の確立

このように策定された観察・計測計画も，施工の進捗に伴って得られる観察・計測の結果に基づき，実態に合うように見直す必要がある．さらに，支保パターンや施工方法の変更にも合わせて内容を変更する．

4.2.2 観察・計測項目

観察・計測項目の選定においては，予想される地山挙動，支保工の性能，立地条件および個々の計測の役割を十分考慮しなければならない．

【解 説】　観察・計測項目の選定においては，設計に際しての地山の評価，支保工に想定した性能を十分に理解し，さらに個々の計測の役割と結果の活用法を十分に考慮する必要がある．すなわち，トンネル施工により発生する現象を観察・計測により把握し，その結果を適切に設計，施工に反映することを念頭に置いた項目の選定が必要となる．

　おもな観察・計測項目の一覧を，**解説 表** 5.4.1に示す．表の右端には一般に位置付けられている各計測項目の種別を示している．

　解説 表 5.4.1では観察・計測項目を，観察調査，変位計測，計測Bに分類している．

　観察調査項目には，坑内からの切羽，既施工区間の観察調査と坑外からの地表等の観察調査があり，一般的に計測Aに分類される．坑外からの観察調査は，地表に重要構造物が存在する場合等，特に地表を綿密に観察調査する場合には計測Bに分類する場合もある．

　変位計測項目は，内空変位測定，天端沈下測定，脚部沈下測定が計測Aに分類される．地表面沈下測定は，坑口部および土被りの小さい区間においてトンネル中心線上（縦断方向）に測定するものは計測Aに分類される．一方，土被りが小さく，周辺に重要構造物等がある場合や地すべり，斜面崩壊が懸念される場合，あるいは偏土圧

が生じるような地形で，トンネル横断方向にも測定する場合等は，計測Bに分類することが一般的である[1]．

そのほか，計測Bの計測項目には，地中変位測定等の地山挙動に関するもの，ロックボルト軸力測定等の支保工に関するもの，覆工応力測定等の覆工に関するもの，地山試料試験等の地山物性に関するもの等がある．

解説 表 5.4.1 地山と支保工を対象としたおもな観察・計測項目の例

分類	観察・計測項目	位置	対象となる事象	結果の活用	計測種別
観察調査	切羽，既施工区間，地表等の観察調査	坑内	・切羽および既施工区間の支保，覆工，湧水状況	・切羽の安定性判断 ・地山等級の再評価 ・地山状況と地山挙動との相関性検討 ・今後の地山，地下水状況推定	A
		坑外	・地表の状態	・掘削影響範囲の検討 ・周辺地山の安定性検討 ・周辺構造物や植生等への影響把握	A, B[*1]
変位計測	内空変位測定	坑内	・壁面間距離変化 ・各測点の変位	・周辺地山の安定性検討 ・支保部材の効果検討 ・覆工打込み時期検討	A
	天端沈下測定	坑内	・天端，側壁の沈下	・天端周辺地山の安定性検討	A
	脚部沈下測定	坑内	・支保工脚部の沈下	・脚部支持力検討	A
地山挙動に関する計測	地表面沈下測定	坑外	・沈下 ・地すべり	・掘削影響範囲検討 ・切羽前方地山の安定性検討 ・地すべり挙動の監視	A[*2], B
	盤ぶくれ測定	坑内	・盤ぶくれ状況	・インバート部地山の安定性検討	B
	地中変位測定	坑内	・周辺地山の半径方向変位	・緩み領域の把握 ・ロックボルト長の妥当性検討	B
		坑外	・周辺地山の地中沈下 ・周辺地山の地中水平変位	・掘削以前からの地山挙動検討 ・地山の三次元挙動把握 ・切羽前方および周辺の地山の安定性検討	B
支保工，覆工性能に関する計測	ロックボルト軸力測定	坑内	・ロックボルト発生軸力	・ロックボルト長，本数，位置，定着方法等の妥当性検討	B
	吹付けコンクリート応力測定	坑内	・吹付けコンクリート応力 ・作用荷重	・吹付けコンクリート厚，強度の妥当性検討 ・吹付けコンクリートと鋼製支保工との荷重分担検討	B
	鋼製支保工応力測定	坑内	・鋼製支保工の応力，断面力	・鋼製支保工の寸法，建込みピッチの妥当性検討 ・吹付けコンクリートと鋼製支保工との荷重分担検討	B
	覆工応力測定	坑内	・覆工コンクリート応力 ・鉄筋応力	・覆工コンクリートの安定性検討 ・覆工打込み時期，設計の妥当性検討 ・長期的な挙動監視による管理	B
	覆工変位測定	坑内	・壁面間距離変化 ・各測点の変位	・覆工コンクリートの安定性検討	B
地山物性に関する調査，試験	地山試料試験	坑内	・地山構成材としての物理，力学的性質	・地山区分の再評価 ・変形特性，強度特性検討 ・膨張性，長期安定性の検討 ・切羽安定性の検討	B
	原位置調査，試験	坑内	・地山としての物性，工学的性質	・地山区分の再評価 ・変形特性，強度特性検討 ・地山条件の詳細確認 ・切羽前方の地質予測	B
その他	周辺構造物変状測定	坑外	・構造物の沈下 ・構造物の傾き ・発破時における振動	・構造物への影響評価	B
	地下水位測定	坑内 坑外	・地下水位 ・間隙水圧	・地下水対策工検討 ・復水状況評価 ・覆工に作用する外水圧の評価	B
	補助工法に関する測定	坑内 坑外	・補助工法の変形，断面力	・補助工法の効果の確認	B

*1 地表に重要構造物が存在する場合等，特に地表を綿密に観察調査する場合は計測B
*2 土被りが小さい場合のトンネル中心線上の地表面沈下測定は計測A

また，各種地山条件に応じて選定されるおもな観察・計測項目を**解説 表 5.4.2**に示す．これらの表は，あくまでも問題となる現象を対象とした項目選定の標準的な考え方を示したものであり，実際の運用にあたっては個々の用途や現場条件に応じた独自の項目選定が必要である．

各計測項目の重要度は，トンネルの用途，規模，あるいは地山条件等によって異なるので，具体的な計測結果の活用法，評価手法を明確にしたうえで，必要な項目を選定しなければならない．たとえば，土被りの小さい土砂地山のトンネルで，周辺構造物がある場合には，地表面沈下測定や構造物の変状測定を日常管理の指標として用いることもある．とくに都市部山岳工法のトンネルでは，都市部に特有の条件を考慮する必要がある（第8編 5.2 参照）．また水路トンネルの場合には，高い水圧が覆工に作用する場合があるため，道路トンネルや鉄道トンネルと異なる計測を行うことがある．

また，地山試料試験，原位置試験を計測Bとして実施することもある．実施する試験項目は，地山状況等個々の現場条件に合わせて適切に選定することが重要である（第2編 3.1.4参照）．

計測に使用する機器は，地山特性，想定される挙動の程度，施工方法，さらには各種計測機器の特性等を理解したうえで，解明すべき事象を把握するために必要な機能と精度を有するものでなくてはならない．さらに，経済的で，かつ設置，測定，維持管理が容易で施工に支障を与えないものを選定することが重要である．計測機器は，その検出機構によって，①光学測量方式，②ひずみゲージ等を用いた電気方式，③ダイヤルゲージ等を用いた機械方式に大別される．各計測項目に対してどのような検出機構を用いるかは，測点数，測定期間，要求精度，計測結果の処理システムさらには現場の体制，費用等を十分に検討して決定する．費用に関しては，単なる計測機器のみの価格だけでなく，測定およびデータ処理コストや計測機器の耐久性も含めた，設置から撤去までの全期間における総合的な検討が必要である．

計測機器は，測定対象の挙動特性を評価でき，かつ測定データの収束の判定ができる精度が必要である．

解説 表 5.4.2　各種地山条件に応じたおもな観察・計測項目の選定の例（文献[2],[3]を加筆修正）

地山条件および区分		着目点	観察調査	内空変位測定	天端沈下測定	脚部沈下測定	地表面沈下測定	盤ぶくれ測定	地中変位測定	ロックボルト軸力測定	吹付けコンクリート応力測定	鋼製支保工応力測定	覆工応力測定	地山試料試験	原位置調査，試験
硬岩，中硬岩		岩塊の肌落ち 山はね	◎	◎	◎	○	△	△	△	△	△	△	△	△	△
軟岩地山	地山強度比が大きい	岩塊の肌落ち 長期安定性	◎	◎	◎	○	△	△	○	△	△	△	△	○	○
	地山強度比が小さい	切羽の自立性 塑性土圧 長期安定性	◎	◎	◎	○	△	△	○	○	○	○	○	○	○
膨張性地山		切羽の自立性 塑性土圧 長期安定性	◎	◎	◎	◎	△	○	○	○	○	○	◎	○	○
未固結地山		切羽の自立性 緩み土圧	◎	◎	◎	◎	○	△	○	△	△	△	△	○	△

◎：実施すべき項目　　○：実施を検討すべき項目　　△：条件に応じて実施を検討すべき項目

参考文献
1) (社)日本道路協会:道路トンネル観察・計測指針, p.36, 2009.
2) (社)日本道路協会:道路トンネル観察・計測指針, p.15, 2009.
3) (独)鉄道建設・運輸施設整備支援機構:山岳トンネル設計施工標準・同解説, p.261, 2014.

4.2.3 観察調査の位置,頻度

観察調査の位置および頻度は,観察結果と変位計測の関連性が把握できるように設定しなければならない.

【解 説】 トンネル縦断方向の観察調査の位置は,観察調査と変位計測の関連性が把握できるよう,断面位置を合わせることが重要である.
具体的な観察位置および頻度設定上の要点は,次のとおりである.
1) 観察調査の位置 切羽および既施工区間の観察は,日常の施工管理のために必ず実施するものであり,原則としてトンネル全長にわたって行う.さらに,坑口付近で地すべり等が問題となる場合や,土被りが2D(D:トンネル掘削幅)以下の区間では,地表面等で坑外の観察を行う.
2) 観察調査の頻度 切羽観察は,掘削切羽ごとに行い,その記録は原則として,1回/日記録し,地質平面図や縦断図に反映させる.既施工区間の観察は,原則として1回/日行う.坑外における観察調査は,トンネル掘削による影響が現れる前から開始することが重要であり,原則として,後述する坑外からの地表面沈下測定の考え方に準ずればよい.なお,これら観察調査の頻度は,変状発生程度に応じて増やすなど,適宜変更させることが重要である.

4.2.4 変位計測の位置,頻度

変位計測の位置および頻度は,日常の施工管理を円滑に行うとともに,周辺地山の挙動,支保の変形モード等を把握できるように設定しなければならない.

【解 説】 変位計測の断面位置は,対象トンネルの地山条件,立地条件等の諸条件や施工方法を考慮して設定しなければならない.
掘削に伴うトンネル周辺地山の挙動は,一般に,**解説 図 5.4.2**に示すように掘削直前から直後の±1D以内(D:トンネル掘削幅)にかけて変化が大きく,切羽が離れるに従って変化が小さくなり収束に至る.このことから,測定頻度は,地山と支保工の挙動の経時変化ならびに経距変化が把握できるように,掘削前後は密に,切羽が離れるに従って疎になるように設定する.また,測定開始が遅れると変位(地山と支保工の挙動)が進行し,それだけ得られる情報量が少なくなることから,計測Aにおける内空変位等の初期値の測定は,掘削直後の切羽に近い位置でできるだけ早期に行うことが必要である.
この際,観察調査や計測Bの観察・計測結果とともに評価ができるように,断面位置および頻度を揃えることが重要である.これによって,周辺地山の挙動や支保の変形モードを把握し,以降の適切な管理基準の設定を検討するために必要な情報を得たり,設計,施工に反映させることが可能となる.

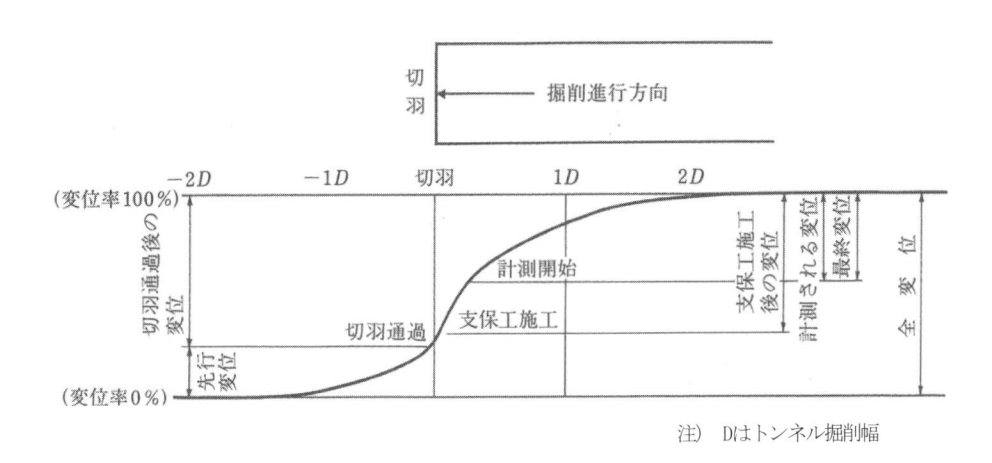

解説 図 5.4.2　切羽位置とトンネル周辺地山挙動の一般的な関係

具体的な変位計測の位置および頻度の設定上の要点は，次のとおりである．

1)　**変位計測の位置**　内空変位，天端沈下および脚部沈下の測定位置は，同一断面において測定することを原則とし，地山条件や施工の段階に応じて，所定の間隔で計測断面を設ける．施工の初期の段階では挙動特性を早期に把握するため測定間隔を短くする．さらに，坑口付近や土被りが小さい区間では，間隔を短くする．また，土被りが極端に小さい場合に上方地山の安定性評価を重視して天端沈下測定および脚部沈下測定の断面を増やしたり，地山深部に入って地山挙動が比較的安定した場合には計測断面の間隔を50m程度まで延ばすなど，状況に応じて適宜変更する．なお，計測B等そのほかの計測項目を実施する断面では，本測定を基本的に実施する．例として，鉄道トンネルの内空変位測定，天端沈下測定の測定間隔の標準を**解説 表 5.4.3**に，道路トンネルの測定間隔の目安を**解説 表 5.4.4**に示す．

解説 表 5.4.3　内空変位，天端沈下の測定間隔の標準（鉄道トンネルの例）（文献[1]を加筆修正）

条件 地山	坑口付近	土被り2D以下 (D:トンネル掘削幅)	施工の初期の段階[*1]	ある程度施工の 進んだ段階[*2]
硬岩地山(断層等の破砕帯を除く)	10m	10m	20m	30m
軟岩地山(大きな塑性土圧は発生しない)	10m	10m	20m	30m
軟岩地山(大きな塑性土圧が発生する)	10m	10m	20m	30m
未固結地山	10m	10m	10m	20m

[*1]　施工の初期の段階とは，200m程度の施工が進むまでの段階．
[*2]　地質の変化が激しい場合には間隔を狭め，良好で同様な地質が連続する場合には，表中の間隔を広げることができる．

解説 表 5.4.4　天端沈下測定，内空変位測定の測定間隔の目安（道路トンネルの例）[2]

条件 地山等級	坑口付近	土被り2D以下 (Dはトンネル掘削幅)	施工の初期の段階[注]	ある程度施工の 進んだ段階
A, B	10m	10m	20m	必要に応じて実施
CⅠ, CⅡ	10m	10m	20m	30m
DⅠ, DⅡ	10m	10m	20m	20m
E	10m	10m	10m	10m

注)　施工の初期の段階とは，200m程度の施工が進むまでの段階をいう．

測線配置は，掘削工法および想定される地山挙動を考慮して設定する．基本的な考え方は，次のとおりである．

① 内空変位の測線は，全断面工法の場合スプリングライン(SL)付近に水平1測線，ベンチカット工法等複数の加背割の場合，各加背にそれぞれ水平1測線とする．なお，各断面の測線高さは，トンネル全長を通じて同一とすることが望ましい．

② 変形が大きいと予想される場合，施工の初期段階で挙動特性が不明な場合，偏土圧が予想される場合等は，側壁部と天端とを結んだ斜め方向の左右の変位を比較する．すべての測点を，光波測距儀を用いた絶対変位により評価することもある．

③ 変位が大きくトンネル自体の沈下が問題となる場合や，脚部の地耐力に問題がある場合には，天端に加え脚部等にも沈下測点を設ける必要がある．また，膨張性地山で盤ぶくれが問題となる場合には，路盤部にも測点を設けることが望ましい．測線配置の例を，**解説 図 5.4.3**および**解説 図 5.4.4**に示す．

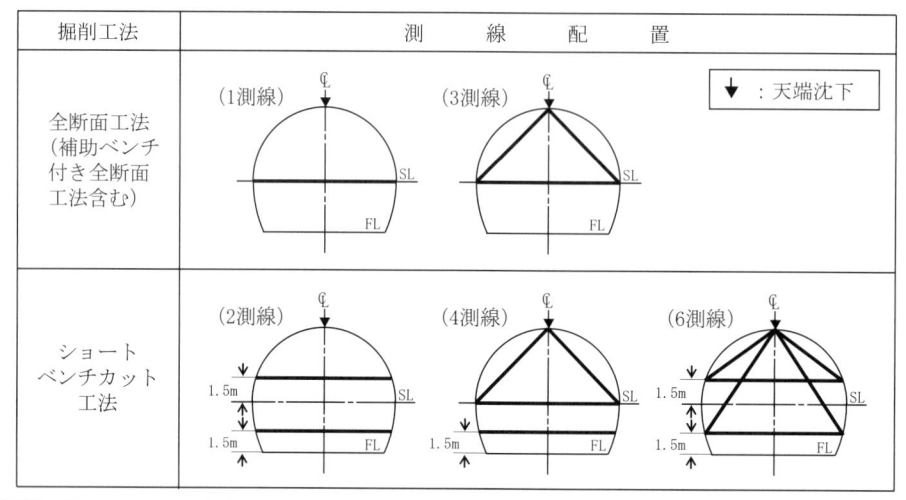

解説 図 5.4.3 内空変位および天端沈下の測線配置例(複線，新幹線トンネルの場合)[3]

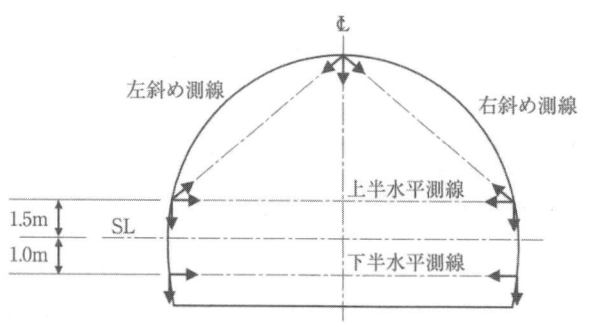

解説 図 5.4.4 天端沈下測定および内空変位測定の配置例(道路トンネル，掘削幅D≒10mの場合)[4]

坑外から実施するトンネル中心線上における地表面沈下測定の測定間隔は，一般には土被りにより**解説 表 5.4.5**および**解説 表 5.4.6**に示す目安に基づくが，地表や地中に近接構造物がある場合等では，個々のトンネルの状況に応じて適宜追加を検討する．

解説 表 5.4.5　地表面沈下測定のトンネル縦断方向の測定間隔の標準（鉄道トンネル）[5]

土被りhとトンネル掘削幅Dの関係	測点の間隔
2D＜h	10～50m
D＜h≦2D	5～10m
h≦D	5m以下

注1）　施工の初期の段階，あるいは地質の変化の激しい場合，沈下量の大きい場合等は表中の狭い間隔とする（状況によっては，さらに狭くすることも必要）．
注2）　影響を受ける可能性のある構造物の周辺では間隔を狭くする．
注3）　ある程度施工が進み，地質が良好で変化が少なく，沈下量も小さい場合には表中の広い間隔をとる（状況によっては，さらに広げることも可能）．

解説 表 5.4.6　地表面沈下測定（トンネル中心線上）の実施の目安（道路トンネル）[6]

土被り	測点間隔
1D未満	5m程度
1D以上～2D未満	10m程度

2)　変位計測の頻度　内空変位測定，天端沈下測定の測定頻度は，変位が収束するまでの日数，変位量，閉合時期，掘削方法等によって異なるが，基本的には切羽との離れおよび変位速度との関係によって定め，どちらか頻度が高くなるほうを採用することが望ましい．測定頻度は，変位の傾向が把握できるよう設定しなければならない．初期の段階においてはおおむね1～2回／日程度が標準であり，変位が収束に向かうに従い，また切羽から離れるに従い順次減少させるのが一般的である．ただし，ベンチカット工法では下半切羽の接近に従って測定頻度を再び増し，下半掘削による影響を把握できるようにしなければならない．また，併設トンネルや導坑先進工法等の場合，後行トンネルの接近による影響を知るために測定頻度を増すことも考慮しなければならない．

　変位速度が増加した場合は，後述する管理基準に照らし合わせて測定頻度を密にすることが必要となるが，既施工区間と類似の地山条件で変位が早期に収束する場合は，測定頻度を減じてもよい．なお，変位が収束した段階で計測を終了するが，その目安となる数値については，トンネルの諸条件，これまでの実績等をもとにそれぞれ独自に定めることが必要である．**解説 表 5.4.7**に鉄道トンネルの内空変位測定，天端沈下測定の測定頻度例を，**解説 表 5.4.8**に道路トンネルの測定頻度例を示す．

解説 表 5.4.7　内空変位測定，天端沈下測定の測定頻度例（鉄道トンネル）[7]

変位速度	切羽からの離れ	測定頻度
10mm／日以上	0～1D	2回／1日
10～5mm／日	1D～2D	1回／1日
5～1mm／日	2D～5D	1回／2日
1mm／日以下	5D以上	1回／1週

解説 表 5.4.8　内空変位測定，天端沈下測定の測定頻度例（道路トンネル）[8]

頻度	測定位置と切羽の離れ	変位速度	摘要
2回／1日	0～0.5D	10mm／日以上	測定頻度は，変位速度より定まる測定頻度と切羽からの離れより定まる測定頻度のうち，頻度の高い方を採ることを原則とする．
1回／1日	0.5～2D	5～10mm／日	
1回／2日	2～5D	1～5mm／日	
1回／1週	5D以上	1mm／日以下	

注）　Dはトンネル掘削幅

坑外からのトンネル中心線上における地表面沈下測定については，トンネル掘削による影響が現れる前から測定を開始することが重要である．一般に**解説 図 5.4.5**に示すような影響範囲の中で，変位が収束するまでの期間に，1回／日〜1回／週程度の頻度で測定する．

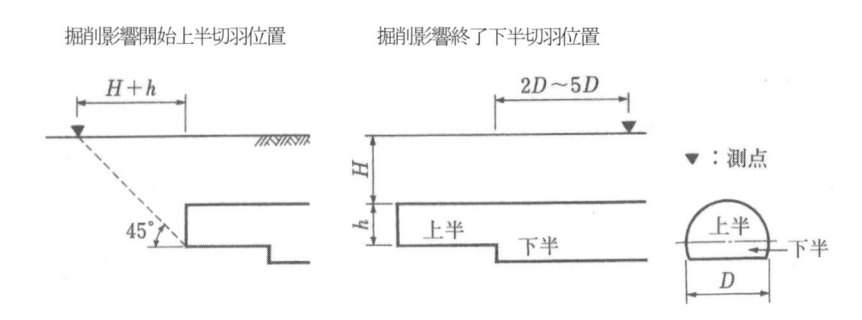

解説 図 5.4.5 地表の測点に対する掘削影響範囲と切羽位置の関係

参考文献

1) (独)鉄道建設・運輸施設整備支援機構：山岳トンネル設計施工標準・同解説，p.274，2014.
2) (社)日本道路協会：道路トンネル観察・計測指針，p.33，2009.
3) (独)鉄道建設・運輸施設整備支援機構：山岳トンネル設計施工標準・同解説，p.276，2014.
4) (社)日本道路協会：道路トンネル観察・計測指針，p.32，2009.
5) (独)鉄道建設・運輸施設整備支援機構：山岳トンネル設計施工標準・同解説，p.275，2014.
6) (社)日本道路協会：道路トンネル観察・計測指針，p.37，2009.
7) (独)鉄道建設・運輸施設整備支援機構：山岳トンネル設計施工標準・同解説，p.279，2014.
8) (社)日本道路協会：道路トンネル観察・計測指針，p.35，2009.

4.2.5 計測Bの位置，頻度

計測Bの位置および頻度は，計測A等の各種計測結果によって得られるトンネル挙動と支保部材の相互の関連性が把握できるように設定しなければならない．

【**解 説**】　計測Bは，地山条件や立地条件に応じて計測Aに追加して実施する計測工で，おもな計測項目は**解説表 5.4.1**に示すとおりである．

計測Bの位置は，各計測項目相互の関連性ならびに計測Aとの関連性が把握できるよう，極力計測Aとの断面位置を合わせるとともに，各計測B断面同士で計器配置を揃えることが重要である．

計測Bの計測頻度は，計測Aと同様に，切羽の進行速度，地山挙動の変化等を考慮し，掘削前後は密に，切羽が離れるに従って疎になるように設定する．施工条件等の制約から各計測項目，計測断面ごとの測定の時期がずれると計測結果の評価に支障をきたすことがあるので，各項目の測定をできる限り同時期にするよう努めなければならない．また，同一断面内の測定頻度は，変化の程度が最も大きい計測項目に合わせなければならない．さらに，管理レベルに応じた計測頻度を考慮する必要がある．

具体的な計測Bの計測位置および頻度の設定上の要点は，次のとおりである．

1) 坑内からの計測B　地山挙動，支保性能に関わる代表的な計測項目である地中変位測定，ロックボルト軸力測定，吹付けコンクリート応力測定，鋼製支保工応力測定，覆工応力測定および覆工変位測定は，次段階の設計，施工に反映させることを主目的としていることから，代表的な地山条件の各区間で施工の初期段階に実施することが望ましい．得られた計測結果は以降の適切な管理基準を設定する際の基礎的な情報となる．また，施工中に遭遇した地山条件の変化等により施工方法や支保パターンの見直しが必要である場合には，適宜坑内からの計測Bを追加実施する．坑内からの地中変位測定では，例えば双設トンネル等において，後行トンネルの安定性

評価のために先行トンネルに計器を設置することがある．覆工応力，覆工変位測定は，地すべり区間にトンネルを施工する場合，防水型トンネルで将来水圧が作用する場合，長期的な継続変位の発生が想定される場合等に実施されることがある．インバートを設けるなどして断面を閉合する場合には，インバート部にも計器を配置して支保機能の健全性を確認することもある．

おもな計器配置の例を**解説 図 5.4.6**に示す．

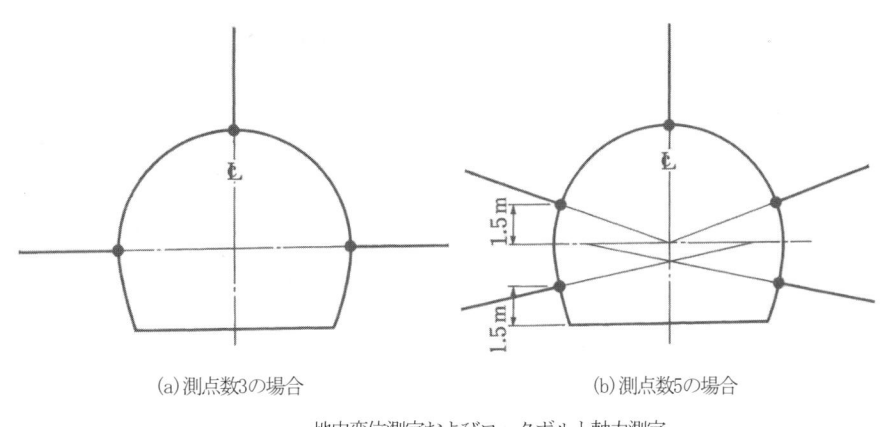

(a) 測点数3の場合　　(b) 測点数5の場合

───── 地中変位測定およびロックボルト軸力測定
● 吹付けコンクリート，覆工応力測定および作用荷重測定

解説 図 5.4.6　各種計測の計器配置例（掘削幅D≒10mの場合）

坑内からの計測Bは，同一断面で測定される内空変位測定，天端沈下測定と同時に行うことを原則とするが，変位や応力の変化の状況に応じて計測頻度を増減することがある．

2) 坑外からの計測B　トンネル周辺の地表面に関する観察調査や坑外から実施する地表面沈下，地中変位測定等の計測Bの測定は，一般に土被りにより**解説 表 5.4.9**に示す目安に基づくが，地表や地中に近接構造物がある場合等，周辺環境への影響の的確な把握が求められる場合は適宜追加する必要がある．なお，地表に重要構造物があり掘削の影響が地表面に及ぶことが予想される場合には，坑外の観察を経時的に行う必要がある．

このうち，横断方向に測定する地表面沈下測定の測点間隔は，一般的に3～5mであり，トンネル中心に近いほど，土被りが小さいほど間隔を小さくし，掘削の影響を考慮して**解説 図 5.4.7**に示す範囲に設置する．ただし，地下水位低下による地山の圧密沈下が懸念される場合には，影響範囲を検討し，適切な範囲を計測する必要がある．

坑外からの地中変位測定の位置は，地形，地質，周辺構造物の有無等の諸条件を考慮してトンネル掘削前に設定し，一般にはトンネル中心直上および側方で鉛直変位測定を実施することが多い．また，地山挙動を三次元的に把握する必要がある場合には，同一断面で鉛直変位，水平変位を合わせて測定することもある．

測定頻度は変位計測（地表面沈下測定）と同様な頻度の測定が一般的であるが，地下水等の地山状況，さらには周辺構造物の有無や重要度等に応じて適宜修正しなければならない．

解説 表 5.4.9　地表面沈下測定，地中変位測定の実施の目安

土被り	測定の重要度	測定の要否
h<D	非常に重要	測定が必要である
D<h<2D	重要	測定を行うのが望ましい
H<2D	普通	必要に応じて測定を行う

注）D:トンネル掘削幅, h:土被り

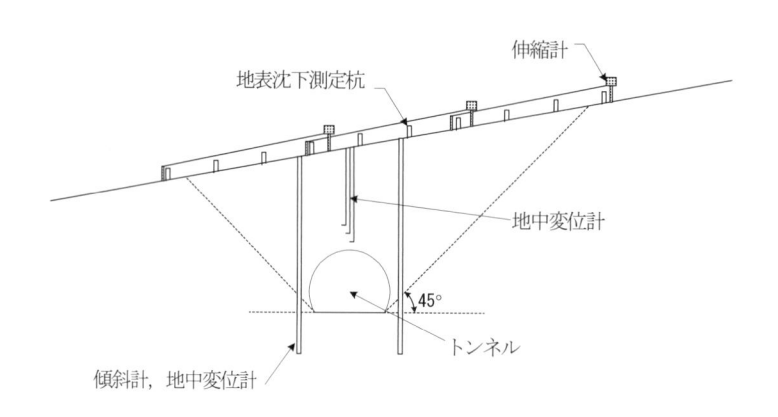

解説 図 5.4.7 坑外からの地表面沈下測定および地中変位測定の測点配置例

<u>3) その他の計測B</u> その他の計測Bには，周辺構造物変状測定，地下水位測定および補助工法に関する測定等がある．

トンネル掘削による影響が予想される周辺構造物に対しては，その影響を的確に把握および評価できるよう適切な計器を選定し，測定することが重要である．計器は構造物の近傍や構造物に直接設置する場合もあり，日射や振動等の影響を受けないよう適切に管理することが望ましい．

トンネル掘削に伴う地下水位低下が問題となる場合には，地下水位の測定を行う．その際，地下水位低下の概略影響範囲を検討し，必要に応じて地下水位観測孔を設ける．地下水位観測孔は既設の井戸等を利用する場合もある．地下水位の測定は，坑外からの計測Bと同様に，トンネル掘削による影響が現れる前から測定を開始することが重要である（第2編 2.2.5参照）．計測頻度は，そのほかに実施する計測Bのそれに準じて実施するのが望ましい．

小土被り部や地山不良部では切羽安定化対策として先受け工，鏡面や脚部の補強工，トンネル周辺地山の補強工等が実施される場合がある．これら対策工の効果を検証するため，計測Aおよび坑内からの計測Bの実施断面に合わせて各種補助工法の変形や断面力を測定することがある．代表的な実施例を**解説 図 5.4.8**および**解説 図 5.4.9**に示す．

補助工法の効果検証のための計測Bの計測頻度は，一般に坑内からの計測Bに準ずる．

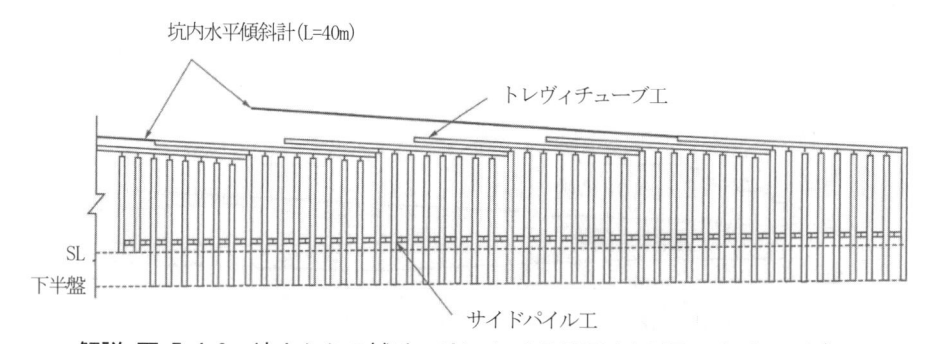

解説 図 5.4.8 坑内からの補助工法における計測事例（長尺先受け工）[1]

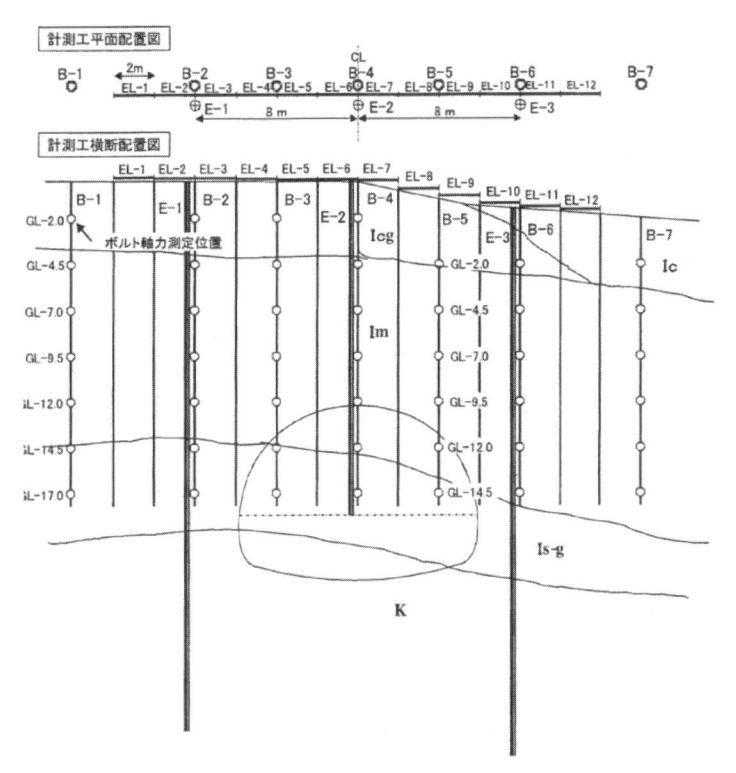

解説 図 5.4.9 坑外からの補助工法における計測事例（垂直縫地工）

参考文献
1) (社)日本道路協会：道路トンネル観察・計測指針, p.160, 2009.

4.3 観察・計測の要領
4.3.1 観察調査の要領
（1） 施工中は，切羽における地山状況および既施工区間の支保工，覆工，インバートの状況ならびにそれらの変化等を注意深く観察しなければならない．
（2） トンネル坑口付近や土被りの小さい区間では坑外においても観察を行い，トンネル掘削に伴って発生する変化を坑内観察とあわせて評価しなければならない．
（3） 観察調査結果は，トンネルの現状を把握し，今後の予測や設計，施工に反映するためにすみやかに整理しなければならない．

【解　説】　トンネルの施工管理における観察調査は，切羽における地山状況の観察，既施工区間の支保工，覆工状況の観察，点検，トンネル上部の地表の観察に分けることができる．
（1）について
1) 切羽観察　地山は一般に不均一で，不連続性，異方性等を有しているため，その性状は位置によって異なることが多い．このためトンネル施工中は，新しい切羽が現れるたびに地質状況およびその変化状況を観察して設計，施工に問題がないか確認し，必要に応じて適切な処置を講じなければならない．またトンネルの崩壊事故の多くは切羽で生じていることから切羽前方地質の予測は重要である．とくに，突発的な崩壊や湧水の危険性については，地質状況の変化等から早期に予測する必要がある．
切羽観察には，以下の項目がある．
　① 地質状況：地質（岩石名）とその分布，地層の走向および傾斜
　② 硬軟の程度：固結度，風化や変質の程度，岩片の強度
　③ 割れ目：割れ目の方向，間隔および状態，挟在物の有無と性状

④ 断層：断層の位置と走向および傾斜，破砕の程度
⑤ 湧水：湧水の位置と量，濁りの有無
⑥ 切羽の安定性：岩片，岩塊のはく落の有無と程度，切羽崩壊の有無

切羽崩壊現象と切羽観察時の着眼点を**解説 表 5.4.10**に示す．天端部の安定性については，割れ目の分布状況や挟在物の性状，地層の走向傾斜および湧水の状況等が関与しているため，おもにこれらの観察が必要である．鏡面の安定性は，以上に加え地山構成岩種とその変化動向の観察等も重要である．上半盤の安定性は，おもに構成岩種に左右される．湧水の危険性については，湧水量とその経時変化，帯水層の構造の状況（第2編 3.1.3～3.1.5 参照）等の観察が重要である．

観察調査結果は，切羽スケッチや写真，各項目の客観的な所見を必要に応じて記録簿に残すとともに，問題となる事項についてはその程度や変化状況等を詳細に記録する必要がある．

なお，切羽の観察は，切羽に近づいての目視調査となるため，天端の崩落や切羽からの肌落ちに十分注意を払う必要がある．

解説 表 5.4.10 切羽崩壊現象と切羽観察時の着眼点

地山状況		切羽崩壊の代表的現象	着眼点	
① 均質	ほぼ均質な地山で，新第三紀の泥岩などの膨張性地山がこれに相当する．	（図）	基岩の性質	◎
			割れ目の程度や方向	△
			湧水	△
② 層理	異種物性の地層が互層をなす地山で，砂岩，泥岩などがこれに相当する．	（図）	基岩の性質	○
			割れ目の程度や方向	◎
			湧水	◎
③ 節理	硬岩に多く，組織が節理，割れ目により分断され不連続となっている地山．	（図）	基岩の性質	△
			割れ目の程度や方向	◎
			湧水	○
④ 強風化，破砕帯	断層，破砕帯等のように局所的に劣化しており周辺と性質が異なるものの存在が認められる地山で，風化花崗岩などがこれに相当する．	（図）	基岩の性質	◎
			割れ目の程度や方向	△
			湧水	◎

注）◎…特に重要　○…やや重要　△…あまり重要でない

2) 既施工区間の観察　既施工区間の観察は，計測を補完し，設計や採用された支保パターンが適正であるかを確認するとともに，問題があればそれを把握することを目的として実施するものである．異常が認められた場合にはその原因を追求し，他の計測項目とあわせて総合的に判断することによって，適切な処置を講じなければならない．

既施工区間では，おもに以下の項目について点検する．
  ① 吹付けコンクリート
   ・地山との付着，鋼製支保工との一体化
   ・ひびわれの有無(発生位置，種類，幅，長さおよび進行状況)
   ・湧水の有無(位置，状態，量)
  ② ロックボルト
   ・ロックボルト，ベアリングプレート等の変状の有無(頭部破断，変形，地山への食込み)
  ③ 鋼製支保工
   ・変形，座屈の有無(位置，状況)
   ・地山への食込み，脚部沈下の有無
  ④ 覆工
   ・ひびわれの有無(発生位置，種類，幅，長さおよび進行状況)
   ・漏水の有無(箇所，状態，量)
  ⑤ インバート(特に必要と認められる場合)
   ・ひびわれの有無(発生位置，種類，幅，長さおよび進行状況)
   ・滞水の有無(箇所，状態，量)

異常が認められた場合には，変状の位置，種類，規模等を記録し，必要に応じて位置図やスケッチ等を作成する．

　（2）について　トンネルの坑口付近，土被りの小さい区間の施工に際しては，トンネル掘削による影響が地表面まで及び，地表面沈下が生じたり，地上構造物への悪影響が及ぶことが懸念されるので，坑内観察とともに，トンネル上部の地表面状況を観察する必要がある．

坑外では亀裂や変形(発生時期，位置，幅，長さおよび進行状況)等の地表面の変状について，とくにトンネル施工前と以降の変化について注意深く観察しなければならない．

　（3）について　観察調査結果は，トンネルの掘削に伴う地山状況等を的確に把握できるよう図表等にわかりやすく整理し，速やかにまとめなければならない．

観察調査結果の整理例を**解説 表 5.4.11**および**解説 表 5.4.12**に示す．これらの表には，相互の関連を対比しやすいよう整理するために，切羽観察結果の要点や地形，地質の特記事項，断面の閉合時期等の施工状況，変位計測項目以外の留意事項や，場合により切羽評価点等をあわせて記入する．このように，全体の状況を把握しやすくすることにより，変位計測結果と合わせて，総合的な評価が容易に行えるようにすることが重要である．これら観察調査結果の整理にあたっては，写真画像にコメントを加え，切羽観察記録とする方法もある．また，トンネル全体の地山状況等を把握するため，切羽スケッチをトンネル延長方向に整理して地質縦断図および地質平面図を作成することが望ましい．

なお，観察調査結果の整理は，切羽付近における日常的な周辺地山や支保工の評価および未施工区間の設計，施工の合理化に資するために行うほか，今後のトンネル維持管理や併設トンネルの設計，施工のために重要である．そのほか，観察調査結果は，将来の類似地山のトンネルの設計，施工方法の合理化に向けてデータベース化しておくことが望まれる．

解説 表 5.4.11　鉄道トンネルにおける切羽観察記録の例（その1）[1]

トンネル名		位　置	起点からの距離程
			坑口からの距離程
土　被　り		総合判断	地山区分あるいは パターン区分の判定
岩　　種		岩石名 形成地質時代	
特殊条件 状　態	膨張性土圧・偏圧・流動性・土被り小（　）m・重要構造物近接・谷の直下 その他特殊な条件：		
この切羽で採用している補助工法	長尺先受け（°本）・短尺先受け（°本）・鏡ボルト（本）・地盤改良		

地質構造	1. 互　層	2. 不整合	3. 岩脈貫入	4. 褶　曲	5. 断　層	6. その他

掘削地点の地山の状態と挙動　　　　　　　　　　　　　　　　　　　　　　　　特記事項

		1	2	3	4	
Ⓐ	切羽の状態	1. 安　定	2. 鏡面から岩塊が抜け落ちる	3. 鏡面の押出しを生じる	4. 鏡面は自立せず崩落あるいは流出	
Ⓑ	素掘面の状態	1. 自　立	2. 時間が経つと緩み肌落ちする	3. 自立困難掘削後早期に支保する	4. 掘削に先行して山を受けておく必要がある	
Ⓒ	圧縮強度	1. $\sigma_c \geq 100$MPa ハンマー打撃ではね返る	2. $100 > \sigma_c \geq 20$ ハンマー打撃で砕ける	3. $20 > \sigma_c \geq 5$ ハンマーの軽い打撃で砕ける	4. 5MPa$> \sigma_c$ ハンマーの刃先がくい込む	
Ⓓ	風化変質	1. なし・健全	2. 岩目に沿って変色，強度やや低下	3. 全体に変色，強度相当に低下	4. 土砂状，粘土状，破砕，当初より未固結	
Ⓔ	破砕部の切羽に占める割合	1. 5%＞破砕	2. 20%＞破砕≧5%	3. 50%＞破砕≧20%	4. 切羽面の大部分が破砕されている状態	
Ⓕ	割れ目の頻度	1. 間隔 d ≧ 1m	2. 1m＞d≧20cm	3. 20cm＞d≧5cm	4. 5cm＞d 破砕，当初より未固結	
Ⓖ	割れ目状態	1. 密　着	2. 部分的に開口	3. 開　口	4. 粘土を挟む，当初より未固結	
Ⓗ	割れ目形態	1. ランダム方形	2. 柱状	3. 層状 片状 板状	4. 土砂状，細片状 当初より未固結	
Ⓘ	湧　水 目視での量	1. なし，滲水程度	2. 滴水程度	3. 集中湧水（リットル/分）	4. 全面湧水（リットル/分）	
Ⓙ	水による劣化	1. な　し	2. 緩みを生ず	3. 軟弱化	4. 崩壊・流出	

割れ目の方向性	縦断方向 （切羽鏡面）	1. 水　平（$10° > \theta > 0°$） 2. さし目（$30° > \theta \geq 10°$，$80° > \theta \geq 60°$）　3. さし目（$60° > \theta \geq 30°$） 4. 流れ目（$60° > \theta \geq 30°$）　　　　　　　5. 流れ目（$30° > \theta \geq 10°$，$80° > \theta \geq 60°$） 6. 垂　直（$\theta \geq 80°$）　　〔最大傾斜角〕
	横断方向 （切羽鏡面）	1. 水　平（$10° > \theta > 0°$） 2. 右から左へ（$30° > \theta \geq 10°$，$80° > \theta \geq 60°$）　3. 右から左へ（$60° > \theta \geq 30°$） 4. 左から右へ（$60° > \theta \geq 30°$）　　　　　　5. 左から右へ（$30° > \theta \geq 10°$，$80° > \theta \geq 60°$） 6. 垂　直（$\theta \geq 80°$）　　〔見掛けの傾斜角〕

解説 表 5.4.11 鉄道トンネルにおける切羽観察記録の例(その2)[1]

未固結地山の場合は、下記項目の追記を要す				
地山の状態	地層の状態	1. 単一土層 2. 互層（ア. 水平 イ. 傾斜） 3. レンズ状の挟み層（ア. なし イ. あり） 4. その他（　　　　　　　　　　）		
	特殊な状態	1. 崖錐層 2. 段丘堆積物 3. 火山砕屑岩 4. 泥流層 5. 岩盤との境界部 6. 断面外の上部に軟弱層あり 7. 埋土・盛土 8. その他（　　　　　）		
	不連続面	1. 割れ目発達 2. シーム 3. 断層 4. 不整合 5. その他（　　　　　）		
土 質		1. 粘性土 2. 砂質土 3. 礫質土 4. 特殊土（ア. まさ土 イ. 火山灰 ウ. シラス 　エ. 有機質土）5. その他（　　　　　　）		
種類	粘性土	1. 軟らかい（4>N）　　2. 中位（8>N≧4）　　3. 硬い（15>N≧8） 4. 非常に硬い（30>N≧15）5. 固結（N≧30）		
	砂質土	1. 緩い（10>N）　　2. 中位（30>N≧10）　　3. 密な（50>N≧30） 4. 非常に密な（N≧50）		
	礫質土	1. ルーズ 2. 締まっている	礫径	1. 2〜5cm　　2. 5〜20cm 3. 20〜75cm　4. 75〜300cm 5. 300cm以上	礫分の比	1. 30%以下 2. 30〜50% 3. 50%以上
地山の特性	N値		透水性	1. 透水層　2. 不〜難透水層　3. 両者の互層 4. その他（　　　　　　　）
地下水頭 （掘削時）	F.Lより±　　　　m	備 考		

切羽観察図の例　（スケッチまたは写真のいずれでも良いが、以下の例に準ずること）

切羽スケッチ

トンネル掘削方向　N45W

注）下半掘削時は新たにスケッチを提出すること。

切羽写真添付

写真を添付する場合も、手書きスケッチと同様に層理，節理，断層等の走向傾斜および湧水等の記事を明記すること。

記事

記載者氏名

解説 表 5.4.12 道路トンネルにおける切羽観察記録の例[2]

トンネル名：○○トンネル		観察年月日：平成○○年○○月○○日	
測点Sta.○○+○○	坑口からの距離：○○ m	断面番号：No.	支保パターン：DI-a
土被り高さ：○○ m	岩石名・地質時代：	岩石グループ（1～5）：2	岩石名コード：32
補助工法（鏡吹き，ボルトを含む）の諸元 無し	増し支保工の諸元 無し	A，B計測 最も近い断面であればA，Bを記入	

特殊条件・状態等　無し

崩壊の有無，状況　水により風化作用がすすむ部分がある

インバート早期閉合の有無　無し

観察項目		評価区分						評価区分記入		
								左肩	中央	右肩
A. 圧縮強度 (N/mm²)	一軸圧縮強度	100以上	100～50	50～25	25～10	10～3	3以下	5	5	5
	ポイントロード	4以上	4～2	2～1	1～0.4	0.4以下				
	ハンマーの打撃による強度の目安	岩片を地面に置きハンマーで強打しても割れにくい。	岩片を地面に置きハンマーで強打すれば割れる。	岩片を手に持ってハンマーでたたいて割ることができる。	岩片どおしをたたき合わせて割ることができる。	両手で岩片を部分的にでも割ることができる。	力を込めれば，小さな岩片を指先で潰すことができる。			
	評価区分	1	2	3	4	5	6			
B. 風化変質	風化の目安	概ね新鮮		割れ目沿いの風化変質		岩芯まで風化変質	土砂状風化，未固結土砂	3	3	3
	熱水変質などの目安	実質は見られない		変質により割れ目に粘土を挟む		変質により岩芯まで強度低下	著しい変質により全体が土砂状，粘土化			
	評価区分	1		2		3	4			
C. 割目間隔	割れ目の間隔	d≧1m	1m＞d≧50cm	50cm＞d≧20cm	20cm＞d≧5cm	5cm＞d		4	3	4
	RQD	80以上	80～50	60～30	40～10	20以下				
	評価区分	1	2	3	4	5				
D. 割目状態	割目の開口度	割目は密着している	割目の一部が開口している（幅＜1mm）	割目の多くが開口している（幅＜1mm）	割目が開口している（幅1～5mm）	割目が開口し5mm以上の幅がある		4	3	4
	割目の挟在物	なし	なし	なし	薄い粘土を挟む（5mm以下）	厚い粘土を挟む（5mm以上）				
	割目の粗度鏡肌	粗い	割目が平滑	一部に鏡肌	よく磨かれた鏡肌					
	評価区分	1	2	3	4	5				
E. 走向傾斜	走向がトンネル軸と直角	1：差し目 傾斜45～90°	2：差し目 傾斜20～45°	3：差し目流れ目 傾斜0～20°	4：流れ目 傾斜20～45°	5：流れ目 傾斜45～90°		5	3	5
	トンネル軸と平行			1：傾斜0～20°	2：傾斜20～45°	3：傾斜45～90°		1	1	1

切羽10m区間での湧水量と水による劣化状態による評価（劣化は現在および将来における可能性について判定する）

F. 湧水量	状態	なし，滲水1ℓ/分以下	滴水程度1～20ℓ/分	集中湧水20～100ℓ/分	全面湧水100ℓ/分以上	1	1	1
	評価区分	1	2	3	4			
G. 劣化	水による劣化	なし	緩みを生ず	軟弱化	流出	2	2	2
	評価区分	1	2	3	4			

参考文献

1) (独)鉄道建設・運輸施設整備支援機構：山岳トンネル設計施工標準・同解説, p.272, 2014.
2) (社)日本道路協会：道路トンネル観察・計測指針, p.25, 2009.

4.3.2 変位計測の要領

（1） 変位計測に使用する機器は，目的に適合した仕様と精度を有するとともに，耐久性，信頼性等が高いものを選定しなければならない．

（2） 計器の設置にあたっては，すみやかに切羽近傍に設置するとともにその防護に努めなければならない．

（3） 測定においては，観察調査等との関係をよく理解し，測定値の妥当性を検討しなければならない．

（4） 変位計測結果は，既掘削区間の現状を把握し，支保工の妥当性や今後の変位予測，支保パターンの変更等，設計，施工に反映するためにすみやかに整理しなければならない．

【解　説】　（1）について　変位計測機器は，日常管理において決められた頻度で使用されるため，耐久性に優れ，信頼性が高いものを選定しなければならない．

具体的な変位計測に使用する機器選定上の要点は，次のとおりである．

1)　内空変位測定，天端沈下測定，脚部沈下測定　内空変位測定，天端沈下測定および脚部沈下測定に使用する機器は，近年では測量機器の進歩にともない光波測距儀，測角儀とレーザーポインタの機能を兼ね備えた，掘削時の切羽マーキングシステムと同一の機器で測定できる三次元計測システムを用いることが多い．このシステムは，測点ごとに鉛直成分と水平成分の変化量を求め，トンネルの変位や挙動をベクトル値として把握するものであり，ほとんどのトンネルにおいて使用できる．また，携帯情報端末，タブレット端末や無線を使用することにより，可搬型で非常に簡単に測定できる機器もある．

一方，従来のスチールテープを用いたコンバージェンスメジャーは，測定精度が高いため，微細な挙動管理が必要な場合等において機器選定の検討対象とする場合もある．

2)　地表面沈下測定　坑外から実施する地表面沈下測定に使用する機器は，レベル等の測量機器を用いて沈下成分(Z方向)のみを測定するもののほか，偏土圧地形の場合等では，三次元計測システムにより地表面の変位をベクトルで把握することが必要な場合もある．

また，最近では時間や天候に左右されず，広い範囲を三次元的に測定できるGPS等を用いた測量機器により，常時リアルタイムに変位計測を実施する事例もある．

（2）について　変位計測は，できるだけ早期に初期値を測定するために，施工方法等を検討のうえ，通常の施工サイクルの中ですみやかに切羽近傍に計器を設置しなければならない．

また，設置に際しては，発破掘削時の飛石や，機械掘削時やずり処理時の施工機械の接触等による損傷から計器や測点を防護するように努めなければならない．変位計測は，周辺地山の挙動や支保の変形モードを把握するうえで基本となるものであり，作業員に測定の目的とその重要性を理解させるとともに，計器や測点の位置を周知しておくことも必要である．

なお，計器の種類によっては取付け方法により精度やデータの信頼性が左右される場合があるので，あらかじめ個々の計器の特性を考慮した設置方法を事前に検討する必要がある．

具体的な計器の設置上の要点は次のとおりである．

1)　内空変位測定，天端沈下測定，脚部沈下測定　これらの測定は，坑内から行う計測の中で最も重要で利用頻度の高い測定である．掘削後できるだけすみやかに測定を開始することが重要であり，測点は動かないよう堅固に設置しなければならない．測点は，切羽のすぐ近くに設置することとなるため，鋼材や急硬モルタル等により防護する必要がある．

測量機器の高精度化に伴い変位計測の基準点は，計器から離して設置することが可能となり，より長い距離が確保されてきたが，測点は，計器に近く短い距離を視準することにより，誤差をできるだけ少なくすることが望ましい．

2)　坑外からの地表面沈下測定　地表面に設ける測点は，積雪による埋没，凍上による浮上り，降雨による洗掘，あるいは人為的に破損されることなどがないよう十分な根固めや防護をする必要がある．

地表面沈下測定には，必ずトンネル掘削にともなう地表面沈下が発生しない地点に基準点(不動点)を設置する必要がある．

（3）について　変位計測においては，日々の切羽状況や観察結果，支保パターンとの関係を把握し，測定値の妥当性を検討しておかなければならない．

測定においては，得られた測定値が，測定作業中の誤差や計器の破損，あるいはそのほかに起因する異常値を含んでいるかどうかを判断しなければならない．

また，一定期間ごとに計器の校正や点検を実施し，測定値の信頼性を確認しなければならない．

なお，測定作業にあたっては，切羽付近が作業中であることが多いため安全等に留意する必要がある．

（4）について　変位計測結果は，トンネルの掘削に伴う周辺地山の挙動や支保工の変形モードを示すものであるから，その状況を的確に把握できるよう図表等にわかりやすく整理し，まとめなければならない．とくに切羽付近は地山の挙動が顕著であるので，時機を逸することのないよう迅速に整理する必要がある．

変位計測結果のうち，鉄道トンネルにおける内空変位測定，天端沈下測定の計測結果の整理例と地表面沈下測定の計測結果の整理例を解説 図 5.4.10および解説 図 5.4.11に，道路トンネルにおける内空変位測定の計測結果の整理例を解説 図 5.4.12にそれぞれ示す．これらの図には，切羽の進行や計測の開始時期，計測を開始してからの延べ日数等をあわせて記入して相互の関連を対比させ，観察結果等を合わせて，総合的な評価を行えるようにすることが大切である．とくに，土被りの小さいトンネルでは，土被りや地表面沈下測定の測定値をあわせて図化し，トンネルの変形状態や地山の挙動を把握しておくと良い[1]．なお，特殊地山のトンネルにおいて変位計測を行う場合には，それぞれの特性を考慮した整理を行う必要がある．

変位計測結果の整理にあたっては，測定値がコンピュータ等の記憶装置に蓄積され自動的に図表等を作成してくれる計測管理システムを用いた整理方法が迅速な手段として利用されている．

なお，変位計測結果の整理は，日常的な評価およびインバートの必要性の有無や覆工，インバートコンクリートの打込み時期等の判断等に役立てるために行うほか，維持管理等のために非常に重要であり，電子化してデータの更新，検索，活用が容易になるように保管しておくことが望ましい．

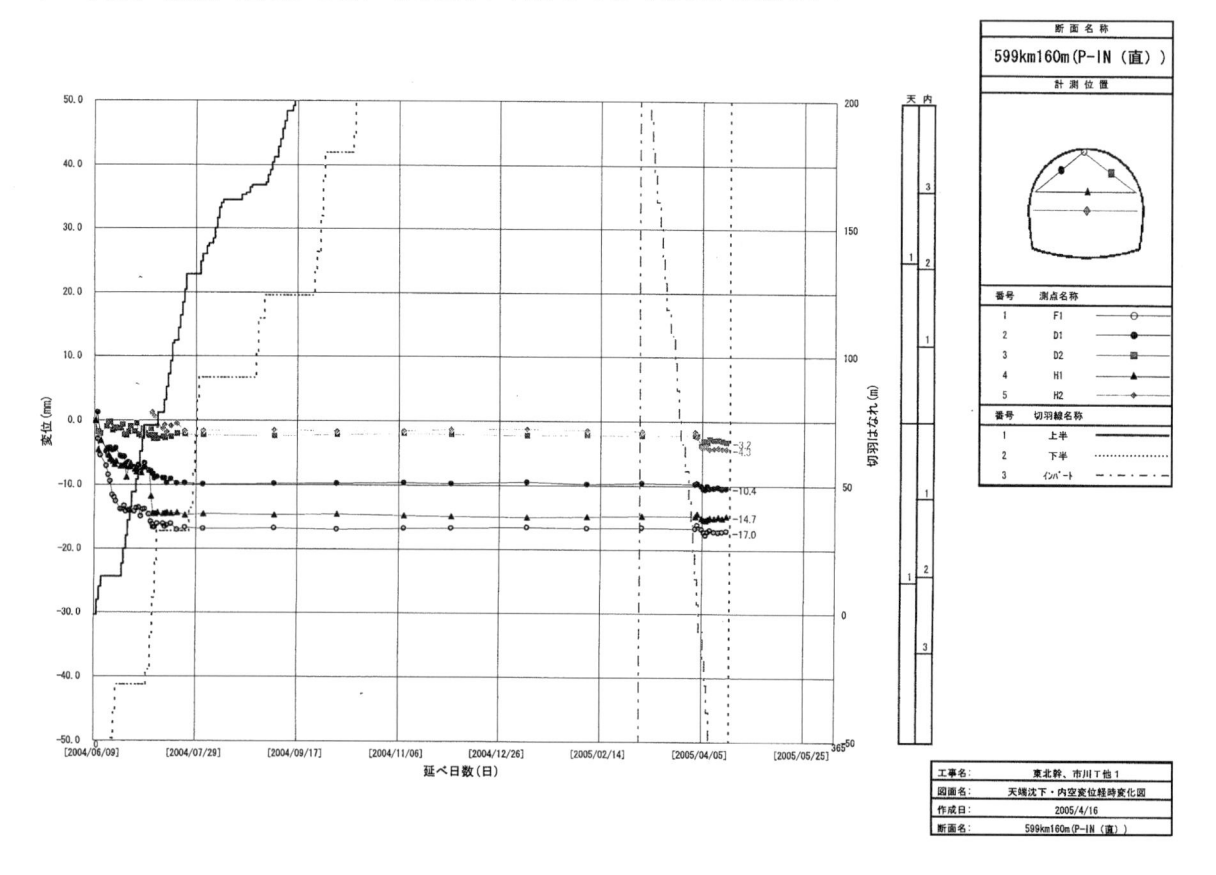

解説 図 5.4.10　内空変位，天端沈下変化図(経時)の例(鉄道トンネルの場合)[2]

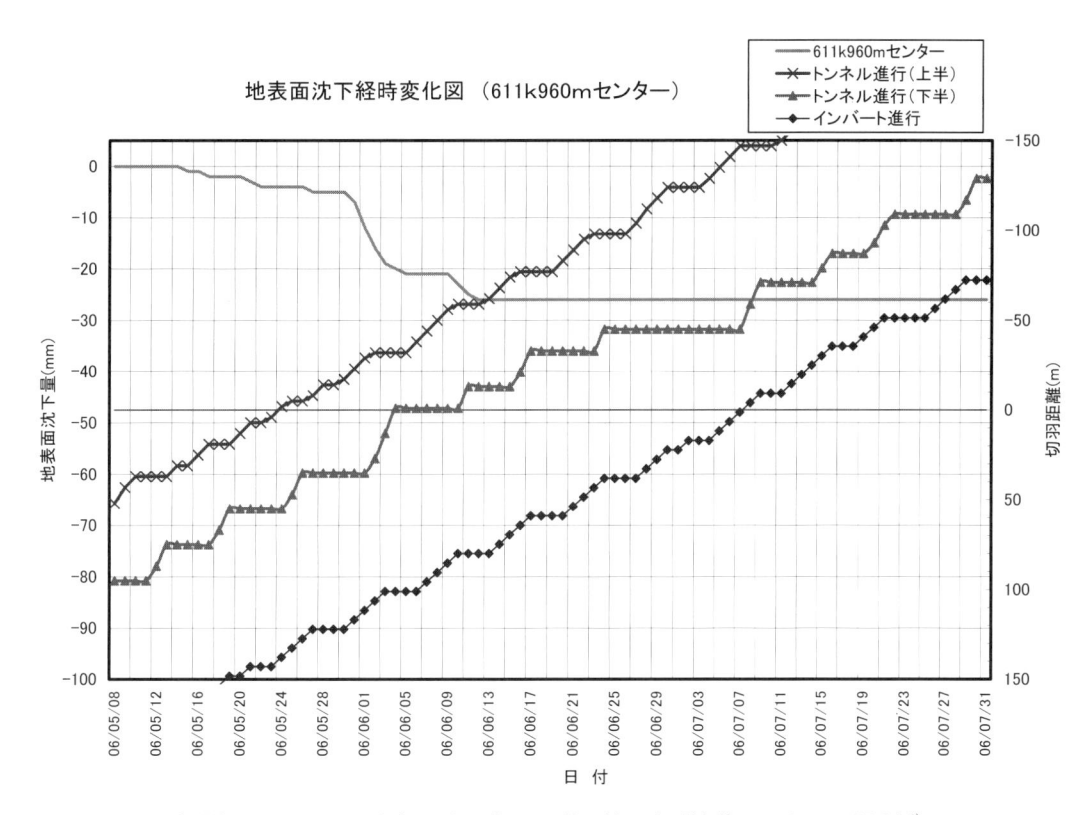

解説 図 5.4.11　地表面沈下変化図(経時)の例(鉄道トンネルの場合)[3]

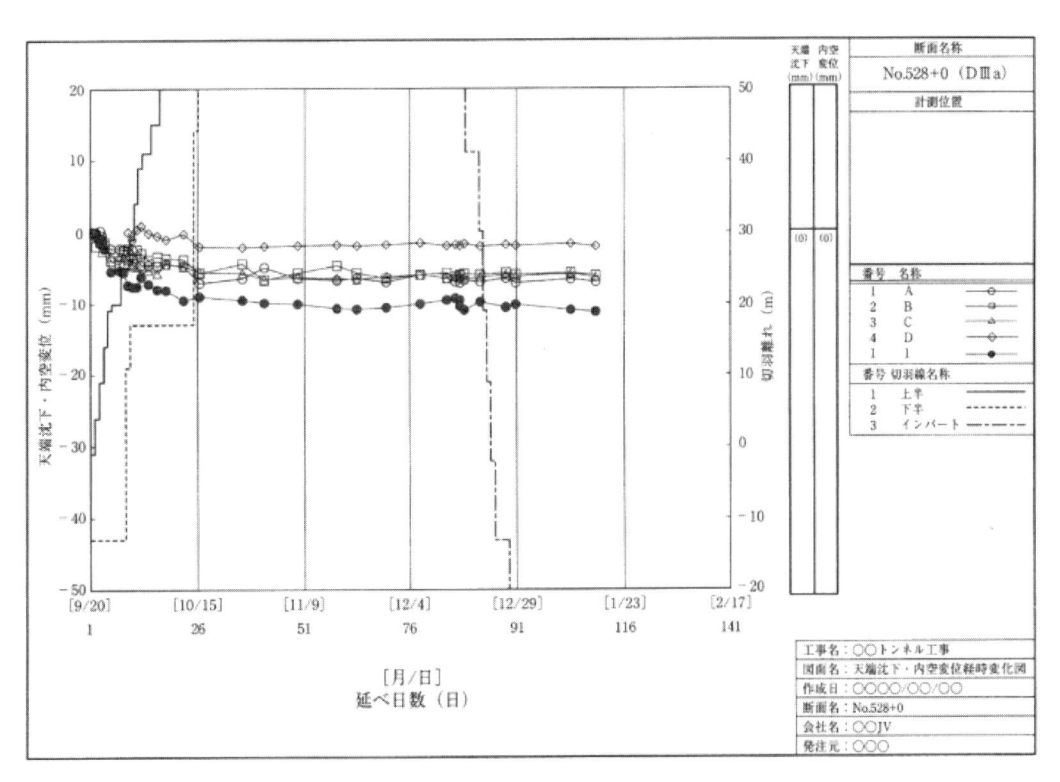

解説 図 5.4.12　内空変位変化図(経時)の例(道路トンネルの場合)[4]

参考文献

1) (社)日本道路協会：道路トンネル観察・計測指針, p.36, 2009.
2) (独)鉄道建設・運輸施設整備支援機構：山岳トンネル設計施工標準・同解説, p.285, 2014.
3) (独)鉄道建設・運輸施設整備支援機構：山岳トンネル設計施工標準・同解説, p.284, 2014.
4) (社)日本道路協会：道路トンネル観察・計測指針, p.34, 2009.

> ### 4.3.3　計測Bの要領
> （1）　計測Bの計器の設置にあたっては，計測目的をよく理解し，できる限りすみやかに設置するとともにその防護に努めなければならない．
> （2）　測定作業にあたっては，それぞれの計測内容をよく理解し，測定値の妥当性を検討することにより，計測の信頼性の向上に努めなければならない．
> （3）　計測Bの計測結果は，周辺地山やトンネル支保工の安定性を把握し，今後の予測や設計，施工に反映するためにすみやかに整理しなければならない．

【解　説】　（1）について　計測Bの計器の設置にあたっては，計測目的をよく理解し，各計器の精度や仕様等の特性を十分把握しておかなければならない．これらの計器を設置する場合は，できる限り早く初期値が得られるよう設置しなければならない．また，設置に際しては，施工の障害にならないように留意するほか，計器を防護するように努めなければならない．

地表面および坑外から行う観察調査や計測については，切羽の接近による影響が現れる以前から計測を開始してトンネル掘削以外の常時の状態が把握できるように可能な限り計測期間を確保するように努めなければならない．また，周辺構造物や植生等への影響把握が目的である計測Bに位置づけられる地表面の観察調査においては，トンネル掘削に伴って発生する周辺構造物の変状や水系の状況，植生の変化を坑内観察や各種計測結果とあわせて評価できるように観察を実施する必要がある．

観察調査に際しては以下の項目について，とくにトンネル施工前と以降の変化について注意深く観察しなければならない．

① 植生の状況：立木への影響(破損，傾動)の有無等
② 水系の状況：湧水状況，流水等の変化(量，濁り)等
③ 周辺構造物の状況：ひびわれ状況(発生時期，位置，幅，深さ，長さ，段差および進行状況)等

周辺構造物へ人が立ち入ることができる場合には，影響が懸念される構造物の箇所を直接に観察することが望ましい．また，立ち入ることができない場合には，地表面上にある構造物の変状を的確に観察する必要がある．

具体的な計器の設置上の要点は次のとおりである．

<u>1)　坑内からの地中変位測定</u>　この測定では，任意の深度ごとに設ける測点アンカーを確実に地山に定着させることが重要である．

各測点アンカーの定着方式には，機械定着式とモルタル定着式があり，地山性状(岩質，孔荒れの程度)や湧水の有無等を考慮して選定する必要がある．いずれの方式であっても，アンカーを設置する孔壁が崩壊するおそれがある場合には空隙を充填する必要がある．その際，地山挙動を拘束しないよう充填材の剛性等に配慮する必要がある．

<u>2)　ロックボルト軸力測定</u>　ロックボルト軸力測定は，システムボルトのうち数本を計測用ボルトと置き換えることにより，システムボルトに生じる軸力および分布を把握しようとするものである．このため，計測用ボルトはできるだけシステムボルトと同様な構造であることが望ましく，定着方法等もシステムボルトと同じように行うことが重要である．計測用ボルトには，各測点間の平均ひずみを測定するものと各測点の局所ひずみを測定するものがある．不連続面が発達した地山に局所ひずみを測定する計測ボルトを用いた場合には，測点と不連続面との位置関係によっては，ほとんど軸力が測定できないこともあるので注意しなければならない．

地山条件が非常に悪く，ボルトに大きな曲げ変形が生じる場合や，斜めボルト等では，曲げによる測定値への影響に注意しなければならない．

<u>3)　吹付けコンクリート応力測定</u>　吹付けコンクリート応力測定の計器の設置にあたっては，吹付け時に計器が損傷したり，移動しないように堅固に固定する必要がある．有効応力計を用いて応力測定する場合，計器内部に吹付けコンクリートと同様の材料を充填し，充填材が硬化する前までに計器の埋設を完了しなければならない．

<u>4)　鋼製支保工応力測定</u>　鋼製支保工の応力測定は鋼材表面にひずみゲージを貼り付けて測定し，圧縮応力，

曲げ応力などを求めるのが一般的である．ひずみゲージ貼付けは，坑内へ支保工を搬入する前に坑外の湿気の少ない場所であらかじめ実施し，支保工建込時などにひずみの値をチェックしておくことが望ましい．

5) **覆工応力，覆工変位測定** 覆工コンクリートの応力，変位測定は，覆工打設後に荷重が作用することが想定される場合に実施されるもので，応力測定はコンクリート打設時に有効応力計や鉄筋応力計が埋設される．軸力に比べ曲げモーメントが無視できない場合には，中立軸の内側および外側の2箇所に計器を設置することもある．また，施工中だけでなく供用中の長期的な応力変動を監視する必要がある場合，長期間の多点計測に適した光ファイバーセンシング技術等を活用した計測機器が使用される事例がある．

覆工変位は，計測Aの坑内変位計測に準じ，施工中は三次元計測システムにより測定するのが一般的である．供用中の覆工変位は，各計測断面で水平測線や斜測線ごとにレーザー距離計を設置して，供用に支障のないように努める必要がある．

6) **坑外からの地表面沈下測定，地中変位測定，地下水位測定** 地表面沈下測定については，第5編 **4.3.2** 変位計測の要領と同様とする．

地中変位測定については，坑内からの地中変位測定と同様に，測点アンカーを確実に地山に定着させることが重要で，ボーリング孔内の計器と地山の間隙を充填する材料については，地山挙動を拘束しないものを用いることが大切である．

地下水位測定にあたっては，ケーシングを地表まで立ち上げるなどしてボーリング孔壁を保持し，孔上部は蓋を設置するなどにより雨水や土砂の流入を防ぐようにする．また，ストレーナの目詰り等に注意して，地下水位が正確に測定できるようにする必要がある．

7) **周辺構造物変状測定** トンネル掘削による影響が予想される周辺構造物に対しては，その影響を的確に把握および評価できるよう計器を選定し，測定することが重要である．計器は構造物の近傍や構造物に直接設置する場合もあり，適切に管理することが必要である．

8) **補助工法に関する測定** 切羽周辺地山の安定化や近接施工における周辺地盤への影響抑制のために実施する補助工法に対して，その効果や影響度を的確に把握および評価できるよう計器を選定し，測定することが重要である．

（2）について 測定作業を行う際に重要なことは，単に計器の読取り作業やデータの整理だけでなく，常に，施工の状況とどのような関係にあるのかを把握し，測定値の妥当性について検討しなければならない．

測定は，計測内容，計器の特性，精度等を十分理解したうえで行う必要がある．得られた測定値が，測定作業中の誤差や計器の破損，あるいはそのほかに起因する異常値を含んでいると判断されたときは，すみやかに再測定等の適切な処置を講じなければならない．

また，必要に応じて計器の校正や繰返し測定を実施するなど，計測の信頼性の向上に努めることが重要である．なお，測定作業は，施工機械との接触事故に注意し，また高所で行うことが多いので作業員の安全性確保に留意しなければならない．

（3）について 計測結果は，トンネルの掘削に伴う周辺地山，支保工等の挙動を示すものであるから，その状況を的確に把握できるよう図表等にわかりやすく整理し，まとめなければならない．計測結果をわかりやすく整理し活用するためには，計測位置や計測時期等について，トンネルの施工進捗状況や計測データ相互間の関連付けを行うことが重要である．

計測結果の整理にあたっては，測定値がコンピュータ等の記憶装置に蓄積され自動的に図表等を作成できる計測管理システムを用いた整理方法が迅速な手段として利用されている．なお，計測結果の整理は，切羽付近における周辺地山や支保工の評価および未施工区間の設計，施工の合理化に資するために行うほか，トンネルの維持管理や併設トンネルの設計，施工のために重要である．そのほか，計測結果は，計測Aと同様に電子化してデータの更新，検索，活用が容易になるように保管しておくことが望ましい．

各計測項目の具体的な計測結果の整理方法は次のとおりである．

1) **坑内からの地中変位測定** 地中変位の測定結果は各測点の変位量から地中変位の分布および区間ひずみを求め，周辺地山の安定状況を把握するものである．一般に施工中のデータは，経過日数に対する各点の相対変位

あるいは最深部を不動点とした絶対変位を，**解説 図 5.4.13**に示すように経時的に表示する．

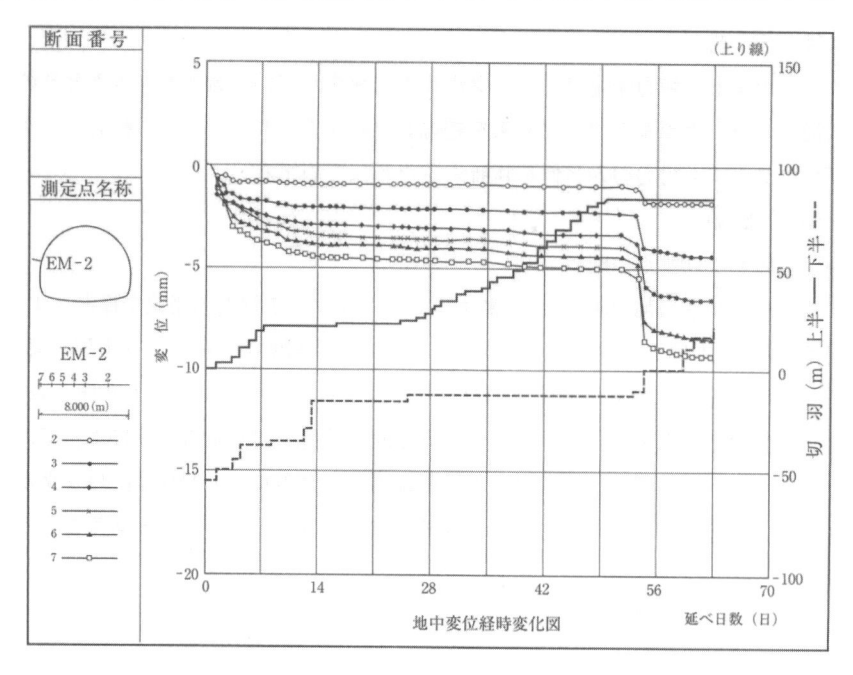

解説 図 5.4.13　坑内地中変位の経時変化図例[1]

2) ロックボルト軸力測定　ロックボルト軸力測定も**解説 図 5.4.14**に示すように経時，経距変化図や軸力分布図として整理することによってロックボルトの効果を把握する．軸力分布図では，ロックボルト打設位置ごとの作用状況の違いを，最大軸力位置や分布形状の違いから判断することができる．

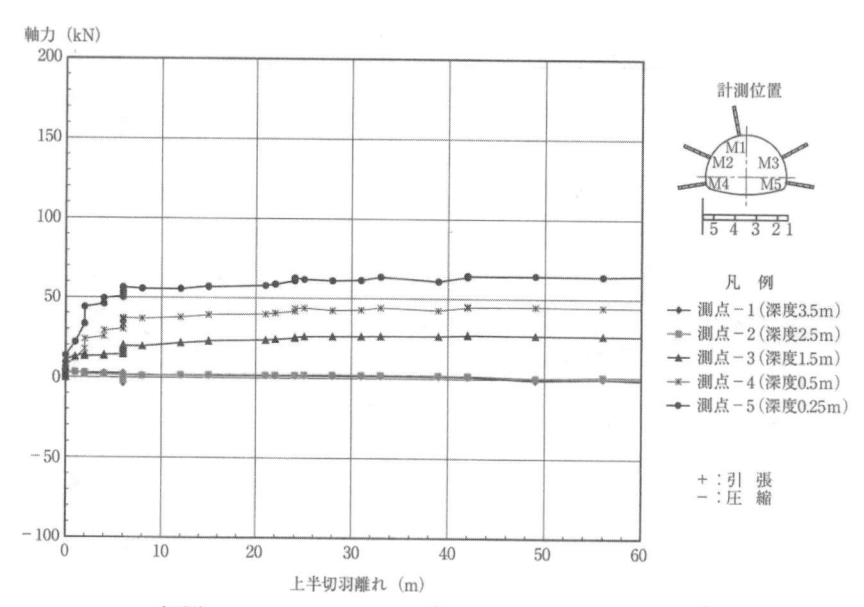

解説 図 5.4.14　ロックボルト軸力の経距変化図例[2]

3) 吹付けコンクリート応力測定　吹付けコンクリート応力の測定結果は，経時変化図や応力分布図として整理することによって，その効果を把握する．**解説 図 5.4.15**の吹付けコンクリートの応力分布図から，その応力や荷重の大きさのほかに，土圧分布，偏土圧の状況を判断する資料となる．

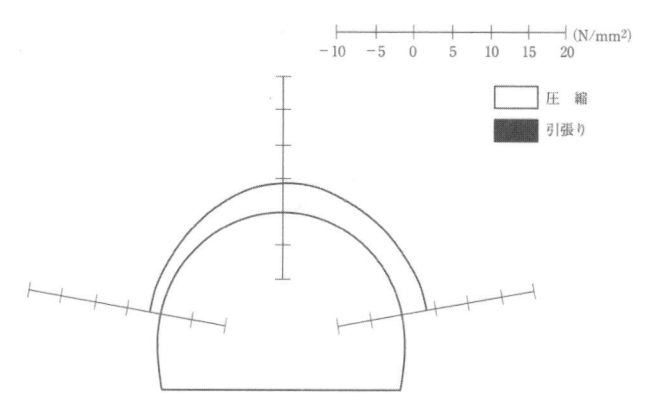

解説 図 5.4.15 吹付けコンクリートの応力分布図例[3]

4) **鋼製支保工応力測定** ひずみゲージの測定値から鋼製支保工に作用する軸力，曲げモーメント，せん断力を求め，それらの断面力の分布状況から効果を判断する．吹付けコンクリート応力分布と同様に，**解説 図 5.4.16**の断面力の分布図から，荷重の大きさのほかに，土圧分布，偏土圧の状況を判断する資料となる．

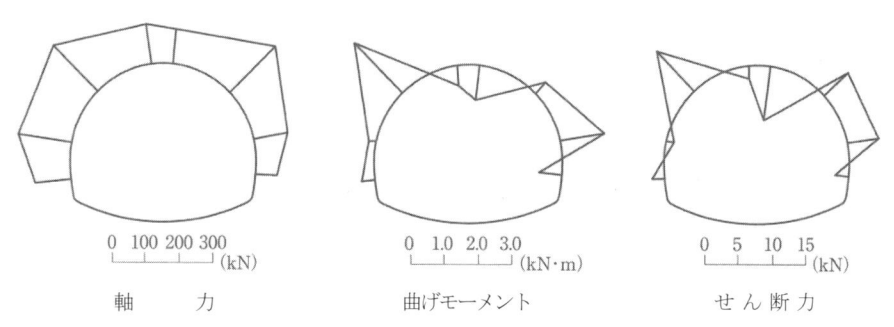

解説 図 5.4.16 鋼製支保工の断面力分布図例[4]

5) **地表面沈下測定，地中変位測定** 解説 図 5.4.17に示すように各測点の沈下の経時変化図や複数測点の計測結果から得られる沈下曲線図(トンネル縦断方向および横断方向)等を作成する．これらの図には掘削に伴う切羽の進行や支保工の施工時期等の情報を合わせて表示して，施工との関連性の把握に努めることが重要である．

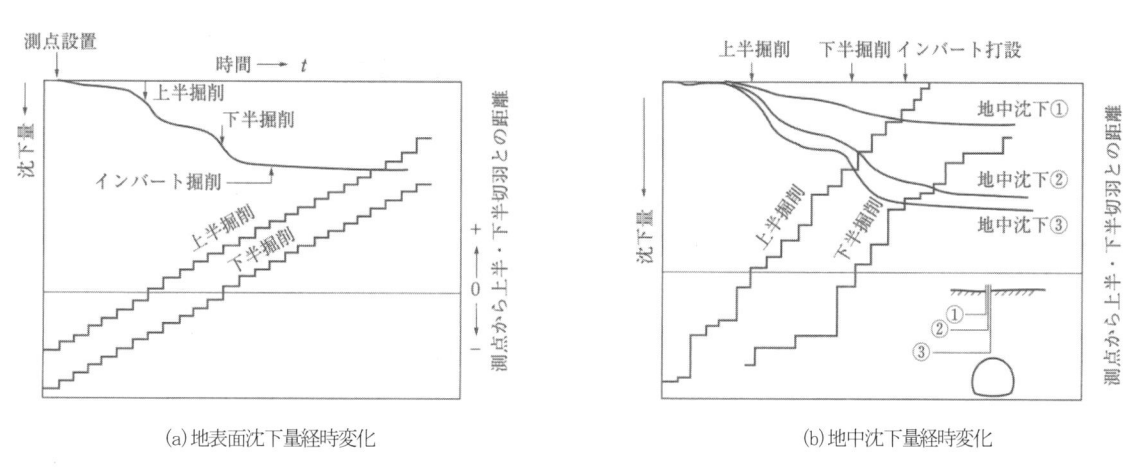

(a) 地表面沈下量経時変化

(b) 地中沈下量経時変化

解説 図 5.4.17 地表面沈下，地中変位の経時変化図例[5]

6) **補助工法に関する測定** 天端や鏡面の補強等の補助工法の効果を確認するため，施工される補助工法に沿って地盤内に変形やひずみ値を測定するための計器を埋設し，トンネル掘削に伴って発生する変形や断面力の計測結果を，経時，経距変化図や変形，応力分布図として整理する．

参考文献
1) (社)日本道路協会：道路トンネル観察・計測指針，p.49，2009.
2) (社)日本道路協会：道路トンネル観察・計測指針，p.53，2009.
3) (社)日本道路協会：道路トンネル観察・計測指針，p.57，2009.
4) (社)日本道路協会：道路トンネル観察・計測指針，p.60，2009.
5) (社)日本道路協会：道路トンネル観察・計測指針，p.65，2009.

4.4 観察・計測の評価と活用

4.4.1 観察調査結果の評価と活用

観察調査で整理された観察結果は，ほかの計測結果と総合して適切に評価し，当初設計の支保工の妥当性の確認や未施工区間における支保工の選定に活用しなければならない．

【解　説】　観察調査は，計測のみでは把握できない地山の情報を得るものであり，坑内で実施する切羽観察，既施工区間の観察，坑外で実施する地表面の観察がある．このうち最も重要なものが切羽観察であり，切羽に出現した地山を分類，評価することによって当初の地山評価を照査し，出現した地山に適合するような支保工の選定や切羽対策工の要否の判定に活用することを目的とする．また，既施工区間および坑外の観察は，トンネルおよび周辺地山の安定性の評価と，実施した設計，施工の妥当性の評価等に活用することをおもな目的としている．これらの評価にあたっては，観察項目結果ごとに行うのではなく，ほかの観察項目や計測項目の結果と総合して判断しなければならない．

1)　切羽観察結果　切羽観察結果の評価方法には，観察結果を経験的に設定した基準によって総合的に評価する定性的評価手法と，観察結果を点数化して集計し評点を与え，その大小で地山を評価する定量的評価手法がある．これらは，地山の分類や支保パターンの選定のほか，切羽の安定性を高め切羽作業の安全性を確保するための対策の要否の判断に活用するものであり，天端，鏡面，上半盤の安定性ならびに湧水による安全性や作業性への影響の度合い，およびインバート設置の必要性等の各項目を評価しなければならない．

①　定性的評価手法：定性的評価手法は，観察記録表の標準的な観察項目に加え，これまでの経験やほかの観察・計測データに基づき，当該地山の評価に重要と考えられる地山条件要素を評価に組み入れ，定性的に評価する方法である．ただし，評価基準が明確でなく評価担当者の主観が入りやすいことから，複数者からなる岩判定委員会等で評価するなど，客観性を高めるための対応をとることが望ましい．

②　定量的評価手法：定量的評価手法は，切羽観察表の観察項目の該当ランクを点数化して集計し，切羽ごとに評点を与える方法である．評点に際して単純に集計，平均化する単純平均法と，観察項目ごとに異なった寄与率をあらかじめ設定し，重み付けをして集計，平均化する加重平均法がある．

　i)　単純平均法：単純平均法は，**解説 表 5.4.13**の切羽観察記録等の各項目を，4ないし5段階程度に配点し，これを集計することで評価点をつけるもので，切羽観察の各項目は全て同じ重みの寄与率を有する．判定ランクは項目毎に100点満点で換算するため，トンネルの特徴を十分に反映させることは困難であるが，簡易な評価手法である．

　ii)　加重平均法：単純平均法では，観察項目の重み付けを行わないのに対し，加重平均法は観察項目に重み付けを行い評価するものである．

具体的には，**解説 表 5.4.12**に示す切羽観察記録等の結果を利用して，支保選定に関して影響度が強い4つの観察項目(圧縮強度，風化変質，割れ目間隔，割れ目状態)と湧水による劣化の影響度について，岩石グループ(硬質～軟質，層状，塊状)別に異なった重み付けをし，切羽断面を天端は2倍，左側壁および右側壁は1倍で配点を足し合わせ，湧水調整点を付加して切羽評価点を算出する方法である．算出結果は，各発注機関が示す**解説 表 5.4.14**に示す支保選定における切羽評価点の目安(全岩種共通)や，**解説 図 5.4.18**に示す個別岩種における重み付き評価点などと照らし合わせ，支保選定時の指標とする．

なお，観察項目に対して適切な重み付けが行われた場合は，単純平均法より精度が高いことが報告されている．重み付けは各種の方法があるが，結果の妥当性を検証しておく必要があること，観察項目の評価区分に対する重み付けの配点等は見直される場合があることより，算出にあたっては各発注機関が示す最新の情報を確認する必要がある．

解説 表 5.4.13 鉄道トンネルにおける切羽観察表と評価法（文献[1]を加筆修正）

地山等級	最大変位量 δ (mm)	Ⓐ切羽の状態	Ⓑ素掘面の状態	Ⓙ水による劣化	その他	坑内の地山の状態
V_N		1	1	1		・割れ目がほとんどないか，あっても密着しており，肌落ちの懸念がない
IV_N		1	1	1	Ⓕ=2の場合	・割れ目はところどころ開口したり粘土をはさみ，局部的に肌落ちしたり滲水や湧水があって局部的に肌落ちが懸念される
				2		
III_N	単線 25>δ 複線，新幹線 50>δ	1	2	1		・割れ目はかなり発達し，密着しておらず時間の経過とともに，ゆるみ，肌落ち傾向がみられる ・岩質は軟質で，割れ目が少なく，密着もしているが時間が経つとゆるみ傾向がみられる．鏡は安定している
II_N		1	2	2, 3		・割れ目はかなり細かく，掘削後早期に支保を行う必要がある ・岩質が軟質で，時間が経つと山のゆるみ，若干の壁面の押出し傾向がみられる ・大きな鏡面では安定性が少し悪くなる
I_{N-2}		1, 2	2, 3	2, 3		・岩片は固くとも細片状に破砕し，粘土，岩塊と混在する部分がある地山あるいは風化し脆弱化した地山で，掘削後，直ちに支保を要する．切羽面はゆるむ傾向があり，核残しを要す
I_{N-1}	単線 75>δ≧25 複線，新幹線 100>δ≧50	1, 2, 3	2, 3	2, 3		・均質でも，軟弱で，周辺の押出し傾向があり切羽面のゆるみ傾向もみられ，核残しを要す
I_L		1, 2	1, 2	3, 4		・わずかの湧水のもとでも，核を残せば，切羽面は安定し，掘削に先行して，若干の先受け（パイプ，ボルト等）を必要としても掘削後直ちに支保すれば地山は安定する
I_S	単線 100>δ≧75 複線，新幹線 150>δ≧100	3	2, 3	3, 4		・当初，あまり開口亀裂のみられないものでも，時間の経過と共に分離面が顕著となり，著しい押出し，はく離を生ず．鏡の押出し，はく離も著しい
特L 特S	単線 δ≧100 複線，新幹線 δ≧150	4	4	4		・湧水に伴って，地山が流動化し，押し出してくる．切羽面の自立は，全く期待できない

注）Ⓐ，Ⓑ，Ⓙ，Ⓕおよび1～4は**解説 表 5.4.11**による．

解説 表 5.4.14 支保選定における切羽評価点の目安例（全岩種共通）[2]

支保パターン	切羽評価点
B－a	65～
CⅠ－a	55～70
CⅡ－a	45～60
CⅡ－b	35～50
DⅠ－a	20～40
DⅠ－b	～30

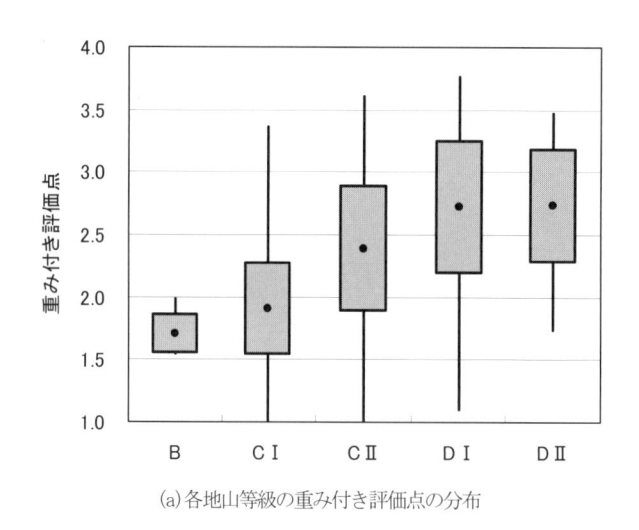

(a) 各地山等級の重み付き評価点の分布

(b) 重み付き評価点ごとの地山等級の割合

解説 図 5.4.18　個別岩種における重み付き評価点の例（中硬質岩，軟質岩（塊状））[3]

2) **既施工区間の観察結果**　既施工区間の観察結果は，実施した設計，施工の妥当性の評価等に活用する．観察は全区間にわたって連続的に行えるため，地山の挙動と支保工の変状の有無を総合的に把握できる．

評価に際しては，支保工の変状だけでなく後荷の有無，湧水状況，路盤の変状やとくに必要と認められる場合はインバート部の変状等の発生位置，規模，時期，経時変化，計測値との相関性を分析し，ほかの観察・計測結果と対応付けが可能なように縦断方向の管理図としてまとめて整理することが望ましい．

坑内湧水については，完成後の維持，管理にも関わるので，覆工背面の水位上昇を生じないように，その規模や恒常性を評価し，適切に排水工を施工しなければならない．

3) **坑外の観察結果**　坑外の観察結果は次にあげる事項を評価し，実施した設計，施工の妥当性の評価等に活用する．

① 地表で観察された各種変状がトンネル掘削によるものか否か
② 新たな計測を必要とするか否か
③ 変状がトンネルを含む地山の安定性低下を意味するものか否か
④ 周辺構造物や植生等の保持のために対策を必要とするか否か

変状発生を確認するには事前に初期状態を把握しておくことが必要である．坑内と異なり，地表に変状が及ぶ場合には広範囲な領域に変状が発生する可能性があるので，観察対象を限定せず，掘削初期段階から観察を継続することが大切である．また地表での変状箇所では，坑内においても変状が観察されることが多いので，これらの関連を評価するために一体的な管理図を作成し検討することが効果的である．

4) **観察調査の評価の留意点**　観察調査は，計測のみでは把握できない地山の情報を得るものであり，その評価にあたっては，切羽観察と既施工区間の観察をあわせて行い，他の計測項目と総合して判断し，適切に活用す

る必要がある．

① 定性的評価：トンネル縦断方向に地形，地質の観察結果，観察・計測結果や施工状況を管理図に整理することで，ある程度客観的な評価が可能となる．トンネルごとに地山条件や施工法に独自性があり，これらに柔軟に対応するには定性的評価を用いざるを得ない場合も多いが，評価する人の主観が入り，客観性に欠ける傾向がある．

② 定量的評価：定性的評価で不足している客観性を得るためには，定量的な評価を試みることも重要である．単純平均法による評点法等は比較的簡易にできるが，加重平均法は種々の地質と状況に応じた重み付けの検討や，評価の適合性を検証することが重要である．

③ 総合的な評価：観察調査の評価は，当初設計時の情報および施工時の観察のみならず，計測によって得られる情報を総合的に評価することが重要である．得られた情報を有効活用し，総合判断するには，以下を項目とした管理図を作成し情報を整理することが望ましい．

ⅰ） 当初設計の情報：土被り，弾性波速度，地山分類等
ⅱ） 切羽観察で得られる情報：地質区分，切羽の状態（自立性），岩石強度（ハンマーによる割れ方），風化，変質，割れ目の間隔，割れ目の形態，割れ目の状態，湧水，トンネル断面内の岩種の分布状況等
ⅲ） 計測で得られる情報：内空変位および天端や脚部沈下測定における初期変位速度，1D通過時（D：トンネル掘削幅），下半通過時，最終の変位量や計測B結果等
ⅳ） 既施工区間の観察で得られる情報：吹付けコンクリートのひびわれ，ロックボルトのベアリングプレートの変状，鋼製支保工の変状，路盤とインバート部の変状等
ⅴ） 地山試料試験で得られる情報：一軸圧縮強さや破壊ひずみ等の強度特性，物理特性，スレーキング特性等
ⅵ） 施工状況：実施支保パターン，増し支保，加背割等

④ 地質変化への対応：施工段階では，適切な支保工を選定しようとする場合，地質の変化に対応が遅れる場合があり，地質変化の流れを把握することが重要である．そのため，切羽観察，計測結果および地質調査結果，先進ボーリング等を総合的に評価し判断する必要がある．

⑤ 地山特性の把握：切羽観察項目でも単に標準的な切羽観察表を採用するのではなく，それぞれのトンネルで追加評価する項目はないかどうかを十分検討することが重要である．

ⅰ） 硬岩地山：節理等の不連続面の状況（数，方向性，狭在粘土の有無），変質度等によりトンネル施工時の挙動が支配されることから，割れ目の評価が重要である．
ⅱ） 軟岩地山：地山の押出しや湧水による地山強度の低下が問題となることが多く，地山の強度，スレーキング特性，湧水の状況等に注目した評価が必要である．
ⅲ） 膨張性地山，未固結地山，断層や破砕帯等：地山強度比や粒度分布，土被り等も評価項目として考慮する必要がある．

⑥ 判断基準の修正：選定した支保部材の妥当性を検証することにより，判断基準を修正し，未施工区間の切羽に反映させていくことが重要である．施工の初期段階や短いトンネルでは，実績が十分集積されていないため，類似地山での実績を参考にすることも必要である．

参考文献
1) (独)鉄道建設・運輸施設整備支援機構：山岳トンネル設計施工標準・同解説, p.291, 2014.
2) 東日本・中日本・西日本高速道路株式会社：トンネル施工管理要領（計測工編）, p.56, 2015.7
3) (独)土木研究所：土木研究所資料第4099号　山岳トンネルにおける施工時観察・計測データの評価手法に関する研究報告書, p.10, 2008.

4.4.2 変位計測結果の評価と活用

変位計測結果の評価と活用では,トンネル周辺地山と支保工の挙動を把握し,あらかじめ設定した管理項目と管理基準に基づき施工の安全性や設計の妥当性および近接構造物に与える影響等をすみやかに評価し,未施工区間における支保工の選定や,後続計画等の地山条件に適合した合理的な設計,施工に反映しなければならない.

【解 説】 変位計測結果は定量的な数値データで得られるため,数値およびその動向や計測地点ごとの差違を識別することが容易であり,施工時には有用な評価指標となる.また,場合により施工後も地表面沈下を計測して近接構造物の安定性を確認することもある.しかし,坑内からの変位計測では,掘削以前に生じている地山の挙動を測定することができず,また変位計測条件を一様に設定することが困難であり,さらに変位計測間隔によっては局所的な地山の挙動を把握できない場合もある.変位計測結果の評価に際しては,こうした変位計測の制約を考慮し,データを慎重に取扱うことが求められる.

変位計測結果の評価と活用では,その目的や管理基準の設定法が状況に応じて異なっていることに留意すべきである.ここでは,変位計測結果の評価として,管理基準,変位計測結果の評価,変位計測結果の活用と留意点を以下に記述する.

1) 管理基準 変位計測結果は,そのままでは単にデータの集まりでしかなく,これらを修正設計に反映させるためには,何らかの基準に基づいて,的確な評価を加えることが必要となる.この評価の基準を一般に管理基準といい,いくつかの管理レベルとそれに対応する対策およびレベルを分ける判定指標等により構成される.管理基準は常に一律なものではなく,対象とするトンネルの地山条件,立地条件,周辺環境条件や地山と支保工の挙動等に応じて,個別に設定すべきものであり,具体的な基準値と対策を明確にしたうえで,迅速に対応できるよう**解説 図 5.4.19**に示すような安全管理体制を整備しておく必要がある.

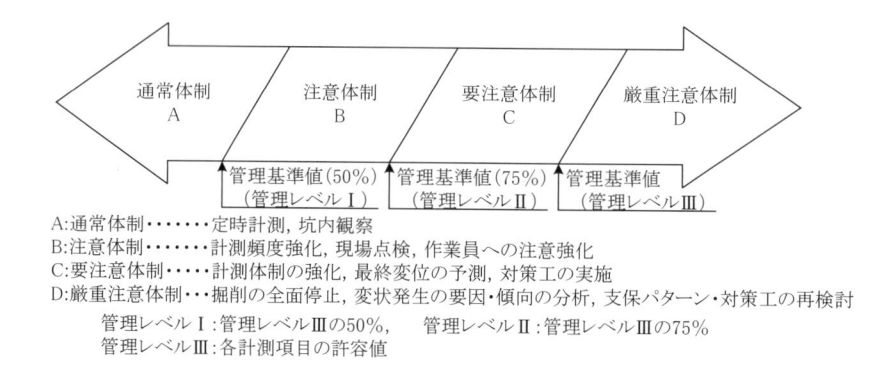

A:通常体制……定時計測,坑内観察
B:注意体制……計測頻度強化,現場点検,作業員への注意強化
C:要注意体制……計測体制の強化,最終変位の予測,対策工の実施
D:厳重注意体制…掘削の全面停止,変状発生の要因・傾向の分析,支保パターン・対策工の再検討

　　管理レベルⅠ:管理レベルⅢの50%,　管理レベルⅡ:管理レベルⅢの75%
　　管理レベルⅢ:各計測項目の許容値

解説 図 5.4.19　管理基準値と安全管理体制の関係の例(文献[1]を加筆修正)

管理基準の運用方法として,変位計測項目では一般に天端沈下測定や内空変位測定が活用される.実際に現場で管理を行う際には段階ごとの管理レベルⅠ～Ⅲを設定しており,支保パターンごとや地山区分ごとに管理基準を設定している場合がある.

管理基準の留意点として,施工時には,急に管理基準値を超えるなど予期せぬ事態が発生することもあり得るので,管理基準の設定にあたっては,単に作業方針や連絡体制を確認するだけでなく,具体的な基準値と対策を明示するとともに,適切な処置,対策が講じられるような安全管理体制を整備しておく必要がある.管理基準の中の管理レベルⅠ～Ⅲの設定方法は,掘削後に実際に計測される変位量や最終変位量の予測値等から,現場条件に応じて設定しなければならない.また,変位量,支保部材の変状の有無等,観察・計測の項目に応じた管理方法についても検討することが重要である.管理基準は,トンネル周辺地山の安定性や支保部材,または,近接構造物の保守基準の観点等で設定される場合が多い.以下に示す方法で設定した管理基準は,定量的評価を行うことを目的に設定するものであるが,観察に基づく現位置の岩盤状態との関連性を考慮し,施工条件,地山条件等

に応じた見直しを行うことが特に重要である．以下に管理基準の設定方法を示す．

① 過去の類似事例や試験区間の実績に基づき定める方法：

地質条件，土被り，トンネル掘削規模や構造等の条件が類似の計測結果や管理基準のデータを収集，分析し，これらを参考にしたうえで当該トンネル用に検討し，設定する方法である．

道路トンネルでは，過去の施工実績の調査等に基づき**解説 表 5.4.15**に示すような変位計測の評価のための管理基準の目安を設定している．

解説 表 5.4.15 変位計測評価のための参考例（トンネル掘削幅D≒10mの場合）（文献[2]を加筆修正）

基準		内容
変位計測の実績		・施工実績の統計データによると，内空変位量の中央値（小さい方からの50%累積値）は約10mmであり，硬岩では約5mm，軟岩では約30mmである． ・大きい変位速度（たとえば20mm／日）は地山の急な崩壊の予兆となる場合がある．
支保工の変状	実績	・施工実績の統計データによると，最終水平内空変位が0～20mmでは吹付けコンクリートの変状発生率は微小，20～120mmでは吹付けコンクリートの変状発生率10～20%，120mm以上では発生率30%以上となる．
	計算	・一般の計算に用いられる吹付けコンクリートの圧縮強度はひずみが1%程度のとき，応力は約18MPaすなわち設計強度に近い値となる．
地山のひずみ		・変位計測結果から逆解析により地山の物性定数等を求めてから，順解析を行い地山のひずみを求め，破壊ひずみとの大小を比較する．弾性挙動より大きくはずれる可能性がある場合には適用に注意する必要がある．

② 有限要素法解析等の数値解析により定める方法：

有限要素法解析等の数値解析を用いて管理基準を設定する方法は，特殊な地山条件下で採用されることが多い．有限要素法解析を用いた具体的な方法は，事前調査時の地山物性値を用いた順解析による手法と，施工時の変位データ等を用いて逆解析を行い，その結果から得られた地山物性値を用いて順解析を行う手法がある．また，解析手法に準じる手法として理論式による方法[3]もある．

③ 限界ひずみ法により定める方法：

限界ひずみ法[4]は，トンネル安定性の評価方法としてよく用いられる方法である．この方法を現地で簡便に管理基準に適用する方法として，**解説 図 5.4.20**に示すようにトンネル掘削によって生じる地山の天端沈下量から地山のひずみを算定し，それを過去の施工実績から得た地山の限界ひずみと比較評価するものがある．また，原位置試験や室内試験より求められた破壊ひずみと比較評価するものもある．設定の際には，地山条件，トンネル断面積や形状，施工方法，支保部材数量等を考慮している．**解説 表 5.4.16**に鉄道トンネルにおける内空変位量による管理基準値の例を示す．

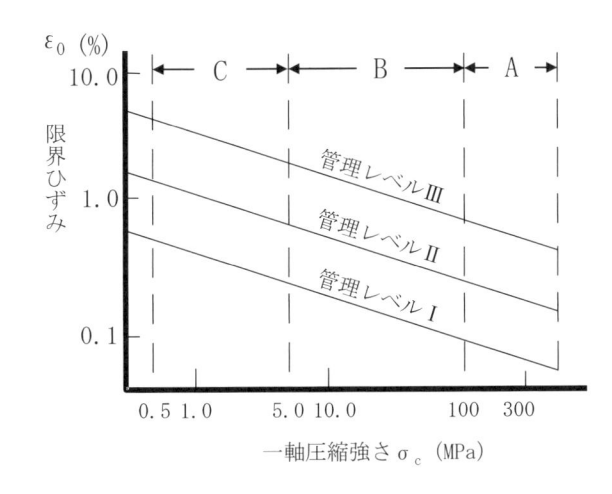

(単位：mm)

一軸圧縮強さから区分される地山等級 管理レベル	A	B	C
I	3～5	5～10	10～30
II	10～15	15～40	40～90
III	30～40	40～110	110～270

注1) ここに示す変位の基準値は，掘削によって生じる全変位であり，計測遅れのある場合には注意を要す．
注2) 本基準は土被りが十分に大きい場合の値であり，土被りが小さい場合には，ここに示すものより小さい値を用いる必要がある．
注3) 岩塊が硬く割れ目の影響が顕著な地山では，この基準値の運用には注意を要する．

解説 図 5.4.20 天端沈下の管理基準値の例（トンネル掘削幅D≒10mの場合）（文献[5]を加筆修正）

解説 表 5.4.16 鉄道トンネルにおける内空変位量による区分の目安(文献[6]を加筆修正)

地山等級*	内空変位量	
	単線	複線,新幹線
特S	100mm以上	150mm以上
I_S	75mm～100mm	100～150mm
I_N	25～75mm	50～100mm
II_N ～ V_N	25mm以下	50mm以下

* 地山等級については文献[6]を参照のこと.

④ せん断指数およびせん断ひずみにより定める方法[7]：

土被りの小さい未固結地山において，トンネル上方の縦断方向の地山を一つのはり部材と仮定して，地山のせん断応力状態を推定して管理する方法である．また，トンネル横断方向についても，地山のせん断ひずみの限界値に対応するトンネルセンター直上の地表面沈下量を管理基準とする方法である．

⑤ 最終変位予測により定める方法：

最終変位予測により定める管理基準の設定方法は，設定済みの管理基準値を後述する最終変位予測法で求めた値を用いて変更する方法である．この方法で管理基準を設定すると，早い段階での補助工法の必要性などを評価でき，特に変形が大きくなる地山では効果的な設定方法となることがある．

⑥ 近接構造物の保守基準等から定める方法：

近接構造物の保守基準等から定める管理基準の設定方法は，安全確保を目的として近接施工における管理対象物の種別に応じた基準値を設定するもので，対象物の基準強度，耐力，周辺環境等のほか，不等沈下量等外的要因に関する項目等を管理者と協議しながら設定するのが一般的である．

⑦ ①～⑥を組合わせて使用する方法

2) **変位計測結果の評価**　一般に，観察からは定性的な情報が全区間で連続的に得られ，変位計測からは定量化された情報が限定された位置で得られる．設計，施工への反映にあたっては，地山状況に応じて，これらの情報の評価の重み付けを検討する必要がある．たとえば，硬質な地山では変位や応力等の数値データとして示される情報よりも，切羽観察に基づく地山状況の変化や亀裂の状態の把握が重視される．一方，軟質な地山や未固結地山等では，地山や支保工の挙動が数値データとして把握できるため，変位計測や応力測定等もあわせて評価されることが多い．

変位計測結果から評価すべきおもなものとしては，次に示す事項等が挙げられる．

① 地山性状の評価：変位計測結果から支保工を含めた地山性状として，ごく簡便に弾性係数を評価する方法にみかけ弾性係数[8]がある．このみかけ弾性係数には，支保工の剛性も入っていることから，同一の支保工を適用した区間のみかけ弾性係数と比較することで，地山の剛性の違いが検討でき，その後の支保工の増減を検討する材料ともなる．また，補助工法などを用いた場合も同様な考えが適用でき，地山性状の評価だけでなく，補助工法の妥当性評価の検討材料の一つにもなる．

みかけ弾性係数を用いた評価の例として，みかけ弾性係数と天端壁面ひずみを**解説 図 5.4.21**中にプロットし，切羽の安定性を評価する手法等がある．

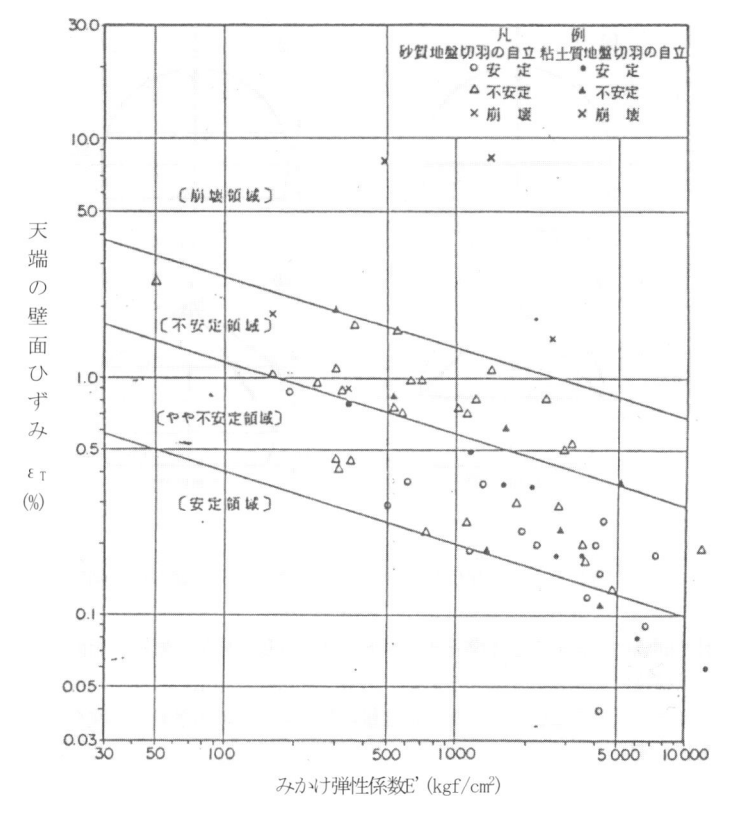

解説 図 5.4.21 みかけ弾性係数とトンネル天端の壁面ひずみの関係の例[9]

② 地山挙動の評価：おもな変位計測項目としては，内空変位測定，天端沈下測定，地表面沈下測定があり，地山の変位挙動を測定し，トンネルの安定性と支保工の妥当性を評価する．変位計測結果に基づいて，実際の地山に適合するように支保工の増減や設置時期等を決定する．内空変位，天端沈下測定によるトンネルの地山安定性評価にあたっては，危険な状態や不経済な状態に至る前の早い段階での変位計測結果から，地山の挙動，変化を予測することが重要である．また，変位計測後，早期に切羽の安定性を評価することができると，後続の支保工選定やインバートの必要性，施工時期の検討に反映することが可能となる．特殊な場合として，大きな変位が確認されたのちに緩やかに変形が収束する傾向を示す場合には，計測Bの支保工応力等も確認することが重要である．

変位計測結果を用いて地山挙動やトンネルの安定性を評価，予測する手法には限界ひずみ法，みかけ弾性係数による評価，最終変位予測法による評価等がある．以下，最終変位予測法について記述する．

ⅰ) 過去の施工実績による最終変位量の予測：変位計測に関する施工時のデータを切羽に出現する岩種ごとに初期変位速度と最終変位量の関係で整理されたものがある．解説 図 5.4.22は，掘削断面が道路トンネルの二車線断面規模であり，初期値測定が切羽距離5.5m以内に実施されたものである．

測定方法やトンネル断面規模等が同等であり，地質が同種であれば，計測された初期変位速度をこの図にプロットすることにより最終変位量を予測することができる．ただし，これらのデータには，相関関係にある程度ばらつきが見られることから，予測の結果もばらつきを持つことを認識すべきである．

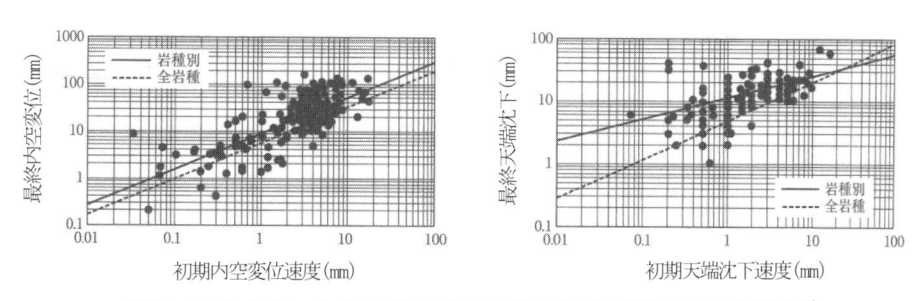

解説 図 5.4.22 初期変位速度と最終変位量の関係の例(d岩種)[10]

ii) 事前の数値解析結果との対比による最終変位量の予測：調査，設計段階において事前に数値解析等を実施している場合は，**解説 図 5.4.23**に示すように施工の初期段階での計測データと解析結果を対比させることにより，最終変位の予測が可能になる場合もある．ただし，解析に使用する地山物性値や応力解放率の設定によっては，事前解析と実際の変位計測データが大きく異なることも想定されることから，各現場の変位発生状況に応じた適用性の判断を行わなければならない[11]．なお，三次元数値解析を行っている場合には応力解放率設定の問題は発生しない．

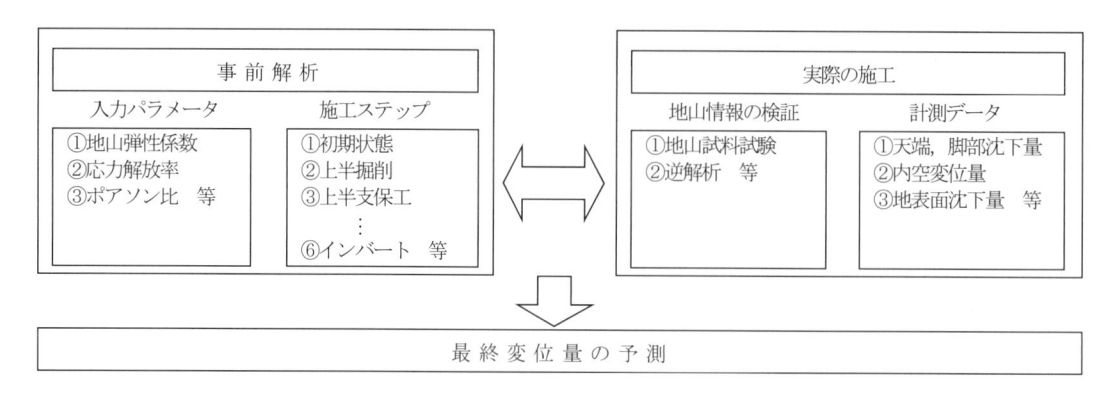

```
┌─────────────────────────────┐      ┌─────────────────────────────┐
│          事前解析            │      │         実際の施工           │
│  入力パラメータ  施工ステップ  │ ⇔   │ 地山情報の検証   計測データ  │
│  ①地山弾性係数   ①初期状態    │      │ ①地山試料試験   ①天端，脚部沈下量│
│  ②応力解放率    ②上半掘削    │      │ ②逆解析 等     ②内空変位量  │
│  ③ポアソン比 等  ③上半支保工  │      │                ③地表面沈下量 等│
│                  ⋮            │      │                              │
│                  ⑥インバート 等│      │                              │
└─────────────────────────────┘      └─────────────────────────────┘
                          ⇓
              ┌──────────────────────┐
              │   最終変位量の予測     │
              └──────────────────────┘
```

解説 図 5.4.23 解析結果との対比による最終変位量の予測の例[12]

iii) 既施工区間の実績に基づく最終変位量の予測：既施工区間の変位計測結果が十分に得られた際は，その結果を用いた予測を行うことにより，予測の精度が向上するものと考えられる．そのため，最終変位量予測の際には既施工区間の結果を活用し，当初の予測を修正することが望ましい．既施工区間の結果を用いる方法として，**解説 図 5.4.24**のような収束型関数による予測式や回帰モデルによる予測式等[12]がある．

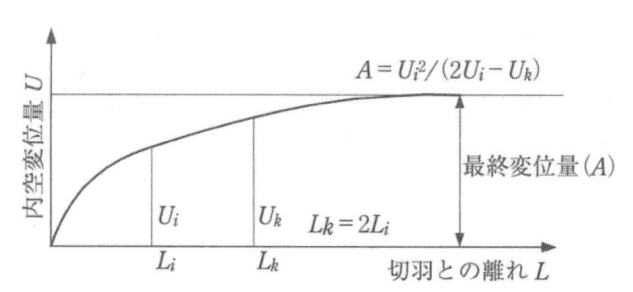

$$A = U_i^2/(2U_i - U_k)$$

（縦軸：内空変位量 U，横軸：切羽との離れ L，$L_k = 2L_i$，最終変位量 (A)）

解説 図 5.4.24 関数による最終変位量の予測例[13]

③ 支保工の安定性の評価：変位計測結果から支保部材の過不足を評価するには，変位の大小や収束状況を確認する．施工した支保工が適切でないと判断できる場合は，支保工の増減等の対処を行うとともに，その後の支保工の選定に反映することが設計および施工の合理化につながる．ただし，変形が収束しても大きな応力が支保工に作用していることもあるため注意が必要である．

④ 覆工打込み時期の評価：覆工は，地山変位が収束したことを計測で確認したのちに打ち込むことを原則とする．変位の収束は，1～3mm／月程度(0.2～1mm／週程度)の値が，少なくとも2週間程度継続することを目安値(管理基準)とすることが多い．

膨張性地山等で，土圧が強大で支保工だけでは土圧に対抗することが不利な場合は，覆工に力学的な性能をもたせることを検討する場合もある(第3編 **4.1.2**参照)．

<u>3) 変位計測結果の活用とその留意点</u>

変位計測結果を活用した例として，早期閉合の必要性と時期の検討，補助工法の効果検証，次の施工段階へのフィードバック，また後続計画への反映等が考えられる．以下にそれぞれについて記載する．

① 早期閉合の必要性と時期の検討：変位計測の結果より，変位の収束状況，変位の大小，脚部沈下量などの計測情報を最大限活用することで早期閉合の必要性やその施工時期等の検討が可能となる．

② 補助工法の効果検証：変位計測の結果により，補助工法を施工した場所の計測結果と，観察により地山条件および土被り条件が同等である箇所の計測結果を比較することにより，施工した補助工法の効果を検討することができる．また，変位計測結果を用いてみかけ弾性係数を算出することにより，補助工法の効果を変形特性として評価できる．さらにデータを蓄積していくことで地山条件および土被り条件等の類似トンネルにおいても活用が可能となることから，データの蓄積が重要である．

③ 次の施工段階へのフィードバック：上半掘削時および下半掘削時の変位計測結果を用いて，最終変位量予測を行い，管理基準と対比することにより次の下半掘削時やインバート掘削時に対策が必要か否か等の評価ができる．なお，インバート施工後に上半部や下半部の変位速度が再加速する場合には，インバート部の変状等が懸念されるため，埋戻し土を取り除く等してインバートの健全性を確認することも必要である．

④ 後続計画への反映：類似地山におけるⅡ期線トンネルや，近傍の後行トンネルの計画段階において，変位計測の結果を類似実績データとして活用することで，より合理的な設計，施工が可能となる．

変位計測結果を評価や活用する際の留意点として，変位計測結果は**解説 表 5.4.17**に示す因子により影響を受け，結果が大きく異なる場合があることを理解しておくことが重要である．このことを理解したうえで，変位計測結果を整理し，過去のデータを利用した最終変位量予測や管理基準を設定することが必要である．

解説 表 5.4.17　変位計測結果に影響を与える因子とその内容

変位計測に影響を与える因子	内　容
トンネル断面の形状	扁平断面では，一般に天端沈下量が大きく出る傾向にある等．
トンネル断面の大きさ	掘削断面積分の応力が周辺地山や支保工に再配分することから，一般に断面積が大きい場合は，変位量が大きい．また断面が大きい場合は，割れ目の間隔等によっても変位量の大きさが変化する．
加背割り	トンネルを分割掘削する場合と，全断面で掘削する場合とでは，地山の緩み程度が異なる．その結果，最終的な変位量が異なることがある．
地山の特性 （クリープ特性など）	とくに時間依存性を有する地山では，長期間にわたるクリープ変形が発生することがある．
変位計測の開始時期	一般に切羽近傍では変位が大きく発生する傾向にあり，計測開始時期が遅れることにより，変位計測結果が大きく異なる．
支保部材の違い （高規格支保部材など）	近年使用されている高規格支保部材は，早期強度発現材料等を利用していることから，掘削直後の変位を抑制することが考えられる．したがって，従前の支保部材を使用した場合の変位計測結果と同様に比較する場合は注意が必要である．
補助工法	補助工法は，切羽の自立性向上，変位抑制，応力緩和等を目的に実施される．なお，補助工法の採用／不採用区間における比較および補助工法施工区間前後のデータの評価には注意が必要である．

参考文献

1) (社)日本道路協会：道路トンネル観察・計測指針，p.129，2009．
2) (社)日本道路協会：道路トンネル観察・計測指針，p.155，2009．
3) (社)日本道路協会：道路トンネル観察・計測指針，pp.127-128，2009．
4) (社)日本道路協会：道路トンネル観察・計測指針，pp.151-154，2009．
5) (独)鉄道建設・運輸施設整備支援機構：山岳トンネル設計施工標準・同解説，pp.264-265，2014．
6) (独)鉄道建設・運輸施設整備支援機構：山岳トンネル設計施工標準・同解説，p.264，2014．
7) (独)鉄道建設・運輸施設整備支援機構：山岳トンネル設計施工標準・同解説，pp.265-268，2014．
8) (社)土木学会関西支部：都市NATMの設計施工マニュアル，p.23，1987．
9) (社)土木学会関西支部：都市NATMの設計施工マニュアル，p.120，1987．
10) (社)日本道路協会：道路トンネル観察・計測指針，p.131，2009．
11) (社)日本道路協会：道路トンネル観察・計測指針，p.132，2009．
12) (社)日本道路協会：道路トンネル観察・計測指針，p.133，2009．
13) (社)日本道路協会：道路トンネル観察・計測指針，p.134，2009．

4.4.3 計測B結果の評価と活用

計測Bで得られた結果は適切に評価し，周辺地山の安定性の確認，周辺環境への影響の確認，使用している支保部材や施工法の妥当性の確認，切羽前方の未施工区間や近傍に新設するトンネルの設計に反映しなければならない．

【解　説】　1) 計測Bの評価と活用　計測Bの評価は，計測Aによって得られるトンネルの挙動と，計測Bによって得られる地山内部や支保部材の挙動との関係を把握して，現状の支保構成が地山と適合しているかを判断し，以後の設計，施工に反映するために行われる．

計測Bにおける主要な観察・計測項目と結果の活用を**解説 表** 5.4.1に示す．計測Bは計測Aと比べて実施断面が少なく，1断面で実施される計測種別も限られるため，切羽観察や変位計測の計測データ等の同一断面で実施される計測Aの結果も含めて総合的に評価する必要がある．また，周辺で原位置試験や地山試料試験が行われる場合には，それらのデータを活用してトンネル周辺地山を的確に評価しなければならない．

計測Bによって得られた計測データの活用は，以下のように行われる．

① 観察調査：土被りが小さく掘削の影響が地表に及ぶ場合，地表面の状態の観察が行われる．また，あわせて行われる沈下量等の計測結果も踏まえ，地表付近も含めた緩み領域の進展やトンネル周辺地山の変状モードの分析や，地表の周辺構造物や植生への影響を把握する．

② 地山挙動に関する計測：地山と支保工の挙動計測に対しては，地表面沈下測定，盤ぶくれ測定，地中変位測定等が行われる．これらの計測結果は，トンネル掘削に伴う周辺岩盤に発生する緩み領域の進展やトンネル周辺の変状モードの分析に用いられる．坑外からの地中変位測定の結果は，掘削前に坑外から計測器を設置して測定を行うことで，切羽が通過することによる応力解放の履歴や三次元的な挙動の分析に用いられる．また，坑内での地中変位測定や盤ぶくれ測定の結果は，ロックボルト長の妥当性やインバートの安定性の検討に用いられる．

さらに，解析的手法により支保パターンを設定している場合，支保工での計測結果とあわせて計測B断面での再現解析を実施し，設計に用いた予測解析モデルの妥当性評価が行われる．その際，実際の計測データと予測解析結果にかい離がみられる場合は，解析の入力条件(地山区分，物性値，初期地圧，解析モデル等)の見直しが行われる．

③ 支保工，覆工性能に関する計測：支保工に直接設置する計測器には，ロックボルト軸力計，吹付けコンクリート応力計，鋼製支保工応力計等があり，これらの計測結果から部材自身の応力状態の確認や部材の仕様の妥当性の確認に用いられる．また，計測Aの結果や地中変位測定の結果とあわせて，トンネル周辺の緩み領域の進展，支保部材の荷重分担，変形モード等の分析等にも用いられる．このため，これらの測定はできる限り同一断面の同じ部位に近い位置で計測を実施することが望ましい．覆工の応力測定や変位測定は，トンネル完成後の覆工の長期的な安定性の確認のほかに，トンネル周辺での近接施工や地下水の状態変化による影響評価に用いられることもある．

④ 地山物性に関する調査，試験：地山物性の取得，確認に対しては，原位置での調査，試験や地山試料を用いた試験が行われることがある．地山物性に関する調査，試験結果の活用については，第2編 3.3.2に示している．

⑤ その他：上記以外に，計測Bには地表の構造物への影響の計測，地下水位の計測，補助工法の効果を確認するための測定等がある．構造物への影響については，沈下量や傾きの計測，発破時の振動の計測などが行われ，トンネル掘削が周辺環境に与える影響の評価に用いられる．地下水位の計測は，トンネル周辺での水位の変動を測定することにより，トンネル掘削が周辺の地下水位に与える影響を把握するために行われる．また，覆工に力学的性能が要求される圧力トンネルや防水型トンネルの場合には，復水状況や覆工に作用する外水圧を評価することに地下水位の測定結果が用いられる．

2) 計測Bの評価方法

① 地表面沈下測定：偏土圧地形，地すべり，近接施工，地下水等の影響があると，トンネル周辺での地表面における沈下量の面的な拡がりが左右非対称であったり，沈下量が異常に大きくなる場合があり，このような場

合にはほかに適切な計測項目を追加するなどの対応が必要である．

　地表面での沈下量や傾斜角の管理については，地表や地中の構造物の重要度等に応じて適切な管理基準を定め，計測データの増加の傾向を監視しながら地表面沈下がこれを上回ると予想された場合は，直ちに対策工の検討を行わなければならない．

　近接施工の場合，既設構造物等に対して被害を与えないことが前提となるが，まったく沈下させずに施工することは容易ではないことから，管理の目標値として許容傾斜(限界変形角)を設定している事例もある[1]．

　②　盤ぶくれ測定：盤ぶくれ測定結果の評価は，内空変位測定，天端沈下測定，脚部沈下測定および地中変位測定の計測結果とあわせて断面内の変形状態を総合的に評価する必要がある．上半盤での盤ぶくれ測定のデータは，ほかの変位計測データや上半支保工の変状観察結果から仮インバートの必要性や下半の掘削時期の評価に用いられる．下半掘削時の盤ぶくれ測定のデータについても同様の評価を行い，インバートの必要性やインバート設置時期の評価に用いられる．

　また，インバートの隆起量の測定結果は，コンクリート表面の観察結果とあわせてインバート部の地山の安定性の確認，およびその後に施工するインバートの形状，強度，巻厚，鉄筋の必要性を判断するための情報となる．さらに，インバートの隆起量の測定をトンネル横断方向に数点実施し，脚部沈下のデータと比較することにより，側壁とインバートが破断していないかどうかを評価することができる．

　なお，地中変位測定は，通常天端および側壁から周方向への設置によりトンネル周辺の緩み領域を評価するが，盤ぶくれが発生している深度を評価するためには下向きに変位計を設置し，その結果によりインバートの形状や巻厚を再検討することも行われている．

　③　地中変位測定：坑内からの地中変位測定結果の評価の目安としては，以下の方法があげられる．

　ⅰ）緩み領域とその進展状況の推定：一般に緩み領域内では，岩盤内の新たな亀裂の発生や，亀裂の開口の進展により，深部の健全な岩盤との間で，解説 図 5.4.25(a)に示すように，地中変位分布が不連続になっている場合や，解説 図 5.4.25(b)のように，変位がある深度から急激な増加を示す場合がある．このような地中変位分布の不連続性や急激な増加傾向に着目することで，トンネル周辺に発生した緩み領域の進展深度を推定することができる．さらに，時間の経過に伴って変位量の深度分布が急変する位置が深部に進展する傾向が認められるようであれば，緩み領域が進展している状況にあると考えられ，ロックボルト軸力や内空変位等の他の計測値と照合しながらトンネルの安定性を総合的に評価することが望ましい．

　また，解説 図 5.4.26に示すように，空間的な分布を見るためのデータ整理を行うことによって，面的な変位分布を把握することができる．また，管理基準値と比較することにより，切羽やトンネル周辺地山の安定性確保のための対策工の必要性を評価することができる．同様の手法は，未固結地山のトンネルや潜在亀裂の発達した地山での評価や，長尺先受け工等の補助工法の変形の評価に対しても適用される．

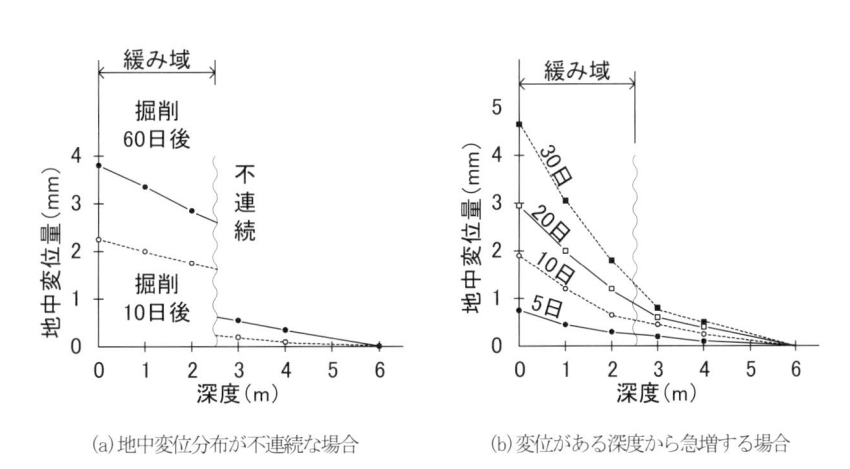

(a) 地中変位分布が不連続な場合　　(b) 変位がある深度から急増する場合

解説 図 5.4.25　地中変位計測による変位分布の評価例[2]

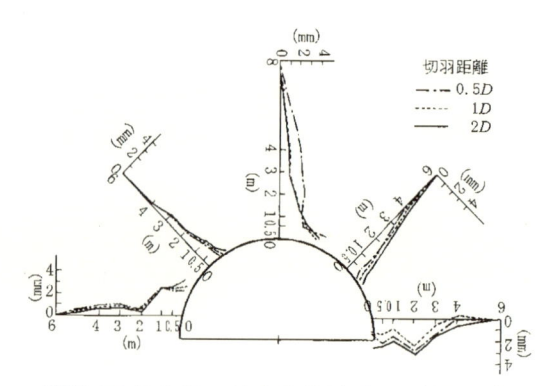

解説 図 5.4.26 地中変位計データ整理例[3]

ⅱ) 岩盤内ひずみ分布推定による安定性の評価：内空変位測定，天端沈下測定および地中変位測定等の変位計測結果から，直接ひずみ制御法[4]等により逆解析を行い，トンネル周辺の最大せん断ひずみ分布を推定し，限界ひずみとの比較により緩み領域の分布を推定することができる．

解説 図 5.4.27に直接ひずみ制御法のフローチャートを示す．

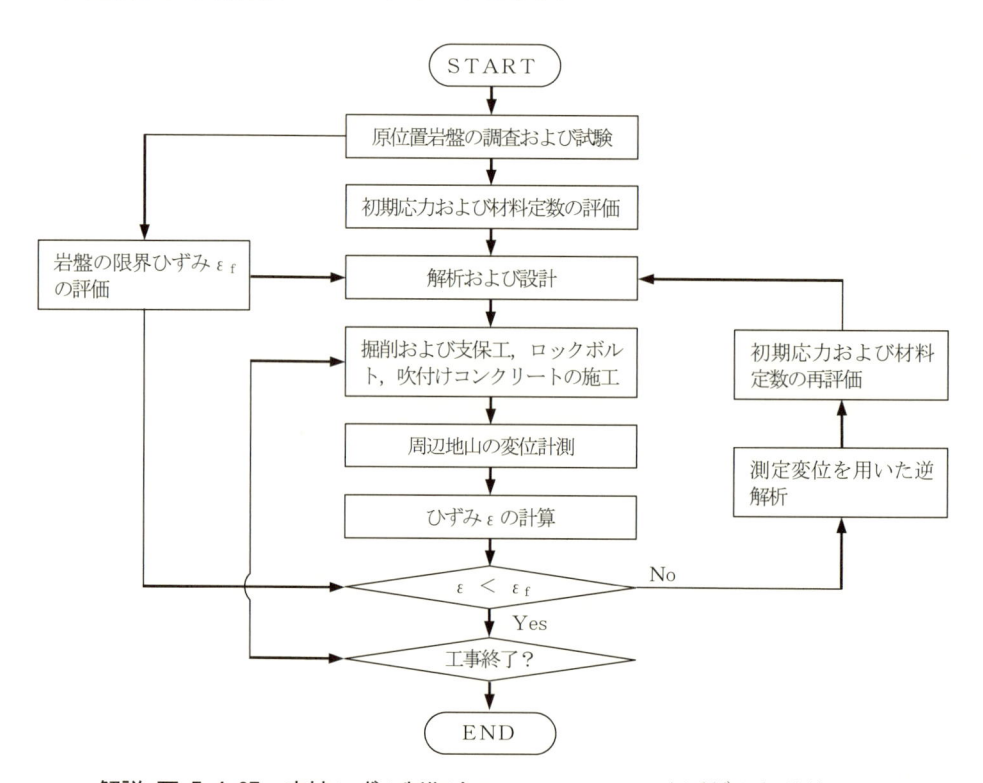

解説 図 5.4.27 直接ひずみ制御法のフローチャート（文献[4]を加筆修正）

ⅲ) ロックボルトの長さの適否判断：多段式の地中変位計から得られる変位量の深度別分布から，ロックボルトの長さの適否の判断が可能となる．評価にあたっての目安と手法を**解説 表 5.4.18**に示す．

地中変位量が大きく，緩み領域がロックボルトの効果を期待する長さよりも奥に広がっているとロックボルト軸力分布からも確認された場合は，ロックボルトの仕様を見直す必要がある．とくに，膨張性地山等の事例では，**解説 表 5.4.18**の下段に示した場合のように，内空変位量が大きくても地中変位量が小さく計測される場合には，最深部の不動点自体が緩み領域内にあり正確に評価できない場合がある．このため，内空変位やロックボルトの軸力の測定結果等もあわせて，断面内の変状モードを総合的に評価する必要がある．

解説 表 5.4.18 地中変位発生パターン一覧[5]

地中変位発生概念図	発生原因、現象	活用方法
変位分布／深度／不連続面の発生	不連続面の発生 →ゆるみ領域の最大位置と考えられる	・増しボルトの検討 ・吹付けコンクリート厚の見直し
変位分布／深度／変位の急激な増大	トンネル壁面近くでのゆるみ領域の発生 →後荷の可能性あり	・ボルト長見直し（減） ・ボルト本数見直し（増） ・鋼製支保工サイズ見直し ・地盤改良の検討
変位分布／深度／内空変位より小	地中変位計の長さ不足 →端点がゆるみ領域中にあり、不動点となっていない（膨張性地山等）	・ボルト長見直し（増） ・鋼製支保工サイズアップ ・吹付けコンクリート厚の見直し

④ 地山試料試験および原位置調査，試験：施工中に行われる調査，試験の内容については，第2編 3.1.4，第2編 3.3.2に示している．

⑤ ロックボルト軸力測定：地山内に打設されたロックボルトは，引張りの軸力が生じることによって，はじめてその効力が発揮される．軟岩で土被りも大きく，変位量も大きいと予想されるような地山に対してロックボルトの内圧効果を期待するためには，ロックボルトにはある程度軸力が生じていることが必要となる．しかし，軸力が降伏強度を超えるような場合には，内空変位量や地中変位分布等の結果とあわせて断面内の変状モードを総合的に判断し，ロックボルトの設計を見直す必要がある．

地山の変位が節理等の動きに支配されるような硬岩地山でのロックボルトの目的はおもに縫い付け効果であり，軸力の大きさだけからその効果を判断することはできない．

ロックボルトの軸力分布は地中変位分布に対応して生じるものであるが，その軸力分布のピーク位置から一般的に次のような判断ができる．すなわち，**解説 表 5.4.19**に示すように，ピーク位置がロックボルトの中央付近にある場合には，ロックボルトは有効に作用していると言える．ピーク位置が，ロックボルトの先端寄りにある場合にはロックボルトが短すぎ，トンネル壁面に近い場合にはロックボルト長が長すぎると判断される．このような場合には，内空変位量や地中変位分布等の結果とあわせて断面内の変形状態を総合的に判断し，適切なロックボルト長について検討する必要がある．

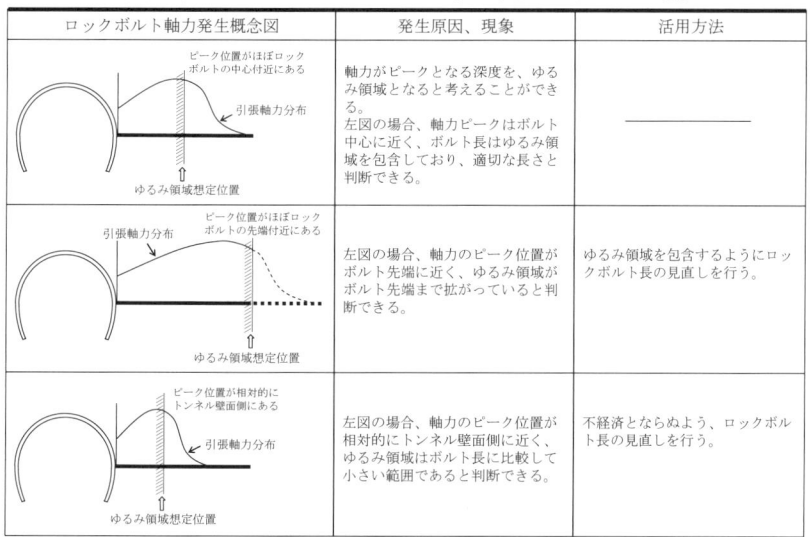

解説 表 5.4.19 ロックボルト軸力発生パターン一覧[6]

ロックボルト軸力発生概念図	発生原因、現象	活用方法
ピーク位置がほぼロックボルトの中心付近にある／引張軸力分布／ゆるみ領域想定位置	軸力がピークとなる深度を、ゆるみ領域となると考えることができる。 左図の場合、軸力ピークはボルト中心に近く、ボルト長はゆるみ領域を包含しており、適切な長さと判断できる。	―
引張軸力分布／ピーク位置がほぼロックボルトの先端付近にある／ゆるみ領域想定位置	左図の場合、軸力のピーク位置がボルト先端に近く、ゆるみ領域がボルト先端まで拡がっていると判断できる。	ゆるみ領域を包含するようにロックボルト長の見直しを行う。
ピーク位置が相対的にトンネル壁面側にある／引張軸力分布／ゆるみ領域想定位置	左図の場合、軸力のピーク位置が相対的にトンネル壁面側に近く、ゆるみ領域はボルト長に比較して小さい範囲であると判断できる。	不経済とならぬよう、ロックボルト長の見直しを行う。

⑥ 吹付けコンクリート応力測定：吹付けコンクリート応力の測定結果は，基本的にコンクリートに発生する応力あるいはひずみの値が許容値以下であるかどうかによって，支保部材としての耐力，剛性の適否を判断する情報となる．

吹付けコンクリートは，材齢によって強度や剛性が変化するため，応力測定値の評価において，地山条件とともに吹付けコンクリートの材齢や切羽の進行についても考慮する必要がある．中硬岩の地山で，変位量が小さく掘削進行も速い場合，吹付けコンクリートに発生する応力は小さく，この結果のみからその効果を判断することは難しい．一方，軟岩で土圧や変位量が大きい地山では，掘削進行も遅い場合が多く，吹付けコンクリートの剛性が材齢とともに十分大きくなっているため，測定値によって吹付けコンクリートの強度や吹付け厚等の評価を行うことができる．

⑦ 鋼製支保工応力測定：鋼製支保工に発生する応力や断面力から鋼材の許容荷重あるいは降伏荷重を目安に支保工の健全性を評価する．ただし，得られた計測結果の評価にあたっては，鋼製支保工の発生応力のみで判断するのではなく，他の支保部材の応力や変位の測定結果，あるいは目視観察による支保工脚部の支持状態や変状の有無の記録もあわせて断面内での総合的な安定性の評価が必要である．なお，**解説 図 5.4.28**に示すように鋼製支保工応力測定と同一部位で吹付けコンクリート応力測定を実施することで，鋼製支保工と吹付けコンクリートの荷重分担割合を評価することができる．

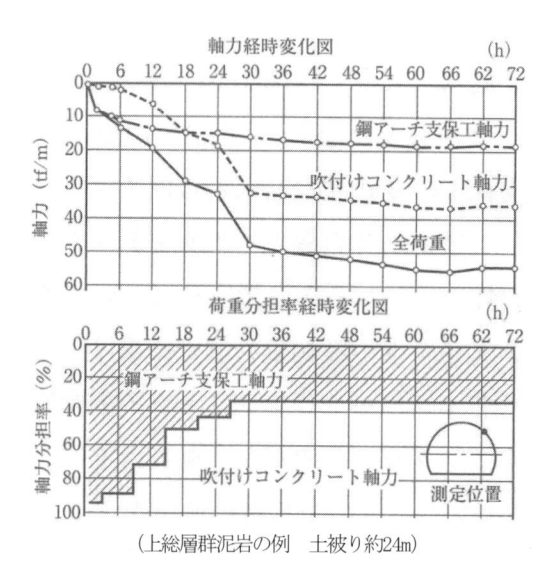

解説 図 5.4.28 吹付けコンクリートと鋼製支保工の荷重分担計測例[7]

⑧ 覆工応力測定：覆工応力測定は，トンネル完成後の近接施工や地下水位の回復に伴う応力変化，膨張性地山で覆工が荷重を受ける場合等の安定性評価のために行われ，コンクリート内に計器を埋設する方法が一般的である．使用する計器はコンクリート応力計が用いられ，鉄筋を配筋する場合には鉄筋応力計が用いられる．防水型のトンネルでの安定性を評価するためには，覆工応力の発生が地山の変形によるものだけでなく，水圧変化によるものかどうかを判断する必要がある．その際には，周辺の地中変位測定に加えて地下水位や間隙水圧等の地下水状況とともに評価しなければならない．また，施工直後から覆工に発生する応力を評価する場合と，既にトンネル完成後，覆工へ新たな計器を設置して近接施工等を応力増分で評価する場合では，その状況に応じて管理基準を変えて評価する必要がある．

計測値の評価にあたっては，計測断面付近の覆工表面の観察を行い，計器設置箇所との位置関係を整理する必要がある．計測点付近に開口ひびわれが発生しているような場合には，その周辺で応力が解放されていることがある．このため，計測した応力値が基準値以下であっても，過去に現在の計測値以上の応力が発生し，引き続き変形が増加していることも考えられる．この場合，覆工応力の計測値の履歴や他の変位計の経時変化，間隙水圧等のデータと比較し，トンネルの補強や防水型でない場合の水抜き等の対策工の必要性について検討する必要がある．

⑨ 地下水位測定：トンネル掘削による地下水位への影響を測定する場合は，その影響が出現する前から測定を開始し，トンネル内の変位が収束するまで，1回／日〜1回／週程度の間隔で行われる．測定結果は，トンネル内の変位データや切羽周辺での湧水の状況と対比して経時的な変化を整理し，トンネル掘削の影響について分析する．また，周辺構造物や周辺環境への影響を評価する場合には，トンネル内の変位が収束した後も長期的に計測を実施することが望ましい．

なお，地表に比較的近いところでの地下水位の計測データの評価にあたっては，温度変化や降雨等の影響を受けることがあるため，気温や降水量のデータをあわせて取得して分析時に考慮する必要がある．

参考文献
1)（社）日本道路協会：道路トンネル観察・計測指針，pp.136-137，2009.
2)（社）日本道路協会：道路トンネル観察・計測指針，p.167，2009.
3)（社）地盤工学会：地盤工学・実務シリーズ24山岳トンネル工法の調査・設計から施工まで，p.169，2007.
4)（社）日本道路協会：道路トンネル観察・計測指針，p.168，2009.
5)（独）鉄道建設・運輸施設整備支援機構：山岳トンネル設計施工標準・同解説，p.293，2014.
6)（独）鉄道建設・運輸施設整備支援機構：山岳トンネル設計施工標準・同解説，p.294，2014.
7)（社）日本道路協会：道路トンネル観察・計測指針，p.173，2009.

4.4.4 設計，施工，維持管理への反映

観察・計測結果は管理基準等に基づいて総合的に評価し，すみやかに設計，施工へ反映させるとともに将来の維持管理の参考資料として維持管理のために適切に記録を整備し，保管しなければならない．

【解　説】　観察・計測で得られた地山状況や地山と支保工等の挙動の情報は，施工の安全性確保や合理的な構造物とするための判断基準として重要であり，これらをすみやかに設計，施工へ反映させるため，管理基準等に基づく対応を適切に行える枠組みをあらかじめ構築しておく必要がある．また，観察・計測結果は，後続の計画や類似の地山条件でのトンネル施工の参考となるため，設計，施工への反映方法も含め適切に記録しておくことが望ましい．

さらに，維持管理段階においては，補修の要否の判断や補修方法の選定にあたって，トンネル構造物の変状や劣化の発生状況，観察・計測で得られた地山状況や地山と支保工等の挙動の情報等の施工段階における情報が重要となるため，これらの記録を整備し適切に引き継ぐ必要がある．

1) 設計，施工への反映　観察・計測結果を設計，施工へ反映させる目的は，施工の安全性を確認し，経済的で安定したトンネル構造物を構築することにある．

トンネル施工時の周辺地山の安定は，地山条件のほか，加背の形状，大きさ，支保工の規模，施工時期，切羽安定対策の有無，最終的な断面形状，覆工厚等の設計，施工条件により大きな影響を受ける．

トンネルの設計，施工方法の検討は，「いかに地山の強度を最大限に活用するか」あるいは「いかに地山の強度を劣化させずに施工するか」という観点から実施されるが，当初設計の段階で，地山条件をトンネル全長にわたって詳細に把握することは困難なことが多く，掘削時の地山状況や地山と支保工の挙動等を的確に予測することは難しい．

このため，施工中の観察・計測結果を活用して，地山条件とそれに対応する当初設計の妥当性等を評価，判断のうえ適切な修正を加え，設計，施工へすみやかに反映することが重要となる．観察・計測結果を設計，施工へ反映する方法は，一般に次のとおりである．

第一は，日々の作業における安全管理と施工の合理化を主眼とするもので，管理基準を設けて判断するのが一般的である．管理基準として用いられる項目は，切羽および坑内の観察，施工中の地山および支保工の挙動等が中心となる．管理基準の適用にあたっては，ひとつの項目だけでなく，常にいくつかの管理項目を総合的に検討することが重要である．

第二は，地山条件に対して，管理基準や当初設計が妥当なものであるか否かを判断するために，地山特性や支保機能を含めた総合的な検討を行う場合であり，坑内で各種試験を適宜実施し，妥当性を検証する．
　設計，施工へ反映するための対応は，具体的に次の順序で実施される．
　　① 管理項目および管理基準の設定
　　② 施工に伴う観察・計測の実施
　　③ 観察・計測結果に基づく最終予測
　　④ 計測値，予測値と管理基準値の対比
　　⑤ 当初設計，施工の妥当性の検討
　　⑥ 必要に応じて管理基準等の見直し
　当初設計の修正といった設計，施工上の対応は，切羽の安定性の確保と土圧による変形，変状への対処に分類することができる．最近では切羽の安定性向上や周辺地山等への影響軽減を図るために，切羽安定対策等の補助工法を積極的に適用することが多い．
　とくに，地質が急変するかあるいは不良な箇所，湧水箇所，土被りの小さい箇所，偏土圧の作用しやすい坑口付近等の特殊条件下や不安定な切羽の出現が予想される悪条件下の地山では，通常の場合にも増して，このような設計，施工上の対応が重視され，その適否や迅速さが，切羽崩壊事故等の生じない合理的な施工を促進する決め手となる．このため，切羽に出現した地山状況を注意深く観察したうえで，さらに既施工区間の切羽観察や全体の地形，地質条件の考察等を通じて，切羽前方の地山状況やその変化動向を把握し，トンネルの安定性判断に役立てなければならない．また，地山条件によっては切羽前方探査による地山情報の入手も有力な手段となる．
　また，観察・計測結果で得られた情報や，これらに基づく設計，施工上の対応は，後続の計画や類似の地山条件でのトンネル施工の参考となるため，参照が容易となるよう適切に記録を整理するとともに，利活用がしやすい形で保管しておくことが望ましい．
　<u>2) 維持管理への反映</u>　供用後の維持管理を計画的に行うためには，施工中の工事記録(地質調査，設計，施工実績等の各種図面およびデータ，線形管理データ，覆工の出来形，覆工の点検結果等)とともに観察・計測のデータは重要な資料となる．とくに観察・計測で得られた地山状況や地山と支保工等の挙動の情報は，トンネルの部分的な補修あるいは大規模な補強が必要となった場合，その変状の発生メカニズムや原因を特定するために重要となる．
　したがって，施工中の観察・計測のデータは，工事記録と関連づけられるよう，適切に整理して保管しなければならない．その際，資料の散逸を防止し，維持管理段階での利用が容易となるよう電子媒体等を活用することが望ましい．
　また，覆工の出来形やひびわれ等の初期の変状の有無とその施工時の補修の記録は，供用後の補修の要否や補修方法の判断のために重要となるため，供用前に点検等を実施し，これらについても展開図等を記録しておくことが望ましい．
　解説 図 5.4.29に，鉄道トンネルで一般に用いられているトンネル施工実績総括表の例を示す．

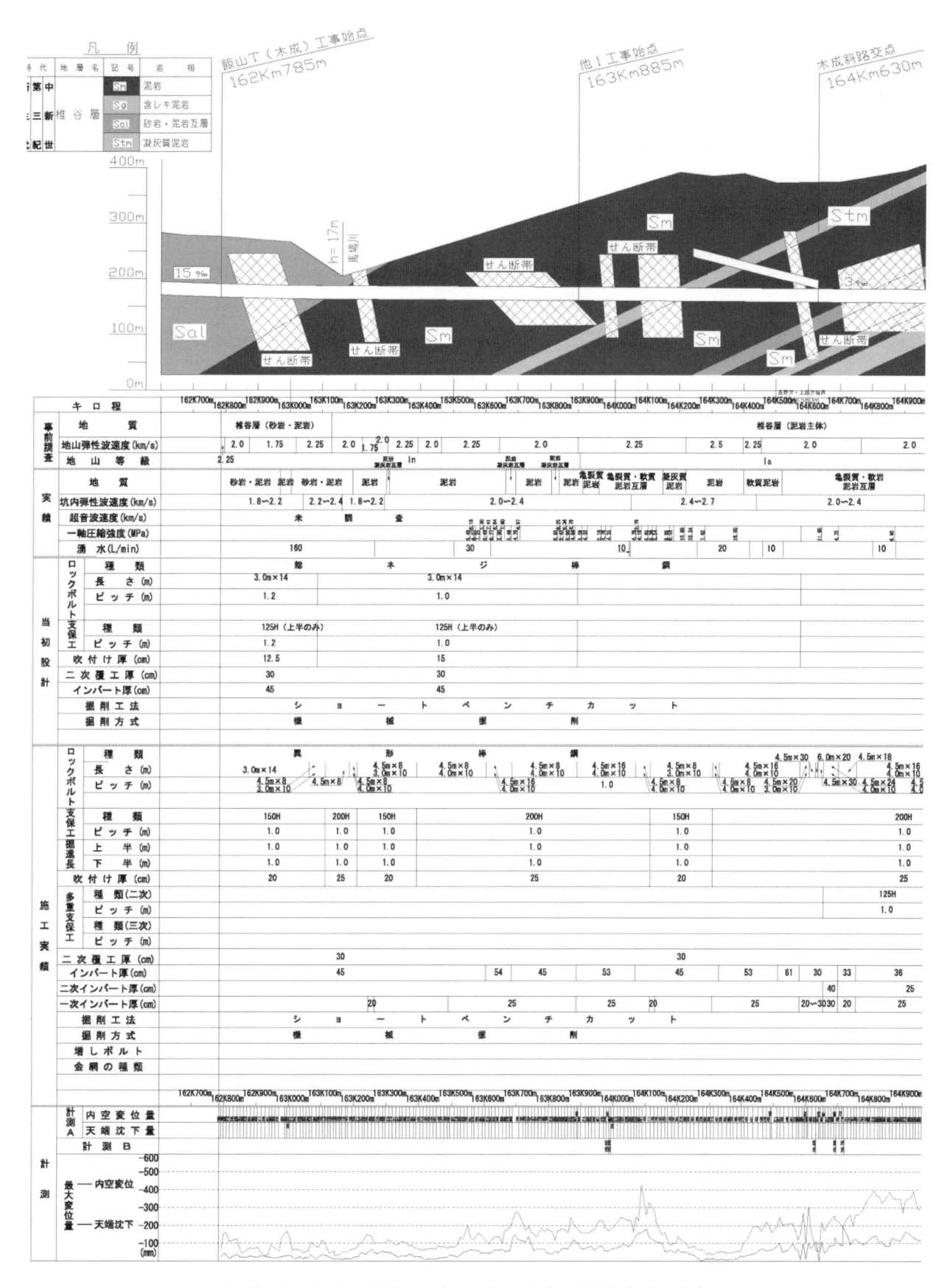

解説 図 5.4.29 鉄道トンネルにおける施工実績総括表の例[1]

参考文献

1) (独)鉄道建設・運輸施設整備支援機構:山岳トンネル設計施工標準・同解説, p.287, 2014.

第6編　補助工法

第1章　総　則

1.1　補助工法一般

補助工法の適用にあたっては，その目的および費用対効果を検討したうえで，その採用について判定しなければならない．

【解　説】　補助工法は，トンネル掘削の施工の安全確保(切羽安定対策，湧水対策等)および周辺環境の保全(地下水対策，地表面沈下対策，近接構造物対策等)を目的とし，通常の支保工や加背割等の工夫では対処できないか，対処することが得策でない場合に用いられる対策手段の総称である．その採用にあたっては，トンネルの設計や施工方法と密接に関連するため，目的や地山条件や立地条件等を考慮して判断する．また，採用する補助工法によっては，専用の設備を要しトンネル掘削の施工サイクルに影響を与える工法もあることから，通常のトンネル施工機械設備，材料で対応可能か否かについても考慮する．

補助工法に着目したトンネルの調査，設計，施工の流れを**解説 図 6.1.1**に示す．

1) 当初設計に補助工法を盛り込む場合　地山条件，掘削断面，地表面沈下の制限等の立地条件に基づき，安全性と経済性が得られるよう合理的な補助工法を検討する．なお，当初設計は限定された調査結果に基づいたものであるため，施工時において当初設計の仕様，施工範囲にとらわれることなく，切羽の観察・計測結果等を踏まえて合理的な補助工法に修正する．

2) トンネル施工中に補助工法を採用する場合　施工状況，計測結果等に基づき，採用する補助工法と支保パターン，掘削工法との適合性を検討し，効果，経済性および工期等を勘案して決定する．

1.2　補助工法の適用

補助工法の適用にあたっては，各工法の特徴を把握したうえで，地山条件，立地条件等の調査を行い，トンネルの工程，施工法等を考慮しなければならない．

【解　説】　解説 表 6.1.1に補助工法の分類を示す．同表に示すとおり，補助工法は，その目的に応じて切羽安定対策，地下水対策，地表面沈下対策，近接構造物対策に大別される．また，補助工法には様々な工法があり，主目的とする効果とそれに付随した二次的効果を併せもつものもある．このため，補助工法は目的に応じて複数の工法を組み合わせて適用されることが多い．

1) 切羽安定対策　山岳工法は，掘削後支保工の施工が完了するまでの間，切羽が安定していることが前提である．切羽の安定を確保するためには，掘削断面を細分化する方法，一掘進長を短くする方法，早期に断面を閉合する方法，支保工の増厚，高規格化する方法等がある．しかし，施工機械の制約，経済性等から，これらの方法ではなく，大きな断面で補助工法を採用して施工するほうが合理的な場合がある．

切羽安定対策の補助工法の選定および組み合わせの検討にあたっては，地下水の浸潤，出水が，切羽の崩壊や安定性を低下させる場合が多いことから，まず地下水対策の必要性の有無を検討する．

次に，問題となる対象箇所によって，天端，鏡面，脚部の安定に分けて考え，補助工法を選定する．ただし，天端と鏡面の安定は相互に関連すること，脚部の沈下は天端周辺の緩みを誘発して天端の安定性を低下させること等，切羽安定の問題は，天端，鏡面，脚部で相互に関連している場合がある．このため，切羽不安定の事象をあらかじめ推定して対策方法を事前に計画するとともに，切羽観察や計測結果をもとに，早期に適切な対策を行う．地山条件，掘削断面，地表面沈下の制限等の立地条件に基づき，安全性と経済性が得られるよう合理的な補

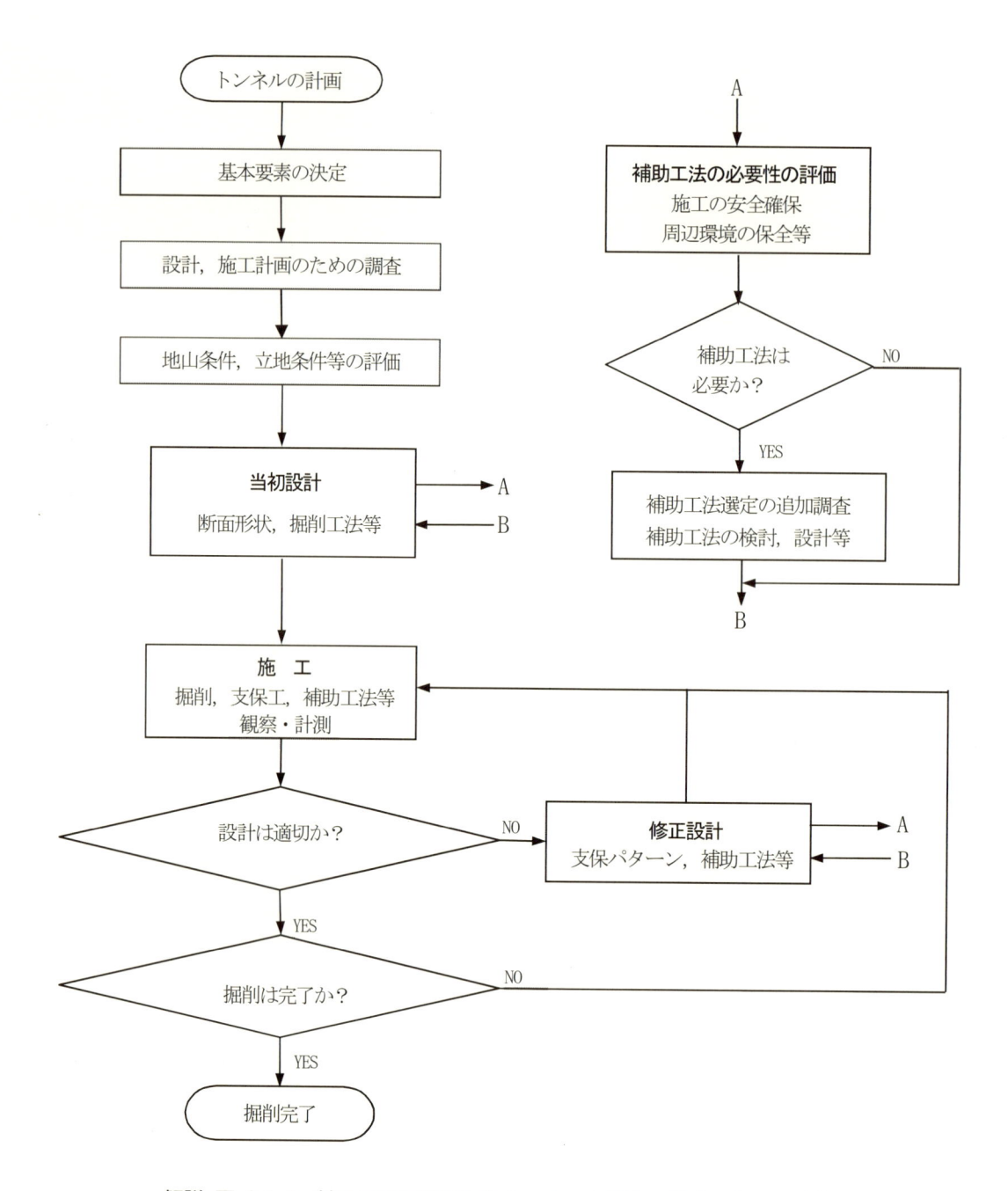

解説 図 6.1.1 補助工法に着目したトンネルの調査，設計，施工の流れ

助工法を検討する．

 2) **地下水対策** 地下水位よりも低い深度にトンネルを掘削する場合には，掘削箇所に自由水面が生じ，地下水の浸潤，出水が生じることは避けられない．この事象により生じる問題としては，切羽の安定性の低下，底盤の泥ねい化ならびに支保工の品質低下等が挙げられ，施工の安全に支障が生じる．また，周辺地下水位の低下による地盤沈下，井戸の枯渇等，周辺環境保全に支障が生じる．これらの問題の対策として，排水による対策と止水による対策がある．

 排水による対策は，地表面沈下を伴うこと，トンネルに近接する構造物に有害な影響を与えることがあるので，事前に周辺環境に与える影響を調査して対策を立案する．地下水の低下や枯渇等の周辺環境への影響が懸念される場合，あるいは排水による地表面沈下を許容できない場合は，止水による対策が適用される．止水による対策のうち止水注入工法は，出水量の低減と地盤改良効果が期待でき，切羽安定対策や不連続な挟在砂層の対策としても用いられる．そのほか，凍結工法，遮水壁工法等が適用されることもある．

解説 表 6.1.1 補助工法の分類表(文献1)を加筆修正)

工法		目的 施工の安全確保 切羽安定対策 天端の安定	目的 施工の安全確保 切羽安定対策 鏡面の安定	目的 施工の安全確保 切羽安定対策 脚部の安定	目的 施工の安全確保 地下水対策	目的 周辺環境の保全 地表面沈下対策	目的 周辺環境の保全 近接構造物対策	対象地山 硬岩	対象地山 軟岩	対象地山 未固結	適用区分
天端の補強	フォアポーリング	○						○	○	○	*1
天端の補強	長尺フォアパイリング	○				○	○		○	○	*3
天端の補強	水平ジェットグラウト	○	○	○		○	○			○	*3
天端の補強	スリットコンクリート	○				○	○			○	*3
天端の補強	パイプルーフ	○				○	○			○	*3
鏡面の補強	鏡吹付けコンクリート		○					○	○	○	*1
鏡面の補強	鏡ボルト		○			○		○	○	○	*1
脚部の補強	ウイングリブ付き鋼製支保工			○		○			○	○	*1
脚部の補強	脚部吹付けコンクリート			○		○			○	○	*1
脚部の補強	仮インバート			○		○			○	○	*1
脚部の補強	脚部補強ボルト			○		○			○	○	*1
脚部の補強	脚部補強パイル			○		○			○	○	*2
脚部の補強	脚部補強サイドパイル			○		○			○	○	*2
脚部の補強	脚部補強注入			○		○			○	○	*3
地下水位対策 排水	水抜きボーリング	○	○	○	○			○	○	○	*1
地下水位対策 排水	ウェルポイント	○	○	○	○					○	*3
地下水位対策 排水	ディープウェル	○	○	○	○					○	*3
地下水位対策 排水	水抜き坑	○	○	○	○			○	○	○	*3
地下水位対策 止水	止水注入工法	○	○	○	○	○		○	○	○	*3
地下水位対策 止水	凍結工法				○	○				○	*3
地下水位対策 止水	圧気工法				○	○				○	*3
地下水位対策 止水	遮水壁工法				○	○				○	*3
地山補強	垂直縫地工法	○		○		○			○	○	*3
地山補強	注入工法,攪拌工法	○		○		○	○			○	*3
地山補強	遮断壁工法						○			○	*3

注) ○ 比較的よく採用される工法
 *1 通常のトンネル施工機械設備,材料で処理が可能な対策
 *2 適用する工法によって通常のトンネル施工機械設備,材料で処理が可能な工法と困難な工法がある対策
 *3 通常のトンネル施工機械設備,材料で処理が困難で,専用の設備等を要する対策

3) 地表面沈下対策 トンネル施工に伴う地表面沈下は,地山条件,立地条件,地下水,施工法等が複雑に関係するが,おもな要因は,トンネル掘削による周辺地山の緩み領域の発生と地下水位の低下(間隙水圧の低下)によるものに分類することができる.前者の緩み領域の拡大による沈下は,未固結地山や小土被りの場合に,トンネル周辺地山の強度不足やグラウンドアーチが形成されないこと等に起因していることから,その対策は切羽安定対策と同様の補助工法が用いられる.後者の地下水位の低下による沈下は,間隙水圧の低下による粘性土の圧密沈下や砂質土の即時沈下であり,その対策はトンネル内への地下水流入を抑制することを目的とした地下水対策(止水による対策)が用いられる.地山の緩みと地下水位の低下の両方が懸念される場合には,これらを併用する.また,地山補強を目的とした注入工法,攪拌工法や地表部からの垂直縫地工法も有効である.

4) 近接構造物対策 用地の制約が厳しい立地条件では,地表の建物や橋梁等の構造物直下等,既設構造物に近接した施工を余儀なくされる場合があり,必要に応じて防護対策を行う.防護対策には,①トンネル側で掘削時挙動を抑制する方法,②近接構造物間の地山改良や遮断により掘削時挙動を抑制する方法,③既設構造物を補

強する方法がある．①と②については上記の切羽安定対策や地山補強を目的とした注入工法，撹拌工法が採用されることが多い．③については，アンダーピニング等が採用されている．

　道路，鉄道，水路，建物および地中構造物の直下またはこれらに近接した掘削においては，これらの構造物の管理者と事前に打ち合わせることにより沈下の許容値や管理値を定め，施工時の計測計画を検討する．

参考文献
1)（社）土木学会：トンネル・ライブラリー第20号　山岳トンネルの補助工法－2009年版－，p.2，2009.

第2章 トンネル施工の安全性確保のための補助工法

2.1 切羽安定対策のための補助工法

切羽安定のための補助工法は，地山条件，立地条件等の調査結果に基づき，各種補助工法の効果，トンネルの工程，施工法等を考慮したうえで選定しなければならない．

【解　説】　切羽安定対策は，対象箇所によって，天端部の安定対策，鏡面の安定対策，脚部の安定対策に分けられる．天端部からの崩落防止を図る天端安定対策と鏡面の安定対策は互いに関連している部分もあり，地山条件や切羽観察の結果等により切羽の安定性を判断し，合理的な工法を選定する．切羽安定を阻害する要因としては，湧水の多い場合や未固結地山，亀裂の多い地山および膨張性地山等が挙げられる．さらに，支持力が不足する地山においては，脚部沈下の発生に伴い天端周辺の緩みが拡大して切羽天端の安定を損なうことがあり，とくに施工中の上半盤の支持力不足への対策が重要になる場合がある．

切羽安定対策にあたっては，まず予測される事象に応じた対策を事前に計画しておき，切羽観察等により切羽の安定性を評価し，早期に合理的な対策を行うことが重要である．

また，断層破砕帯，崖錐および扇状地堆積物等の不良地山での掘削にあたっては，施工の安全性，確実性，周辺環境への影響等を考慮して適切な補助工法を選定する．

1) 天端部の安定対策　天端の安定対策は，掘削に先立ち切羽前方のアーチ部を補強することで天端の安定を確保するもので，①掘削時にボルト，鉄筋，パイプ等を斜め前方に打設する充填式フォアポーリング，②超急結性のセメントミルクや薬液等を圧力注入し，芯材と注入材による改良体により天端の安定性を高める注入式フォアポーリング，③天端周辺地山を改良することにより鏡面の安定対策としての効果も期待できる長尺フォアパイリング等がある．注入材の選定においては，周辺環境を考慮して関連法規類を遵守しなければならない．

①　充填式フォアポーリング：充填式フォアポーリングは，**解説 図 6.2.1**に示すように切羽面から上半アーチ外周に5m程度以下の長さのボルト，鉄筋，パイプ等を施工することにより，天端の見かけのせん断強度の増大，崩落防止等を期待する工法である．一般に鉄筋を使用してセメントミルクやモルタル等で充填を行うが，切羽の状態によっては充填しない非充填式フォアポーリングを用いる場合もある．

この工法は天端の崩落防止対策として一般的であり，対策の初期段階に採用されることが多い．また，天端および鏡面の安定性向上を図る場合には，鏡吹付けコンクリートや鏡ボルト等と併用される場合もある．

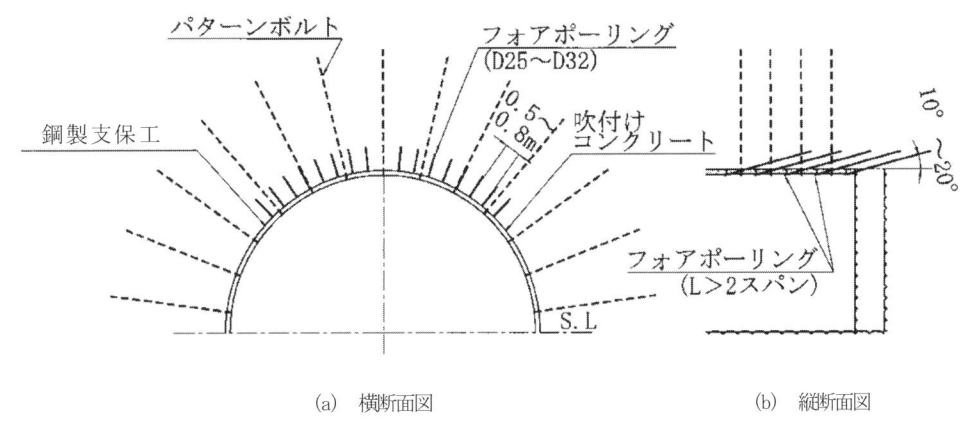

(a) 横断面図　　　(b) 縦断面図

解説 図 6.2.1　充填式フォアポーリングの施工例

②　注入式フォアポーリング：注入式フォアポーリングは，**解説 図 6.2.2**に示すように，切羽より斜め前方の地山に5m程度以下の長さのボルトやパイプ等を打設すると同時に超急結性のセメントミルクや薬液等を圧力注

入し，切羽前方アーチ部の安定性を高める工法である．施工にあたっては，充填式フォアポーリングと同様に切羽状況に応じてボルトの打設範囲や本数を調整でき，さらに注入量，注入圧の設定が容易にできるため，効率的な施工が可能になる．

また，注入式フォアポーリングには，穿孔後注入用ボルトを挿入し注入するタイプ，穿孔と注入を同一ボルトで行う自穿孔タイプ等がある．この工法は，芯材のボルトによる補強と注入材による改良により，一定範囲内の地山を確実に補強，改良できるため，簡易な天端の安定対策としては比較的信頼性が高く，多くの施工実績がある．また，天端および鏡面の安定性向上を図る場合には鏡吹付けコンクリートや鏡ボルト等と併用される場合もある．

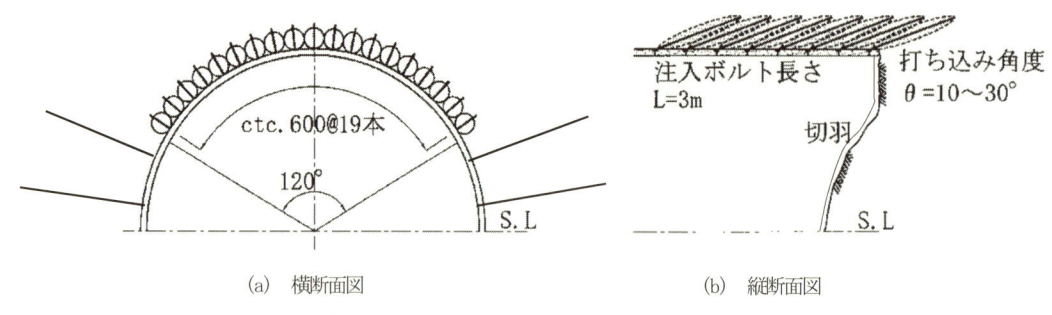

(a) 横断面図　　(b) 縦断面図

解説 図 6.2.2　注入式フォアポーリングの施工例

③　長尺フォアパイリング：長尺フォアパイリングは，崖錐，断層破砕帯，未固結地山等の地山のアーチ作用が期待できない不安定な地山を補強し，先行変位を抑制するとともに切羽の安定化を図る工法で，一般に先受け材としては鋼管が用いられ，その長さは5m程度以上のものをいう．おもに，天端の安定対策として用いられるが，掘削断面形状の変更や施工機械設備の変更を伴う場合があるため，工程等を考慮して選定する．長尺フォアパイリングは，トンネル掘削に先立って，掘削断面外周に沿ってトンネル円周方向に一定間隔に設置することが基本であるが，地山条件や地表構造物との位置関係により鋼管の配置を決めることが望ましい．この工法には専用機械を使って施工する工法とドリルジャンボで施工できる工法がある．また，ドリルジャンボで施工できる工法には，掘削断面を拡幅して鋼管の差し角を小さくする拡幅タイプと無拡幅タイプのものがある．さらに，鋼管と地山との空隙にセメントミルク等を充填することにより鋼管と地山の接触を密にし，地山の安定を図る充填式フォアパイリングと，鋼管の周囲の地山にセメントミルクや薬液等を圧力注入し，鋼管と注入材が一体となった改良体を造成することにより地山の補強を図る注入式フォアパイリングがある．したがって，各工法の効果，適用性および施工法等を十分検討したうえで，それぞれの現場でもっとも合理的で経済的な工法を選定する．また，天端および鏡面の安定性向上を図る場合には鏡吹付けコンクリートや長尺鏡ボルト等と併用される場合もある．**解説 図 6.2.3**に施工例を示す．

上記のほかに，パイプルーフや水平ジェットグラウト等周辺環境を保全するために採用される場合が多い補助工法については，第6編 3.1に記述されている．

2)　鏡面の安定対策　鏡面の安定対策としては，鏡吹付けコンクリート，鏡ボルトならびに注入工法等がある．また，鏡面の大きさや形状は，切羽の自立時間（安定性）との関連性が高いことから，掘削断面を小さく，あるいは部分的に掘削して早期に吹付けコンクリートを施工することで，鏡面の安定性を向上させることもある．

①　鏡吹付けコンクリート：鏡吹付けコンクリートは，**解説 図 6.2.4**に示すように，掘削直後の鏡面に厚さ3～10cm程度の吹付けコンクリートを施工するものであり，初期の崩壊防止と緩みの抑制により鏡面の安定性の向上を図るものである．また，掘削作業を休止する場合には，鏡面の劣化を防ぐ目的で鏡全面に吹付けコンクリートを施工する．

②　鏡ボルト：鏡ボルトは**解説 図 6.2.5**に示すように，一打設長5m程度以下の短尺ボルトとそれ以上の長尺ボルトとがあり，鏡面の一部または全面にボルトを打設して鏡の安定や地表面の沈下抑制に用いられるものである．鏡吹付けコンクリートと併用すればより効果的である．施工長さについては，掘削時に前に設置したボルト

第6編　補助工法

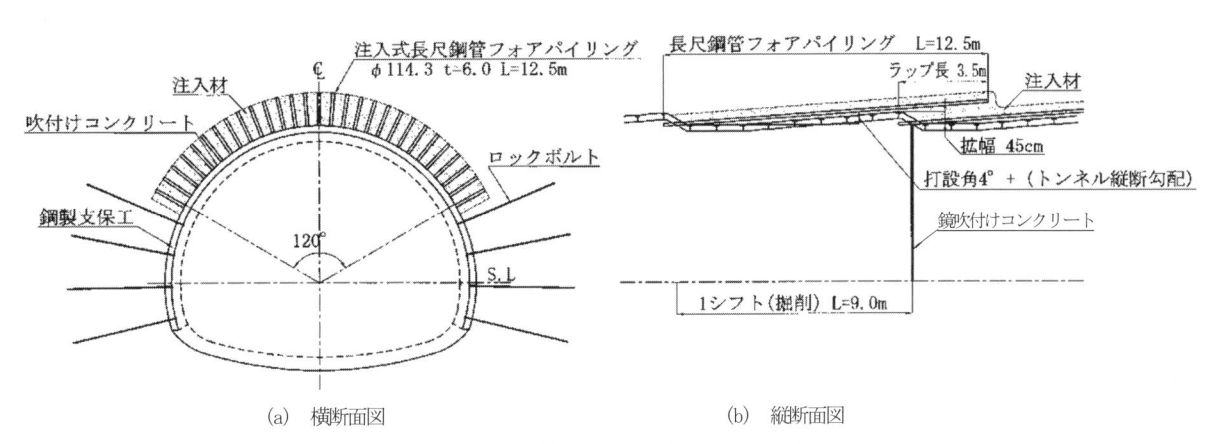

(a) 横断面図　　　(b) 縦断面図

解説 図 6.2.3　長尺フォアパイリングの施工例

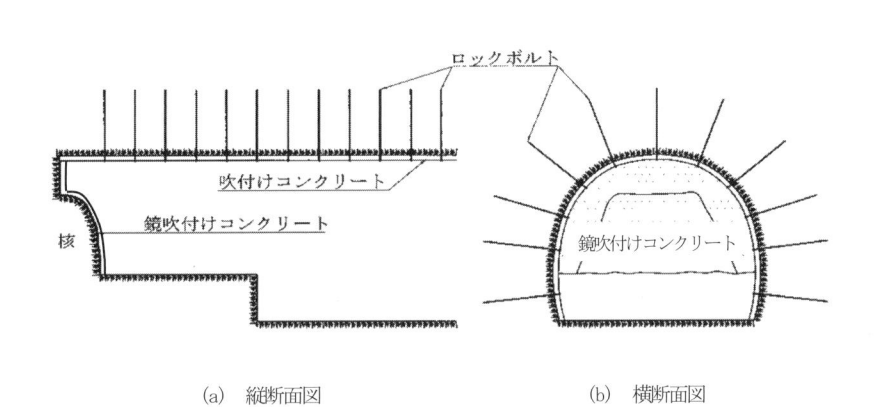

(a) 縦断面図　　　(b) 横断面図

解説 図 6.2.4　鏡吹付けコンクリートの施工例

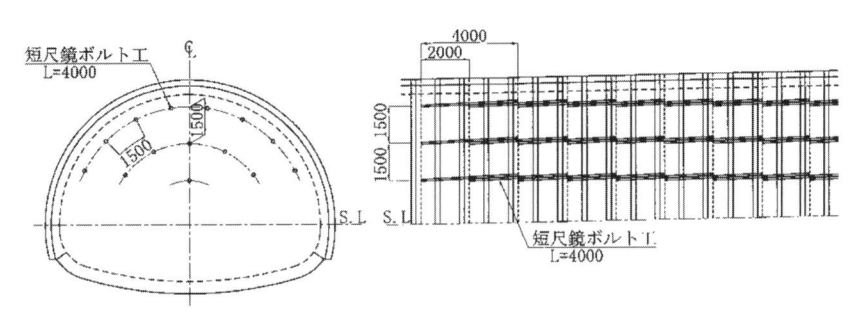

(a) 短尺鏡ボルト

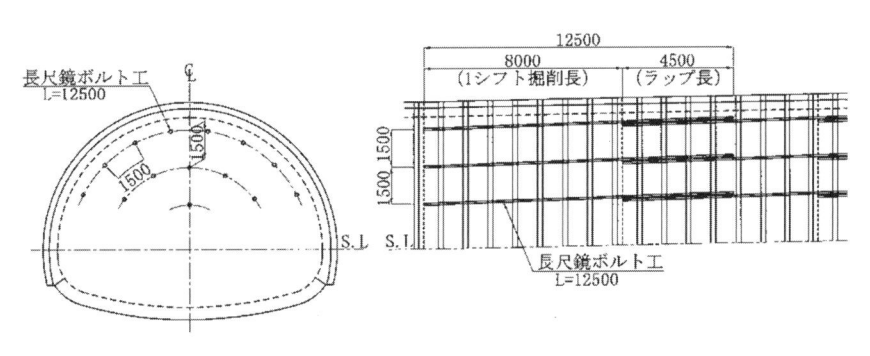

(b) 長尺鏡ボルト

解説 図 6.2.5　鏡ボルトの施工例

が十分に地山に残って有効に作用するように設定する．切羽補強効果を高めるために注入式ボルトが用いられることもある．また，ボルトの材料は掘削時の切断しやすさを考慮して，繊維補強プラスチック製やスリット式鋼管タイプが採用される場合もある．

　③　注入工法：切羽安定対策としての注入工法には，セメントミルク等の非薬液や水ガラス系の薬液等の地盤改良材を地盤中に注入し，地盤の透水性を抑えてトンネル内の湧水量を減少させる場合や，亀裂が発達し崩壊を起こしやすい地山において地盤の安定化を図る目的で使用される場合がある．注入工法を用いる場合には，断層破砕帯等の不安定地山の延長や湧水帯の位置等をよく調査して，目的に合った注入材料，施工法を選定することが望ましい．また，注入材料を含んだずりの処理にあたっては産業廃棄物の分別等に留意する必要がある．**解説 図 6.2.6**に注入工法の施工例を示す．

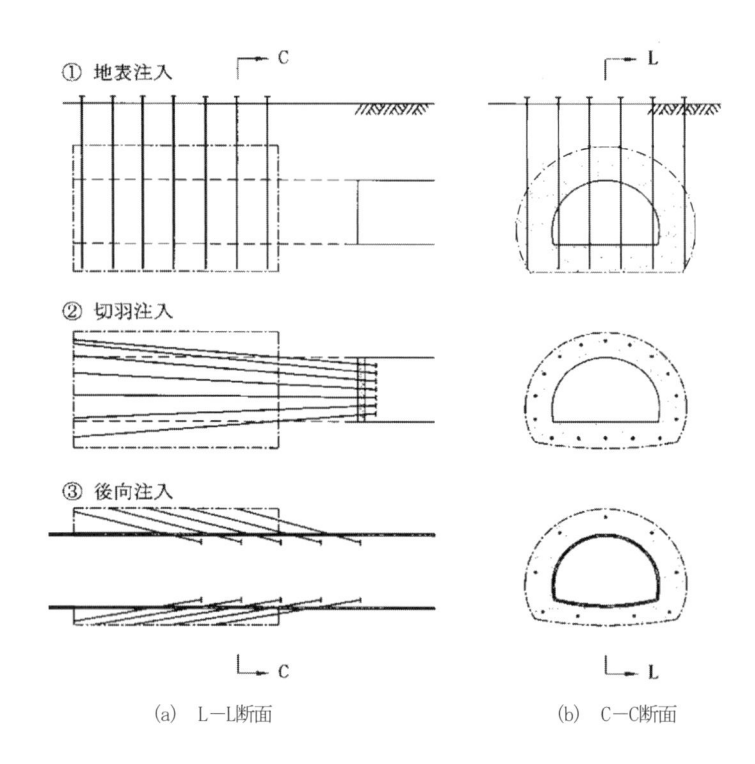

解説 図 6.2.6　注入工法の施工例

<u>3）脚部の安定対策</u>　脚部の安定対策は，支保工脚部の地盤の支持力が不足し，脚部沈下と沈下に伴う地山の緩みが生じてトンネルの安定を損なうことへの対策として行われるものである．具体的には，吹付けコンクリートによる仮インバートの施工，支保工脚部にロックボルト，鋼管，ジェットグラウト等を施工し支持力を増強する方法，脚部の支持面積を拡大するウイングリブ付き鋼製支保工等がある．

　①　仮インバート：仮インバートは，吹付けコンクリートあるいは鋼製支保工との併用により施工の過程で一時的に仮閉合し，施工の途上で撤去するものである．その変位抑制効果は大きく，計測結果および切羽の状況の程度に応じて施工できるという利点がある．しかし，トンネル掘削時の施工性の低下や仮インバート取壊し等で作業の効率が低下することがある．また，仮インバートを撤去する際に大きな変位が生ずることがあるので，支保工脚部の挙動を監視するなどの注意をする(**解説 図 6.2.7**参照)．

　②　脚部補強ボルト，パイル：脚部補強ボルト，パイルは，支保工接地部の応力集中の緩和や，下半掘削時の地山崩落防止等の目的で，支保工脚部に下向きにロックボルト，小口径鋼管，ジェットグラウト等を施工する方法である．脚部周辺地盤の地山強度が不足する場合の対策としては，ボルト等を打設すると同時に急結性のセメントミルクや薬液等を圧力注入し，脚部地山の強度増加を図る方法等がある．ただし，ボルトや小口径鋼管の打設時に穿孔水で地山を乱し，逆効果となることがあるので，穿孔方法の選定では無水掘りを採用するなどの配慮が

必要である．**解説 図** 6.2.8は，トンネルの変状対策，地盤の支持力の確保をおもな目的として施工された脚部補強パイル(サイドパイルおよびレッグパイル)の施工例である．

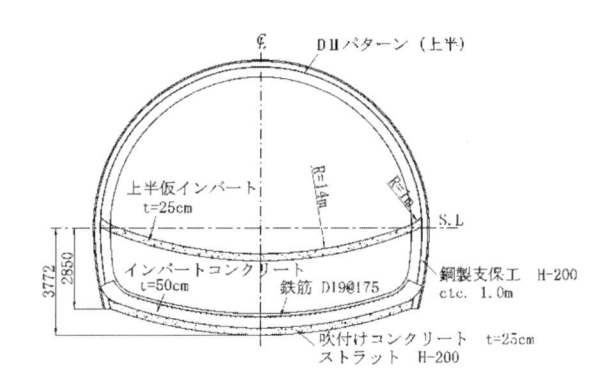

解説 図 6.2.7 上半仮インバートの施工例

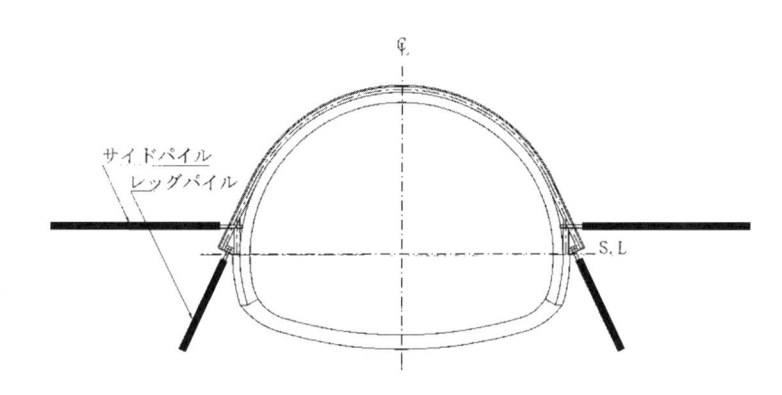

解説 図 6.2.8 脚部補強パイルの施工例

③ ウイングリブ付き鋼製支保工：ウイングリブ付き鋼製支保工は，支保工脚部の地盤の支持力不足対策として用いられ，鋼製支保工脚部にH型鋼等を取り付けて支持面積を拡大し，接地圧の低減を図るものである．当該工法では，不安定な脚部地盤を通常以上に掘削するため，周辺地山を緩ませることがないように，正確な形状に拡幅掘削して迅速に建て込むことが必要である．なお，ウイングリブ付き鋼製支保工は第4編 **7.4.2**にも記述されている．

2.2 地下水対策のための補助工法

地下水対策のための補助工法の採用にあたっては，地山条件，立地条件等の調査を行いトンネルの工程，施工法等を考慮しなければならない．

【解 説】 トンネルの掘削にあたって，地下水の多い場合には切羽の安定性が低下し，掘削が困難となること，地下水による吹付けコンクリートの付着不良やロックボルトの定着不良といった支保工の品質低下，トンネル坑内での作業性の低下等の問題が生じる．地下水対策には排水工法と止水工法がある．

1) 排水工法 排水工法には，水抜きボーリング，水抜き坑，ウェルポイント，ディープウェル等がある．地上の状況や地下水の賦存量等，周辺環境によっては，地下水位を下げることが不適当な場合も考えられるので，十分に検討した上で対策工法を選定する．トンネルの湧水量が比較的少なく，周辺環境の制約条件が許容される場合には，トンネル掘削に先行して，もしくは掘削と並行して施工できて経済的であるウェルポイントやディープウェルが有利である．トンネルの湧水量が多い場合には，坑内からの水抜きボーリング，水抜き坑が比較的確

実性の高い工法である．ただし，未固結な砂質地山では，均等係数が5以下で細粒分含有率が10%以下の場合に切羽は不安定になりやすいため，排水による土粒子の流出等に十分に注意して適用する．また，過度な排水を行うことによって，かえって切羽の崩壊を起こす場合もあるので，切羽の状態をよく観察して排水量を管理することが望ましい．なお，排水処理においては清水，汚濁水の分離を図ることが望ましい．

① 水抜きボーリング：ボーリング機またはドリルジャンボにより穿孔された孔を利用して水を抜き，水圧，地下水位を下げる方法であり，一般に多く採用されている．未固結な地山の場合，水と一緒に土粒子を抜かないように十分注意する．

② 水抜き坑：とくに地下水量が多い場合に，小断面導坑を先進させて水を抜く工法であり，水抜きボーリングが併用されることも多い(**解説 図 6.2.9**参照)．地下水量の多い高圧帯水層が広範囲に及ぶ場合には，数多くの水抜き坑が必要となる場合がある．

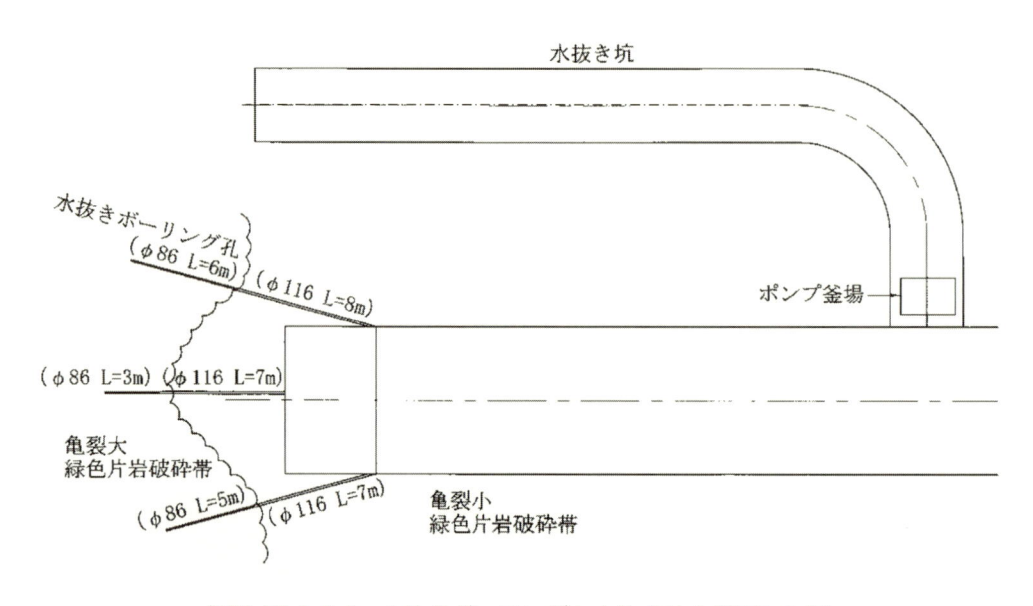

解説 図 6.2.9　水抜きボーリングと水抜き坑を併用した例

③ ウェルポイント：ウェルポイントと称する集水管を地盤に設置し，地盤に負圧をかけて地下水を吸引する方法である(**解説 図 6.2.10**参照)．一般に，地下水位低下は5～8mが限度といわれている．坑内から施工する場合は，上半部を先進させて行うが，土被りが小さく地表の土地利用がない場合は地上から施工することもある．

④ ディープウェル：一般に，外径300～600mm程度の井戸を掘り，水中ポンプによって排水する工法である(**解説 図 6.2.11**参照)．ディープウェルは，相互の間隔が適切でなければよい効果が得られないので，地表に建物等の支障物がある場合には，配置等に配慮する．

2) 止水工法　排水工法を実施しても湧水量の低減が図れない場合，地下水の排出による地表面沈下を許容できない場合，あるいは排水工法による地下水位の低下や枯渇等に対して制約を受ける場合には，止水工法が適用される．

止水工法には，止水注入工法，遮水壁工法等がある．

① 止水注入工法：止水注入工法は切羽前方や周辺の地山中にセメントミルク等の非薬液系材料や水ガラス系の薬液等を注入し，地山の亀裂や空隙等の水みちを閉塞することにより地山の透水性を低下させ，止水を図るものであり，湧水量の低減と地盤改良効果により切羽安定対策としても確実性の高い工法である．止水注入工法を用いる場合は，注入を必要とする範囲，対象とする地山の性質，湧水圧，湧水量の状況等の施工条件に合った材料，施工法を採用するとともに，注入試験による効果の確認を行う．

(a) 下半ウェルポイント工
路盤部ウェルポイント工

(b) 上半ウェルポイント工

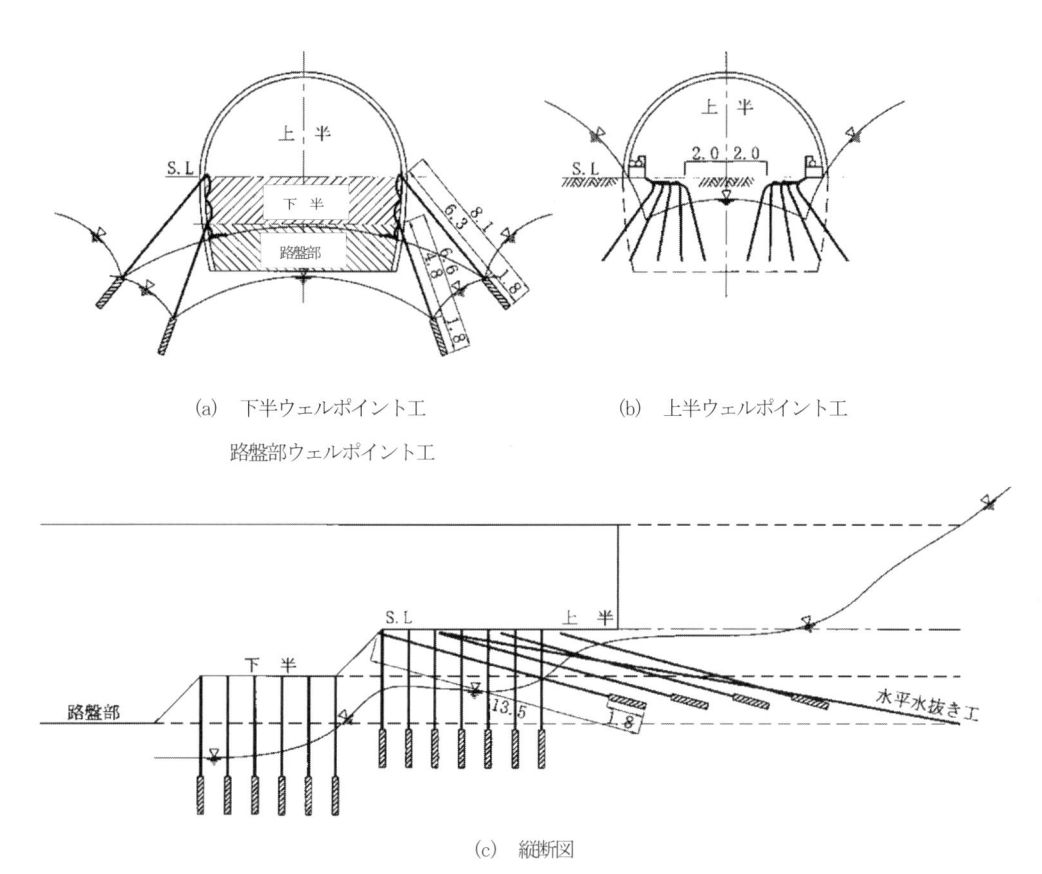

(c) 縦断図

解説 図 6.2.10　坑内からウェルポイントを施工した例（麦生田トンネル）

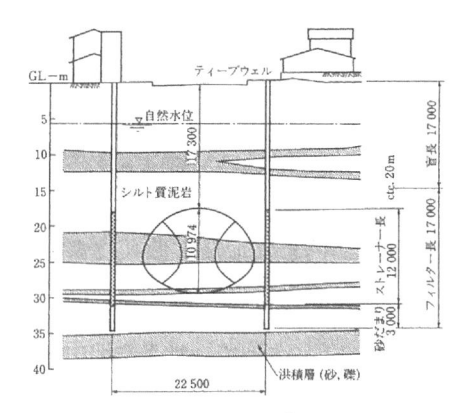

解説 図 6.2.11　ディープウェル施工例

　一般に，薬液はセメント系の注入材に比べて地山に対して浸透性がよく，しかも短時間で硬化させることができるのでトンネル坑内への湧水対策に適している．

　注入の施工は，地表から行う場合と坑内から行う場合がある．前者の場合は，掘削作業と並行して行える利点があるが，土被りが大きい場合には不経済となるので施工条件，工程，経済性等を考慮して決定する．後者の場合には，注入を完全にするためバルクヘッドの施工，仮巻等を行い地山の破壊と注入材の逸出を抑制し，工程への影響にも配慮する．注入圧が過小では注入の目的が達せられない場合があり，逆に過大では地山や近接構造物や周辺環境に悪影響を与えたり注入量が増えて不経済となるので，地質条件，湧水圧，近接構造物，地下水，河川等への影響を考慮し，注入圧の管理を適切に行う．注入の終了にあたっては，施工中の各孔の湧水量，注入量，注入圧の変化を把握し，チェックボーリング等を行うことによって注入効果の確認を行う（**解説 図 6.2.12参照**）．

　なお，止水注入工法の実施にあたっては，「薬液注入工法による建設工事の施工に関する暫定指針について」（建設省事務次官通達，昭和49年7月10日）を参照すること．

(a) 横断図　　　　　　　　　　　　　　(b) 平面図

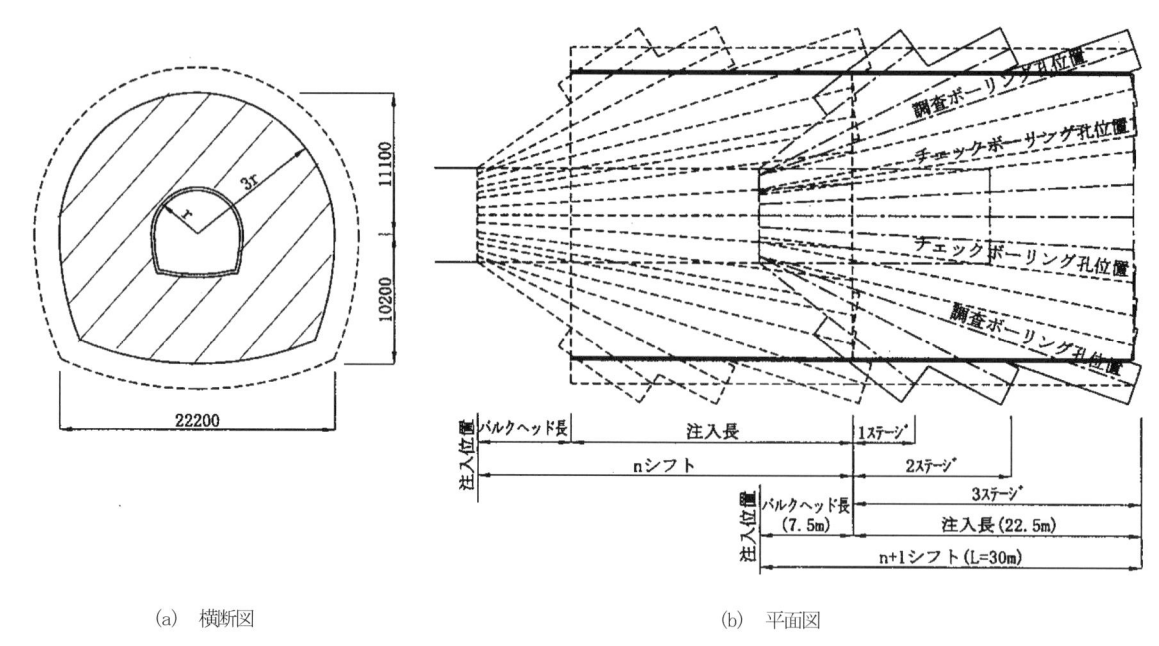

解説 図 6.2.12　坑内からの注入施工例（舞鶴発電所放水路トンネル）

② 遮水壁工法：遮水壁工法は，トンネルより離れた両側に地中連続壁や鋼製矢板等の遮水壁を設け，周辺地山からトンネルへの地下水の供給を遮断するもので，透水性が高く，帯水量が豊富な地山に対して有効である．遮水壁工法を用いる場合は，対象とする地山の性質，周辺環境，用地取得範囲，掘削深度等を考慮した施工法を選定する．施工に際しては，ロックボルトの打設範囲との離隔を確保するなどの注意が必要である．

第3章　周辺環境の保全のための補助工法

3.1　地表面沈下対策のための補助工法

　地表面沈下対策のための補助工法の適用にあたっては，地山条件，沈下の影響を受ける地表，地中構造物等の調査を行い，各工法の効果，適用性，周辺環境に与える影響およびトンネルの工程，施工法等を十分考慮したうえで選定しなければならない．

【解　説】　トンネルの掘削に伴う地表面の沈下によって，地表や地中の構造物に変状等の重大な影響を及ぼすことがある．掘削による地表面沈下は，地形，地質，地下水，施工法，施工時期等が複雑に関係するので，要因を特定することは難しいが，掘削による地山の緩み，地下水の排除等がおもな原因と考えられる．道路，鉄道，水路，建物および地中埋設物等の直下またはこれらに近接した掘削においては，構造物等の管理者と事前に協議を行い，沈下の許容値等を定める必要がある．その結果に基づき，必要に応じて吊防護工，アンダーピニング，付替え，移転等を考慮するとともに，補助工法の適用等，適切な施工法を検討しなければならない．また，掘削による地表面および構造物への影響を調べるため，必要に応じて構造物の現況調査，変状調査，地表面沈下測定，地中変位測定等を工事着手前から完了後まで継続して実施することが望ましい．トンネル掘削に伴う地山の緩みが原因の地表面沈下を抑制するには，長尺フォアパイリング，パイプルーフ，水平ジェットグラウト，スリットコンクリートおよび垂直縫地工法等が適用され，地下水の排出が原因の地表面沈下については，止水注入工法や凍結工法等が適用される．また，地表面沈下対策は，切羽を安定させることが前提となるため，切羽安定対策のための補助工法と併用されることが多い．とくに，切羽前方地山の変位を先受け工で拘束することにより支保工の負担する荷重が増加することもあるので，必要に応じて支持力対策，支保工のランクアップ等を検討する．なお，地表面沈下を低減するうえではインバートの早期閉合が有効であり，掘削順序，加背割等についても十分な検討が必要である．

　1)　**長尺フォアパイリング**　工法概要については，第6編 2.1 に詳述されている．解説 図 6.3.1は，住宅群直下を通過する双設トンネルで，住宅の変状を防止するために専用機による長尺フォアパイリングを施工した例である．

　2)　**パイプルーフ**　この工法は，トンネル外周に沿って水平ボーリングを行いながら鋼管を挿入した後，注入により鋼管内外を充填するもので，鋼管の剛性によりトンネル周辺地山を補強し地表面沈下を抑制するものである．この工法はトンネル掘削外周に沿って平行に鋼管を打設するため，断面拡幅が不要な坑口部で，土被りが小さい道路や建物等の近接防護として用いられる例が多い．また，反力壁等の比較的大きな仮設備を必要とし，施工速度も比較的遅いため，施工条件，トンネルの工程等をよく考慮したうえで選定する必要がある．

　この工法では高いボーリング掘進精度が求められるので，施工延長に限界がある．このため，近年では対象区間が長い場合には φ600mm 以上の大口径パイプルーフを用いた施工例が増えており，一般に推進工法として用いられている工法を応用するほか，方向制御が可能な小口径推進機を用いる方法も採用されている．なお，パイプルーフの施工自体による緩みに注意する必要があり，鋼管外側の注入は確実に行う必要がある．また，鋼製支保工で確実に鋼管を支持するとともに，支保工の沈下を抑える必要がある．解説 図 6.3.2 は交通量が多い幹線道路の下を通過するトンネルで，道路の陥没防止のために大口径パイプルーフを施工した例である．

　3)　**水平ジェットグラウト**　この工法は一般に専用機械により所定の深度まで穿孔し，ロッドを所定の速度で回転させて引き抜きながらロッド先端からセメント系固化材を超高圧ポンプを用いて高圧噴射することにより地山を切削し，半置換の円柱状等の改良体を造成するもので，この改良体をトンネル外周に沿って必要本数造成することにより切羽前方地山にアーチシェル状の改良域を形成し，地表面沈下を抑制するものである．また，改良体内に鋼管を設置し，改良体の縦断方向の剛性をさらに高める方法もある．なお，側壁補強(サイドパイル)および上半脚部補強(レッグパイル)のほか，鏡補強としての採用例もみられる．この工法は地山条件により造成径が

異なるため，施工にあたっては事前に試験施工を実施し，改良体の仕様を決定する必要がある．**解説 図 6.3.3** は，土被りの小さいトンネルでの施工例である．

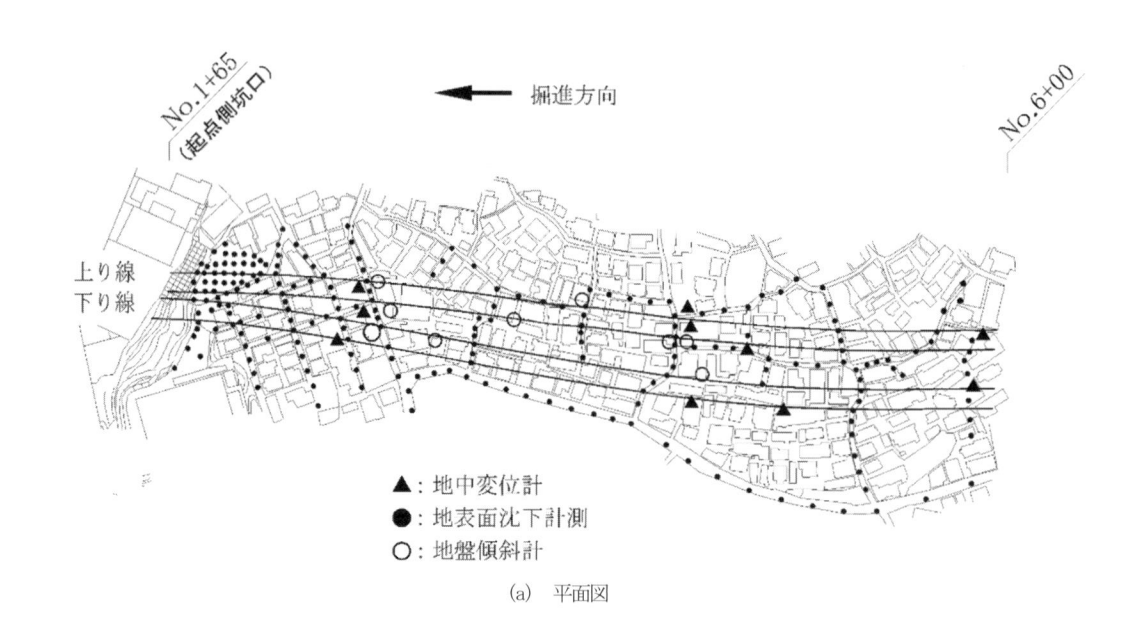

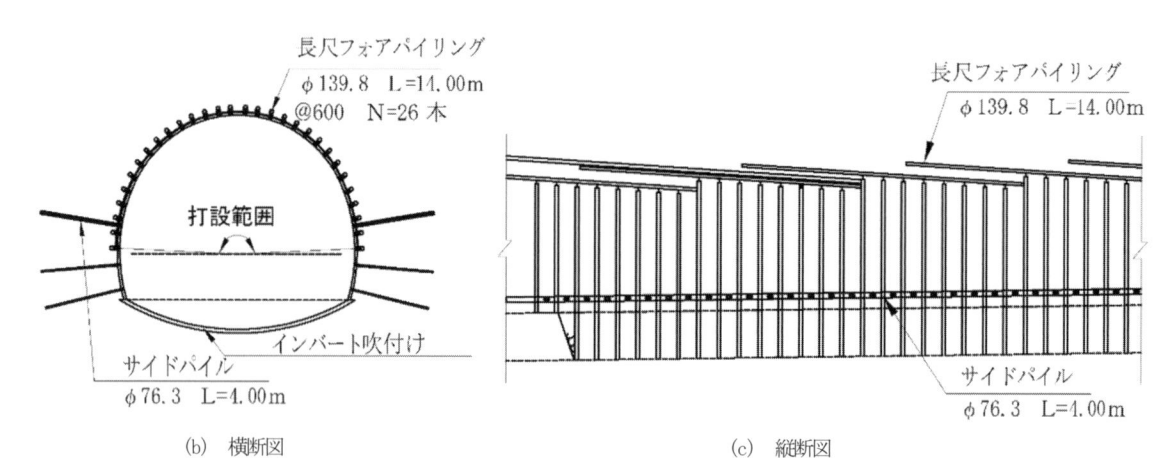

(a) 平面図

解説 図 6.3.1 長尺フォアパイリングの施工例（オランダ坂トンネル）

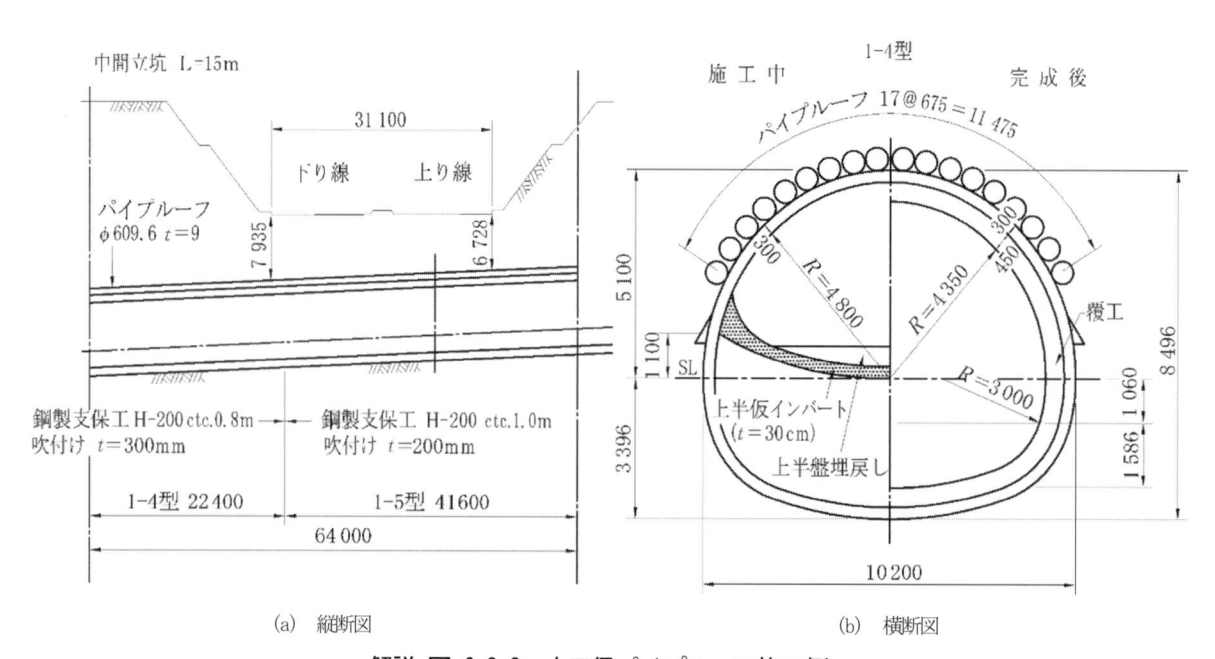

解説 図 6.3.2 大口径パイプルーフ施工例

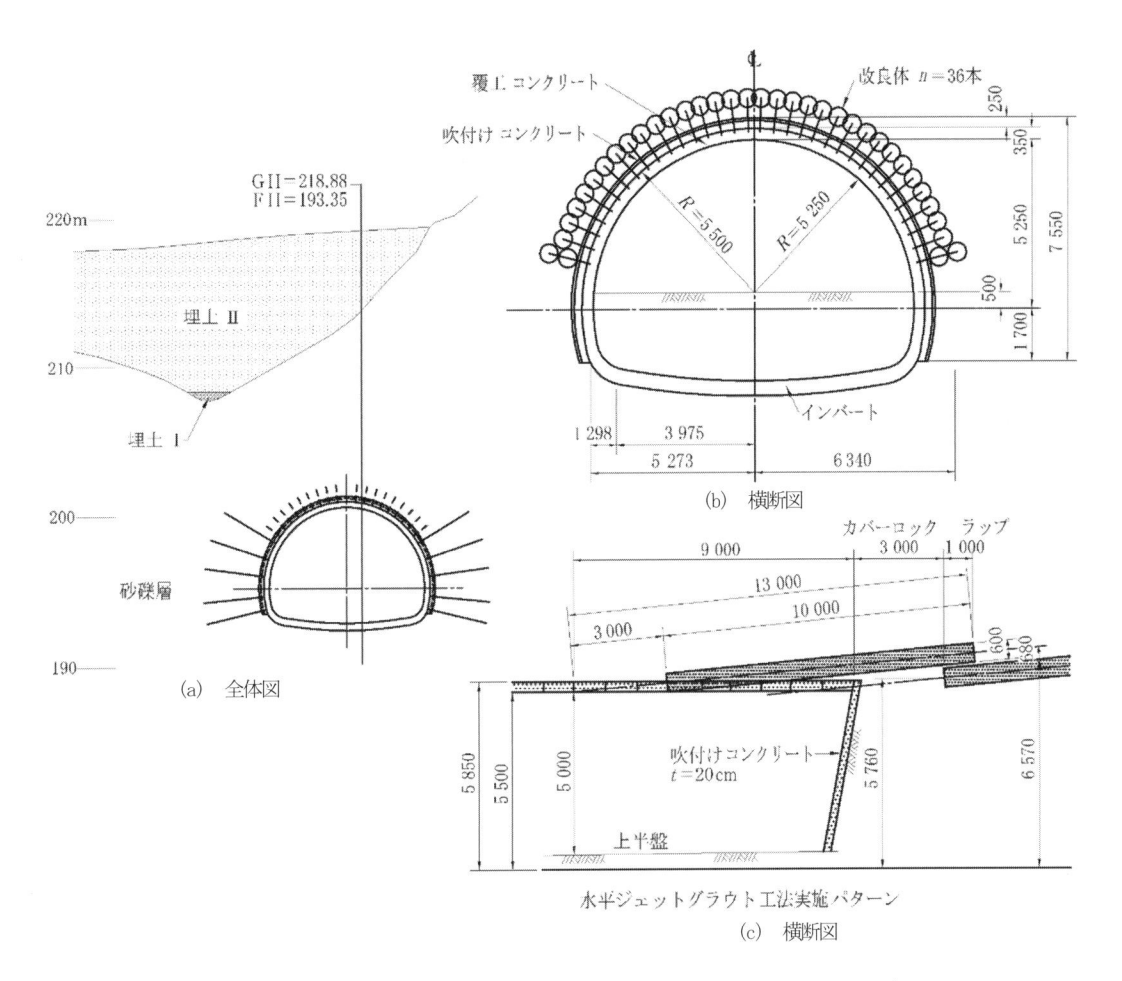

解説 図 6.3.3 水平ジェットグラウトの施工例(網代第1トンネル)

<u>4) スリットコンクリート</u>　この工法は専用機を用いてトンネル外周部を切羽前方に3～5m程度，15～50cmの厚さでアーチ状に掘削し，掘削後ただちにコンクリート等を充填することでアーチシェルを造成するものである．トンネル横断方向に連続した剛性の高い構造体を形成するので先行変位に対する抑制効果が期待でき，地表面の許容沈下量が小さな都市部のトンネルや重要構造物に近接している場合等に適した工法である．

ただし，応力解放の抑制に伴い，スリットコンクリートや支保工の脚部に応力が集中するため，支持力確保に留意する必要がある．アーチシェルの掘削方式としては，チェーンカッターを用いるものと多軸オーガーを用いるものがある．**解説 図 6.3.4**に既設トンネルの拡幅に用いた施工例を，**解説 図 6.3.5**に地表面沈下の抑制に用いた例を示す．

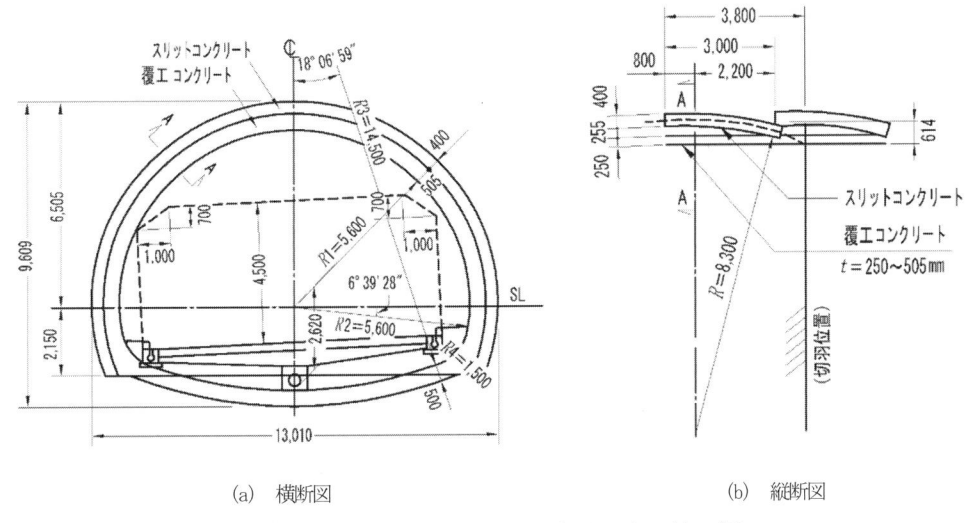

解説 図 6.3.4 スリットコンクリートの施工例

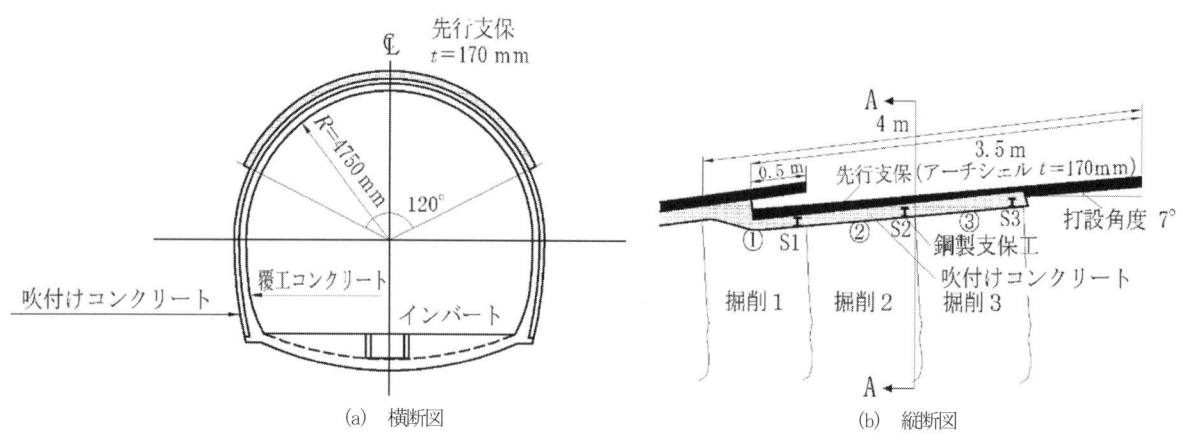

解説 図 6.3.5　スリットコンクリートの施工例（高岩トンネル）

5)　**垂直縫地工法**　この工法は，トンネル掘削に先立ち，地表からほぼ鉛直に穿孔して鉄筋等による縫地ボルトを挿入し，モルタル等で全面定着することにより地山の補強を行うものであり，先行沈下低減や，掘削時点からロックボルトの定着や吹付けコンクリートの強度発現までの緩み発生の抑制に効果がある．掘削作業と競合せずに施工できる利点があるが，地表の土地利用状況によっては施工できない場合もある．なお，掘削による緩みと縫地ボルト打設深度の関係によっては，掘削により縫地ボルトが引っ張られ，かえって地表面沈下が増大することがあるため留意する必要がある．

6)　**注入工法**　この工法では，地山の強化によるアーチアクション効果を期待して地表面沈下対策として用いられる場合と，トンネル掘削時の地下水位低下による粘性土の圧密沈下を防止する場合がある．このため，目的に合った注入材料，施工法を選定する必要がある．解説 図 6.3.6は，住宅および道路直下を通過する未固結地山のトンネルで，地表面沈下防止のために垂直縫地工法と注入工法を併用した例である．

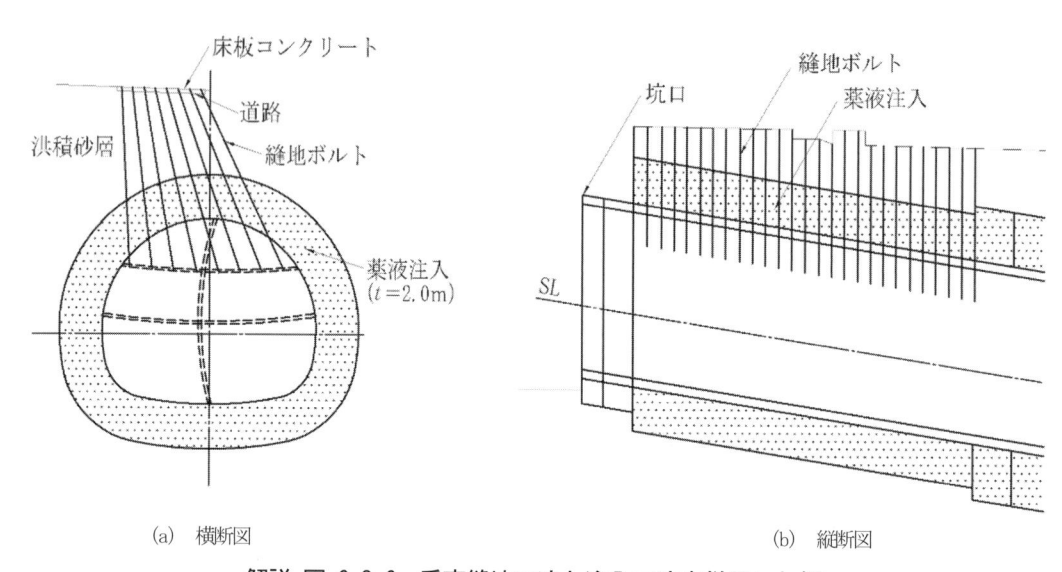

解説 図 6.3.6　垂直縫地工法と注入工法を併用した例

3.2　近接構造物対策のための補助工法

　近接構造物対策のための補助工法は，地山条件，影響を受ける構造物等の調査を行い，各工法の効果，適用性，周辺環境に与える影響およびトンネルの工程，施工法等を考慮したうえで選定しなければならない．

【解　説】　山岳トンネルの都市部および都市近郊での施工例が増えるにつれて，既設構造物に近接してトンネルを施工せざるを得ない状況が増加している．近接施工においては，工事に伴って生じる周辺地盤の変状，地下

水の変動等が既設構造物に有害な影響を与えるおそれがある．したがって，既設構造物への影響の程度および有害な影響を与えることが予想される場合の対策工の効果等について慎重な検討を行ったうえで適切な補助工法を選定する必要がある．影響予測にあたっては，施設としての機能，構造的な安全性の両面を確保できるよう，構造物の管理者と事前に協議を行い，許容値等を定める必要がある．

近接構造物対策のための補助工法は，トンネル側で掘削挙動を制御する方法，中間地盤を改良して掘削挙動の伝搬を制御する方法，既設構造物を補強する方法に大別される．

1) トンネル側で掘削挙動を制御する方法　切羽安定対策や地山補強を目的とした注入工法，撹拌工法が採用されることが多い．

2) 近接構造物間で影響伝搬を抑制する方法　地盤の強化，改良工法や遮断壁工法がある．

地盤の強化，改良工法は変位抑制を目的とした工法で，注入工法や噴射撹拌工法等がある．しかし，これらの工法については，土質条件，施工順序，近接の程度等によっては，周辺地山をいためたり，注入圧，注入材のリークによって近接構造物に被害が生じることもあるため注意する必要がある．また，地下水汚染の危険性に対しても配慮する．

遮断壁工法は，既設構造物とトンネルの間を遮断することにより変位の伝搬や地下水の低下を抑える工法で，遮断壁の種類により鋼矢板，柱列杭，噴射撹拌，鋼管杭等がある．これらの工法によって地下水の流れを遮断する場合，地下水環境への注意が必要である．また，遮断壁自体が変位の不連続面となる可能性があるため，新設するトンネル自体の変位がより大きくなったり，掘削時の切羽安定等に悪影響が生じないように十分な検討が必要である．

3) 既設構造物を補強する方法　アンダーピニングのほか，ブレーシング，増し壁，ストラット，網状パイル等が用いられる．**解説 図 6.3.7**は既設の橋梁の下を通過するトンネルで，トンネル上部周辺の地下水位低下を防止するために計画された止水を主目的とした遮断壁工法の例である．

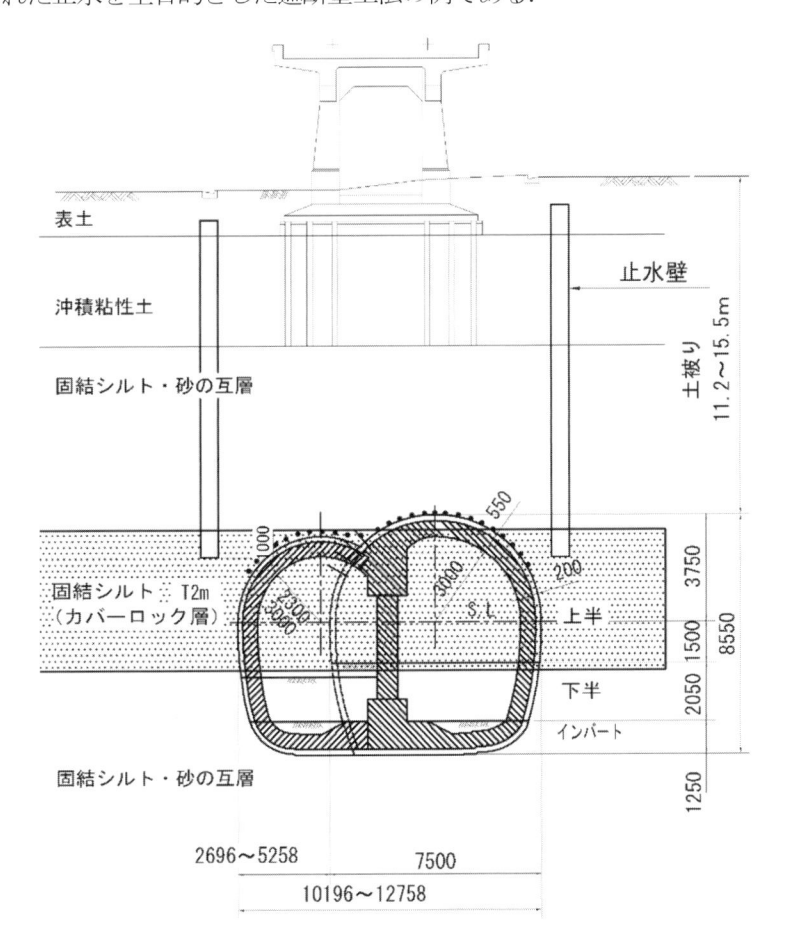

解説 図 6.3.7　止水を目的とした遮断壁の施工例（東急東横線東白楽〜反町間）

第7編　特殊地山のトンネル

第1章　総　　則

1.1　特殊地山のトンネル一般

次に示すような特殊地山のトンネルの設計，施工にあたっては，それぞれの地山の性状に適応した安全で経済的な対策を検討しなければならない．
1) 地すべりの可能性がある地山のトンネル
2) 断層破砕帯，褶曲じょう乱帯のトンネル
3) 未固結地山のトンネル
4) 膨張性地山のトンネル
5) 山はねが生じる地山のトンネル
6) 高い地熱，温泉，有害ガス等がある地山のトンネル
7) 高圧，多量の湧水がある地山のトンネル

【解　説】　次に示すような特殊な地山条件のトンネルでは，問題となる現象が発生し，工事に多大な影響を及ぼす可能性がある．そのため，事前の地質調査により特殊地山の分布と性状，設計および施工条件の詳細を十分把握する必要がある（第2編 1.2，3.1.1，3.1.2，3.1.3，第3編 8.1，8.2参照）．設計，施工にあたっては，第3編および第4編等に示す技術基準をそのまま適用しにくいため，それぞれの地山性状に対応できるよう，安全性，経済性等にも十分配慮し適切な対策を検討する必要がある．なお，以下に述べる特殊な地山条件となる地質や岩種，各現象の発生機構，問題となる箇所等については第2編 3.1.3を参照のこと．

本編では，工事に直接重大な影響を及ぼす可能性のある特殊地山について留意事項を記述する．

<u>1) 地すべりの可能性がある地山のトンネル</u>　地すべりの可能性がある地山を回避することは，路線計画の段階で留意されるのが基本である．トンネルの掘削に伴い地すべりが誘発されると，偏土圧や地山の移動によるトンネルの変形や変状の発生等の問題が生じる．地すべり等が予想される地山のトンネルでは，十分な調査を実施し，地山の安定性について把握することが重要である．所定の安定性が確保されない場合，適切な地すべり対策工により安定性を向上したうえで施工に着手する必要がある．また，ルートの微修正により地すべりの影響が回避できたり，緩和されたりする場合がある．

<u>2) 断層破砕帯，褶曲じょう乱帯のトンネル</u>　断層破砕帯をトンネルが通過する場合，突発湧水，切羽崩壊等が生じることがある．褶曲じょう乱帯のトンネルでは，土被り荷重に加えて地質構造的な応力が作用する場合があり，地山強度が小さいと膨張性地圧が作用することがある．

<u>3) 未固結地山のトンネル</u>　未固結地山には，第2編 3.1.3に示すもののほか，岩石の風化帯，断層破砕帯等も含まれる場合がある．未固結地山は，一般に切羽の安定性が悪く，トンネルが地下水位以下にある場合には，掘削に伴う湧水によって地山の流出，切羽の崩壊，あるいはトンネル底盤のぜい弱化等が生じることがあり，とくに被圧水が存在する場合には，これらの現象が顕著となる．また，湧水による地下水の枯渇，地山の流出や崩壊による地表面沈下を招き，周辺の環境に影響を及ぼすことがある．なお，都市部に位置する場合については，第8編を参照のこと．

<u>4) 膨張性地山のトンネル</u>　膨張性地山では，掘削断面内空への著しい地山の押出しと強大な土圧の作用により，施工中の支保工や供用後の覆工に変状を生じる場合がある．

<u>5) 山はねが生じる地山のトンネル</u>　山はねが生じる地山では，板状の岩片が突然，内空に飛び出すなど作業に危険が伴うばかりでなく，作業能率が大きく阻害されることがある．

6) 高い地熱，温泉，有害ガス等がある地山のトンネル　高い地熱や温泉，有害ガス等が湧出する地山では，作業における安全性の確保はもとより，労働衛生面からの作業環境の維持と作業員の適正な健康管理が重要になってくる．また，メタンガス等の可燃性ガス，一酸化炭素，硫化水素，亜硫酸ガス，酸化窒素（NOx）等の有害ガス，あるいは酸素欠乏空気，炭酸ガス等の湧出する地山では，これらによる爆発災害や作業員の健康障害が発生するおそれがある．また，有害ガス等が供用後も湧出する懸念がある場合には，供用後の計測や対策を検討する必要がある．

7) 高圧，多量の湧水がある地山のトンネル　高圧，多量の湧水がある地山では，湧水により作業が難航して能率が低下するばかりでなく，地山がぜい弱化し，増大した土圧あるいは偏土圧によって支保工に変状が生じる．また，とくに突発的な高圧，多量の湧水に遭遇した場合には，切羽の崩壊等が引き起こされることがある．

第2章　地すべりの可能性がある地山のトンネル

2.1　地すべりの可能性がある地山のトンネル

（1）　地すべりの可能性がある地山におけるトンネルの設計，施工にあたっては，事前および施工中に，地すべりの分布状況および性状等を十分に把握するとともに，適切な調査，動態観測を行い，地山およびトンネルの安定性を評価しなければならない．

（2）　トンネル施工時に地すべりが発生または再滑動した場合，その規模や特徴，トンネルとの位置関係等の状況を考慮し，適切な対策を講じなければならない．

（3）　施工時に地すべりが滑動した履歴を有するトンネルでは，供用後の維持管理のために必要な記録を整理保管するとともに，供用後の地すべりの再滑動に伴う変状の発生の有無に留意しなければならない．

【解　説】　（1）について　地すべりの可能性がある地山は，一般に，地すべり地形を有する場所，風化しやすい新第三紀の泥岩，凝灰岩，断層破砕帯を伴う中～古生層および変成岩，火山作用（温泉作用や熱水変質作用）を受けた変質岩等の地質が分布する箇所であることが多い（第2編 3.1.1，3.1.2，3.1.3，第3編 8.1，8.2参照）．

トンネルの掘削に伴い地すべりが発生または再滑動すると，偏土圧による地山の移動によってトンネルの変形や変状の発生，切羽や天端の崩落，地表面沈下や陥没等の問題が生じ，工程および対策工事費が大幅に増加するため，地すべりの可能性がある地山ではトンネルの設計，施工は慎重に行う必要がある．

地すべりの可能性がある地山におけるトンネルの設計，施工にあたっては，地すべりの分布状況および性状等を十分に把握するとともに，適切な調査，すべり土塊の安定解析等の数値解析による検討を行い，すべり土塊およびトンネルの安定性を評価することが基本である．また，施工にあたっては，通常の計測管理に加え，現場の特性に応じて地すべりの動態観測を併用することが必要である（解説 図 7.2.1，解説 表 7.2.1参照）．解説 表 7.2.2に地すべり地におけるトンネル施工例を示す．

（2）について　トンネル施工時に地すべりが発生または再滑動した場合，すみやかに排土，押え盛土，水抜き工等の緊急対策を実施し，変位を抑制しつつトンネルの安全性を確保することが最優先である．掘削の再開においては，十分な安全性を確保するため地すべり対策工を実施することが必要である．地すべりの規模や特徴を明らかにすることは，その後の対策工の検討において重要である．このため，地質調査によって地すべりの範囲，トンネルルートとの位置関係（交差または近傍を通過），すべり面深度とすべり面の三次元的形状，地山の物性値を把握するとともに，掘削に伴う地すべりへの影響，緩みの発生を抑制するための補助工法（第6編参照）の検討を行うことが不可欠である．ただし，地すべりは事前に動きを止めてからトンネルを掘るのが原則である．

（3）について　トンネルの施工時に地すべりが発生し，その影響を受けて対策を実施した箇所については，施工時の対策時点より地山が経年的に劣化している場合があるため，トンネルの供用後においても定期的な点検のほか優先度を高めて点検を行うことが望ましい．これは変状や劣化の兆候を早期に見つけ出すために有効といえる．そのためには，トンネル施工時の地質情報，切羽観察記録，掘削変位量の計測記録等を整理保管することが必要である．

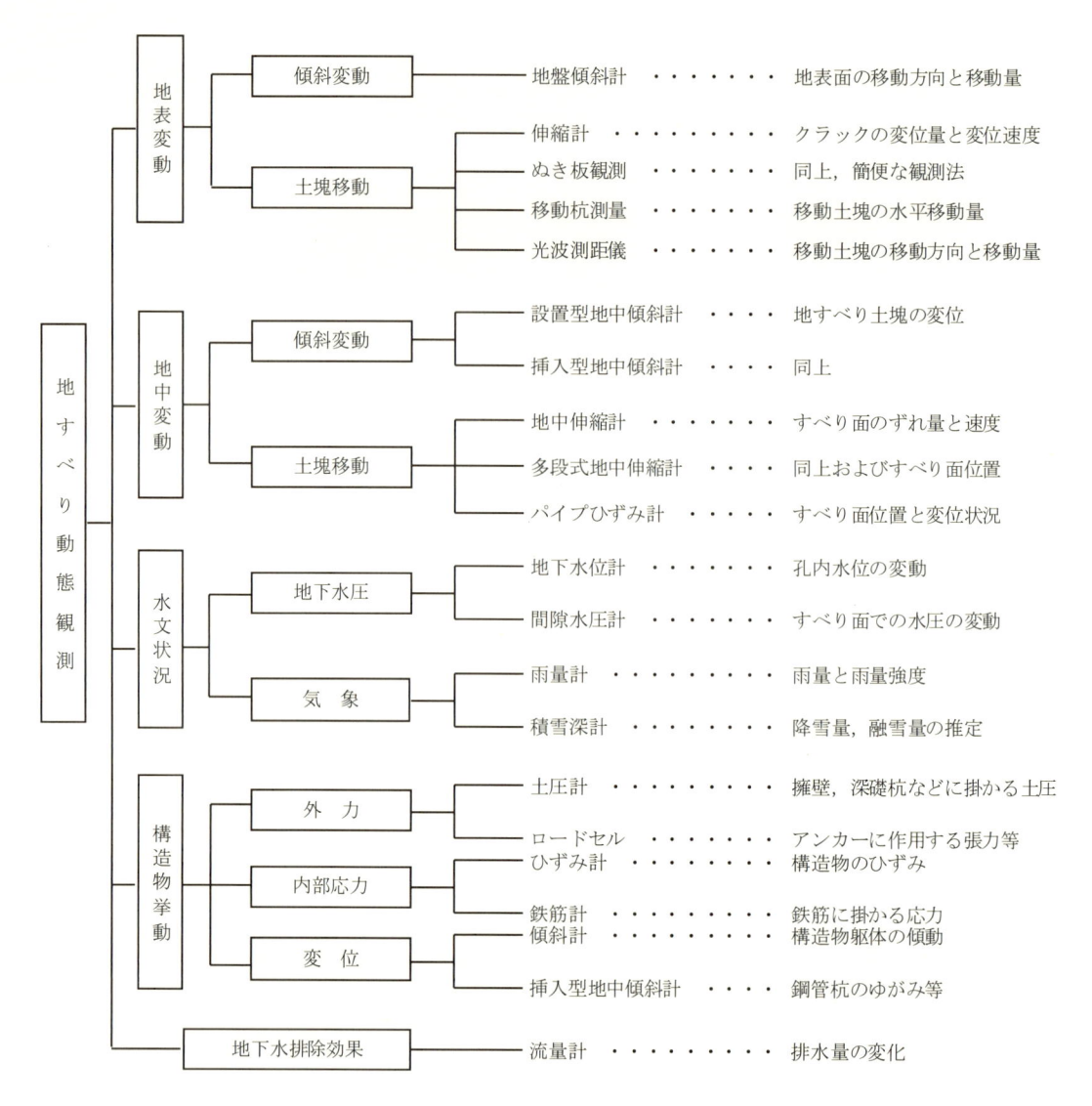

解説 図 7.2.1　地すべりの動態観測の項目と観測機器（文献[1]を加筆修正）

```
                           ┌ 傾斜変動 ─── 地盤傾斜計 ・・・・・・ 地表面の移動方向と移動量
              ┌ 地表変動 ─┤
              │           │            ┌ 伸縮計 ・・・・・・・・ クラックの変位量と変位速度
              │           └ 土塊移動 ─┤ ぬき板観測 ・・・・・・ 同上，簡便な観測法
              │                        │ 移動杭測量 ・・・・・・ 移動土塊の水平移動量
              │                        └ 光波測距儀 ・・・・・・ 移動土塊の移動方向と移動量
              │
              │           ┌ 傾斜変動 ─┬ 設置型地中傾斜計 ・・・・ 地すべり土塊の変位
              │           │            └ 挿入型地中傾斜計 ・・・・ 同上
地              ├ 地中変動 ─┤
す              │           │            ┌ 地中伸縮計 ・・・・・・ すべり面のずれ量と速度
べ              │           └ 土塊移動 ─┤ 多段式地中伸縮計 ・・・・ 同上およびすべり面位置
り              │                        └ パイプひずみ計 ・・・・・ すべり面位置と変位状況
動
態             ├           ┌ 地下水圧 ─┬ 地下水位計 ・・・・・・ 孔内水位の変動
観              │ 水文状況 ┤            └ 間隙水圧計 ・・・・・・ すべり面での水圧の変動
測              │           │            ┌ 雨量計 ・・・・・・・・ 雨量と雨量強度
              │           └ 気　　象 ─┴ 積雪深計 ・・・・・・・ 降雪量，融雪量の推定
              │
              │           ┌ 外　　力 ─┬ 土圧計 ・・・・・・・・ 擁壁，深礎杭などに掛かる土圧
              │           │            └ ロードセル ・・・・・・ アンカーに作用する張力等
              ├ 構造物挙動┤ 内部応力 ─┬ ひずみ計 ・・・・・・・ 構造物のひずみ
              │           │            └ 鉄筋計 ・・・・・・・・ 鉄筋に掛かる応力
              │           └ 変　　位 ─┬ 傾斜計 ・・・・・・・・ 構造物躯体の傾動
              │                        └ 挿入型地中傾斜計 ・・・・ 鋼管杭のゆがみ等
              │
              └ 地下水排除効果 ────── 流量計 ・・・・・・・・ 排水量の変化
```

解説 表 7.2.1　施工段階における地すべりの管理基準値の目安（文献[1]を加筆修正）

計測区分と計測機器	対応区分	点検，要注意または観測強化	対応の検討	警戒，応急対策	厳重警戒一時退避
伸縮計	地表面の変位速度	5mm以上/10日[*1]	5～50mm/5日	10～100mm/1日	100mm以上/1日
地中伸縮計					
光波測距儀					
挿入型地中傾斜計	すべり面付近の変位速度	1mm以上/10日	5～50mm/5日	—[*2]	—
パイプひずみ計	累積値	100μ以上	1 000～5 000μ	—[*2]	—

*1 「5mm以上/10日」とは「10日間の変位速度が5mm以上」ということを意味する．これは，少なくとも10日間は観測を継続して，その間の変位量が5mm以上であるということであり，1日あたりの変位速度が5/10=0.5mm以上ということではない．他も同様である．

*2 挿入型地中傾斜計およびパイプひずみ計は「警戒，応急対策」以上の対応区分に対して管理基準値を設定していない．それは，変位量の増加，測定範囲の超過等，観測値の信頼性が低下することが予想されるからである．

参考文献

1) (財)高速道路調査会，地すべり危険地における動態観測施工に関する研究(その3)報告書, p.267, 1988.

解説 表 7.2.2 地すべり地におけるトンネル施工例

トンネル名 (線名)	トンネル延長 (m)	主な岩種	地すべりの特徴とトンネルへの影響	事前の対応 (調査や対策等)	施工時の対応 (対策や計測等)	掘削工法	記事
野老山 (国道33号)	340	崖錐堆積物	・坑口に崖錐堆積物が小土被り(3m)で分布 ・掘削により地表面沈下，天端沈下，一部抜け落ちが発生	・有限要素法解析での沈下量予測 ・深礎杭(ϕ5m×3)	早期閉合(インバート吹付け，鋼製ストラット)，注入式長尺鏡ボルト，支保工脚部補強，パイプルーフ	ミニベンチカット工法	
今戸 (国道168号)	1 858	白亜紀砂岩泥岩	・坑口に岩盤すべり(すべり面が複数)が存在 ・近傍斜面で大規模岩盤すべりが発生，トンネルの施工でもその影響が予想	三次元有限要素法解析での安定解析	鋼管杭，アンカー付鋼管杭(二次元解析結果の概算工事費に対して30%縮減)	–	
引佐第二 (新東名高速道路)	(上り線) 1 340 (下り線) 1 535	中生代緑色岩類蛇紋岩	・坑口に大規模な複数のブロックが分布(ひとつは滑動中)	・押え盛土	・早期閉合(鋼製ストラット)，垂直縫地ボルト，改良盛土，高規格鋼製支保工，長尺鋼管先受け ・トンネル延長の変更(上り線 193m延長)	補助ベンチ付全断面掘削工法	
観音平 (上信越自動車道)	557	新第三紀砂岩泥岩	・坑口に長さ300m×幅100m規模の複数の地すべりが分布(坑口は地すべり舌端部)	押え盛土 (ソイルセメント改良)	・改良した地山を掘削	–	
第三大沢 (上越新幹線)	2 475	地すべり堆積物泥岩凝灰角礫岩	・坑口～1 800m区間に分布 ・掘削により地すべりが滑動	施工時にトンネルへの影響が顕在化	・集水井(ϕ3m，深さ15m) ・集水ボーリング(ϕ66mm) ・集水ボーリング(ϕ215mm)	–	
的之尾 (松山自動車道)	(上り線) 205 (下り線) 212	崖錐堆積物黒色片岩	・坑口に崖錐堆積物が分布 ・掘削により地表面沈下，湧水の発生 ・切羽面にすべり面が出現(約1年間の掘削中止)	・押え盛土 ・抑止杭	・パイプルーフ，早期閉合(インバート吹付け)	サイロット工法	–
赤岩 (道道夕張新得線)	2 115	粘板岩蛇紋岩砂岩	・ルート上に分布(長さ800m×幅500m×深さ120m) ・すべり面がトンネルと交差 ・掘削により地表面沈下，天端沈下，一部抜け落ちが発生	坑内からのボーリング	・二重支保構造(覆工は高密度配筋(D29@125～250mm)，繊維補強高強度コンクリート(50N/mm^2)の採用，補強余裕量(90～120cm)の設定 ・坑内集水ボーリング ・長尺鋼管先受け工，長尺鏡ボルト	ミニベンチカット工法	しゅん工後も動態観測を継続
日暮山 (Ⅱ期線) (上信越自動車道)	2 310	不透水層である泥岩の上部の陥没帯に堆積した透水性の高い崩積土	・ボトルネック型地すべり ・陥没帯の高い地下水位により地すべりブロックに間隙水圧が発生したことによる地すべり ・大出水が伴った(最大20t/min)	・頂設導坑 ・理論解析 ・鉛直ボーリング	・本坑から排水トンネルを掘削，陥没帯にむけて水抜きボーリング(地下水排除工) ・安定解析による安全率からの評価 ・動態観測結果からの評価	円形導坑先進工法	–
湯之谷 (松山自動車道)	(上り線) 685 (下り線) 679	白亜紀砂岩礫岩	・坑口に分布(長さ280m×幅120m×深さ30m) ・掘削により地すべりが発生	施工時にトンネルへの影響が顕在化	・深礎杭(ϕ5m) ・グラウンドアンカー ・排水ボーリング ・坑内からのウレタン注入	–	
春日山 (Ⅰ期線) (Ⅱ期線) (北陸自動車道)	(Ⅰ期線) 1 021 (Ⅱ期線) 1 029	粘土シルト砂礫	(Ⅰ期線) ・西坑口に長さ60m×幅20m×深さ12mで分布 ・掘削によって変位が増加 ・東坑口に長さ60m×幅40m×深さ12mで分布 ・融雪期に二次すべりが発生 (Ⅱ期線) ・Ⅰ期線との近接施工(30m) ・掘削によって変位が増加	(Ⅰ期線) ・深礎杭(ϕ2m×4) ・押え盛土 (Ⅱ期線) ・深礎杭(ϕ3m×8) ・垂直縫地ボルト ・水抜きボーリング	(Ⅰ期線) 二次すべり発生後 ・排土，押え盛土，水抜きボーリング (Ⅱ期線) ・インバート早期閉合 ・ウィングリブ	ベンチカット工法	
新木浦 (北陸新幹線)	2 560	新第三紀泥岩	・小土被り，坑口～300mの区間に複数のブロックが分布 ・一部すべり面が切羽を横断 ・掘削により地表面沈下(100mm)，内空変位量の増加，一時的な集中湧水と切羽崩落が発生	・水抜きボーリング ・グラウンドアンカー，開削置換工	・先進ボーリング調査 ・注入式長尺先受け工 ・早期閉合(鋼製ストラット) ・注入式長尺鏡ボルト	ミニベンチカット工法	
掛川第二 (新東名高速道路)	(上り線) 729 (下り線) 1 152	崖錐堆積物	・下り線西坑口(到達時)に崖錐堆積物が分布	・調査ボーリング ・多段式傾斜計 ・押え盛土を主体とし，グラウンドアンカーで補	・側壁導坑による水抜き ・動態観測	側壁導坑先進工法	大断面トンネルの掘削による滑動が予想

第3章　断層破砕帯，褶曲じょう乱帯のトンネル

3.1　断層破砕帯，褶曲じょう乱帯のトンネル

（1）　断層破砕帯，褶曲じょう乱帯のトンネルの設計，施工にあたっては，事前および施工中に調査，観察を行って断層破砕帯，褶曲じょう乱帯の分布状態および性状等を十分に把握しなければならない．

（2）　湧水が予想される場合は，地山条件，帯水層および湧水の状況を考慮し，適切な対策を講じなければならない．

（3）　切羽崩壊や断面の変形等が予想される場合は，切羽周辺および切羽前方の地山を緩めないよう十分な剛性を有する支保工により早期に断面を閉合するとともに地山条件にあわせた適切な補助工法を選定しなければならない．

【解　説】　（1）について　トンネルが断層破砕帯を通過する場合，突発湧水，切羽崩壊，断面の変形等が問題となる．断層破砕帯にて断層角礫が帯水層となっている場合には，切羽が断層に到達したと同時に突発湧水に遭遇することがある．また，断層が難透水性の断層粘土を伴う場合には，断層の前後で地下水位，水圧が異なることにより，断層粘土を通過したと同時に突発湧水に遭遇する可能性がある．とくに，トンネル軸と断層の走向が直交する場合は，高圧の地下水が予兆もなく突発的に湧出する可能性があり，注意が必要である．また，断層に伴う破砕帯が細粒分を主体とした未固結の地質である場合は，切羽の安定性が悪く，不安定な状態となる．断層破砕帯では構成する岩石や地質構造が変化したり，割れ目の発達程度の違いに起因し岩盤としての硬軟が急変し，断面の変形が問題となる場合がある．トンネル軸と断層の走向とのなす角は様々であり，トンネル軸と断層の走向とのなす角が小さい場合，切羽と側壁部とで地質が大きく異なることもあるので留意が必要である．

このような断層破砕帯のトンネルの設計，施工にあたっては，事前および施工中に調査，観察を行って断層破砕帯の分布状態および性状等を十分に把握し，適切な対策を講じなければならない．計画段階で断層の存在が確認されている場合は，地表地質踏査，弾性波探査，鉛直，水平ボーリング調査，透水試験，透水圧試験，速度検層，電気検層等（**解説　表** 2.3.3参照）により事前に綿密な調査を行い，地質の状況，破砕帯や帯水層等の規模，湧水量や湧水圧等の状況を詳細に把握する必要がある．調査結果によっては，トンネルの平面線形を修正することがよりよい選択となる場合もある．また，施工中においても，先進ボーリング等による切羽前方の調査を実施し，事前調査の結果と比較しておくことが重要である（第2編 3.1.4，第7編 8.1参照）．**解説　表** 7.3.1に断層破砕帯におけるトンネル施工例を示す．

褶曲じょう乱帯については，褶曲軸（変形した地層の曲率が最大となる部分）付近では土被り荷重に加えてかなり大きな地質構造的な応力が作用している場合があり，軟岩で岩石そのものの強度が小さいと膨張性地圧が作用することがある．透水性が小さい層を含む地層が褶曲構造をなすとき，向斜軸付近において帯水層が存在することがあり，褶曲軸付近は断層を伴うことも多く，多量湧水の発生の可能性もある．逆に，背斜軸付近において原油やメタンガス等の可燃性ガスの貯留層が存在していることもあり，注意を要する．これらは，とくにグリーンタフ地域で問題となることが多い．可燃性ガスについては，検知装置，換気設備，防爆対策等が必要となる（第7編 7.1参照）．計画段階で褶曲じょう乱帯の存在が確認されている場合は，事前に綿密な調査を行い，地質の状況，帯水層等の有無，地山強度，変形係数等を詳細に把握する必要がある．

（2）について　断層破砕帯，褶曲じょう乱帯のいずれについても，湧水への対策は排水工法が基本となる．土被りが大きい場合は水抜きボーリングがおもに用いられるが，特に湧水量が多い場合には，小断面導坑を先進させて水を抜く水抜き坑が必要となることもある．また，排水工法を実施しても湧水量の低減が図れない場合は，注入工法等の止水工法を併用することもある（第6編 2.2参照）．

（3）について　切羽崩壊や断面の変形等が予想される場合は，十分な剛性を有し早期に高い内圧効果が得られる支保工により，早期に断面を閉合する必要がある(第3編 3.1.1，3.2.1，3.3.1，3.4.1参照)．なお，断面の変形が大きい場合は，多重支保工を採用することもある(第7編 5.1参照)．切羽前方の地山の緩み対策としては，先受け工のほか，鏡ボルトや注入工法等がある(第6編 2.1参照)．

解説 表 7.3.1　断層破砕帯におけるトンネル施工例

トンネル名 (線名)	トンネル延長 (m)	地質	土被り (m)	トンネルへの影響	事前の対応 (調査や対策等)	施工時の対応 (対策や計測等)	記事
池田第二 (徳島自動車道)	1 280	中〜古生層 緑色片岩 (三波川帯)	不明	突発湧水(100t/hour) 切羽崩壊 トンネルの変形	—	長尺鋼管先受け工 鏡ボルト 上半仮インバート 水抜きボーリング	断層幅25m (影響範囲100m)
箕面 (箕面有料道路)	5 620	中〜古生層 (丹波帯) 大阪層群	30	突発湧水 切羽崩壊	作業坑，避難坑を先行	サイロット 注入式フォアポーリング インバート吹付け 長尺水抜きボーリング	断層交差部 大断面
蘇武 (国道482号)	3 692	新第三紀層 (北但層群)	最大 約700	突発湧水(8t/min) 切羽崩壊 土砂流出(600m³)	鉛直，水平ボーリング 電気探査 電磁波探査	注入式フォアポーリング 先進水抜きボーリング 先進導坑	崩落部空洞充填， 地山注入の後掘削 再開
新親不知 (西工区) (北陸新幹線)	7 330	古第三紀 凝灰岩 凝灰角礫岩 安山岩溶岩	最大 約300	地山の押し出し 突発湧水	—	増し支保，縫返し サンドル受け 長尺水抜きボーリング 地山注入	影響範囲150m
朝日 (北陸新幹線)	7 549	後期白亜紀 〜古第三紀 凝灰岩 砂岩 泥岩	最大 400	地山の押し出し 多量湧水	先進ボーリング 水抜きボーリング	長尺先受け工 支保増強 上半ストラット インバートストラット 先進ボーリング 水抜きボーリング	逆断層
折爪 (八戸自動車道)	2 300	新第三紀層 凝灰質砂岩 泥質凝灰岩 シルト岩	最大 約200	地山の押し出し 盤ぶくれ	調査ボーリング	サイロット 矢板工法をNATMに変更 円形導坑先進工法	逆断層 断層活動 膨張性地山
三遠 (鳳来工区) (三遠南信 自動車道)	4 525	新第三紀層 花崗岩，凝灰 岩，蛇紋岩 結晶片岩 等	最大 約300	水抜きボーリングから 多量湧水(5t/min)	長尺ボーリング 避難坑での切羽前方探査	長尺水抜きボーリング	中央構造線と交差 地山強度比小 (0.7〜1.2)
飛騨 (東海北陸 自動車道)	10 710	流紋岩	1 000 以上	切羽崩落 TBM拘束 盤ぶくれ(1 200mm) 内空変位(1 000mm) 多量湧水(70t/min) 高圧湧水(6MPa)	先進坑 水抜きボーリング (長尺，短尺)	中央導坑 水抜き坑 長尺水抜きボーリング	先進坑掘削 (ϕ4.5mTBM)

第4章　未固結地山のトンネル

4.1　未固結地山のトンネル

（1）　未固結地山のトンネルの設計，施工にあたっては，事前に地山条件，立地条件等を詳細に調査し，施工中も適切な調査を行い，必要な対策を講じなければならない．また，帯水した未固結地山では，完成後も地下水の流出に伴う地山の劣化が進行するおそれがあるので，設計および施工時において必要な対策を検討しなければならない．

（2）　未固結地山の掘削では，切羽周辺および切羽前方の地山を緩めないよう，早期に断面を閉合するとともに地山条件にあわせた適切な補助工法を選定しなければならない．

（3）　支保工は，地山を早期に拘束できるよう，適切なものを選定しなければならなＩ．

（4）　覆工は，応力集中を生じないよう，極力滑らかな断面形状で全周を閉合しなければならない．

【解　説】　（1）について　未固結地山において帯水している場合は，切羽崩壊を起こしやすいため，排水工法や止水工法による地下水対策を検討する必要がある．このような地山では，トンネルの安定はもちろんのこと，トンネル掘削に伴う渇水や地表面沈下等の周辺環境への影響も十分に考慮する必要がある．とくに，土被りが小さい場合には，掘削に伴う地表面沈下により，トンネル周辺の地表および地中の構造物に多大な影響を与えることがあるので注意が必要である．また，掘削に伴う地下水位低下に起因して，砂質地盤ではトンネル周辺地盤の間隙水圧が低下して土粒子間の空隙が圧縮されることによる即時沈下が，粘性土地盤では間隙水が絞り出されることによる圧密沈下が生じることがある．これらのほか，地下水対策自体が周辺環境に影響を与えることもあるので注意が必要である．

したがって，未固結地山のトンネルの設計，施工にあたっては，事前に十分な地形，地質，地下水，周辺環境等の調査を行うとともに，類似例を参考にしたり解析的手法を用いたりするなどして掘削に伴うトンネルおよび周辺地山の挙動を予測し，切羽の安定化，支保工脚部の支持力の確保，周辺環境の保全のための対策を講じる必要がある．

未固結砂質土では，一般に湧水により切羽の安定性は著しく悪化する．粘土，シルト分が砂分に比較して少なく（10％以下），均等係数が小さい（5以下）含水未固結砂質土では，地山の流動化現象が生じやすいと考えられている（**解説　表** 2.3.10参照）．このような地山では，調査ボーリングを行い，地質構成，N値，含水比，相対密度，粒度分布を求め，さらに透水試験，電気検層を併用して，帯水層の分布や透水係数，地下水位等を調査する必要がある．

粘土，シルト分の多い含水未固結粘性土は，含水比の増加に伴い著しく強度が低下するほか，長期強度が試験値より低下することがあるので，調査項目は未固結砂質土に準じるほか，粘土鉱物，塑性指数，強度等も調べる必要がある（第2編 3.1参照）．

なお，周辺環境への影響については，第8編で詳しく述べる．

含水未固結地山のトンネル施工においては，切羽の安定化対策のためにディープウェル等の排水工法を採用することが多いが，水と一緒に土粒子を抜かないように十分注意する必要がある．また，過度に水を抜いて地山の含水量を下げすぎると，地山の見かけの粘着力が低下して切羽の崩壊を発生させることもあるので注意が必要である（第6編 2.2参照）．

事前の地質調査結果や，施工時の天端沈下測定および脚部沈下測定等の計測結果から支保工脚部の地山の支持力に問題のある場合には，鋼製支保工底板下への皿板設置，ウイングリブ付き鋼製支保工，脚部補強ボルトやパイル，掘削段階ごとの仮閉合，一次インバートによる早期閉合等，適切な対策を選択するとともに，路盤の泥ねい化防止に留意しなければならない（第6編 2.1参照）．また，支持力不足対策として側壁導坑先進工法を採用する場合もある（第3編 2.3.2参照）．

なお，天端部や鏡面の安定対策については第6編2.1を，また土被りが小さく地表面沈下が問題となる場合には第6編3.1を参照のこと．

ディープウェル等による排水の停止やトンネル完成後の復水により，地下水位が上昇してトンネル内に湧水として流出することがある．このとき地山の細粒分を引き込むと，地山の安定が損なわれ重大な問題を引き起こす場合があるので，設計，施工時に，地山の細粒分の流失防止に十分留意する必要がある．また，インバート下面の中央排水管で集水する構造の場合，地山の細粒分等が排水管に流れ込み，インバート下に空洞が生じる場合があるので，中央排水をインバート上部に設置する，あるいは中央排水管を無孔管にしたりフィルター材を工夫したりする必要がある（第3編6.参照）．

解説 表7.4.1に未固結地山におけるトンネル施工例を，**解説 図**7.4.1にインバート下面の排水構造の例を示す．

（2）について　一般に，地山強度の小さい未固結地山のトンネル掘削においては，掘削に伴う緩みによって周辺地山が塑性化しやすく，土被りが小さい場合にはグラウンドアーチも形成されにくい．したがって，未固結地山においては，早期に断面を閉合することを基本とし，地山を極力緩めないようにしなければならない．

未固結地山の掘削の考え方には，掘削断面を小断面に分割して切羽の安定を確保することにより掘削に伴う地山の緩みを極力抑えようとする考え方と，切羽前方の掘削断面の外周をあらかじめ先受け工等により補強して掘削に伴う地山の緩みが外側に拡大することを防止することによりできるだけ大断面で効率良く掘削しようとする考え方とがある．

最近では，未固結地山においても補助工法を多用したうえでショートベンチカット工法を用いる例が多く，また，条件のよい場合には補助ベンチ付き全断面工法で掘削する例もある．これらの場合，小断面分割工法に比べ，大きな断面空間内での作業が可能となるが，未固結地山の掘削作業であることに常に留意し，早期の断面の閉合を考慮する必要がある（第3編2.3.1，2.3.2参照）．

切羽前方の地山の緩み対策としては，先受け工のほか，鏡ボルトや注入工法等がある（第6編2.1参照）．

（3）について　未固結地山においては，早期に地山を拘束する必要があり，支保工は十分な剛性を有するとともに，早期に高い内圧効果の得られるものを選定しなければならない．また支保工はどのような種類，形状でも閉合されていない状態では十分な耐力が望めないので，すみやかに断面を閉合することが重要である．

支保部材には，吹付けコンクリート，ロックボルト，鋼製支保工等があるが，これらを適宜組み合わせて使用し，早期に地山を拘束しなければならない（第3編3.1.1，3.2.1，3.3.1，3.4.1参照）．

（4）について　帯水した未固結地山では，地下水位を低下させて掘削することが多いが，ディープウェル等による排水の停止やトンネル完成後の復水により地下水位が上昇する場合がある．覆工に過大な水圧を作用させることのないように，適切な排水構造とするとともに，覆工は極力滑らかな断面形状として応力集中を生じさせないよう留意し，全周を閉合しなければならない．また，立地条件等からトンネルからの恒久的な排水が許されない場合には，水圧を考慮した設計を行い，防水型のトンネル構造としなければならない（第3編4.1.1，4.2.1，5.1，6.1参照）．

解説 表 7.4.1 未固結地山におけるトンネル施工例(その1)

トンネル名 (線名)	トンネル延長 (山岳工法) (m)	地 質	土被り (m)	掘削断面 (m²)	掘削工法	吹付けコンクリート(cm)	ロックボルト	鋼製支保工	補助工法	覆工巻厚 (cm)	記 事
滝 沢 (東北新幹線)	2 446	第四紀火山灰質粘性土	1～16	馬てい形 87	ショートベンチ	25	14本	H-150～H-200 @1.0m	水抜きボーリング、ディープウェル、長尺鋼管先受け、フットパイル、支保工脚部に置換改良、天端補助ボルト、支保工脚部軽量矢板	30～40 (鋼繊維補強)	未固結地山区間は、入口から約800m(住宅密集地)、土被りは、未固結区間を示す。
柏木平 (東北新幹線)	1 443	第四紀更新世火砕流、泥流堆積物	最小8	馬てい形 87	ショートベンチ	25	10本	H-200, @1.0m	ディープウェル、長尺鋼管先受け、ウイングリブ、支保工脚部軽量矢板	30 (無筋)	未固結地山区間は、入口から約700mより200m間、土被りは、未固結区間を示す。
巻 堀 (東北新幹線)	4 012	第四紀泥砂、シルト	最小6	馬てい形 87	ショートベンチ	20	12本	H-150, @1.0m	注入式フォアポーリング	30 (無筋)	未固結地山区間は、入口から約1k480mより40m間(沢部)、土被りは、未固結区間を示す。
第一高岩 (東北新幹線)	665	第四紀更新世谷底堆積物(未固結土砂)	最大20	馬てい形 76	ショートベンチ	上半10～15 下半20	上半4本 下半4本	上半:H-100～H-150, @1.0m～3.0m 下半:H-150, @1.0m～1.5m	スリットコンクリート	30 (無筋)	支保パターンについては、スリットコンクリート施工区間205mのデータである。
借 宿 (北陸新幹線)	2 010	第四紀更新世浅間山火山軽石流堆積物	5～25	馬てい形 81	ショートベンチ	15	3.0m×8本	H-125, @1.0m	水抜き導坑(断面外)、縫地ボルト	30 (無筋)	水抜き導坑(シールド)φ3.28m
八重原 (北陸新幹線)	5 718	新第三紀軽鮮新世砂	200	馬てい形 81	ミニベンチ	15	3.0m×12本	H-125, @1.0m	水抜き迂回坑、注入式オーガーボーリング、鏡吹付け、鏡ボルト	30 (無筋)	
浅 科 (北陸新幹線)	1 072 (1 035)	第四紀更新世礫混じり火山灰質砂質土、粘性土	5～25	馬てい形 81	ショートベンチ	15	3.0m×12本	H-125, H-150 @1.0m	水抜きボーリング、フォアポーリング	30(無筋) 45(鉄筋)	
新倶利伽羅(西) (北陸新幹線)	3 923 (3 883)	新第三紀泥岩、砂岩、シルト岩	0～178	馬てい形 80	ショートベンチ	12.5～20	3.0～4.0m ×(6～14本)	H-125, H-150, H-200 @1.0～1.2m	長尺鋼管先受けフットパイル	30(無筋) 30～45(鉄筋)	
麦生田 (九州新幹線)	1 205 (988)	第四紀更新世入戸火砕流堆積物(しらす)	2～50	馬てい形 67～77	ショートベンチ	10～15	(増ボルト)	H-150, @1.0m H-125, @1.0m H-100, @1.0m	増しボルト、ウェルポイント	30～40 (無筋、鉄筋)	
築瀬第一 (九州新幹線)	1 150	第四紀更新世入戸火砕流堆積物(しらす)	2～23	馬てい形 73～77	ショートベンチ	12.5～15	(増ボルト)	H-150, @1.0m H-125, @1.0m	先受けボルト、ウェルポイント	30～40 (無筋、鉄筋)	
築瀬第二 (九州新幹線)	2 498 (2 380)	第四紀更新世入戸火砕流堆積物(しらす)	0～55	馬てい形 73～84	ショートベンチ	12.5～20	(増ボルト)	H-200, @1.0m H-125, @1.0m	先受けボルト、ウェルポイント、薬液注入	30～60 (無筋、鉄筋)	
所沢第1、第2 (東名高速道路)	340	第四紀更新世ローム、スコリア、砂	最大17	梨形 143	ショートベンチ	25	6.0m×14本	H-200, @1.0m	フォアボーリング、水平ジェットグラウト	45 (無筋)	
平 井 (山陽自動車道)	813	第四紀更新世粘土質砂礫、新第三紀砂岩、礫岩	平均22.5	馬てい形 133 (三車線)	ショートベンチ	25	6.0m×10本	H-200, @0.75m	フォアポーリング	45	三車線断面(上り線)
〃	〃	〃	〃	馬てい形 94 (二車線)	ショートベンチ	25	4.0m×8本	H-150, @1.0m	フォアポーリング	35	二車線断面(下り線)
霜降山 (山陽自動車道)	1 282	崩積土砂(まさ土)	平均50	馬てい形 93	ショートベンチ	20	4.0m×19本	H-150, @1.0m	注入式フォアポーリング(シリカレジン)、長尺鋼管先受け、鏡ボルト、鏡吹付け	30	下り線

第7編　特殊地山のトンネル

解説 表 7.4.1　未固結地山におけるトンネル施工例(その2)

トンネル名 (線名)	トンネル延長 (山岳工法) (m)	地　質	土被り (m)	掘削断面 (m²)	掘削工法	吹付けコンクリート (cm)	ロックボルト	鋼製支保工	補助工法	覆工厚巻 (cm)	記　事
高　館 (東北新幹線)	1 280	新第三紀鮮新世〜第四紀更新世火山灰，砂，凝灰質砂，堀込岩	0〜18 (平均7)	馬てい形 約80	ショートベンチ	25	3.0m×8本	H-200	長尺鋼管先受け，鏡ボルト，ウェルポイント，地山改良，薬液注入	30	開削して改良体を構築してからの掘削
五　戸 (東北新幹線)	1 090	新第三紀鮮新世〜第四紀更新世砂，粘性土	6〜30	馬てい形 約80	ショートベンチ	20	4.0m×8本	H-125, @1.0m	鏡吹付けコンクリート，鏡ボルト，ウェルポイント，フットパイル，短尺鋼管先受け，増し吹きリング，中尺鋼管先受け，フォアポーリング，注入ボルト先受け，フットパイル，上半仮インバート	60 (複鉄筋)	
高　丘 (北陸新幹線)	6 948	新第三紀シルト	10〜30	馬てい形 約80	ショートベンチ	25	3.0m×12本 増し吹リング 4.5m×12 (上下半各6本)	H-200	スリットコンクリート，上半仮閉合，フットパイル，増し吹リング，長尺鋼管先受け，側壁先行改良，長尺鏡ボルト，下半インバートストラット，上半インバート吹付け	30	
飯　山 (北陸新幹線)	22 225	第四紀泥砂，砂礫，シルト，凝灰質角礫岩	80〜 130 190	馬てい形 約80	ショートベンチ	20	上半 3.0m×8本 下半 3.0m×4本	H-150, @1.0m	一次インバートコンクリート，長尺鋼管先受け，水抜きボーリング，注入式フォアポーリング，注入式鏡ボルト，長尺鏡ボルト，インバートストラット	30	
第1里部 (北陸新幹線)	919.4	低位段丘層析局地性堆積物，砂礫	約2〜10	馬てい形 約80	ショートベンチ	20	なし	H-150	注入式フォアポーリング，長尺鋼管先受け，地盤改良，フォアボーリング	50 (鉄筋コンクリート)	地盤改良体を構築してからの掘削施工時の削孔水で地山を乱す懸念があるから，ロックボルトを省略
魚沼魚津 (北陸新幹線)	3 097	第四紀更新世玉石混じり砂礫，礫，砂，粘土	4〜80	馬てい形 約80	ショートベンチ	12.5 15 20	20本	H-150(ウイングリブ付き) H-200(ウイングリブ付き)	長尺鋼管先受け，鋼製皿板仮設，オフサイリング，ウェルポイント，インバート，フットパイル	30 55	流砂による脚部沈下抑削対策事例地山の間隙水圧測定実施
北　山 (国道455号)	上り923.5 下り950.5	緑色岩メランジュ，砂状〜粘土状まさ土	2〜20	馬てい形 上り約110 下り約80	補助ベンチ付き全断面	25 高強度鋼繊維吹付け	なし	H-150(ウイングリブ付き) H-200, @1.0m	長尺鋼管先受け，鏡ボルト，注入式補強，高規格インバート支保工，注入式長尺鏡ボルト	45	都市陸双設トンネル先進坑二車線後進坑二車線+歩道
原　町 (常磐自動車道)	749.5	新第三紀鮮新世砂質土，砂岩	15〜40	馬てい形 92.2	ミニベンチ	20 高強度吹付け	4.0m×8本	H-154, @1.0m	ウェルポイント，注入式長尺鋼管先受け	30	
卯辰 (II期) (金沢東部環状道路)	1 198.8	第四紀更新世砂，砂岩	最大 約85	馬てい形 68.1〜71.3	早期閉合型上下半交互併進		8本	H-200, @1.0m	注入式長尺鋼管先受け，注入式フォアボーリング，長尺鏡補強注入，脚部補強鋼管ベイル，仮インバート	75	
高　瀬 (宇都宮須島山線)	430	第四紀砂礫	最大 約39	馬てい形 107		25	6.0m×10本	H-200(ウイングリブ付き)	長尺鋼管フォアパイリング，脚部補強鋼管ベイル，インバート吹付け+本パイリング	45	
清水井波線 (金沢井波線)	802	第四紀更新世砂	最大 約65	馬てい形 89.0〜97.0		20〜25	4.0m×8本	(ウイングリブ付き)	長尺鋼管フォアパイリング，鏡ボルト	30〜35	

解説 表 7.4.1 未固結地山におけるトンネル施工例（その3）

トンネル名（線名）	トンネル延長（山岳工法）(m)	地質	土被り(m)	掘削断面(m²)	掘削工法	支保工 吹付けコンクリート(cm)	支保工 ロックボルト	支保工 鋼製支保工	補助工法	覆工巻厚(cm)	記事
北春日（京都第二外環状道路）	上り464 下り458	扇状地堆積物，段丘堆積物	3～15	円形～槽円形 100～200（拡幅部）	ショートベンチ補助ベンチ付き全断面	25	なし	H-200	長尺鋼管先受け，鋼吹付け，鏡ボルト，仮インバート，地盤改良（機械撹拌深層混合改良），モルタル杭，PC鋼棒緊張	50～90	超近接双設トンネル（最小離隔2cm）ウォータータイト
岸合生麦（市道岸谷生麦線）	上り260 下り278.6	第四紀更新世シルト質細砂シルト混じり細砂	10～15	馬てい形 上り130 下り78	上りベンチカット 全断面 下り 全断面	上り25 下り20	なし	H-200（ウイングリブ付） H-150	長尺鋼管フォアパイリング，注入式フォアポーリング，仮インバート，通水ドレン工，鏡ボルト	上り60 下り40	超近接双設トンネル アンダーピーニング 支障物撤去 ウォータータイト
吉井（横浜横須賀道路）	346.5	粘性土，風化泥岩	9.0（平均）	93	全断面	40	なし		鋼吹付け，長尺鏡ボルト，脚部補強，スリットコンクリート（鋼繊維補強）	250～505	
小路（第二京阪道路）	265	粘性土，砂質土，砂礫土	6～10.5	（専用）170（一般）85	導坑先進	（専用）25（一般）20	なし	（専用）H-200（一般）H-150	地盤改良，地中連続壁，長尺鋼管フォアパイリング	（専用）60（一般）40	大断面浅層4連めがね

（a）インバート下面の中央排水管で集水する一般地山の例

（b）インバート上面に中央排水溝を設置した例

（c）インバート下面の中央排水管を無孔管とした例

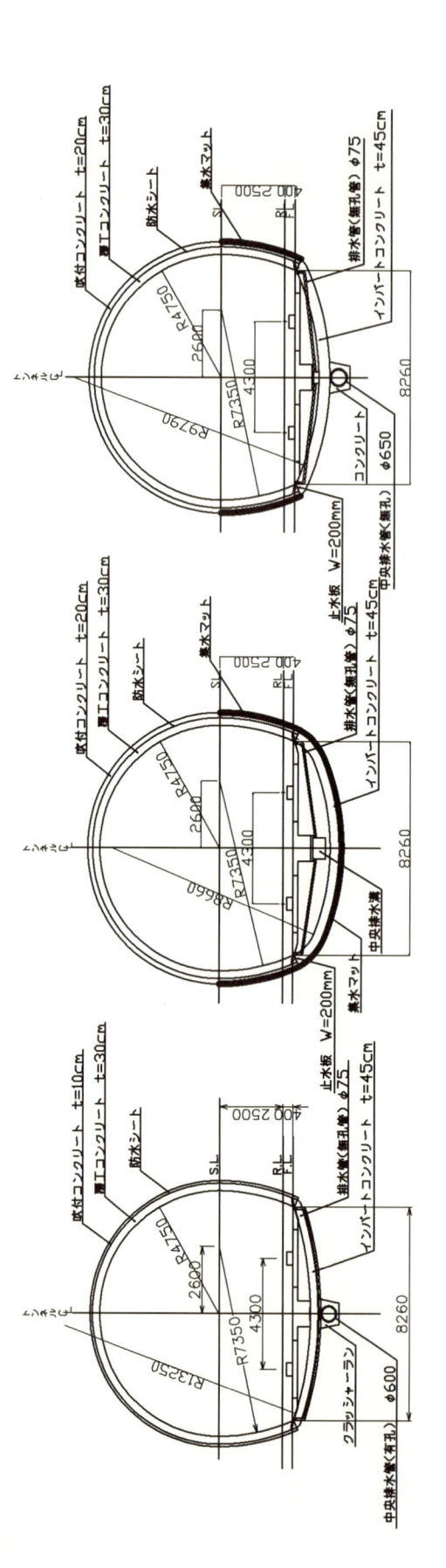

解説 図 7.4.1 インバート下面の排水構造の例（鉄道トンネル）

第5章　膨張性地山のトンネル

5.1　膨張性地山のトンネル

（1）　膨張性地山のトンネルの設計，施工にあたっては，事前の調査，試験ならびに施工中の調査，観察および計測等を行って，膨張性を有する地質の分布状態および性状等を十分に把握し，適切な対策を講じなければならない．

（2）　掘削にあたっては，地山を緩めないよう，早期に断面の閉合を図ることを基本とし，地山条件にあわせた適切な掘削工法を選定しなければならない．

（3）　支保工は，地山の性状，土圧および変位の状況，掘削断面，掘削工法等を考慮し，適切に選定しなければならない．

（4）　トンネルは，なるべく円形に近い形状で全周を閉合し，覆工の施工時期は，計測結果等から地山の変位状況等を把握し，適切に定めなければならない．

【解　説】　（1）について　膨張性地山のトンネルでは，地山の挙動と土圧の作用において特異な状況を示す．すなわち，トンネルが掘削されると，周辺の地山とともに坑壁が徐々に内空に押し出されてくる現象が見られ，場合によっては工事に支障をきたすほど著しく掘削断面が縮小することがある．その変位は天端，側壁ばかりではなく，底盤や鏡面にも生じることが大きな特徴である．

このような地山の変位を支保工や覆工で抑えようとすると，支保工や覆工には大きな土圧が作用することになる．こうした土圧は，掘削直後ではごく小さい場合でも，切羽の進行とともに増加し，その強大な土圧によって支保工が破壊されることがある．また数年にわたり，岩盤の劣化やクリープに伴うひずみが蓄積した結果，覆工やインバートが変状し，インバートの補強や改築，トンネル自体の改築を余儀なくされることもある．よって，膨張性地山のトンネルにおいては，必要に応じて支保工の強化や，覆工への力学的な性能の付加を検討しなければならない（第3編 3.1.3，4.1，8.6参照）．また，施工時には良好な岩盤と評価されても，岩盤の中長期的な劣化によって盤ぶくれ等の変状が生じる場合があることにも留意が必要である．

このように膨張性地山のトンネルでは，地山が通常のトンネルとは異なった挙動を示すので，事前にその分布状態や性状等を可能な限り調査（**解説 表 2.3.3，解説 表 2.3.11参照**）するとともに，想定される現象に類似した施工例等も参考として，適切な設計，施工，観察・計測計画を行う必要がある．とくに，新第三紀の泥岩や凝灰岩では地下水の影響による吸水膨張やスレーキング等が生じるので，適切な排水処理を行う必要がある．

しかし，このような地山の挙動や土圧の性状を施工前に的確に把握することは困難であるため，施工中において，地山状況の観察，さらに内空変位や地中変位とともに，支保工および覆工の応力や作用する荷重等の計測，岩石試験等を行い，これらの結果に基づいて総合的に判断し，必要があれば設計，施工法の変更を迅速かつ適切に行うことが重要である（第2編 3.1.2，3.1.3，3.1.4，3.3.2，第3編 3.1.3，4.1，8.6，第5編 4. 参照）．

また，本坑の施工に先立って調査坑を掘削し，各種の調査，試験および計測を行い，その結果を本坑の設計，施工に反映させる場合もあるが，調査坑の位置の選定にあたっては，その目的とする成果が得られるよう，土被り等の地形条件，地質の性状とその分布状況等について，慎重に調査，検討しなければならない．

膨張性地山におけるトンネルの断面形状は，力学的には円形が最も望ましいと考えられるが，円形断面は施工性が悪く，とくに鉄道および道路トンネルでは，不必要な掘削面積が多くなるので，注意が必要である．また，実際の施工では，変位の状況に応じた断面の変形余裕を適切に設定しておく必要がある．なお，**解説 表 7.5.1**に膨張性地山におけるトンネル施工例を示す．

（2）について　膨張性地山では，一般に切羽の安定性が悪く，地山の緩みは時間の経過とともに著しく増大し，大きな土圧が作用することになるので，施工にあたっては，切羽の周辺および前方の地山を極力緩めないよう留意し，掘削した断面をできるだけ早期に全周を閉合することが重要である．断面の分割が最小限となるよう

な掘削工法が望ましいが，全断面工法を採用して掘削断面積が大きくなり，切羽の安定性に問題があると判断される場合には，先受け工，鏡吹付けコンクリート，鏡ボルト等の補助工法によって安定性の改善を図ることは可能であり，これらの対応によって施工断面を大きくできれば，より合理的で効率的な施工が可能となる場合もあるので十分な検討が必要である（第6編 2.1参照）．

膨張性地山に用いる掘削工法は，基本的に早期に断面の閉合が可能なものとする必要があるが，地山外周から内側への押出しだけでなく，切羽鏡面からの押出しにも留意しなければならない．

標準的な掘削工法としては，ショートベンチカット工法やミニベンチカット工法，補助ベンチ付き全断面工法等のベンチ長を短くした掘削工法を採用することが多い．これらの掘削工法は，分割断面の相互干渉が少なく，比較的早期に断面の閉合が可能である．また，膨張性地山でのトンネルの変形を抑制するため，全断面早期閉合による施工も実施されている．切羽に近い位置において，仮インバートや一次インバートを採用して掘削断面を閉合することは，変形を抑えるのに有効である（**解説 図 7.5.1**参照）．さらに，押出し性の土圧を有するトンネルの施工事例においても，変位が抑制されること，変位が収束するまでの時間が短縮されることが報告されている．なお，早期閉合は，本インバートに荷重を作用させないよう，本インバートでなく吹付けコンクリート等で早期に閉合することが望ましい．場合によっては繊維補強吹付けコンクリートを採用したり，鋼製支保工を併用したりすることもある（第3編 3.2.5参照）．早期閉合を行う場合は，その施工を掘削サイクルに組み込み，切羽近傍で一間ごとに施工することが望ましい（第3編 5.4参照）．なお，切羽の安定性が問題となる場合には鏡面への吹付けコンクリートの施工だけでなく，鏡ボルトを施工することが多い（第6編 2.1参照）．このほかに，上半断面内に円形導坑を先進させ，その後ベンチカットを行う工法がある．この方法は，地山の潜在応力の一部を解放し，支保に作用する応力を軽減させる効果がある．

　（3）について　膨張性地山においては，その現象によって縫返しがないように当初から対策を講じる必要がある．具体的には当初から大きな剛性の支保工により，地山変位を小さく抑える方法（**解説 図 7.5.1**(a)参照）が一般的である．支保工はどのような種類，形状でも，閉合されていない状態では十分な耐力や地山拘束力は望めないので，断面を分割して掘削する場合においても，施工の各段階で，吹付けコンクリート，ロックボルト，鋼製支保工を組み合わせた支保工により，掘削の全周をできるだけすみやかに閉合しておくことが望ましい．

なお，地山変位をある程度許容し，最初の支保工（一次支保工）の健全性が損なわれることを見越して，その内側に新たに何層にも支保工（多重支保工）を設けることで支保工全体の健全性を確保するという考え方に基づいて施工している事例もある（**解説 図 7.5.1**(b)参照）．

吹付けコンクリートは，掘削後ただちに施工することにより地山の緩みや風化を防止するため，膨張性地山においては，とくにその効果は大きい．吹付けコンクリートの厚さは，標準支保パターンに比べ厚い吹付け厚が採用されている（**解説 表 7.5.1**参照）．また耐荷性能やじん性の向上を目的に，高強度吹付けコンクリートや繊維補強吹付けコンクリートが用いられることもある（第3編 3.2.2，3.2.5参照）．

ロックボルトは，膨張性地山においては，地山に有効に作用させるために，できるだけ早期に打設し地山を拘束することが重要であり，とくに早期に支保力が必要とされる場合には摩擦式ロックボルトが採用されることもある．粘性土および高含水比の泥岩地山では，穿孔に難渋する，孔壁が自立しない，ロックボルトを挿入できないなど施工に苦労する場合があり，ロックボルトの種類の選定を含め施工方法を工夫する必要がある．対策としては，自穿孔ロックボルトを用いる方法，気泡剤を利用して穿孔する方法等がある．

鋼製支保工は，膨張性地山等においては，著しく強大な土圧に対抗するために，高規格H形鋼や鋼管が用いられることもある．鋼管支保工は，建込み後に管内にモルタルを注入し，さらにらせん鉄筋を入れることにより耐力の増強を図ることが可能である．

　（4）について　膨張性地山においては，トンネル掘削に伴い，大きな土圧が発生するため，掘削変位量や切羽の押出し量が大きく，収束までの時間も長くなる傾向がある．また，完成後もトンネルに作用する土圧が増加する場合もある．よって，トンネルは円形に近い断面とし，インバートを設けて全周を閉合する必要がある．また，インバートを当初計画していなかった場合でも，施工時のデータにより逐次判断し，変状の兆候が見られる場合はインバートの設置を検討する必要がある（**解説 図 7.5.2**参照）．

覆工は変位が収束した段階で施工することを基本とするが，変位が収束せず，支保工のみでは土圧に対抗することが不利と判断した場合は，覆工にも荷重を負担させることがある．具体的には，耐荷性能に優れた鉄筋コンクリート，またはじん性に優れた繊維補強コンクリート等により覆工を早期に施工することもある．この場合，変位速度等を含めた判断基準の設定等，十分な検討が必要である（第3編 4.1, 8.6.1, 8.6.2, 第4編 8.2.1, 9.1, 9.2参照）．

　トンネルの施工時に大きな変形や盤ぶくれ等の変状が発生し，対策を実施した箇所においては，施工時より地山が劣化していることも考えられるため，トンネルの供用後においても定期的な点検のほか優先度を高めて点検を行うことが望ましい．これは変状や劣化の兆候を早期に見つけ出すために有効といえる．そのためには，トンネル施工時の地質情報，切羽観察記録，掘削変位量の計測記録等を整理保管することが必要である．

解説 表 7.5.1　膨張性地山におけるトンネル施工例

トンネル名(線名)	トンネル延長(m)	膨張性を示す岩種	膨張性区間の掘削工法(延長)	支保工 吹付けコンクリート(cm)	支保工 ロックボルト	支保工 鋼製支保工	覆工巻厚(cm)	記事
青函(北海道新幹線)	53 850	泥岩 凝灰岩	円形ベンチカット工法(1 032m) 周壁導坑先進コンクリート中詰(上記の内446m)	35	(6～11m)×17本	φ267.3～318.5, @(0.7～0.9m)	70～90	ロックボルト: 一部自穿孔 鋼管支保工: モルタル中詰一部らせん鉄筋入り
中山(上越新幹線)	14 830	凝灰岩 泥岩	ベンチカット工法(800m)	15～20	(3～6m)×(17～35本)	MU-29, @(0.9～1.0m)	50	―
鍋立山(北越北線)	9 117	泥岩	ベンチカット工法 一部円形導坑先進(2 296m)	15～37.5	(3～5m)×(6～40本)	H-150, H-175, MU-29, @(0.5～1.0m)	30～60	一部地山注入
駒止(国道289号)	2 000	緑色凝灰岩	ベンチカット工法(1 200m)	15～20	(2～6m)×(14～27本)	MU-29, @(0.8～1.2m)	50	―
塩嶺(中央本線)	5 994	泥岩	ベンチカット工法(2 000m)	10～30	(2～8m)×(22～44本)	H-150, H-200, MU-29@1.0m	30	―
新宇佐美(伊東線)	2 985	温泉余土	ベンチカット工法(2 985m)	10～20	(2.5～5m)×(16～24本)	MU-29, @(0.8～1.4m)	30	吹付け: 一部鋼繊維補強
恵那山(Ⅱ期線)(中央自動車道)	8 635	熱水変質を受けた花崗岩	ベンチカット工法(350m)	25	(6～9m)×(22～61本)	MU-29, @1.0m	30～45	増しボルト13.5m 吹付け: 一部鋼繊維補強
折爪(東北自動車道)	上り2 321 下り2 272	泥質凝灰岩	ベンチカット工法 一部円形導坑先進(上り950m, 下り1 033m)	20	(6～9m)×(43～51本)	H-200, @1.0m	30～50	吹付け: 一部鋼繊維補強
中屋(国道249号)	1 260	凝灰岩	ベンチカット工法(210m)	20～25	(4～9m)×(18～58本)	H-150, H-200, @(0.6～1.0m)	30～50	―
舟形(国道13号)	1 368	泥岩	ベンチカット工法(270m)	25	(4～6m)×26本	H-200, @1.0m	30～50	―
日暮山(Ⅰ期線)(上信越自動車道)	2 223	泥岩	ベンチカット工法 一部円形導坑先進(380m)	15～35	(4～6m)×(16～32本)	H-125, H-150, H-200, H-250, @1.0m	30～80	吹付け: 一部鋼繊維補強 覆工: 鋼繊維補強(一部薬液注入)
岩手一戸(東北新幹線)	25 810	凝灰岩 砂質凝灰岩 凝灰角礫岩	ベンチカット工法(940m)	20～30	(3～4m)×(12～44本)	H-125, H-150, H-200, @(0.75～1.0m)	30	吹付け: 一部鋼繊維補強 覆工: 一部鋼繊維補強 インバートストラット
飯山(北陸新幹線)	22 225	砂岩 泥岩	ベンチカット工法(1 931m)*	25(一次支保工) 12.5～15(二次支保工)	(4～6m)×(14～36本)	H-125, H-150, H-200, @1.0m	30	覆工: 一部鋼繊維補強 二重支保工
太郎山(Ⅱ期線)(上信越自動車道)	4 264	凝灰岩	ベンチカット工法(594m)	15～30	4m×18本	H-125, H-150, H-200, @1.0m	30	吹付け: 一部高強度 覆工: 一部鋼繊維補強
七尾(国道470号)	1 760	砂岩 礫岩	補助ベンチ付き全断面掘削工法(170m)	20～25	4m×18本	H-150 H-200	―	全断面早期閉合
穂別(道東自動車道)	4 318	粘板岩 蛇紋岩	補助ベンチ付き全断面掘削の早期閉合(約700m)	一次25(鋼繊維) 二次20(鋼繊維)	(4～6m)×(14～22本) 側部ロックボルトの密配置	一次 H-200 二次 H-150	50	二重支保構造 高耐力支保 縫返し
俵坂(九州新幹線)	5 675	砂岩 泥岩 火山砕屑物	ミニベンチカット工法の早期閉合(900m)	I_SP部15 特SP部25	I_SP部 3m×14本 特SP部 4m×22本	I_SP部 H-150, @1.0m 特SP部 H-200, @1.0m	30	内空変位の長期未収束区間では切羽後方での吹付コンクリートによる断面閉合

＊多重支保工を用いて施工した区間延長で記載

第 7 編　特殊地山のトンネル

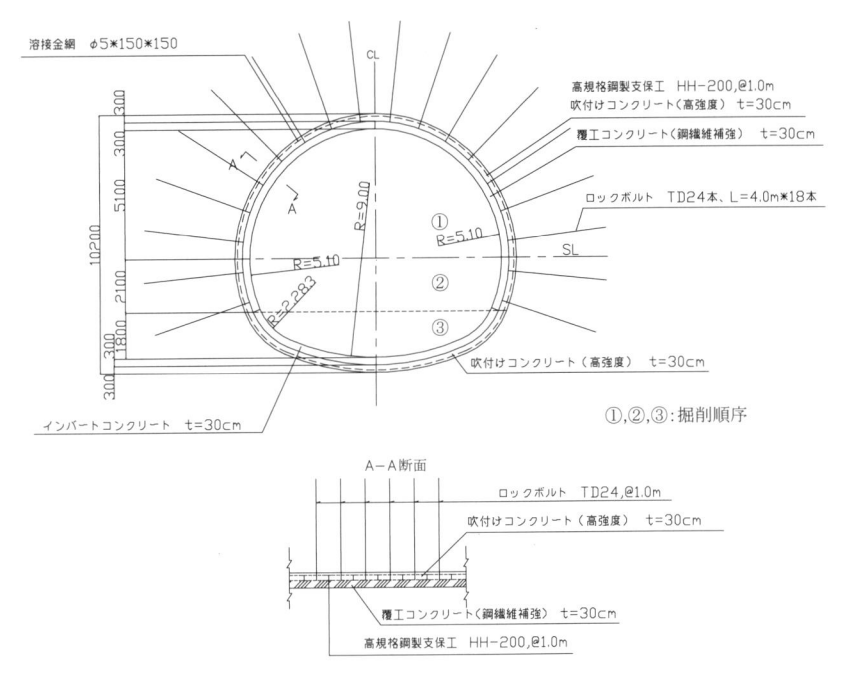

(a) 一次インバートによる断面の閉合と高規格鋼製支保工の施工例

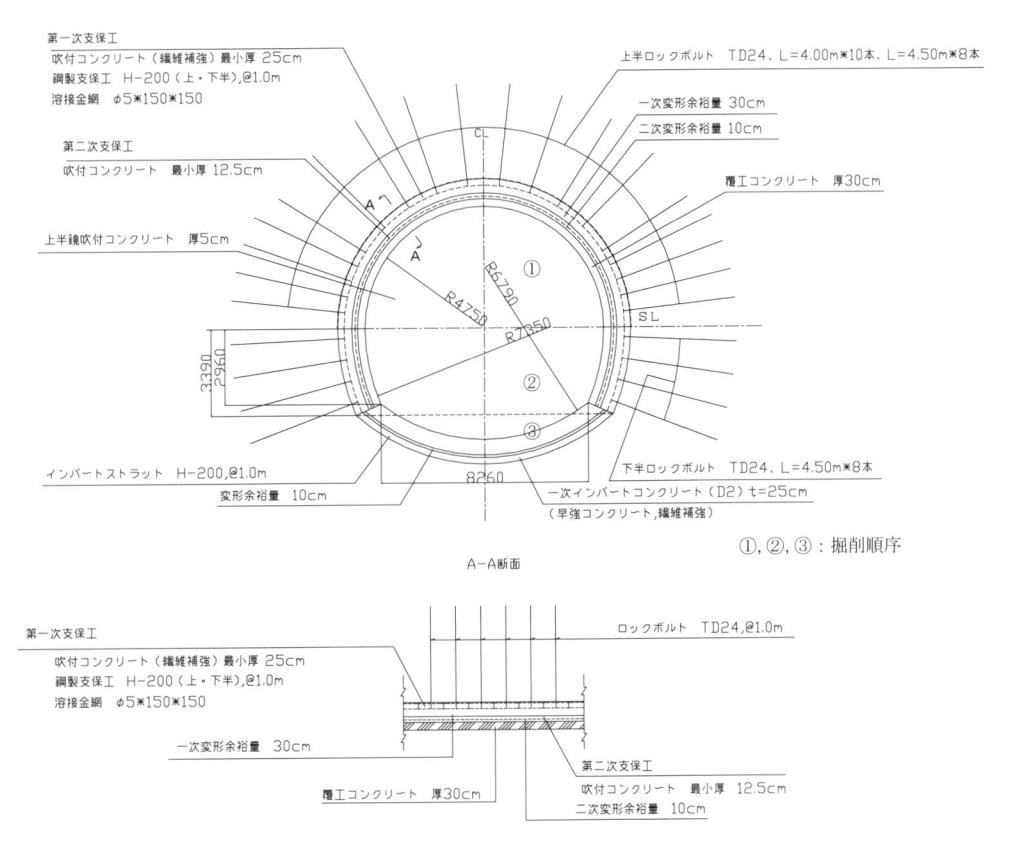

(b) 一次インバートによる断面の閉合と多重支保工の施工例

解説 図 7.5.1　膨張性地山におけるトンネルの施工例

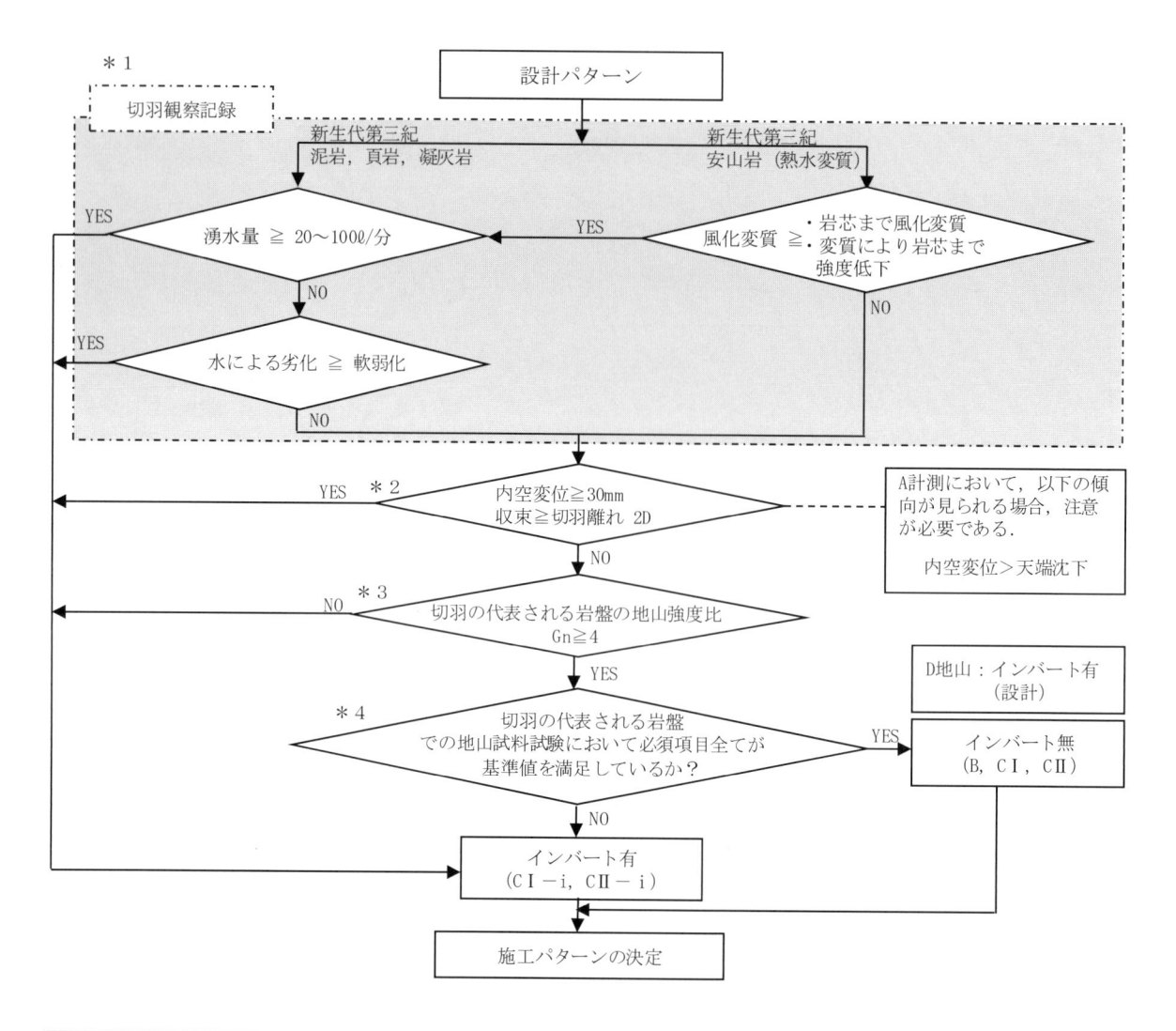

[フローチャート: 施工中の変状に基づくインバート設置の要否判定フロー]

- 設計パターン
  - *1 切羽観察記録
    - 新生代第三紀 泥岩, 頁岩, 凝灰岩
      - 湧水量 ≧ 20〜100ℓ/分 → YES
      - NO → 水による劣化 ≧ 軟弱化 → YES
      - NO ↓
    - 新生代第三紀 安山岩(熱水変質)
      - 風化変質 ≧ ・岩芯まで風化変質 ・変質により岩芯まで強度低下 → YES
      - NO ↓
  - *2 内空変位≧30mm, 収束≧切羽離れ2D → YES
    - （A計測において,以下の傾向が見られる場合,注意が必要である. 内空変位＞天端沈下）
    - NO ↓
  - *3 切羽の代表される岩盤の地山強度比 Gn≧4 → NO
    - YES ↓
  - *4 切羽の代表される岩盤での地山試料試験において必須項目全てが基準値を満足しているか？
    - YES → インバート無 (B, CⅠ, CⅡ) （D地山：インバート有(設計)）
    - NO → インバート有 (CⅠ-i, CⅡ-i)
  - → 施工パターンの決定

項 目	内 容
*1 切羽観察記録	・変状地質*Ⅰにおいて湧水量,水による劣化の項目に注意 ・安山岩においては風化変質,湧水量,水による劣化の項目に注意
*2 内空変位量	・現行の設計要領において,内空変位量≧30mm,内空変位の収束≧切羽離れ2Dにおいてインバート設置(D地山以下と判定) ・変状地質のA計測において,内空変位＞天端沈下の傾向が見られた.
*3 地山強度比	地山強度比について以下の傾向が見られた. ・変状箇所の施工時データがGn＝2〜4に集中 ・現行の管理基準において,地山強度比4以下はインバート設置(D地山以下と判定)
*4 地山試料試験 (施工段階)	・切羽の代表される岩盤で地山試料試験を行い,地山試料試験ヒストグラムに示す基準値において判定を行う. なお,施工段階においては,事前調査段階で把握した地山傾向をふまえ以下の試験項目について最低限行うものとする. (施工段階) 　浸水崩壊度試験(C, Dの場合,インバート有り), CEC試験(CEC≧20 meq/100gの場合,インバート有り)

項 目	内 容
*Ⅰ 変状地質	以下に示す3岩種を変状地質(長期劣化が考えられる地山)と判断する. ・新生代第三紀の泥岩,頁岩 ・新生代第三紀の凝灰岩 ・新生代第三紀の安山岩(熱水変質)

解説 図 7.5.2 施工中の変状に基づくインバート設置の要否判定フローの事例（文献[1]を加筆修正）

参考文献

1) (公社)土木学会, トンネル・ライブラリー第25号 山岳トンネルのインバート －設計・施工から維持管理まで－, p.174, 2013.

第6章 山はねが生じる地山のトンネル

6.1 山はねが生じる地山のトンネル

山はねが生じる地山のトンネルの設計，施工にあたっては，事前に十分な調査を行い，必要な対策を講じなければならない．

【解　説】　山はねは，トンネル掘削時において，掘削面周辺の岩盤の一部が大きな音響を伴って内空に突然飛び出す現象である．この現象は，岩盤中に蓄えられた弾性ひずみエネルギーが掘削により解放されることに起因して発生すると考えられており，土被りが大きく地殻応力が高い場合で，かつ岩盤が均質で節理等の少ない地山で起こりやすい(第2編 3.1.3参照)．これまでの事例では，その多くは2〜5cmの厚さの板状の岩片となって飛び出しており，大きさは小片から1m^{3}を越えるものまでさまざまである．

解説 表 7.6.1に山はねの発生したトンネル施工例を示す．このような地山のトンネル掘削においては，事前に山はねの発生の可能性の有無について十分な調査を行うとともに，必要な対策を講じておかなければならない．

山はねの一般的な施工上の対策には，次のようなものがある．

① 吹付けコンクリートあるいはネット等で掘削面を覆う．
② 摩擦式ロックボルトを使用して，ロックボルトの打設直後から縫付け効果や吊下げ効果を発揮させるようにする．
③ 繊維補強吹付けコンクリートを使用して支保工のじん性を上げ，山はねに起因するはく落の危険性を減少させる．
④ 山はねが発生あるいは予見された場合の退避，待機を徹底させる．

山はねの生じる地山はその予知対策も重要である．山はねの発生メカニズムは詳細に解明されておらず，確立された方法もないのが現状であるが，発生メカニズムの解明と予知を目的にAE測定が用いられることもある．

これは，岩盤が破壊に至る前からAEを発するという性質を利用して，岩盤内のAEを収録し山はねの兆候を予知しようとするものであり，加速度計がセンサーとして用いられている．

このセンサーを切羽近傍に設置し，通信回線等により坑外の事務所に設備したパソコン等と接続して連続的に解析処理を行い，異常を検知した場合には自動的に警報を発するようシステム化されているものが多い．

解説 表7.6.1 山はねの発生したトンネル施工例

トンネル名 (線名)	トンネル延長 (m)	地質	掘削断面積 (m²)	施工法	支保工	覆工巻厚 (cm)	山はねの発生状況と位置	山はね対策工
清 水 (上越線)	9 702	花崗岩 石英閃緑岩 花崗閃緑岩 ホルンフェルス	30 (任矢線単線)	底設導坑先進 上半逆巻工法 (矢板工法)	・松丸太、松板	30 (コンクリート ブロック積)	・土被り1 000m程度以上 ・底設導坑側壁	・待機時間
新清水 (上越線)	13 490	石英閃緑岩 花崗閃緑岩 ホルンフェルス 花崗岩	35.4 (任矢線単線)	全断面掘削工法 (矢板工法)	・鋼製支保工(H-150) ・ロックボルト	30	・土被り500m程度以上 ・側壁	・10kgレールと矢板、鋼製支保工(H-100,H-125)と矢板による天端、側壁部位置 ・待機時間
大清水 (上越新幹線)	22 221	花崗岩 花崗閃緑岩	85.4 (新幹線複線)	全断面掘削工法 (矢板工法)	・鋼製支保工(H-200) ・ロックボルト	50	・土被り500m程度以上 ・切羽天端～側壁 ・切羽後方20m程度の天端～ 側壁	・ロックボルト ・落下防止網 ・鋼繊維補強吹付けコンクリート ・待機時間
関 越 自 動車道 (関越自動車道) (下り線)	10 926	石英閃緑岩 ホルンフェルス	84.2 (ロックボルト断面) 86 (鋼製断面)	全断面掘削工法 (矢板工法)	・ロックボルト、金網 ・鋼製支保工(H-200)	40 45	・土被り750m程度以上 ・鏡	・掘進長の短縮(1.5～3m から1.2m) ・鏡ボルト(L=3m,22本/断面)と防護ネット) ・支保工をロックボルトから鋼製支保工と矢板に変更 ・待機時間の設置(AE測定に準拠的に採用)
(上り線)	11 020	石英閃緑岩 ホルンフェルス	85 (二車線)	全断面掘削工法	・ロックボルト(L=3m) ・吹付けコンクリート (t=5cm)	30	・土被り300m程度以上 ・鏡、天端～側壁	・掘進長の短縮(2.5mから1.5m) ・吹付けコンクリートを鋼繊維補強吹付けコンクリートに変更 ・鋼製吹付けコンクリート(L=3m,断面) ・鏡ボルト(L=3m,22本/断面) ・待機時間の設置(AE測定) ・点数評価(AEと切羽観察)による対策工の採用
雁 坂 (国道140号)	6 645	花崗岩 ホルンフェルス 砂岩、粘板岩	60 (二車線)	補助ベンチ付き 全断面掘削工法	・ロックボルト(L=3m) ・吹付けコンクリート ・鋼製支保工	30	・土被り300m以上 ・天端～側壁	・鋼繊維補強吹付けコンクリート(t=10～15cm) ・摩擦式ロックボルト(L=3m) ・鋼製支保工(H-150) ・待機時間の設置(AE測定) ・点数評価(AE測定と切羽観察)による対策工の採用
西 風 (広島高速4号線)	3 900	花崗岩	71～164.8	全断面掘削工法	・ロックボルト(L=3m) ・吹付けコンクリート (t=10cm)	30	・土被り40～100m程度 ・切羽近傍天端	・摩擦式ロックボルト ・鋼繊維補強吹付けコンクリート(t=10cm)

第7章　高い地熱，温泉，有害ガス等がある地山のトンネル

7.1　高い地熱，温泉，有害ガス等がある地山のトンネル

（1）　高い地熱，温泉，有害ガス等がある地山のトンネルの設計，施工にあたっては，事前に地形，地質，地下水の状況，有害ガスの有無，透気係数，透水係数等について十分な調査を行い，設計，施工上必要な対策を講じなければならない．

（2）　高い地熱，温泉，有害ガス等がある地山のトンネル掘削では，必要な検知装置，換気設備，防護設備等を設置のうえ，慎重に施工を行わなければならない．

【解　説】　（1）について　高い地熱，温泉，有害ガス等がある地山のトンネル掘削においては，事前に実施する地山条件調査（第2編 3.1.3参照）に基づき，それぞれの地山に応じた特別な対策が必要となる．施工中においては，切羽前方の地質状況を把握し（第2編 3.1.4参照），高熱湧水，有害ガスを事前に排除する目的で先進ボーリング等を実施する必要がある．

　高い地熱，温泉水，これらに伴い酸性水等が発生する場合のトンネルの設計にあたっては，ロックボルトの腐食対策やコンクリートの劣化対策，覆工の耐久性について検討する必要がある．コンクリートは養生温度が高くなることにより，温度ひびわれの発生が懸念されることから，断熱材の使用やひびわれ誘発目地の採用，コンクリートの配合等を検討する必要がある．温泉水が分布する場合，湧水中の重炭酸イオン（HCO_3^-）によるコンクリートの腐食も予想される．こうした地山での覆工に対しては，耐久性を考慮して使用するセメントの種類や配合，腐食を考慮した巻厚，防水シートの材質，養生方法等を検討する必要がある．

　高い地熱の地山での施工では，発破掘削を行う場合の装薬時において，法令（火薬類取締法施行規則）により100℃以上の高温孔では火薬類の異常分解を防止する措置を講じる必要があり，耐熱性の爆薬と雷管の使用，機械掘削方式の採用等の対策を検討しなければならない．温泉水が湧出する地山では，有害ガスの噴出や熱水，高温蒸気の噴出が生じることもあるので前述の対策を検討する必要がある．また，周辺の温泉へのトンネル掘削の影響も十分に検討しなければならない．このような地山におけるトンネル掘削においては，高温，多湿のきわめて劣悪な作業環境となるので，労働衛生面からの作業環境の維持と作業員に対する適正な健康管理が重要である．

　トンネル掘削において遭遇する可能性のある有害ガス，可燃性ガス等の種類，性状，許容量等については第4編 12.3を参照のこと．これらによる爆発災害や作業員の健康障害の発生には十分な注意が必要である．とくに，メタンガスは無色，無味，無臭のうえ比重が0.55と軽いので人間の感覚のみでは気付くことが難しく，5～15%の濃度で，酸素濃度が12～21%のとき，火源があれば爆発を起こすので厳重な注意が必要である．したがって，事前に第2編 3.1.3に基づき，有害ガス等の存在有無，種類，量等について十分な調査を実施するとともに，第4編 12.3，12.5，12.7，12.8にしたがって設計，施工上必要な対策を講じておく必要がある．ただし，事前調査から的確に把握することは難しく，施工中に行う調査やガス発生状況に応じて対策の見直しが必要であるほか，急な噴出の危険性がある場合には，緊急避難等の措置を講じておく必要がある．また，工事休止期間中にトンネル内に滞留した可燃性ガスにより，工事再開時に爆発が起きることもあるので，十分な保安管理と再開時の計画が必要である．

　（2）について　高い地熱への対策として，大容量の換気設備や冷房設備を組み合わせた送気方式等が採用された事例がある．有害ガスおよび可燃性ガスへの対策としては，第4編 12.3，12.5，12.7，12.8に基づくほか，独立式および定置式のガス検知警報設備の設置，大風量換気設備の設置，防爆構造の電気機器の使用，火気制限，日常のガス測定，酸素濃度の測定等のほか，入退場時の人員点検，監視人の配置，関係者以外の立入禁止等の表示，作業者に対する特別教育，避難用具等の備え付け，退避および通報体制，救護体制等について対策を講じておく必要がある．**解説 図 7.7.1**に有害ガスのある地山でのガス検知，管理システムの例を示す．

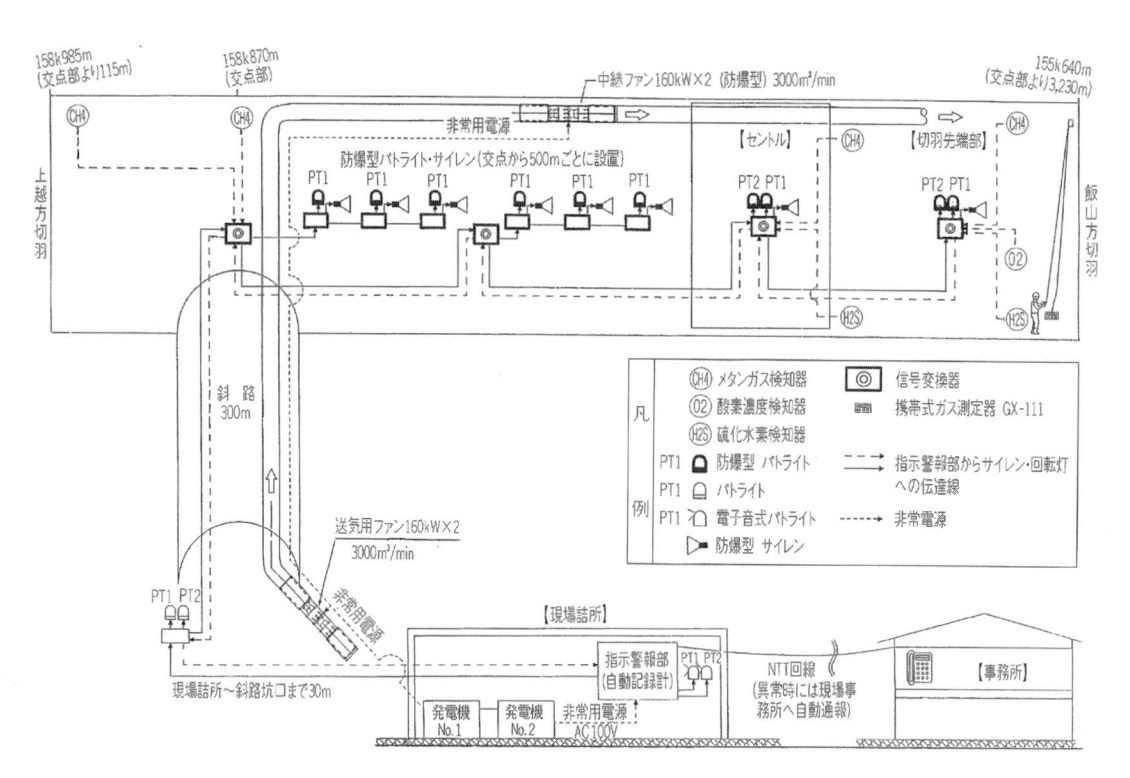

解説 図 7.7.1　ガス検知，管理システムの例（北陸新幹線飯山トンネル新井工区）

第8章　高圧, 多量の湧水がある地山のトンネル

8.1　高圧, 多量の湧水がある地山のトンネル

(1)　高圧, 多量の湧水が予想される地山のトンネルの設計, 施工にあたっては, 事前および施工中の調査を十分に行い, 突発的な出水を避けるよう努めなければならない.

(2)　高圧, 多量の湧水が予測される場合には, 地山条件, 帯水層および湧水の状況等を考慮し, 適切な対策を講じなければならない.

【解　説】　(1)について　トンネル工事を困難にする大きな要因の一つとして湧水があるが, とくに断層破砕帯, 褶曲じょう乱帯や未固結地山における突発的な高圧, 多量の湧水は, 切羽の崩壊や坑道の水没を引き起こし, 作業員を危険にさらすのみならず, 大幅な工費の増大と工期の遅延をもたらすことになる. このため, 高圧, 多量の湧水が予想される場合には, 事前に綿密な地質調査を実施し, 地形, 地質の構造, 岩盤の節理, 破砕帯あるいは帯水層等の規模, 湧水量や湧水圧等の状況を詳細に把握する必要がある.

また, 施工中においても, 先進ボーリング等による切羽前方の調査を実施し, 事前調査に基づく予測と実際の状況とを比較しながら, 地質および湧水に関する予測の精度向上を図ることが重要である(第2編 3.1参照). 削孔延長が1 000m級の超長尺先進ボーリングも実用化されており, 土被りが大きいため十分な事前調査が困難な場合や, 長大トンネルにおける施工中の追加調査のために使用されている.

(2)について　高圧, 多量の湧水が予測される場合の対策工法としては, 積極的に水を抜いて排水し地下水位を低下させる方法, 注入等によって軟弱な地山の改良と透水性の低減や止水を図る方法があり, またこれらの方法を併用する場合もある.

この湧水対策工法の選定にあたっては, 地形, 地質, 土被り等の地山条件, 帯水層の特性, 湧水量および湧水圧の状況, 周辺の環境条件, さらには工費, 工期等を総合的に検討しなければならない.

排水工法を採用する場合には, 圧密沈下や渇水により, 周辺環境に及ぼす影響について検討する必要がある(第2編 3.1.4, 3.1.5, 第4編 1.2参照). また, トンネル完成後の復水により覆工コンクリートに水圧が作用する場合があるので, 排水系統の増強等の対策を検討しておく必要がある.

止水工法を採用する場合には, 注入圧等によりトンネルや周辺環境へ影響を及ぼすおそれがあるため, 十分検討し実施する必要がある(第6編 2.2参照).

湧水の状況等によっては, 吹付けコンクリートの付着不良あるいはロックボルトの定着不良が生じることがあるので, 適切な湧水処理を行うとともに, 効果的な支保部材を選定する必要がある(第3編 3.3.4, 第4編 7.2.4参照).

なお, 切羽安定対策のための補助工法については第6編 2.1を, 地下水対策のための補助工法については第6編 2.2を参照のこと.

第8編　都市部山岳工法

第1章　総　　則

1.1　都市部山岳工法一般

都市部山岳工法によるトンネルの計画，調査，設計，施工および観察・計測にあたっては，都市部特有の地山条件，立地条件を考慮して，安全で経済的な施工方法を検討しなければならない．

【解　説】　都市部山岳工法によるトンネルは，近接構造物，地下埋設物，家屋等の存在や未固結地山，小土被り，地下水等の地山条件から，山岳部におけるトンネルと比較して厳しい条件での施工となる．このような都市部特有の地山条件，立地条件においては，周辺に与える影響を最小限に抑え，第三者に対する安全を確保できるように，計画，設計，施工段階で十分な検討を行わなければならない．本編は，都市部特有の地山条件，立地条件を勘案して，安全で経済的な施工を行うために各段階で考慮すべき事項を示すものである．

都市部とは，都市および都市近郊で住宅等の構造物が周囲にあり，トンネルの掘削が周辺に与える影響に対し，沈下量に対する制限，地下水位低下に対する制限等の一定の制約があるような地域をいう．将来的に都市化され，トンネルへの近接施工が考えられるような地域もこれに含むものとする．

地質は新第三紀から第四紀更新世の堆積物やまさ土等の風化残積土からなる，未固結または低固結度の地山を対象としている．都市部であっても，いわゆる硬岩地山に属する火成岩や堆積岩は適用範囲外である．また，未固結地山であっても都市部に位置しない場合には，第7編 4.1を適用することとする．

都市部山岳工法によるトンネルでは，一般に補助工法として用いられている切羽安定対策，地下水対策，地表面沈下対策および近接構造物対策等が，安全にトンネルを建設するために必要不可欠である．

第2章 計画および調査

2.1 計　　画

（1） 都市部山岳工法によるトンネルの計画にあたっては，地山条件，立地条件等に基づき，工事の安全性を確保し，周辺に与える影響を抑制するため，適切な補助工法，施工方法について十分に検討を行わなければならない．

（2） 都市部山岳工法の工事の計画にあたっては，環境への影響の程度を調査，予測して，工事期間中のみならず完成後も考慮に入れた環境保全について検討を行わなければならない．

【解　説】　(1)について　都市部では，切羽の安定，地下水の処理，地表面沈下，周辺構造物への影響が大きな問題となる．とくに未固結地山の掘削では，切羽の安定が困難であるばかりでなく，地山の緩み等に伴う地表面沈下が生じやすく，周辺に与える影響は大きい．

このため，都市部山岳工法によるトンネルの計画にあたっては，計画段階から，地山条件，立地条件，都市計画時における条件，周辺に与える影響等について詳細な調査を行い，大きな影響を与えるような箇所はできるだけ避け，やむを得ずそのような箇所を通る場合でも，できる限り土被りが確保できるよう縦断線形に留意する必要がある．

また，先受け工，鏡面や脚部の補強，排水工法等の補助工法について，その効果，施工性等を十分に検討して，具体的な施工方法の計画を行い，トンネル施工時の安全性を確保するとともに，地表面沈下や周辺に与える影響を積極的に抑制することがきわめて重要である．

地下水位が高い場合，切羽の安定のために地下水位を低下させることが有効であるが，地表面沈下，渇水を発生させることなどから，排水工法の採用が許されるか否かが，山岳工法採用の可否を左右する場合もあるので注意が必要となる．

また，都市部における制約条件を計画段階で見過ごすと，施工の段取り替えを伴うような大幅な変更が生じ，工期，工費の増大を招いたり，工事の安全性確保が困難となったり，許認可手続きの変更が必要となる場合があるので，十分な調査を行い，早期に綿密な計画を立てることにより，予見できない事象を極力減らし，施工途中での大きな変更が生じないようにすることが重要である．

周辺環境や線形の制約等で，トンネル相互の距離が極端に接近した双設トンネルやめがねトンネルを計画する場合には，相互の影響の程度，施工順序，補強方法等の検討が必要である．

都市部山岳工法によるトンネルは，施工中はもとより供用後における地形の改変やトンネル周辺環境の変化等による荷重の変動に対しても安全が確保できるよう配慮する必要がある．また，経済性については，建設にかかわる初期投資だけでなく，供用後の排水費用等の維持管理をも視野に入れて計画することが望ましい．

なお，計画に関しての一般的な事項については，第2編 2.を参照のこと．

都市部山岳工法によるトンネルの施工実績が蓄積されてきているので，それらの類似事例が計画にあたってのよい参考となる．**解説 表 8.2.1**に都市部山岳工法によるトンネルの施工例を示す．

(2)について　都市部は，多くの人々が生活している場所であり，環境保全は重要な問題である．工事中の騒音，振動や工事車両による交通阻害はもちろんのこと，とくに地表面沈下，建物，地下埋設物等周辺構造物の変状，地下水位低下や地下水の流動阻害による渇水等が発生した場合は，生活に直接影響を与え，大きな社会問題となり工事そのものを中断せざるをえない場合もある．また，防水型トンネルにするか排水型トンネルにするかの区分は，環境保全上はもとより，トンネル形状や構造，付属設備，供用後の維持管理にも大きく影響する．したがって，工事期間中はもちろん，供用後も視野に入れた環境保全について，工事の計画段階から十分な検討を行わなければならない．なお，環境調査に関する事項については第2編 3.2.2を，環境保全に関する事項については第2編 2.2.5，第4編 13.1を参照し検討を行う必要がある．

第8編　都市部山岳工法

解説 表 8.2.1　都市部山岳工法によるトンネルの施工例（その1）

トンネル名，工区	延長 (m)	地質	平均土かぶり (m)	掘削断面積 (m²)	掘削工法	吹付けコンクリート (cm)	ロックボルト（長さ×本数）	鋼製支保工	補助工法	覆工巻厚 (cm)	防水，排水構造区分	地上および周辺環境
三ツ沢上町駅工区（横浜市営地下鉄）	105	新第三紀鮮新世固結シルト砂質土	22.0	146	側壁導坑先進	25	(3.0m, 4.0m)×20本	MU-29 @1.0m	ディープウェルフォアポーリング	50	排水	道路埋設物
堀之内（JR成田空港線）	344	第四紀更新世砂質土	10.0	85	ベンチカット（リングカット）	20（アーチ部）	3.0m×12本	H-125 @1.0m	パイプルーフ鏡吹付け，鏡ボルト他	35 50(インバート)	排水	道路
栗山，愛宕工区（北総鉄道）	420	第四紀更新世砂質土	11.0	72	ベンチカット（リングカット）	20（アーチ部）	3.0m×8本	H-150 @1.0m	ウェルポイントミニパイプルーフ鏡吹付け，鏡ボルト他	50 70(インバート)	排水	住宅道路埋設物
栗山，堀之内工区（北総鉄道）	475	第四紀更新世砂質土	9.0	74	中壁分割(CD)	20（アーチ部）	3.0m×8本	H-150 @1.0m	ウェルポイントフォアポーリング鏡吹付け，鏡ボルト他	50 70(インバート)	排水	住宅道路埋設物
京葉橋（JR京葉線）	73	第四紀更新世砂質土	15.0	94	側壁導坑先進	20	なし	H-150, H-125（インバート）@1.0m	ディープウェル薬液注入垂直鏡他	80	防水	構造物道路埋設物
習志野台，北習志野ST2（東葉高速鉄道）	123	第四紀更新世砂質土	9.7	179	中壁分割(CRD)	20	3.0m×14本	H-150 @1.0m	ディープウェル鏡吹付け，鏡ボルト他	50	防水	構造物住宅道路
習志野台，第2工区（東葉高速鉄道）	660	第四紀更新世砂質土	7.0	72	中壁分割(CRD)	25	2.0m×6本	H-150 @1.0m	ディープウェル薬液注入	45	防水	住宅
勝田台，池上工区（東葉高速鉄道）	141	第四紀更新世砂質土	7.0	76	ベンチカット	15	なし	H-125 @1.0m	スリットコンクリート	50	防水	住宅
下流川工区（国分分水路）	758	第四紀更新世砂質土	20.0	61	ベンチカット（リングカット）	20	3.0m×12本	H-125 @0.9m	ウェルポイント薬液注入フォアポーリング他	30 50(インバート)	防水	住宅道路
港南（横浜市環状2号線）	530	第四紀更新世砂質土シルト	16.0	150	側壁導坑先進	25	4.0m×14本	H-200（上半），H-175H（下半），H-150（インバート）@1.0m	注入式フォアポーリング他	60	排水	住宅近接トンネル
長浜（横浜須賀道路）	618	新第三紀鮮新世固結シルト砂質土	8.5	132	側壁導坑先進	25（アーチ部）	なし	H-200（上半），H-150@1.0m	薬液注入長尺鋼管先受け脚部補強パイル他	40	排水	構造物近接トンネル
舞子，南工事（本州四国連絡道）	589	第四紀更新世砂礫	20.0	159	ベンチカット	25（アーチ部）	なし	H-250（上半），H-200（下半）@1.0m	長尺鋼管先受けウイングリブ脚部補強パイル他	60 70(インバート)	排水	住宅，道路埋設物近接トンネル
羽子沢工区（唯分水路）	660	新第三紀鮮新世固結シルト砂質土	21.0	108	側壁導坑先進	20	なし	H-125 @0.9m	水抜きボーリングディープウェルフォアポーリング他	50 55(インバート)	防水	構造物
常盤台3工区（唯分水路）	637	新第三紀鮮新世固結シルト砂質土	34.0	108	ベンチカット	20	なし	H-150 @0.9m	ディープウェル長尺鋼管先受け脚部補強パイル	50 55(インバート)	防水	構造物
第4工区（東急東横線東白楽〜横浜駅間地下化工事）	433	新第三紀鮮新世固結シルト砂質土	25.0	75〜150	ベンチカット	20, 25		H-150 H-200 @1.0m	水抜きボーリング長尺鋼管先受けフォアポーリング他	60(インバート)70 90(インバート)	防水	鉄道埋設物住宅

329

330 2016年制定　トンネル標準示方書［山岳工法編］・同解説

解説　表 8.2.1　都市部山岳工法によるトンネルの施工例（その2）

トンネル名	延長 (m)	地質	平均土被り (m)	掘削断面積 (m²)	掘削工法	吹付けコンクリート (cm)	ロックボルト (長さ×本数)	鋼製支保工	補助工法	覆工巻厚 (cm)	防水, 排水構造区分	地上および周辺環境
亀　岡 (仙台市高速鉄道東西線)	1 107	新第三紀鮮新世 軽石礫質凝灰岩 泥岩	31	60	ミニベンチカット	12.5	3.0m×10本	H-125 @1.0m		60	防　水	道路
	96	砂質シルト質岩 亜円礫	21	164	多段ベンチカット	22.5	4.0m×8本 3.0m×8本	H-175 @1.0m	—	75		
青　葉 (仙台市高速鉄道東西線)	34	新第三紀鮮新世 軽石礫質凝灰岩 泥岩	23	164	中壁分割(CD)	22.5 (中壁17.5)	4.0m×15本 3.0m×4本 (中壁3m×4本)	H-175 @1.0m (中壁H-125@1.0m)		75	防　水	住宅 道路
	50	砂質シルト質岩 亜円礫			上半中壁分割							
八　木　山 (仙台市高速鉄道東西線)	72.5	新第三紀鮮新世 堀沢質泥岩 堀沢質砂岩	9	181	中壁分割(CD)	上半 アーチ・側壁 25.0 中壁 17.5 下半 アーチ・側壁 20.0 中壁 15.0	4.0m×20本 (中壁3m×4本)	H-200 @1.0m (中壁H-150@1.0m)	長尺鋼管フォアパイリング ウイングリブ	80	防　水	公園 道路
南　流　山 (つくばエクスプレス)	361	第四紀更新世 砂質土 粘性土 未固結堆積物	7	79	ミニベンチカット	20	なし	H-150 @1.0m	止水壁(SMW工法, BH工法) 底盤薬液注入高圧噴射撹拌工法 (コラムジェット, JEP) パイプルーフ工法	50	防　水	住宅 道路 鉄道
岸谷生麦線 (横浜市道)	260	第四紀更新世 シルト質細砂 シルト混じり細砂	11	130	補助ベンチ付 全断面掘削	25	なし	H-200 @1.0m	注入式長尺フォアパイリング 長尺鏡ボルト	60	防　水	学校 住宅 道路
	278.6			78	全断面掘削	20	なし	H-150 @1.0m	注入式長尺フォアポーリング 長尺鏡ボルト 注入式フォアポーリング	40		
鶴見川恩廻公園調節池	430.8	第三紀鮮新世～ 第四紀更新世 泥岩 未固結砂礫層	25	254.1	上部半断面 中央導坑先進 多段ベンチカット	20	3m×2本 4m×6本	H-200 @1.0m H-200 @0.75m	排水工法 増しロックボルト	50 60 80	防　水	旧河川敷 住宅近接

2.2 調査

(1) 都市部の地山条件の調査にあたっては，都市部特有の地山条件を考慮のうえ，計画段階から地形，地質，水文等について十分に調査しなければならない．

(2) 都市部の立地条件の調査にあたっては，周辺への影響を最小限にとどめるため，計画段階から自然環境，生活環境，社会環境等について十分に調査しなければならない．

【解　説】　(1)について　都市部山岳工法が対象とする地山は，新第三紀から第四紀更新世の未固結または固結度の低い砂質土や礫質土，あるいは火山灰，火山礫，軽石等の未固結な火山噴出物等からなることが多い．このような地山は，一般的な中硬岩地山と比較すると，切羽からの土砂の流出，崩壊，地表面沈下，陥没等の問題を生じやすい地山である．一方で，都市部においては周辺への影響に対する制約が厳しく，周辺への影響の検討を詳細に行うことが要求される．また，都市部では宅地造成等に伴い地形が改変されている場合が多く，旧谷部へ人工的に盛土された軟質な地盤が出現する可能性もある．このため，都市部山岳工法においては，計画段階から十分な精度で地山条件の調査を行う必要がある．

都市部における地山条件の調査は，第2編 3.1によればよいが，補足として都市部における特殊な地山条件および調査方法について**解説 表 8.2.2**に示す．地質構造が比較的単純な場合には，踏査，ボーリング調査，原位置試験，地下水調査等により，地質性状や流動化の可能性の有無等，地山条件のかなりの部分の推定が可能である．とくにボーリング調査は地下の地質を直接観察できる点で実態の確認に適した方法である．また，都市部においては用地の確保ができれば技術的には必ず調査が可能であるという利点もある．

ただし，ボーリング調査は点のデータしか得られないため，**解説 表 8.2.2**に示す留意すべき条件に該当する場合には，ボーリング調査を密に行うとともに問題となる箇所については原位置試験および室内試験を実施して，できるだけ詳細に地質構造を把握することが望ましい．以下に，地質構造の調査の際の留意点について示す．

一般に，都市部の未固結地山は粘性土および砂質土から構成されることが多いが，単一の層から構成されることは少なく，地質の異なる複数の層から構成される場合が多い．切羽の上部に低強度の粘性土層が存在する場合には，沈下の影響が広範囲に及ぶことが考えられる．このような場合には切羽周辺での緩みの発生を最小限に抑制するとともに，切羽上部の粘性土の圧密沈下の影響も検討する必要がある．一方，切羽上部に砂質土が，切羽下部に粘性土が存在する場合には排水工法が効果的に作用せず，切羽が不安定になりやすい．このほか，性状の異なる層が複雑に堆積しているなど不均質であることも多いので，計画段階から十分な精度で調査を行う必要がある．

地下水は，切羽の安定性や覆工の設計に影響を及ぼす重要な地山条件であるだけでなく，坑内湧水や排水工法による地下水位の変化に対して，法的規制，周辺の水利用，地盤沈下防止等の環境面から制限が設けられている場合もある．このようなことから都市部では十分な精度で水文調査(第2編 3.1.5参照)を行う必要がある．設計段階では，渇水の影響規模や地盤沈下につながる地盤の圧密現象等を予測，評価し，トンネル位置の変更を含め事前の渇水対策，沈下対策等の検討を行う．また，施工中はもちろん，必要に応じ供用後も，地下水位，坑内湧水量を含む水収支調査，水質調査等を継続し，トンネル工事と周辺への影響の関係を明らかにするとともに，影響の拡大を防止する対策を適宜検討，実施する必要がある．

都市部の未固結地山に適用可能な地山分類基準は少ないが，一般には粘性土地山と砂質土地山に分けて地山評価を行っている．

1) 粘性土地山　通常，山岳工法の適用を検討するような新第三紀鮮新世から第四紀更新世の地山では，粘性土は圧密がある程度進んだ状態にあり，流動化を起こしやすい砂質土に比べ安定した地山とされる場合が多い．しかし，その強度は一般には低く，トンネル掘削による塑性変形や沈下の発生が問題となるため，評価には基本的に地山強度比による指標が用いられる(**解説 表 8.2.3**(a)および第2編 **付表**参照)．

2) 砂質土地山　砂質土地山では，地盤の支持力不足や湧水に伴う切羽流出等，切羽周辺の安定性確保が問題となることがある．このため，地山条件の評価にあたっては切羽の安定性の良否に着目し，細粒分含有率や均等

係数等の粒度特性をおもな指標とする切羽の安定性評価法が提案されている（**解説 表 2.3.10**参照）．しかしながら，この粒度特性を指標とする評価法では地下水位や地盤強度等の条件が考慮されていないという問題がある．鉄道トンネルの地山分類基準（**解説 表 8.2.3**(b)参照）においては，この問題を解決するため，地山の流動化が一般に地下水頭と密接に関連していることに着目して，限界動水勾配と地盤の強度や粒度特性との関係を整理することにより，砂質土に適用する基準として相対密度と細粒分含有率とによる分類基準が示されている．

都市部のトンネル工事は地山条件のみならず立地条件からさまざまな制約を受けることが多い．このため，都市部山岳工法における地山評価においては，調査結果を総合的に検討し，山岳工法の特徴を十分理解したうえで，対象区間の地山の性状や特殊条件を工学的に正しく評価することが必要となる．

（2）について　都市部では，立地条件調査の結果がトンネル位置や工法選定の重要な資料となる．検討項目については，第2編 3.2に示したとおりであるが，都市部ではさまざまな社会的背景を反映して環境調査の重要性がとくに増加する傾向にあり，調査の不備が工事に重大な影響を及ぼすこともあるので，計画段階から十分な精度の調査が要求される．とりわけトンネル掘削に伴う地中応力の解放，地山の緩み，地下水位の低下による圧密等による地表面沈下が問題となる場合が多い．このような場合には事前に沈下量の予測を行うことになるが，沈下量の予測，評価のために，影響を受けると予想される構造物の情報や土地の利用状況も事前に把握しておく必要がある．また，既存の構造物への近接，交差が避けられない場合があり，相互の影響の予測，評価のために構造物の調査が必要になる場合もある．その他，都市計画等の将来の利用計画，法律や条例等による規制についても調査が必要となる．

解説 表 8.2.2 都市部山岳工法の設計，施工において留意すべき条件とその調査方法

留意すべき条件	発生する現象	おもな調査方法	得られる情報	検討事項
小さな土被り	グラウンドアーチが形成されにくい 地山の緩みに伴う地表面沈下や陥没	ボーリング調査	地質の分布等	沈下の予測 (地表に構造物等がある場合)
		原位置試験	強度および変形特性，透水性等	
		室内試験	物理特性，強度および変形特性，透水性等	
軟弱地盤が分布する地山	地表面沈下 地下水位の低下 圧密沈下	ボーリング調査	地質の分布，地下水の分布等 (腐植土層，泥炭層の有無等)	沈下の予測 (地表に構造物等がある場合) 圧密沈下の予測 (とくに第四紀更新世の粘性土層，泥炭層がある場合) 地下水位の予測 (地下水利用がある場合)
		原位置試験	強度および変形特性，透水性等	
		室内試験	物理特性，強度および変形特性，透水性，圧密定数等	
レンズ状構造等を呈する不均質な層状地盤	宙水や被圧水による突発湧水 切羽の崩壊	ボーリング調査	地質の分布，地下水の分布等	詳細な地層構成の把握 突発湧水，切羽の崩壊等の危険性の予測
		物理探査	地質の分布，地下水の分布等	
		原位置試験	強度および変形特性，透水性等	
		室内試験	物理特性，強度および変形特性，透水性等	
埋没谷等顕著な不整合面が分布する地山	層境からの大量の突発湧水 切羽の崩壊	ボーリング調査	地質の分布，地下水の分布等	詳細な地層構成の把握 突発湧水，切羽の崩壊等の危険性の予測
		物理探査	地質の分布，地下水の分布等	
		原位置試験	強度および変形特性，透水性等	
		室内試験	物理特性，強度および変形特性，透水性等	

解説 表 8.2.3 都市部の未固結地山における計画段階での地山分類(案)[1]

(a) 粘性土

地山等級	地山の状態	分類指標 地山強度比 C_f	浸水崩壊度
I_N	切羽がほぼ安定した状態とみなされる地山	$C_f \geq 2.0$	
I_{LC}	切羽が不安定で，わずかな変化によって鏡面の押し出しが生ずる可能性のある状態の地山	$1.5 \leq C_f < 2.0$	
特LC	切羽の自立性が著しく低い状況にあり，掘削に支障する重大な状態変化が予測される状態の地山	$0.5 \leq C_f < 1.5$	A～C
			D
		$C_f < 0.5$	

(b) 砂質土

地山等級	地山の状態	分類指標 相対密度 D_r (%)	細粒分含有率 F_c (%)
I_N	切羽がほぼ安定した状態とみなされる地山	$D_r \geq 80$	$F_c \geq 10$
I_{LS}	切羽が不安定で，わずかな変化によって流出する可能性のある地山		$F_c < 10$
特LS	切羽の自立性が著しく低い状況にあり，掘削に支障する重大な状態変化が予測される状態の地山	$D_r < 80$	

注1) 地山等級のサフィックス：一般地山(N)，未固結地山－粘性土(LC)
注2) 2×10^{-6}m以下粒子含有率 $\rho_2 > 30\%$，液性限界 $w_L > 100\%$の場合は，1ランク下げた地山等級に区分するのがよい．
注3) 地山の状態は粘性土地山での切羽自立性の程度を示す．
注4) $C_f = \sigma c / \gamma H$　σc：地山の一軸圧縮強度，γ：地山の単位体積重量，H：土被り
注5) 浸水崩壊度：乾燥させた岩石試料を24時間清水中に浸水させた時の浸水崩壊度で，以下のように定義する．
　A：ほとんど変化が見られないもの
　B：小岩片として分離するが，粒子の分散しないもの
　C：稜角部が崩壊するもの
　D：原形をとどめないもの

注1) 地山等級のサフィックス：一般地山(N)，未固結地山－砂質土(LS)
注2) 地山の状態は砂質土地山での切羽自立性の程度を示す．
注3) 細粒分含有率：土に含まれる75μm未満の粒子の比率
注4) 本分類は掘削時の切羽前方圧力水頭が切羽中心より+10m未満であることを適用条件とする．なお，+10m以上の場合は別途水位低下工等の検討を要す．

参考文献

1) (財)鉄道総合技術研究所：鉄道構造物等設計標準・同解説(都市部山岳工法トンネル)，pp.48-49，2002．

第3章 設　　計

3.1 設計の基本

（1）　都市部山岳工法によるトンネルは，未固結地山の特性，近接施工の影響，地震の影響，周辺に与える影響等を考慮し，地山の有する支保機能を活用するとともに周辺への影響を最小限に抑えた設計を行わなければならない．

（2）　都市部山岳工法によるトンネルの設計は，地山条件，トンネルの規模，形状，立地条件等を十分に考慮して，周辺環境，近接構造物への影響予測ならびに対策効果の評価を含め，適切な手法により行わなければならない．

【解　説】　（1）について　設計の一般的事項については第3編に基づくものとし，本章では都市部山岳工法によるトンネルの設計において特筆すべき事項を記述する．また，未固結地山のトンネルの設計における一般的事項については第7編 4.1によるものとする．

都市部山岳工法によるトンネルの設計は，以下の基本条件を総合的に勘案し，最も合理的なトンネル構造，補助工法，掘削工法となるように行う必要がある．

1) 地山特性

① 地形：土被りが小さい場合にはグラウンドアーチが形成されにくく，トンネルの掘削に伴う上部の地山の沈下が大きくなり，近傍の地表や地中の構造物に変状等の重大な影響を及ぼすことがある．また，切羽安定対策として行う排水工法や注入工法が逆に地表に影響を及ぼすこともある．トンネルの掘削がトンネルの上部の地表に及ぼす影響の度合いは土被りにより大きく変化するので，地形条件を考慮して設計することが重要である．

また，都市部では宅地造成等に伴い地形が改変されている場合が多く，旧谷部を掘削する場合，湧水が問題となったり，軟質な地盤で変形が大きくなったりすることもあるので，旧地形についても設計において考慮することが重要である．

② 地質：都市部の未固結地山は，粘性土，砂質土，礫質土といった地質条件の違いにより，変形特性，水による挙動等が大きく異なる．また，都市部山岳工法によって施工するトンネルは通常土被りが小さく，トンネル掘削に伴い周辺に与える影響が山岳部のトンネルよりも一般に大きく現れるので，設計においては地質条件についてとくに注意を払う必要がある．

掘削工法，補助工法の選定において考慮すべき地質別の性質は，第7編 4.1によるものとする．

③ 地下水：固結度が低く透水係数が大きい砂質地山において地下水位以下にトンネルを施工する場合，地下水の流出に伴い土粒子が流出し，切羽が不安定となる．このため，施工時の一時的な地下水位低下が許される場合には，切羽安定対策としてウェルポイント，ディープウェル等の排水工法が通常用いられる．一方，施工時に地下水位低下が許されない場合には，遮水壁や止水注入等による止水工法や地表からの復水工法が必要となる．また，圧密沈下や即時沈下が発生する地盤がトンネル周辺に存在している場合，地下水位が低下することに伴い地盤沈下を引き起こすことがあり，施工時を含めた地下水位低下が制限される場合があるほか，条例等により地下水の汲上げ，排水が規制されている場合がある．排水工法や止水工法，注入材の選定に際しては，地山の透水係数，帯水層の分布状況，間隙水圧および圧密特性が重要な指標となる．

都市部のトンネルでは，地下水位低下に伴う地盤沈下の問題や地下水の利用状況から，トンネルからの恒久的な排水が許されず，防水構造としなければならないことが多い．このような防水型トンネルでは，地下水が完全に，あるいは一定の水位まで回復するものとして覆工の設計において水圧を考慮し，防水工もこれに応じて設計する必要があるほか，トンネルが帯水層を遮断するような場合には，左右の地下水位を均衡させる構造を検討する必要がある．

2) 近接施工の影響　構造物等に近接したトンネルを設計するための基本事項は，第3編 8.4, 8.6によるもの

とする．都市部山岳工法が適用される地山は固結度が低いことが多く，重要構造物と近接することも多いので，影響の検討には一層の配慮が必要である．トンネル施工時，あるいは完成後に近接施工が計画されている場合には，関係者と協議のうえ，予測される影響の程度に応じて必要な対策を講じなければならない．そのため，他の構造物等の設置を許容しない制限区域や協議を必要とする近接影響区域を設定しておくことが望ましい．

　土被りの小さい未固結地山ではグラウンドアーチの形成が難しく，将来のトンネル上部の切土や盛土，側部の掘削，上部での湛水，地上構造物の構築，他の地中構造物との近接や交差等により大きな荷重の変化を受ける可能性が高い．したがって，将来の荷重変化を考慮した覆工の設計を行う必要がある．

　3)　地震の影響　地震の影響に関する基本事項は，第3編 2.2.4, 8.6によるものとする．一般に，都市部山岳工法により施工する良好な地山を対象とするトンネルでは地震時の検討を省略している場合が多いが，坑口部付近の斜面が不安定な場合，土被りが小さく軟質な地山の場合，旧谷部を通過する箇所のように地質が急変する場合，開削トンネルおよび立坑との接続部，大断面トンネルの場合等，特殊な条件においては地震時の影響を検討する必要がある．

　4)　周辺への影響　周辺への影響については，第3編 2.2.2によるものとする．

　(2) について　都市部山岳工法によるトンネルは，標準設計を規定している基準[1]もあるが，一般には，周辺環境や近接する構造物等の条件が個々に特殊な場合が多く，第3編 2.1.2で述べられている設計手法のうち，「類似条件での設計の適用」，「解析的手法の適用」を併用することが多い．とくに，地表面沈下が問題となる場合にはトンネル周辺地山の挙動が重要な判断要素となるため，有限要素法解析等の解析的手法により影響検討を実施し，支保工および補助工法を設計する場合が多い．また，覆工の設計は骨組構造解析により行われることが多い．なお，解析的手法による場合には，解析モデルや境界条件，地山の入力物性値等が解析結果に大きく影響するため，入力値や解析結果の評価に際しては類似条件下の施工事例との比較を含めて検討することが重要である．

　覆工の設計の具体的方法については，トンネル・ライブラリー[2]等が参考となる．

参考文献

1) (財)鉄道総合技術研究所：鉄道構造物等設計標準・同解説(都市部山岳工法トンネル), p.97, 2002.
2) (社)土木学会：トンネル・ライブラリー第15号 都市部山岳工法トンネルの覆工設計 —性能照査型設計への試み—, 2006.

3.2 設計の手順

都市部山岳工法によるトンネルの設計は，地山条件，立地条件および周辺環境に与える影響を考慮し，適切な手順で行わなければならない．

【解　説】　都市部山岳工法によるトンネルの設計では，当初設計として，トンネルの基本的な諸元に関する検討とトンネルの詳細な諸元に関する検討を行う．また，当初設計に基づいて施工されるトンネルの観察・計測結果および周辺環境への影響に関する計測結果を分析し，当初設計の妥当性を確認するとともに，必要に応じて地山評価，掘削工法，支保パターン，補助工法等を再検討して，修正設計と施工計画の見直しを遅滞なく行うことが重要である．

1) 当初設計

① トンネルの基本的な諸元に関する検討：トンネルの基本的な諸元に関する検討では，地山条件，立地条件および周辺環境に与える影響等を考慮して，断面形状，掘削工法，補助工法等の各項目について検討する．とくに，都市部の施工では制約条件が多く，施工開始後に当初設計による設計，施工計画を大きく変更することは一般に困難である．したがって，本検討においてはトンネルおよび周辺環境に関して必要な性能を明確にし，各種制約条件と施工による周辺環境への影響との関係を類似条件下の設計例や解析的手法を用いることにより把握することが重要である．

なお，類似条件下の設計例がないような特殊条件下のトンネルについては，施工の初期段階で試験施工等を実施して設計上の不確定要因を把握することも視野に入れて検討する場合もある．

断面形状については，所要の内空断面を包含するものとし，覆工に発生する応力，掘削工法等をふまえて検討する．このとき，ロックボルト等の支保部材が用地幅内に収まるように留意する必要がある．都市部山岳工法における断面形状の例を**解説 図 8.3.1**に示す．防水型として計画する場合，インバートおよび隅角部の形状により覆工の応力が大きく変化するので，試算等により最適な断面形状を設定する必要がある．

掘削工法については，地山条件，立地条件，掘削断面の大きさ，周辺に与える影響や施工性等を十分に考慮して設定する．都市部山岳工法における掘削工法(加背割)の例を**解説 図 8.3.2**に示す．

補助工法については，主として切羽安定対策，地下水対策，地表面沈下，近接構造物への影響対策を目的とする．具体的な検討にあたっては第6編による．

切羽安定対策は，支保工の設置が終了するまで切羽が安定しないと判断される場合や，切羽周辺地山に発生する緩みの影響や切羽が不安定になること等により地表面沈下の発生や近接構造物への影響が懸念される場合に検討する．具体的な補助工法の選定は，地山条件，立地条件等の調査結果に基づき，各種補助工法の効果，施工方法，工程等を考慮して行う．

具体的な地下水対策の計画にあたっては，地下水位，地山の透水性，周辺環境に関する調査結果により，切羽の安定，周辺への影響，トンネル完成後の復水の必要性等を考慮し，排水工法，止水工法の選択，あるいはその併用について検討する．

地表面沈下，近接構造物への影響対策は，施工によって地表面あるいは近接構造物に対して何らかの影響が懸念される場合に検討する．具体的な補助工法の選定にあたっては，地山条件，立地条件等の調査結果に基づき，各種補助工法の効果，施工方法，工程，経済性等を考慮して行う．

② トンネルの詳細な諸元に関する検討：トンネルの詳細な諸元に関する検討では，支保工，覆工，インバート，防水工，排水工，坑口部，計測工等の細部の仕様について検討する．なお，検討にあたっては，経済性，安全性，長期にわたる性能の保持についても留意することが重要である．

2) 修正設計　当初設計上の不確定要因が施工時の各種計測結果等から明らかになった場合は修正設計が必要となる．ただし，都市部山岳工法においては制約条件が多く存在するため，抜本的な施工計画の変更を伴うような修正設計が発生することがないよう当初設計から留意しておく必要がある．施工の初期段階で当初設計の妥当性の確認のために試験施工等を実施することもある．

都市部山岳工法ではトンネルが周辺に与える影響を十分に考慮する必要があるため，施工中も坑内外の各種計測結果を用いて支保工および補助工法等の設計の妥当性，適合性の検証を行い，周辺環境の保全に努める必要がある．

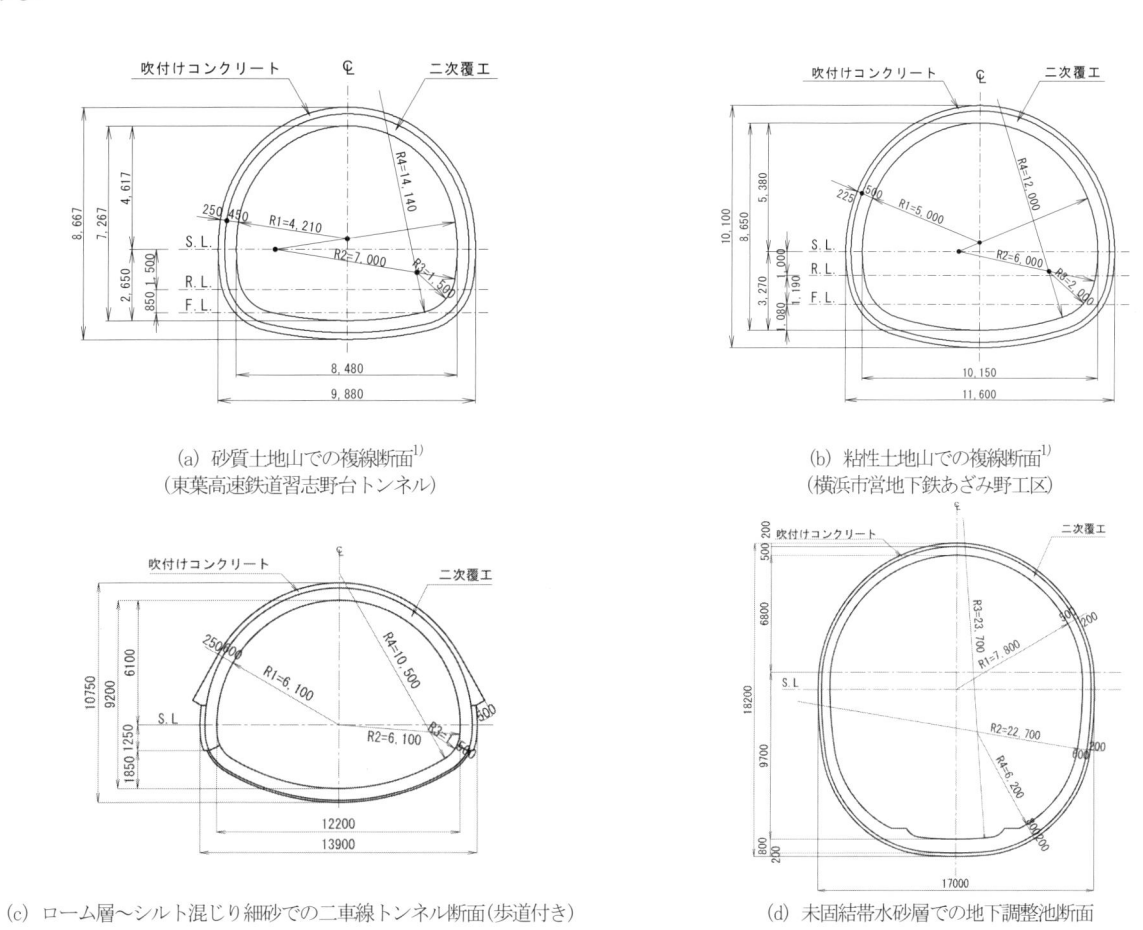

(a) 砂質土地山での複線断面[1]
（東葉高速鉄道習志野台トンネル）

(b) 粘性土地山での複線断面[1]
（横浜市営地下鉄あざみ野工区）

(c) ローム層〜シルト混じり細砂での二車線トンネル断面（歩道付き）
（都市計画道路岸谷生麦線）

(d) 未固結帯水砂層での地下調整池断面
（鶴見川恩廻公園調節池）

解説 図 8.3.1　都市部山岳工法における断面形状の例

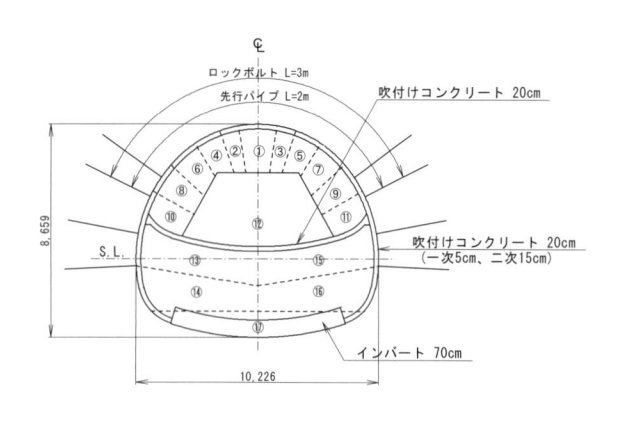

(a) ショートベンチ，仮インバートの例[1]
（北総鉄道栗山トンネル）

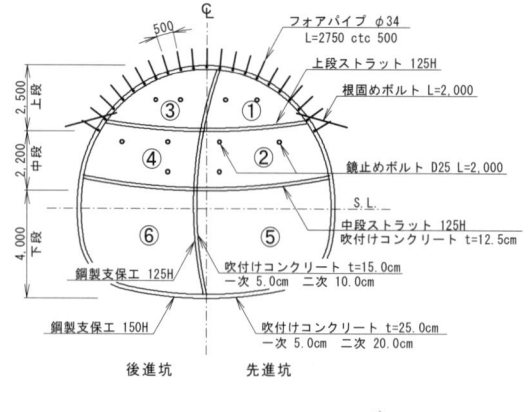

(b) 中壁工法(CRD工法)の例[1]
（東葉高速鉄道習志野台トンネル）

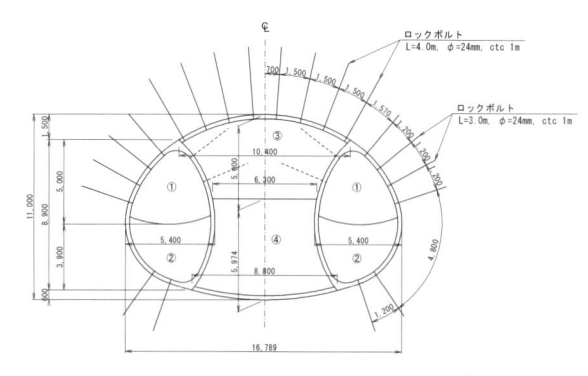

(c) 導坑先進工法(サイロット工法)の例[1]
（横浜市営地下鉄三ッ沢上町駅工区）

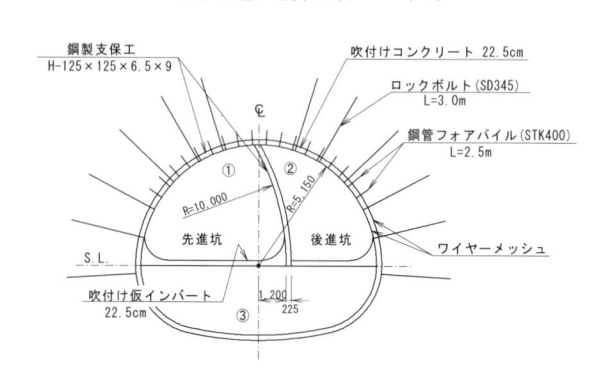

(d) 上半中壁工法の例[1]
（横浜市営地下鉄北の谷工区）

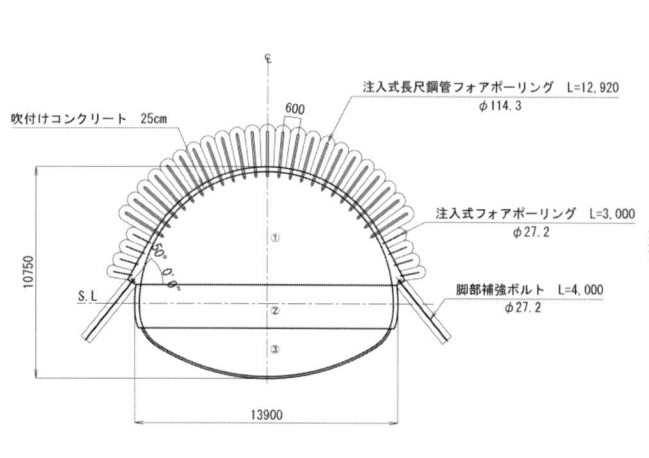

(e) 補助ベンチ付全断面掘削，インバート早期閉合の例
（都市計画道路岸谷生麦線）

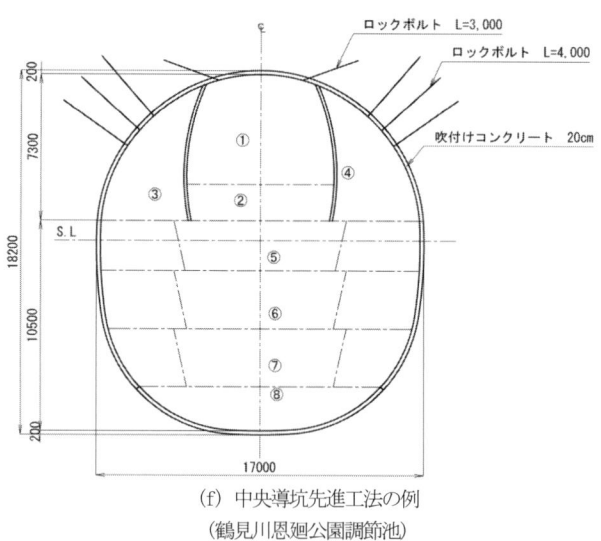

(f) 中央導坑先進工法の例
（鶴見川恩廻公園調節池）

図中の番号は掘削順序を示す．

解説 図 8.3.2 都市部山岳工法における掘削工法(加背割)の例

参考文献

1) (財)鉄道総合技術研究所：鉄道構造物等設計標準・同解説(都市部山岳工法トンネル)，pp.66-70, 2002.

3.3 支保工

(1) 支保工の設計にあたっては，都市部特有の地山条件のほか，周辺に与える影響を考慮して，強度，剛性等の力学的な性能について検討するとともに，支保工脚部の地山の支持力の確保や早期の断面の閉合についても検討しなければならない．

(2) 支保パターンは，地山とトンネルの安定を図ることができるように，地山条件，立地条件，各種制約条件等の設計条件や補助工法の効果を考慮して設定しなければならない．

【解　説】　(1)について　都市部特有の地山条件のもとでは，地山による十分なアーチ効果や支保工脚部の地山の支持力を期待できないことも多く，坑内の安全性はもとより，地表面沈下やそれに伴う周辺構造物への影響が懸念される．このような場合は，地表面の沈下量や周辺構造物の変位量が所定の管理基準値を満足するように，強度，剛性等の力学的な性能も考慮した支保工とするとともに，支保工脚部の地山の支持力の確保や早期の断面の閉合についても検討しなければならない．

(2)について　支保パターンの設定にあたっては，地山によるアーチ効果と支保工の内圧効果を有効に活用できるように留意するとともに，地山条件，立地条件，各種制約条件等の設計条件や補助工法の効果を考慮することが重要である．

都市部山岳工法においても，トンネルの観察・計測結果および周辺環境への影響に関する計測結果から当初設計が妥当でないと判断される場合は，修正設計を行う必要がある．しかし，都市部山岳工法では各種制約条件が多く存在することから，周辺環境への影響抑制と再検討に伴う工事の遅延を防ぐために，極力，修正設計が発生しないような支保パターンを，当初設計時点で十分に検討しておく必要がある．

支保パターンの設定にあたっては，設計段階において，各種制約条件と施工による周辺への影響度の関係を「類似条件での設計の適用」と「解析的手法の適用」の併用により把握し，その結果を支保パターンに反映させることが重要である．また，設定した支保パターンを実際に適用した場合に各種制約条件を満足できるか否か，あるいは安全上十分な余裕を確保できるか否かについては，施工の初期段階に試験施工区間等を設置し，詳細な計測管理を行うことにより把握することもある．

なお，支保パターンの設定を目的とした解析手法には，一般に地山と支保工，補助工法をそれぞれモデル化した有限要素法解析等がある．支保パターンの設定に関連して先受け工の切羽安定効果等を定量的に把握する方法については既往の研究成果[1]等を参考にするとよい．

参考文献

1) (社)土木学会：トンネル・ライブラリー第10号　プレライニング工法，2000．

3.4 覆工およびインバート

(1) 覆工およびインバートは，都市部としての立地条件を考慮し，所要の安定性と耐久性が得られるよう設計しなければならない．

(2) 覆工およびインバートの設計にあたっては，設計断面，構造計算手法，解析に用いる荷重について十分検討しなければならない．

(3) 覆工およびインバートがその耐久性を保持できるよう，耐久性に関わる構造細目について適切に定めなければならない．

【解　説】　(1)について　未固結地山に建設される都市部山岳工法によるトンネルは，以下の観点からトンネル全長にわたってインバートを設置し，断面を閉合することを基本とする．

① 覆工構造の安定性(完成後の地下水位変動，近接施工や地震の影響等による変形の抑止，覆工脚部の地山の支持力不足に伴う覆工の沈下等に対する安定性)の確保

② 道路トンネルや鉄道トンネルの場合，供用中の自動車や列車等の活荷重の繰返し作用による路盤の泥ねい化，沈下等の変状の防止

都市部山岳工法によるトンネルの覆工およびインバートの設計では，その立地条件から第3編 4.1.1に示される目的の中でとくに以下に示すような場合，力学的な性能を付加させる構造とすることが多く，力学的に有利な鉄筋コンクリート構造が用いられている．

① 土圧，水圧が作用すると考えられる場合
② 交通振動や将来の切土，盛土等立地条件の変化による付加荷重等の外力が作用する場合
③ 双設トンネルや近接施工が計画されている場合
④ 地震による影響を受ける場合

(2)について　覆工およびインバートの設計は，完成後に想定される設計荷重を部材に作用させることにより生じる断面力および変位を算定し，トンネル構造物としての安全性を照査することにより行うのが一般的である．部材の設計手法としては，許容応力度法，限界状態設計法があり，これまでの設計事例は許容応力度法を採用している場合が多い．限界状態設計法についてはトンネル・ライブラリー等[1],[2]が参考となる．

設計に際しては，立地条件，周辺地山条件，要求性能等を考慮して，設計手法，設計断面，構造計算手法，設計に用いる荷重[3]等適切な方法，条件を選定しなければならない．

また，作用荷重に対しては，一般に覆工およびインバートを主要部材として設計するが，都市部山岳工法によるトンネルのこれまでの設計の事例によると，作用させる土圧と土圧を負担する部材の考え方として**解説 表 8.3.1**に示す組合せがある．

解説 表 8.3.1　覆工とインバートに作用させる土圧と土圧を負担する部材の組合せ事例

	組合せ事例A	組合せ事例B	組合せ事例C
部材に作用させる土圧	全土被り荷重または緩み土圧(100%)	全土被り荷重または緩み土圧(一部)	土圧を考慮しない（水圧のみ考慮）
土圧を負担する部材の考え方	覆工に土圧を100%考慮する．	支保工にもある程度の耐力を見込み，覆工には土圧の一部を考慮する．	土圧は支保工で支持していると考え，覆工には土圧を考慮しない．

1) 設計断面　一般にはトンネル横断方向について構造計算を行う．トンネル縦断方向の検討が必要になるのは，覆工およびインバートに作用する荷重が縦断方向に顕著に変化するような近接施工の影響の検討や，地質急変部等における地震の影響の検討等，特殊な場合である．

設計断面の区分は，トンネル断面形状，設計荷重，周辺地山条件を勘案し決定するものとし，なるべく小分割にならないように留意する．

2) 構造計算手法　覆工およびインバートの構造計算手法は，その簡便性と豊富な実績から，**解説 図 8.3.3**に示すように，覆工およびインバートをはり，地盤をばねで表現し，荷重を覆工およびインバートに直接作用させて計算を行う骨組構造解析によることが多い．ただし，近接施工の影響や地震時の影響等，地盤と覆工およびインバートとの複雑な相互作用を表現することが必要な場合は，有限要素法解析を用いることもある．また，覆工等の部材を詳細に解析する場合には，部材の非線形特性を反映させたはり要素やファイバー要素でモデル化することもある．

骨組構造解析では，トンネル半径方向および接線方向に地盤ばねを設置するモデルが考えられる．接線方向の地盤反力は一般には防水シートによるアイソレーション効果から小さいものと考え，**解説 図 8.3.3**に示すように，覆工およびインバートはトンネル半径方向の地盤ばねのみ考慮する場合が多い．

また，地盤ばねは覆工およびインバートが地山側へ変位して地盤ばねに圧縮力が生じる場合に考慮するものとし，覆工およびインバートが内空側へ変位して地盤ばねに引張力が生じる場合には考慮しないことに留意する必要がある．

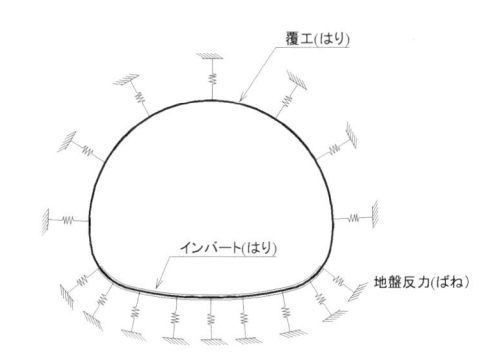

解説 図 8.3.3 骨組構造解析モデル

<u>3） 解析に用いる荷重</u>　覆工およびインバートに考慮する荷重は，立地条件をふまえ以下のものを選定する．

① 自重：自重とは覆工およびインバートを構成する部材による荷重をいう．覆工の自重を計算する場合の単位体積重量については**解説 表 8.3.2**を用いてよいが，実際の単位重量の明らかなものはその値を用いるのがよい．

解説 表 8.3.2　材料の単位体積重量

材　　　料	単位体積重量 (kN/m³)
コンクリート	23.0
鋼	77.0
鉄筋コンクリート	24.5

② 土圧：都市部山岳工法によるトンネルでは，土被りが小さい場合は全土被り荷重を，そうでない場合は，テルツァーギの緩み土圧等を用いていることが多い．なお，土圧は支保工で支持していると考え，覆工およびインバートには土圧を考慮せず設計している場合もある．

③ 水圧：防水型トンネルでは，**解説 図 8.3.4**に示すように部材直角方向に間隙水圧を作用させるのが一般的である．ただし，正確な間隙水圧を把握することは困難であるので，実測のうえ地下水位を仮定して水圧を算定している場合が多い．その場合，部材の安全性確保のために高水位および低水位を設定する必要がある．また，復水時の中間的な水位についても検討を要する場合がある．なお，排水型トンネルの場合や土圧を考慮し水を土の一部として包含する土水一体の考え方を用いた場合は水圧を考慮する必要はない．

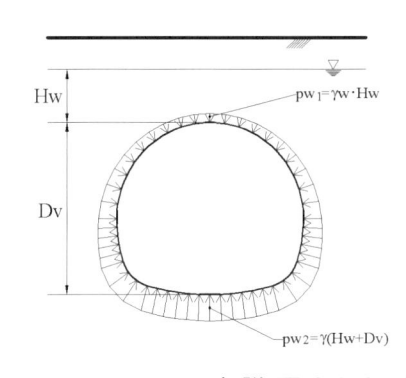

pw1：トンネル天端位置の水圧
pw2：トンネルインバート位置の水圧
γw：　水の単位体積重量
Dv：　トンネル図心高さ
Hw：　トンネル天端位置の水位

解説 図 8.3.4　水圧の設定例[2]

④ 近接施工の影響：トンネル完成後に近接施工が予想される場合は，覆工およびインバートに及ぼす影響の程度を適切に把握し，必要に応じて近接施工による影響を考慮する．

⑤ 地震の影響：都市部山岳工法によるトンネルが耐震設計上の基盤面よりも下方に計画される場合には，地震の影響の検討は一般に省略してよいと考えられる．坑口部や特殊な条件(固結度の低い粘性土層内で特に基盤面に近い箇所，地山の剛性が急変する箇所，立坑等の異種構造物との接続箇所等)の場合は必要に応じて考慮しなけ

⑥　その他の影響：覆工およびインバートが本節に定めた以外の荷重を受ける場合には，それぞれの条件に応じて考慮しなければならない．

　<u>（3）について</u>　覆工およびインバートがその耐久性を保持できるように守らなければならない構造細目の着目点には，鉄筋の配置，鉄筋のかぶり，打継ぎ目の構造，ひびわれ抑制がある．

　<u>1）　鉄筋の配置</u>　都市部山岳工法によるトンネルの場合，周辺の影響を受けて偏荷重となる場合も多いため一般には複鉄筋とすることが多い．また，地震の影響を考慮する場合にはせん断耐力およびじん性の向上に配慮した配筋を行う必要がある．

　覆工およびインバートの巻厚は同じ値が用いられる例が多いが，配筋については断面力が大きくなるインバートや隅角部の鉄筋量を大きくする例もある（**解説 図 8.3.5**参照）．また，設計においては一様な荷重状態を仮定しているが，実際にはばらつきがあり局所的に荷重が作用する場合もある．したがって，主鉄筋の単位幅当り断面積の1/6以上を単位幅あたりの配力鉄筋として配置する場合も多い．

　無筋コンクリートとして設計した場合，坑口部等では偏土圧等の影響を受けることが考えられるため，必要に応じて用心鉄筋を配置する．

　また，一般に隅角部において曲げモーメントが大きくなるため，鉄筋の継手位置は隅角部を避ける必要がある．

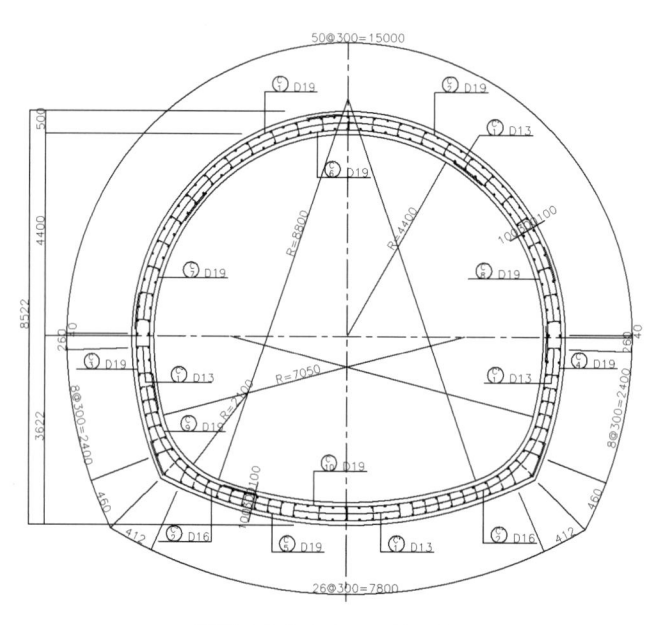

解説 図 8.3.5　配筋の例

　<u>2）　鉄筋のかぶり</u>　鉄筋のかぶりが小さいと耐久性に問題が生じるため，かぶりを適切に設定しなければならない．また，凍結融解の繰り返しや化学的侵食に対しては，コンクリートの品質を高めることが重要であるが，あわせて十分なかぶりを確保することが望ましい．鉄筋の設置精度，セントルの加工精度，設置精度等を考慮し，適切なかぶりをとらなければならない．実績等では，最小かぶり70mmまたは芯かぶりで85mm以上としている例が多い．

　<u>3）　打継ぎ目の構造</u>　覆工とインバートとの打継ぎ目部は，軸力を適切に伝達できる構造とする必要がある．

　<u>4）　ひびわれ抑制</u>　覆工は大きさの割に薄肉な構造であり，コンクリートの乾燥収縮，あるいは施工等によりひびわれが発生する可能性がある．覆工に許容以上のひびわれが発生すると，場合によっては鉄筋が腐食し，安全性，耐久性等が損なわれ，また漏水の発生によりトンネル内の各種設備の耐久性が損なわれることとなる．このため，覆工にはトンネルの使用目的，立地条件等を考慮して，適切なひびわれ対策を講じる必要がある．

参考文献

1) (社)土木学会：トンネル・ライブラリー第15号 都市部山岳工法トンネルの覆工設計 —性能照査型設計への試み—，2006.
2) (財)鉄道総合技術研究所：鉄道構造物等設計標準・同解説(都市部山岳工法トンネル)，2002.
3) (社)土木学会：トンネル・ライブラリー第13号 都市NATMとシールド工法との境界領域 —荷重評価の現状と課題—，2003.

3.5 防水工および排水工

（1） 周辺環境や供用後の維持管理に十分に配慮して防水型か排水型を選定し，トンネルの用途に応じて適切な防水工，排水工等を設計しなければならない．

（2） 防水工は，トンネル構造，地山条件等を考慮して，適切な性能と施工性を有する材料を選定して設計しなければならない．

（3） 排水工は，湧水を円滑に導水，排水できるよう，かつ周辺地山に影響を及ぼさないよう適切に設計しなければならない．

【解　説】　（1）について　防水工，排水工の設計に関する一般的事項は第3編 6.によるものとし，ここでは防水型トンネルにおける防水工の設計および未固結地山における排水工の設計に関して記述する．

防水型トンネルはトンネル断面全周を防水シート等で覆う構造である．都市部山岳工法によるトンネルにおいて，一般に以下の場合，防水型構造を採用する．

① 地下水の排水により地盤沈下や周辺環境への影響が問題になる場合
② トンネル内の湧水を永久的に排水することが，維持管理上または経済性の面で不利な場合

防水型トンネルは一般的な山岳トンネルで用いられる排水型トンネルと防水構造が大きく異なるため，留意が必要である．

防水工，排水工の設計例を**解説 図 8.3.6**に示す．

同一トンネル内で防水型トンネルと排水型トンネルを構築する場合には，防水型トンネル区間から排水型トンネル区間に地下水が流入し地下水位が縦断方向で変化する．このような場合，地下水位の縦断方向の変化点にトンネル内から放射状にグラウトを注入し止水壁を施工する方法や防水型トンネル区間を地下水が影響しない範囲まで延長する方法等，地山条件や立地条件を考慮した施工方法を検討する必要がある．

（2）について　防水型トンネルでは，作用水圧に応じた防水工の種類や材質，仕様および施工範囲等について十分に検討しなければならない．さらに，面的に一体化した防水層を形成することが要求されるので，とくに防水シートの継目についても所要の強度，水密性が得られるものでなければならない．

また，開削工法による立坑との接続部において異種材料である防水材を接合することが多く，漏水も発生しやすいことから，各々の防水材の材質を考慮し，確実に止水できる方法を採用する必要がある．立坑との接続部における防水シートの接合例を**解説 図 8.3.7**に示す．

（3）について　排水型トンネルの排水工の設計は基本的に第3編 6.3によるものとする．ただし，都市部山岳工法によるトンネルが一般に対象とする未固結地山では，細砂等が地下水とともに排水管内に流入することが考えられる．その結果，覆工背面やインバート下面に空隙が発生してトンネル構造の安定性を損なうことになり，さらには地表面の陥没を誘発するおそれもあるので，排水管の配置，構造は適切に決める必要がある(第7編 4.1参照)．

道路や鉄道で防水型トンネルを計画する場合，漏水による路盤の機能低下を防止するため，トンネル内に排水工を設置する必要がある．

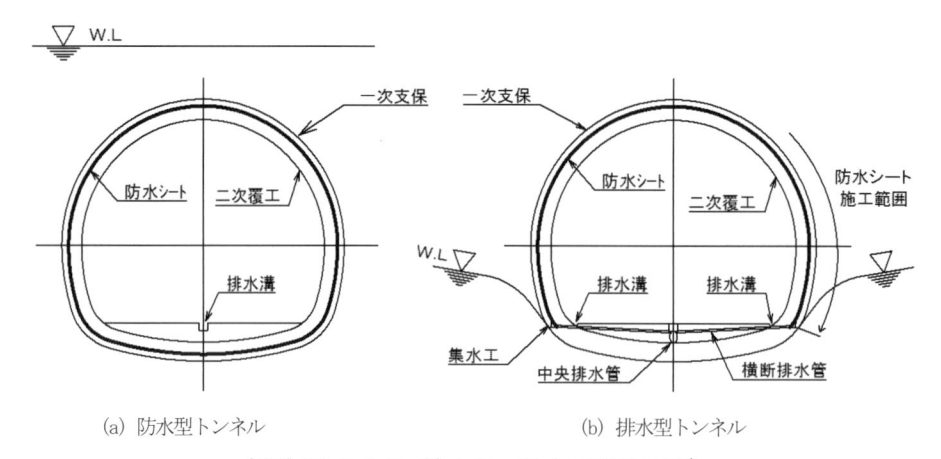

(a) 防水型トンネル　　(b) 排水型トンネル

解説 図 8.3.6　防水工，排水工設計の例[1]

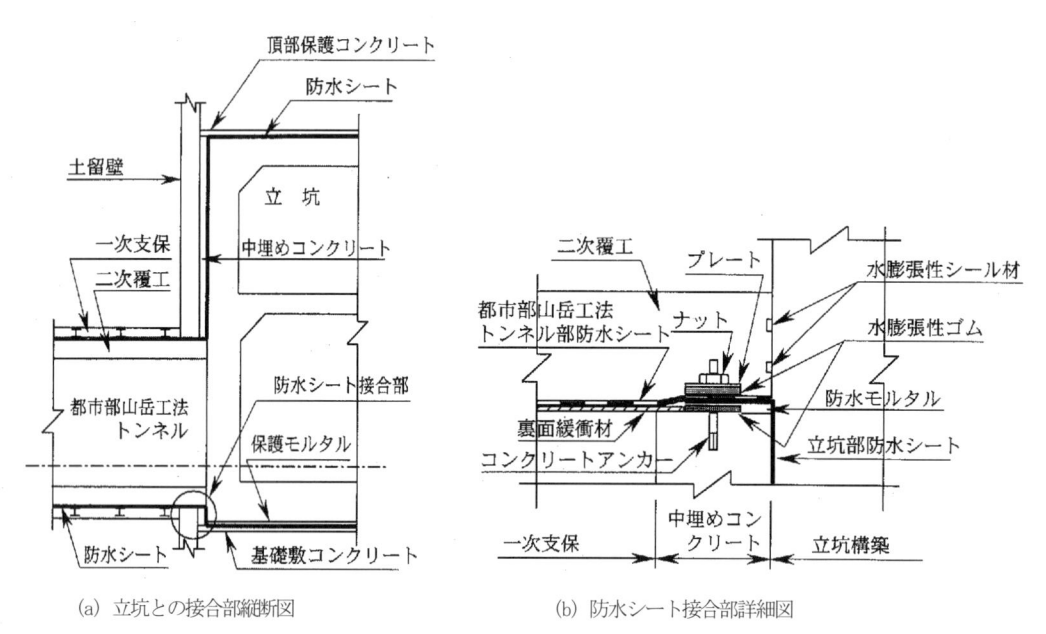

(a) 立坑との接合部縦断図　　(b) 防水シート接合部詳細図

解説 図 8.3.7　立坑との接合部における防水シート接合例[2]

参考文献

1) (財)鉄道総合技術研究所：鉄道構造物等設計標準・同解説(都市部山岳工法トンネル)，p.176，2002.
2) (財)鉄道総合技術研究所：鉄道構造物等設計標準・同解説(都市部山岳工法トンネル)，p.347，2002.

第4章　施　　工

4.1　施工の基本

（1）　都市部山岳工法によるトンネルの施工に際しては，都市部の特殊性を考慮して，適切な施工方法，工事用機械および設備等を検討し，安全かつ経済的な施工計画を立てなければならない．

（2）　施工中は周辺の環境保全に十分配慮するとともに，適切な安全監視のもとに施工を行わなければならない．とくに掘削にあたっては，地山条件，立地条件，周辺に与える影響や施工性等を十分に考慮し，できるだけ地山を緩めない施工方法を選定しなければならない．

【解　説】　（1）について　都市部山岳工法によるトンネルの施工においても，通常の山岳工法による施工と同様，関係諸法規等を遵守し，騒音対策，振動対策，地表面沈下対策，近接構造物等への影響対策，汚濁水対策，交通障害対策，渇水対策等の環境保全に努めなければならない．

これらに関しては事前調査および設計の結果を十分に考慮し，周辺環境に配慮した施工方法，工事用機械および設備の選定等，施工時にできるだけ変更がないように，適切な施工計画を立てなければならない．掘削方式については機械掘削を基本とし，地山条件，立地条件等により，適切な施工方法を選定する必要がある．また，施工にあたっては，坑内外のさまざまな観察・計測結果を施工の各段階と関連付け，一元管理を行うとともに迅速に施工に反映できる体制にするなど，情報化施工を基本とし，やむをえず施工方法の変更が必要とされる場合にもすみやかに修正して対応ができるように計画段階から対策工等を考慮しておく必要がある．

施工方法を検討するにあたり，最も留意しなければならないのは掘削時の切羽の安定性であり，都市部への山岳工法の適用そのものの可能性を左右する大きな問題である．切羽の安定性は，一度に掘削する断面の大きさおよび一掘進長の影響を受け，断面が大きく一掘進長が長くなるにしたがって低下する．このため掘削断面の分割方法，掘削断面形状，一掘進長等は，補助工法も含め，切羽の安定性を考慮したうえで決定する必要がある．また，併用する補助工法は，その目的，効果について十分検討し，掘削断面積の大きさも考慮して計画する必要がある．

都市部山岳工法においても，切羽が安定し地山条件が比較的良好な場合には，加背を分割することをせず補助工法を併用したうえでベンチカット工法等により大きな断面で掘削し，早期に断面を閉合して緩みや変位を抑制する場合が多い．この際，補助工法を考慮して施工方法を十分検討したうえで，安全上の余裕を確保し，計画することが必要である．

とくに，都市部山岳工法によるトンネルにおいては，通常の山岳工法によるトンネルと比べて立地条件や地山条件が厳しく，環境保全や安全監視の点で細心の配慮が必要となるため，施工中はもちろん，施工計画段階から安全かつ経済的な対策を講じなければならない(第2編　2.2参照)．

（2）について　都市部山岳工法によるトンネルの施工に際しては，生活環境の対策が重要である．

1) 騒音対策，振動対策　騒音，振動のおもな要因としては，ずりの積込み，運搬，施工機械および工事用設備の稼動等によるものがあげられる．対策等については第4編 13.1によること．また，防音壁や防音ハウス等により対処する場合には日照権への配慮が必要になることもある．

2) 渇水対策　トンネル施工に伴う地下水位の低下により，渇水が発生し，周辺の水利用および水環境に影響を与えることがある．対策および検討内容等については第4編 13.1によること．

3) 地表面沈下対策，近接構造物等への影響対策

① 地表面沈下対策：地表面沈下対策は，切羽を安定させることが前提となるため，切羽安定対策のための補助工法と併用されることが多い．トンネル掘削に伴う地山の緩みが原因の地表面沈下を抑制するには地山の緩みと切羽安定対策としてパイプルーフや水平ジェットグラウト，長尺フォアパイリング等の先受け工と鏡補強工が適用される．また，これらの対策に加え，脚部補強工および早期の断面の閉合等を組み合わせることも効果的である．トンネル掘削に伴う地下水位の低下等が原因の地表面沈下を抑制するには，注入工法等が適用される．な

お，地山の緩みと地下水位の低下等の両方が原因で地表面沈下が懸念される場合には，切羽安定対策の補助工法と注入工法等を併用することもある．切羽安定対策として加背を分割する工法では，トンネル自体および地表面の沈下等を考慮して，各施工段階において吹付けコンクリート等による仮閉合を行うことがある．なお，閉合する断面に半径の小さな隅角部が存在する場合には，隅角部やその周辺に応力が集中しないように留意する必要がある．また，核を残す必要がある場合には，ロックボルトや補助工法等の施工が遅れることがあるため，ほかの支保部材の施工時期と施工順序を考慮する必要がある(補助工法等については第6編 1.2, 3.1参照)．

② 近接構造物対策：都市部でのトンネル施工においては，地表および地中の構造物等との近接施工を余儀なくされる場合があり，必要に応じ対策工を施工する．近接構造物対策は，掘削挙動の制御，影響伝搬の抑制，既設構造物の補強に大別される(第6編 1.2, 3.2参照)．

4) 汚濁水対策　汚濁水対策については第4編 13.1によること．

5) 交通障害対策　都市部での施工の場合，工事用車両等による渋滞が懸念される．対策等については第4編 13.1によること．

また，環境保全に関しては，シールド工法，開削工法が都市部において多く適用されていることから，シールド工法編および開削工法編も参照のこと．

なお，安全監視についての具体的な計画と実施については第8編 5.で述べる．

4.2 覆工およびインバート

覆工およびインバートの施工に際しては，都市部特有の地山条件，立地条件等を十分に考慮して施工方法を選定しなければならない．

【解　説】　都市部山岳工法における覆工およびインバートの施工は，通常の山岳工法と比べて地山条件，立地条件等が厳しくなるため，施工方法等を十分検討しなければならない．

1) 覆工およびインバートの施工　覆工は，内空変位が収束したことを確認した後，できるだけ早期に施工する必要がある．覆工コンクリートの一般的な施工上の留意点については第4編 8.2によること．

インバートの施工において，近接構造物等がある場合や地下水位の高い未固結地山等では，切羽からインバートの施工位置までの距離をできるだけ短くするとともに，インバート掘削後は早期に全断面を閉合する必要がある(第4編 9.1参照)．なお，インバートが鉄筋コンクリートの場合，コンクリート打込み前の配筋作業に時間を要する．そのため，地山の強度低下が懸念される場合には，事前にインバート部に吹付けコンクリートを施工するなど地山を緩ませないよう配慮する必要がある．

2) 鉄筋の施工　防水型トンネルの鉄筋固定方法には，非貫通型の専用治具を用いる方法，鉄筋支保工を建て込む方法等，防水シートを貫通せずに固定できる方法を採用するのが望ましい(第4編 8.3参照)．これらの方法においては，防水シートと台座プレート等が接触し，貫通や摩擦等により破損しないように緩衝用ゴム等で防水シートの接触面を保護する必要がある．また，防水型トンネルでアーチ部およびインバート部に鉄筋を組み立てる場合は，防水シート上での作業となるので防水シートを破損しないよう注意しなければならない．

3) コンクリートの施工　都市部においては，交通渋滞等道路交通事情の悪化によるレディーミクストコンクリート到着時間の遅延を避けるため，生コンプラントの場所や運搬経路等を計画段階から十分に検討しておく必要がある(第4編 8.2.3参照)．

複鉄筋区間等で鉄筋が過密となっている場合，コンクリートの締固め不足にならないように内部振動機等で入念に施工しなければならない．その際，内部振動機等で防水シートを破損させないよう慎重に行う必要がある．また，コンクリートの充填性を高めるために，流動性のよいコンクリートの採用についても検討する必要がある．

なお，防水型トンネルの鉄筋区間においては，鉄筋固定用の支保工を用いて鉄筋を組み立てる場合がある．その際，鉄筋固定用の支保工と鉄筋が錯綜し内部振動機の挿入が困難となり，充填不足や締固め不足とならないように留意しなければならない．インバートコンクリートの一般的な施工上の留意点については第4編 9.2によるこ

と．

4) 断面形状が異なる接続部　断面形状が異なる構造物同士の接続部では，地震時に被害が生じやすいため，地震時の振動特性等を考慮のうえ，接合の要否を判断し適切な対応をとる必要がある．また，構造物同士の接合部は防水上の弱点となりやすいので，止水板を設置するなど追加止水対策も検討する必要がある．

4.3　防水工および排水工

(1)　排水型トンネルの防水工および排水工は，覆工およびインバートに過大な水圧を作用させないこと，漏水を発生させないことに留意し，地下水を円滑に導水，排水できるように施工しなければならない．

(2)　防水型トンネルの防水工は，供用後のトンネル周辺の地下水位に影響を与えないように，トンネル全周にわたり確実に施工しなければならない．

【解　説】　(1)について　排水型トンネルの防水工および排水工は，トンネル周辺の地下水を覆工背面に滞留させることなく排水し，過大な地下水圧やトンネル内面からの漏水を生じさせないことに留意し，確実に施工しなければならない．都市部山岳工法によるトンネルでは，切羽安定対策として排水工法が採用されることも多く，排水の停止やトンネル完成後の復水により地下水圧が上昇して，過大な水圧が覆工およびインバートに作用したり，地山の細粒分の流失により地山の安定が損なわれる場合がある．このため，地山および地下水の状況に応じて，地下水が円滑に導，排水できるような裏面排水材等の設置，細粒分の流失を防止するためのドレーンフィルター等の設置，さらにこれらの目詰まり対策や地下水の流速を抑えるための措置を確実に行うとともに，施工時に破損しないよう十分に留意して施工しなければならない．防水工および排水工の一般的な施工上の留意点については第4編 10.1によること．

(2)について　防水型トンネルの防水工の施工にあたっては，以下に示す点に留意し，トンネル全周にわたり確実な防水工の施工を行わなければならない[1]．防水工の一般的な施工上の留意点については第4編 10.1によること．

1) 下地処理　防水型トンネルの防水シートは排水型のものと比較して厚く，なじみが悪いため，より平滑な下地面としなければならない．また，防水型トンネルの防水シートはインバートにも設置することになるが，地山に直接，確実に固定することは困難であるため，下地処理として吹付けコンクリートや均しコンクリート等を事前に施工しておく必要がある．下地処理の一般的な施工上の留意点については第4編 10.1によること．

2) 防水シートの接合方法　防水型トンネルの防水シートはインバート部を含めトンネル全周に配置され，通常インバート部，アーチ部の順序で施工する．このため，接合箇所において3枚重ね以上となることが避けられない部分が生じる．とくに，防水型トンネルの防水シートは通常排水型トンネルのものと比較して厚く接合の施工性があまり良くないため重ね合わせは3枚までとする．このため，アーチ部の接合箇所とインバートの接合箇所が重ならないように千鳥配置とし，4枚重ね以上となる部分が生じないような接合部の配置とする必要がある．防水シートの接合方法の例を**解説 図 8.4.1**に示す．なお，防水型トンネルにおいて吹付けコンクリート面に防水シートを張り付ける際は，防水シートを破損させないような方法を採用することが望ましい．また，コンクリートの打上りとともにシートのたわみや緩みを集中させないように検討する必要がある．

3) 施工中の湧水処理　防水型トンネルの防水シートは全周に施工されるため，湧水がほとんどない場合を除き，インバート掘削後中央部に仮排水管等を設け確実に湧水処理を行わなければならない．仮排水管等については，流水による排水管周辺の洗掘を防止するために，覆工コンクリートの強度が発現したのちグラウト等により閉塞する必要がある．

4) 異種断面での防水工　断面形状が異なる構造物同士の接合部は，防水上の弱点となりやすいので，確実な防水接合工を行わなければならない．とくに，材質の異なる防水工同士の接合において熱溶着できない場合は，止水板やグラウト材等により確実な接合を行う必要がある．

①
②
③
④

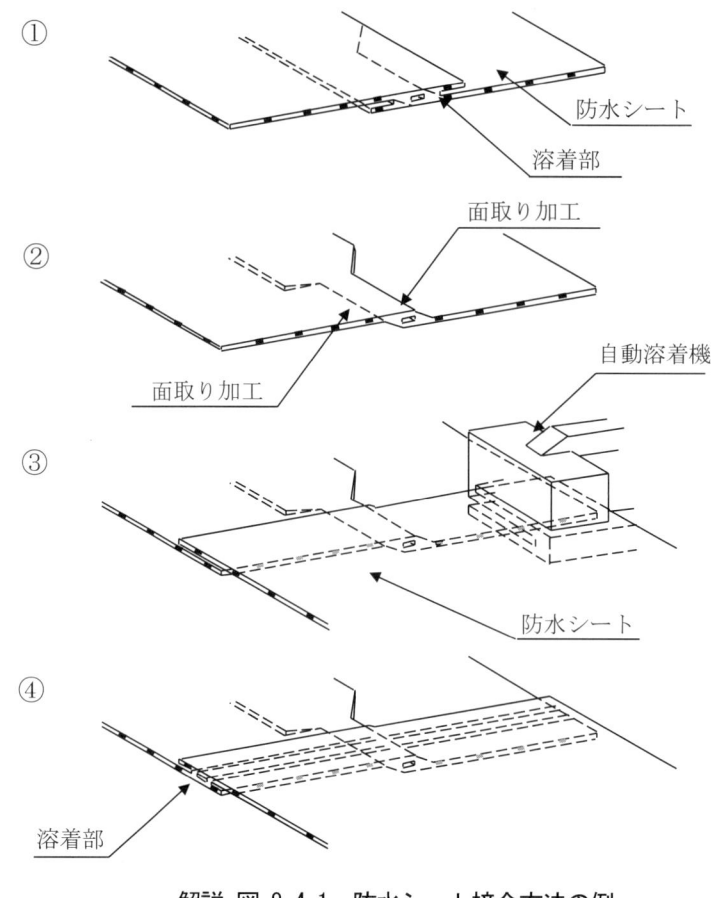

解説 図 8.4.1　防水シート接合方法の例

参考文献
1) (社)日本トンネル技術協会：山岳トンネル工法における防水工指針，1996.

4.4　立　　坑
（1）　立坑の位置，大きさと形状は，本坑施工時に使用する重機等の大きさ，仮設備の配置，対策工の計画，周辺の環境等を考慮して決めなければならない．
（2）　立坑からの発進および立坑への到達は，立坑の土留め背面，周辺の路面，埋設物等の周辺環境に影響を与えないよう十分配慮して，慎重に行わなければならない．

【解　説】　(1)について　立坑の位置，大きさと形状は，トンネルの工事規模(トンネル延長と断面の大きさ)，用地取得の難易度，掘削土砂や材料の運搬，搬入および搬出等の作業内容，立坑の施工しやすさ，対策工の計画，使用目的，重機等を考慮してなるべく経済的かつ効率的となるよう決めなければならない．なお，重機は，立坑の大きさ，本坑掘削断面積，施工段階等を考慮し，適切なものを選定しなければならない．また，埋設物の状況，用地の事情等により立坑の形状が著しく変則的になることがある．このような場合は，掘削土砂の搬出能率等が低下し工事の進捗に影響することから，仮設備の配置には十分注意する必要がある．

　工事基地周辺の環境保全は重要で，騒音，振動，地盤の変状，交通，水質，大気，作業時間等，検討項目が多岐にわたる場合が多い．施工開始以後の問題の発生は工程に大きな影響を及ぼすため，事前の適切な対応が必要である．立坑の一般的な施工上の留意点は第11編1.，2.によること．

　(2)について　発進および到達方法は，地質，地下水，土被り，作業環境，周辺環境等の諸条件を考慮して決定しなければならない．とくに，本坑と立坑との接続部は構造的に複雑で不安定となりやすいので，地山条件を考慮し近接構造物や地下埋設物等に影響を与えないような適切な掘削方法，補強方法を採用しなければならな

い．

　立坑の土留め背面は地山が緩んでいる可能性があり，また立坑土留め背面が水みちとなっている可能性もあるので，立坑からの発進および立坑への到達における鏡切りおよび本坑掘削に際しては，必要に応じ先受けや地盤改良等の対策工を選定のうえ，安全性を十分に確保する必要がある．

　<u>1)　地下水</u>　都市部は一般に地下水位が高くかつ水位低下を許容できない場合が多いため，とくに立坑から発進する際には，注入工法等で本坑周辺の地山の透水性を下げるなど，地下水位の変動が大きくならないよう留意して対策工を検討する必要がある．

　地下水位の低下が許容され，さらに立坑の施工によりある程度地下水位が低下している場合には，事前に水抜きボーリング等で排水し，前方の湧水量や動水勾配を確認しながら発進する方法も考えられる．

　<u>2)　周辺環境等</u>　発進時および到達時には土留め壁を一部撤去することとなるため，土留め壁の変形量や周辺地盤の沈下量の増大，土留め壁撤去部の切羽の不安定化が発生しないように検討する必要がある．とくに撤去予定の土留め壁直上の路面覆工桁受け等は，土留め壁の変形の影響を受けないようにあらかじめ補強しておくなど周辺環境に影響を与えないように配慮する必要がある．

第5章　観察・計測

5.1　観察・計測一般

都市部山岳工法によるトンネルの施工に際しては，都市部に特有の条件を考慮した観察・計測を行わなければならない．

【解　説】　都市部山岳工法によるトンネルの施工においても，観察・計測は一般の山岳部のトンネルに準拠して行うことを基本とする（第5編 4.参照）．ただし，都市部山岳工法によるトンネルの設計，施工に際しては，山岳部と比較して，固結度が低く切羽の安定性が悪い地山であることが多く，住宅等の建物のほか，鉄道，道路，ガス管等の許容変位が小さい構造物と近接する場合も多いことに留意しなければならない．よって，トンネル自体の安定性を確保するとともに，地表面沈下，近接構造物の変状，地下水変動の制約といった都市部に特徴的な条件を考慮したうえで，周辺環境に与える影響を一定のレベル内に収める必要に迫られる場合が多い．したがって，このような諸条件をすみやかに把握できる観察・計測を行わなければならない．以上の理由から，一般には山岳部に比較して観察・計測箇所やその頻度は多くなる．

都市部山岳工法によるトンネルで，観察・計測の対象として留意しなければならないおもな項目は以下のとおりである．

①　地表面沈下
②　近接構造物の挙動（構造物の沈下，水平変位，傾斜等）
③　近接構造物の損傷状態（ひびわれ等）
④　周辺の地下水位変動

とくに上記①，②の変位計測にあたっては，切羽通過前の先行変位を把握することが，その後の最終変位の予測や適用した支保工や補助工法の対策効果を確認するうえで重要である．また，計測値と事前の予測解析値を比較して，必要によりその後の施工方法や対策工法等の見直しを行うことも重要である．

③に関しては，近接構造物の損傷と許容される変状の程度によって管理基準値を個別に設定する必要があるため，施工前に対象構造物の損傷状態を把握しておかなければならない．さらに施工中にはその損傷の進行性（ひびわれの伸展等）を確認することも重要である．

④に関しては，トンネルの施工中はもちろん，施工前から施工後の長期にわたって計測を行う必要があるため，効率的な観察・計測計画を事前に立案しておく必要がある．

5.2　観察・計測の計画と実施

（1）　観察・計測の計画においては，その目的ならびにトンネルの規模，地山条件とともに，都市部特有の設計や施工等を十分に考慮して，観察・計測の項目，位置，頻度，管理基準値を設定するとともに使用機器を選定しなければならない．

（2）　観察・計測の実施においては，工事の安全性や周辺に与える影響を確認することを目的に，施工期間中の坑内，坑外観察およびトンネルや周辺地山，支保部材，地表部と近接構造物の挙動の計測を行わなければならない．

（3）　観察・計測結果の整理においては，設計と施工に反映できるよう結果をすみやかに分析し，分類，蓄積しなければならない．

【解　説】　（1）について　都市部山岳工法では，地表面沈下，近接構造物の挙動，地下水変動の制約が厳しいことを考慮して，掘削の進捗に伴う切羽の状態や周辺地山と近接構造物の挙動，支保工，補助工法等の効果を，類似工事の文献や事前の予測等の既往の情報をふまえ，観察・計測の結果に基づいて評価しなければならない．

そのために，あらかじめ抽出された要注意箇所における挙動を適切に把握し，地山やトンネルが当初設計において予測された挙動を示しているか否かを評価することが重要である．観察・計測の計画においては，観察・計測の項目，位置，頻度，使用機器の選定，そして管理項目と管理基準値を十分に検討しなければならない．なお，具体的な検討の際には，第5編 4.2, 4.3を参照のこと．また，計測された挙動に応じた具体的な対策をあらかじめ定めておくことも大切である．

観察・計測項目は，日常の施工管理を目的とした項目（計測A）と，計測Aに追加して実施する項目（計測B）の2種類に大別できる．都市部山岳工法における観察および計測項目についても**解説 表 5.4.1**を参考に選定するとよいが，都市部山岳工法の特性から，地表面変位測定や近接構造物の変位測定および第三者の安全等の重要性が高いことを十分考慮する必要がある．また，地下水位の変動による周辺に与える影響を考慮して，坑内や坑外のボーリングを利用した土質分類，土の強度および変形特性，地下水位，湧水量，湧水圧，透水係数等を把握する調査の必要性を検討する．さらに，工事の安全性や設計の妥当性および近接構造物等に与える影響をすみやかに評価する目安として，選定された計測項目に対してあらかじめ管理基準値を設定しておく．管理基準値の設定にあたって，施工の安全性と近接構造物の機能と耐久性を確保し，その施設の管理者が定める基準値を満足するとともに，管理者と十分に協議しなければならない．具体的な管理基準値の設定方法は，第5編 4.4を参照のこと．

（2）について　土被りが小さい都市部山岳工法によるトンネルでは，観察のみで工事の安全性や当初設計の妥当性を確認することは難しく，可能な限り多くの情報をもとに判断する必要がある．そのため，計測結果とあわせて評価しなければならない．

観察は，切羽，既施工区間の支保工，覆工の状況といった坑内観察のほか，都市部特有の地山条件（固結度の低い地山，小さな土被り）を考慮して地表面の沈下，既設構造物（埋設構造物を含む）の変形や地下水位等に着目した坑外観察もあわせて実施しなければならない．都市部では，先に述べた都市部特有の地山条件から，切羽に鏡吹付けコンクリートが必要になることが多く，地山自体を十分に観察できない場合がある．したがって，掘削中の状況や鏡吹付けコンクリートの状態（ひびわれや湧水等）について観察し記録するとともに，既掘削区間の変化にも注意し，内空変位や地表面や近接構造物の変位等とあわせて整理，分析することが重要である．

計測にあたっては，その目的を十分に理解し，各計測器の精度等の特性を把握し，また施工方法，施工サイクル等を検討のうえ，可能な限り早期に初期値が得られるように計測器を設置する．すなわち，各計測点における初期値の測定をトンネル掘削の施工サイクルに組み入れるように努めなければならない．また，坑外から行う計測は，早期に計測器を設置し切羽の接近による影響が現れる前から行わなければならない．

（3）について　観察・計測結果は，迅速に設計と施工に反映できるように整理しなければならない．とくに切羽付近では，必要な対策の時機を逸することのないよう得られたデータを早期に判断する必要がある．また，観察・計測等によって設計の妥当性が確認された類似設計が適用される場合も多く，結果を整理し活用することが重要である．

観察・計測結果は，計測位置，計測時期，トンネルの施工状況，切羽の進行状況，支保工の閉合時期，他の計測データおよび計測位置での地形や地質情報との関連を付けて整理するのがよい．また，トンネルに近接する構造物には，機能保全の観点から許容沈下量や許容傾斜角等の管理基準値が設定される場合が多く，これら周辺構造物の挙動と掘削との関連性，変位の傾向等を把握できるようにデータを整理しなければならない[1]（**解説 図 8.5.1** 参照）．

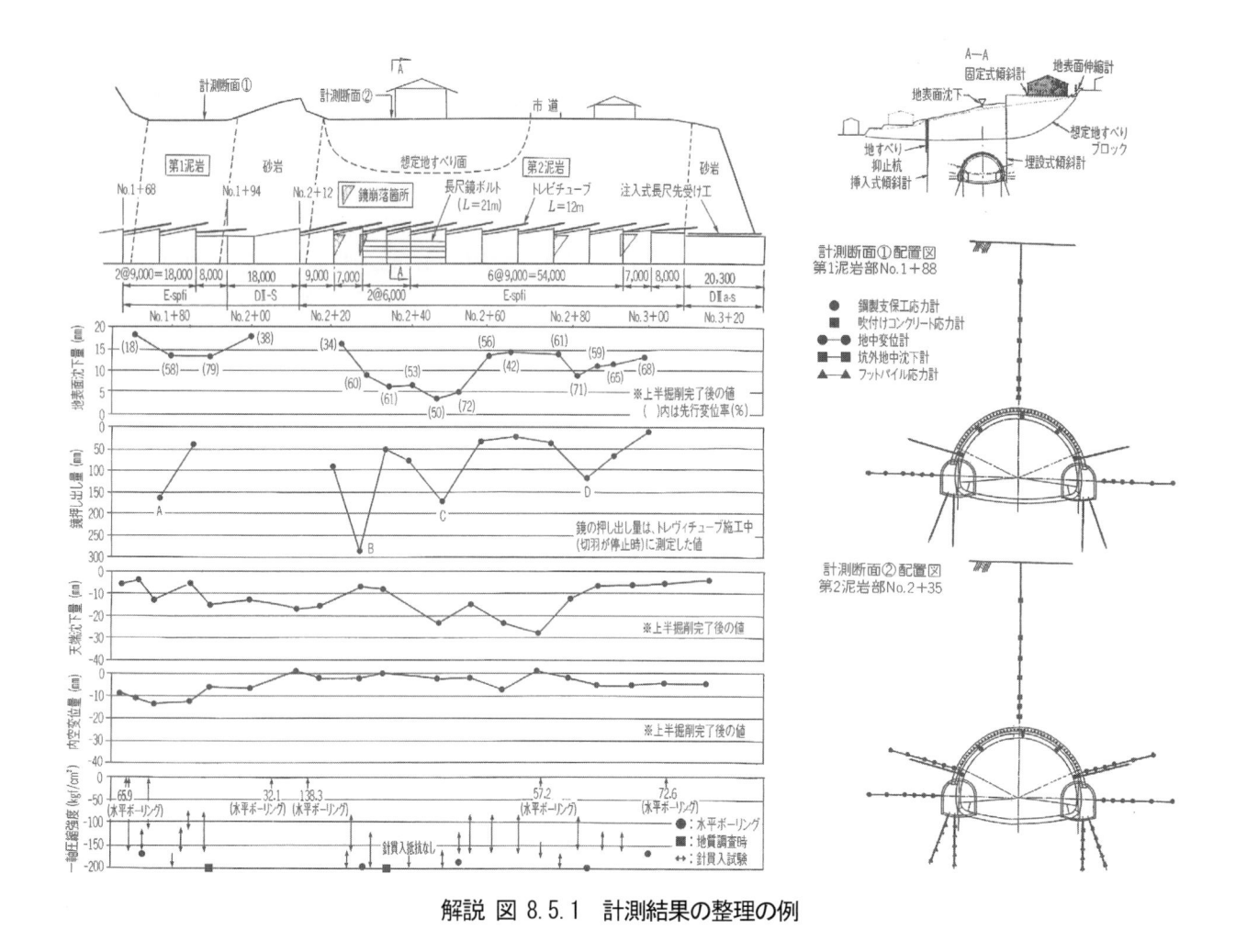

解説 図 8.5.1 計測結果の整理の例

参考文献

1) (公社)土木学会：トンネル・ライブラリー第24号 実務者のための山岳トンネルにおける地表面沈下の予測評価と合理的対策工の選定，pp.222-230，2012．

5.3 観察・計測結果の評価と活用

都市部山岳工法によるトンネルでは，観察・計測結果に基づいて工事の安全性や設計の妥当性等を確認するとともに，とくに地表面，近接構造物等への影響の評価をすみやかに行なわなければならない．

【解　説】　都市部山岳工法によるトンネルの施工に際しては，坑内外の観察・計測結果を十分に吟味し，地山の評価ならびに周辺地盤を含めたトンネル自体の安定と近接構造物への影響の有無をそれぞれ評価する必要がある．とくに都市部では直接トンネル自体の安定性を脅かすおそれのないような微量な変形や湧水であっても，それが広範囲かつ長期的に継続することで，結果として周辺環境に大きな影響を与える場合があるため，施工中は周辺地盤や近接構造物への影響評価をすみやかに行わなければならない．なお，観察・計測結果の活用についての一般的な事項に関しては第5編 **4.4**を参照のこと．

1) 観察結果の評価　第5編 **4.4**に準じて行う．

2) 計測結果の評価

①　トンネルや周辺地山の安定性の評価：基本的には第5編 **4.4**に準じて行うこととするが，切羽の安定性をみかけ弾性係数等を用いて迅速に評価する方法がある（**解説 図 8.5.2**参照）．

②　地表面および近接構造物への影響評価：トンネル掘削に伴う影響を把握するため，地表面沈下はレベル測量や連通管式沈下計，トータルステーション等の光波測量やGPS計測等により，また近接構造物の挙動は傾斜計

等による計測のほかに壁や柱のひびわれについても観察・計測を実施して，安全性ならびに変位等の進行性の有無の確認を行う．とくにトンネル上部の全区間にわたって一定の間隔で実施する地表面の沈下計測は，日常的な計測管理としてトンネルの施工管理にも利用される．また，掘削の影響範囲は切羽の進行に伴い平面的に拡大するため，**解説 図 5.4.19**に示す管理レベルⅠに満たない状況でも，計測結果から地山の挙動を予測しておくことが大切である．とくに，都市部山岳工法では土被りが小さいことが多いことから，地表面，トンネル天端，アーチ脚部が同時に同程度沈下する「とも下がり現象」が発生していないかについて確認する必要がある．

③　先受け工等の補助工法や早期の断面の閉合等の掘削工法の効果の評価：先受け工等の補助工法や早期の断面の閉合等の掘削工法の効果については，計測結果（地表面沈下，天端沈下，内空変位，鋼管たわみ測定等）を管理基準値や予測結果と比較し，坑内外の変状の発生状況等とあわせて総合的に評価する必要がある．とくに地表面沈下，天端沈下，内空変位等の計測値が，**解説 図 5.4.19**に示す管理レベルⅡを超える場合は，迅速な対応が必要となるため，計測結果の分析，評価はすみやかに行わなければならない．**解説 図 8.5.3**に施工中に段階的に先受け工や早期の断面の閉合を実施し，その結果をすみやかに分析して効果を評価し，補助工法等を逐次増強することで近接構造物の管理基準値以内に収めた例を示す．

④　支保工の効果の評価：支保工の各部材の効果を計測結果から評価する．一般に，支保工のある部材の計測結果がその部材の許容値に比べかなり小さく，支保工あるいは地山等級の評価が過大であると推察される場合でも，他の計測データや観察結果と照合し，また都市部での地山条件，立地条件を配慮して支保工の削減は慎重に検討しなければならない．一方，計測結果が許容値より大きい場合には，支保工の増強やパターンの修正をすみやかに行う必要がある．

⑤　覆工およびインバートの施工時期の評価：覆工およびインバートは，地山変位が収束したのちに施工することを基本とするため，地山変位の収束を計測で確実に確認する必要がある．

なお観察・計測結果は第5編 4.4.4に従い，将来の維持管理に活用できるよう，また今後の設計，施工に活用できるよう，適切な方法で保管しておく必要がある．

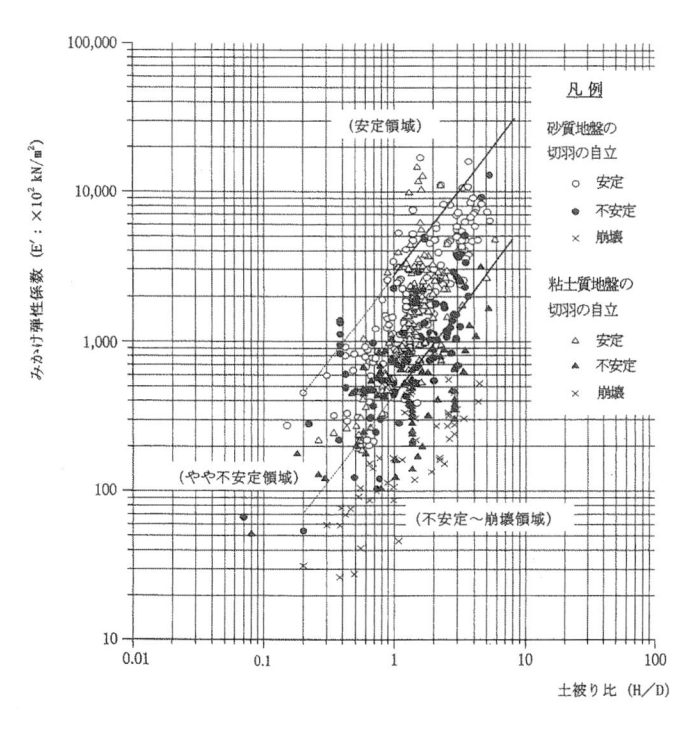

解説 図 8.5.2　みかけ弾性係数と土被り比の関係（トンネル半径R=5m程度の場合）[1]

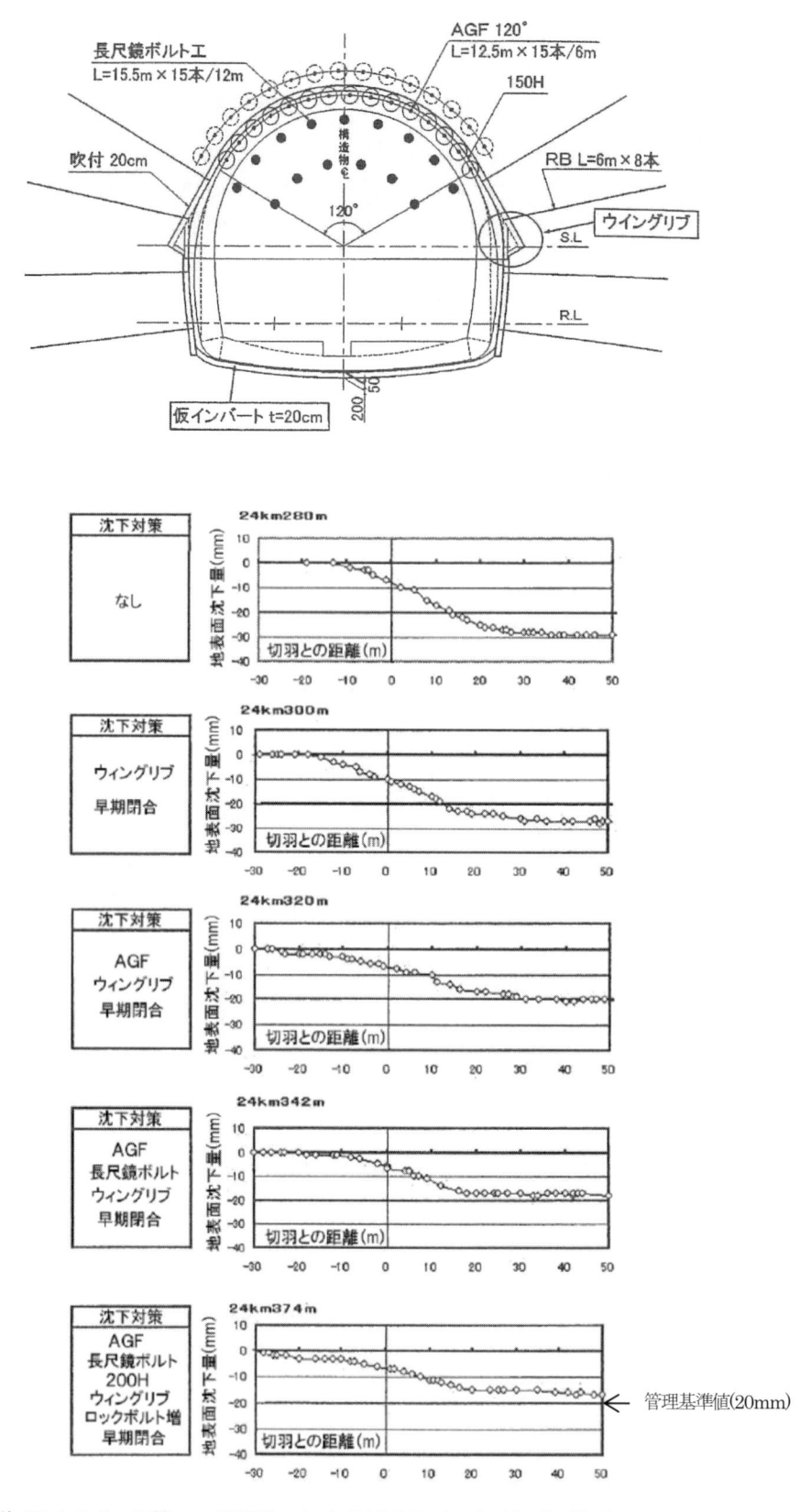

解説 図 8.5.3 対策工の段階施工による地表面沈下抑制の例(筑紫トンネル)

参考文献

1) (社)土木学会：トンネル・ライブラリー第10号 プレライニング工法，p.120，2000.

第9編　TBM工法

第1章　総　　則

1.1　適用の範囲

本編は，TBMを用いたトンネルにおける計画，調査，設計，施工および施工管理についての標準を示すものである．

【解　説】　TBMはTunnel Boring Machineの略称で，機械のメイングリッパにより推進反力を確保し，カッターヘッドを回転させながらディスクカッターを岩盤に押し付けて，岩盤を圧砕しながら掘削を行う．一般に円形の全断面トンネル掘削機で，岩盤を対象とした全断面トンネル掘削機のうち，土圧や泥水圧等の切羽保持機能を持たず，主な推進反力としてグリッパを装備したものを用いた工法をTBM工法という．

従来，国内においては，TBM工法とシールド工法は対象とする地山の違いの他，機械の機能面からは，推進反力を周辺岩盤から直接確保するTBM工法とトンネル全線にわたって設置するセグメントから確保するシールド工法に区別されていた．しかし，地山から推進反力を直接確保することが難しいと推定される不良地山の出現が予想される場合は，ライナー類から反力を確保するシールド推進機能を有したTBMも開発され，近年，その境界が明確でなくなりつつある．

TBM工法は，道路トンネル，鉄道トンネル，長い道路トンネルに併設される避難坑および水路トンネルや，大断面トンネル用の先進導坑に用いられ，延長が長く発破掘削に比較して高速掘進が要求される場合に適している．先進導坑で用いる場合，地山の水抜き排水効果，地質確認，不良地山の事前対策および拡幅時の効率化が図れる．また，発破による騒音や振動が周辺環境に与える影響を少なくする必要がある場合，発破によるトンネル周辺岩盤への損傷を避けたい場合等にも用いられており，地質が良好な斜坑掘削にも適用されている．

第2章　調査および計画

2.1　調査

2.1.1　調査一般

> TBM工法によってトンネルを計画する場合は，他の掘削方式に比較して施工方法や施工設備を途中で変更することが困難なので，必要な調査を十分に実施しなければならない．

【解　説】　膨張性地山あるいは切羽の安定性の悪い断層破砕帯では，TBM本体が締め付けられて拘束状態になったり，著しいTBM本体の沈下（ノーズダウン）により掘進不能となることがある．

このことは，TBM導入の利点が損なわれ，本工法の最大の特徴である高速掘進が達成できない場合があるので事前調査，施工中の調査は十分に実施しなければならない．

TBM工法の調査については，第2編3.を参照のこと．

また，TBM工法の採用にあたる調査においては，地山条件，立地条件を踏まえ，そのトンネルの持つ役割，後続する工事や将来の維持管理も含め，十分に考慮しなければならない．

とくに，TBM工法は，施工中の施工法や設備の変更は，工期や経済性に大きく影響することから設備の変更等が生じないようにする必要がある．

2.1.2　地形および地質調査

> TBM工法の設計，施工計画に大きく影響する地形，地質に関しては，地山条件，立地条件に応じて適切な方法で調査を行わなければならない．とくにTBM工法採用の適否，掘削効率および機械設計に影響する地山条件については入念な調査を実施しなければならない．また，必要に応じて追加調査を実施しなければならない．

【解　説】　TBM工法を計画する際には，第2編3.に準じて必要な調査を実施するものとする．

TBMの設計に影響する調査項目を解説　表9.2.1に示すが，TBM工法は，地質条件によりTBMの基本型式や施工速度が大きく影響されるので以下のような地質状況の把握が特に重要である．

 ① TBM工法採用の適否に影響する膨張性地山，破砕帯等の切羽の安定性に乏しい地山，多量の湧水が予想される地山，空洞の出現が予想される地山等の把握

 ② TBMの掘削効率を左右する岩石の圧縮強度，岩盤の亀裂状態，石英含有率の把握

一般にTBMは，地山の一軸圧縮強さが50～100N/mm^{2}程度の良好な地山において効率的な掘削が行われるが，掘削効率は岩盤の亀裂状態，岩石に含まれる石英粒子の大きさや含有量にも左右されるので，鉱物分析試験を実施してその程度を事前に確認しなければならない．

特殊地山および地層境界等ではTBM掘進中のトラブルが予想されるので，事前に前方の地質状況を予測するために先進ボーリング等で切羽前方探査を実施し，膨張性地山に伴う機体締付けや破砕帯に伴う多量湧水への対策工を計画しなければならない．TBM発進部，到達部については，表層，地すべり等について詳細に調査を実施しなければならない．また，空洞出現が予想される石灰岩分布地域や，多量湧水が予測される地域を掘進する場合には，弾性波探査，電気探査等の物理探査や，直接調査が有効な深度では，ボーリング調査等を実施して地下水の状況や，空洞の位置および規模を把握しなければならない．

解説 表 9.2.1　TBMの設計に影響する地山条件と調査項目（文献[1]を加筆修正）

地質調査項目	単位	TBM型式: 基本型式	TBM型式: グリッパシュー面圧	TBM型式: カッター取付け方式（内・外）	TBM型式: ルーフサポートの方式と大きさ	（純）掘進速度	カッター消費量	カッター転動係数	支保施工装置 位置と種類	排水設備	使用材料（腐食）
岩の種類						○	○				
一軸圧縮強さ（地山およびコア）	N/mm²	○	○				○	○			
圧裂引張強度（コア）	N/mm²					○					
RQD（コア採取率）	%	○							○		
弾性波速度（地山およびコア）	km/s	○	○			◎		○			
割れ目の間隔と方向		○	○	○	○	◎		○			
石英含有率	%						◎				
岩脈および断層破砕帯の状況		◎	○	◎	○	○		◎	○		
湧水量，地下水位（水圧）			○							◎	
水質		○			○					○	◎
ブリットルネス値 — Sieverの J 値 ─ DRI値						△					
AVS値 ─ CLI値							△				

表中の記号：　◎関連が強い調査　○関連がある調査　△進行を把握する試験

付記
　ノルウェー技術研究所報文（Norwegian Institute of Technology）：
　　　PROJECT REPORT 1.83 "HARD ROCK TUNNEL BORING" に示されたものでDRIから純掘進速度を，CLIからカッターライフを求めている．
　DRI（Drilling Rate Index）削孔速度指数　：岩の割れやすさの指数S_{20}と穿孔しやすさ指数SJ値から経験的に求めた値．
　CLI（Cutter Life Index）カッター寿命指数　：切削時間に対するディスクカッターの寿命．
　　　　　　　CLI=13.84×(SJ値/AVS値)$^{0.3847}$
　SieverのJ値（SJ値）　：カッターをどれだけ岩石の中へ押込み可能かを表す値．（岩石のもろさ〔クラック性向〕をいかに有効に利用できるかを示す値）
　AVS値（アブラッション値）　：岩石の研磨性を示す値．
　ブリットルネス値 S_{20}　：岩石を破砕するために必要なエネルギー量を表す値．
　カッター転動係数　：$(4/5)\cdot(Pe/Dc)^{0.5}$　（Pe：カッター貫入量(mm)，Dc：カッター直径(mm)）

参考文献

1) 東日本・中日本・西日本高速道路株式会社：TBM設計・施工の手引，p.31，2005．

> **2.2 計　　画**
> **2.2.1 トンネルの内空断面と掘削径**
> （1）　トンネルの内空断面は，その用途に適した必要断面を包含したうえで決定しなければならない．
> （2）　掘削径は所要の内空断面に支保工厚，覆工厚，変形余裕量および施工余裕量等を考慮して決定しなければならない．

【解　説】　（1）について　TBM工法で施工されるトンネル掘削断面は一般に円形であり，道路トンネルや鉄道トンネルに用いる場合は，法令で定められた建築限界のほかに換気施設や非常用施設等の空間を考慮しなければならない．水路トンネルに適用する場合には，施工精度が通水断面と損失水頭に直接影響を及ぼす場合もあるため，トンネル内面の粗度係数や縦断方向の施工精度等も考慮して内空断面を決定する必要がある．先進導坑をTBM工法で施工し，導坑から補強対策を行う場合は，補強対策に必要な機材等の所要空間をもとに決定する必要がある．

　（2）について　TBMの掘削径は，施工中に掘削径を変更することができないため掘削径の決定にあたっては，所要の内空断面に支保工厚，覆工厚，変形余裕量および施工余裕量等を考慮して決定しなければならない．以下に考え方を示す．

　1）　支保工厚　支保工厚は，一般に地質により決定される．掘削径の決定にあたってはその区間で採用される支保工厚の最大値を採用しなければならない．

　2）　覆工厚　覆工厚は，覆工材として用いる場所打ちコンクリートや吹付けコンクリート，セグメント等の所要の厚さを見込まなければならない．

　3）　変形余裕量　掘進時の変形量は，支保工の種類や支保効果等により異なるので，事前に解析等により変位量を予測し，これを掘削径に考慮することが望ましい．

　4）　施工余裕量　施工余裕量は，掘削断面の大きさや平面線形，縦断勾配，蛇行余裕量等を考慮して定めなければならない．

　5）　ゲージカッター摩耗量　ゲージカッター（最外周カッター）の摩耗代を考慮して定めなければならない．

　6）　その他　掘削径の決定に際しては，掘削径が小さい水路トンネルは坑内の給排水設備，換気設備，排土設備，軌条設備等により作業空間が制約される場合があるので，施工時の仮設物の配置，施工性も含めて検討しなければならない．

> **2.2.2 TBMの基本構造と型式選定および仕様設定**
> 　TBMの型式選定にあたっては，TBMの基本構造を理解したうえで各型式の特徴，地質条件，掘削条件，支保工の種類を考慮して，安全で経済的に施工できる型式選定および仕様設定をしなければならない．

【解　説】　1)　**TBMの基本構造**　TBMは掘削機本体とそれに牽引される台車群から構成される．台車に搭載される機器としては，掘削機自体を動かすことに必要な動力源と制御装置およびトンネル工事に必要な機器から構成される．TBMには以下の基本機能が求められる．

　①　岩盤の圧砕に必要な力を発揮できること
　②　推進反力を地山から確保できること
　③　掘削ずりを切羽から連続的に後方へ排出できること

これらの機能を満たすための基本構成要素ごとのおもな機能を**解説　表9.2.2**に示す．

　現在，適用されているTBMの型式は，掘削部にシェル状のルーフのみを装備したオープン型と，本体構造を完全にシェルで覆ったシールド型に大別される．

　オープン型は，掘削部，推進反力支持部および推進部として中央にメインビームを設けたものである．

　シールド型は，伸縮が可能な複胴構造で，推進ジャッキ（スラストジャッキ）のほかに補助推進ジャッキ（シール

ドジャッキ)を有しており，メイングリッパで反力が確保できない場合もライナー類で推進反力を確保して掘進可能としている．支保工の施工位置は，オープン型はルーフ後方の切羽に近い位置に対して，シールド型は外殻部があることからTBM本体後方となる．最近では，オープン型とシールド型のそれぞれの長所を取り入れた改良オープン型の採用が多い．この型式は，TBM本体ルーフ内でライナー類を組み立てることができ，また推進力が不足する場合には，補助推進装置としてシールドジャッキによりシールド掘進することができる(解説 表 9.2.3，解説 図 9.2.1 参照).

解説 表 9.2.2 TBMの構成要素と機能(文献[1]を加筆修正)

基本構成要素	構成機器	機能
掘削部	ディスクカッター	岩を圧砕する刃物.
	カッターヘッド	回転することによって岩を圧砕し，ずりを取り込む.
駆動部	カッターヘッド支持ベアリング	カッターヘッドを支える.
	カッターヘッド駆動装置	カッターヘッドを回転させる.
推進部	スラストジャッキ	推進力を発生させる.
	メインビーム，胴体部	推進反力支持部に対し伸縮させる.
推進反力支持部	メイングリッパ	坑壁に押し付けて推進反力を確保する.
ずり排出部	スクレーパー	ずりを取り込む.
	ベルトコンベヤー	ずりを輸送する.
動力源部	油圧ユニット	動力を発生させ制御する.
	電気機器	

解説 表 9.2.3 TBMの型式別構造比較表

TBM型式 / 項目	オープン型TBM		シールド型TBM
	オープン型TBM	改良オープン型TBM	
機構と推進方法	TBM本体(外殻)は機器を保護する役割なので外殻を短くできる．		TBM外殻は本体構造物として形成されているので，外殻は長くなる．
	・メインビームに摺動可能なグリッパ機構を有する． ・グリッパで推進反力を確保し，グリッパ推進を行う．	・メイングリッパに摺動可能なグリッパ機構を有する． ・グリッパで推進反力を確保し，グリッパ推進を行う． ・シールドジャッキも装備し，ライナー類により推進反力を確保しシールド掘進が可能である．	・本体はシェル構造で，前胴および後胴部での伸縮可能な機構をもち，グリッパ機構を有する． ・グリッパで推進反力を確保し，前胴および後胴部での伸縮により，グリッパ推進を行う． ・シールドジャッキも装備し，ライナー類により推進反力を確保しシールド掘進が可能である．

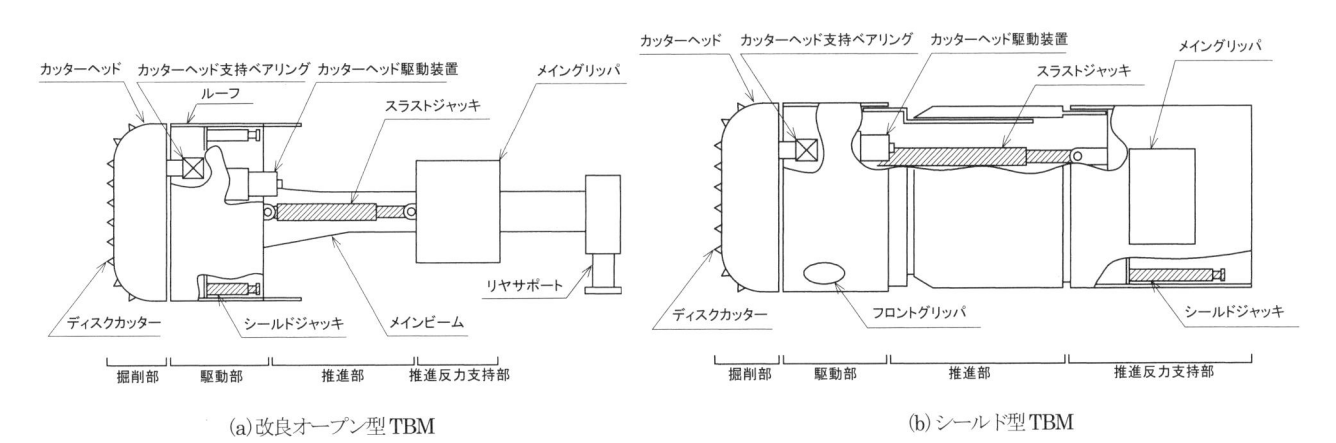

(a) 改良オープン型TBM

(b) シールド型TBM

解説 図 9.2.1 TBMの型式(文献[2]を加筆修正)

2) **TBM の型式選定** TBM の型式選定にあたっては，地質条件，掘進計画，支保工の種類，数量等を総合的に勘案しなければならない．地質に関しては，地山の緩みや軟弱層，亀裂性地山等の不良地山への対応性や補助工法の適用性等を比較検討することが重要である．また，施工面から掘削対象の主たる地質での施工性，補助工法等の適用範囲を考慮した対応性の検討が重要である．さらに経済的な面から転用性の可否等も考慮することが望ましい(**解説 表 9.2.4** 参照)．

解説 表 9.2.4 TBM の型式による施工性能比較表(文献[3]を加筆修正)

項目		TBM型式	オープン型TBM		シールド型TBM
			オープン型TBM	改良オープン型TBM	
地質への対応性	軟弱層		グリッパの反力を確保するためにグリッパ接地面の吹付け厚を増し，地山強度を補強する必要がある．	ライナー類を反力体として補助推進ジャッキによる推進が可能である．	機体が拘束されないような軟弱層では，ライナー類を設置してシールド掘進ができる．
	亀裂の多い地山		TBM機体下で崩落したずりを処理する必要がある．	ライナー類を使用すれば崩落処理の必要性がない．	
	地圧または膨張性地山		TBM機長が短いことと，早期に支保工を施工できることからシールド型に比較して地圧の大きい地山や軽度の膨張性地山への対応性はよい．		TBM機長が長いため地圧の大きい地山や膨張性地山への適用性は良くない．
施工性	先受け工，注入等の補助工法の施工性		TBM機長が短く，施工は1ストロークごとの対応が可能であるため，改良範囲，延長はシールド型に比較して小規模である．		支保工設置作業はTBM後方であるため改良範囲，延長はオープン型に比較して大規模となる．
	支保工		TBMの外殻が短く(1D)，切羽から近い位置での施工が可能である．		TBMの外殻が長く(2D以上)，切羽から支保設置位置までの距離が遠くなる．
	ライナー類		ライナー類は設置できない．	掘削径や大きさに左右されるが，ライナー類の設置が可能である．	TBM本体後方で設置できる．

3) **TBM の仕様設定** TBM の仕様設定にあたっては，地質条件，掘進計画，支保工の種類，数量等を勘案して TBM 掘削機構の仕様，排土方式，後続台車，坑内設備，坑外設備等を設定しなければならない．TBM 本体の仕様設定の手順は以下のとおりである(**解説 図 9.2.2** 参照)．

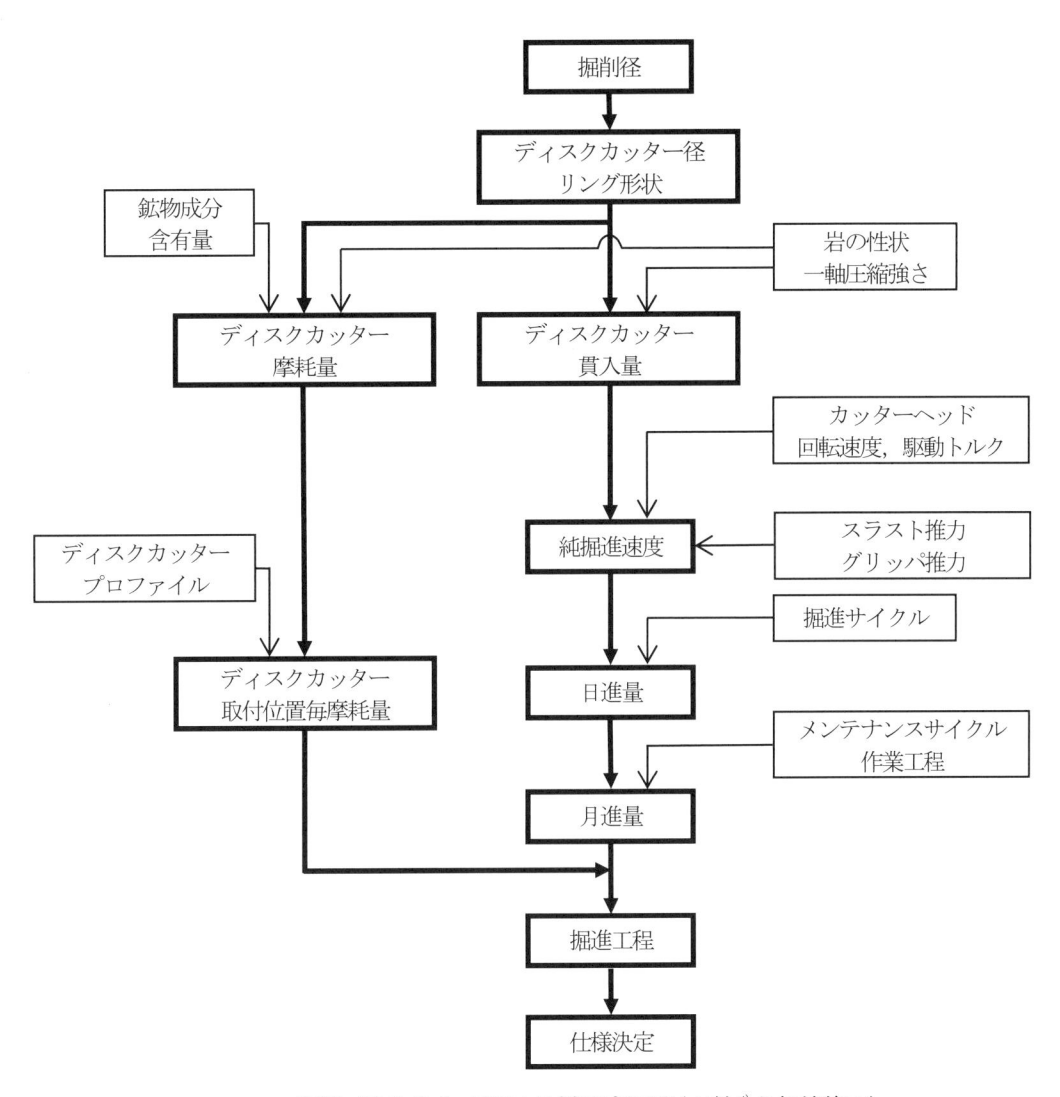

解説 図 9.2.2　TBM 仕様設定手順（文献[4]を加筆修正）

解説 表 9.2.5　カッター仕様の一例

(a) TBM掘削径とカッターサイズ（文献[5]を加筆修正）

												掘削径(m)
19インチ				■	■	■	■	■	■	■	████	
17インチ			████████████████████████									
15.5インチ		██										
12インチ	██											
*)	2	3	4	5	6	7	8	9	10	11	12	

*) この他にもカッターサイズには，13インチや14インチなどが用いられる場合もある．

(b) カッターサイズごとの標準仕様（文献[6]を加筆修正）

カッターサイズ （カッターリング外径）	12インチ (305mm)	15.5インチ (394mm)	17インチ (432mm)	19インチ (483mm)
カッター荷重（kN）	125	176	216	314
カッターピッチ(mm) （フェースカッター）	65～75	75～85	80～90	90～100
許容周速（m/min）	75	130	150	180

① カッターサイズ，カッターピッチ，カッター数：カッターの仕様および数量は，カッターヘッド面盤上の取付けスペースを考慮して，適切なカッターピッチとカッター数を確保したうえで可能な範囲で大型のカッターを選択することが望ましい．カッターの標準的な仕様を**解説 表 9.2.5**に示す．

② カッター回転速度, 純掘進速度：カッター回転速度が速いほど純掘進速度は向上するが, ディスクカッターベアリングやシールの耐久性から限界があり, **解説 表 9.2.5** を参考にして設定することが望ましい. カッターサイズが決まれば, **解説 図 9.2.3** を参考にして岩の一軸圧縮強さに応じたカッター貫入量を求め, カッター貫入量とカッター回転速度から純掘進速度が設定できる.

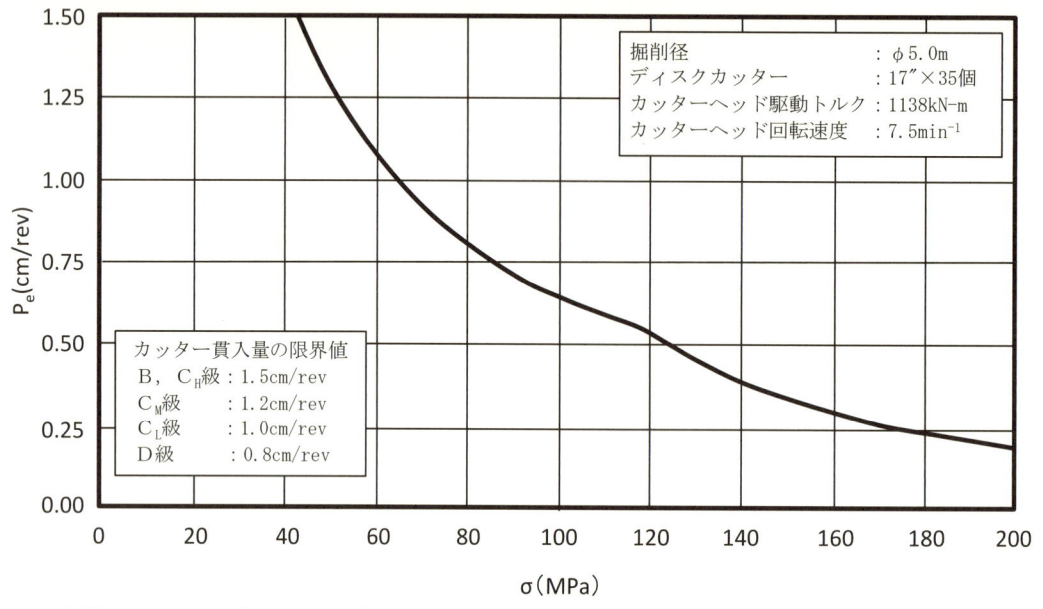

```
掘削径            ： φ5.0m
ディスクカッター    ： 17″×35個
カッターヘッド駆動トルク：1138kN-m
カッターヘッド回転速度 ：7.5min⁻¹
```

カッター貫入量の限界値
 B, C_H級 ： 1.5cm/rev
 C_M級   ： 1.2cm/rev
 C_L級   ： 1.0cm/rev
 D級   ： 0.8cm/rev

解説 図 9.2.3 岩の一軸圧縮強さ－カッター貫入量曲線の一例（文献[7]を加筆修正）

③ カッターヘッド駆動トルク, スラスト推力：カッターヘッド駆動トルクは, ディスクカッターによる破砕掘削等の所要トルクに余裕を加味して設定しなければならない. スラスト推力は, スラスト推進諸抵抗力の総和に余裕を加味して設定しなければならない.

④ 排土方式：排土方式は, 必要搬出能力, ずりの性状, 純掘進速度, トンネル断面, 延長, 勾配および周辺環境等の施工条件や安全性, 経済性を考慮して余裕を持った設備としなければならない. 現在のTBM工法で採用されている掘削ずりの搬出方法には, 連続ベルトコンベヤー方式, レール方式, タイヤ方式および流体輸送方式がある.

⑤ 後続台車：後続台車の形状には, 門型台車, 片側台車があり, トンネル断面, 工事の特性に応じて安全かつ作業性が確保されるように選定しなければならない. 後続台車は, TBM本体と連結棒等で接続され, 通常は8〜10両の台車編成になる. 後続台車には, ベルトコンベヤー, 集じん機, 運転室, 油圧ユニット, 制御盤, トランス, コンプレッサ, 電力ケーブル等が搭載される.

⑥ 軌条設備：軌条の配置, 構造は, 坑内運行サイクルが円滑に行え, かつ走行する車両の重量に対して十分安全な設備でなければならない.

⑦ 坑内設備：電力設備, 連絡通信設備, 照明設備, 安全通路, 換気設備, 消火設備および防火設備等の坑内設備は, 労働安全衛生規則や各基準にしたがって適切な配置, 構造としなければならない. とくに, 停電や火災等の緊急時にこれらの設備が確実に機能するよう, 必要な保守点検等を行わなければならない.

⑧ 坑外設備：荷役設備, コンクリートプラント設備, 受変電設備, 給排水設備, 濁水処理設備, 資材置場, ずり仮置き設備, 修理工場等の坑外設備は, 施工サイクルが円滑に行え, 労働安全衛生規則や各基準にしたがって適切な配置, 構造としなければならない.

参考文献

1) (社)日本トンネル技術協会：TBMハンドブック, p.13, 2000.
2) (社)日本トンネル技術協会：TBMハンドブック, p.14, 2000.
3) (社)日本トンネル技術協会：TBMハンドブック, p.112, 2000.

4) (社)日本トンネル技術協会：TBMハンドブック，p. 113, 2000.
5) (社)日本トンネル技術協会：TBMハンドブック，p. 29, 2000.
6) (社)日本トンネル技術協会：TBMハンドブック，p. 30, 2000.
7) (社)日本トンネル技術協会：TBMハンドブック，p. 224, 2000.

2.2.3 工程計画

TBM工法の全体工程は，実掘進のみならずTBMの設計，製作から現地での組立て，解体，撤去に必要な工程により構成されるので，計画にあたっては各要因を十分に検討しなければならない．

【解　説】　TBM工法の全体工程では，掘進工程が最も重要であるが，このほかに工場でのTBMの設計，製作から現地での組立て，解体，撤去に必要な工程も工期全体に大きく影響するので，事前に十分な検討が必要である．

<u>1) TBM 掘進</u>　地山分類に基づき，支保パターン分類ごとにサイクルタイムを算出し，工程を作成する．これには，第9編 5.1 を考慮し，工程管理に努めるものとする．

<u>2) TBM 設計，製作</u>　TBMは，近年採用事例が増加しているものの，設計事例が多い都市シールド機械とは異なり，複雑な地質構造に対応するための特殊な設備が多いため，十分な設計，製作工程を考慮する必要がある．

<u>3) TBM 搬入，組立て，解体</u>　TBMは，カッターヘッドを中心に組立ての重量が大きく，また全体重量も非常に大きいので運搬，搬入計画を入念にする必要がある．

組立て，解体においても，組立て，解体ヤードの広さ等が大きく工程に影響するため，設計時から第9編 4.2 を考慮し検討しなければならない．

第3章 設　計

3.1 支保工設計の基本

支保工の設計にあたっては，トンネルの用途，TBMによる掘削の特性，支保部材の特徴および地山条件を考慮しなければならない．

【解　説】　1)　トンネルの用途　道路トンネル，鉄道トンネル，長い道路トンネルに併設される避難坑および水路トンネル等の支保工には，長期的な支保機能が要求される．大断面トンネル用の先進導坑等の支保工には，短期的な支保機能が要求される．このためトンネルの用途を考慮して支保工を設計しなければならない．

2)　TBMによる掘削の特性　TBMによる掘削は，発破掘削に比べて，地山へ与える影響が一般に小さくなる傾向にある．また，断面形状が円形で掘削面が平滑であることから，グラウンドアーチの機能が有効に作用すると想定される．したがって，発破掘削に比べて，支保工規模を軽減できる可能性がある．しかし，支保工設置位置は，カッターヘッドから $0.5〜2.0D$（D：掘削径）後方となることから，切羽の安定性の低い不良地山では，岩塊や岩片等はTBM本体ルーフ上に抜け落ち，支保作業までの間に肌落ち，はく落等が発生するので，通常のトンネル掘削と比べて支保工設置時の掘削素掘り面の安定性や崩落の規模が問題となる．また，改良オープン型TBMでは，トンネル側部の支保工に，メイングリッパ力が載荷されることがある．一方，掘削径が小さい場合には，坑内作業空間が狭いことから，施工機械の使用に制約を受けることがある．このため，これらのTBM特有の掘削特性を考慮した支保工を設計しなければならない．

3)　支保部材に求められる特徴　TBMは高速掘進が最大の特徴であることから，支保工の施工時間を極力短縮することが望ましく，吹付けコンクリートの高強度化による薄肉化，鋼製支保工の施工性向上，ライナー類による支保等の検討が必要である．

4)　地山条件　TBM工法の支保設計は，一般に採用されている地山分類に基づくものとし，掘進中においては，坑壁の観察結果からの地山評価に加えて，機械データからの掘削エネルギー変化等を活用した地山性状予測ができることから，より客観性が高められる．一方，軟弱層や亀裂性の不良地山，高圧，多量の湧水がある地山では，切羽崩壊，TBMの締付け，グリッパ反力の不足等が考えられ，不安定な地山や土圧のライナー類による支保および推進反力の確保等の対応が必要になる場合がある．したがって，不良地山において，TBMの高速掘進性が活かせ，施工を確実にできる支保工を設計しなければならない．

3.2 支保工設計

支保工の設計は，事前調査に基づいて支保パターンを設定し，施工に際しては，掘進中の機械データを参考にし，切羽観察等により地山状況を確認して適切に行われなければならない．

【解　説】　支保工の設計においては，事前調査と施工実績とを参考に支保パターンを設定し，掘進中は坑壁の観察結果や掘進中の機械データから掘削素掘り面の安定性や崩落の規模等の地山状況を確認しながら支保パターンを選定しなければならない．支保工の種別としては，吹付けモルタル，吹付けコンクリート，ロックボルト，鋼製支保工とともに鋼矢板と鋼製支保工の組合せやライナー類等が用いられる．

1)　支保パターン事例　支保パターンを設定する場合は，標準的な支保パターンを参考として設定する場合が多い．

①　道路トンネル：道路トンネルの先進導坑や避難坑の支保パターン例を示す(**解説 表 9.3.1** 参照)．長期間利用する避難坑では，風化防止や長期安定性の確保を考慮した吹付け厚としている．先進導坑では，本坑拡幅時に支保工が撤去されるため，短期間の安定性が確保でき，撤去が容易なものが用いられている．

②　鉄道トンネル：鉄道トンネルの支保パターン例を示す(**解説 表 9.3.2** 参照)．山岳工法の標準支保パターンを基本にしているが，掘削断面が円形であり，全断面機械掘削であることから山岳工法の標準支保パターンを

軽減した支保工としている．

③　水路トンネル：掘削径が小さい場合で，地質が良好な箇所は，掘進速度を高めるため，安全性やトンネルの長期安定性を損なわない範囲で支保工を省略している（**解説 表 9.3.3**参照）．一方，掘削断面が大きい場合は，トンネルの安定性は地山性状の影響を大きく受けるので吹付けコンクリート，鋼製支保工，ロックボルト等の主要部材と，これらの組合せにより岩盤等級に応じた支保パターンを設定している（**解説 表 9.3.4**参照）．

解説 表 9.3.1　道路トンネルの先進導坑や避難坑の支保パターン例（掘削径 4.5〜5.0m）（文献[1]を加筆修正）

地山等級	支保パターン	繊維補強吹付けモルタル 厚さ(mm)，吹付けアーチ範囲	鋼製支保工	一掘進長
B	B－T	—		1.5m
CⅠ	CⅠ－T	t=20, 120°（避難坑 260°）	—	1.5m
CⅡ	CⅡ－T	t=20, 180°（避難坑 260°）	H-100, @1.5m	1.5m
D	D－T	t=30, 180°（避難坑 260°）	H-100, @1.0m以下	1.0m以下
E	E－T	別途検討		

解説 表 9.3.2　鉄道トンネルの支保パターン例（掘削径 6.82m，八ッ場トンネル）

支保パターン	ロックボルト 長さ(m)×本数(本)	繊維補強吹付けモルタル 厚さ(mm)，吹付けアーチ範囲	鋼製支保工	補助工法
Ⅳ$_{NP-T}$	—	（任意）	—	—
Ⅲ$_{NP-T}$	—	t=20（上半90° or180°）	—	—
Ⅱ$_{NP-T}$	1.5×4or6	t=30（おもに上半180°）	—	—
Ⅰ$_{NP-T}$	1.5×0〜10	おもにt=30（おもに240°）	H-125, @1.2m	—
Ⅰ$_{LP-T}$	1.5×6	t=50（180°）	H-125, @1.2m	フォアパイリング フォアポーリング

解説 表 9.3.3　掘削径が小さい場合の水路トンネル支保パターン例（掘削径3.52m，新小荒発電所導水路）

支保パターン	A　種	B　種	C　種	D　種
岩　級	C_H以上	$C_H \sim C_M$	C_M	$C_M \sim C_L$
一軸圧縮強さ（N/mm^2）	$q_u \geqq 80$	$80 > q_u \geqq 50$	$50 > q_u \geqq 20$	$20 > q_u$
掘削面の性状	長期的に安定する岩盤．	長期的に肌落ちのおそれのある岩盤．	掘削時に肌落ちがあり，長期的に崩落のおそれのある岩盤．	掘削時に肌落ち，崩落のおそれのある岩盤．
はく離，崩落の規模	5cm以下	5〜15cm	15〜25cm	25cm以上
割れ目の性状	割れ目は密着しており，風化生成物，粘土は挟まない．	割れ目はおおむね密着（開口しても0.5mm以下）しているが，割れ目に沿って変色している場合が多く，所々薄い粘土が付着する．	割れ目は開口し，粘土を挟在することがある．	割れ目は著しく開口し，粘土を挟在する．
割れ目の間隔	50cm以上	50〜20cm	20〜10cm	10cm以下
湧　水	にじむ程度	滴水程度	集中湧水	全面湧水
標準パターン図	SL	繊維補強吹付けモルタル t=20mm　120°　SL	繊維補強吹付けモルタル t=20mm　180°　SL	繊維補強吹付けモルタル t=30mm　270°　SL　鋼製支保工@1.0〜1.2m　溝形鋼　[-150×75×65×10
一掘進長	1.5m			

解説 表 9.3.4　掘削径が大きい場合の水路トンネル支保パターン例（掘削径8.3m，滝里発電所導水路）

（文献[2]を加筆修正）

支保区分	A	B	C	D	E
岩盤等級	C_H	$C_H \sim C_M$	C_M	$C_M \sim C_L$	C_L
適用基準	堅硬で新鮮な岩塊．弾性波速度（Vp=4.0〜4.5km/s）白亜紀の頁岩，砂岩．	細かい亀裂が発達した岩．弾性波速度（Vp=3.0〜4.5km/s）白亜紀の頁岩，砂岩．	亀裂が発達しており，細片が直ちには落する岩．弾性波速度（Vp=2.8〜3.0km/s）白亜紀，第三紀の頁岩，泥岩，砂岩．	緩みによる土圧が作用し，内空への過剰な変形を防止する支保工が必要な場合．弾性波速度（Vp=2.5〜4.0km/s）白亜紀，第三紀の泥岩，砂岩．	岩の強度が低いため，シールドジャッキによる推進が必要な場合．弾性波速度（Vp=2.0〜2.8km/s）白亜紀，第三紀の断層破砕帯区間．
支保工	鋼製支保工 H-125, @1.5m	鋼製支保工 H-125, @1.2m ロックボルト(TD24) L=2.0m	鋼製支保工 H-150, @1.2m ロックボルト(TD24) L=2.0m	鋼製支保工 H-150, @1.2m 吹付けコンクリート(t=15cm) ロックボルト(TD24) L=2.0m	ライナー(t=20cm) @1.0m 注) 鋼製枠の中に現場でコンクリートを中詰めしたもの等．
標準断面図	t=700　r=3,450　700　6,900　700　8,300	鋼製支保工 H-125　ロックボルト	鋼製支保工 H-125　ロックボルト	鋼製支保工 H-150　ロックボルト　吹付けコンクリート	ライナー

2) 支保部材の種別と特徴

① 吹付けモルタルおよび吹付けコンクリート：掘削径が小さい場合は繊維補強吹付けモルタルが使用され，掘削径が大きい場合には通常の吹付けコンクリートが用いられる．吹付けモルタルは，岩塊の肌落ちや崩落を早期に抑止でき初期強度が高いこと，施工能力等が高くTBMの高速掘進を妨げないこと，粉じんやはね返りが少ないこと等の支保機能が要求される．そのため，一般には初期強度が高い繊維補強吹付けモルタルが採用されている．吹付け厚は20〜30mmの場合が多く，薄肉施工となるため軸力部材としては期待できない．そのため崩落の規模が大きい場合や緩み荷重の大きな地山においては，鋼製支保工が併用される．繊維補強吹付けモルタルは，特殊セメント，特殊骨材，プラスチック短繊維および混和材を工場でプレミックスしたものが多く使用されている．材齢1日の圧縮強度は$8N/mm^2$，28日で$25N/mm^2$程度のものが多く使用されている．

② 鋼製支保工および矢板：鋼製支保工は，山岳工法と同様に，掘進時の天端崩落対策やそののちの崩落，崩壊のおそれがある区間に設置され，拡張機能を持たせ地山に密着させるものも採用されている．また矢板は，吹付けのみで崩落を防止できない場合に鋼製支保工と併用して設置されている．矢板には木矢板と鋼矢板があるが，長期的に支保機能が要求されるようなトンネルでは，鋼矢板が有効である．

③ ライナー類(簡易ライナー，セグメント)：ライナー類は，崩壊しやすい地山を安定化させるために用いる場合が多く，TBMの型式によりライナー類に作用する力が異なる．改良オープン型では，断面方向にメイングリッパ力が載荷される場合がある．シールド型TBMや改良オープン型TBMでシールド掘進をしている場合は，トンネル軸方向にシールドジャッキ推進力が載荷されることから，これらの載荷力に耐えうるライナー強度やライナー背面の空隙充填を考慮する設計をしなければならない．鋼製ライナーを本設とする場合は，用途に応じて長期耐久性を考慮する必要がある．

④ ロックボルト：ロックボルトの打設にあたっては，穿孔機が配置できる所要の空間が必要なことから，適用に際してはTBMの型式と地山補強効果，掘削径，穿孔機，施工範囲の検討が必要である．一般にTBMでは，機体中央部にベルトコンベヤーや動力系統等の主要設備が配置されるため，ロックボルトの施工性を考慮し，設計するものとする．

参考文献

1) 東日本・中日本・西日本高速道路株式会社：TBM設計・施工の手引き，p.39，2005．
2) 東日本・中日本・西日本高速道路株式会社：TBM設計・施工の手引き，p.45，2005．

3.3 覆工設計

覆工は，トンネルの使用目的，地山条件，施工条件，周辺環境および覆工の機能等を考慮して設計しなければならない．

【解　説】　覆工は，場所打ちコンクリートや吹付けコンクリート，セグメント等の施工方法により区分される．TBMの断面形状が円形であり掘削面が滑らかで安定性が高いので，トンネルの用途によっては，TBM掘進と同時にコンクリートセグメントや吹付けコンクリートを施工し覆工としている場合もある．

TBM工法の覆工設計にあたっては，トンネルの使用目的，地山条件，施工条件，周辺環境および支保工の機能等を考慮して，所要の安全性，水密性，耐久性が得られるものでなければならない(第3編 4.参照)．

第4章 施　工

4.1　TBM工法の施工一般

　TBM工法の施工にあたっては，工事の規模，工期，地山条件および立地条件等を考慮して適切な施工計画を立案し，安全で経済的な施工を行わなければならない．

【解　説】　TBM工法では，掘進開始後の工法変更が困難なため，施工に先立ち十分な施工計画の検討が必要である．このためには，TBM工法の特徴である高速掘進により工期の短縮が図れること，掘進後の地山の緩みが小さいために安全性が高いこと等の長所が損なわれないように，施工方法，仮設備等の検討を行うことが重要である．

　具体的には，地質，掘削径，延長等の条件に応じたTBMの設計や支保工，ずり搬出設備，坑内設備，坑外設備等の検討が必要である．さらに掘進工程以外にもTBMの調達，組立て，発進，到達，解体および初期掘進等の計画を十分検討する必要がある．

　なお，施工計画を立てるにあたっては，事前調査で把握できなかった，高速掘進の阻害要因となる不良地山での地質的トラブルを回避する方法を十分に検討しなければならない．TBM工法の場合は切羽で直接作業できないこと，各種装置や設備が配置されているため対策の施工場所が確保しにくい等，一般にそのトラブルに対処することは難しい．このため，トラブルを最小限に抑えるために先進ボーリング等の切羽前方探査を施工中においても実施できるよう，事前に計画することが望ましい．

　また，TBMおよび設備の故障，破損等の機械的トラブルに対しては，機械設備の定期的な点検，整備，交換部品の準備が重要である．

4.2　搬入，組立て，発進，到達および解体

　TBMの搬入，組立て，発進，到達および解体に際しては，各作業内容に応じた仮設備ヤード，工程，環境等に配慮した計画を立案し，安全で確実な施工を行わなければならない．

【解　説】　1)　搬入　搬入に際しては，輸送経路，搬入路の幅員や半径，勾配および許容重量等をもとにTBMの分割方法，輸送方法等を検討し，適切な搬入計画を立案することが重要である．

　2)　組立ておよび解体　TBMの組立ておよび解体は，坑外や坑内基地あるいは立坑内で行う場合がある．施工計画の立案にあたっては，TBMの組立てと引込み方法，引出しと解体方法や荷役設備の能力検討，必要作業エリアの確保等，地形や用地の施工条件と全体工程との関連に配慮しなければならない．また，組立て時には溶接作業，解体時にはガス溶断作業が発生するので，十分な換気計画を立てなければならない．

　3)　発進　発進方法は，坑外や坑内の基地から発進する場合と立坑から発進する場合がある．発進に際しては，発進用の反力壁を機体側方に設置する場合と機体後方に反力部材を設置する場合とがあるが，十分な強度を確保する必要がある．

　4)　初期掘進　初期掘進は，後続設備のすべてがTBMにより掘削した坑内に収まるまでの掘進であり，後続設備の接続や配置替え作業等が必要となり，本掘進に比べて進行が遅くなるのでこれを配慮した工程計画，設備計画としなければならない．

　5)　到達　到達は，坑外や坑内基地に到達する場合と立坑に到達する場合がある．到達に際しては，周辺の地山および立坑の挙動や変形に注意しながら慎重に到達させることが重要である．また，到達に先行して到達箇所の地質や土被り等の調査を行い，事前補強や支保工の増強等の検討をする必要がある．

4.3 掘　　進

（1）　掘進中は，TBM の位置や姿勢を把握するとともに，切羽の状況，掘進中の機械データ，掘削ずりの性状，ずり量等に注意し，適正な方向制御，速度制御等を実施しながら所定の計画線形上を正確に掘進しなければならない．

（2）　支保工の施工にあたっては，的確な地山評価に基づいてすみやかに適切な支保工を選定，施工しなければならない．

（3）　TBM の機能を最大限発揮させるためには，純掘進以外の作業時間（ずり搬出，支保工，カッター交換，設備延伸，機械的トラブル等）を最小限に抑え，稼働率を上げるよう努めなければならない．

（4）　不良地山における地質的トラブルへの対策工の選定にあたっては，目的および効果を十分検討したうえでその採用を決定しなければならない．

【解　説】　（1）について　TBMが計画線形上を正確に掘進するためには，地質の影響等により変化する掘進姿勢と掘進方向の差異（TBMの挙動特性）を考慮し，適正に姿勢制御しなければならない．

　TBM の特性上，トンネル線形の施工後の修正はほとんど不可能であるため，計画線形からの離れを早期に把握して，TBM 軌道の修正を遅滞なく行う必要がある．計画線形を逸脱する要因として，TBM 本体のピッチング，ヨーイングおよびローリングがあり（**解説 図 9.4.1**参照），これらは地山の抵抗，ジャッキの操作，個々のTBMのもつ運動性能，地質の変化および測量の誤差等の複合した原因によることが多い．掘進中に計画線形を逸脱した場合には，急激な修正操作を行うと蛇行を繰り返すおそれがあるため，線形逸脱の原因を調査し，修正線形と運転方法を明確にしたのちに，長い距離を使って計画線形に復帰することが望ましい．

　また，安定した高速掘進を持続するために，地山の挙動，機械の性能，施工状況をリアルタイムに把握することが必要である．掘進にあたっては，機械データ（カッターヘッド駆動トルク，回転速度，純掘進速度，スラスト推力，掘進速度およびずり取込み量等）と地山状態に対応した掘進管理項目（**解説 表 9.4.1**参照）を設定し，最適掘進性能を把握することが重要である．

　これらの掘進中の姿勢制御や機械データは，掘進管理システムを用いて管理することが多い．実績が多い自動追尾トータルステーションを用いた TBM 掘進管理システムを**解説 図 9.4.2**に示す．

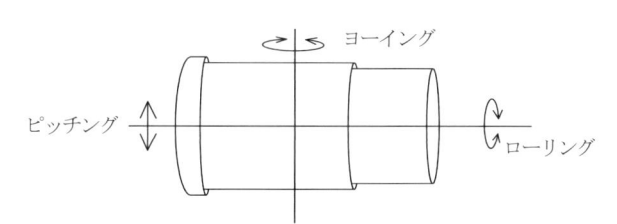

解説 図 9.4.1　ピッチング，ヨーイング，ローリングの模式図（文献[1]を加筆修正）

解説 表 9.4.1　掘進管理項目と機械データの一例（文献[2]を加筆修正）

掘進管理項目	機械データ
テール付近坑壁観察	スラスト推力
切羽地質観察	カッターヘッド駆動トルク
切羽天端およびテール付近崩落状況	掘削エネルギー
掘削ずりの大きさおよびずり取込み状況（急激な変化の有無）	カッター貫入量，掘削土量，排土量

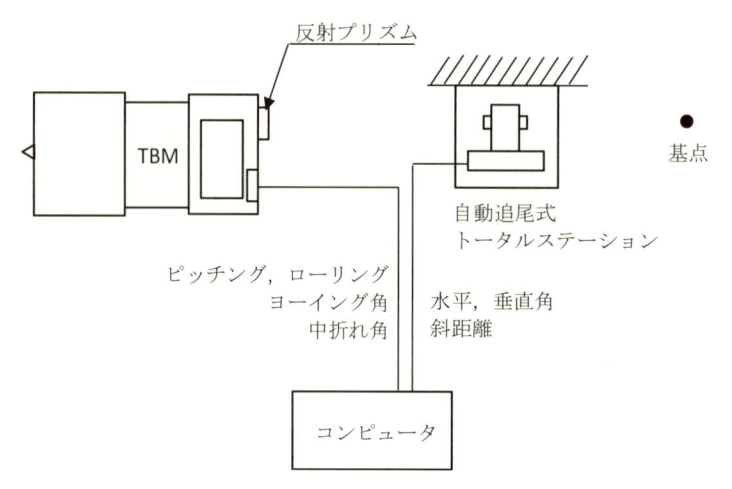

解説 図 9.4.2　TBM掘進管理システムの一例（文献[1]を加筆修正）

（2）について　TBM工法では，早期に確実な支保工を選定することが重要である．支保工の施工は掘進後すみやかに行い，支保工と地山とをできるだけ密着させ，早期に支保効果を発揮させることが重要である．支保工の施工に際しては，露出した素掘り面直下での作業となるため，肌落ちや崩落に十分注意し，必要に応じてエレクター等の機械装置を採用して安全に施工するのがよい．

（3）について　稼働率はTBMの装備能力や地山状況に依存する純掘進の時間率である．一般には，純掘進時間を作業時間で除して求められる．この稼働率を向上させるためには，純掘進時間以外の作業時間（ダウンタイム）の低減が必要である．ダウンタイムとして、以下 1)～5)および（4）の地質的トラブルを考慮しなければならない．

1) ずり搬出　連続ベルトコンベヤーを採用すれば基本的にずり搬出による待ち時間は発生しないが，レール方式やタイヤ方式の場合にはずり待ち時間が最短となるように運用することが重要である．

2) 支保工　純掘進時間内に支保工を組み立てることが前提であるが，ライナー類を用いる場合には，純掘進時間内に組立て作業が完了せず，掘進を停止して作業する場合がある．そのため，組立時間が最短となるような揚重設備や作業手順をあらかじめ計画することが重要である．

3) カッター交換　カッター交換の量および時期がTBM工法のサイクルタイムや工事費に及ぼす影響は大きい．そのため，カッターの管理は重要である．カッターの管理には，専用のゲージを用いて行う磨耗量の測定，カッターの回転状況の確認，カッターの偏磨耗の確認等がある．このため，施工中において交換したカッターの磨耗量に対する岩種，鉱物組成等の地山性状を記録に残すとともにカッター消耗の傾向を把握して，掘進に影響を与えないように交換個数，交換時期も含めて適切な交換計画を立てることが重要である．

4) 設備延伸　設備延伸は，軌条設備，電力設備，各種配管設備および連続ベルトコンベヤー設備等があるが，設備延伸による損失時間ができるだけ発生しないような計画とすることが重要である．

5) 機械的トラブル　機械的トラブルに対しては，工場，現地試運転検査時および初期掘進時の早い段階でトラブル要因の発見と対策に努め，日常点検の充実により故障前に部品を交換することが望ましい．

（4）について　地質的トラブルは，わが国特有の複雑な地質の中を施工するため，断層，破砕帯，膨張性地山や高圧，多量の湧水がある地山等の不良地山において発生することが多い．また，一般のトンネル工事と異なりTBM本体が切羽を占有しているため対策工が限定されることも一因となり，TBMが掘進不能に陥るような重大トラブルも発生している．

TBMの設計および製作段階では，事前調査に基づいてトラブルを予測し，必要な設備配置を検討しておく必要がある．特に先進ボーリング設備を準備しておくことは有効である．またTBM掘進時には，地質的トラブルを未然に防ぐため，坑壁の観察，ずりの形状，機械データおよび切羽前方探査結果を総合的に検討することが必要である．特にトラブルが発生した場合には対策の遅れは致命的になることを考慮して，迅速に対策工を実施し

なければならない.

TBM工法では，肌落ち，崩落によるカッター回転不能，地山の押出しによる機体締付けや盛替不能，地耐力不足によるグリッピング不足や機体沈下および湧水等がトラブルの要因となっている．その程度により**解説 表 9.4.2**に示す各種の対策工が採用されている．

解説 表 9.4.2 対策工一覧

地質的トラブル	対 策 工
肌落ち，崩落，崩壊	・繊維補強吹付けモルタル ・矢板 ・鋼製支保工間隔の変更 ・ロックボルト ・ライナー類 ・鏡吹付け ・先受け工(フォアポーリング) ・先受け工による地盤改良 ・薬液注入による空洞充填 ・薬液注入による崩落土砂の自立
グリッピング不足	・反力支保材設置 ・シールドジャッキにて補助推進
盛替不能 機体締付け	・シールドジャッキ併用の同調盛替 ・連続掘進(機体を停止しない) ・オーバーカットによる拡径 ・滑材注入 ・推力ジャッキ増強 ・人力によるTBM拡幅掘削
湧　　水	・湧水処理工(水抜きボーリング) ・止水注入
機 体 沈 下	・地盤改良 ・置換えコンクリート ・バーチカルシュー設置，拡大 ・ピッチング制御掘進 ・ライナー類使用

参考文献

1) (社)日本トンネル技術協会：TBMハンドブック，pp.167-169，2000.
2) (社)日本トンネル技術協会：最新のTBMの実態及び急速施工技術，p.II-79，2006.

4.4 覆　工

覆工の施工は，覆工方式に応じて適切に行わなければならない．

【解　説】　覆工の施工は，掘削完了後に行うのが一般的である．またインバートセグメントを施工し，この上に軌条設備等を設けることでTBMを掘進させながら覆工を同時に施工することもある．覆工方式には場所打ちコンクリートや吹付けコンクリート，セグメント等があり，これらの方式に応じて適切に施工を行わなければならない．なお，場所打ちコンクリートの場合は，型枠の仕様やコンクリート打込み方式について第4編8.を参照のこと．

第5章　施工管理

5.1　工程管理

工程管理は，たえず作業の実績を把握し，計画工程と対比して必要により適切な対策を講じ，全体工程が円滑に無理なく進捗するようにしなければならない．

【解　説】　TBM工法の工程管理において重要な点は，地質的トラブルや機械的トラブルによる大幅な作業停止期間を最小限に留めることと，TBMの能力を最大限に発揮すると同時にダウンタイムを極限まで短縮して稼働率を上げることである．全体工程計画は，サイクルタイム，TBMの製作，組立て，仮設備設置，初期掘進，カッター交換および連続ベルトコンベヤーの盛替え等の要素を考慮していることから，全体工程管理においてもこれらの管理が重要となる．特にサイクルタイムについては，純掘進速度，稼働率，ダウンタイム(地質的トラブル，機械的トラブル，メンテナンスに要した時間等を含む)を正確に把握し，計画との差異を明確にしたうえで適切な対策を講じなければならない．

　1)　純掘進速度　予想以上に一軸圧縮強さの大きい岩盤，あるいは亀裂の少ない地山に遭遇した場合，純掘進速度やカッター交換回数に影響を及ぼすこととなる．この場合，地山の状況に応じたカッターの材質，形状等を再検討するとともにTBMの能力(カッターヘッド駆動トルク，回転速度，スラスト推力等)が最適な状態になるよう見直し，工程への影響を最小限に留めるよう努めなければならない．

　2)　稼働率　稼働率を向上させるためには，計画した稼働率との差異の原因を正確に把握することが重要である．そのためには，日常のサイクルタイムを記録，分析し，適切な対策を講じることが望ましい．とくに，ダウンタイムのうち，支保工設置や設備延伸等は定常的な繰返し作業であり，作業手順や設備の効率化による時間短縮効果が大きいため，適宜見直しを行うことが望ましい．

　3)　地質的トラブル　地山条件が予測と異なるとサイクルタイムに大きな影響を与えることから，施工計画時に十分に検討しておくことはもちろんであるが，不測の事態も予想し，施工設備および工程にも余裕をもっておく必要がある．不良地山に遭遇し，切羽の崩壊やTBMの締付け等を引き起こした場合，狭あいなTBM内からの対策は作業性が悪いことから，多くの時間を費やすこととなり工程に重大な影響を及ぼす．場合によっては，先進ボーリング等で切羽前方地質を確認し，すみやかに補助工法を採用することで全体工程の確保が図られる場合もあるため，当初の計画工程，施工方法に固執せず，臨機に対処することも重要である．

　4)　機械的トラブル，メンテナンス　日常点検は，作業開始前点検と作業終了時点検をチェックリストに基づいて正しく行うとともに，早期に異常を発見することが望ましい．定期点検は，あらかじめ掘進停止を前提として計画的に実施し，日常点検では点検できない箇所について重点的に点検整備を行う．機械的トラブルへの対応としては，異常を発見した段階で早めに整備を行い，致命的な故障にいたらないよう的確な判断が必要である．

　また，日常の施工管理として，TBM本体および施工設備の故障等により施工の中断を生じないよう，機械の予備部品を備えておくことも工程確保のうえで重要である．**解説 図 9.5.1**に掘進作業の手順の例を示す．

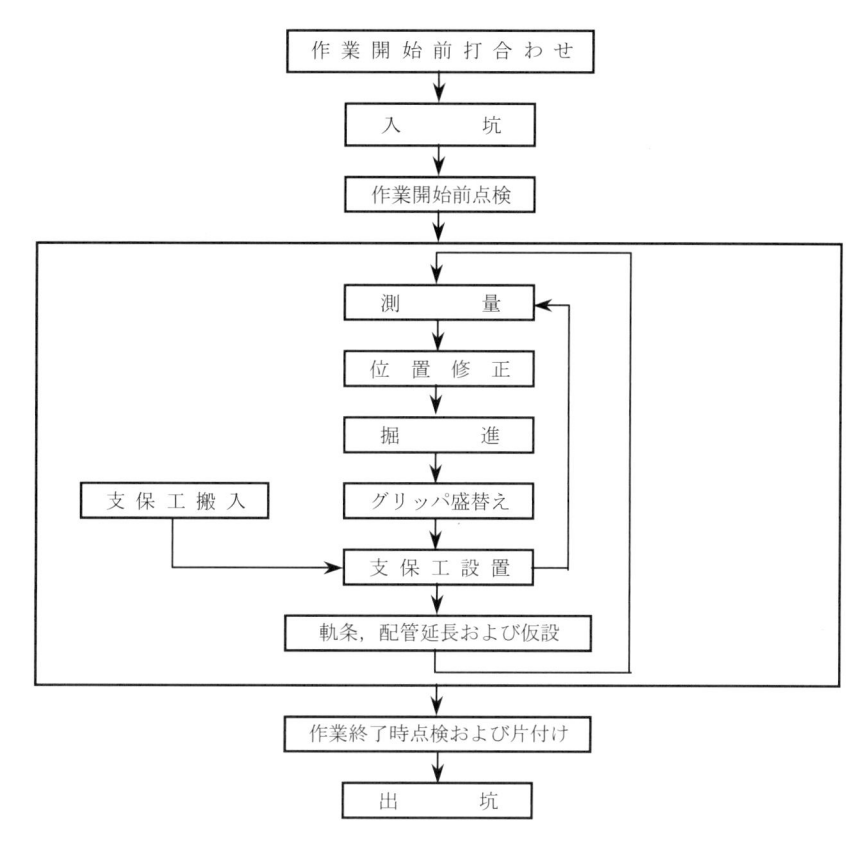

解説 図 9.5.1 TBM 工法の掘進作業の手順例

5.2 品質および出来形管理

支保工，覆工等を構成する各部材の材料と出来形について，所定の試験，検査を行い，その品質を確認しなければならない．

【解 説】 支保工等の品質あるいは掘削形状や平面，縦断線形等の出来形を管理，検測する管理項目の例を**解説 表** 9.5.1に示す．TBM工法は，主要な支保部材として繊維補強吹付けモルタルが使用される場合が多い．品質管理では，所定以上の吹付け厚が確保されていることを確認するとともに，目視により付着性状やはね返り等の観察を行って良好な施工が行われていることや，定期的に強度試験を実施して所定の強度が得られていることを確認しなければならない．

鋼製支保工に関しては，材質，形状，寸法等が設計で定められた品質であることを確認する．また，施工時においては所定の間隔，位置に建て込まれていることを確認しなければならない(第5編 3.4 を参照)．

平面，縦断線形(蛇行量)については，TBM 掘進時の挙動をリアルタイムに監視し姿勢制御を行い，目標どおりの位置と方向になるようトンネル線形管理を行わなければならない．

覆工を施工する際の品質および出来形管理は，第5編 3.5 を参照して適切な管理を行わなければならない．

ライナー類の使用にあたっては，材質，形状，寸法等が設計で定められた品質であることを確認する．ライナー類の組立ては掘進精度や出来形等に直接関係し，またトンネルの変形，漏水等にも影響があるので適切な管理を行わなければならない．

解説 表 9.5.1 出来形および品質の管理項目の例

管理項目	内容	備考
出来形	吹付け厚	
	吹付け面積(周長)	
	鋼製支保工数量	
	平面,縦断線形(蛇行量)	トンネルの用途により設定
品質管理	吹付け強度	吹付け材料の品質
	鋼製支保工の規格	

5.3 観察・計測

（1） 観察・計測は，設計，施工方法等を十分考慮し，その目的および現場条件に応じた計画を立案しなければならない．

（2） 施工中は，機械データを監視し，地山の変化に応じたTBMの掘進管理をしなければならない．

（3） 施工中は，定期的に切羽や坑壁の観察を行わなければならない．

（4） 施工中は地山を評価し，観察・計測結果はすみやかに設計，施工へ反映させなければならない．

【解説】　（1）について　観察・計測の目的は，地山評価を行い，支保パターンを選定すること，支保工の安全性，経済性および設計の妥当性を確認すること，補助工法の要否を判定すること等である．観察・計測の計画は，これらの目的およびトンネルの規模，地山条件，立地条件，施工方法およびTBMの型式を考慮して策定しなければならない．

　TBM工法では，施工速度が高速であること，補助工法が限定されることから，切羽の前方探査は重要であり，必要に応じて先進ボーリングや弾性波反射法を用いる探査等により前方調査を実施することが望ましい．

　観察・計測項目としては，第5編4.2.2に準じて必要な項目を選定する．

　（2）について　地山状況は，TBMから得られる機械データ(カッターヘッド駆動トルク，回転速度，純掘進速度，スラスト推力等)，ずりの状態(形状，風化，変質，ずり量)，湧水状態および切羽，坑壁の観察(割れ目間隔，坑壁状態，崩落の規模)等によって総合的に判断することが必要となる．

　（3）について　TBM工法における切羽観察は定期的に，カッターの摩耗状況の観察とあわせて実施すべきである．坑壁の観察結果は，支保工の選定やTBMの機能を効率よく発揮させて掘進するための重要な情報となる．ただし，支保工にライナー類を採用した場合，詳細な坑壁の観察はできないので注意が必要である．

　切羽観察の記録項目等は，第5編4.3.1を参照のこと．切羽観察記録の例を**解説 図 9.5.2**に示す．

　（4）について　TBM工法に限らず山岳工法においては，事前に設計を確定できるような地質調査は困難であり，施工にあたっては，切羽の状況や計測結果等をもとにした情報化施工により地山評価を行い，実際の地山条件に合致した適切な支保工を採用する．

　地山評価は，できるだけ客観的な評点によって行うことが望ましく，観察・計測結果によって総合的に判断しなければならない(**解説 図 9.5.3**参照)．観察・計測結果の評価については，第5編4.4.1を参照のこと．

　TBM工法においては，地山の強度，不連続度合い等の状況を客観的に反映した機械データが豊富にあり，従来の地山評価手法にこれらの機械データを加味すれば地山評価を精度良く行える可能性もある．また，施工中に得られた観察・計測結果や機械データは，将来の維持管理の資料として記録を整理して残すことが望ましい．

第9編　TBM工法

切羽観察記録表（案）

　　　　　　　　　　　　　　　　　　　　工　事

　　　　　　　　　　　　　　　　平成　　年　　月　　日（　）

S．T．A．　　　　　　　＋　　　　　　（T．D．　　　　　m）
　　　　　　　　　（観察視点　　内側）

地　質　展　開　図

（切羽側）
T．D.　　（左壁部）　　C L　　（右壁部）　　観察時刻

（　：　）
（　：　）
（　：　）
（　：　）
（　：　）
（　：　）
（　：　）
（　：　）

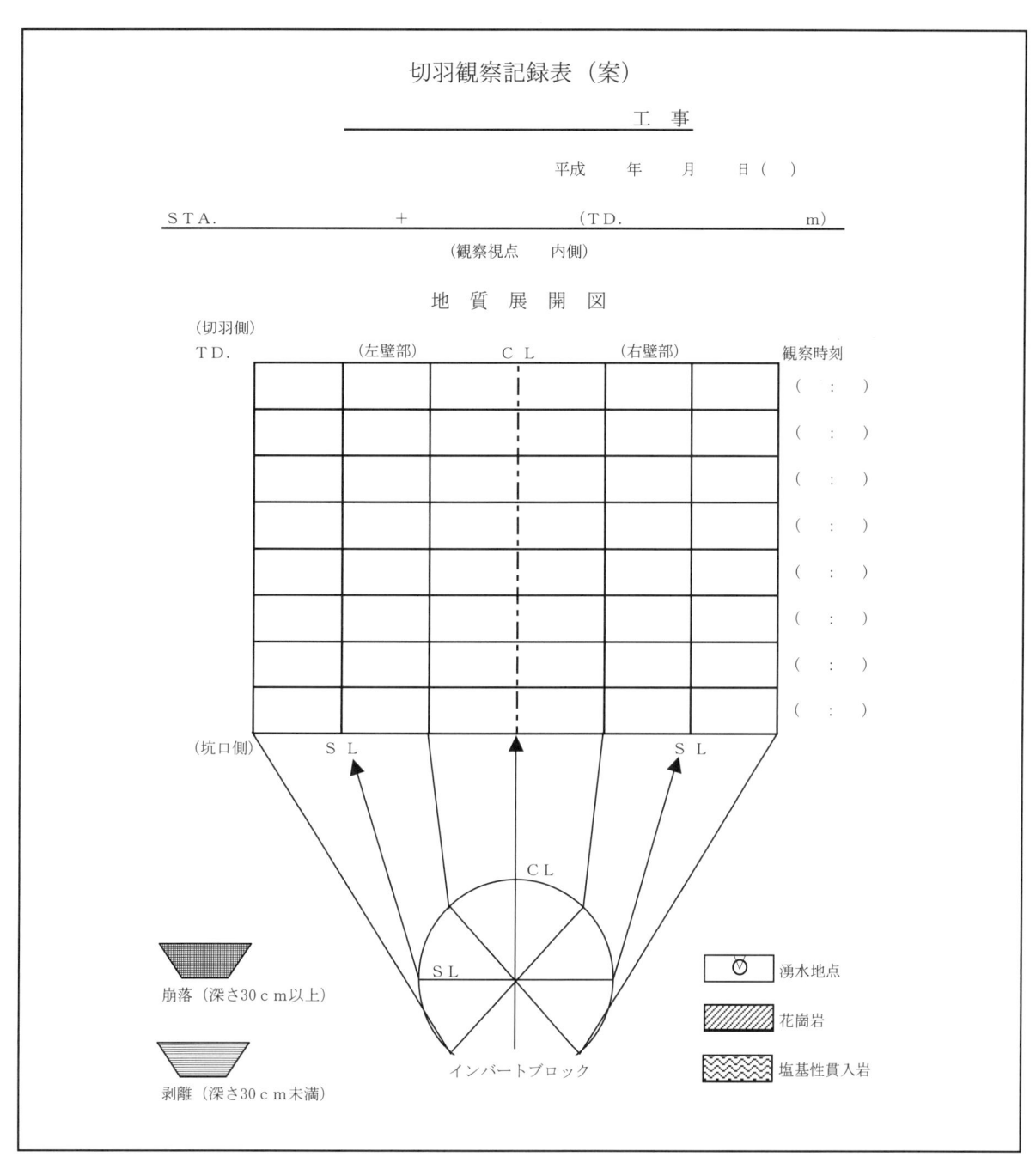

（坑口側）　S L　　　　　　　　　S L

C L
S L
インバートブロック

崩落（深さ30cm以上）
剥離（深さ30cm未満）

湧水地点
花崗岩
塩基性貫入岩

解説 図 9.5.2　切羽観察記録の例（その1）（文献[1]を加筆修正）

掘削地点の地山の性状

土被り	m	設計支保パターン		実績支保パターン	

地山の性状，地質状況　湧水量　ℓ/min

道路公団　地山等級		B	CⅠ	CⅡ	DⅠ	特殊地山（破砕帯等）
地山の崩落	崩落範囲(°)	なし	部分的な剥離	クラウン90～120	クラウン120以上	クラウン120以上
	崩壊深さ(cm)	なし	10程度(連続しない)	0～30(部分的に連続)	30～100(連続)	100以上(連続)
	拡大の恐れ	なし	なし	なし	あり	あり
	湧水による崩落の助長	なし	挟在物一部流失し，部分的に剥離が発生	挟在物流失し，部分的な崩落が発生	割れ目に浸透し，崩落が発生	崩壊が連続的に発生
	施工サイクルへの影響	なし	なし	ほとんどなし	あり	あり

岩盤の状況	風化，変質の状況	なし，おおむね新鮮	弱風化(一部変色)	中程度(全体に変色)	強風化，粘土(一部土砂粘土)	土砂状，粘土化(押出しを生じる可能性あり)
	強度　ハンマー感覚	「キンキン」ハンマー強打で割れる	「カンカン～コンコン」ハンマーで割れる	「コンコン～ボコボコ」岩石を会わせて割れる	「ボコボコ」手で割れる	めり込む　周囲にひび入る
	一軸圧縮強度	$\sigma c \geq 100N/mm^2$	$100 > \sigma c \geq 50$	$50 > \sigma c \geq 25$	$25 > \sigma c \geq 3$	$3 > \sigma c$
亀裂	間隔(cm)	100以上	100～50	50～20	20～5	5以下，破砕状，不明瞭
	開口度(mm)	密着	一部が開口(1以下)	多くが開口(1以上)	開口(1～5)	不明瞭
	挟在物	なし	粘土薄層	粘土薄層	粘土	

湧水状況(ℓ/min)切羽10m区間での湧水量	なし又は滲水程度	滴水程度(1～20)	集中湧水(20～100)		

総合評価点

道路公団　地山等級	B	CⅠ	CⅡ	DⅠ	DⅡ
新評価点法	90～75	75～50	50～40	40～20	20～10
RMR	80～70	70～50	50～40	40～20	20～10

シュミットハンマー反発値

	右壁	左壁	平均	(左右とも3回平均)
読み値				
換算一軸圧縮強度(N/mm²)				

掘削ずり性状観察　(　時　分)

ずり形状	扁平	扁平～丸み	岩塊混じり砂質土	岩塊混じり粘性土	ヘドロ状，土砂状
色	白色系	黒色系	風化色	粘土混じり	他(　　)
硬さ	新鮮	弱風化	中程度の風化	強風化	土砂状，粘土化
含水状況	乾燥状態	湿っぽい	濡れている	水分多い	他(　　)

ポイントロード試験

	載荷荷重P(N)	厚さ t(cm)	幅 Wmax(cm)	幅 Wmin(cm)	一軸圧縮強度(N/mm²)
1					
2					
3					

$D^2 = (W_{max} + W_{min})/2 \times t \times 4/\pi$　　　$q_u = 15.03 \times P/D^2$

記事

_____

_____

_____

解説　図 9.5.2　切羽観察記録の例（その2）（文献[1]を加筆修正）

(1) 機械データからの地山等級の判定

掘進データ	スラスト推力	1700kN以上	1500kN以上～1700kN未満	1200～1500kN	1200kN未満	
	カッター回転トルク		300kN・m以上	300kN・m未満		
判定			B	C	D	データ値

(2) ずり，切羽状況からの地山等級の判定

<table>
<tr><th colspan="13">各要素の評点基準</th></tr>
<tr><td rowspan="3">ずりの状態</td><td>形状</td><td>10</td><td>大きく偏平</td><td>8</td><td>扁平</td><td>6</td><td>扁平～レキ混じり</td><td>4</td><td>節理面で割れており，大塊が混じる</td><td>2</td><td>土砂状あるいは粘土状</td></tr>
<tr><td>風化，変質</td><td>10</td><td>新鮮で変質していない</td><td>8</td><td>新鮮～部分的に多少風化している</td><td>6</td><td>部分的に風化変質している</td><td>4</td><td>全体的に風化変質している</td><td>2</td><td>著しく風化変質している</td></tr>
<tr><td>色</td><td>10</td><td>変色していない</td><td>8</td><td>割れ目沿いに変色している</td><td>6</td><td>部分的に変色している</td><td>4</td><td>全体的に変色している</td><td>2</td><td>著しく変色している</td></tr>
<tr><td colspan="2">湧水の状態</td><td>10</td><td>なし</td><td>8</td><td>にじむ程度</td><td>6</td><td>滴水程度</td><td>4</td><td>多少あり</td><td>2</td><td>集中湧水</td></tr>
<tr><td rowspan="2">切羽確認</td><td>割れ目間隔</td><td>5</td><td>100cm以上</td><td>4</td><td>100～50cm</td><td>3</td><td>50～20cm</td><td>2</td><td>20～10cm</td><td>1</td><td>10cm未満</td></tr>
<tr><td>切羽の状態</td><td>5</td><td>安定</td><td>4</td><td>多少，岩塊が抜け落ちる</td><td>3</td><td>岩塊が抜け落ちる</td><td>2</td><td>押出しを生じる</td><td>1</td><td>自立しない</td></tr>
</table>

総合評点 ＿＿＿＿＿＿＿＿＿＿＿＿＿

総合評点から決められる地山等級

50～45	44～35	34～20	19～10
A	B	C	D

記事

----

* (1)，(2)の下位の地山等級を採用

総合判定 ＿＿＿＿＿＿＿＿＿＿＿

解説 図 9.5.3 地山評価基準表（φ2.7m）の例

参考文献

1) (社)日本トンネル技術協会：TBMハンドブック，p.171，2000．

第6章　安全衛生

6.1　安全衛生

> TBM工法では，特有の作業環境，作業条件，作業方法等に起因する災害に十分配慮し，災害防止のための措置を講じなければならない．

【解　説】　TBM工法が採用されるトンネルは，一般に長距離を掘進する場合が多いため，効率的な仮設計画，資機材，ずり運搬計画を策定しなければならない．特に掘削径がおおむね5m以下のTBM工法では，軌条設備，給排水設備および換気設備等の仮設備が狭い空間を占有し，作業者の安全通路が十分に確保されないこともあり，入出坑に人車を別途計画することが望ましい．

TBM工法における災害は機械関連災害が大部分を占めるので，これら設備の定期的な点検および整備，作業員への安全教育が特に重要である．機械関連のおもな災害は，以下のとおりである．

① 掘進，グリッパ引寄せ時の巻込まれ，挟まれ事故
② 支保工組立て時の転落，挟まれ事故
③ ライナー類組立て時のエレクターとの接触，挟まれ事故
④ 資機材運搬時，荷下し時の挟まれ事故

このような災害を防止するためには，定期的な点検および整備，作業員に対してのTBM工法の特殊性について十分な安全教育を実施しなければならない．

斜坑にTBMを用いる場合には，運搬設備，本体および後続台車の逸走防止を確実に設置する必要がある．また，日常的に高所作業が発生するので墜落，飛来落下災害を防止するため，安全衛生関係法規類に従い，作業床，手すり等を設置しなければならない．一般的な安全衛生については，第4編12.を参照のこと．

6.2　作業環境の維持

> TBM工法では，その特殊性に配慮して，安全で衛生的な作業環境を常に維持しなければならない．

【解　説】　TBM工法で坑内環境を阻害する要因には，次のような事項があげられるが，TBM工法の特殊性に配慮して安全で快適な作業環境を整備しなければならない．

① TBM掘進時および吹付け作業時に発生する粉じん，坑内での溶接，溶断作業時に発生する粉じん
② TBMに搭載されている電動モータ，油圧ユニット等の原動機からの発生熱，吹付けモルタルの硬化熱による坑内気温上昇および坑内騒音

TBMで発生する粉じんは，カッターヘッド内では散水設備を設置し掘進中の発生粉じんを抑制するとともに，切羽付近に吸入口を設けた集じん機により拡散を防止し，確実に捕捉しなければならない．

換気に使用する風管については，TBM工法の連続施工性を阻害しないように，また，継手の漏風を抑制するためにカプセルに収納した長尺風管が多く採用されている．また，良好な坑内環境が維持できているか，半月以内ごとに粉じん濃度測定を行い，その結果に応じて，換気装置の風量の増加等の必要な措置を講じなければならない（粉じん障害防止規則第6条の3，4およびずい道等建設工事における粉じん対策に関するガイドライン）．

TBMが稼動している箇所は，原動機からの発生熱により坑内気温が上昇する場合があり，適切な温度調節措置を講じ，坑内気温は37℃以下としなければならない（労働安全衛生規則第611条）．また，28℃を超えるおそれがある場合には半月以内ごとに1回，定期的に気温の測定を行わなければならない（労働安全衛生規則第612条）．

TBMの周辺では岩石の破砕，ずりの流れにより騒音が発生する．騒音測定を行うとともに，必要に応じて耳栓等の保護具を使用しなければならない（騒音障害防止のためのガイドライン）．一般的な作業環境については，第4編12.を参照のこと．

第7章 特殊な用途のTBM

7.1 特殊な用途のTBM

斜坑掘削，立坑掘削，リーミング掘削および既設トンネルの拡幅掘削等の特殊な用途に適用されるTBMに関しても関連する節項を適用するものとし，それぞれの特性に応じた検討を行わなければならない．

【解 説】 通常のTBMが適用されるトンネルの掘削勾配は最大3～5%程度である．勾配が30%を超える斜坑掘削にTBM工法が適用される場合，TBM本体や後続台車の滑落防止機能や各種機材搬送設備の斜坑への対応が必要となる．また斜坑の上向き掘削にあたってはカッターヘッド前面に作用する地山崩壊荷重に対する推進能力も十分に考慮したものにする必要がある（**解説 図 9.7.1**参照）．

　立坑用TBMの場合，トンネル上方からのブラインドシャフトへの適用が海外では数例報告されている．リーミング用TBMの場合，最終仕上り断面の中心部に小断面のTBMでパイロットトンネルを貫通させ，このトンネルをガイドとしてリーミング掘削を実施する．リーミング用TBMは，大断面水路トンネルの斜坑切下り掘削，防水タイプ二車線道路トンネル拡幅掘削への適用が報告されている（**解説 図 9.7.2**，**解説 図 9.7.3**参照）．

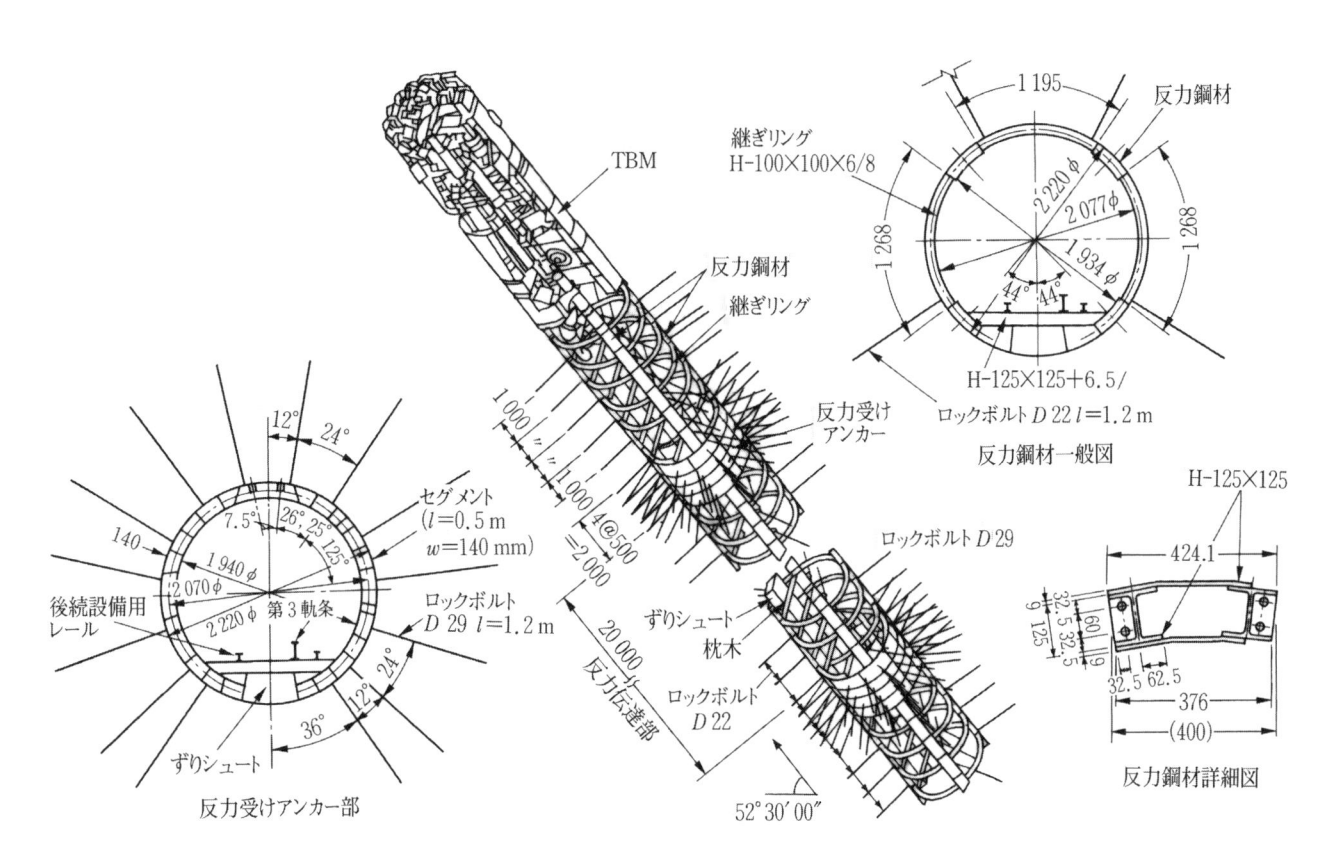

解説 図 9.7.1 切上り掘削用TBMの例

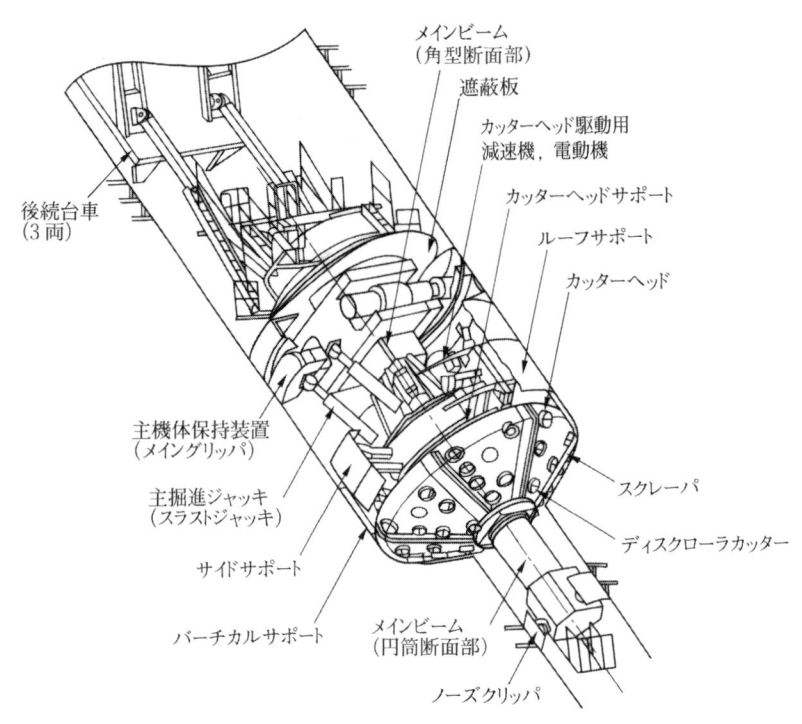

解説 図 9.7.2 リーミング用 TBM（斜坑切下り掘削）の例[1]

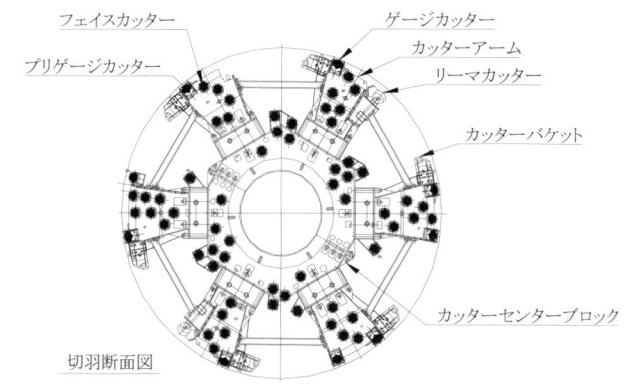

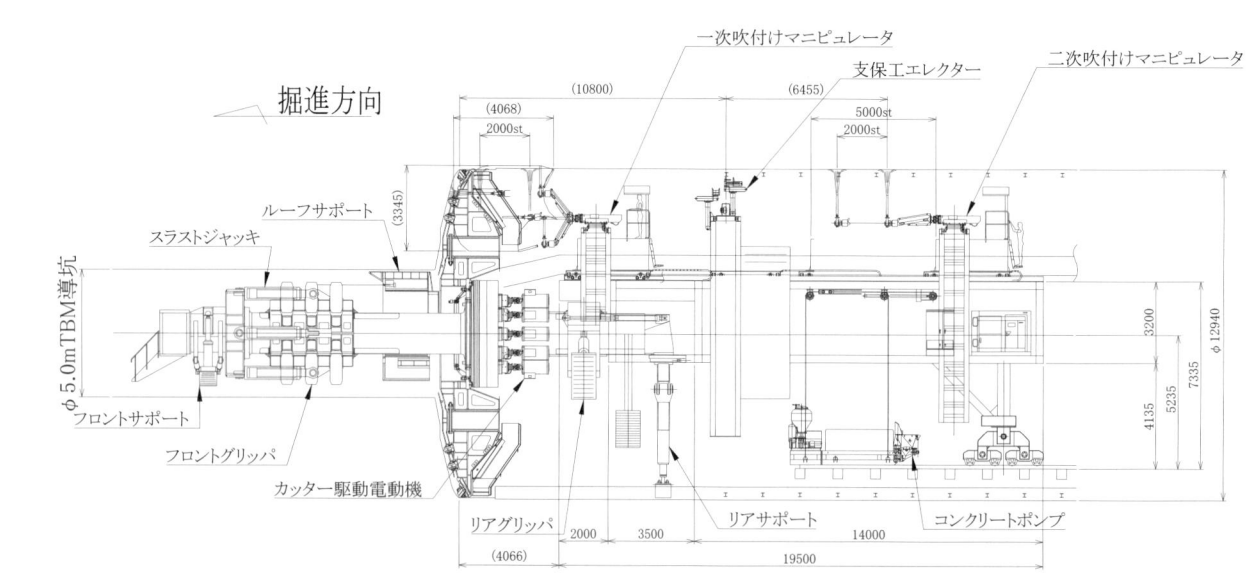

解説 図 9.7.3 リーミング用 TBM（二車線道路トンネル拡幅掘削）の例

参考文献

1) (社)日本トンネル技術協会：TBM ハンドブック，p.33，2000.

第10編　矢板工法

第1章　総　則

1.1　適用の範囲
本編は矢板工法による場合の設計，施工の標準を示すものである．

【解　説】　矢板工法とは鋼製支保工と矢板により支保をし，覆工によりトンネルを構築する工法をいう．本編では矢板工法における特徴的な事項に限定して本工法の設計，施工の標準を記述する．その他の事項については各編によるものとする．

1.2　矢板工法一般
矢板工法は地山条件，経済性等を考慮し，他の工法と十分比較のうえ，総合的に検討して採用しなければならない．また，施工にあたっては工法の特質を十分に検討のうえ，施工計画を立てなければならない．

【解　説】　矢板工法は鋼製支保工と矢板を主たる支保部材とする工法上の特性から，地山の緩みの拡大が避けられないこと，偏土圧に対して弱いこと，裏込め注入を実施しても地山との間の空隙を完全に充填することが困難であること等の欠点を有しているが，条件によっては矢板工法が有効な場合がある．

矢板工法の採用にあたっては，地山条件，経済性等を考慮し，他の工法とも十分比較のうえ，総合的に検討する必要があるが，矢板工法が有効な施工条件としては以下のような場合が考えられる．

① 掘削断面が小さく，施工機械の選定上制約がある場合
② 高圧多量の湧水を伴い，かつ排水工の効果に問題があり，吹付けコンクリートの施工に支障があると想定される場合

なお，施工後の矢板背面の空隙は，できるだけ早く適切な材料で充填する必要がある．

矢板工法による施工にあたっては，矢板工法の持つ特質を十分理解したうえで，工事の規模，工期，地山条件，立地条件等に適応した掘削，覆工の施工方法，工事用機械および工事用設備等の計画を立てなければならない．

掘削工法は，地山条件，立地条件，トンネル断面，工区延長，工期等を考慮して選定しなければならない．その際，掘削工法の変更を要するような悪条件に遭遇することが予測される場合には，たとえそれが短い区間であっても，状況の変化に即応できる工法を選定する必要がある．矢板工法の一般的な構成部材を**解説 図 10.1.1**に，支保工図の例を**解説 図 10.1.2**に示す．

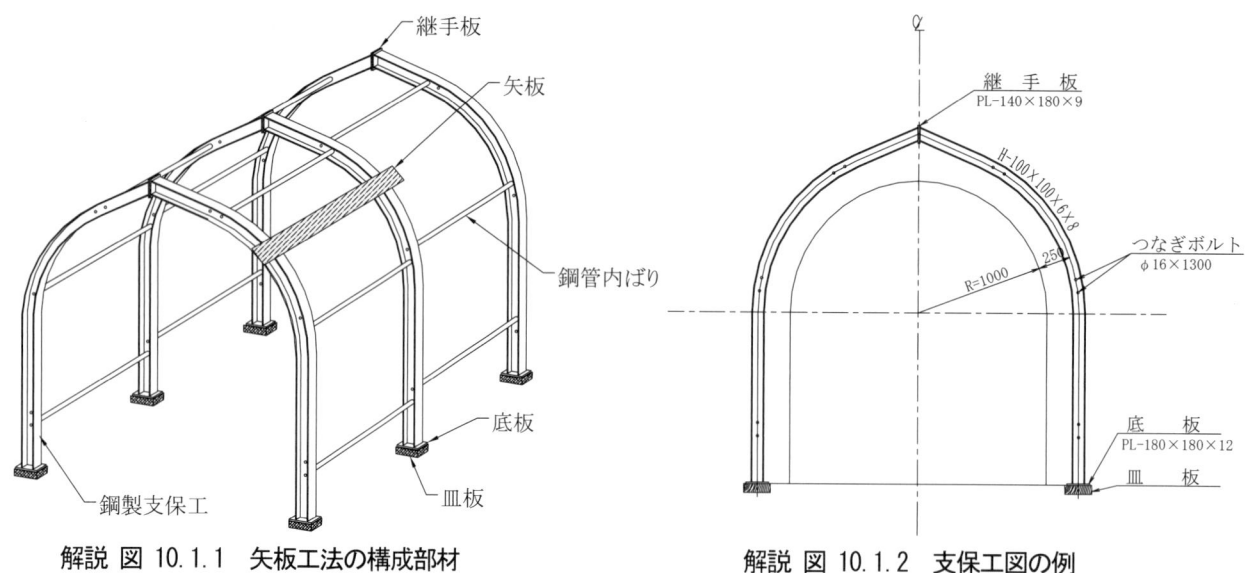

解説 図 10.1.1　矢板工法の構成部材

解説 図 10.1.2　支保工図の例

第2章 矢板工法の設計と施工

2.1 矢板工法における荷重

鋼製支保工や覆工に作用する荷重は，地山条件，トンネル断面の大きさ，土被りの大きさ，掘削工法，掘削方式，鋼製支保工や覆工の施工時期，施工中の地山の性状等を考慮して決定しなければならない．

【解　説】　トンネルの鋼製支保工または覆工に作用する荷重の大きさやその作用状態は，きわめて複雑であり，とくに矢板工法の場合の荷重は，掘削後の時間の経過，くさびや裏込めの状況等によって種々変化する．このため鋼製支保工や覆工に作用する荷重は，地山条件，トンネル断面の大きさ，土被りの大きさ，掘削工法，掘削方式，鋼製支保工や覆工の施工時期，施工中の地山の性状等を考慮して決定しなければならない．

掘削による地山の緩みは，一般に時間の経過とともに進行し荷重の増加となる．これらの荷重の変化の様相は地質や施工方法等によって著しく差異がある．掘削直後，鋼製支保工のくさびを十分効かせて地山を支え，覆工をなるべく早い時期に地山に密着するように施工し，さらに覆工背面の空隙に十分裏込め注入をすれば地山の緩みによる土圧を軽減し，かつ覆工の一部に集中荷重として作用しがちな土圧を望ましい等分布荷重に近づけることができる．

トンネルに作用する土圧は，トンネルの断面積，地山条件，施工方法等によって変化する．土圧の求め方については，テルツァーギの手法をはじめ多くの研究結果が発表されているが，一般には，数値の幅が大きいことや計算のための仮定条件に制約があるため適用範囲が限られること等により，そのまま適用することが困難なものが多い．鋼製支保工に作用する土圧の大きさを求めるには崩壊時の崩壊高さが一つの参考となる．**解説 図 10.2.1**は掘削幅約 8〜12m で土被り 20m を超える地山条件下で施工された各種トンネルでの崩壊直後の崩壊高さや地山の亀裂の調査結果をまとめたものである．これらの調査結果や一般に使用されている鋼製支保工の耐荷力等を参照して，土被りが 2D（D：トンネルの掘削幅）程度以上の場合について支保工に作用する地山の緩み高さが試算されており，その結果は**解説 表 10.2.1** のようになっている．したがって，鋼製支保工に作用する土圧は，きわめて良好あるいはきわめて悪い場合を除く地山条件では，**解説 表 10.2.1** に示す値を標準として用いてよい．なお，**解説 表 10.2.2** および **解説 表 10.2.3** に水路トンネルのタイプ[1]，水路トンネルの支保工に作用する緩み高さの標準の例[1]をそれぞれ示す．

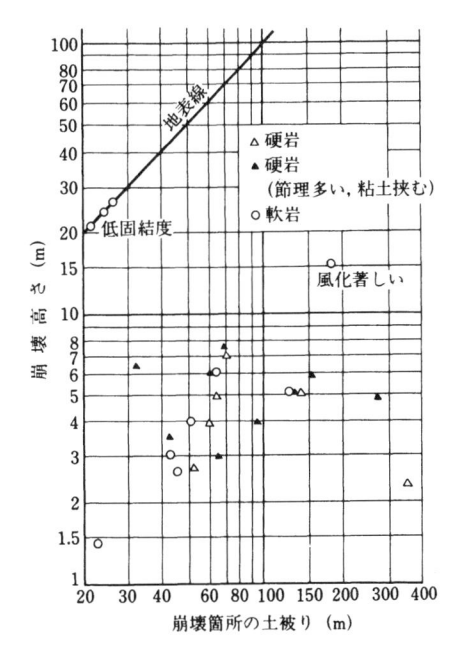

解説 図 10.2.1　トンネルの崩落高さ（昭和 44〜50 年調査）

解説 表 10.2.1　鋼製支保工に対する地山の緩み高さ

内空断面の幅 (m)	土圧があると推定される場合 (m)	土圧が大きいと推定される場合 (m)
3	1.0	2.0
5	2.5	5.0
10	3.0	6.0

注 1) この表は，土被りが1～2D(Dはトンネル掘削幅)程度以上の場合の鋼製支保工の天端に作用する地山の緩み高さを示す．
2) この表は，トンネル天端が地下水位以上にあるものを対象とする．
3) この表は，幅5mについては全断面，幅10mについては上部半断面の施工例から推定したものである．

解説 表 10.2.2　水路トンネルのタイプの例（文献[1]を加筆修正）

トンネルタイプ		地質状況	支保工	ライニング
A		亀裂の少ない新鮮な岩	無支保またはロックボルト	無筋コンクリートまたは吹付けコンクリート
B	B1	亀裂のあるやや風化した岩，または軟岩	鋼製支保工（アーチ，側壁とも掛矢板）	無筋コンクリート
	B2			
C		風化岩，破砕帯，硬土	鋼製支保工（アーチ：送り矢板，側壁：掛矢板）	無筋コンクリート
D	D1	著しい風化岩，断層破砕帯，軟質土砂等	切羽が自立する地山	鋼製支保工（アーチ：縫地矢板，側壁：掛矢板および縫地矢板）	無筋コンクリートまたは鉄筋コンクリート
	D2		切羽が自立しないために鏡止めが必要となったり，支保工が沈下したり，押出しがあるような地山		

解説 表 10.2.3　水路トンネルの支保工に作用する緩み高さの標準の例[2]

トンネルタイプ	Bタイプ	Cタイプ	Dタイプ	備　考
緩み高さ	0.5De	1.0De	2.0De	De：掘削断面の直径

参考文献

1) 農林水産省農村振興局整備部設計課：土地改良事業計画設計基準及び運用・解説　設計「水路トンネル」，p.27，2014．

2) 農林水産省農村振興局整備部設計課：土地改良事業計画設計基準及び運用・解説　設計「水路トンネル」，p.39，2014．

2.2 鋼製支保工

（1） 鋼製支保工は，沈下，転倒，滑動およびねじれ等を生じないよう，必要な強度を有するとともに建て込んだ支保工相互をつなぎボルト，内ばりによって強固に連結できる構造としなければならない．

（2） 鋼製支保工の建込み間隔は150cm以下とし，正確に建て込まなければならない．

（3） 鋼製支保工の形状，寸法および建込み間隔は，内空幅，作用する土圧の大きさおよび施工誤差等を考慮し，これを定めなければならない．

（4） 鋼製支保工の部材の継手は，継手板，ボルト等により強固に連結しなければならない．

（5） 鋼製支保工は，荷重による沈下を防止するため部材下端に皿板を敷いて荷重の分散を図り，不等沈下や偏土圧等による支保工の押出しの危険性がある地山条件の場合には，その程度に応じて根固めコンクリート，ストラット等，必要な処置を講じなければならない．

（6） 鋼製支保工の外周には，木製または鋼製の矢板，矢木等を設けて地山を支保するとともに地山へのブロッキングを確実に行い，支保工のアーチ効果が十分に発揮されるようにしなければならない．

（7） 建込み後の鋼製支保工に異常が認められた場合には，ただちに安全かつ確実な方法により，補強等を行わなければならない．また，変形が著しく，縫返しの必要が生じた場合は，変状区間の端部から1基ずつ縫い返さなければならない．

【解　説】　（1）について　鋼製支保工は，作用する土圧等の荷重に対して，沈下，転倒，滑動およびねじれ等を起こさない強度と建込み間隔を持つことを基本とする．とくに，周辺地山の緩み土圧が支保工に均等に伝達されるようにすること，地山の支持力に問題がある場合には脚部にかかる荷重を均等に分散すること等が重要である．

　矢板工法の場合，鋼製支保工は偏土圧に対してとくに弱いので，偏土圧が想定される場合には十分注意する必要がある．鋼製支保工建込み後ただちに鋼製支保工のフランジを利用してキーストンプレートやエキスパンドメタル等を設置して型枠とするか，または正規に型枠を取り付けて一次巻きコンクリートを打ち込むことにより，鋼製支保工に剛性，連続性をもたせて対処する必要がある．

　なお，鋼製支保工材の断面形状，寸法および材質等については，第3編 3.4.2，3.4.3を参照すること．

　支保工間には適切な間隔でつなぎを入れなければならない．つなぎボルトおよび内ばりは，トンネル軸方向に作用する外力に対し，鋼製支保工相互の結合を図って対処するためのものである．つなぎボルトは引張りに対して十分働くように，また内ばりは建込み初期におけるトンネル軸方向の外力および発破の振動等に耐えられるようにする必要がある．**解説 表 10.2.4 および 解説 図 10.2.2** は，つなぎボルト，内ばりの設計例を示したものである．

　設計巻厚線の内側には，木材等の覆工の品質を損なうようなものが入っていてはならない．したがって，木製内ばりを用いる場合には，覆工施工前にこれを取りはずす必要がある．ただし，木製内ばりを取り外すことが危険と判断されるような場合には，鋼材で補強するなどの対策をしたうえで，取り外すようにするか，または鋼製内ばりを用いる構造とすることが望ましい．

　矢板類は，危険のない範囲内においてコンクリートがよく行きわたるようにするためにすき間をあけることが望ましい．また，設計巻厚外の木材であっても，安全な範囲においてコンクリート打込み時に取り外すことが望ましい．

解説 表 10.2.4 つなぎボルト，内ばりの設計例[1]

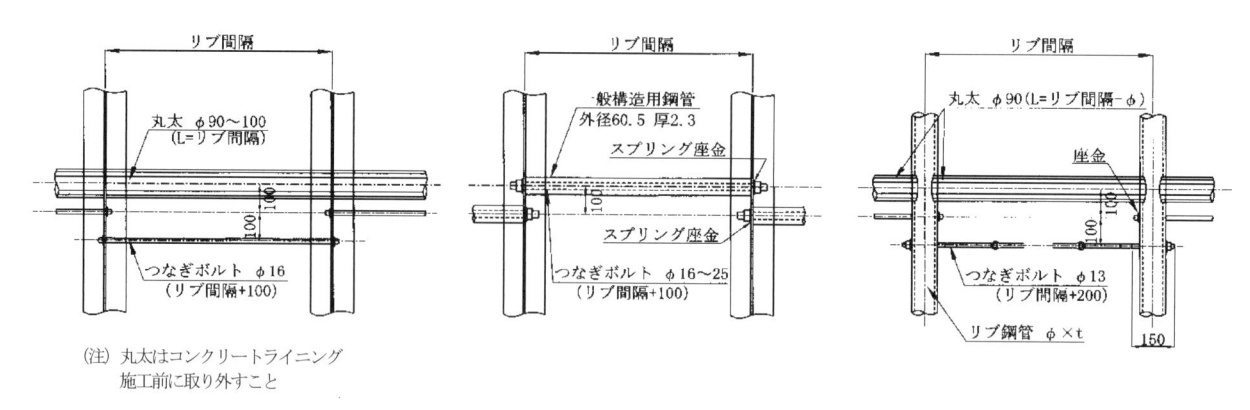

支保工	内ばりが木製の場合 つなぎボルト (mm)	内ばりが木製の場合 内ばり(松丸太) (mm)	内ばりが鋼材の場合 つなぎボルト (mm)	内ばりが鋼材の場合 内ばり(一般構造用鋼管) (mm)
鋼 管	φ13の三連	φ75	つなぎ材としてFB-50×9	
H-100	φ16	φ90	φ16	φ60.5×2.3
H-125	φ16	φ90	φ16	〃
H-150	φ19	φ100	φ19	〃

(a) H形鋼製支保工の場合(木製内ばりの場合)

(b) H形鋼製支保工の場合(鋼管内ばりの場合)

(c) 鋼管支保工の場合

(単位：mm)

解説 図 10.2.2 つなぎボルト，内ばりの設計例(文献[2]を加筆修正)

（2）について　鋼製支保工の最大建込み間隔は，労働安全衛生規則第394条に定める150cmとする．

鋼製支保工の建込みは，外力に十分対抗できるように，一組の鋼製支保工は同一平面内にあるようにし，かつねじれや転倒を防止するため，つなぎボルトおよび内ばりを十分に締め付けなければならない．

（3）について　鋼製支保工の形状，寸法および建込み間隔は，内空断面の幅，作用する土圧の大きさ，支保工の強度，施工誤差等を考慮して定めなければならないが，特別な場合を除き解説 表 10.2.5の値を用いるのが一般的である．この値はトンネル内空断面の幅を2段階に区分し，標準的な鋼製支保工の種類，寸法，建込み間隔を示したものである．掘削の進行，支保工の建込み作業，支保工の準備および調達等を考慮して，寸法，建込み間隔の組合せを変更してもよい．また，解説 表 10.2.6に水路トンネルにおける鋼製支保工の規格と建込み間隔の例[3]を示す．

解説 表 10.2.5 鋼製支保工の断面と建込み間隔の例

内空断面幅 \ 土圧の大きさ	地山がとくに良好な場合 形状	地山がとくに良好な場合 間隔(m)	土圧が少しあると推定される場合 形状	土圧が少しあると推定される場合 間隔(m)	土圧があると推定される場合 形状	土圧があると推定される場合 間隔(m)	土圧が大きいと推定される場合 形状	土圧が大きいと推定される場合 間隔(m)
3m	H-100×100	1.5	H-125×125	1.5	H-125×125	1.2	H-125×125	1.0
5m	H-100×100	1.5	H-125×125	1.5	H-125×125	1.2	H-150×150	1.0

解説 表 10.2.6　水路トンネルにおける鋼製支保工の断面と建込み間隔の例[3]

Di / 事項 / タイプ	2.0m未満				2.0m以上3.0m未満				3.0m以上4.0m未満			
	B1	B2	C	D1, D2	B1	B2	C	D1, D2	B1	B2	C	D1, D2
支保工の種類	鋼管 H形鋼	鋼管 H形鋼	H形鋼	H形鋼	鋼管 H形鋼	H形鋼	H形鋼	H形鋼	H形鋼	H形鋼	H形鋼	H形鋼
支保工の規格 (mm)	φ89.1〜101.6 100×100	φ114.3 100×100	100×100	100×100	φ89.1〜114.3 100×100	100×100 125×125	100×100 125×125	100×100 125×125	100×100 125×125	125×125 150×150	125×125 150×150
建込み間隔	1.5	1.2	1.2	0.9	1.5	1.2	1.2	0.9	1.5	1.2	1.2	0.9

注）Di：トンネルの内空断面の直径(m)

（4）について　鋼製支保工の継手は，支保工の弱点となるので，可能な限り少なくすることが望ましい．施工性を上げるための配慮として，鋼製支保工建込み時の上げ越し等を考慮して支保工の天端部に短い直線部（キックアップ）を設けることがある（**解説 図 10.2.3** 参照）．ただし，この直線部は支保工の弱点となりやすいので必要最小限にとどめる必要がある．

また，鋼製支保工の継手は強固に連結できるとともに，連結作業が容易な構造としなければならない．**解説 図 10.2.4** は天端部の継手の設計例を示したものである．

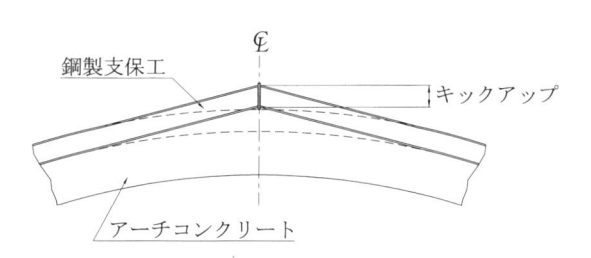

解説 図 10.2.3　キックアップ[4]

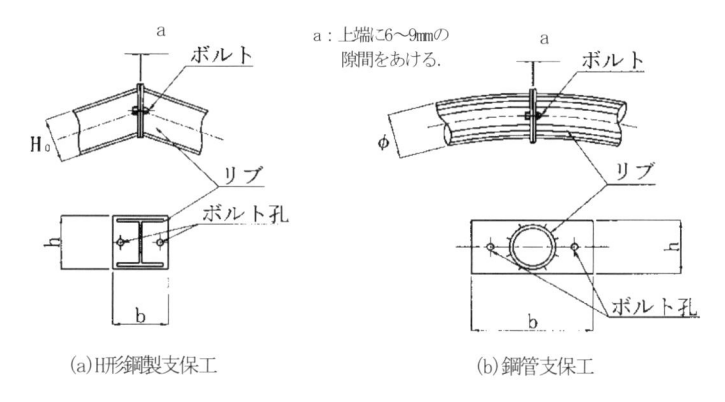

(a) H形鋼製支保工　　(b) 鋼管支保工

解説 図 10.2.4　天端部の継手の設計例（文献[2]を加筆修正）

(5)について　地盤に十分な支持力が期待できない場合は，皿板等を敷いて鋼製支保工を建て込むことにより支持面積を拡大し，荷重の分散を図るようにしなければならない．

鋼製支保工が不等沈下を起こすと荷重の増加を招くことになり危険である．基礎地盤の支持力が十分でなく，設計時に考慮した鋼製支保工の底板面積では不等沈下等を起こす危険性があると考えられる場合には，地山条件に応じて皿板や根固めコンクリートで固めるなどの補強を行い，鋼製支保工が連携して荷重に耐えられるように処置しなければならない．

解説 図 10.2.5 は底板，皿板（土台木）の例を，また**解説 図 10.2.6** はストラットの例を示したものである．鋼製支保工の連続建込み基数が少ない場合や，坑口付近および地山不良により偏土圧が作用する箇所等では，鋼製支保工はトンネルの軸方向の荷重や大きな側圧を受けることがあるので，支保工の倒壊防止や押出し防止のため，やらず，連結鋼材，根固めコンクリートおよびストラット等を設けなければならない．

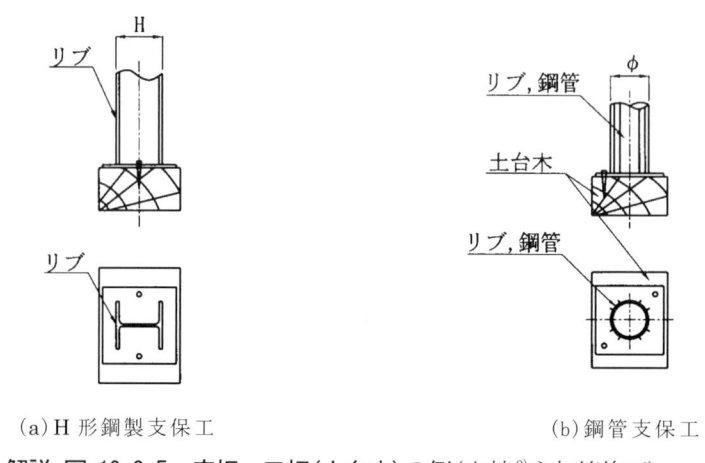

(a) H形鋼製支保工　　(b) 鋼管支保工

解説 図 10.2.5　底板，皿板（土台木）の例（文献[2]を加筆修正）

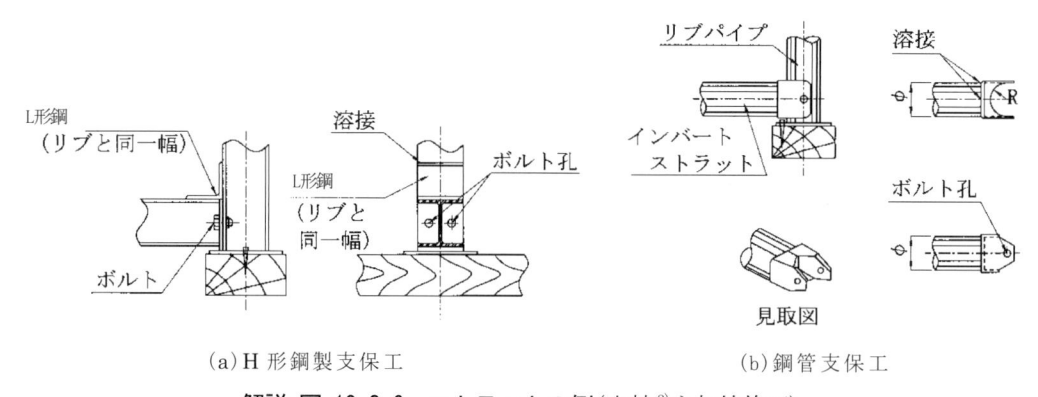

(a) H形鋼製支保工　　(b) 鋼管支保工

解説 図 10.2.6　ストラットの例（文献[2]を加筆修正）

(6)について　一般に，矢板の厚さは3～4.5cm程度，矢木は末口9～12cmの丸太または半割り丸太を用い，地山の状況に応じて掛け矢板，送り矢板，縫地矢板（**解説 図 10.2.7** 参照）を採用するが，鋼矢板や鉄矢木等が有効な場合もあるので条件を十分検討のうえ選択する必要がある．

また，鋼製支保工により地山を支持するために，鋼製支保工と地山を密着させてアーチ効果を発揮させる必要がある．このため，矢板，くさび等によって地山への当り付けを十分に行うことが不可欠である．したがって，発破の振動等の原因によるくさびの緩みや脱落を生じた場合にはただちに締め付け，修復または補強を実施しなければならない．

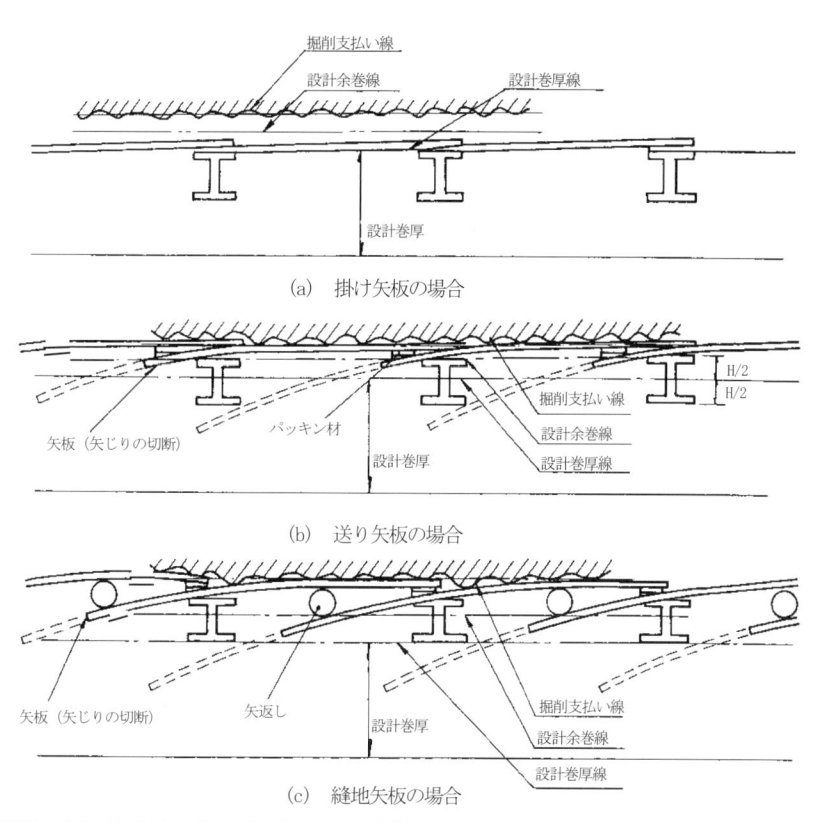

解説　図 10.2.7　施工方法別の設計巻厚と支保工の関係（文献[5]を加筆修正）

（7）について　鋼製支保工に異常が認められた場合は，その程度に応じた修復または補強をすみやかに行って，支保工の変形の抑止を図らなければならない．補強には応急処置として行う場合と，長期的な処置として行う場合とがあるが，いずれの場合も十分な安全性を得られるものでなければならない．

建て込んだ支保工に変形が生じた場合には変状区間の端部から1基ずつ慎重に縫返し作業を進めなければならない．支保工の背面を連続してすかせるような方法は非常に危険であるので行ってはならない．なお，縫返しがきわめて危険と思われる場合は鉄筋コンクリートや繊維補強コンクリートの覆工を行うなどして縫返しに代える場合もある．

参考文献

1) 農林水産省農村振興局整備部設計課：土地改良事業計画設計基準及び運用・解説　設計「水路トンネル」，p.243，2014.
2) 農林水産省農村振興局整備部設計課：土地改良事業計画設計基準及び運用・解説　設計「水路トンネル」，pp.245-246，2014.
3) 農林水産省農村振興局整備部設計課：土地改良事業計画設計基準及び運用・解説　設計「水路トンネル」，p.39，2014.
4) 農林水産省農村振興局整備部設計課：土地改良事業計画設計基準及び運用・解説　設計「水路トンネル」，p.240，2014.
5) 建設省中部地方建設局監修：道路設計要領　設計編　道路保全技術センター，p.12-46，2000.

2.3 覆　工

（1）　覆工の設計巻厚は，トンネル断面の大きさのほか，地山条件，覆工材料，施工方法等を考慮してこれを定めなければならない．

（2）　覆工を全断面で施工せず打継ぎ目を設ける場合には，構造上の弱点とならないように慎重に施工しなければならない．

【解　説】　(1)について　覆工の設計巻厚は，トンネル掘削幅，地山条件，覆工材料，施工方法等を考慮し，強度上必要な厚さとするほか，鋼製支保工位置におけるコンクリート厚が小さくなることによりコンクリートのひびわれ等の悪影響が生じるおそれのあるときには，これを防ぐため最小巻厚を設定するなどの対策をとる必要がある．荷重の大きさや覆工の効果は，地質，施工条件等により大きく差異が生じる可能性がある．矢板工法における覆工の考え方に定説はないが，掘削から覆工までの間の荷重に対しては鋼製支保工により地山を保持し，覆工完了後，最終的には覆工コンクリートと鋼製支保工が一体となって荷重を受け持つと考えるのが一般的である．しかし，現状では外力としての荷重，とくに土圧の状態や，それに対する覆工の力学的な働き等について解明できていない点が多い．矢板の施工方法別の設計巻厚と支保工の関係を**解説 図 10.2.7**に示す．

地山条件が悪い場合や偏土圧が作用する場合等では，巻厚を増して対応するのが基本であるが，一方で巻厚を増すとトンネル掘削断面も大きくなり，かえって土圧の増加をもたらす場合がある．また，引張強度の低い無筋コンクリートで厚さを増して曲げ破壊に対応することには限度がある．そのため，巻厚を増して対処するよりも，裏込め注入を完全に行って曲げモーメントを抑制したり，覆工材料として鉄筋コンクリートまたは繊維補強コンクリートを用いて曲げ強さを増すことの方が有効な場合もある．**解説 表 10.2.7**は全国のトンネル施工事例を参考にして，特別に地質が不良な場合やトンネル坑口付近の場合等の特例的なものを除外した通常の山岳トンネルにおける覆工コンクリートの巻厚の範囲を示したものであるが，鋼製支保工を用いた場合の設計巻厚は，特別の場合を除きこの表の値を標準として用いてよいものと考えられる．また，**解説 表 10.2.8**に水路トンネルにおける覆工コンクリートの設計巻厚の標準の例[1]を示す．

圧力トンネルでは外力のほかに内圧に対する検討も必要となる場合があり，そのような場合の巻厚の設計にあたっては，鉄筋コンクリートを用いるなどの内圧に対する特別な配慮が必要である．

解説 表 10.2.7　覆工コンクリートの設計巻厚

内空断面の幅 (m)	覆工コンクリートの設計巻厚(cm)
3	20〜40
5	30〜60

解説 表 10.2.8 水路トンネルにおける覆工コンクリートの設計巻厚の標準の例[1]

トンネルタイプ	設計巻厚(cm) アーチ，側壁	設計巻厚(cm) インバート	備考
A	$\frac{1}{20}$ Di，ただし最少 15	$\frac{1}{20}$ Di，ただし最少 15	インバートの最小厚さは，地圧がある場合はアーチ，側壁と同じ
B	$\frac{1}{20}$ Di，ただし最少 20	$\frac{1}{20}$ Di，ただし最少 15	
C	$\frac{1}{15}$ Di，ただし最少 20	$\frac{1}{15}$ Di，ただし最少 20	
D	$\frac{1}{12}$ Di，ただし最少 20	$\frac{1}{15}$ Di，ただし最少 20	

注） ① D_i：トンネルの内空断面の直径(cm)
② 本表の数値はコンクリートライニング内面よりの厚さを示す

（2）について　現状では，矢板工法は小断面トンネルに適用されることがほとんどであり，覆工は全断面で施工するのが一般的である．覆工を上半（アーチコンクリート部）と下半（側壁コンクリート部）に分割してアーチコンクリートを先に施工する逆巻工法を用いる場合には，アーチ基部を地山側に拡幅し，支持力を確保する．側壁コンクリートを施工する場合には荷重のかかっているアーチ基部を掘削することになるため，地山の支持力を著しく低下させることのないよう，アーチコンクリートの下部を部分的に，かつ左右千鳥状に抜掘りして足付けコンクリートを早期に打ち込み，硬化を待って残り中間部の側壁コンクリート部を施工する必要がある．

また，アーチコンクリートと側壁コンクリートの打継ぎ目は構造上の弱点となることがあるので，適切な方法により慎重に施工しなければならない．

参考文献

1) 農林水産省農村振興局整備部設計課：土地改良事業計画設計基準及び運用・解説　設計「水路トンネル」，p.45，2014．

2.4　裏込め注入

（1）　覆工背面と地山との間に生じた空隙には，覆工コンクリートが注入圧力に耐えられる強度に達したのち，条件に適合する材料をできるだけ早期に注入し，覆工を地山に密着させなければならない．

（2）　裏込め注入の設計にあたっては，空隙の大きさや湧水等の条件を考慮し，空隙が十分に充填されるように注入の材料および配合，注入孔の構造および配列等を選定する必要がある．また，注入にあたっては覆工に偏圧や過大な荷重がかからないように注入の順序および圧力を決定しなければならない．

【解 説】　（1）について　矢板工法では覆工の背面，とくに天端部と地山との間に空隙が残りやすい．地山と覆工の間に空隙が残るとトンネルに作用する土圧を覆工に均等に分布させることや，地山の反力を有効に利用すること等が期待できなくなる．このことは矢板工法で施工されたトンネルの変状の一要因にもなっており，地山と覆工背面の空隙は適切な注入材料により充填することが重要である．

裏込め注入は，一般には地山の緩みに対して安全性を増すため，覆工施工後できるだけ早期に覆工背面へ実施する必要があるが，覆工に変状が生じないように，覆工コンクリートの強度，型枠の有無等を慎重に検討し注入開始の時期を決定しなければならない．

（2）について　裏込め注入は，注入材料，使用機械，注入圧力等により方式が異なるので，空隙や背後の地山の状態，注入の施工条件等に適応したものを選定して設計しなければならない．

注入材料としては一般にセメントモルタル系の材料が用いられる．モルタルは注入時に固形物の分離，沈殿が少なく，かつ注入後の体積収縮ができるだけ少ないものがよい．湧水が多い場合には，注入材が流出し空隙を残すことがあるため，水中分離抵抗性の高い可塑性注入材等の材料の採用も検討する必要がある．可塑性注入材には，エア系(エアモルタル＋添加剤)と非エア系(ポリマーセメント＋ベントナイト＋混和剤)の2種類がある．

　注入材料は覆工コンクリートと同等の強度を必要とせず，一般に注入後の状態で$1N/mm^2$程度が期待できればよく，40〜70%の空気を混入したエアモルタル，エアミルク，または可塑性注入材等が用いられている．エアミルクは流動性に優れるが，比重が小さいため湧水箇所での使用には注意を要する．なお，圧力トンネル等の場合については，要求される強度について別途考慮しなければならない．

　注入管は，型枠を設置するときに，矢板を外すなどの処置をしてあらかじめ埋め込んでおかなければならない．また，注入管の位置，間隔および配列は注入が効率よく施工できるように設計する必要がある．なお，注入管は注入結果の確認孔としても必要であるので，設計にあたっては注入の確認も考慮して配置を計画しなければならない．注入の順序および圧力は，その目的，材料，空隙の状況，配合等に関連するので一概に決定できないが，覆工に偏圧が作用し変状が発生することのないような順序とし，かつ地山を荒らさないようになるべく低い圧力で慎重に施工しなければならない．

　解説 表 10.2.9 は注入材の配合例，**解説 図** 10.2.8 および **解説 図** 10.2.9 はそれぞれ注入管の配置例および構造例を示したものである．

解説 表 10.2.9　裏込め注入材の配合例（文献[1]を加筆修正）

配合種類 項　目	エアモルタル	
	PR	MI
比　（C：S）	1：2	
セメント（kg）	250	
起泡剤　（kg）	1.4	3.1
砂　　　（kg）	500	
水　　　（kg）	225	200

注）PRはプレフォーム法による場合
　　MIはミックスフォーム法による場合
　　セメントの種類は，普通ポルトランドセメントまたは高炉セメントB種のうちから経済性等を考慮して決定する

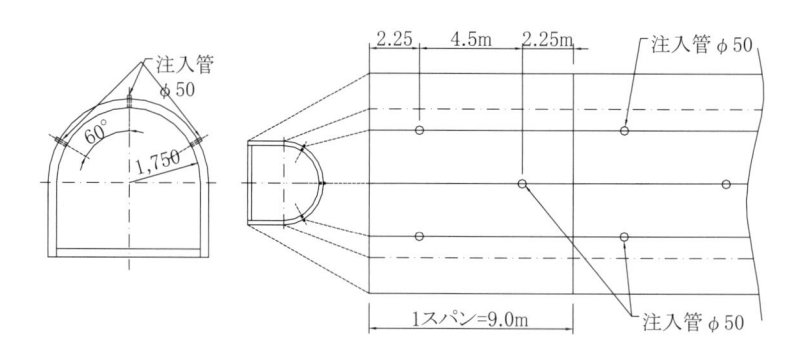

解説 図 10.2.8　注入管の配置例

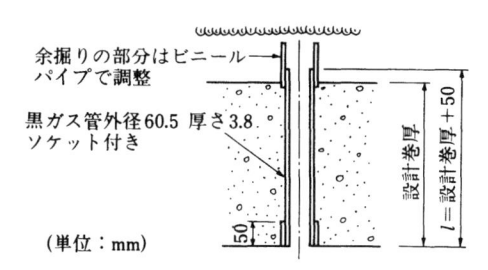

解説 図 10.2.9 注入管の構造例

参考文献

1) 農林水産省農村振興局整備部設計課：土地改良事業計画設計基準及び運用・解説　設計「水路トンネル」, p.273, 2014.

第11編　立坑および斜坑

第1章　総　　則

1.1　立坑および斜坑一般

立坑および斜坑の設計，施工にあたっては，その特殊性を考慮して位置の選定，支保工および覆工の設計，施工法の選定，安全対策等について検討しなければならない．

【解　説】　本編では，立坑および斜坑の設計，施工，安全ならびに坑底設備の各項目について配慮すべき事項を示す．なお，作業用の立坑および斜坑についても本編の対象とする．

立坑および斜坑の位置の選定にあたっては，地形，地質，立坑および斜坑の延長や維持管理を考慮し，施工性，経済性，安全性に優れた場所を選定しなければならない．とくに湧水を伴う不良地山での作業用の立坑および斜坑では作業効率が低下し，大幅な工期の遅延や工費の増大を招くおそれがあるので，多量の湧水が予測される場所は避けることが望ましい．ただし，避けられない場合は防止対策を検討しておかなければならない．立坑および斜坑を作業用として用いる場合の本坑との取付けは，坑底設備の配置，測量，完成後の処理等に留意する必要がある．また，本設備として用いる場合はあらかじめ関連する他の設備との取合い等について十分考慮しなければならない．

立坑および斜坑の設計にあたっては，施工中の安全性や，支保工および覆工に変状が生じた場合の補修の難しさを考慮する必要がある．

立坑および斜坑の施工には各種工法や方式があるので，使用目的に応じた断面の大きさ，深度，地山条件，工期，施工性，経済性等を総合的に検討して，適切な掘削工法やずり出し方式を選定しなければならない．なお特殊な作業環境の中で作業が行われるので，施工設備については多少余裕のある容量のものを選定する必要がある．施工に際しては，立坑および斜坑では足元が切羽という特殊な状況にあることや湧水が掘削に悪影響を及ぼすので，これらに対し事前に対策を立てておかなければならない．

立坑および斜坑は，水平坑と異なり運搬作業に巻上げ装置を用いるなど，特殊な作業機械を使用し，また上下方向での作業となるため，とくに安全性に十分配慮した適切な施工計画を立てる必要がある．

工事完成後の作業用の立坑および斜坑を本設備(換気坑，排水坑，非常用通路等)に転用しない場合は，トンネル本体および地表に影響を及ぼさないよう補強や埋戻し等により適切な処置を講じなければならない．

立坑および斜坑の設計，施工，安全および坑底設備の詳細な内容については文献[1]を参考にされたい．

参考文献

1) (社)土木学会：トンネル・ライブラリー第7号　山岳トンネルの立坑と斜坑, 1994.

第2章 立　　坑

2.1 立坑の設計
2.1.1 断面形状

立坑の断面形状は，必要な内空断面，施工方法，立坑内に設置される諸設備の配置，地山条件等を総合的に検討して大きさ，形状を定めなければならない．

【解　説】　立坑の断面形状は，使用目的により必要な内空断面，施工方法，施工のための機械設備の大きさ，地山条件等を総合的に検討して決定しなければならない．また，作業用の立坑においては立坑内に設置される諸設備の配置，搬入資機材の大きさなどを総合的に検討して決定しなければならない．立坑の断面形状で一般に採用されているのは円形断面であるが，このほかに四角形，楕円形および，これらを組み合わせた形状等の施工例もある．

道路トンネルの換気立坑では，トンネル内の所要換気量を確保できる大きさの断面積とする必要があり，一般に立坑内の風速を 16〜20m/s として断面を決めている．また，立坑内部を隔壁で仕切り，送排気に使用している例が多い．換気立坑の断面形状例を**解説 図 11.2.1**に示す．

作業用の立坑では，本坑掘削のずりを処理するためのケージ，スキップ設備や排水管，風管，給気管，各種配線類等を設置できる断面が必要である．このほか，本坑工事用資機材の搬入も考慮して断面を決めなければならない．作業用の立坑の最小内径は，一般に上記設備および資機材搬入を考慮すると 6.0m 程度が必要である．作業用の立坑断面の計画例を**解説 図 11.2.2**に示す．

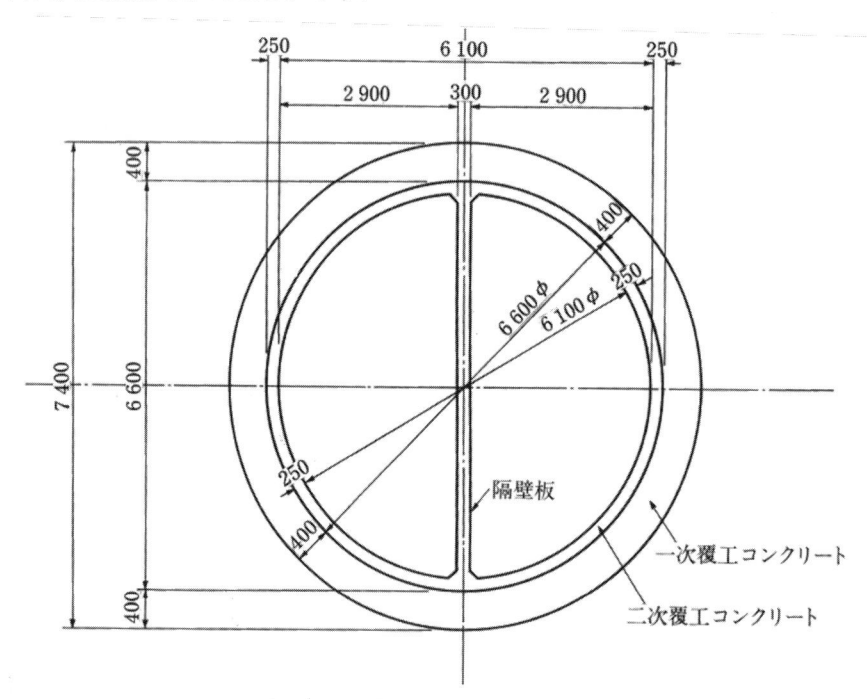

解説 図 11.2.1　換気立坑の断面形状例

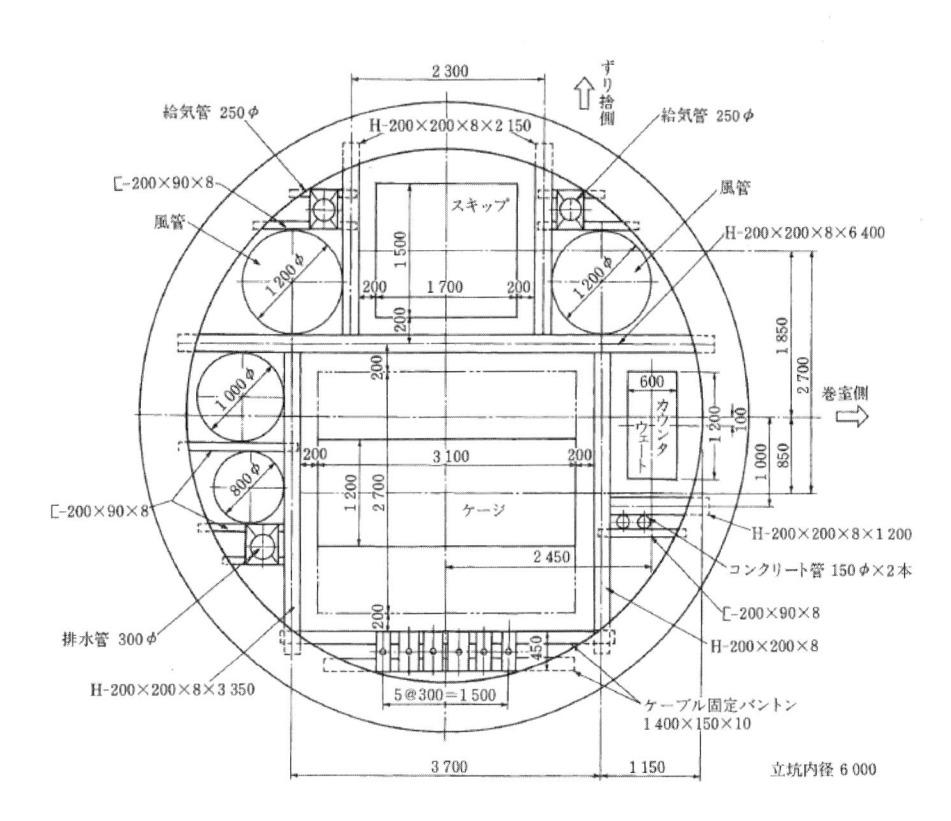

解説 図 11.2.2　作業用の立坑断面の計画例

> ### 2.1.2　支保工の設計
> 　支保工は，施工方法，地山条件等を考慮し，立坑の掘削後に周辺地山を支保し，安全かつ能率的に坑内作業が行えるよう設計しなければならない．

【解　説】　標準的な立坑の施工方法は，ショートステップ工法とロックボルト・吹付け工法に大別され，支保工の設計を行う場合，どちらの工法を採用するかによって考え方が異なる．

　1)　ショートステップ工法　ショートステップ工法は全断面掘下り工法の一つで，穿孔，装薬，発破，ずり出し，覆工を1サイクルごとに行っていく工法である．覆工コンクリートが主たる支保部材であり，掘削後ただちにその部分に覆工コンクリートを施工して坑壁を支保する．この覆工を一次覆工といい，1.0～2.0mの短いステップで施工する．一次覆工のステップ（一打込み長）や覆工巻厚の設計は，立坑断面の大きさ，地山条件等を十分考慮して行わなければならない．なお地山条件の悪い場合には側壁崩壊防止のために一次覆工のステップ（一打込み長）を短くしたり，鋼製支保工を入れるなどの対策を講じなければならない．なお，二次覆工については，第11編 2.1.3に示す．

　ショートステップ工法の支保パターンの例を**解説 表 11.2.1**に，鋼製支保工の例を**解説 図 11.2.3**に示す．

解説 表 11.2.1 ショートステップ工法の支保パターンの例

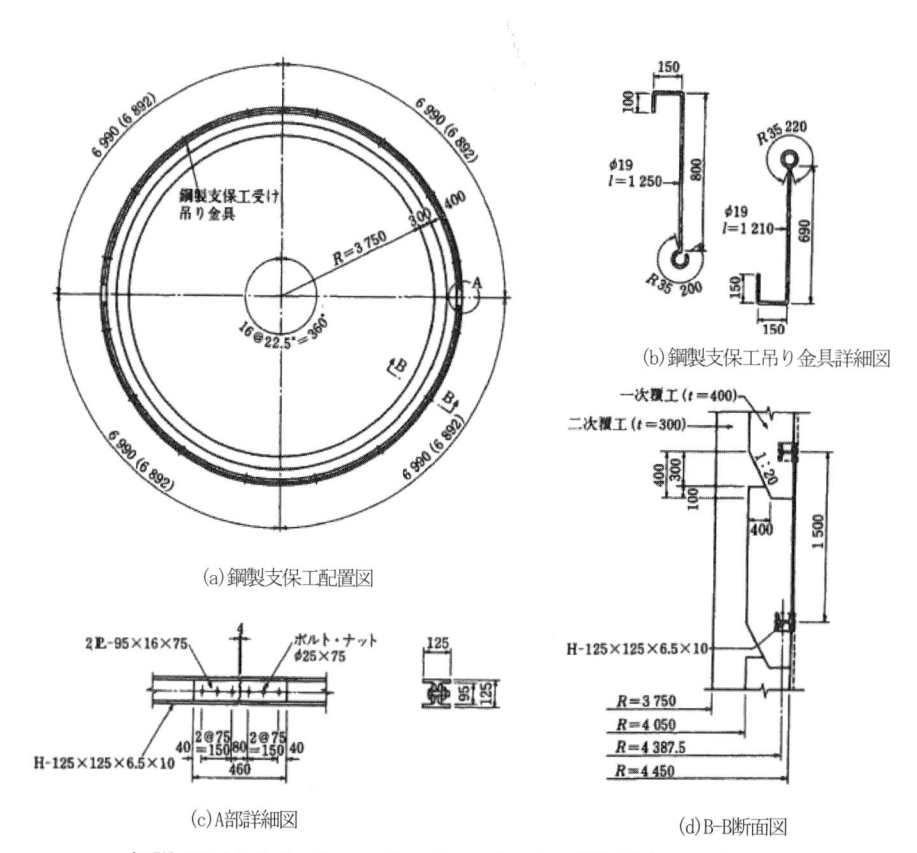

名　称	用途	完成年	仕上り内径 (m)	岩質区分	区分長 (m)	巻厚 一次覆工 (cm)	巻厚 二次覆工 (cm)	鋼製支保工等	ステップ長 (m)	おもな岩種
肥後トンネル (換気立坑)	道路	1989	6.2	IV$_1$ III II I	208.8 30.8 107.0 71.1	40 40 40 40	30 30 30 30	H-125 @1.2m — — —	1.2 1.8 1.8 1.8	粘板岩 砂岩 チャート
第二阪奈トンネル (中央立坑)	道路	1995	9.3	D C B	132.0 122.7 183.0	55 55 55	30 30 30	H-175 @1.0m — —	1.0 1.5 1.5	閃緑岩
安房トンネル (換気立坑)	道路	1997	7.5	D1 D2 C1	149.5 56.0 206.3	50 40 40	30 30 30	H-125 @0.75m H-125 @1.5m —	1.5 1.5 1.5	チャート
八風山トンネル (換気立坑)	道路	1999	6.1	IV III	141.6 72.0	40 40	30 30	H-125 @1.2m —	1.2 1.8	凝灰岩 安山岩
箕面トンネル (換気立坑)	道路	2005	6.9	D C	112.8 180.0	40 40	30 30	H-125 @1.2m —	1.2 1.8	砂岩 頁岩
中山トンネル (高山立坑)	鉄道	1976	6.0	I III	134.3 60.9	40 40	— —	H-150 @0.6m —	1.6 2.4	凝灰角礫岩 安山岩
西大阪変電所 (立坑)		2000	8.0	D C	61.7 130.1	50 50	30 30	H-125 @1.0m —	1.0 1.5	砂岩 粘板岩
瑞浪 (主立坑) (換気立坑)	その他	—	6.5 4.5	CL D CH	200.0 300.0 500.0	40 40 40	— — —	H-125@1.3m	2.6	花崗岩
幌延 (東立坑)	その他	—	6.5	CL-L CL-M CL-H	40.0 157.0 163.0	40 40 40	— — —	HH-154×151@1.0m H-150 @1.0m H-125 @1.0m	2.0	泥岩

(a) 鋼製支保工配置図

(b) 鋼製支保工吊り金具詳細図

(c) A部詳細図

(d) B-B断面図

解説 図 11.2.3 ショートステップ工法の鋼製支保工の例

2) ロックボルト・吹付け工法　ロックボルト・吹付け工法はロックボルトと吹付けコンクリートを支保部材とする全断面掘下り工法である．支保工の設計は第3編 3.1.2 に準ずるものとするが，第11編 1.1 に示すとおり特殊条件を考慮した設計とすることが望ましい．ロックボルト・吹付け工法の地山区分と支保パターンの例を**解説 表 11.2.2** に示す．

解説 表 11.2.2　ロックボルト・吹付け工法の支保パターンの例

名称	用途	完成年	仕上り内径(m)	岩質区分等	区分長(m)	巻厚 吹付け(cm)	巻厚 覆工(cm)	鋼製支保工	ロックボルト	おもな岩種
東葉高速線習志野台トンネル(作業用立坑)	鉄道	1988	16.7	Lm	3.0	25	―	―	―	ローム
				Tc	4.0	25	―	H-125 @1.0m	D25×2.5m n=52	凝灰質粘土
				Ds	6.0	25	―	H-125 @1.0m	D25×2.5m n=52	砂質土
休山トンネル(立坑)*	道路	2002	4.2	C	133.0	10	30	―	―	粗粒花崗岩
仁淀川系導水トンネル(立坑)	その他	1995	7.0	CH	19.5	10	―	―	D25×3.0m n=15	砂岩
				CM	15.0	15	―	H-125 @1.5m	D25×3.0m n=15	頁岩
				CL	9.5	15	―	H-125 @1.0m	D25×4.0m n=18	凝灰岩
日高発電所(立坑)		1996	6.7×11.2		73.7	10	60	―	D25×2.0m n=27	泥岩 砂岩

＊：レイズボーラー工法により拡幅した立坑

2.1.3　覆工の設計

立坑の断面形状は，必要な内空断面，施工方法，立坑内に設置される諸設備の配置，地山条件等を総合的に勘案して大きさ，形状を定めなければならない．

（1）　覆工の設計は，立坑の施工方法，使用目的，施工時期，地山条件等を考慮して行わなければならない．

（2）　設計巻厚は，その目的に適合するよう，断面の大きさと形状，地山特性，作用荷重，覆工材料および施工性等を考慮して決定しなければならない．

（3）　コンクリートの配合は，所要の強度，耐久性および良好な施工性が得られるよう定めなければならない．

【解　説】　（1）について　覆工の設計は，施工方法，使用目的等によってその考え方が異なる．

1) ショートステップ工法の覆工の設計　ショートステップ工法において，覆工は一次覆工，二次覆工に分けて施工されることが多い．一次覆工が主たる支保部材であり，二次覆工は水平坑の覆工と同様な考えとなる（第3編 4. 参照）．

一次覆工が逆巻きで施工されるため，施工継ぎ目には三角形の切欠き部ができる．よって，一次覆工のみとすると通気抵抗が大きくなり，換気立坑の換気効率が低下する．また，湧水のある立坑では施工継ぎ目から漏水し，寒冷地では漏水が凍って立坑壁面につららが生じる．つららが成長して立坑通気断面を縮小したり，暖かくなると落下して坑底設備を損傷したりする．したがって，これらの障害を改善するために，一次覆工の上に防水シートを張り，二次覆工を施工する例が多い．また，防水シートの有無にかかわらず，止水板や裏面排水工等を用いて確実な湧水処理を行うことが重要である（第3編 参照）．

2) ロックボルト・吹付け工法の覆工の設計　ロックボルト・吹付け工法は，ロックボルトと吹付けコンクリートを主たる支保部材とするため，覆工は水平坑の標準工法と同様な考え方となる．

（2）について　ショートステップ工法の一次覆工の巻厚は，覆工に作用する外力としての荷重，とくに偏土圧を含めた土圧の状態が明確でないため，現状では算定手法として確立されたものはなく，地山条件や断面形状が類似した施工実績を参考に決められている．覆工に作用する土圧を等圧と仮定したラーメの式や土圧を偏土圧と仮定したフェルベルの式が提案されているが，これらは参考に利用されている程度である．

　ショートステップ工法の一次覆工の材料としては，一般に早強コンクリートが使用されている．地山条件の悪い場合はセグメント，ライナープレート等が用いられることもある．

　ショートステップ工法の二次覆工およびロックボルト・吹付け工法の覆工の巻厚は，コンクリート投入や締固めの確実性から30cmとしている例が多い．

（3）について　ショートステップ工法の二次覆工およびロックボルト・吹付け工法の覆工コンクリートの配合については，第3編に準じるものとする．

　ショートステップ工法では一次覆工コンクリート打込み後，比較的短い時間（立坑の規模にもよるが6〜12時間程度）で近接して発破，ずり積みおよび型枠の取外しが行われる．したがって一次覆工コンクリートには初期強度が要求されるため，早強セメントや早強剤を使用し，6〜10時間後の圧縮強度として3N/mm²を目安に配合設計を行っている．劣化等の対策として繊維補強材を使用する場合もある．ショートステップ工法の一次覆工の配合設計例を**解説 表 11.2.3**に示す．

解説 表 11.2.3　ショートステップ工法の一次覆工の配合設計例

立坑名	完成年	Gmax (mm)	セメント種別[1]	スランプ (cm)	空気量 (%)	水セメント比 W/C (%)	細骨材率 S/a (%)	単位水量 W (kg)	単位セメント量 C (kg)	単位細骨材量 S (kg)	単位粗骨材量 5〜25 G₁ (kg)	単位粗骨材量 25〜40 G₂ (kg)	AE剤 (%)	塩化カルシウム[3] (%)
肥後トンネル換気立坑	1989	40	H	12±2.0	4.5±1.5	61.0	40.0	165	270	849	625	417	1.0	2.0
第二阪奈トンネル換気立坑	1995	40	N	12±2.0	4.4±1.5	54.0	45.9	200	370	767	650	253	0.5	2.0
安房トンネル換気立坑	1997	40	N	12±2.0	4.5±1.5	46.6	41.0	178	382	715	612	416	0.4	2.0
八風山トンネル換気立坑	1999	40	H	8±2.5	4.5±1.5	50.0	41.4	175	350	723	1,023		0.4	0.0
西大阪変電所立坑	2000	20	N	12±2.5	4.5±1.5	54.1	49.0	173	320	897	935		0.25	2.7
箕面トンネル換気立坑	2005	20	H	12±2.0	4.5±1.5	44.9	49.3	175	390	861	884		0.8[2]	0.0

[1]　H：早強セメント，N：普通セメント，[2]　早強剤を配合，[3]　塩化カルシウムの使用は最近は望ましくない．

2.2 立坑の施工
2.2.1 立坑の施工一般

（1） 立坑の施工にあたっては，立坑の深度，断面の大きさ，地山条件，立地条件等を十分考慮して，適切な施工方法を選定しなければならない．

（2） 施工設備は，立坑の特殊性を考慮して選定し，施工の安全に十分配慮しなければならない．

【解　説】　（1）について　立坑の施工にあたっては，深度，断面の大きさと形状，掘削対象地山の状態，工期および工費等を総合的に検討して，適切な施工法を選定しなければならない．

通常用いられている掘削工法を分類すると，以下のように分けられる．

① 全断面発破掘下り工法
② 全断面発破掘上り工法：クライマー工法，ステージカットブラスティング工法
③ 機械掘削工法：レイズボーラー工法，全断面機械掘削工法
④ 導坑先進拡大掘削工法：導坑施工には全断面発破掘上り工法や機械掘削工法が，拡幅掘削には全断面発破掘下り工法等が採用される．

全断面発破掘下り工法（ショートステップ工法）の施工例を**解説 図 11.2.4**に示し，全断面機械掘削工法の施工例を**解説 図 11.2.5**に示す．また，レイズボーラー工法の施工例を**解説 図 11.2.6**に示す．

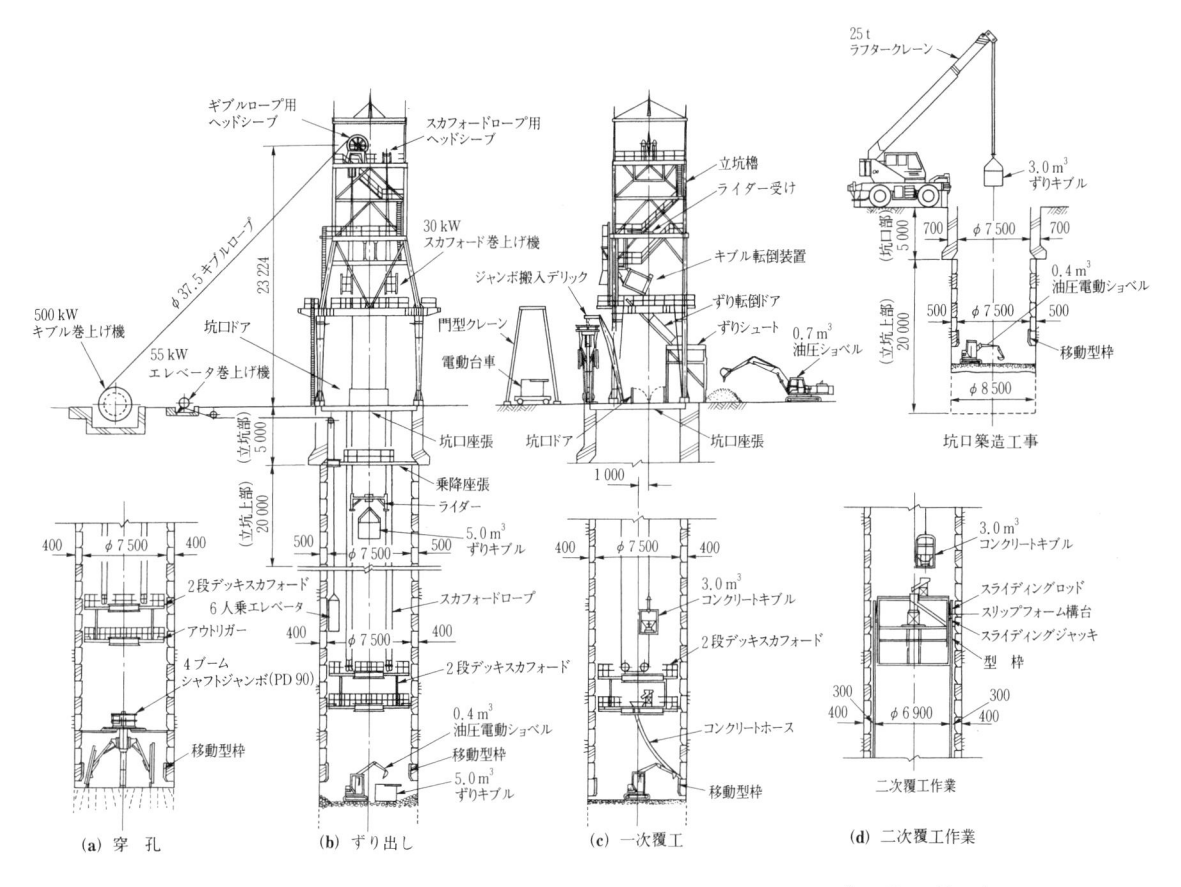

解説 図 11.2.4　全断面発破掘下り工法（ショートステップ工法）の施工例

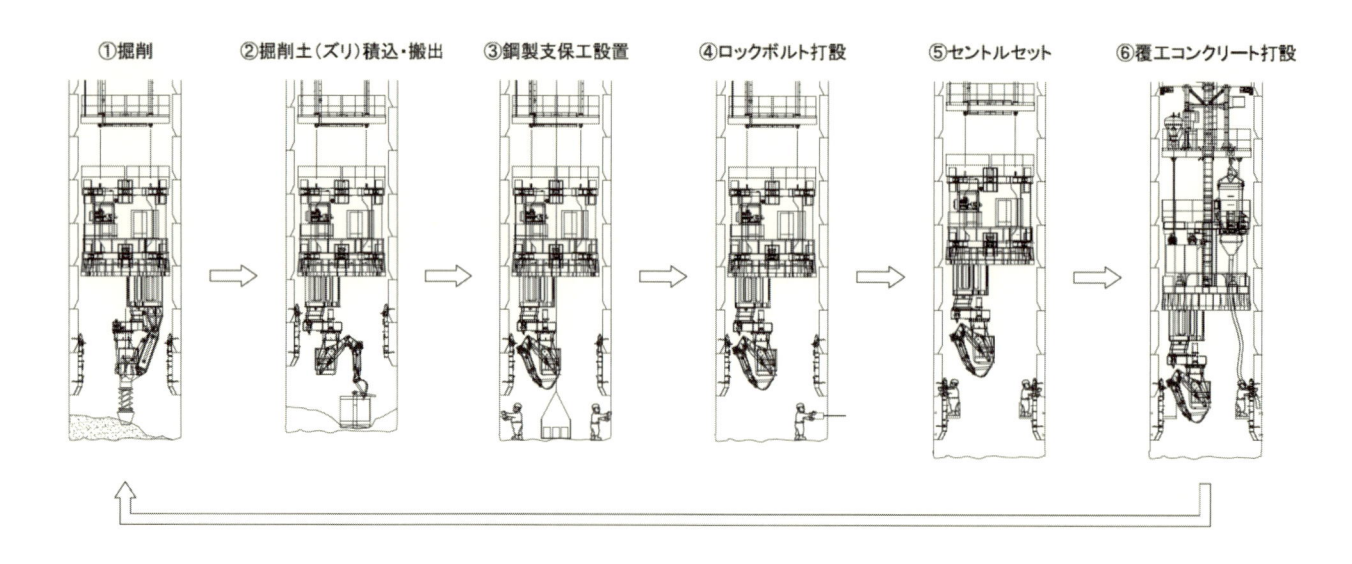

解説 図 11.2.5　全断面機械掘削工法（ショートステップ工法）の施工例

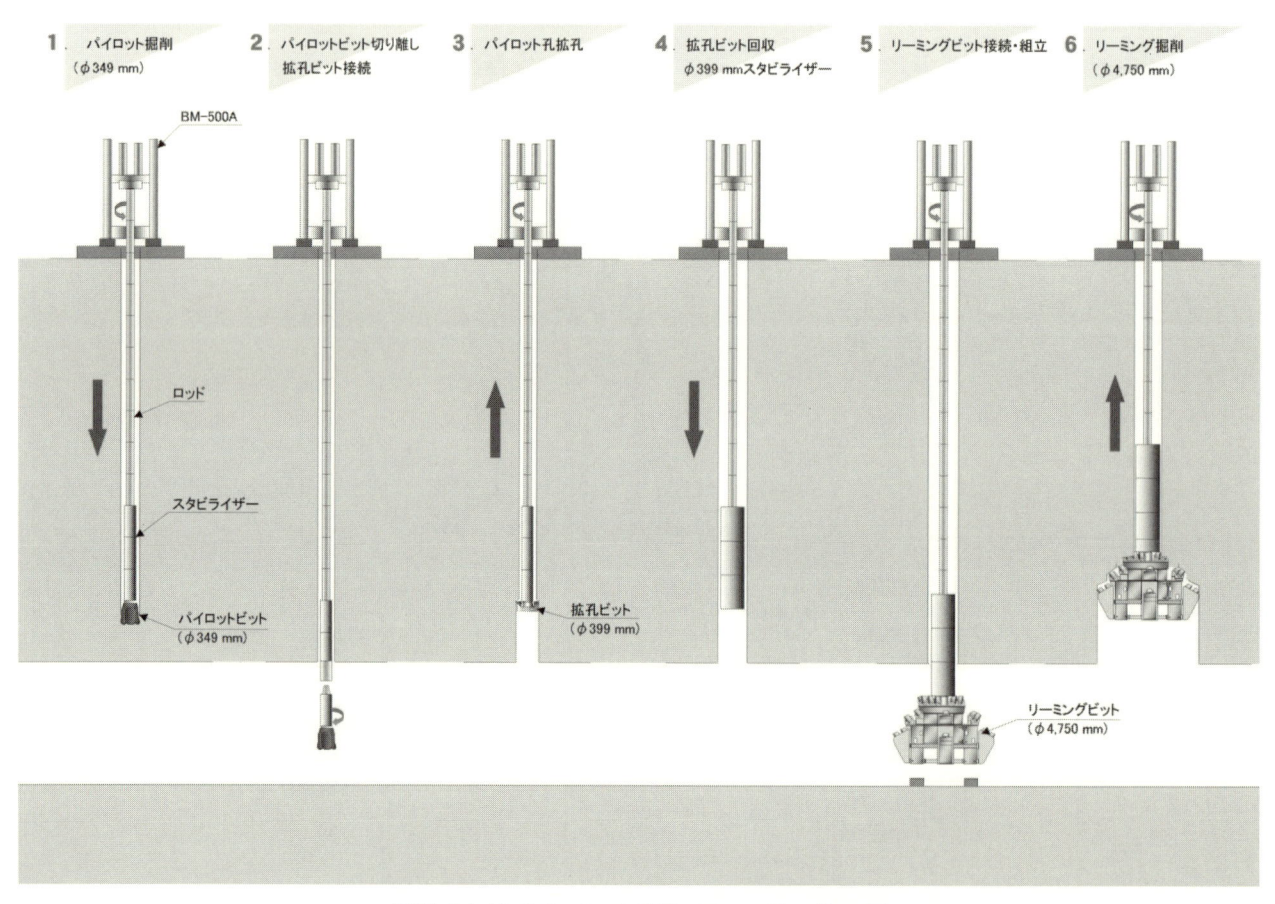

解説 図 11.2.6　レイズボーラー工法の施工例

（2）について　立坑施工設備は，採用する施工方法に応じて適切で，施工性が良く，安全性の高いものを選定しなければならない．

1）　全断面発破掘下り工法　全断面発破掘下り工法は，立坑の一般的な掘削方法として適用されており，穿孔，装薬，発破，ずり出し，支保工，覆工を上部から下部に向って順次繰り返して掘り下げる工法である．地山状況および地山の自立性等を考慮し，支保工および覆工の施工時期を設定する．全断面発破掘下り工法で一般に使用されている主要設備としては，①立坑やぐら設備（100m程度の浅い立坑では門型クレーンを採用する例もある），

②キブル*1巻上げ機設備，③スカフォード*2巻上げ機設備，④穿孔設備，⑤ずり処理設備，⑥覆工設備，⑦換気，給排水設備，⑧坑口設備，⑨人専用エレベーター設備，⑩共通設備(給気，受配電，照明，信号，その他)等がある．これらの設備の選定にあたっては，立坑断面の大きさ，施工深度，各設備のバランス，坑口ヤードの状況，工期等を考慮してその型式や設備容量を決めなければならない．

 2) 全断面発破掘上り工法の設備 全断面発破掘上り工法は，昇降可能な足場を用いて上向きに発破掘削するものであり，一般には硬岩を対象とするものである．発破ずりは坑底へ自然落下により搬出する．小断面立坑の施工に採用されることが多く，クライマー工法(断面積4〜10m² 程度)，ステージカットブラスティング工法(断面積4〜12m² 程度)等の施工方法があり，地山条件や施工条件により，それぞれ特有の施工設備が使用されている．

 3) 機械掘削工法 機械掘削工法は，機械的エネルギーにより掘削するものである．代表的な工法としてレイズボーラー工法がある．この工法は，導坑先進拡大掘削工法の施工に多く用いられるが，近年ではリーミング掘削能力の向上からϕ6.0m 程度の全断面掘削にも採用されている．とくに，安定した地質での施工では，安全性の面からレイズボーラー工法の採用が増えている．

 4) 導坑先進拡大掘削工法 導坑先進拡大掘削工法は，クライマーやレイズボーラーによって小断面の導坑を先行掘削し，その導坑をずり出し坑として活用しながら上部より下部に向けて拡大して掘り下げる工法である．発破ずりは，自然落下させて導坑の坑底まで落として坑外に搬出するため，導坑下部に坑道が設置可能な場合に採用されることが多い．ただし，導坑延長が200m程度以上となると迎え掘りが必要となることから不経済となることがある．また，掘削ずりが導坑内を落下するため，地山条件の悪い箇所では導坑側壁の崩壊が懸念されることから，事前に入念な地質調査を行わなければならない．

注)*1 キブル(kibble)：立坑掘削で，ずり，コンクリート等を運搬する搬器をいう(ずりキブル，コンクリートキブル，マンキブル等)．
 *2 スカフォード(scaffold)：立坑工事に使用される作業足場で，掘削作業に使用するものと，立坑内設備工事に使用するものがある．

> **2.2.2 掘　　削**
> （1）　穿孔，発破作業は，地山条件，断面の大きさ，岩質，一掘進長等を考慮して発破計画を立て，安全に十分留意して作業を行わなければならない．機械掘削による場合でも同様に，最適な掘削機械を選定し，安全に十分留意して作業を行わなければならない．
> （2）　ずり処理は，地山条件，立坑断面の大きさ，深度，施工方法等を考慮してずり処理計画を立て，適切なずり処理機を選定し，能率よく，安全にずり処理作業を行わなければならない．
> （3）　不良地山の掘削では，適切な補助工法を選定し，切羽の安定性と作業の安全性を確保しなければならない．
> （4）　湧水は掘削作業に支障をきたすのみならず，将来にわたって立坑関連設備に悪影響を及ぼすので，適切な対策を講じなければならない．

【解　説】　（1）について　立坑における穿孔作業には，削岩機（シンカー）やシャフトジャンボが用いられる．シャフトジャンボには，空圧式と油圧式があるが，油圧式は重量が重くなるので，やぐら，巻上げ機，ロープ等に対する荷重の検討が必要である．地山の悪い場合はシャフトジャンボによるミスト穿孔，断面の小さい立坑では，削岩機やアンブレラジャンボ（レッグタイプ）が一般に用いられ，一掘進長は1.2m程度で計画されている．硬岩の立坑では，空圧式（ドリフタータイプ）や油圧式のシャフトジャンボを使用し，一掘進長は1.5～1.8m程度で計画されることが多い．掘下りの立坑では足元が切羽で下向き穿孔のため，穿孔した孔に岩片や，くり粉が落ち込み水平坑に比べて発破効率が悪くなる．とくに不良地山や湧水のある場合には，計画掘進長を確保するために十分なオーバードリリングを行う必要がある．

穿孔，発破作業の留意点については第11編2.3を，その他の一般的事項については，第4編4.2を参照のこと．

機械掘削を適用する場合，掘削機械にはレイズボーラーのほか，最近では自由断面掘削機も用いられる．自由断面掘削機を用いる場合，機種，能力を適正に選定することやずり出し機械との組合わせが重要になる．最近ではスカフォードに自由断面掘削機と積込み設備を一体化した立坑設備も見られる（**解説 図11.2.7参照**）．

（2）について　立坑掘削で能率にもっとも大きく影響を及ぼすものはずり出し作業である．ずり積み方式にはバックホウ方式，クローラショベル方式，グラブ方式等があり，ずり出し方式にはキブル，垂直ベルコン等がある．ずり出し方式の選定にあたっては，立坑断面の大きさ，ずりの性状，巻上げ機の容量，積込み能力等を考慮し，安全で能率的な方式を選定しなければならない．

（3）について　不良地山での立坑掘削で，とくに注意しなければならない事項は次のとおりである．
① 岩質の変化，湧水，断層等の地山状況の変化を常に注意し，設計型枠高さの坑壁安定が困難な場合には，型枠高さの短縮，鋼製支保工の施工，吹付けコンクリートの併用，フォアポーリングの施工等の措置を講じなければならない．また，あらかじめ地山状況の変化を予測し，施工計画の見直しをしておくことも必要である．
② 型枠設置後に肌落ちのおそれのある場合には，ボルト，金網等で山留めした後に型枠を設置しなければならない．
③ 湧水を伴い，坑壁の安定性の悪い場合には，薬液注入等による地山改良が有効である．

（4）について　立坑の湧水は坑壁を伝わったり飛散したりして坑底に集まり，掘削能率の低下，排水設備保守の増大，作業環境の悪化，設備機器の故障，早期損傷等，掘削作業に悪影響を及ぼす．したがって，湧水の予想される立坑では，可能な限り排水および地下水位低下を目的にした水抜きボーリングをするのがよい．水抜きボーリング孔があっても，多量の湧水のある場合や作業用の立坑のように下部に横坑のない場合には，薬液注入等を実施して，掘削に支障のない程度に湧水を減少させて立坑掘削を行うよう計画しなければならない．また30～40m間隔で坑壁にウォーターリング[*1]を構築し，坑壁を伝わって流下する湧水を集水処理し，作業能率の改善，

作業環境改善，コンクリートの品質低下防止等を図らなければならない．

注)*1 ウォーターリング(water ring)：立坑掘削時に，坑壁を伝わって流下する湧水を集水するためのリング状の集水溝で，湧水のある立坑では，一般に深度30～40mごとに坑壁に構築される．

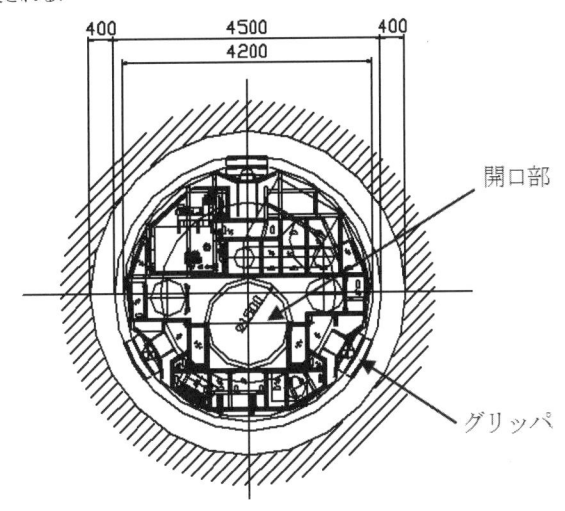

(a) A-A断面図

(b) 掘削状況

(c) ずり積込み状況

解説 図 11.2.7 積込み機一体型掘削機

2.2.3 支保工および覆工

支保工，覆工の施工にあたっては，その断面形状，施工深度等に対して，安全で施工性の良い施工方法を選定しなければならない．また，覆工型枠は，施工条件に適合した堅固な構造で，打込み時のコンクリートの圧力に十分耐えられるものでなければならない．

【解 説】 1) ロックボルト・吹付け工法の支保工 ロックボルト・吹付け工法の支保工の施工は，第4編に準じるものとするが，第11編1.1に記述してあるとおり，特殊条件を考慮して施工方法を選定しなければならない．

2) ショートステップ工法の一次覆工 ショートステップ工法では，1.2～2.5mの短いサイクルで掘削と一次覆工を繰り返し施工する．

一次覆工施工時に用いられる移動式型枠は，近接して発破を行ったり，ずり積み機が接触したりすることがあるので，これらの衝撃に十分耐える構造でなければならない．型枠の構造は，一般に脱型用の小パネルを有する2ブロックの本体型枠からなり，連結して一体構造となったものが使用されている(**解説 図 11.2.8** 参照)．型枠の高さは，打継ぎ目のラップしろを見込んで覆工高さより10cm程度高くしなければならない．また，検測，バイブレーター作業，表面の清掃(ケレン)等のために，適切な箇所に作業窓を設けなければならない．

作業にあたっては，覆工コンクリートの打込み作業が夜間になることもあることから，現場にコンクリートプラントを設置することが多い．また，ショートステップ工法での一次覆工コンクリートは初期強度が重要である(**解説 表 11.2.3** 参照)．コンクリートの初期強度は練上り温度に大きく影響されるので，冬期の施工では骨材の保温や練混ぜ水に温水を使用するなど，練上り温度の管理には十分留意しなければならない．

その他の事項については第4編8.を参照のこと．

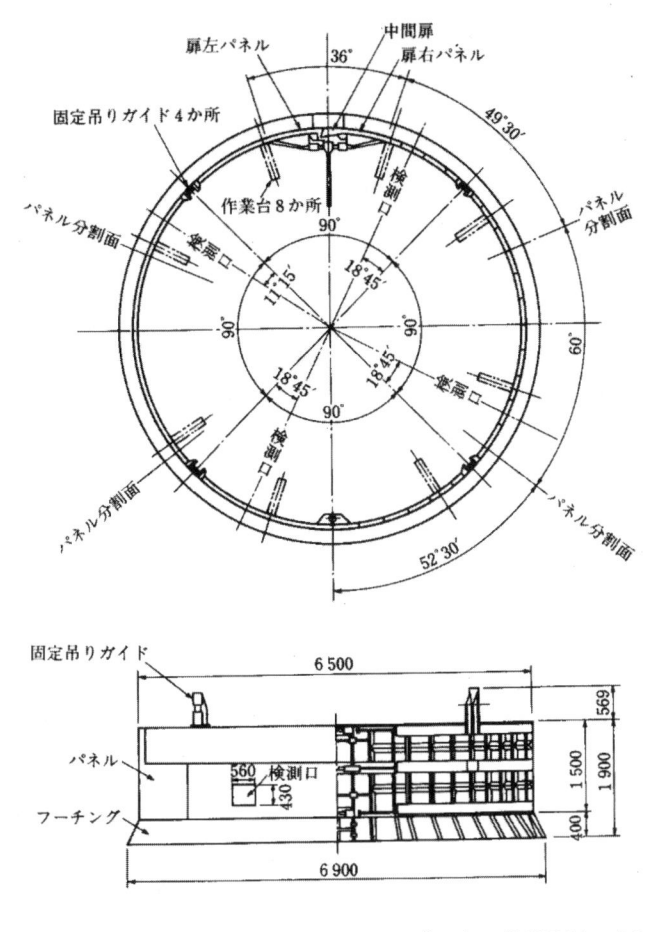

解説 図 11.2.8 ショートステップ工法の移動型枠の例

<u>3) ショートステップ工法の二次覆工，ロックボルト・吹付け工法の覆工</u>　ショートステップ工法の二次覆工，ロックボルト・吹付け工法の覆工は，立坑掘削完了後に施工する（第11編 2.1.3 参照）．

施工方法にはスリップフォーム工法とジャンピング工法がある．換気立坑では送排気のための隔壁を同時に施工する例が多く，作業の安全性が高いスリップフォーム工法が一般に採用されている．また，円形立坑等ではジャンピング工法も採用されている．

スリップフォーム工法は，坑底で組み立てた型枠装置をクライミングロッドやアップダウンワイヤと油圧ジャッキを使用して立坑上部へ上昇させ，その間にコンクリートを連続して打ち込む工法である．この工法は，打ち込んだコンクリートが硬化する前に型枠を移動するので，湧水によるコンクリートの崩落を防止するために，一次覆工面に防水シートを張り，湧水処理を行うのが一般的である．ジャンピング工法は坑底で組み立てた移動式型枠をコンクリート打込みごとに順次上方に移動させて打込みを繰り返す一般的な方法である．

標準的な覆工の施工例を解説 図 11.2.9に示し，隔壁のある場合の覆工の施工例を解説 図 11.2.10に示す．

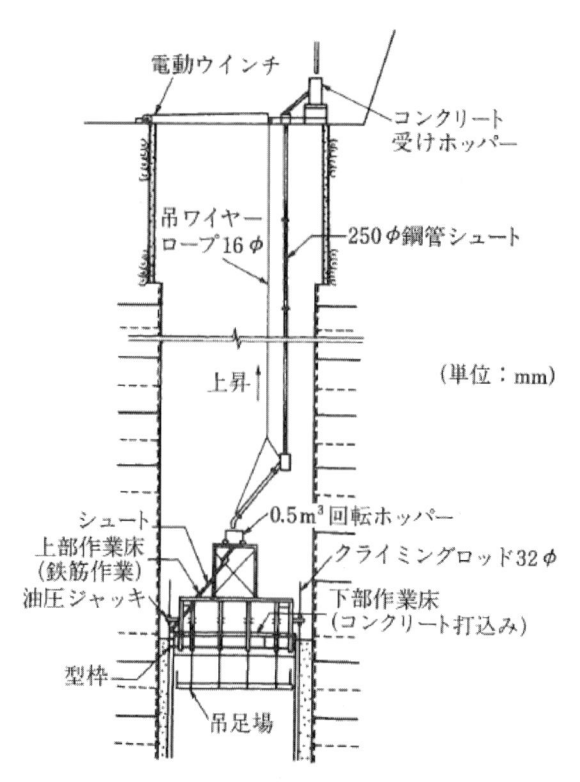

解説 図 11.2.9　覆工の施工例

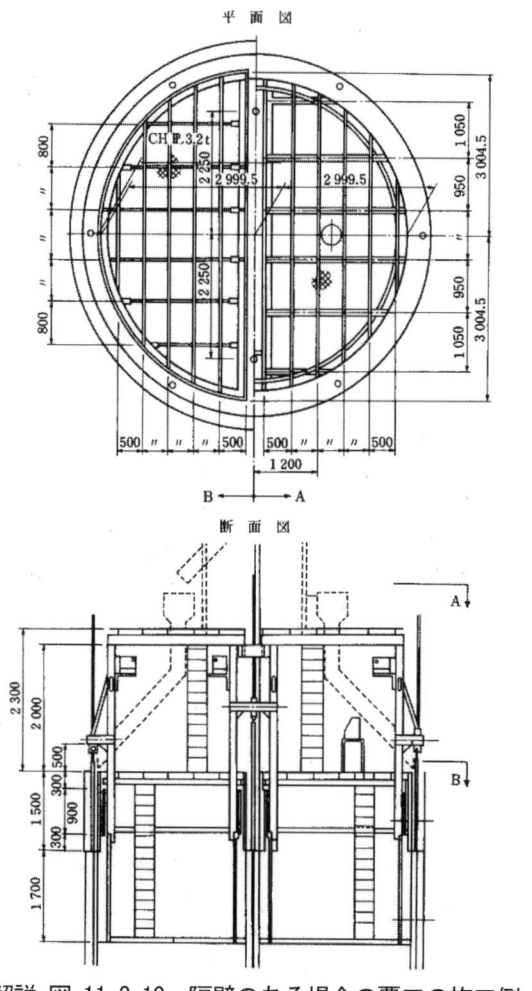

解説 図 11.2.10　隔壁のある場合の覆工の施工例

2.2.4 排　　水

立坑の湧水は，作業の安全や能率を妨げるので，排水には十分注意を払わなければならない．

【解　説】　立坑の湧水は掘削作業に悪影響を及ぼすので，その排水には十分注意を払わなければならない．立坑内の排水は排水ポンプの揚程に合わせて坑壁にポンプ座を構築し，ポンプで中継して坑外へ排水を行う．掘削中は汚濁水となるので，スライムの沈殿を考慮してポンプ座は大きめにし，また排水ポンプ設備は補修や故障に備えて2系統を設備するなど，容量に余裕を持たせなければならない．立坑の排水例を**解説 図 11.2.11**に示す．最近では掘削深度1 000mに及ぶ大深度の立坑も施工されており，超高揚程ポンプの使用も見られる．

また，下部に横坑があり先行して水抜きボーリング孔を施工できる場合には，この水抜き孔を利用して下部横坑へ排水が行われている例が多い．

その他の事項については第4編 3.2，第4編 4.1.4を参照のこと．

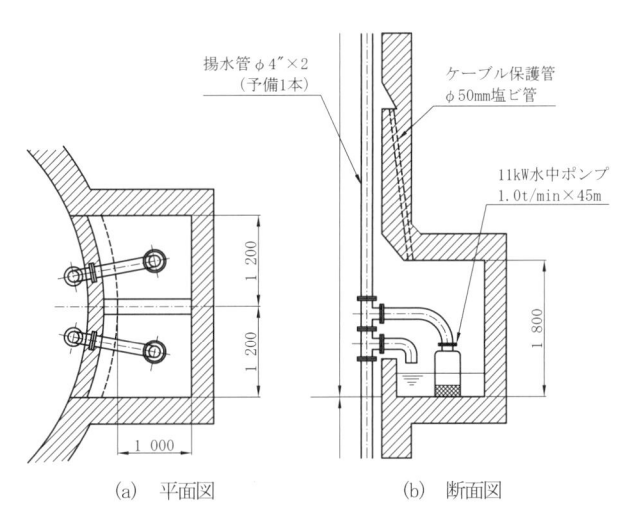

解説 図 11.2.11　立坑の排水例

2.3　立坑の安全
2.3.1　施工時の安全対策

（1）　立坑では，墜落，転落，落下物による事故の危険性が高いので，事故防止対策を講じ十分な安全管理を行わなければならない．

（2）　立坑切羽の特殊性を十分考慮し，発破事故防止に努めなければならない．

（3）　立坑内の換気を十分行い，有害ガス，可燃性ガス，酸素欠乏空気，粉じん等を除去して安全で衛生的な作業環境を維持し，作業員の健康障害や災害の防止に努めなければならない．

【解　説】　（1）について　立坑での墜落，転落および落下物は重大事故につながる危険性が高いので，十分な安全管理が必要である．転落，落下物による事故に関係する事項としては，①作業員の入出坑，②飛来，落下ずり，③スカフォード上での作業，④ずりキブルの操作，⑤資機材の搬入出作業等がある．

（2）について　立坑では，発破孔が作業員の足元にあるため，穿孔した孔の保護，装薬，結線等について特別の配慮が必要である．

1）穿孔　穿孔時には切羽にずりが残っており，前回の発破孔尻の確認が困難な場合が多い．とくに，湧水のある場合や地山の悪い場合は，穿孔時には十分注意して前回の発破孔尻を避けなければならない．穿孔した孔には木栓やローディングパイプ等を差して，スライムの落込みや踏みつけ等による孔の崩壊を防止し，穿孔位置の

確認にも役立てる必要がある．

　2)　装薬および結線　装薬にあたっては，土砂の混入を避けローディングパイプ等を使用し，殉爆度を高め不発残留が出ないようにしなければならない．とくに，地山の悪い場合には孔崩れで装薬に困難をきたすことが多いので，穿孔にはミスト穿孔，気泡の使用，口元ガイドパイプの使用等を検討しなければならない．

　立坑では一般に湧水があり，坑内には多くの電気機器が使用されているので，結線に際しては漏洩電流に注意を払わなければならない．結線時には，漏洩電流の検知を行い，電灯，信号等をスカフォードへ引き上げるなどの処置が必要である．

　立坑では不発残留が出ないように，湧水のある場合には結線部を保護し発破孔に棒を立てて短絡をしないような処置を講じなければならない．使用する爆薬は，安全性が高く，後ガスが少なく，耐水性の良い含水爆薬の使用が望ましい．また，換気立坑は稜線部等の高所に設けられることが多く，落雷の危険がある．このため，常に気象情報に注意し，落雷の多い地方では雷検知器等の設置により雷情報を事前に把握し，装薬作業の中止，避難誘導等予防の措置を講じなければならない．

　（3）について　坑底には，発破の後ガス，地層によっては硫化水素等の有害ガス，メタン等の可燃性ガス，酸素欠乏空気，掘削作業より発生する粉じん等が滞留しやすいので，十分な換気を行い，作業環境の改善を図り，作業員の健康障害や災害の防止に努めなければならない（第4編 12.3，12.6，12.7 参照）．また，水抜き孔のある立坑では，気圧の変動により下部横坑から有害ガス，可燃性ガス，酸素欠乏空気等が流入するおそれがあるので，定期的な調査および作業休止後については再開時の調査が必要である．換気方式としては，坑外に送風機を設置し，坑壁に風管を敷設した送気式を採用する例が多い．

2.3.2　立坑設備の安全対策

（1）　人員，機材，ずり等の搬入出に使用される巻上げ機設備は，安全管理を十分行い，事故防止に努めなければならない．

（2）　移動足場や掘削機械取付け架台として設置されるスカフォード設備は，移動，固定等の安全管理を十分行い，事故防止に努めなければならない．

（3）　坑口には，安全柵，坑口座張，ドア等を設け，墜落や落下物の防止に努めなければならない．

【解　説】　（1）について　立坑巻上げ設備の方式には，キブル巻上げ機設備を使用して人の昇降，資機材の搬入出，ずりの搬出等を行う人荷共用方式と，キブル巻上げ機設備は資機材とずり搬出に使用し，人専用のエレベータを別途設置する人荷専用方式がある．この巻上げ機設備はクレーン等安全規則の適用を受け，設置や使用に際しては工事用エレベータまたは建設用リフトとして落成検査を受けなければならない．巻上げ機設備にかかわる事故はただちに重大災害につながる危険性があるので，保安装置や安全運行管理に関しては特別の配慮が必要である．

　1)　キブル巻上げ機保安装置　キブル巻上げ機の運転には，手動運転，自動運転または半自動運転がある．運転に際しては，運転員の不注意や機械の故障から起こる事故を未然に防止するために，巻上げ設備には必要に応じて各種保安装置を設けなければならない．また，ロープの安全率は人荷共用の場合は10以上に，荷専用の場合には6以上にしなければならない（クレーン等安全規則）．

　2)　安全運行管理　巻上げ機の運転に際しては，信号，合図を定め，坑口（やぐら中間部）にある信号所で立坑内からの信号や合図を中継して巻上げ機の操作室に伝達し（またはこの逆方向），互いに応答信号確認ののち運転を開始するなど，信号の間違いによる事故を防止しなければならない．また，坑底，スカフォード，坑口等の状況を確認することができるモニター等を巻上げ機の操作室に設置して，安全確認ののち運転を開始する必要がある．なお，やぐら，巻上げ機，保安装置，ロープ等については毎日点検を行い，事故防止に努めなければならない．

（2）について　立坑工事では，深度の浅い立坑を除いて，一般に立坑内の作業足場として，キブル通過孔を有する円形二段や三段デッキのスカフォードが使用される．このスカフォードは，複胴スカフォード巻上げ機の2本または4本のロープで吊り下げられている．スカフォード設備はゴンドラ安全規則の適用を受け，ロープの安全率は10以上にしなければならない．

　スカフォードのキブル通過孔には，キブルの引っかけ防止や墜落防止のための対策を講じなければならない．また，スカフォード巻上げ機には，2本または4本のロープの伸びの差により生じるスカフォードの傾きを修正できる機構を有するものを使用しなければならない（ゴンドラ構造規格第31条）．

　（3）について　坑口の安全柵，坑口座張[*1]，ドア等の設備は，人員の入出坑や機材の搬入出のための基地設備であると同時に，立坑内への墜落や落下物による事故の防止設備でもあるので，その操作や維持管理について十分注意しなければならない．

注)*1　坑口座張：立坑坑口に鋼材と鋼板（またはその他の板材）で構築したプラットフォームのことで，中央部に坑口ドアを設け，立坑内への人員の入出坑，資機材の搬入出等の基地として使用される．また，立坑内への物の落下防護の役目も兼ねている．

第3章 斜　　坑

3.1 斜坑の設計
3.1.1 勾配と断面形状
（1）　斜坑の勾配の設定にあたっては，用途，延長，本坑との位置関係のほか地山条件，施工方法，工期，施工の安全等も考慮して検討しなければならない．

（2）　斜坑の断面は，用途，施工のための運搬設備，作業用通路，工事用諸設備の配置等を総合的に検討して，その大きさ，形状を定めなければならない．

【解　説】　　（1）について　斜坑の勾配は，作業用の斜坑，水圧管路等の用途および斜坑の坑外作業ヤードと本坑の位置関係によって定まる．勾配が急になるほど延長は短くなるが，施工上の危険性も高くなるので，地山条件，施工法，工期，工費等を総合的に検討して適切な勾配を設定しなければならない．

作業用の斜坑では，その勾配によりずり運搬方式が選定される．ベルトコンベヤー方式の場合は，ずりのスリップや転がりの限界から定められ，一般に 1/4（14.0 度，25.0%）程度の勾配に適用される．掘下り工法適用時の鋼車巻上げ方式の場合は，ベルトコンベヤー方式の場合よりも急勾配に適用できるが，安全性，巻上げ機の能力を考慮して選定しなければならない．タイヤ方式の場合はダンプトラックの走行性能，延長等を考慮して 1/8～1/7（7.1～8.1 度，12.5～14.3%）としている例が多い．

本設備としての斜坑では，設置する設備の搬入出，据付けの容易さ，維持補修，点検時の安全性等も十分考慮して勾配や延長を定めなければならない．

（2）について　斜坑の断面形状は，ずりの運搬方式および搬入出する機械の最大寸法を考慮し，ずりや機械の運搬設備とその必要空間を定め，さらに給排水管，給気管，風管，作業用通路等の配置を検討して定める．この際，給排水管，給気管は保守を考慮して配置するのが望ましく，作業用通路，風管，電気配線等は残余の空間に有効に配置するのがよい．また，排水管は湧水の状況によっては増設の必要も生じるので，余裕を持った配置ができるような内空断面を確保しておくことが必要である（解説 図 11.3.1 参照）．

なお，本設備の斜坑の内空断面は，設備設計上要求される断面形状，本項で述べた施工上必要な断面形状を同時に満足するよう決定しなければならない．

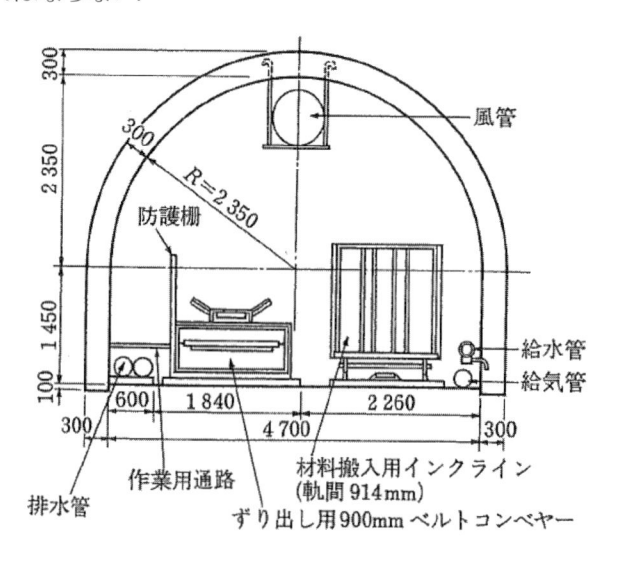

解説 図 11.3.1　作業用斜坑の内空断面例

3.1.2 支保工の設計

斜坑の支保工は，施工方法，地山条件等を考慮し，周辺地山の支保機能が十分発揮されるよう地山を支保し，安全かつ能率的に坑内作業が行えるよう設計しなければならない．

【解　説】　支保工の設計にあたっての支保部材および支保パターンの選定は，水平坑の支保工設計に準じて行われる．ただし，鋼製支保工の建込みにあたっては，**解説 図 11.3.2** に示すように3つの建込み方法があり，地山の応力状態などを考慮して適切な建込み方法を選定しなければならない．なお，上部から下部に向けて掘削する場合は，一般に鉛直と斜坑勾配に垂直な方向の 1/2 の角度で建て込むことが多い．また，下部から上部に向けて掘削する場合は，鉛直に建て込む方法を採用するほうが安定性がよい．

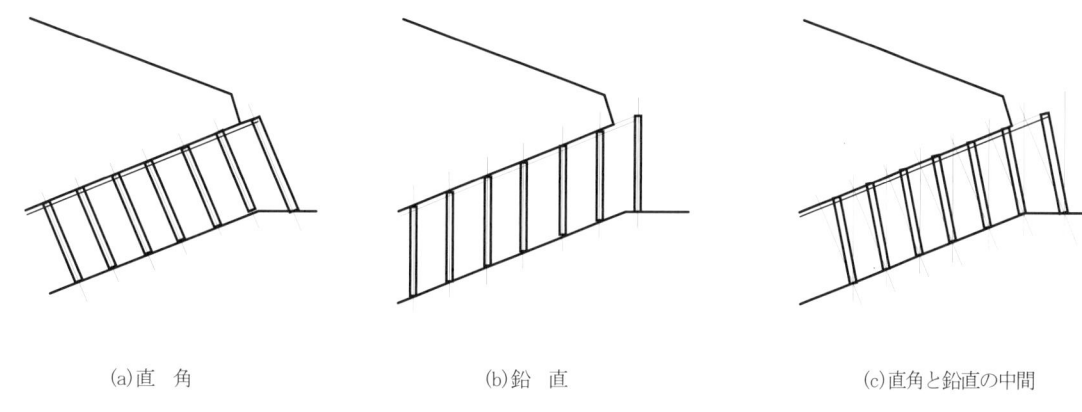

(a) 直　角　　　　　　(b) 鉛　直　　　　　　(c) 直角と鉛直の中間

解説 図 11.3.2　斜坑における鋼製支保工の建込み方法

3.1.3 覆工の設計

（1）覆工の設計は，斜坑の用途，勾配，地山条件，施工方法，施工時期等を考慮して行わなければならない．

（2）覆工の設計巻厚は，その目的に適合するよう，断面の大きさと形状，地山条件，覆工材料および施工性等を考慮して決定しなければならない．

（3）覆工に用いるコンクリートの配合は，所要の強度，耐久性，および良好な品質が得られるよう定めなければならない．

【解　説】　(1) について　斜坑の覆工については水平坑の設計に準じるが，とくに急勾配の斜坑や水圧管路の覆工については，周辺地山の状況等に応じ適切に設計しなければならない．

(2) について　覆工の巻厚は，断面形状，断面の大きさ，覆工に作用する荷重および地山条件等に応じて適切に定めなければならない．一般的な条件の場合は，水平坑に準じるものとするが，内圧が作用する斜坑においてはその大きさに応じて適切な巻厚を定めなければならない（**解説 図 11.3.3** 参照）．

(3) について　覆工コンクリートの配合については，第3編 4.2.3 に準じるものとするが，鉄筋コンクリートとする必要のある区間や内圧の作用する場合の斜坑の覆工においては適切な配合としなければならない．

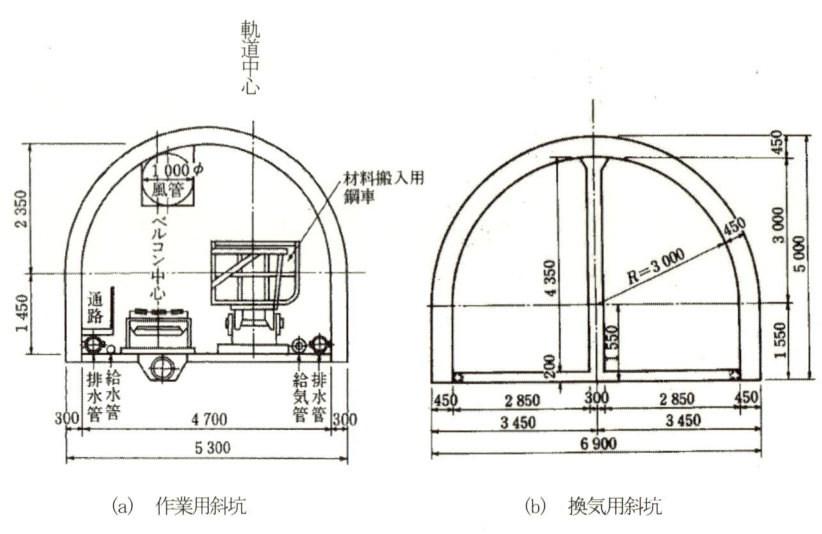

解説 図 11.3.3　斜坑の覆工設計例

3.2　斜坑の施工
3.2.1　斜坑の施工一般
（1）　斜坑の施工にあたっては，斜坑の延長，勾配，断面の大きさ，地山条件および立地条件等を十分考慮して，適切な施工方法を選定しなければならない．
（2）　斜坑の施工機械は，勾配に適合した機械を選定し，安全管理に努めなければならない．

【解　説】　（1）について　斜坑の施工にあたっては，延長，勾配，断面形状，地山状況，掘削方向，用途，工期，工費等を総合的に検討して，適切な施工法の選定を行わなければならない．
　斜坑の施工方法としては，以下に示す方法がある．
　①　全断面発破掘下り工法：ロックボルト・吹付け工法，矢板工法
　②　全断面発破掘上り工法：クライマー工法
　③　機械掘削工法：自由断面掘削機による方法，レイズボーラー工法，TBM工法
　④　導坑先進拡大掘削工法：導坑の施工には全断面発破掘上り工法やレイズボーラー工法が，拡幅掘削には全断面発破掘下り工法等が採用される

　（2）について　斜坑の施工機械は，施工法に応じて適切で施工性が良く，斜坑の勾配に適合した安全性の高いものを選定する．斜坑の勾配が 1/6（9.5 度，16.7%）程度までは水平坑と同様な機械で掘削できるが，勾配が 1/5（11.3 度，20.0%）程度以上になると各種使用機械について斜坑に特有な機械設備が必要となる．この場合施工性，作業効率が低下するため，通常の水平坑と比較して施工手順，施工サイクル，工期等にとくに配慮した計画を立てる必要がある．

　施工法別の主要設備には，以下のものがある．
　1)　全断面発破掘下り工法　全断面発破掘下り工法で一般に使用される主要設備としては，①斜坑巻上げ設備，②穿孔設備，③ずり積み設備，④ずり運搬設備，⑤覆工設備，⑥軌条設備，軌条安全設備，⑦排水設備，⑧換気，給気，給水設備，⑨共通設備（受配電設備，照明，信号その他）等があり，その選定にあたっては，斜坑断面の大きさ，延長，勾配，所要能力，各設備の能力および工期等を考慮して，その仕様や設備容量を定めなければならない．
　2)　全断面発破掘上り工法　全断面発破掘上り工法には，クライマー工法等の小断面掘削施工方法があり，ずり出し導坑として用いられる．クライマー工法には特有の施工設備が使用されている．
　3)　機械掘削工法　機械掘削工法には，レイズボーラー，TBM，自由断面掘削機等による施工方法があり，それぞれ特有の施工設備が使用されている．

3.2.2 掘　　削

（1）　掘削にあたっては切羽前方の地質，地下水の確認を行い，必要がある場合には湧水対策を行わなければならない．

（2）　ずり運搬方式は，斜坑の勾配，断面積，延長およびずり搬出能力等を考慮し，適切に選定しなければならない．

（3）　湧水は，切羽作業の障害にならないよう処理しなければならない．

（4）　施工にあたっては掘削に伴い路盤が泥ねい化しないよう維持管理しなければならない．

【解　説】　（1）について　斜坑の掘削は，不良地山や湧水を伴った場合，水平坑に比較して作業性や安全性が低下するので，切羽前方の地質，地下水の確認を行わなければならない．

湧水が多く掘削作業に困難をきたすと想定される場合には，先進ボーリング等により前方地山を調査したうえで，水抜き工法，止水注入工法等の適切な対策を講じなければならない．

（2）について　ずり運搬方式には，ベルトコンベヤー方式，インクライン方式[*1]およびタイヤ方式がある．ベルトコンベヤー方式は，勾配 1/4（14度，25.0%）以下の斜坑を利用して本坑掘削時のずり搬出を行う場合に多く用いられる．インクライン方式は，ベルトコンベヤーよりも急勾配まで対応できる．タイヤ方式の場合はダンプトラックやロードホールダンプ等の走行性から勾配が 1/8（7度，12.5%）程度で，斜坑の延長が短い場合に有利であり，インクラインに比べてずり搬出能力が大きい．

（3）について　掘下り工法施工時に切羽に湧水が溜まった場合は切羽作業の障害となるので，排水には十分注意しなければならない．水中ポンプの据付け位置は掘削の進行に伴い移動するので，必要に応じて中間に釜場を設けて中継排水する必要がある．なお，排水設備を選定するにあたっては，予想される湧水量，異常出水，ポンプ設備の保守，故障時の予備および停電時等を考慮して，排水容量等に十分余裕をもたせなければならない．

（4）について　掘下り工法で施工する場合は切羽に湧水が集まりやすいため，路盤が泥ねい化しやすくなる．路盤の泥ねい化は掘削効率を低下させるばかりでなく，完成した構造物にも悪影響を与える．また，坑内の湧水が濁水になるため処理が必要になる．したがって，路盤をコンクリートで仕上げるなど良好な路盤になるよう維持管理する必要がある．また，既掘削区間の湧水は適切な間隔に排水ポンプを設け，坑外に排水しなければならない．

注)*1.　インクライン（incline）：斜面を利用し，上下双方から運搬物を搬送するシステムで，斜面にレールを敷設し，巻上げウインチのロープでずりトロまたはスキップを上昇下降させる方式である．

3.2.3 覆　　工

（1）　斜坑で用いる移動式型枠は，すべり落ちないよう確実に固定できる構造としなければならない．

（2）　コンクリートの打込みにあたっては，空隙ができないように十分注意して施工しなければならない．

（3）　コンクリートの運搬にあたっては，連続して打ち込めるよう適切な方法を選定しなければならない．

（4）　インバートコンクリートの打込みにあたっては，勾配が緩い場合を除いてインバート型枠を用いて打ち込まなければならない．また，インバート型枠はコンクリートの打込みにあたり圧力に十分耐えられるものでなければならない．

【解　説】　（1）について　斜坑においては，移動式型枠の移動，据付けにあたり，とくにすべり落ちやすい

ため斜坑の勾配に応じた確実な固定装置を有したものとしなければならない．**解説 図 11.3.4** に斜坑で用いられている移動式型枠の例を示す．

　（2）について　覆工コンクリートの施工順序は，上部の天端部の充填確認の容易さの観点から，下部から上部に向けて順次施工していくことが望ましい．上部から下部に向けて順次施工する場合はとくに打止めにあたって上部の天端の充填状況を十分確認しなければならない．

　（3）について　コンクリート運搬方法としては，アジテータ，ポンプ圧送，パイプシュートによる運搬等があり，勾配，運搬量等に応じて適切な方法を選定しなければならない．なお，運搬にあたっては，材料分離が起こらないよう配慮しなければならない．

　（4）について　斜坑のインバートコンクリートの打込みにあたっては，勾配が 1/8〜1/7(7.1〜8.1 度，12.5〜14.3%)程度であれば型枠を用いずに施工可能である．しかし，勾配が急になると施工が困難になるため，インバート型枠を用いて施工を行う必要がある．

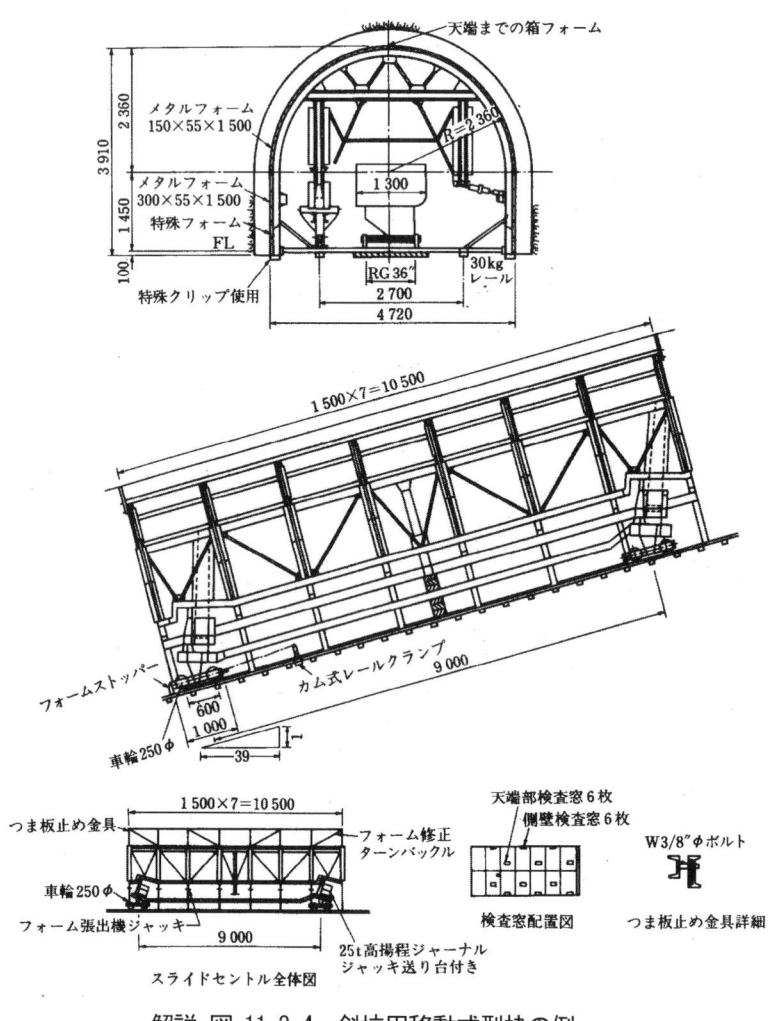

解説 図 11.3.4　斜坑用移動式型枠の例

3.3　斜坑の安全

3.3.1　斜坑の安全対策

（1）　斜坑の施工にあたっては，安全通路を設け，安全に入出坑できるようにしなければならない．

（2）　斜坑の施工にあたっては，上部からの逸走，滑落による事故の危険性が高いので，十分な事故防止対策を講じ，安全施工に努めなければならない．

【**解　説**】　（1）について　斜坑の施工にあたっては，作業員の入出坑のために昇降用通路を設けなければな

らない．坑内の通路は幅 0.60～1.0 m 程度を確保し，インクラインやベルトコンベヤーとは手すり等にて分離しなければならない．インクラインの巻上げ，巻下げ時には警報を鳴らすとともに待避を行わなければならない．なお，斜坑の通路勾配が 15 度を超える場合は踏み桟等のすべり止めを設け，勾配が 30 度を超える場合は階段としなければならない（労働安全衛生規則第 552 条）．なお，一般には勾配 14 度以上の場合はこれらの設備を設けることが多い．また，斜坑延長の長い場合には入出坑設備として人車が必要である．

（2）について　斜坑の施工にあたり，切羽より上部に資機材や台車を置いた場合には，これらが逸走したり滑落したりするおそれがあるため，上部には資機材を置かないよう努めるとともに，必要な逸走等の防止対策を行わなければならない．また，台車に資機材を乗せて運搬する場合は，すべり落ちたりしないように確実に緊結する必要がある．ずり搬出にあたっては，ずりが落下しないようにしなければならない．

3.3.2　斜坑設備の安全対策
（1）　人員昇降用の人車設備は，安全管理を十分行い事故防止に努めなければならない．
（2）　斜坑の施工に用いられる巻上げ機は，安全管理を十分行い事故防止に努めなければならない．
（3）　巻上げ用ワイヤロープは，点検，維持管理を十分行い安全な状態に保持しなければならない．
（4）　斜坑の施工にあたっては，必要な安全設備を設けなければならない．

【解　説】　（1）について　作業員の昇降用に用いる人車設備は，人車の構造，逸走予防装置の装着，ワイヤロープの仕様等労働安全衛生規則に従って十分な安全対策を講じなければならない．

労働安全衛生規則第 211 条，第 214 条，第 216 条に定められている事項を以下に示す．

① 労働者が安全に乗車できる座席，握り棒等の設置
② 囲いおよび乗降口の設置
③ 巻上げ機の運転者と人車の搭乗者とが緊急時に連絡できる装置の設置
④ ワイヤロープの切断，速度超過等による危険を防止するための非常停止装置の設置
⑤ 勾配 30 度以上の斜坑に用いる人車の脱線予防装置の設置
⑥ 人車に用いるワイヤロープの安全係数は 10 以上（人車以外は安全係数 6 以上）
⑦ 巻上げ装置のワイヤロープと車両はリンクを使用するなど，確実な方法による取り付け
⑧ チェーンまたはリンクによって車両を連結する場合は，切断または脱線による災害を防止するため，予備のチェーンまたはワイヤロープで連結

（2）について　斜坑巻上げ機については，立坑設備の安全対策で述べたキブル巻上げ機の保安装置と同様な安全対策を講じなければならない（第 11 編 2.3.2 参照）．

また，斜坑巻上げ設備は，ずり出し，資機材の搬入出および人車の運行を行う設備で，巻上げ機本体，ワイヤロープ，シーブ，軌道，車両，保安装置等からなり，設置に際しては軌道装置としての届出が必要となる（労働安全衛生規則第 88 条）．

軌道は運搬車両の重量に適した安全な構造とし，脱線等を起こさないよう，軌道の敷設および保守を行わなければならない（第 4 編 6.2 参照）．

（3）について　斜坑巻上げ用ワイヤロープは，軌道，地山等に接触することが多く摩耗により傷みやすいうえ，坑内の水や湿気のため腐食しやすい．したがって，使用にあたっては常に点検を行い，塗油を十分に行うなどして安全な状態に保持しなければならない．

（4）について　斜坑の施工にあたり，とくに軌道設備に対し逸走防止設備を設けるとともに，各設備には非常停止装置を設け，墜落，落下等の事故を防止しなければならない．

第4章　立坑および斜坑の坑底設備

4.1　坑底設備

（1）　ずり処理設備およびコンクリート積替え設備は，本坑の断面，施工延長，工期および運搬能力等を考慮して，その規模，配置等を定めなければならない．

（2）　揚水設備は，予想湧水量，異常出水，停電およびポンプ設備の保守等を考慮して，その設備容量を定めなければならない．

【解　説】　（1）について　本坑のずり出し用の立坑および斜坑の坑底設備は，本坑の規模，施工方法，工期および地山条件等を考慮して，その方式や設備の選定を行わなければならない．立坑ずり出し設備としては，スキップ方式，ケージ方式，キブル方式等があり，斜坑ずり出し設備としては，ベルトコンベヤー方式，インクライン方式，タイヤ方式等がある．立坑坑底設備配置例を**解説 図 11.4.1**に，斜坑坑底設備配置例を**解説 図 11.4.2**に示す．

（2）について　坑底揚水設備は，予想される湧水量，異常出水，ポンプ設備の保守，故障時の予備および停電時等を考慮して，揚程，容量等には十分余裕を持たせなければならない．揚水設備としては，貯水槽，沈殿槽，揚水ポンプ，排水管およびポンプ座（中継ポンプ座が必要な場合もある）等が必要である．

貯水槽の容量は，常時使用する高水位までの貯水量のほかに，停電時の予備電源切替えの作業時間を考慮し，揚水を停止しても30分程度貯水できる容量とすることが望ましい．

揚水ポンプは，想定される最大揚水量および揚程に応じた能力のものを設置するとともに，故障や保守等に備えて必ず予備ポンプを設置しておかなければならない．なお，ポンプ設置台数は，全揚水量に対し数台で対応することとし，トンネルの進捗に伴う湧水量の増加に合わせたポンプ台数で運転することが望ましい．

その他の事項については第4編 3.2，4.1.4を参照のこと．

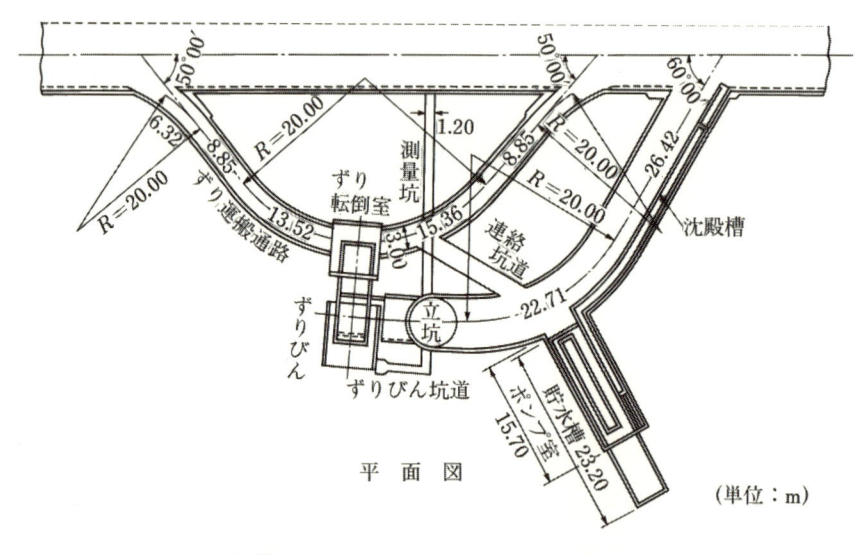

解説 図 11.4.1　立坑坑底設備配置例

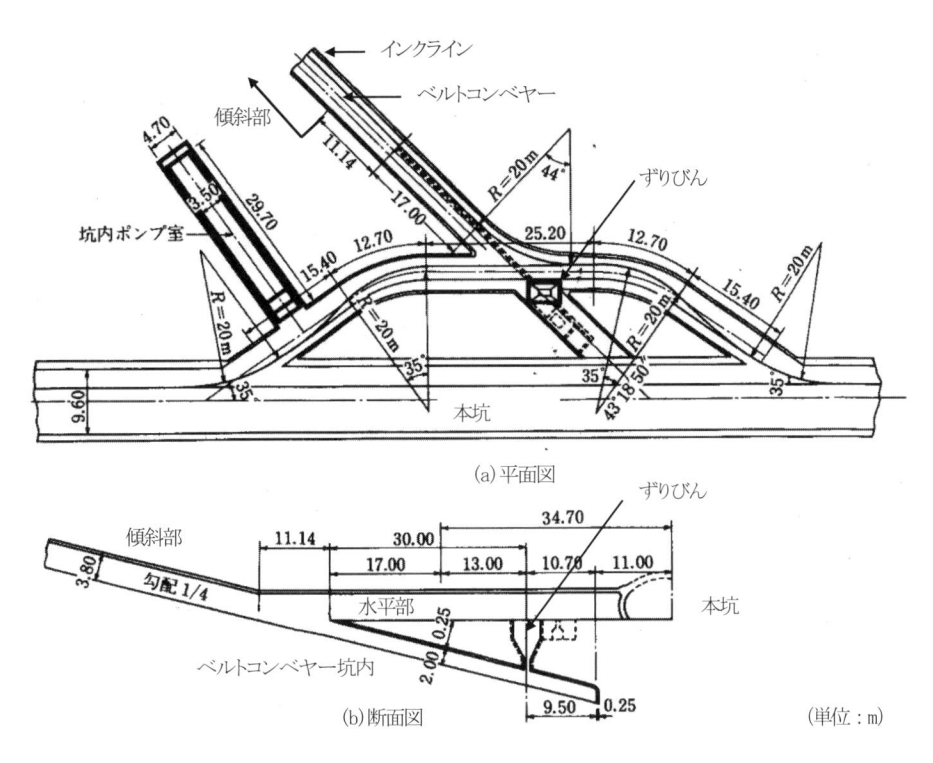

第11編　立坑および斜坑

解説 図 11.4.2　斜坑坑底設備配置例

引用文献リスト一覧

示方書図表番号	引用元文献							
図表番号	著者名	引用図書名	引用論文名	掲載ページ	写真，図表番号	出版社名	発行年月
解説図2.2.3	（独）鉄道建設・運輸施設整備支援機構	新幹線トンネル断面について（通知）	－	別図	－	－	2014年1月
解説表3.3.15	土木学会岩盤力学委員会トンネル・地下空洞小委員会ロックボルト設計検討WG	－	ロックボルトの作用効果と設計，第30回岩盤力学に関するシンポジウム講演論文集	397	表-2を加筆修正	（社）土木学会	2000年1月
解説図3.8.4(a)	松川安満，塚本幸雄，小林正邦	トンネルと地下 230号 Vol.20 No.10	大断面双設トンネルをCD. NATMで掘る － 多摩ニュータウン幹線 南大沢トンネル（仮称）	11	図-6	（株）土木工学社	1989年10月
解説図3.8.4(b)	中堀千嘉子，稲垣太浩，牛田和仁，奥野哲夫	トンネルと地下 509号 Vol.44 No.1	超近接双設トンネルを無導坑方式・早期閉合により施工 － 舞鶴若狭自動車道 鳥浜トンネル	15	図-1	（株）土木工学社	2013年1月
解説図3.8.6(a)	佐藤映，松長剛，小島正人，酒井照夫	トンネルと地下 396号 Vol.34 No.8	市街地地すべり地帯のめがねトンネル（トンネル編）－ 久里浜田浦線 阿部倉トンネル	21	図-1	（株）土木工学社	2003年8月
解説図3.8.6(b)	近内克夫，小野幸男，菅野嘉元	トンネルと地下 174号 Vol.16 No.2	NATMによる眼鏡トンネルの施工 － 幹線臨港道路2号線小名浜港トンネル	18	図-3	（株）土木工学社	1985年2月
解説図3.8.6(c)	高橋明生，木村文憲，本藤敦，櫻井孝臣	トンネルと地下 414号 Vol.36 No.2	導坑も先進坑覆工もなしでめがねトンネルを施工 － 主要地方道茨木亀岡線 大門寺トンネル	19	図-3	（株）土木工学社	2005年2月
解説図3.8.6(d)	新城実，玉城守克，津中重彦，島田智浩	トンネルと地下 467号 Vol.40 No.7	小土かぶりの住宅直下における無導坑めがねトンネル － 真地久茂地線 識名トンネル	18	図-2	（株）土木工学社	2009年7月
解説表3.8.4	青木宏一，上村正人，椙山孝司，中川浩二	トンネルと地下 373号 Vol.32 No.9	わが国におけるめがねトンネルの現状と課題	57	表-4	（株）土木工学社	2001年9月
解説表3.8.5	青木宏一，上村正人，椙山孝司，中川浩二	トンネルと地下 373号 Vol.32 No.9	わが国におけるめがねトンネルの現状と課題	58	表-6	（株）土木工学社	2001年9月
解説図3.8.10	酒井克衛，高木政道	トンネルと地下 432号 Vol.37 No.8	アーチ状防護工により新幹線トンネル上への空港用高盛土を可能に － 東海道新幹線第一高尾山トンネル防護工事	10	図-4	（株）土木工学社	2006年8月
解説図3.8.12	鈴木幾雄，川北眞嗣，松尾勝弥，佐野信夫	トンネルと地下 338号 Vol.29 No.10	飛騨トンネルにおける大断面交差部の設計と施工	856	図-5	（株）土木工学社	1998年10月
解説図3.8.13	松野徹，小川弘之，成田正憲，中村順一，平森誠	トンネル工学報告集，第19巻	既設NATMトンネルからの活線分岐施工	10	図-4、図-5	（社）土木学会	2009年11月
解説図3.8.14	「山岳トンネルにおける工事用機械の選定」連載講座小委員会	トンネルと地下 406号 Vol.35 No.6	山岳トンネルにおける工事用機械の選定(8) 掘削機械(6) －機械掘削(軟岩・土砂)－	64	図-13	（株）土木工学社	2004年6月
解説図3.8.15	村山隆之，林誠二，秀和英，中川浩二	トンネルと地下 353号 Vol.31 No.1	供用下で2車線を3車線に拡幅 － 北九州高速4号線 大蔵トンネル	44	図-5	（株）土木工学社	2000年1月
解説図3.8.16	本勝盛雄	平成22年度近畿地方整備局研究発表会論文集	死線拡幅方式によるトンネルの拡幅について	1	図-2	－	2010年7月
解説図3.8.16	福島洋一，桜沢雅志，金子和人	施工体験発表会_第50回	山之村隧道の拡幅改良（伊西トンネル）工事	139	図2-1	（社）トンネル技術協会	2002年10月
解説図3.8.17	五反田信幸，緒方秀敏，多宝徹，日向哲朗	トンネルと地下 499号 Vol.43 No.3	シラス地盤に超大断面378m^{2}の地中分岐部を建設 － 鹿児島東西道路 新武岡トンネル	184	図-13	（株）土木工学社	2012年3月
解説図4.11.2	進士正人，辻田彩乃，中川浩二	トンネルと地下 405号 Vol.35 No.5	山岳部のトンネル坑口における斜め坑門の適用性	34	図-2	（株）土木工学社	2004年5月
解説図5.4.8	佐々木郁夫，川内野俊治，横尾利春，村里静則	トンネルと地下 398号 Vol.34 No.10	長崎の住宅密集地地下を貫く（沈下対策編） － 一般国道324号出島バイパス オランダ坂トンネル	19	図-5	（株）土木工学社	2003年10月
解説図5.4.9	城間博通，益田光雄，進士正人，松井幹雄，西村和夫	土木学会論文集F, VOL. 62, No. 1	現場計測に基づく垂直縫地ボルトのトンネル周辺地山補強に関する一考察	119	図-3	（社）土木学会	2006年3月
解説図8.3.1(c)	寺山徹，津野和宏，内海貴志，蛭川愛志	トンネルと地下 453号 Vol.39 No.5	補助ベンチ付き全断面掘削・早期閉合で都市トンネルを掘る － 岸谷生麦線（生麦方面行き）トンネル工事	11	図-8	（株）土木工学社	2008年5月
解説図8.3.1(d)	日村博，行田立大，山嵜武則，五嶋博己	トンネルと地下 362号 Vol.31 No.10	254m^{2}の超大断面都市NATM － 鶴見川恩廻公園調節池	41	図-6	（株）土木工学社	2000年10月
解説図8.3.2(e)	寺山徹，津野和宏，内海貴志，蛭川愛志	トンネルと地下 453号 Vol.39 No.5	補助ベンチ付き全断面掘削・早期閉合で都市トンネルを掘る － 岸谷生麦線（生麦方面行き）トンネル工事	11	図-8	（株）土木工学社	2008年5月
解説図8.3.2(f)	日村博，行田立大，山嵜武則，五嶋博己	トンネルと地下 362号 Vol.31 No.10	254m^{2}の超大断面都市NATM － 鶴見川恩廻公園調節池	41	図-6	（株）土木工学社	2000年10月
解説図8.5.1	根本克彦，田井道夫，小松敏彦，椙山孝司	トンネルと地下 347号 Vol.30 No.7	強破砕質泥岩の地すべり地帯を小土かぶりで貫く － 三浦縦貫道路 衣笠城趾トンネル	22	図-7	（株）土木工学社	1999年7月
解説図8.5.3	永利将太郎，佐々幸一，武内繁一，坂田和幸，鈴木雅行	トンネル工学研究報告集 第16巻	長崎自動車道と低土かぶりで交差する含水未固結地山におけるNATMの施工	247〜252	図-4	（社）土木学会	2006年11月
解説表9.3.2	田口芳範，齋藤貴，石毛応男，茅野浩二	トンネルと地下 410号 Vol.35 No.10	わが国初の鉄道トンネル全断面TBM工法に挑む	8	図-4（参照）	（株）土木工学社	2004年10月
解説表9.3.3	佐々木千好，大村英昭，村田盛雄，木村厚之	トンネルと地下 387号 Vol.33 No.11	TBMの平均月進日本記録を更新 － 新小荒発電所導水路工事	43	表-6	（株）土木工学社	2002年11月
解説図9.7.3	足立賢一，千場洋，吉富章雄，野中良裕	トンネルと地下 447号 Vol.38 No.11	山岳トンネルにおける高水圧ウォータータイトの施工 － 圏央道 八王子城跡トンネル	22	図-7	（株）土木工学社	2007年11月
解説図11.2.6	木山 隆二郎	建設機械 2009 7 533 Vol.45 No.9	レイズドドリリング工法"ビッグマン" BM-600Aの開発および施工最新事情	65	第1図	日本工業出版（株）	2009年7月

引用文献リスト一覧

示方書図表番号	引用元文献						
図表番号	著者名	引用図書名	引用論文名	掲載ページ	写真, 図表番号	出版社名	発行年月
解説図11.2.7	一安謙治, 尾留川剛, 小島亘, 北川義人	トンネルと地下 446号 Vol.38 No.10	深度500mの立坑を積み込み機一体型自由断面掘削機で掘る －幌延深地層研究計画地下施設	38	図-4	(株) 土木工学社	2007年10月

トンネル標準示方書一覧および今後の改訂予定（2016年8月時点）

書名	判型	ページ数	定価	会員特価	現在の最新版	次回改訂予定年
2016年制定　トンネル標準示方書 ［共通編］・同解説　［山岳工法編］・同解説	A4判	419	4,320円 （本体4,000円＋税）	3,890円	2016年制定	2026年度
2016年制定　トンネル標準示方書 ［共通編］・同解説　［シールド工法編］・同解説	A4判	365	4,320円 （本体4,000円＋税）	3,890円	2016年制定	2026年度
2016年制定　トンネル標準示方書 ［共通編］・同解説　［開削工法編］・同解説	A4判	362	4,320円 （本体4,000円＋税）	3,890円	2016年制定	2026年度

トンネル・ライブラリー一覧

	号数	書名	発行年月	版型：頁数	本体価格
	1	開削トンネル指針に基づいた開削トンネル設計計算例	昭和57年8月	B5：83	
	2	ロックボルト・吹付けコンクリートトンネル工法（NATM）の手引書	昭和59年12月	B5：167	
	3	トンネル用語辞典	昭和62年3月	B5：208	
	4	トンネル標準示方書（開削編）に基づいた仮設構造物の設計計算例	平成5年6月	B5：152	
	5	山岳トンネルの補助工法	平成6年3月	B5：218	
	6	セグメントの設計	平成6年6月	B5：130	
	7	山岳トンネルの立坑と斜坑	平成6年8月	B5：274	
	8	都市NATMとシールド工法との境界領域－設計法の現状と課題	平成8年1月	B5：274	
※	9	開削トンネルの耐震設計（オンデマンド販売）	平成10年10月	B5：303	6,500
	10	プレライニング工法	平成12年6月	B5：279	
	11	トンネルへの限界状態設計法の適用	平成13年8月	A4：262	
	12	山岳トンネル覆工の現状と対策	平成14年9月	A4：189	
	13	都市NATMとシールド工法との境界領域－荷重評価の現状と課題－	平成15年10月	A4：244	
※	14	トンネルの維持管理	平成17年7月	A4：219	2,200
	15	都市部山岳工法トンネルの覆工設計－性能照査型設計への試み－	平成18年1月	A4：215	
	16	山岳トンネルにおける模型実験と数値解析の実務	平成18年2月	A4：248	
	17	シールドトンネルの施工時荷重	平成18年10月	A4：302	
	18	より良い山岳トンネルの事前調査・事前設計に向けて	平成19年5月	A4：224	
	19	シールドトンネルの耐震検討	平成19年12月	A4：289	
※	20	山岳トンネルの補助工法 －2009年版－	平成21年9月	A4：364	3,300
	21	性能規定に基づくトンネルの設計とマネジメント	平成21年10月	A4：217	
	22	目から鱗のトンネル技術史－先達が語る最先端技術への歩み－	平成21年11月	A4：275	
※	23	セグメントの設計【改訂版】〜許容応力度設計法から限界状態設計法まで〜	平成22年2月	A4：406	4,200
	24	実務者のための山岳トンネルにおける地表面沈下の予測評価と合理的対策工の選定	平成24年7月	A4：339	
※	25	山岳トンネルのインバート－設計・施工から維持管理まで－	平成25年11月	A4：325	3,600
	26	トンネル用語辞典　2013年版	平成25年11月	CD-ROM	
	27	シールド工事用立坑の設計	平成27年1月	A4：480	
※	28	シールドトンネルにおける切拡げ技術	平成27年10月	A4：208	3,000
※	29	山岳トンネル工事の周辺環境対策（オンデマンド販売）	平成28年10月	A4：211	2,600
※	30	トンネルの維持管理の実態と課題（オンデマンド販売）	平成31年1月	A4：388	3,500
※	31	特殊トンネル工法－道路や鉄道との立体交差トンネル－	平成31年1月	A4：238	3,900
※	32	実務者のための山岳トンネルのリスク低減対策	令和元年6月	A4：392	4,000
※	33	トンネルの地震被害と耐震設計	令和5年3月	A4：432	7,400

※は、土木学会および丸善出版にて販売中です。価格には別途消費税が加算されます。

定価 4,400 円（本体 4,000 円 + 税 10%）

2016年制定

トンネル標準示方書［共通編］・同解説　［山岳工法編］・同解説

昭和39年 8 月20日	昭和39年制定　　　・第 1 刷発行	平成28年 8 月20日	2016年制定・第 1 刷発行
昭和44年11月20日	昭和44年改訂版・第 1 刷発行	平成29年 5 月20日	2016年制定・第 2 刷発行
昭和52年 1 月 1 日	昭和52年改訂版・第 1 刷発行	平成30年12月25日	2016年制定・第 3 刷発行
昭和61年11月 5 日	昭和61年改訂版・第 1 刷発行	令和 2 年10月30日	2016年制定・第 4 刷発行
平成 8 年 7 月10日	平成 8 年版　　　・第 1 刷発行	令和 4 年 9 月 9 日	2016年制定・第 5 刷発行
平成18年 7 月20日	2006年制定　　　・第 1 刷発行	令和 6 年 6 月17日	2016年制定・第 6 刷発行

- ●編集者……土木学会　トンネル工学委員会
  　　　　　　委員長　木村　宏

- ●発行者……公益社団法人　土木学会　専務理事　三輪　準二

- ●発行所……公益社団法人　土木学会
  　　　　　　〒160-0004　東京都新宿区四谷 1 丁目外濠公園内
  　　　　　　TEL：03-3355-3444　FAX：03-5379-2769
  　　　　　　https：//www.jsce.or.jp/

- ●発売所……丸善出版(株)
  　　　　　　〒101-0051　東京都千代田区神田神保町2-17　神田神保町ビル
  　　　　　　TEL：03-3512-3256／FAX：03-3512-3270

　Ⓒ JSCE 2016/Committee on Tunnel Engineering
　印刷・製本：昭和情報プロセス(株)　　用紙：京橋紙業(株)
　ISBN978-4-8106-0579-2

- ・本書の内容を複写したり，他の出版物へ転載する場合には，
  必ず土木学会の許可を得てください．
- ・本書の内容に関するご質問は，下記の E-mail へご連絡ください．
  E-mail：pub@jsce.or.jp